2025版

職安一點通

職業衛生管理
甲級檢定完勝攻略

Occupational Health Management

作者簡歷

蕭中剛

職安衛總複習班名師，人稱蕭技師為蕭大或方丈，是知名職業安全衛生 FB 社團「Hsiao 的工安部屋家族」版主。Hsiao 的工安部屋部落格，多年來整理及分享的考古題和考試技巧幫助無數考生通過職安考試。

學　歷 健行科技大學工業工程與管理系

專業證照 工業安全技師、職業衛生技師、通過多次職業安全管理甲級、職業衛生管理甲級及職業安全衛生管理乙級。

劉鈞傑

大專院校工安 / 工礦技師班具有多年教學經驗，對於近年來環境、職安、衛生、消防等考試皆有研究。

學　歷 國防大學理工學院國防科學研究所博士

專業證照 工業安全技師、職業衛生技師、消防設備士、職業安全管理甲級、職業衛生管理甲級、職業安全衛生管理乙級、物理性作業環境測定乙級、室內裝修工程管理乙級、就業服務乙級、甲級廢水處理專責人員、ISO 45001 主導稽核員、ISO 14001 主導稽核員。

鄭技師

97 年至今從事職場安全衛生工作具有多年實務經驗，對於職業安全衛生精進、職場安全文化提昇等皆有研究，並具有大專院校技師班教學經驗。

學　歷 國防大學理工學院應用物理研究所碩士

專業證照 職業衛生技師、工業安全技師、職業衛生管理甲級、職業安全管理甲級、職業安全衛生管理乙級、甲級廢棄物處理技術員、物理性因子作業環境測定乙級、ISO 45001 主導稽核員。

作者簡歷

賴秋琴　（Sherry Lai）

知名職業安全衛生部落格「Sherry Blog」版主，內容包含衛生、計算題解題。

個人部落格：http://sherry688.pixnet.net/blog

Sherry blog 社團：https://www.facebook.com/groups/1429921337232082

學　歷　國立空中大學管理與資訊學系

專業證照　職業安全管理甲級、職業衛生管理甲級、職業安全衛生管理乙級、就業服務乙級、升降機裝修乙級、建築物昇降設備檢查員等證照。

徐英洲

職業安全衛生 FB 社團「職業安全衛生論壇（考試 / 工作）」版主，不定期提供職安衛資訊包含職安人員職缺、免費宣導會、職安衛技術士參考題解等，目前服務於環境監測機構，並在北部、中部的安全衛生教育訓練機構、大專院校擔任職安衛課程講師。

學　歷　明志科技大學五專部化學工程科（目前為交通大學碩專班研究生）

專業證照　職業衛生技師、工業安全技師、職業衛生管理甲級、職業安全管理甲級、職業安全衛生管理乙級、製程安全評估人員、施工安全評估人員、固定式起重機操作人員、移動式起重機操作人員、堆高機操作人員、ISO 45001 主導稽核員。

作者簡歷

江　軍

力鈞建設有限公司總經理、教育部青年發展署諮詢委員、曾任台北市政府、宜蘭縣政府之青年諮詢委員，輔導國際認證及國內技術士證照多年經驗，曾於多所大專院校及推廣部授課，相關領域著作十餘本，證照百餘張。

學　歷　國立台灣科技大學建築學博士、英國劍橋大學跨領域環境設計碩士、國立台灣大學土木工程碩士

專業證照　職業安全管理甲級、營造工程管理甲級、建築工程管理甲級、職業安全衛生管理乙級、建築物公共安全檢查認可證、建築物室內裝修專業技術人員登記證、消防設備士、ISO 14046、ISO 50001 主導稽核員證照。

七版序

近年來甲衛考題範圍越來越廣，方向不易掌握，讀者除了熟悉計算公式及歷屆試題，還需留意時事變化。本書針對重點如法規增修、職傷病事件、時事趨勢等提供提醒，幫助讀者掌握考試核心。例如，應關注勞動部修正的法規重點，如容許暴露標準；了解危害性化學品管理，包括辨識致癌物質、風險評估及控制措施；熟悉 GRI 403 職業健康與安全準則的十項指導原則，如危害辨識、風險評估、健康促進及管理系統的應用等。這些方向資料繁多，本書以實務及重點提醒幫助讀者建構認知，並建議進一步查閱官方資料。透過自我提升與吸收最新資訊，不僅能應對論述題和簡答題，還可從容應對甲衛考試，邁向健康友善的職場環境。

本書採學術科一體呈現、三大主軸之方式編排，除了有作者群細心的讀書方法及準備建議之外，主要分成學科、術科及考古題三個方向。學科採用勞動部公告之七百餘試題逐題講解，不讓考生有疑問不清之處，不再使用以前單純背誦答案的方式，而是完全融會貫通，這樣對於術科內容學習也大有加分之效。術科的編排則採用勞動部之命題大綱，分成法規、計畫與專業課程三個內容，內容依照常出之黃金題型編排分類，並獨家採用一點通口訣與重點提醒讓考生不錯失重要關鍵。

由 2023 年之後的題型來看，每一大題都再劃分若干小題，分數非常分散，不好取得，而計算題出題方式與以往不同，考的是變化題，所以考生朋友務必要清楚了解運算過程，故本書特別以專章方式以及公式重點提示展現【作業環境危害（容許濃度）】、【噪音危害】、【通風與換氣】、【溫濕環境危害】、【照明】與【其他（環測統計、職業災害統計、輻射等）】等六種類型。除此之外，附錄中也更新納入易混淆、雷同、圖型數線記憶比較表， 讓考生們能更清楚其中差異處，也納入最新法規修正、錯別字整理、公式集錦、讀書方法及計算機操作步驟，由於內容繁瑣，由於近年在甲級衛生考試中許多新法規（如勞工職業災害保險及保護法）、修正法規與指引常常考出，所以本書將法規修正及指引部分在本版採用 QR code 方式方便讀者查閱法規，亦可以於職安一點通服務網（www. osh-soeasy.com）中查詢，而考古題皆置放於職安一點通服務網 - 考古題下載區（www.osh-soeasy.com/exam）供讀者下載準備，題目隨身帶著走，掌握最新考試訊息，絕對讓讀者一讀就通、一點就通！

一個好的職業衛生管理師不但要有危害辨識，還需要有解決問題能力，才能提升事業單位職業衛生管理水準，邁向健康友善的工作環境，期待本書能夠協助您一窺職業衛生領域的入門，一同共創安全、健康、衛生、舒適的工作環境。

本系列叢書承蒙各位讀者的愛護及支持，於上市後即受到廣大迴響與建議，筆者們才疏學淺，如有疏漏還請不吝建議與指教，期許您可以將寶貴的意見回饋我們，讓本書更臻完善。另感謝碁峰資訊的圖書企劃郭季柔小姐（Jessi）以及團隊的用心付出，才能催生本書。最後謹在此以「真心看自己、有念則花開」共勉讀者、考生朋友們，請堅持您的信念，繁花一定會盛開，夢想也一定能實現，預祝順利通過考試。

作者群

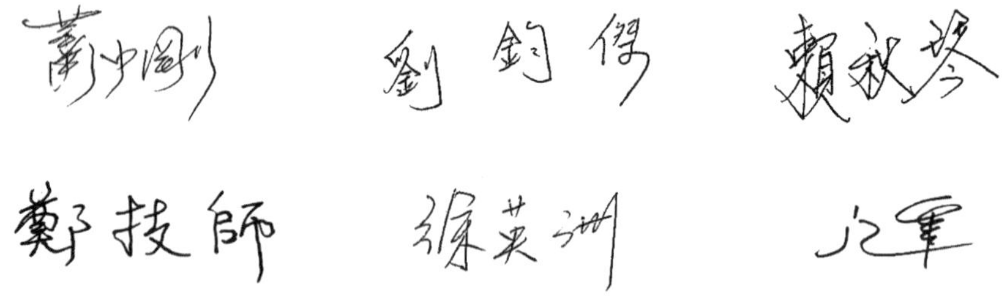

謹誌

目錄

5 職業衛生管理甲級術科重點暨試題解析

6 計算題精華彙整

A 計算機公式集與操作說明

B 「計畫類」彙整

C 易混淆、雷同、圖型數線記憶、比較表

D 名詞解釋

E 職業場所之危害物暴露所導致的職業傷病彙整

F 易寫錯字整理

G 最新術科試題及解析

H 職業衛生管理甲級技能檢定規範（線上下載）

I 職業衛生管理甲級學科命題大綱（線上下載）

J 職業安全衛生管理參考資料暨相關資源（線上下載）

◤線上下載

請至 https://www.osh-soeasy.com/download.html 或掃描右側的 QR Code 下載本書附錄 H、附錄 I、附錄 J。其內容僅供合法持有本書的讀者使用，未經授權不得抄襲、轉載或任意散佈。

chapter

1

職業衛生管理甲級
讀書計畫及準備要領

許多準備此科的考生都已經通過乙級的職業安全衛生管理技術士考試，因此許多讀書的技巧、準備的口訣與方式都可以在【職安一點通】系列叢書中看到不同的準備方式，讀書的方式其實端看每個考生準備的習慣跟時間管理略有不同。乙級的考試術科為線上直接以滑鼠點選 / 拖拉答案的方式作答，考試的題型為是非題、選擇題、配合題、填空題、排序題、連連看及計算題，而到了甲級則將安全與衛生分開拆成兩個科目，而且術科考試變成需要寫較多字的申論題五題，換句話說每個題目所佔的比重就增高了，在準備乙級考試的時候，由於計算題大約都只會出現一題，也就是只占 10% 的分數，因此有些考生可能自認計算不佳，會直接放棄計算題的部分。但是到了甲級考試由於一題所佔的比分相當重要，因此更是不能隨意放棄計算題的部分。甲級安全與衛生相較，甲級衛生的考科更著重計算大於背誦記憶，因此不論是通風換氣、音壓計算、採樣濃度或是有機溶劑的容許消費量與容許濃度，甚至近年常考的氣罩與排風機的定律，都跟數字脫不了關係，但隨著基本觀念的理解其實會發現這些公式往往不難記憶，用邏輯了解後大多都能迎刃而解。

以職業衛生管理甲級技術士的考試來說，近年來考試不但出題範圍廣泛，傳統的熟讀考古題的準備方式已經不敷使用，且學科採用公告試題的方式命題後，複選題的難度增加，也造成考生準備時的壓力增大，但對於危害預防等基本題型仍可採用下圖三四五法則破解：三字訣【發生源、傳播路徑、暴露者】；四字訣【P、D、C、A】；五字訣【人、機、料、法、環】。因此希望透過本書有條理的整理重點提示，把豐富內容完整呈現，更明確的將考試範圍一網打盡。

口訣 三字訣：發生源、傳播途徑、暴露者

三字訣從發生源開始思考，如何有效的控制汙染物的發生，有哪些手段可以在源頭管理？接著從傳播途徑思考，他是經過何種途徑到達暴露者接收的？最後如果要從個人的角度減少暴露的吸收，有哪些手段可以進行。已發生的源頭 > 途徑 > 人，這樣的邏輯思考模式，可以幫助在考場想不起來的時候，有效的寫出文字答案。

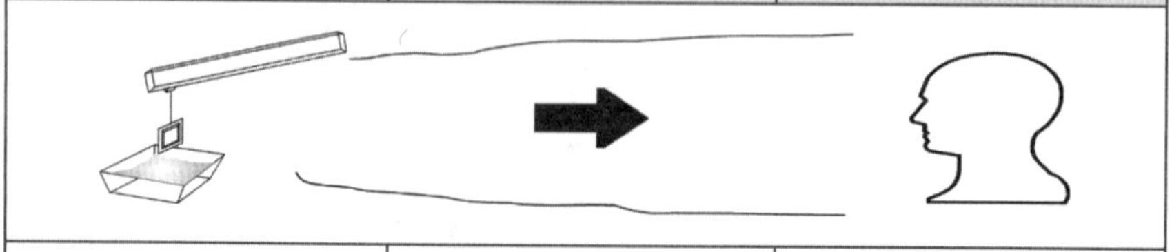

發生源	傳播途徑	暴露者
1. 取代 2. 製程改善 3. 密閉 4. 隔離 5. 濕式 6. 局部排氣裝置	1. 整體換氣裝置 2. 拉長距離 3. 洩漏偵測器 4. 整理、整頓 5. 維護管理	1. 個人防護具 2. 輪班 3. 健康檢查 4. 教育訓練 5. 個人監測系統 6. 縮短工時

圖 1：三字訣

口訣 四字訣：P、D、C、A

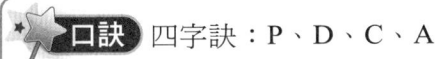

接著 PDCA 是非常常用的循環模式之一（Plan-Do-Check-Act 的簡稱），針對工作按規劃、執行、查核與行動來進行，一般用得是確保品質可靠度目標的達成，並進而促使品質持續改善。由於這個是由美國學者愛德華茲．戴明提出，所以也稱戴明循環。這個四步的循環一般用來提高產品品質和改善產品生產過程，在考試時可以思考從職安衛的規劃、執行、檢查 (發現問題) 到改善，一個生命週期的模式來思考每個階段會遇到、應該思考的問題。

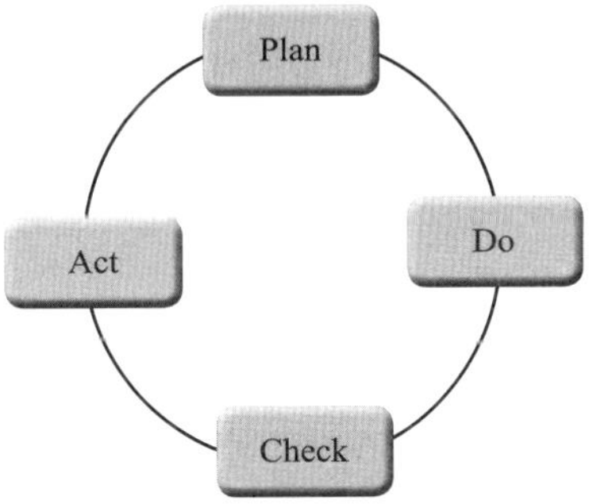

圖 2：四字訣

口訣 五字訣：人、機、料、法、環

從分類的角度來想，五字訣是 4M1E 的轉化，將職安衛分成五個大類，在思考的過程就可以更完整。

1. 人員（Man）：操作者對職安的認識、技術熟練程度、身體狀況等。
2. 機械（Machine）：機器設備、工夾具的精度和維護保養狀況等。
3. 材料（Material）：材料的成分、物理性能和化學性能等。
4. 方法（Method）：這裡包括加工技術、配備選擇、操作步驟 SOP 等。
5. 環境（Environment）：工作地的溫度、濕度、照明和清潔條件等。

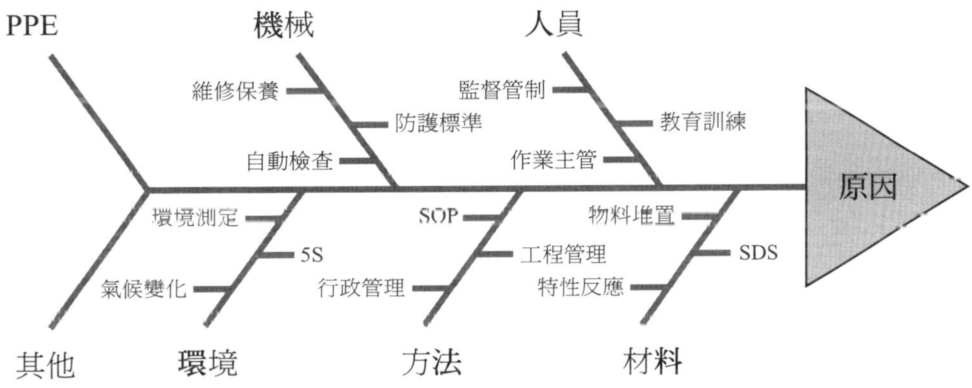

圖 3：五字訣

接著介紹職業衛生管理甲級技術士的考試，每年的職安甲乙級技術士考試由勞動部主辦，分成三個梯次，每次考試分為學科與術科兩個部分，接著分別介紹兩個科目的準備方式：

一、 學科：共有 80 題選擇題，前面 60 題為單選題，一題一分，後面 61~80 題為複選題，一題兩分。自從勞動部公告試題後，多了複選題，而甲級衛生的學科共有 700 題，再加上共同科目四科 400 題，實在內容繁雜，許多考生使用往年的背誦答案方式，往往發現到了考場就想不出正確答案，因此應該採用融會貫通的方式真正了解題目意思，運用本書學科的章節，讓自己複習法規與了解原因，才是學習的不二法門。另外提供一個良好的練習環境，為士林高商的技術士學科練習網站 (http://onlinetest3.slhs.tp.edu.tw/)，讀者可以自行練習。在學科的準備上，如果沒有太多時間，建議先針對「複選題」好好背誦記憶，因為複選題若一個選項不對則失兩分，因此針對少少的複選題先準備絕對是最好的方式！

二、 術科：術科的內容沒有範圍，往往是考生最為頭痛的部分，看的書多學得多，卻不見得會出現於考題中，因此掌握出題方向甚為重要。首先職安的一切根本皆為繁雜的法規，所以重要的相關法規以職業衛生管理師來說，不論是勞工健康保護規則、母性健康保護原則，或是危害性化學品標示及通識規則都非常重要，掌握了法規就掌握了六成的考點。閱讀重點題型時，建議讀者準備筆記本將內容圖像化、表格化，整理成自己的記憶筆記，本書的附錄也羅列了相關的法規比較整理，以及樹狀、表格化的重點給讀者參考。另外，準備術科絕對要藉由考古題了解自己的弱點，因此在附錄中有上一年度 3 梯次的術科試題及解析，讀者可以試著將近年來的考古題自己於紙本上撰寫，再於後參考答案來檢視自己的學習狀況。

三、 最後準備考試的這段時間，請考生特別的關注職安或是工安意外相關的新聞，時事題也常常是考試趨勢。也建議讀者加入臉書職安 / 工安相關的社團或群組，可以接收到大家討論的最新法規修訂訊息或是工安意外的新聞。

四、 善用職安一點通服務網 (www.osh-soeasy.com)，由於每年增訂的內容給讀者最完整的職安衛資訊、法規公告、講座分享、最新的修訂勘誤與活動內容等。考生讀者最關心的歷屆學術科試題部分，由於本書僅收錄最新之 113 年度 3 次之術科試題，更早期之學術科試題及解析皆置放於職安一點通服務網 - 考古題下載區 (www.osh-soeasy.com/exam) 供考生下載，歡迎多加利用。

五、 最後給讀者的一個小小建議，如果您已經到了時間緊迫的時候，必須先以術科為重、學科為輔。因為術科通過可以保留 3 年，學科通過是沒有保留的，所以不要辛辛苦苦只讀了學科，結果術科沒過下次又要全部重來囉！

chapter 2

甲級職業衛生管理時事及應考重點提醒

這幾年甲衛考題範圍越來越廣，方向不易掌握，讀者們除須熟悉計算公式及歷屆試題，另還需多留意時事變化，針對此部分筆者們提供一些方向給讀者們參考；因為每個方向資料都很多，本書擇其重點提醒，舉如法規增修、職傷病事件、時事趨勢、四大計畫等，亦可從職業衛生本務 - 健康檢查、健康管理、健康促進、職業病預防及計畫推動實務或物化生人心 - 五大基盤的認知、評估、控制來建構重點。讀者們如覺得需要再深入可另行查閱官方資料或指引，這些往往是考試中的熱門話題，透過不斷地自我提升和積極地吸收最新資訊，在面對考試時將會更加游刃有餘，無論是論述題還是簡答題，都能夠應對自如，順利通過考試。

2-1 法規增修

建議可參照本書最新修正之法規重點對照內容，或留意勞動部已預告修正之職安衛生相關法規資訊，舉如勞工作業場所容許暴露標準等衛生法規重點。

近2年法令修訂狀況解說

➤ 預告修正「勞工作業場所容許暴露標準」(預告終止日：114.01.21)

修正規定	現行規定	說明
說明： 一、本表內所規定之容許濃度均為8小時日時量平均容許濃度。 二、**可呼吸性粉塵**係指會進入無纖毛呼吸道之粉塵。 三、**總粉塵**係指在某一特定體積空氣中，懸浮在空氣中之全部粉塵。 四、**結晶型游離二氧化矽**係指石英、方矽石及鱗矽石。 五、**石綿粉塵**係指纖維長度在5微米以上，直徑小於3微米，且長寬比在3以上之粉塵。	說明： 一、本表內所規定之容許濃度均為8小時日時量平均容許濃度。 二、可呼吸性粉塵係指可透過離心式等分粒裝置所測得之粒徑者。 三、總粉塵係指未使用分粒裝置所測得之粒徑者。 四、結晶型游離二氧化矽係指石英、方矽石、鱗矽石及矽藻土。 五、石綿粉塵係指纖維長度在5微米以上，長寬比在3以上之粉塵。	因矽藻土大多屬非結晶型二氧化矽，爰將矽藻土從結晶型游離二氧化矽定義中排除；另考量石綿粉塵對人體主要危害係屬吸入性危害，爰參考加拿大職業健康安全中心規定，修正其定義。

近2年法令修訂狀況解說

➤ 預告修正「勞工作業場所容許暴露標準」(預告終止日：114.01.21)

<table>
<tr><th colspan="3">修正規定</th><th colspan="4">現行規定</th><th>說明</th></tr>
<tr><td rowspan="2">名稱</td><td colspan="2">容許濃度</td><td rowspan="2" colspan="2">名稱</td><td colspan="2">容許濃度</td><td rowspan="4">一、查勞研所研究報告，鑄造業、陶瓷業及石材業等行業對於結晶型游離二氧化矽有顯著之暴露，且因人體無法有效排除或分解結晶型游離二氧化矽粉塵，經常性的吸入該粉塵會漸漸導致肺部纖維化，進而演變為矽肺症、肺癌，有鑑於世界各國紛紛降低結晶型游離二氧化矽粉塵容許並簡化規範可呼吸性粉塵濃度，爰參考勞研所建議及國際相關規範，合併現行附表二第一種及第二種粉塵為結晶型游離二氧化矽，並修正該種粉塵之可呼吸性粉塵容許暴露標準：0.1mg/m³ (瘤)。</td></tr>
<tr><td>可呼吸性粉塵</td><td>總粉塵</td><td>可呼吸性粉塵</td><td>總粉塵</td></tr>
<tr><td rowspan="2">結晶型游離二氧化矽</td><td rowspan="2">0.1mg/m³</td><td rowspan="2"></td><td>第一種粉塵</td><td>含結晶型游離二氧化矽10%以上之礦物性粉塵</td><td>$\frac{10mg/m^3}{\%SiO_2+2}$</td><td>$\frac{30mg/m^3}{\%SiO_2+2}$</td></tr>
<tr><td>第二種粉塵</td><td>含結晶型游離二氧化矽未滿10%之礦物性粉塵</td><td>1mg/m³</td><td>4mg/m³</td></tr>
</table>

[註]：此法規如於 114 年修訂請讀者們須留意，後面計算題部分研判標準將有變動，特別是第一種粉塵。

2-2 職業傷病事件

危害性化學品危害評估及管理

重點 1：預防或降低職場暴露致癌化學物質流程

一、**危害辨識及認知**：可透過標示、安全資料表 (SDS) 等瞭解及辨識出職場中的致癌化學物質。

二、**暴露風險評估**：以科學方法評估勞工暴露於致癌化學物質的風險程度，並依風險程度進行分級管理。

三、**採取適當的預防及控制措施**。

四、**紀錄及文件留存**：以掌握職場工作者的致癌化學物質暴露歷程，並定期審視、檢討上述流程之適用性，予以改善。

圖出處於：勞動部 - 職場致癌化學物質危害預防手冊

重點 2：化學品可能的健康效應及危害暴露

※ 註記欄中，C **為致癌物質**、M **為生殖細胞致突變性物質**、R **為生殖毒性**，數字 1、2 則為其分級為第 1 級、第 2 級。

化學品	註記	健康效應及危害暴露
1,3- 丁二烯	C1,M1,R1	呼吸道刺激、肺臟損傷、皮膚發炎、血癌、淋巴癌及胃癌
1.2.- 環氧丙烷	C1,M1	角膜燒傷 (失明)、接觸性皮膚炎、肺水腫、血癌與淋巴癌、生殖細胞致突變性
硫酸鎳	C1,M2,R1	呼吸道過敏、皮膚過敏、生殖系統危害、鼻癌及肺癌
丙烯腈	C1,R1	生殖毒性、皮膚過敏、缺氧、肺癌及腦瘤
三氧化二銻	C1	呼吸道刺激、鼻中隔穿孔、皮膚斑點、肺癌
氯乙烯	C1,M2,R2	肝炎、肝細胞癌
1.2.- 二氯乙烷	C1	皮膚刺激、眼睛刺激、血癌、淋巴癌
氯化鎳 (II) 六合物	C1,R1	呼吸道或皮膚過敏、生殖毒性、肺癌或鼻癌
苯	C1,M1,R2	神經病變、生殖毒性 (可能對生育能力或對胎兒造成傷害)
4.4.- 氧二苯胺	C1,M1,R2	吞食有害、有致突變性、生殖系統危害
甲醛	C1,M2	白血病或鼻咽癌
硼酸	R1	可能對生育能力或對胎兒造成傷害
四氯乙烯	C1,R2	膀胱癌、多發性骨髓瘤或非何杰金氏淋巴瘤、肝腎毒性
1- 溴丙烷	C2,R1	皮膚眼睛刺激、中樞神經抑制、再生不良性貧血、白血病、生殖細胞致突變性

重點 3：優先管理化學品應報請備查之危害分類及臨界量規定

運作第 2 條第 1 款 對於未滿 18 歲及妊娠或分娩後未滿 1 年女性勞工具危害性之化學品	運作第 2 條第 2 款 CMR 物質第 1 級慢性健康危害或非 CMR 第 1 級局部健康效應之化學品	運作第 2 條第 3 款 具急性健康危害或物理性危害之化學品
1. 黃磷 2. 氯氣 3. 氰化氫 4. 苯胺 5. 鉛及其無機化合物 6. 六價鉻化合物 7. 汞及其無機化合物 8. 砷及其無機化合物 9. 二硫化碳 10. 三氯乙烯 11. 環氧乙烷 12. 丙烯醯胺 13. 次乙亞胺 14. 含有 1 至 13 列舉物占其重量超過 1%之混合物	依國家標準 CNS 15030 分類，屬下列化學品之一，並經中央主管機關指定公告者： (一)致癌物質、生殖細胞致突變性物質、生殖毒性物質。 (二)呼吸道過敏物質第一級。 (三)嚴重損傷或刺激眼睛物質第一級。 (四)特定標的器官系統毒性物質屬重複暴露第一級	依國家標準 CNS 15030 分類，具物理性危害或健康危害之化學品，並經中央主管機關指定公告 ※化學品最大運作總量≤其臨界量 2%時，得免報請備查，並免納入總和計算。 ※化學品危害性包含 2 個以上之危害分類時，其臨界量以最低者為準。
濃度(重量百分比)>1%	濃度(重量百分比) ≧1%	具急性健康或物理性危害
無運作量限制	· CMR 第一級：無運作量限制 · 非 CMR 第一級：任一運作行為之年運作總量，達附表二規定者。	· 其最大運作總量達附表三規定之臨界量。 · 運作二種以上屬於第 2 條第 3 款之優先管理化學品，其個別之最大運作總量均未達附表三之臨界量，但其總和達 1 以上者。
· 定期備查：每年 4~9 月 · 動態備查：不需要	· 定期備查：每年 4~9 月 · 動態備查：不需要	· 定期備查：每年 1 月及 7 月 · 動態備查：需要

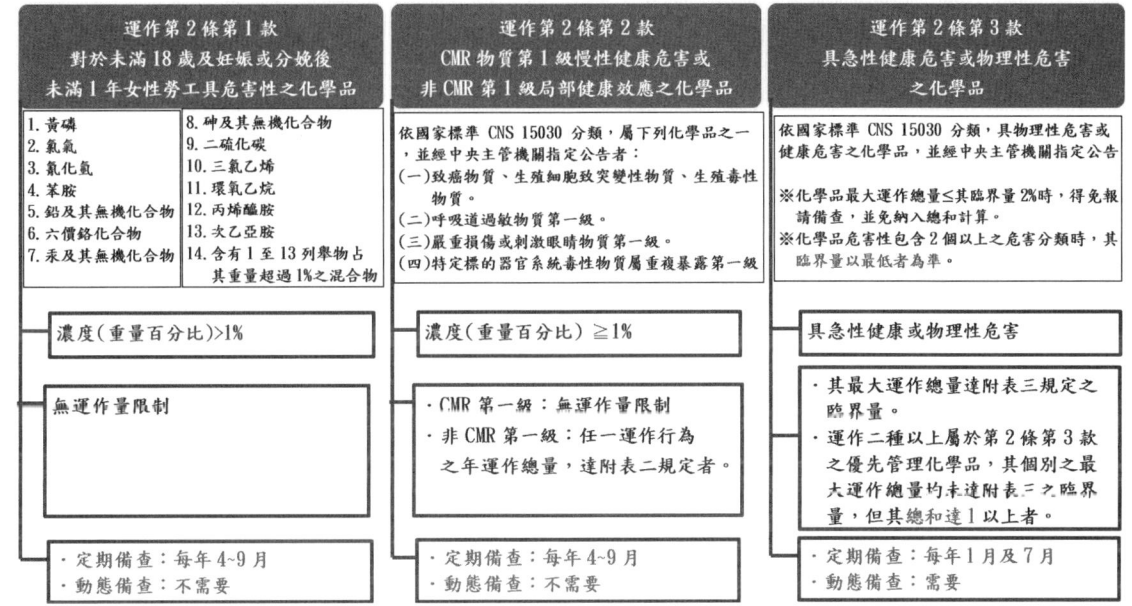

執行職務遭受不法侵害預防

重點 1：潛在造成職場不法侵害之行為樣態

一、 **職場暴力**：包括勞工於勞動場所中，受到他人肢體或言語的虐待、威脅或攻擊，並影響其身心健康、安全或福祉之行為。

二、 **職場霸凌**：包括勞工於執行職務，在勞動場所中，受同仁間或主管及部屬間，藉由職務、權力濫用或不公平對待，所造成持續性的冒犯、威脅、冷落、孤立或侮辱行為，使受害勞工感到受挫、被威脅、羞辱、被孤立及受傷，進而危害其身心健康或安全。

三、 **性騷擾**：指勞工於執行職務時，任何人以性要求、具有性意味或性別歧視之言詞或行為，對其造成敵意性、脅迫性或冒犯性之工作環境，致侵犯或干擾其人格尊嚴、人身自由或影響其工作表現；或雇主對勞工明示或暗示之性要求、具有性意味或性別歧視之言詞或行為，作為勞務契約成立、存續、變更或分發、配置、報酬、考績、陞遷、降調、獎懲等之交換條件。

四、 **就業歧視**：指雇主以勞工「與執行該項特定工作無關之性質」決定其勞動條件，且雇主在該項特質上的要求有不公平或不合理之情事。

重點 2：職場不法侵害之預防措施之相關作法與流程

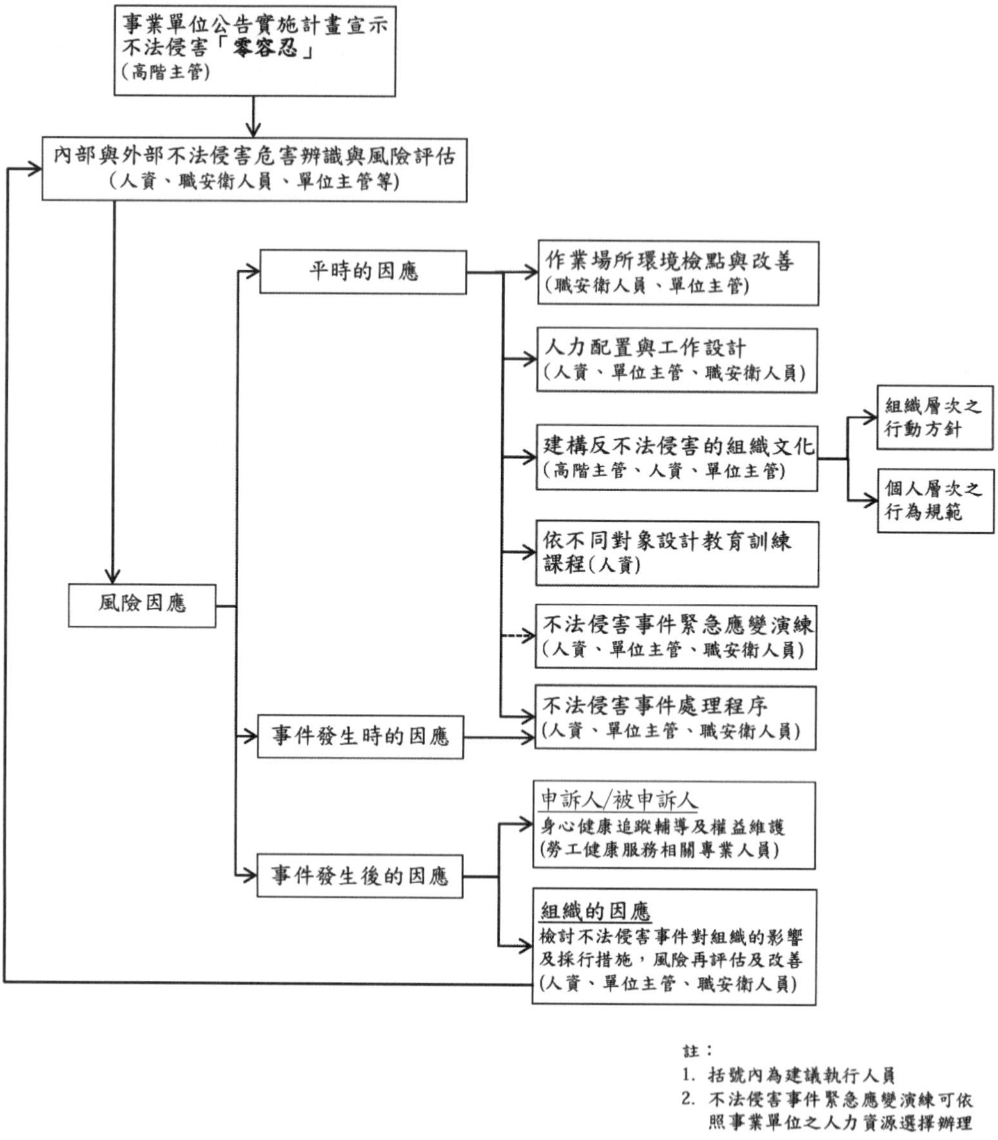

圖出處於：勞動部 - 執行職務遭受不法侵害預防指引

重點 3：職場不法侵害事件處理之流程

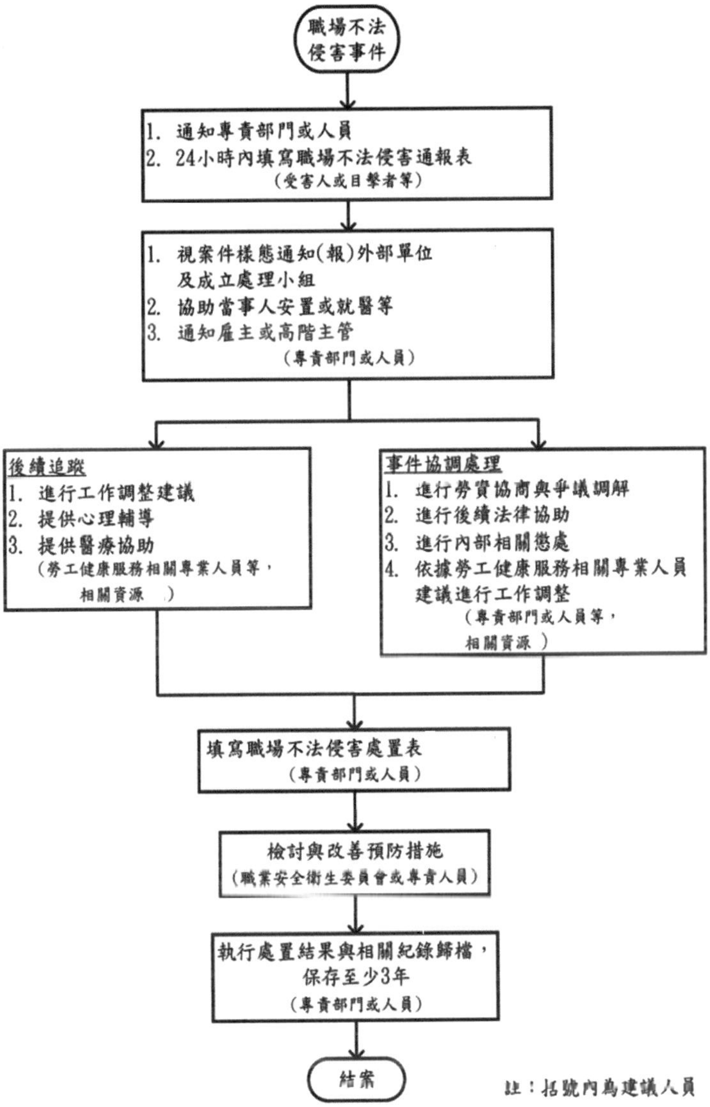

圖出處於：勞動部 - 執行職務遭受不法侵害預防指引

2-3 時事趨勢

GRI 403 職業健康與安全準則

重點 1：GRI 403 職業健康與安全準則之 10 個項目

- 準則 403-1 職業安全衛生管理系統
- 準則 403-2 危害辨識、風險評估及事故調查
- 準則 403-3 職業健康服務
- 準則 403-4 工作者對於職業健康與安全之參與、諮商與溝通
- 準則 403-5 工作者職業健康與安全教育訓練
- 準則 403-6 工作者健康促進
- 準則 403-7 預防及降低與企業直接關聯者之職業健康與安全衝擊
- 準則 403-8 職業安全衛生管理系統所涵蓋之工作者
- 準則 403-9 職業傷害
- 準則 403-10 工作相關疾病

高氣溫環境熱危害

重點 1：熱危害風險等級對應之熱指數及風險管理

熱危害風險等級		熱指數值℃	風險管理原則
低	第一級 注意	26.7 以上， 未達 32.2	為熱暴露之基本防護與原則，對於從事重體力作業時應提高警覺，採取必要防護措施。
	第二級 格外注意	32.2 以上， 未達 40.6	實施危害預防措施及提升危害認知，採取相關防護措施。
	第三級 危險	40.6 以上， 未達 54.4	強化採取之危害預防及管理措施： ・避免使勞工於高溫時段從事戶外作業。 ・應採取相關措施，並注意勞工身體狀況。
高	第四級 極度危險	54.4 以上	更積極執行相關防護措施： ・應避免使勞工從事戶外作業。 ・如有使勞工從事戶外作業之必要時，應確實採取相關措施，並加強緊急應變機制。

重點 2：雇主使勞工從事戶外作業，為防範環境引起之熱疾病，應視天候狀況採取下列危害預防措施：[參照 設施規則第 324-6 條]

一、 降低作業場所之溫度。

二、 提供陰涼之休息場所。

三、 提供適當之飲料或食鹽水。

四、 調整作業時間。

五、 增加作業場所巡視之頻率。

六、 實施健康管理及適當安排工作。

七、 採取勞工熱適應相關措施。

八、 留意勞工作業前及作業中之健康狀況。

九、 實施勞工熱疾病預防相關教育宣導。

十、 建立緊急醫療、通報及應變處理機制。

重點 3：雇主使勞工從事戶外作業，其熱危害風險等級達表三熱指數對照表第四級以上者，應依下列規定辦理：[參照 設施規則第 303-1 條]

一、 於作業場所設置遮陽設施，並提供**風扇**、**水霧**或其他**具降低作業環境溫度效果之設備**。

二、 於鄰近作業場所設置遮陽及具有**冷氣**、**風扇或自然通風良好等具降溫效果之休息場所**，並提供充足飲水或適當飲料。

但勞工作業時間短暫或現場設置確有困難，且已採取第 324 條之 6 所定熱危害預防措施者，不在此限。

重點 4：熱危害緊急處置原則

一、 **遮陽**：將患者移至陰涼處躺下休息。

二、 **脫衣**：鬆開衣物並移除外衣，移除鞋子、襪子。

三、 **降溫**：使用冷敷袋服貼於患者頭部、頸部促進降溫。

四、 **補水**：患者恢復意識後可給予清涼水與電解質飲料。

五、 **送醫**：持續注意勞工健康狀況，若未改善，應立即就醫。

2-4 四大計畫

母性健康保護

重點 1：應實施母性健康保護之工作

一、事業單位勞工人數依勞工健康保護規則第 3 條或第 4 條規定，應配置醫護人員辦理勞工健康服務者，有妊娠中或分娩後未滿 1 年之女性勞工，從事下列可能影響胚胎發育、妊娠或哺乳期間之母體及嬰兒健康之工作：

(一) 工作暴露於具有依國家標準 CNS 15030 分類，屬生殖毒性物質第一級、生殖細胞致突變性物質第一級或其他對哺乳功能有不良影響之化學品者。

(二) 易造成健康危害之工作，包括勞工作業姿勢、人力提舉、搬運、推拉重物、輪班、夜班、單獨工作及工作負荷等。

二、具有鉛作業之事業中，雇主使育齡期之女性勞工從事鉛及其化合物散布場所之工作。

三、雇主使妊娠中或分娩後未滿 1 年之女性勞工，從事或暴露於職業安全衛生法第 30 條第 1 項或第 2 項之工作。

重點 2：雇主若未依法辦理母性健康保護措施，其處罰機制

依職業安全衛生法第 43 條規定，若雇主未依法實施母性健康保護，處新臺幣 3 萬元以上 30 萬元以下罰鍰。

過負荷危害預防

重點 1：應實施異常工作負荷促發疾病之預防工作：[參照 職業促發腦血管及心臟疾病（外傷導致者除外）之認定參考指引]

根據醫學上經驗，腦血管及心臟疾病病變之情形被客觀的認定其超越自然進行過程而明顯惡化的情形稱為負荷過重。被認為負荷過重時的認定要件為異常事件、短期工作過重、長期工作過重。

一、**異常事件**：評估發病當時至發病前一天的期間，是否持續工作或遭遇到天災或火災等嚴重之異常事件，且能明確的指出狀況發生時的時間及場所。此異常事件造成的腦血管及心臟疾病通常會在承受負荷後 24 小時內發病，該異常事件可分為下述三種：

（一）精神負荷事件：會引起極度緊張、興奮、恐懼、驚訝等強烈精神上負荷的突發或意料之外的異常事件。其發生於明顯承受與工作相關的重大個人事故時。

（二）身體負荷事件：迫使身體突然承受強烈負荷的突發或難以預測的緊急強度負荷之異常事件。其可能由於發生事故，協助救助活動及處理事故時，身體明顯承受負荷。

（三）工作環境變化事件：急遽且明顯的工作環境變動，如於室外作業時，在極為炎熱的工作環境下無法補充足夠水分，或在溫差極大的場所頻繁進出時。

二、**短期工作過重**：評估發病前（包含發病日）約 1 週內，勞工是否從事特別過重的工作，該過重的工作係指與日常工作相比，客觀的認為造成身體上、精神上負荷過重的工作，其評估內容除可考量工作量、工作內容、工作環境等因素外，亦可由同事或同業是否認為負荷過重的觀點給予客觀且綜合的判斷。

三、**長期工作過重**：評估發病前（不包含發病日）6 個月內，是否因長時間勞動造成明顯疲勞的累積。其間，是否從事特別過重之工作及有無負荷過重因子係以「短期工作過重」為標準。而評估長時間勞動之工作時間，係以每週 40 小時，以 30 日為 1 個月，每月 176 小時以外之工作時數計算「加班時數」（此與勞動基準法之「延長工時」定義不同）。其評估重點如下：

（一）評估發病前 1 至 6 個月內的加班時數：

1. (極強相關性) 發病前 1 個月之加班時數超過 100 小時，可依其加班產生之工作負荷與發病有極強之相關性作出判斷。

2. (極強相關性) 發病前 2 至 6 個月內之前 2 個月、前 3 個月、前 4 個月、前 5 個月、前 6 個月之任一期間的月平均加班時數超過 80 小時，可依其加班產生之工作負荷與發病有極強之相關性作出判斷。

3. 發病前 1 個月之加班時數，及發病前 2 個月、前 3 個月、前 4 個月、前 5 個月、前 6 個月之月平均加班時數皆小於 45 小時，則加班與發病相關性薄弱；若超過 45 小時，則其加班產生之工作負荷與發病之相關性，會隨著加班時數之增加而增強，應視個案情況進行評估。

（二）評估有關工作型態及伴隨精神緊張之工作負荷要因，包括：

1. 不規律的工作。

2. 工時長的工作。

3. 經常出差。

4. 輪班或夜班工作。

5. 作業環境是否有異常溫度、噪音、時差。

6. 伴隨精神緊張的工作。

人因性危害預防

重點 1：應實施重複性作業等促發肌肉骨骼疾病之預防工作

以下就從認知危害、評估危害、控制危害三方面作重點說明：

一、**認知危害**：勞工從事重複性作業，可能因姿勢不良、過度施力及作業頻率過高等原因，促發肌肉骨骼疾病。在職場許多工作活動需用手來從事搬運，如抬舉、提攜、推頂、推拉、持持等人工物料的搬運；搬運過程若有不慎可能肇生瘀裂傷和骨折，或是肌肉骨骼的疲勞及傷害，特別是脊柱及下背疼痛等問題。

二、**評估危害**：參考勞動部職安署人因危害風險評估工具【KIM 關鍵指標檢核系統】

舉如：人工物料處理檢核表 LHC

步驟 1/4：決定暴露時間量級

步驟 2/4：決定荷重、身體姿勢與工作狀況量級

步驟 3/4：決定姿勢之量級

步驟 4/4：決定工作狀況之量級

風險值計算：依據選定步驟量級，數字愈大其風險就愈高，計算出風險值。

三、**控制危害**：風險數值愈高者應設法降低人工物料搬運之風險

工廠物料搬運是無法完全避免，可循下列管道來降低肌肉骨骼傷害的風險：

1. 搬運重量減輕。
2. 兩人執行搬運。
3. 變更操作模式如後拉取代提攜。
4. 縮短提攜的搬運距離。
5. 置物不要超過肩高。
6. 縮短抬舉的水平距離。
7. 減少抬舉次數。
8. 休息時間增加或輪調工作。
9. 提供附手柄箱子。
10. 選肌耐力強的工人並執行訓練。

2-5 健康促進

中高齡及高齡工作者安全及健康

重點 1：強化中高齡及高齡工作者安全及健康之作業流程圖

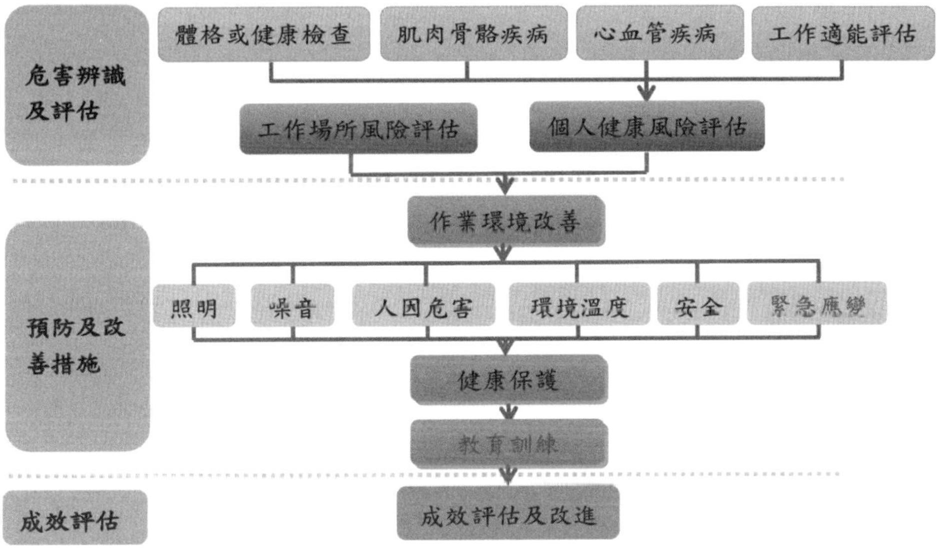

圖出處於：勞動部 - 中高齡及工作者安全衛生指引

註：　一、中高齡工作者：指年滿 45 歲至 65 歲之工作者。
　　　二、高齡工作者：指逾 65 歲之工作者。

2-6 呼吸防護

呼吸防護具密合度測試

重點 1：事業單位勞工人數 200 人以上應訂定呼吸防護計畫，評估實施呼吸防護具密合度：[參照 設施規則第 277-1 條及呼吸防護計畫及採行措施指引]

雇主使勞工於有害環境作業需使用呼吸防護具時，應依其作業環境空氣中有害物之特性，採取適當之呼吸防護措施，訂定呼吸防護計畫據以推動，並指派具有呼吸防護相關知能之專人負責執行。

所稱有害環境，指無法以工程控制或行政管理有效控制空氣中之有害氣體、蒸氣及粉塵之濃度，且符合下列情形之一者：

一、 作業場所之有害物濃度超過 8 小時日時量平均容許濃度之 1/2。

二、 作業性質具有臨時性、緊急性，其有害物濃度有超過容許暴露濃度之虞，或無法確認有害物及其濃度之環境。

三、 氧氣濃度未達 18% 之缺氧環境，或其他對勞工生命、健康有立即危害之虞環境。

呼吸防護計畫應包括下列事項：

一、 危害辨識及暴露評估。

二、 防護具之選擇。

三、 防護具之使用。

四、 防護具之維護及管理。

五、 呼吸防護教育訓練。

六、 成效評估及改善。

上述中防護具之選擇，選擇使用半面體或全面體等緊密貼合式呼吸防護具時，應依勞工生理狀況及防護需求，實施生理評估及密合度測試。

呼吸防護具密合度測試之時機及頻率：

1. 首次或重新選擇呼吸防護具時。
2. 每年至少測試一次。
3. 勞工之生理變化會影響面體密合時。
4. 勞工反映密合有問題時。

密合度測試原理區分：

1. 定性密合度測試：利用受測者嗅覺或味覺主觀判斷是否有測試氣體洩漏進入面體內。
2. 定量密合度測試：利用儀器量測呼吸防護具面體外測試物濃度及面體內測試物濃度，以其比值評估洩漏情形。

密合度測試實施方法：

1. 定性密合度測試：可用於正壓式呼吸防護具；對於負壓式呼吸防護具僅可用於有害物濃度小於 10 倍容許濃度值之作業環境，或非屬對生命、健康造成立即危害之環境，或密合係數等於或小於 100 之防護具。

2. 定量密合度測試：可用於正壓式及負壓式呼吸防護具；測試所得之密合係數，半面體需大於 100，全面體需大於 500。

2-7 環境監測

有害作業環境監測管理

重點 1：噪音作業場所應實施環境監測及聽力保護等作為

以下就從認知危害、評估危害、控制危害三方面來作重點說明：

一、**認知危害**：勞工若長期曝露職場高強度噪音環境時，其內耳耳蝸之聽覺神經會受到損傷，造成柯蒂氏器（Corti）中的纖毛細胞永久性破壞，將導致神經性的聽力喪失。

二、**評估危害**：噪音作業場所應實施環境監測並執行噪音分級管理，噪音 85dB 以上場所之作業人員應每年接受特殊健康檢查。

80 分貝	85 分貝	90 分貝	115 分貝以上
1. 低於 80 分貝不列入計算。 2. 每超過 5 分貝降低容許暴露時間一半。	1. 超過 85 分貝或暴露劑量超過 50% 配戴耳塞、耳罩等**防音防護具**。 2. 執行**聽力保護**措施。	1. 超過 90 分貝應採取**工程控制**並減少噪音**暴露時間**。 2. 噪音工作場所應**公告**噪音危害之預防事項。	1. 任何時間不得暴露於峰值超過 140 分貝之**衝擊性噪音**。 2. 任何時間不得暴露於峰值超過 115 分貝之**連續性噪音**。

[參照 設施規則第 300 條及第 300-1 條]

三、控制危害

噪音源頭 - 改善與管制

1. 設置消音箱或消音器。
2. 加裝避震設施。
3. 改善材質。
4. 變更音源頻率。
5. 物料移動距離縮短。

6. 製程變更。
7. 改變氣流對稱性以利降噪。

環境改善 - 傳播路徑的改變

1. 拉長音源距離。
2. 圍閉音源。
3. 裝置隔音設施。
4. 使用防音門。
5. 減少聲音的傳導。

人身防護 - 應使用耳塞或耳罩並執行個人防護具之教育訓練以正確配戴。

chapter 3

最新修正之法規重點對照表

【新修訂法規經常是考試重點，請讀者務必多留意】

一、勞工職業災害保險及保護法施行細則（修正公告日期：112 年 12 月 15 日）

勞工職業災害保險及保護法施行細則（以下簡稱本細則）依勞工職業災害保險及保護法（以下簡稱本法）第 108 條規定授權，自 111 年 3 月 11 日訂定發布，並自同年 5 月 1 日施行。為因應相關實務作業，以增進被保險人及投保單位權益，爰修正本細則部分條文，其修正要點如下：

（一）查巷弄長照站及社區關懷據點係依長期照顧相關計畫設置之據點，且長期照顧服務為社會福利服務之一環，爰為因應勞工之工作安全保障需求，修正僱用人員辦理中央或地方政府社會福利服務事務之村（里）辦公處，為本法第 6 條第 1 項第 1 款所定之雇主。（修正條文第 6 條）

（二）為使投保單位辦理投保、退保及轉保手續之程序明確，酌修文字並定明郵寄方式之申報日期。（修正條文第 12 條）

（三）查全民健康保險法第 21 條第 2 項規定略以，被保險人之投保金額，不得低於其勞工退休金月提繳工資及參加其他社會保險之投保薪資。考量衛生福利部中央健康保險署每年均已定期比對全民健康保險投保金額及勞工職業災害保險投保薪資，為簡化行政流程，爰予修正相關文字。（修正條文第 26 條）

（四）定明本法第 62 條第 1 項所定職業災害預防及重建經費編列之計算基礎與撥付及年度執行賸餘繳還程序。（修正條文第 82-1 條）

（五）定明本次修正條文自發布日施行。（修正條文第 90 條）

說明 / 網址	RQ CODE
勞工職業災害保險及保護法施行細則修正條文對照表 https://law.moj.gov.tw/LawClass/LawGetFile.ashx?FileId=0000356962&lan=C&type=1&date=20231215	

二、性別平等工作法施行細則（修正公告日期：113 年 01 月 17 日）

性別工作平等法施行細則（以下簡稱本細則）自 91 年 3 月 6 日發布施行後，期間歷經 6 次修正，最近一次修正發布日期為 111 年 1 月 18 日。配合性別工作平等法於 112 年 8 月 16 日修正公布，名稱修正為「性別平等工作法」（以下簡稱本法），本次將本細則名稱修正為「性別平等工作法施行細則」。另為保障受僱者或求職者之申訴權益，以遏阻性騷擾事件發生，爰修正本細則部分條文，其修正要點如下：

（一）配合本法第 5 條有關性別平等工作會組成代表之規定，自 113 年 3 月 8 日施行，基於實務需求，定明各級主管機關性別平等工作會改聘（派）之過渡規定。修正條文第 1-1 條）

（二）配合本法強化工作場所性騷擾防治之規定，增訂「共同作業」、「持續性性騷擾」之定義，及雇主「知悉」性騷擾時點之意涵。（修正條文第 4-2 條）

（三）定明雇主接獲申訴及調查認定屬性騷擾案件之處理結果，均應通知被害人勞務提供地之直轄市或縣（市）主管機關。（修正條文第 4-3 條）

（四）雇主、受僱者或求職者如有不服中央主管機關性別平等工作會依本法第 34 條第 2 項規定所為之審定，定明其後續救濟途徑。（修正條文第 4-4 條）

（五）配合本法修正之施行日期，定明本細則之施行日期。（修正條文第 15 條）

說明 / 網址	QR CODE
性別工作平等法施行細則部分條文修正條文對照表 https://law.moj.gov.tw/LawClass/LawGetFile.ashx?FileId=0000359739&lan=C&type=1&date=20240117	

三、工作場所性騷擾防治措施準則（修正公告日期：113 年 01 月 17 日）

工作場所性騷擾防治措施申訴及懲戒辦法訂定準則（以下簡稱本準則）自 91 年 3 月 6 日訂定發布後，期間歷經 4 次修正，最近一次修正發布日期為 109 年 4 月 6 日。

性別工作平等法於 112 年 8 月 16 日修正公布，名稱修正為「性別平等工作法」，依性別平等工作法第 13 條第 1 項規定「雇主應採取適當之措施，防治性騷擾之發生，並依下列規定辦理：(一) 僱用受僱者 10 人以上未達 30 人者，應訂定申訴管道，並在工作場所公開揭示。(二) 僱用受僱者 30 人以上者，應訂定性騷擾防治措施、申訴及懲戒規範，並在工作場所公開揭示。同條第 6 項規定「雇主依第 1 項所為之防治措施，其內容應包括性騷擾樣態、防治原則、教育訓練、申訴管道、申訴調查程序、應設申訴處理單位之基準與其組成、懲戒處理及其他相關措施；其準則，由中央主管機關定之。」，爰修正本準則，並將名稱修正為「工作場所性騷擾防治措施準則」，其修正要點如下：

（一）增訂僱用受僱者 10 人以上未達 30 人之雇主，應設置申訴管道並公開揭示。（修正條文第 2 條）

（二）定明僱用受僱者 30 人以上之雇主應訂定性騷擾防治措施、申訴及懲戒規範，以及規範之內容應包括之事項；僱用受僱者未達 30 人之雇主，得參照辦理。（修正條文第 3 條）

（三）增訂政府機關（構）、學校、各級軍事機關（構）、部隊、行政法人及公營事業機構於訂定性騷擾防治措施、申訴及懲戒規範時，明定申訴人為公務人員、教育人員或軍職人員之申訴及處理程序。（修正條文第 4 條）

（四）增訂工作場所性騷擾之調查及認定得綜合審酌之情形。（修正條文第 5 條）

（五）依雇主「因接獲申訴」及「非因接獲申訴」而知悉性騷擾之情形，分別定明雇主所應採取之立即有效之糾正及補救措施；增訂僱用受僱者 500 人以上之雇主，因申訴人或被害人之請求，應提供心理諮商協助最低次數之依據。（修正條文第 6 條）

（六）增訂被害人及行為人分屬不同事業單位時，被害人及行為人之雇主於知悉性騷擾之情形時，均應採取立即有效之糾正及補救措施，並應通知他方共同協商解決或補救辦法。（修正條文第 7 條）

（七）為預防工作場所性騷擾之發生，定明一定規模以上之雇主，應實施防治性騷擾之教育訓練，以及優先實施之對象。（修正條文第 9 條）

（八）為保護性騷擾事件當事人與受邀協助調查之個人隱私，並考量相關證據保全之重要性，定明雇主或參與性騷擾申訴事件之處理、調查及決議人員，對相關資料應予保密，並善盡證據保全義務。（修正條文第 10 條）

（九）強化多元申訴管道之建立，以暢通性騷擾申訴管道，及定明雇主接獲申訴時，應按中央主管機關規定之內容及方式，通知地方主管機關。（修正條文第 11 條）

（十）增訂符合一定規模之雇主，於處理性騷擾申訴事件時，應設申訴處理單位，以及其組成成員與性別比例之規定。（修正條文第 12 條）

（十一）增訂僱用受僱者 100 人以上之雇主，於調查性騷擾申訴事件時，應組成申訴調查小組調查之，其成員應有具備性別意識之外部專業人士，並得自中央主管機關建立之工作場所性騷擾調查專業人才資料庫遴選之。（修正條文第 13 條）

（十二）增訂性騷擾申訴事件調查之結果應包括之事項及後續處理程序。（修正條文第 14 條）

（十三）增訂參與性騷擾申訴事件之處理、調查及決議人員之迴避原則。（修正條文第 15 條）

（十四）增訂申訴處理單位或調查小組召開會議時，應給予當事人充分陳述意見及答辯機會，並避免重複詢問。（修正條文第 16 條）

（十五）增訂申訴處理單位應參考申訴調查小組所為調查結果處理之，並應為附理由之決議。（修正條文第 17 條）

（十六）定明雇主未處理或不服被申訴人之雇主所為調查或懲戒結果，以及雇主未盡防治義務時，受僱者或求職者得向地方主管機關提起申訴。（修正條文第 18 條）

（十七）增訂經調查認定性騷擾行為屬實之案件，雇主應將處理結果通知地方主管機關。（修正條文第 19 條）

說明 / 網址	QR CODE
工作場所性騷擾防治措施申訴及懲戒辦法訂定準則修正條文對照表 https://law.moj.gov.tw/LawClass/LawGetFile.ashx?FileId=0000359748&lan=C&type=1&date=20240117	

四、女性勞工母性健康保護實施辦法（修正公告日期：113 年 05 月 31 日）

依職業安全衛生法第 31 條第 3 項授權訂定之女性勞工母性健康保護實施辦法（以下簡稱本辦法）自 103 年 12 月 30 日訂定發布後，曾於 109 年 9 月 16 日修正發布。本次修正為配合 110 年 12 月 22 日修正發布之勞工健康保護規則有關事業單位應配置勞工健康服務醫護人員之規模，並考量應辦理勞工健康服務之事業單位應依規定實施母性健康保護措施，及「性別工作平等法」於 112 年 8 月 16 日修正公布，名稱修正為「性別平等工作法」，爰修正本辦法部分條文，其修正重點如下：

（一）配合勞工健康保護規則修正事業單位應配置勞工健康服務醫護人員之規模，修正適用母性健康保護之事業單位範圍。（修正條文第 3 條）

（二）配合本辦法第 3 條修正應訂定母性健康保護計畫之事業單位範圍。（修正條文第 5 條）

（三）配合「性別工作平等法」於 112 年 8 月 16 日修正公布，名稱修正為「性別平等工作法」，修正援引之法律名稱。（修正條文第 13 條）

（四）基於事業單位配合修正條文第 3 條及第 5 條所需之緩衝期，爰定明本辦法修正條文之施行日期。（修正條文第 16 條）

說明 / 網址	QR CODE
女性勞工母性健康保護實施辦法部分條文修正條文對照表 https://law.moj.gov.tw/LawClass/LawGetFile.ashx?FileId=0000369653&lan=C&type=1&date=20240531	

五、優先管理化學品之指定及運作管理辦法（修正公告日期：113 年 06 月 06 日）

優先管理化學品之指定及運作管理辦法（以下簡稱本辦法）自 103 年 12 月 30 日訂定發布後，曾於 110 年 11 月 5 日修正發布。本次修正係為加強掌握廠場化學品運作資訊，考量具有物理性及急毒性等立即性危害且運作達一定數量之化學品，萬一發生事故所影響之範圍及嚴重程度較大，爰增加運作者應報請備查頻率、動態報請備查及強化運作者應報請備查之基本資料等規定，以提升資料之即時性及有效性，並基於行政協助提供相關目的事業主管機關防救災之運用，爰修正本辦法，其修正重點如下：

（一）修正最大運作總量用詞定義，以資明確。（修正條文第 3 條）

（二）對於運作者勞工人數未滿 100 人者，縮短其運作優先管理化學品之報請備查期限，並要求運作者應分別將營利事業統一編號及工廠登記編號報請備查，以強化資料勾稽運用。（修正條文第 7 條、第 7 條附表四）

（三）依優先管理化學品之危害特性，修正報請備查頻率及增訂動態報請備查之規定。（修正條文第 8 條、第 9 條）

（四）刪除運作者未依相關規定報請備查得通知限期補正，屆期未補正者，始處以罰鍰之規定，以強化運作資料報請備查之管理機制。（修正條文第 14 條）

說明 / 網址	QR CODE
優先管理化學品之指定及運作管理辦法修正條文對照表 https://law.moj.gov.tw/LawClass/LawGetFile.ashx?FileId=0000370036&lan=C&type=1&date=20240606	

六、鉛中毒預防規則
（修正公告日期：113 年 06 月 13 日）

依職業安全衛生法第 6 條第 3 項授權訂定之鉛中毒預防規則（以下簡稱本規則）於 63 年 6 月 20 日發布施行，歷經 4 次修正，最近一次修正日期為 103 年 6 月 30 日。本次修正係為提升工程控制源頭品質管理機制，明定局部排氣裝置應由專業人員設計，並強化其設置與維護之管理，另為配合相關法規名稱之修正及強化鉛作業清潔管理等，爰修正本規則部分條文，其修正重點如下：

（一）配合修正本規則所引用法規名稱。（修正條文第 4-1 條）

（二）刪除銀漆作業應設置局部排氣裝置規定。（修正條文第 15 條）

（三）新增局部排氣裝置應設置監測靜壓、流速或其他足以顯示該設備正常運轉之裝置。（修正條文第 26 條）

（四）新增局部排氣裝置應由經訓練合格之專業人員設計，並製作設計報告書與原始性能測試報告書；另明定設計專業人員之資格及訓練課程、時數等規定，以提升人員之設計能力及裝置之性能。（修正條文第 31 條、第 31-1 條）

（五）新增可使用真空除塵機及適當溶液清除鉛塵。（修正條文第 34 條、第 36 條、第 37 條）

（六）明定雇主使勞工從事鉛作業，應指派鉛作業主管。（修正條文第 40 條）

（七）新增禁止勞工將污染後之防護具攜入鉛作業場所以外之處所。（修正條文第 45 條）

（八）考量修正條文第 26 條第 2 項、第 31 條第 2 項至第 5 項及第 31-1 條，需給予雇主一定期間以完備相關工程控制或行政配套措施，爰明定施行日期（修正條文第 50 條）

說明／網址	QR CODE
鉛中毒預防規則部分條文修正條文對照表 https://law.moj.gov.tw/LawClass/LawGetFile.ashx?FileId=0000370328&lan=C&type=1&date=20240613	

七、職業安全衛生設施規則（修正公告日期：113 年 08 月 01 日）

職業安全衛生法授權訂定之職業安全衛生設施規則（以下簡稱本規則），於 63 年 10 月 30 日發布施行後，歷經多次修正，最近一次修正發布日期為 111 年 2 月 12 日。鑑於近年來工作場所迭因機械設備操作或工廠鋼構屋頂作業，發生工作者被捲、被撞、被砸、墜落、燙傷等危害，另因應近年來氣候變遷造成極端高溫天氣逐漸頻繁加劇，引發熱危害風險增加，有積極建置多重防護機制之必要，以強化事業單位安全衛生設施及健全工作場所防災作為，有效防止職業災害及保護勞工之身心健康，爰修正本規則部分條文，其修正要點如下：

（一）對於機械、設備及其相關配件之掃除、上油、檢查、修理或調整有導致危害勞工之虞者，及停止運轉或拆修時，有彈簧等彈性元件、液壓、氣壓或真空蓄能等殘壓引起之危險者，應設置相關安全設備及採取危害預防措施。（修正條文第 57 條）

（二）對於具有捲入點之滾軋機，有危害勞工之虞時，應設護圍、導輪或具有連鎖性能之安全防護裝置等設備。（修正條文第 78 條）

（三）為避免車輛系營建機械，因誤操作遭運行中機械撞擊等災害，明定應設置制動裝置及維持正常運作，並使駕駛離開駕駛座時，確實使用該裝置制動；另為避免人員闖入使用車輛系營建機械之作業區域範圍，致被撞等災害，對於使用之車輛系營建機械，應裝設倒車或旋轉之警報裝置，或設置可偵測人員進入作業區域範圍內之警示設備。（修正條文第 119 條）

（四）為避免使用高空工作車從事作業之人員遭受墜落、掉落物或碰撞之危害，應使該高空工作車工作台上之勞工佩戴安全帽及全身背負式安全帶。（修正條文第 128-1 條）

（五）勞工從事金屬之加熱熔融、熔鑄作業時，對於冷卻系統應設置監測及警報裝置，以確保勞工作業安全。（修正條文第 181-1 條）

（六）為保護工廠鋼構屋頂勞工作業安全及避免墜落，增訂於其邊緣及周圍與易踏穿材料屋頂之安全防護設施。（修正條文第 227-1 條）

（七）針對戶外作業熱危害風險達特定等級時，雇主應設置遮陽、降溫設備及適當休息場所。（修正條文第 303-1 條）

說明 / 網址	QR CODE
職業安全衛生設施規則部分條文修正條文對照表 https://law.moj.gov.tw/LawClass/LawGetFile.ashx?FileId=0000372966&lan=C&type=1&date=20240801	

chapter 4

職業衛生管理甲級學科試題解析（含共同科目）

工作項目 01 職業安全衛生相關法規
工作項目 02 職業安全衛生計畫及管理
工作項目 03 專業課程

90006 職業安全衛生共同科目
90007 工作倫理與職業道德共同科目
90008 環境保護共同科目
90009 節能減碳共同科目

4-1 職業衛生管理甲級學科試題解析

工作項目 01：職業安全衛生相關法規

1. (2) 依勞動檢查法規定，事業單位對勞動檢查機構所發檢查結果通知書有異議時，應於通知書送達之次日起幾日內，以書面敘明理由向勞動檢查機構提出？
① 7 ② 10 ③ 14 ④ 30。

解析
勞動檢查法施行細則第 21 條：
事業單位對勞動檢查機構所發檢查結果通知書有異議時，應於通知書送達之次日起**10 日**內，以書面敘明理由向勞動檢查機構提出。前項通知書所定改善期限在勞動檢查機構另為適當處分前，不因事業單位之異議而停止計算。

2. (1) 依勞動檢查法規定，經勞動檢查機構以書面通知之檢查結果，事業單位應於該違規場所顯明易見處公告幾日以上？
① 7 ② 10 ③ 15 ④ 30。

解析
勞動檢查法第 25 條：
勞動檢查員對於事業單位之檢查結果，應報由所屬勞動檢查機構依法處理；其有違反勞動法令規定事項者，勞動檢查機構並應於 10 日內以書面通知事業單位立即改正或限期改善，並副知直轄市、縣(市)主管機關督促改善。對公營事業單位檢查之結果，應另副知其目的事業主管機關督促其改善。
事業單位對前項檢查結果，應於違規場所顯明易見處公告**7 日**以上。

3. (1) 依勞動檢查法規定，甲類危險性工作場所應於使勞工作業多少日前，向當地勞動檢查機構申請審查合格？
① 30 ② 45 ③ 60 ④ 90。

解析
依照勞動檢查法第 26 條第二項規定訂定之危險性工作場所審查及檢查辦法第 4 條：
事業單位應於甲類工作場所、丁類工作場所使勞工作業**30 日**前，向當地勞動檢查機構(以下簡稱檢查機構)申請審查。
事業單位應於乙類工作場所、丙類工作場所使勞工作業**45 日**前，向檢查機構申請審查及檢查。
- 此題出現四次，請務必將甲乙丙丁四種場所的審查以及檢查相關時間與內容記住。

4. (2) 依勞動檢查法規定，乙類危險性工作場所應於使勞工作業多少日前，向當地勞動檢查機構申請審查及檢查？
① 30 ② 45 ③ 60 ④ 90。

解析
承上題，請參考上題解析。

5. (2) 依勞動檢查法規定，丙類危險性工作場所應於使勞工作業多少日前，向當地勞動檢查機構申請審查及檢查？
① 30 ② 45 ③ 60 ④ 90。

解析 承上題，請參考上題解析。

6. (1) 依危險性工作場所審查及檢查辦法規定，丁類危險性工作場所應於使勞工作業多少日前，向當地勞動檢查機構申請審查合格？
① 30 ② 45 ③ 60 ④ 90。

解析 承上題，請參考上題解析。

7. (4) 依勞動檢查法規定，下列何者屬乙類危險性工作場所？
①建築物頂樓樓板高度在 50 公尺以上之建築工程
②從事石油產品之裂解反應，以製造石化基本原料之工作場所
③設置傳熱面積在 500 平方公尺以上之蒸汽鍋爐之工作場所
④從事以化學物質製造爆炸性物品之火藥類製造工作場所。

解析 依照勞動檢查法第 26 條第二項規定訂定之危險性工作場所審查及檢查辦法第 2 條：
勞動檢查法第 26 條第一項規定之危險性工作場所分類如下：
乙類：指下列工作場所或工廠：
一、使用異氰酸甲酯、氯化氫、氨、甲醛、過氧化氫或吡啶，從事農藥原體合成之工作場所。
二、利用氯酸鹽類、過氯酸鹽類、硝酸鹽類、硫、硫化物、磷化物、木炭粉、金屬粉末及其他原料製造爆竹煙火類物品之爆竹煙火工廠。
三、**從事以化學物質製造爆炸性物品之火藥類製造工作場所。**

8. (3) 依勞動檢查法規定，下列何者屬丙類危險性工作場所？
①製造、處置、使用危險物、有害物之數量達規定數量以上之工作場所
②從事農藥原體合成之工作場所
③蒸汽鍋爐之傳熱面積在 500 平方公尺以上之工作場所
④採用壓氣施工作業之工程。

解析 依照勞動檢查法第 26 條第二項規定訂定之危險性工作場所審查及檢查辦法第 2 條：
勞動檢查法第 26 條第一項規定之危險性工作場所分類如下：
丙類：指蒸汽鍋爐之傳熱面積在 **500 平方公尺**以上，或高壓氣體類壓力容器一日之冷凍能力在 150 公噸以上或處理能力符合下列規定之一者：
一、1000 立方公尺以上之氧氣、有毒性及可燃性高壓氣體。
二、5000 立方公尺以上之前款以外之高壓氣體。

9. (4) 依勞動檢查法規定，下列何者屬丁類危險性工作場所？
①製造、處置、使用危險物、有害物之數量達中央主管機關規定數量以上之工作場所
②製造爆竹煙火類物品之爆竹煙火工廠
③設置以氨為冷媒冷凍能力 1 日在 20 公噸以上之高壓氣體類壓力容器工作場所
④建築物高度在 80 公尺以上之建築工程。

解析
危險性工作場所審查及檢查辦法第 2 條：
勞動檢查法第 26 條第一項規定之危險性工作場所分類如下：
丁類：指下列之營造工程：
一、建築物高度在 80 公尺以上之建築工程。
二、單跨橋梁之橋墩跨距在 75 公尺以上或多跨橋梁之橋墩跨距在 50 公尺以上之橋梁工程。
三、採用壓氣施工作業之工程。
四、長度 1000 公尺以上或需開挖 15 公尺以上豎坑之隧道工程。
五、開挖深度達 18 公尺以上，且開挖面積達 500 平方公尺以上之工程。
六、工程中模板支撐高度 7 公尺以上，且面積達 330 平方公尺以上者。

10. (1) 下列那些依危險性工作場所審查及檢查辦法規定設立之危險性工作場所，當逾期不辦理申請審查、檢查合格時，不得使勞工在該場所作業？
①製造、處置、使用危險物、有害物之數量達中央主管機關規定數量 10 倍之工作場所
②設置高壓氣體類壓力容器一日處理能力在 100 立方公尺以上之工作場所
③液劑、乳劑等農藥加工工作場所
④設置高壓氣體類壓力容器一日冷凍能力在 20 公噸以上之工作場所。

解析
逾期不辦理申請審查、檢查合格時，不得使勞工在該場所作業之規定：
- 甲類製造、處置、使用危險物、有害物之數量達中央主管機關規定數量 10 倍之工作場所。
- 丙類設置高壓氣體類壓力容器一日處理能力在 5000 立方公尺以上之工作場所（氧氣、有毒性及可燃性高壓氣體 1000 立方公尺）。
- 乙類場所從事農藥原體合成之工作場所。
- 丙類設置高壓氣體類壓力容器一日冷凍能力在 150 公噸以上之工作場所。

11. (1) 依勞動檢查法規定，危險性工作場所未經申請審查或檢查合格，事業單位不得使勞工在該場所作業，違反者可能遭受之處分為下列何者？
①處 3 年以下有期徒刑、拘役或科或併科新台幣 15 萬元以下罰金
②處 1 年以下有期徒刑、拘役或科或併科新台幣 9 萬元以下罰金
③處新台幣 3 萬元以上 15 萬元以下罰鍰
④處新台幣 3 萬元以上 6 萬元以下罰鍰。

解析 勞動檢查法第34條規定：
有違反第26條規定，使勞工在未經審查或檢查合格之工作場所作業者，處3年以下有期徒刑、拘役或科或併科新臺幣**15萬元**以下罰金。

12. (1) 使勞工在未經審查或檢查合格之危險性工作場所作業，依勞動檢查法可能遭受處分者，下列何者較正確？
①行為人、法人或自然人
②安全衛生管理人員
③受僱人或代表人、代理人外之其他從業人員
④作業人員。

解析 勞動檢查法第34條規定：
法人之代表人、法人或自然人之代理人、受僱人或其他從業人員，因執行業務犯前項之罪者，除處罰其**行為人**外，對該**法人或自然人**亦科以前項之罰金。

13. (2) 依危險性工作場所審查及檢查辦法規定，甲、乙、丙類工作場所安全評估可採用之評估方法，不包括下列何者？
①危害及可操作性分析 ②相對危害順序排列
③故障樹分析 ④失誤模式與影響分析。

解析 根據勞動檢查機構辦理甲、乙、丙類危險性工作場所審查檢查注意事項中之評方法包含：
- 檢核表 (Check list)。
- 如果 - 結果分析 (What-If)。
- 危害及可操作性分析 (Hazard and Operability Studies)。
- 故障樹分析 (Fault Tree Analysis)。
- 失誤模式與影響分析 (Failure Modes and Effects Analysis)。

14. (2) 將系統分成不同的分析節點 (node)，選擇分析節點，使用引導字，利用腦力激盪討論是否具危害操作問題，及對原因後果提出建議改善對策的方法為下列何者？
①故障樹分析 ②危害及可操作性分析
③因果圖分析 ④失誤模式與影響分析。

解析 **危害及可操作性分析**：說明重大潛在危害發生後果嚴重度及發生頻率之選取原則，風險矩陣之風險等級選列及控制原則。表單應記錄製程單元、管線或設備之節點描述、以導引字說明各項製程偏離、可能原因、可能後果、防護措施、嚴重度、可能性、風險等級、改善對策等事項。

15. (3) 參與甲類、乙類、丙類工作場所安全評估人員應接受下列何種訓練合格？
①職業安全衛生業務主管 ②職業安全衛生管理員
③製程安全評估訓練 ④施工安全評估訓練。

解析 為落實勞動檢查法第26條「危險性工作場所非經勞動檢查機構審查或檢查合格，事業單位不得使勞工在該場所作業」之規定，特訂定本注意事項。勞動檢查機構對事業單位申請案應依相關規定及本注意事項確實審查，事業單位如有虛偽不實情事，勞動檢查機構應退回申請案，經審查合格者應廢止。其中工作場所為甲乙丙丁四類，甲、乙、丙類工作場所為製程安全評估人員之訓練，丁類場所為施工安全評估人員之訓練。

16. (2) 針對一特殊事故(accident)找出不同設備缺失、人員失誤之原因，再據以找出最基本之原因，讓安全工程師能針對此等基本原因找出可行之預防對策，以減少事故發生之可能率。此舉屬下列何者？
① HAZOP(危害與可操作性分析) ② FTA(故障樹分析)
③ ETA(事件樹分析) ④ FMEA(失誤模式與影響分析)。

解析 **故障樹分析 (Fault Tree Analysis)：**
一、依重大潛在危害演繹所有發生原因之系統邏輯圖示及說明。
二、導出最小分割集合(MCS)。
三、實施定性或定量分析並說明採取危害控制措施。

17. (3) 鎳及其化合物製造、處置或使用作業之勞工，其特殊健康檢查紀錄依法應保存多少年？
① 10 ② 20 ③ 30 ④永久。

解析 依照勞工健康保護規則第20條規定：
從事下列作業之各項特殊體格(健康)檢查紀錄，應至少保存**30年**：
一、游離輻射。
二、粉塵。
三、三氯乙烯及四氯乙烯。
四、聯苯胺與其鹽類、4-胺基聯苯及其鹽類、4-硝基聯苯及其鹽類、β-萘胺及其鹽類、二氯聯苯胺及其鹽類及α-萘胺及其鹽類。
五、鈹及其化合物。
六、氯乙烯。
七、苯。
八、鉻酸與其鹽類、重鉻酸及其鹽類。
九、砷及其化合物。
十、鎳及其化合物。
十一、1,3-丁二烯。
十二、甲醛。
十三、銦及其化合物。
十四、石綿。
十五、鎘及其化合物。

18. (1) 依癌症防治法規定，對於符合癌症篩檢條件之勞工，於事業單位實施勞工健康檢查時，得經勞工同意，一併進行下列何種癌症篩檢？
①大腸癌 ②睪丸癌 ③男性乳癌 ④肝癌。

解析 依癌症防治法規定，對於符合癌症篩檢條件之勞工，於事業單位實施勞工健康檢查時，得經勞工同意，一併進行口腔癌、**大腸癌**、女性子宮頸癌及女性乳癌之篩檢。
前項之檢查結果不列入健康檢查紀錄表。
前二項所定篩檢之對象、時程、資料申報、經費及其他規定事項，依中央衛生福利主管機關規定辦理。

19. (3) 依勞工健康保護規則規定，下列何者屬於特別危害健康之作業？
①高架作業 ②精密作業 ③異常氣壓作業 ④重體力勞動作業。

解析 特別危害健康作業包含：
一、高溫作業勞工作息時間標準所稱之高溫作業。
二、勞工噪音暴露工作日 8 小時日時量平均音壓級在 85 分貝以上之噪音作業。
三、游離輻射作業。
四、異常氣壓危害預防標準所稱之**異常氣壓作業**。
五、鉛中毒預防規則所稱之鉛作業。
六、四烷基鉛中毒預防規則所稱之四烷基鉛作業。
七、粉塵危害預防標準所稱之粉塵作業。
八、有機溶劑中毒預防規則所稱之下列有機溶劑作業：
1. 1,1,2,2- 四氯乙烷。
2. 四氯化碳。
3. 二硫化碳。
4. 三氯乙烯。
5. 四氯乙烯。
6. 二甲基甲醯胺。
7. 正己烷。

九、製造、處置或使用下列特定化學物質或其重量比(苯為體積比)超過 1% 之混合物之作業：
1. 聯苯胺及其鹽類。
2. 4- 胺基聯苯及其鹽類。
3. 4- 硝基聯苯及其鹽類。
4. β- 萘胺及其鹽類。
5. 二氯聯苯胺及其鹽類。
6. α- 萘胺及其鹽類。
7. 鈹及其化合物(鈹合金時，以鈹之重量比超過 3% 者為限)。
8. 氯乙烯。
9. 2,4- 二異氰酸甲苯或 2,6- 二異氰酸甲苯。
10. 4,4- 二異氰酸二苯甲烷。
11. 二異氰酸異佛爾酮。
12. 苯。
13. 石綿(以處置或使用作業為限)。

14. 鉻酸與其鹽類或重鉻酸及其鹽類。
15. 砷及其化合物。
16. 鎘及其化合物。
17. 錳及其化合物(一氧化錳及三氧化錳除外)。
18. 乙基汞化合物。
19. 汞及其無機化合物。
20. 鎳及其化合物。
21. 甲醛。
22. 1,3- 丁二烯。
23. 銦及其化合物。

十、黃磷之製造、處置或使用作業。
十一、聯吡啶或巴拉刈之製造作業。
十二、其他經中央主管機關指定公告之作業：
製造、處置或使用下列化學物質或其重量比超過5%之混合物之作業：溴丙烷。

20. (1) 某一食品製造業，其員工總人數為 350 人，特別危害健康作業勞工人數 50 人，應僱用專任健康服務護理人員至少幾人？
① 1 ② 2 ③ 3 ④ 4。

解析 從事勞工健康服務之護理人員人力配置表：

勞工作業別及總人數		特別危害健康作業勞工總人數			備註
		0-99	100-299	300 以上	
勞工總人數	1-299	—	1 人	—	一、勞工總人數超過 6000 人以上者，每增加 6000 人，應增加護理人員至少 1 人。 二、事業單位設置護理人員數達 3 人以上者，得置護理主管 1 人。
	300-999	**1 人**	1 人	2 人	
	1000-2999	2 人	2 人	2 人	
	3000-5999	3 人	3 人	4 人	
	6000 以上	4 人	4 人	4 人	

21. (4) 有一半導體工廠僱用勞工 5,000 人，其健康服務醫師臨場服務頻率每月應至少多少次？
① 1 ② 3 ③ 6 ④ 15。

23. (3) 勞工從事氯乙烯單體作業，其特殊健康檢查結果，部分或全部項目異常，經醫師綜合判定為異常，且可能與職業原因有關者為第幾級管理？
①1 ②2 ③3 ④4。

解析 一、第一級管理：特殊健康檢查或健康追蹤檢查結果，全部項目正常，或部分項目異常，而經醫師綜合判定為無異常者。
二、第二級管理：特殊健康檢查或健康追蹤檢查結果，部分或全部項目異常，經醫師綜合判定為異常，而與工作無關者。
三、**第三級管理**：特殊健康檢查或健康追蹤檢查結果，部分或全部項目異常，經醫師綜合判定為異常，而無法確定此異常與工作之相關性，應進一步請職業醫學科專科醫師評估者。
四、第四級管理：特殊健康檢查或健康追蹤檢查結果，部分或全部項目異常，經醫師綜合判定為異常，且與工作有關者。

24. (4) 依勞工健康保護規則規定，雇主對粉塵作業勞工特殊健康檢查及管理，下列敘述何者錯誤？
①每年應定期實施健康檢查
②第二級管理者應提供個人健康指導
③第三級管理者應進一步請職業醫學科專科醫師評估
④第四級管理者應予退休。

解析 雇主對於第一項屬於第二級管理者，應提供勞工個人健康指導；第三級管理以上者，應請職業醫學科專科醫師實施健康追蹤檢查，必要時應實施疑似工作相關疾病之現場評估，且應依評估結果重新分級，並將分級結果及採行措施依中央主管機關公告之方式通報；屬於第四級管理者，經醫師評估現場仍有工作危害因子之暴露者，應**採取危害控制及相關管理措施**。

25. (4) 依勞工健康保護規則規定，勞工特殊健康檢查之X光照片，有明顯的圓形或不規則陰影，且有大陰影者屬於那一型？
①1 ②2 ③3 ④4。

解析 特殊健康檢查之X光照片型別，依照題目之敘述應為第四類。

第一型	兩側肺葉有明顯而分佈稀疏之圓型或不規則陰影，但無大陰影者。
第二型	兩側肺葉有明顯而分佈密集之圓型或不規則陰影，但無大陰影者。
第三型	兩側肺葉有明顯而分佈極密之圓型或不規則陰影，但無大陰影者。
第四型	有明顯的圓型或不規則陰影，且有大陰影者。

26. (2) 從事高溫作業勞工作息時間標準所稱高溫作業之勞工，依勞工健康保護規則之規定，下列何者非屬應實施特殊健康檢查項目之一？
①作業經歷之調查 ②胸部X光攝影檢查
③肺功能檢查 ④心電圖檢查。

解析

事業性質分類	勞工人數	人力配置或臨廠服務頻率	備註
各類	特別危害健康作業 50-99 人	職業醫學科專科醫師：1 次 /4 個月	一、勞工總人數超過 6,000 人者，每增勞工 1,000 人，應依下列標準增加其從事勞工健康服務之醫師臨場服務頻率： (一) 第一類：3 次 / 月 (二) 第二類：2 次 / 月 (三) 第三類：1 次 / 月 二、每次臨場服務之時間，以至少 3 小時以上為原則。
	特別危害健康作業 100 人以上	職業醫學科專科醫師：1 次 / 月	
第一類	300-999 人	1 次 / 月	
	1,000-1,999 人	3 次 / 月	
	2,000-2,999 人	6 次 / 月	
	3,000-3,999 人	9 次 / 月	
	4,000-4,999 人	12 次 / 月	
	5,000-5,999 人	**15 次 / 月**	
	6,000 人以上	專任職業醫學科專科醫師一人或 18 次 / 月	
第二類	300-999 人	1 次 /2 個月	
	1,000-1,999 人	1 次 / 月	
	2,000-2,999 人	3 次 / 月	
	3,000-3,999 人	5 次 / 月	
	4,000-4,999 人	7 次 / 月	
	5,000-5,999 人	9 次 / 月	
	6,000 人以上	12 次 / 月	
第三類	300-999 人	1 次 /3 個月	
	1,000-1,999 人	1 次 /2 個月	
	2,000-2,999 人	1 次 / 月	
	3,000-3,999 人	2 次 / 月	
	4,000-4,999 人	3 次 / 月	
	5,000-5,999 人	4 次 / 月	
	6,000 人以上	6 次 / 月	

22. (1) 依勞工健康保護規則規定，雇主對在職勞工應定期實施一般健康檢查，下列敘述何者正確？
①年滿 65 歲以上者每年一次 ②年滿 45 歲以上者每年一次
③年滿 30 歲未滿 45 歲者每年一次 ④未滿 30 歲者每三年一次。

解析

勞工健康保護規則第 17 條：
雇主對在職勞工，應依下列規定，定期實施一般健康檢查：
一、**年滿 65 歲者，每年檢查一次**。
二、40 歲以上未滿 65 歲者，每 3 年檢查一次。
三、未滿 40 歲者，每 5 年檢查一次。
前項所定一般健康檢查之項目與檢查紀錄，應依第 18 條之附表九及附表十一規定辦理。但經檢查為先天性辨色力異常者，得免再實施辨色力檢查。

29. (1) 某化學品製造業，其員工總人數為 350 人，依勞工健康保護規則規定，應至少僱用或特約醫師臨場服務每月幾次？

① 1　② 2　③ 3　④ 4。

解析

事業性質分類	勞工人數	人力配置或臨廠服務頻率	備註
各類	特別危害健康作業 50-99 人	職業醫學科專科醫師：1 次 /4 個月	一、勞工總人數超過 6,000 人者，每增勞工 1,000 人，應依下列標準增加其從事勞工健康服務之醫師臨場服務頻率： （一）第一類：3 次 / 月 （二）第二類：2 次 / 月 （三）第三類：1 次 / 月 二、每次臨場服務之時間，以至少 3 小時以上為原則。
各類	特別危害健康作業 100 人以上	職業醫學科專科醫師：1 次 / 月	
第一類	300-999 人	1 次 / 月	
第一類	1,000-1,999 人	3 次 / 月	
第一類	2,000-2,999 人	6 次 / 月	
第一類	3,000-3,999 人	9 次 / 月	
第一類	4,000-4,999 人	12 次 / 月	
第一類	5,000-5,999 人	**15 次 / 月**	
第一類	6,000 人以上	專任職業醫學科專科醫師一人或 18 次 / 月	
第二類	300-999 人	1 次 /2 個月	
第二類	1,000-1,999 人	1 次 / 月	
第二類	2,000-2,999 人	3 次 / 月	
第二類	3,000-3,999 人	5 次 / 月	
第二類	4,000-4,999 人	7 次 / 月	
第二類	5,000-5,999 人	9 次 / 月	
第二類	6,000 人以上	12 次 / 月	
第三類	300-999 人	1 次 /3 個月	
第三類	1,000-1,999 人	1 次 /2 個月	
第三類	2,000-2,999 人	1 次 / 月	
第三類	3,000-3,999 人	2 次 / 月	
第三類	4,000-4,999 人	3 次 / 月	
第三類	5,000-5,999 人	4 次 / 月	
第三類	6,000 人以上	6 次 / 月	

30. (3) 游離輻射及處置石綿作業勞工，其特殊健康檢查紀錄依勞工健康保護規則規定應保持多少年？

① 10　② 20　③ 30　④永久。

解析　游離輻射及處置石綿作業勞工，其特殊健康檢查紀錄應保存 **30 年**。

解析 一、作業經歷、生活習慣及自覺症狀之調查。
二、高血壓、冠狀動脈疾病、肺部疾病、糖尿病、腎臟病、皮膚病、內分泌疾病、膠原病及生育能力既往病史之調查。
三、目前服用之藥物，尤其著重利尿劑、降血壓藥物、鎮定劑、抗痙攣劑、抗血液凝固劑及抗膽鹼激素劑之調查。
四、心臟血管、呼吸、神經、肌肉骨骼及皮膚系統 (男性加作睪丸) 之理學檢查。
五、飯前血糖 (sugarAC)、血中尿素氮 (BUN)、肌酸酐 (creatinine) 與鈉、鉀及氯電解質之檢查。
六、血色素檢查。
七、尿蛋白及尿潛血之檢查。
八、肺功能檢查 (包括用力肺活量 (FVC)、一秒最大呼氣量 (FEV1.0) 及 FEV1.0/FVC)。
九、心電圖檢查。

27. (2) 依勞工健康保護規則規定，勞工一般或特殊體格檢查、健康檢查均應實施下列何項目？
①肺功能檢查 ②作業經歷調查
③心電圖檢查 ④肝功能檢查。

解析 依勞工健康保護規則規定，勞工一般或特殊體格檢查、健康檢查均應實施**作業經歷**、生活習慣及自覺症狀之調查。

28. (1) 雇主僱用勞工時，應實施之一般體格檢查，不包括下列何項目？
①肺功能檢查 ②胸部 X 光 (大片) 攝影檢查
③血糖、尿蛋白及尿潛血之檢查 ④血壓測量。

解析 一般體格檢查、健康檢查項目比較表：

體格檢查項目	健康檢查項目
(1) 作業經歷、既往病史、生活習慣及自覺症狀之調查。 (2) 身高、體重、腰圍、視力、辨色力、聽力、血壓與身體各系統或部位之身體檢查及問診。 (3) 胸部 X 光 (大片) 攝影檢查。 (4) 尿蛋白及尿潛血之檢查。 (5) 血色素及白血球數檢查。 (6) 血糖、血清丙胺酸轉胺酶 (ALT)、肌酸酐 (creatinine)、膽固醇、三酸甘油酯、高密度脂蛋白膽固醇之檢查。 (7) 其他經中央主管機關指定之檢查。	(1) 作業經歷、既往病史、生活習慣及自覺症狀之調查。 (2) 身高、體重、腰圍、視力、辨色力、聽力、血壓與身體各系統或部位之身體檢查及問診。 (3) 胸部 X 光 (大片) 攝影檢查。 (4) 尿蛋白及尿潛血之檢查。 (5) 血色素及白血球數檢查。 (6) 血糖、血清丙胺酸轉胺酶 (ALT)、肌酸酐 (creatinine)、膽固醇、三酸甘油酯、高密度脂蛋白膽固醇、低密度脂蛋白膽固醇之檢查。 (7) 其他經中央主管機關指定之檢查。

31. (2) 依勞工健康保護規則規定，事業單位同一場所之勞工，常日班有105人，另早、晚班各有10人輪班作業，應置幾位合格之急救人員？
①3 ②4 ③5 ④6。

解析 急救人員，每一輪班次應至少置一人；其每一輪班次勞工總人數超過50人者，每增加50人，應再置一人。但事業單位每一輪班次僅一人作業，且已建置緊急連線裝置、通報或監視等措施者，不在此限。因此(105-1)/50取整數為2人＋早班1人＋晚班1人，總計**4人**。

32. (3) 礦油精為有機溶劑中毒預防規則所列管之第幾種有機溶劑？
①第一種 ②第二種 ③第三種 ④未列管。

解析 第三種有機溶劑包含：
一、汽油。
二、煤焦油精。
三、石油醚。
四、石油精。
五、輕油精。
六、松節油。
七、礦油精。
八、僅由一至七列舉之物質之混合物。

33. (4) 依有機溶劑中毒預防規則規定，有機溶劑混存物係指有機溶劑與其他物質混合時，其所含有機溶劑佔多少比率以上？
①容積3% ②重量3% ③容積5% ④重量5%。

解析 有機溶劑混存物：指有機溶劑與其他物質混合時，所含之有機溶劑佔其**重量5%**以上者，其分類如下：
一、第一種有機溶劑混存物：指有機溶劑混存物中，含有第一種有機溶劑佔該混存物重量5%以上者。
二、第二種有機溶劑混存物：指有機溶劑混存物中，含有第二種有機溶劑或第一種有機溶劑及第二種有機溶劑之和佔該混存物重量5%以上而不屬於第一種有機溶劑混存物者。
三、第三種有機溶劑混存物：指第一種有機溶劑混存物及第二種有機溶劑混存物以外之有機溶劑混存物。

34. (2) 依有機溶劑中毒預防規則規定，第二種有機溶劑或其混存物的容許消費量為該作業場所之氣積乘以下列何者？
①1/5 ②2/5 ③3/5 ④沒限制。

解析 指有機溶劑或其混存物：
- 第一類：容許消費量＝1/15×作業場所之氣積。
- 第二類：容許消費量＝**2/5**×作業場所之氣積。
- 第三類：容許消費量＝3/2×作業場所之氣積。
- 容許消費量單位＝公克，氣積單位＝m^3。
- 氣積超過$150m^3$，一律以$150m^3$計算。

35. (1) 有機溶劑作業採取控制設施，如不計算成本，下列何者應優先考量？
①密閉設備　②局部排氣裝置
③整體換氣裝置　④吹吸型換氣裝置。

解析 設計與設備的控制措施包含整體換氣/局部排氣通風裝置、密閉製程、作業空間規劃、區域標示、化學品儲存相容性。其中由於**密閉設備之製程**洩漏的程度最小，對勞工的影響最低，如果可以應優先採用。

36. (1) 下列何者為有機溶劑作業最佳之控制設施？
①密閉設備　②局部排氣裝置
③整體換氣裝置　④吹吸型換氣裝置。

解析 設計與設備的控制措施包含整體換氣/局部排氣通風裝置、密閉製程、作業空間規劃、區域標示、化學品儲存相容性。其中由於**密閉設備之製程**洩漏的程度最小，對勞工的影響最低，如果可以應優先採用。

37. (4) 設置之局部排氣裝置依有機溶劑中毒預防規則或職業安全衛生管理辦法之規定，應實施之自動檢查不包括下列何種？
①每年之定期自動檢查
②開始使用、拆卸、改裝或修理時之重點檢查
③作業勞工就其作業有關事項實施之作業檢點
④輸液設備之作業檢點。

解析 液化石油氣等設備才需要檢查輸液設備，局部排氣裝置應按照下表進行自動檢查：

機械設備名稱	檢查類別	檢查週期	檢查項目	保存期限
局部排氣裝置、空氣清淨裝置及吹吸型換氣裝置	定期檢查	每年	1. 氣罩、導管及排氣之磨損、腐蝕、凹凸及其他損害之狀況及程度。 2. 導管或排氣機之塵埃聚積狀況。 3. 排氣機之注油潤滑狀況。 4. 導管接觸部份之狀況。 5. 連接電動機與排氣機之皮帶之鬆弛狀況。 6. 吸氣及排氣之能力。 7. 設置於排放導管上之採樣設施是否牢固、鏽蝕、損壞、崩塌或其他妨礙作業安全事項。 8. 其他保持性能之必要事項。	3 年
	重點檢查	開始使用、拆卸、改裝或修理時	1. 導管或排氣機粉塵之聚積狀況。 2. 導管接合部分之狀況。 3. 吸氣及排氣之能力。 4. 其他保持性能之必要事項。	5 年

38. (1) 依有機溶劑中毒預防規則規定，整體換氣裝置之換氣能力以下列何者表示？
① $Q(m^3/min)$ ② $V(m/s)$ ③每分鐘換氣次數 ④每小時換氣次數。

解析 本規則第 15 條第二項之換氣能力及其計算方法如下：

消費之有機溶劑或其混存物之種類	換氣能力
第一種有機溶劑或其混存物	每分鐘換氣量 = 作業時間內一小時之有機溶劑或其混存物之消費量 ×0.3
第二種有機溶劑或其混存物	每分鐘換氣量 = 作業時間內一小時之有機溶劑或其混存物之消費量 ×0.04
第三種有機溶劑或其混存物	每分鐘換氣量 = 作業時間內一小時之有機溶劑或其混存物之消費量 ×0.01

註：表中每分鐘換氣量之單位為立方公尺，作業時間內 1 小時之有機溶劑或其混存物之消費量之單位為公克。換氣能力以 $Q(m^3/min)$ 表示之。

39. (1) 有機溶劑作業設置之局部排氣裝置控制設施，氣罩之型式以下列何者控制效果較佳？
①包圍式 ②崗亭式 ③外裝式 ④吹吸式。

解析 **包圍式**的氣罩由於能夠完全包覆，近似四面遮蔽，效果最好。

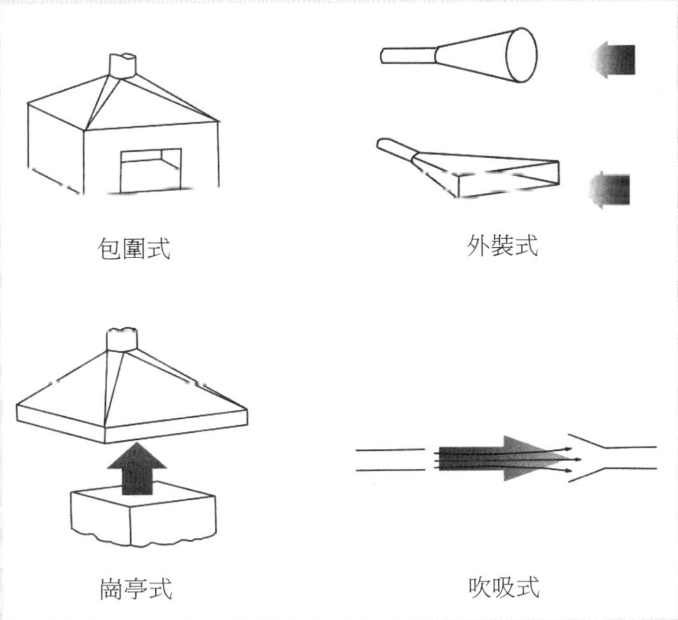

40. (2) 依有機溶劑中毒預防規則規定，使勞工每日從事有害物作業時間在 1 小時之內之作業為下列何者？
①臨時性作業 ②作業時間短暫 ③作業期間短暫 ④非正常作業。

解析 **作業時間短暫**：指雇主使勞工每日作業時間在 1 小時以內者。

41. (4) 依鉛中毒預防規則規定，鉛合金係指鉛與鉛以外金屬之合金中，鉛占該合金重量百分之多少以上者？
① 1 ② 3 ③ 5 ④ 10。

解析 鉛合金：指鉛與鉛以外金屬之合金中，鉛佔該合金重量 **10%** 以上者。

42. (2) 依鉛中毒預防規則規定，下列何種鉛作業應設置淋浴及更衣設備，以供勞工使用？
①軟焊作業 ②含鉛、鉛塵設備內部之作業
③熔融鑄造作業 ④鉛蓄電池加工組配作業。

解析 依鉛中毒預防規則第 38 條：
雇主使勞工從事含**鉛、鉛塵設備內部之作業**時，依下列規定：
一、設置淋浴及更衣設備，以供勞工使用。
二、使勞工將污染之衣服置於密閉容器內。

43. (1) 依鉛中毒預防規則規定，於通風不充分之場所從事鉛合金軟焊之作業設置整體換氣裝置之換氣量，應為每一從事鉛作業勞工平均每分鐘多少立方公尺以上？
① 1.67 ② 5.0 ③ 10 ④ 100。

解析 依鉛中毒預防規則第 32 條：
雇主使勞工從事第 2 條第二項第十款規定之作業，其設置整體換氣裝置之換氣量，應為每一從事鉛作業勞工平均每分鐘 **1.67 立方公尺**以上。

44. (2) 雇主使勞工戴用輸氣管面罩從事鉛作業之連續作業時間，依鉛中毒預防規則規定，每次不得超過多少小時？
① 0.5 ② 1 ③ 2 ④ 3。

解析 依鉛中毒預防規則第 46 條：
雇主使勞工戴用輸氣管面罩之連續作業時間，每次不得超過 **1 小時**。

45. (3) 依鉛中毒預防規則規定，從事鉛熔融或鑄造作業而該熔爐或坩堝等之容量依規定未滿多少公升者得免設集塵裝置？
① 10 ② 30 ③ 50 ④ 100。

解析 依鉛中毒預防規則第27條第八項：
雇主使勞工從事鉛或鉛合金之熔融或鑄造作業，而該熔爐或坩堝等之總容量未滿**50公升**者，得免設集塵裝置。

46. (3) 從事已塗布含鉛塗料物品之剝除含鉛塗料作業時，下列何者之預防設施效果最差？
①密閉設備 ②局部排氣裝置 ③整體換氣裝置 ④濕式作業。

解析 **整體換氣裝**置由於空間寬闊且針對性小，對特定防護效果最差。如果需要針對特定有機溶劑進行預防可以採用其他三種措施。

47. (1) 為防止鉛、鉛混存物或燒結礦混存物之污染，依鉛中毒預防規則規定應多久以真空除塵機或水沖洗作業場所、休息室、餐廳等一次以上？
①每日 ②每週 ③每月 ④每三個月。

解析 依鉛中毒預防規則第36條：
雇主為防止鉛、鉛混存物或燒結礦混存物等之鉛塵污染，應**每日**以水沖洗，或以真空除塵機、適當溶液清潔作業場所、休息室、餐廳等一次以上。

48. (4) 下列何者不屬於鉛中毒預防規則所稱之鉛作業？
①於通風不充分之場所從事鉛合金軟焊作業
②機械印刷作業中鉛字排版作業
③含鉛、鉛塵設備內部之作業
④亞鉛鐵皮器皿之製造作業。

解析 鉛作業，指下列之作業：
一、鉛之冶煉、精煉過程中，從事焙燒、燒結、熔融或處理鉛、鉛混存物、燒結礦混存物之作業。
二、含鉛重量在3%以上之銅或鋅之冶煉、精煉過程中，當轉爐連續熔融作業時，從事熔融及處理煙灰或電解漿泥之作業。
三、鉛蓄電池或鉛蓄電池零件之製造、修理或解體過程中，從事鉛、鉛混存物等之熔融、鑄造、研磨、軋碎、製粉、混合、篩選、捏合、充填、乾燥、加工、組配、熔接、熔斷、切斷、搬運或將粉狀之鉛、鉛混存物倒入容器或取出之作業。
四、前款以外之鉛合金之製造，鉛製品或鉛合金製品之製造、修理、解體過程中，從事鉛或鉛合金之熔融、被覆、鑄造、熔鉛噴布、熔接、熔斷、切斷、加工之作業。
五、電線、電纜製造過程中，從事鉛之熔融、被覆、剝除或被覆電線、電纜予以加硫處理、加工之作業。
六、鉛快削鋼之製造過程中，從事注鉛之作業。
七、鉛化合物、鉛混合物製造過程中，從事鉛、鉛混存物之熔融、鑄造、研磨、混合、冷卻、攪拌、篩選、煅燒、烘燒、乾燥、搬運倒入容器或取出之作業。
八、從事鉛之襯墊及表面上光作業。
九、橡膠、合成樹脂之製品、含鉛塗料及鉛化合物之繪料、釉藥、農藥、玻璃、黏著劑等製造過程中，鉛、鉛混存物等之熔融、鑄注、研磨、軋碎、混合、篩選、被覆、剝除或加工之作業。
十、於通風不充分之場所從事鉛合金軟焊之作業。

十一、使用含鉛化合物之釉藥從事施釉或該施釉物之烘燒作業。
十二、使用含鉛化合物之繪料從事繪畫或該繪畫物之烘燒作業。
十三、使用熔融之鉛從事金屬之淬火、退火或該淬火、退火金屬之砂浴作業。
十四、含鉛設備、襯墊物或已塗布含鉛塗料物品之軋碎、壓延、熔接、熔斷、切斷、加熱、熱鉚接或剝除含鉛塗料等作業。
十五、含鉛、鉛塵設備內部之作業。
十六、轉印紙之製造過程中，從事粉狀鉛、鉛混存物之散布、上粉之作業。
十七、機器印刷作業中，鉛字之檢字、排版或解版之作業。
十八、從事前述各款清掃之作業。

49. (1) 非以濕式作業方法從事鉛、鉛混存物等之研磨、混合或篩選之室內作業場所設置之局部排氣裝置，其氣罩應採用下列何種型式效果最佳？
①包圍型 ②外裝型 ③吹吸型 ④崗亭型。

解析
雇主使勞工從事下列作業時，依下列規定：
一、鉛之冶煉、精煉過程中，從事焙燒、燒結、熔融及鉛、鉛混存物、燒結礦混存物等之熔融、鑄造、烘燒等作業場所，應設置局部排氣裝置。
二、非以濕式作業方式從事鉛、鉛混存物、燒結礦混存物等之軋碎、研磨、混合或篩選之室內作業場所，應設置密閉設備或局部排氣裝置。
三、非以濕式作業方式將粉狀之鉛、鉛混存物、燒結礦混存物等倒入漏斗、容器、軋碎機或自其取出時，應於各該作業場所設置局部排氣裝置及承受溢流之設備。
四、臨時儲存燒結礦混存物時，應設置儲存場所或容器。
五、鉛、鉛混存物、燒結礦混存物等之熔融、鑄造作業場所，應設置儲存浮渣之容器。
局部排氣裝置之氣罩，應採用**包圍型**。但作業方法上設置此種型式之氣罩困難時，不在此限。

50. (2) 鉛較不容易造成下列何種疾病？
①多發性神經病變 ②皮膚病變 ③貧血 ④不孕症或精子缺少。

解析
鉛中毒的患者症狀是便祕、食慾不振、貧血、腹痛、肌肉麻痺與神經方面的症狀，在人體內有慢慢累積作用，與水中含的重金屬污染也有關連，是一種慢性中毒疾病，高含量的鉛甚至已證實會導致新生兒猝死。而鉻、汞、鎳、鋅等重金屬則會造成**皮膚病變**。

51. (2) 依缺氧症預防規則規定，缺氧係指空氣中氧氣含量未滿百分之多少？
① 16 ② 18 ③ 20 ④ 21。

解析
本規則用詞，定義如下：
一、缺氧：指空氣中氧氣濃度未滿 18% 之狀態。
二、缺氧症：指因作業場所缺氧引起之症狀。

52. (1) 進入局限空間作業前，必須確認氧濃度在 18% 以上及硫化氫濃度至少達多少 ppm 以下，才可使勞工進入工作？
① 10 ② 20 ③ 50 ④ 100。

解析 局限空間危害辨認之重要事項：

- 該空間氧氣濃度在 18% 以上及 23% 以下。
- 空間中可燃性氣體之濃度低於爆炸下限的 30%。
- 空間中硫化氫濃度在 10ppm 以下。
- 空間中一氧化碳濃度在 35ppm 以下。
- 空氣中其他有害物不得超過「勞工作業場所容許濃度暴露標準」之規定。

53. (4) 缺氧危險場所之氧氣濃度測定紀錄，應保存多久？
①半年 ② 1 年 ③ 2 年 ④ 3 年。

解析 雇主使勞工從事缺氧危險作業時，於當日作業開始前、所有勞工離開作業場所後再次開始作業前及勞工身體或換氣裝置等有異常時，應確認該作業場所空氣中氧氣濃度、硫化氫等其他有害氣體濃度。前項確認結果應予記錄，並保存**3 年**。

54. (1) 硫化氫為可燃性氣體、無色，具有那種特殊味道？
①腐卵臭味 ②芳香味 ③水果香味 ④杏仁香味。

解析 硫化氫是無機化合物，化學式為 H_2S。正常是無色、易燃的酸性氣體，濃度低時帶惡臭，氣味如**臭蛋的腐臭味**。

55. (3) 依缺氧症預防規則規定，有關缺氧作業主管應監督事項不包括下列何者？
①決定作業方法並指揮勞工作業
②確認作業場所空氣中氧氣、硫化氫濃度
③監視勞工施工進度
④監督勞工對防護器具之使用狀況。

解析 依缺氧症預防規則第 20 條：
雇主使勞工從事缺氧危險作業時，應於每一班次指定缺氧作業主管從事下列監督事項：
一、決定作業方法並指揮勞工作業。
二、第 16 條規定事項。
三、當班作業前確認換氣裝置、測定儀器、空氣呼吸器等呼吸防護具、安全帶等及其他防止勞工罹患缺氧症之器具或設備之狀況，並採取必要措施。
四、監督勞工對防護器具或設備之使用狀況。
五、其他預防作業勞工罹患缺氧症之必要措施。

56. (4) 下列敘述何者非屬職業安全衛生設施規則所稱局限空間認定之條件？
①非供勞工在其內部從事經常性作業
②勞工進出方法受限制
③無法以自然通風來維持充分、清淨空氣之空間
④狹小之內部空間。

解析 職業安全衛生設施規則所稱局限空間，指非供勞工在其內部從事**經常性作業**，**勞工進出方法受限制**，且**無法以自然通風**來維持充分、清淨空氣之空間。

57. (4) 下列何者非屬職業安全衛生設施規則規定，局限空間從事作業應公告之事項？
①作業有可能引起缺氧等危害時，應經許可始得進入之重要性
②進入該場所時應採取之措施
③事故發生時之緊急措施及緊急聯絡方式
④職業安全衛生人員姓名。

解析 雇主使勞工於局限空間從事作業，有危害勞工之虞時，應於作業場所入口顯而易見處所公告下列注意事項，使作業勞工周知：
一、作業有可能引起缺氧等危害時，應經許可始得進入之重要性。
二、進入該場所時應採取之措施。
三、事故發生時之緊急措施及緊急聯絡方式。
四、現場監視人員姓名。
五、其他作業安全應注意事項。

58. (1) 進入缺氧危險場所，因作業性質上不能實施換氣時，宜使勞工確實戴用下列何種防護具？
①供氣式呼吸防護具 ②防塵面罩 ③防毒面罩 ④防護面罩。

解析 缺氧危險場所，因作業性質上不能實施換氣時，應採用**供氣式呼吸防護具**可以提供勞工充足的氧氣作業。

59. (2) 下列何種場所不屬缺氧症預防規則所稱之缺氧危險場所？
①礦坑坑內氧氣含量 17.5% ②營建工地地下室氧氣含量 18.3%
③下水道內氧氣含量 17.8% ④加料間氧氣含量 16%。

解析 缺氧作業場所為該空間氧氣濃度在 18% 以上及 23% 以下之外的狀況，常見為氧氣濃度**不足 18%** 的空間。

60. (2) 下列何者較不致造成局限空間缺氧？
①金屬的氧化 ②管件的組裝 ③有機物的腐敗 ④木屑的儲存。

解析
- 金屬的氧化會消耗氧氣。
- 管件的組裝對氧氣無直接的影響。
- 有機物的腐敗會消耗氧氣進行。
- 木屑的儲存會慢慢消耗氧氣。

61. (1) 缺氧作業主管應隨時確認有缺氧危險作業場所空氣中氧氣之濃度，惟不包括下列何者？
①鄰接缺氧危險作業場所無勞工進入作業之場所
②當日作業開始前
③所有勞工離開作業場所再次開始作業前
④換氣裝置有異常時。

解析 依缺氧症預防規則第 16 條：
雇主使勞工從事缺氧危險作業時，於當日作業開始前、所有勞工離開作業場所後再次開始作業前及勞工身體或換氣裝置等有異常時，應確認該作業場所空氣中氧氣濃度、硫化氫等其他有害氣體濃度。

62. (4) 有關缺氧危險作業場所防護具之敘述，下列何者有誤？
①勞工有因缺氧致墜落之虞，應供給勞工使用梯子、安全帶、救生索
②於救援人員擔任救援作業期間，提供其使用之空氣呼吸器等呼吸防護具
③每次作業開始前確認規定防護設備之數量及性能
④置備防毒口罩為呼吸防護具，並使勞工確實戴用。

解析 局限空間最常發生之危害為缺氧，再者為高濃度有害物造成之急性危害(一般稱為立即致危之危害，IDLH)。在缺氧之環境下，氧氣濃度不足，而空氣經過過濾，並不會改變氧氣濃度，也就是即使經過過濾將危害物濾除，缺氧之空氣仍不適合勞工呼吸，仍會造成危害，因此除非非常確定氧氣濃度及危害狀況，且淨氣後適合呼吸，否則不允許使用淨氣式呼吸防護具或防毒口罩，必須使用**供氣式呼吸防護具**。

63. (1) 空氣中氧氣低於多少 % 以下時，其氧氣的分壓即在 60mmHg 以下，處於此狀況時，勞工在 5 ～ 7 分鐘內即可能因缺氧而死亡？
① 6 ② 10 ③ 16 ④ 18。

解析 空氣中含氧量出現症狀：
- 12~16%：呼吸和心跳加速，肌肉不協調。
- 10~14%：情緒低落、疲勞、呼吸不順。
- 6~10%：噁心、嘔吐、虛脫或喪失意識。
- <6%：痙攣、窒息和死亡。

64. (2) 空間狹小之缺氧危險作業場所，不宜使用下列何種呼吸防護具？
①使用壓縮空氣為氣源之輸氣管面罩
②自攜式呼吸防護器
③使用氣瓶為氣源之輸氣管面罩
④定流量輸氣管面罩。

解析 自攜式呼吸器將呼吸系統由佩戴者攜帶，一般背負在背部，也就增加了佩戴者的身體體積，造成進出人孔等開口之限制，若是局限空間之開口太小，那麼將會造成進出困難，干擾搶救之時機，甚至造成錯誤使用呼吸防護具。

65. (4) 職業安全衛生法於民國幾年開始施行？
① 63 ② 80 ③ 102 ④ 103。

解析 《勞工安全衛生法》於 102 年 7 月 3 日修正公布，更名為《職業安全衛生法》，自 **103 年** 7 月 3 日正式上路，並以二階段施行方式，擴大保障所有工作者。

66. (1) 職業安全衛生法係由下列何者公布？
①總統 ②行政院 ③立法院 ④勞動部。

解析
中華民國 102 年 7 月 3 日由**總統**公布華總一義字第 10200127211 號令修正公布名稱及全文 55 條。

67. (3) 下列何者非屬職業安全衛生法之職業災害？
①機械切割致勞工大量出血
②麵粉搬運致勞工跌倒骨折
③工廠火災搶救致雇主中毒
④工廠內宿舍設施不良致勞工摔倒死亡。

解析
依職業安全衛生法第 2 條：
職業災害係指勞動場所之建築物、機械、設備、原料、化學品、氣體、蒸氣、粉塵等或作業活動及其他職業上原因引起之工作者疾病、傷害、失能或死亡。雇主本身不屬於職業災害保護之範圍。

68. (3) 下列何者非屬職業安全衛生法所稱勞動檢查機構？
①勞動部中區職業安全衛生中心 ②台北市政府勞工局勞動檢查處
③中華民國工業安全衛生協會 ④中部科學園區管理局。

解析
由勞動部職業安全衛生署之勞動檢查機構一覽表可以查詢，一般之民間團體協會學會不為勞動檢查機構。

69. (1) 依職業安全衛生法施行細則規定，下列何者不屬於具有危險性之機械？
①鍋爐 ②固定式起重機 ③營建用升降機 ④吊籠。

解析
職業安全衛生法施行細則第 22 條：
本法第 16 條第一項所稱具有危險性之機械，指符合中央主管機關所定一定容量以上之下列機械：
一、固定式起重機。
二、移動式起重機。
三、人字臂起重機。
四、營建用升降機。
五、營建用提升機。
六、吊籠。
七、其他經中央主管機關指定公告具有危險性之機械。

70. (3) 下列何者不屬於職業安全衛生法危險性機械設備為取得合格證之檢查？
①熔接檢查 ②重新檢查 ③自動檢查 ④竣工檢查。

解析

職業安全衛生法第16條：
雇主對於經中央主管機關指定具有危險性之機械設備，非經勞動檢查機構或中央主管機關指定之代行檢查機構檢查合格，不得使用；使用超過規定期間者，非經**再檢查**合格，不得繼續使用。

74. (1) 依職業安全衛生法規定下列何者非屬妊娠中之女性勞工不得從事之危險性或有害性工作？
①220伏特以上電力線之銜接工作
②一定重量以上之重物處理工作
③處理有二硫化碳、三氯乙烯危害性化學品之工作場所
④有顯著振動之工作。

解析

職業安全衛生法第30條：
雇主不得使妊娠中之女性勞工從事下列危險性或有害性工作：
一、礦坑工作。
二、鉛及其化合物散布場所之工作。
三、異常氣壓之工作。
四、處理及暴露於弓形蟲、德國麻疹等影響胎兒健康之工作。
五、處理或暴露於二硫化碳、三氯乙烯、環氧乙烷、丙烯醯胺、次乙亞胺、砷及其化合物、汞及其無機化合物等經中央主管機關規定之危害性化學品工作。
六、鑿岩機及其他有顯著震動之工作。
七、一定重量以上之重物處理工作。
八、有害輻射散布場所之工作。
九、已熔礦物或礦渣之處理工作。
十、起重機、人字臂起重桿之運轉工作。
十一、動力捲揚機、動力運搬機及索道之運轉工作。
十二、橡膠化合物及合成樹脂之滾輾工作。
十三、處理或暴露於經中央主管機關規定具有致病或致死之微生物感染風險之工作。
十四、其他經中央主管機關規定之危險性或有害性工作。

75. (3) 依職業安全衛生法規定，事業單位未設置安全衛生人員經通知限期改善而不如期改善時，可能遭受之處分為下列何者？
①處新台幣三萬元以上六萬元以下罰鍰
②處新台幣三萬元以上六萬元以下罰金
③處新台幣三萬元以上十五萬元以下罰鍰
④處新台幣三萬元以上十五萬元以下罰金。

解析

原文所指係職業安全衛生法第23條其罰則依本法第45條：
違反第6條第二項、第12條第四項、第20條第一項、第二項、第21條第一項、第二項、第22條第一項、第23條第一項、第32條第一項、第34條第一項或第38條之規定，經通之限期改善，屆期未改善處新臺幣**三萬元以上十五萬元以下罰鍰**。

解析

職業安全衛生法第 16 條：
雇主對於經中央主管機關指定具有危險性之機械設備，非經勞動檢查機構或中央主管機關指定之代行檢查機構檢查合格，不得使用；其使用超過規定期間者，非經再檢查合格，不得繼續使用。
職業安全衛生法施行細則第 24 條：
本法第 16 條第一項規定之檢查，由中央主管機關依機械、設備之種類、特性，就下列檢查項目分別定之：
一、熔接檢查。
二、構造檢查。
三、竣工檢查。
四、定期檢查。
五、重新檢查。
六、型式檢查。
七、使用檢查。
八、變更檢查。

71. (3) 事業單位工作場所之高壓氣體容器未經檢查合格使用，致發生勞工 3 人以上受傷之職業災害時，依職業安全衛生法規定，雇主可能遭受下列何種處分？
①處 3 年以下有期徒刑 ②處 2 年以下有期徒刑
③處 1 年以下有期徒刑 ④處新台幣 15 萬元以下之罰鍰。

解析

原文所指係職業安全衛生法第 37 條所列條文。
罰則為職業安全衛生法第 41 條：
有下列情形之一者，處 **1 年以下**有期徒刑、拘役或併科新臺幣 18 萬元以下罰金：
一、違反第 6 條第一項或第 16 條第一項之規定，致發生第 37 條第二項第二款之災害。

72. (2) 依職業安全衛生法規定，事業單位以其事業招人承攬時，應於事前告知承攬人之相關事項，不包括下列何者？
①工作場所可能之危害 ②基本薪資、最低工時
③職業安全衛生法應採取之措施 ④有關安全衛生規定應採取之措施。

解析

職業安全衛生法第 26 條：
事業單位以其事業之全部或一部分交付承攬時，應於事前告知該承攬人有關事業工作環境、危害因素暨本法及有關安全衛生規定採取之措施。
承攬人就其承攬之全部或一部分交付再承攬時，承攬人亦應依前項規定告知再承攬人。

73. (3) 依職業安全衛生法規定，具有危險性之機械設備，下列敘述何者有誤？
①經檢查機構檢查合格後即可使用
②經勞動部指定之代行檢查機構檢查合格後即可使用
③經地方主管機關指定之代行檢查機構檢查合格後即可使用
④超過使用有效期限者，應經再檢查合格後才可使用。

76. (3) 依職業安全衛生法規定，勞工年滿幾歲者，方可從事坑內工作？
① 15 ② 16 ③ 18 ④ 20。

解析
職業安全衛生法第 29 條規定：
雇主不得使未滿 18 歲者從事下列危險性或有害性工作：
一、坑內工作。
二、處理爆炸性、易燃性等物質之工作。
三、鉛、汞、鉻、砷、黃磷、氯氣、氰化氫、苯胺等有害物散布場所之工作。
四、有害輻射散布場所之工作。
五、有害粉塵散布場所之工作。
六、運轉中機器或動力傳導裝置危險部分之清除、上油、檢查、修理或上卸皮帶、繩索等工作。
七、超過 220 伏特電力線之銜接。
八、已熔礦物或礦渣之處理。
九、鍋爐之燒火及操作。
十、鑿岩機及其他有顯著震動之工作。
十一、一定重量以上之重物處理工作。
十二、起重機、人字臂起重桿之運轉工作。
十三、動力捲揚機、動力運搬機及索道之運轉工作。
十四、橡膠化合物及合成樹脂之滾輾工作。
十五、其他經中央主管機關規定之危險性或有害性之工作。

77. (2) 下列何項化學品非屬於未滿十八歲及妊娠或分娩後未滿一年女性勞工具危害性指定之優先管理化學品？
①鉛及其無機化合物 ②硫酸 ③三氯乙烯 ④六價鉻化合物。

解析
對於未滿 18 歲勞工及妊娠或分娩後女性勞工具危害性之化學品，依本法第 29 條第 1 項第 3 款，及第 30 條第 1 項第 5 款規定，不得使未滿 18 歲及妊娠或分娩後女性勞工者從事之危害性作業。
一、黃磷
二、氯氣
三、氰化氫
四、苯胺
五、鉛及其無機化合物
六、六價鉻化合物
七、汞及其無機化合物
八、砷及其無機化合物
九、二硫化碳
十、三氯乙烯
十一、環氧乙烷
十二、丙烯醯胺
十三、次乙亞胺
十四、含有一至十三列舉物占其重量超過 1% 之混合物。

78. (1) 依職業安全衛生法規定，下列那項作業非屬雇主不得使未滿十八歲者從事之危險性或有害性工作？

①噪音作業場所之工作　②氯氣有害物散布場所之工作
③鑿岩機之工作　④橡膠化合物之滾輾工作。

解析

職業安全衛生法第29條規定：
雇主不得使未滿18歲者從事下列危險性或有害性工作：
一、坑內工作。
二、處理爆炸性、易燃性等物質之工作。
三、鉛、汞、鉻、砷、黃磷、氯氣、氰化氫、苯胺等有害物散布場所之工作。
四、有害輻射散布場所之工作。
五、有害粉塵散布場所之工作。
六、運轉中機器或動力傳導裝置危險部分之清除、上油、檢查、修理或上卸皮帶、繩索等工作。
七、超過220伏特電力線之銜接。
八、已熔礦物或礦渣之處理。
九、鍋爐之燒火及操作。
十、鑿岩機及其他有顯著震動之工作。
十一、一定重量以上之重物處理工作。
十二、起重機、人字臂起重桿之運轉工作。
十三、動力捲揚機、動力運搬機及索道之運轉工作。
十四、橡膠化合物及合成樹脂之滾輾工作。
十五、其他經中央主管機關規定之危險性或有害性之工作。

79. (3) 依職業安全衛生法規定，下列那種情況非屬工作者得向勞動檢查機構申訴之事項？

①疑似罹患職業病　②違反本法或有關安全衛生之規定
③公司財務困難　④精神遭受侵害。

解析

依職業安全衛生法第39條：
工作者發現下列情形之一者，得向雇主、主管機關或勞動檢查機構申訴：
一、事業單位違反本法或有關安全衛生之規定。
二、疑似罹患職業病。
三、身體或精神遭受侵害。
主管機關或勞動檢查機構為確認前項雇主所採取之預防及處置措施，得實施調查。
前項之調查，必要時得通知當事人或有關人員參與。
雇主不得對第一項申訴之工作者予以解僱、調職或其他不利之處分。

80. (2) 依職業安全衛生管理辦法規定，第一類事業之事業單位，勞工人數在多少人以上者，應設直接隸屬雇主之專責一級管理單位？

① 30　② 100　③ 300　④ 500。

解析 依職業安全衛生管理辦法第 2 條：
事業單位應依下列規定設職業安全衛生管理單位(以下簡稱管理單位)：
一、第一類事業之事業單位勞工人數在 **100 人**以上者，應設直接隸屬雇主之專責一級管理單位。
二、第二類事業勞工人數在 300 人以上者，應設直接隸屬雇主之一級管理單位。

81. (2) 依職業安全衛生管理辦法規定，事業單位之職業安全衛生委員會之委員任期為多少年？
① 1 ② 2 ③ 3 ④ 4。

解析 職業安全衛生管理辦法第 11 條：
委員任期為 **2 年**，並以雇主為主任委員，綜理會務。

82. (3) 依職業安全衛生管理辦法規定，職業安全衛生委員會中工會或勞工選舉之代表不得少於多少比例？
① 1/5 ② 1/4 ③ 1/3 ④ 1/2。

解析 職業安全衛生管理辦法第 11 條第四項：
第一項第五款之勞工代表，應佔委員人數 **1/3** 以上；事業單位設有工會者，由工會推派之；無工會組織而有勞資會議者，由勞方代表推選之；無工會組織且無勞資會議者，由勞工共同推選之。

83. (1) 職業安全衛生人員離職時，應向下列何單位陳報？
①當地勞動檢查機構 ②縣市主管機關
③直轄市主管機關 ④中央主管機關。

解析 職業安全衛生管理辦法第 8 條第二項：
勞工人數在 30 人以上之事業單位，其職業安全衛生人員離職時，應即報**當地勞動檢查機構**備查。

84. (3) 依職業安全衛生管理辦法規定，僱用勞工人數 350 人之化學品製造業，設置之安全衛生人員，除職業安全衛生業務主管外，應再增設那些安全衛生人員？
①職業安全管理師及職業衛生管理師各 1 人
②職業安全衛生管理員 1 人
③職業安全管理師或職業衛生管理師 1 人及職業安全衛生管理員 2 人
④職業安全衛生管理員 2 人。

解析 依職業安全衛生管理辦法第 3-1 條規定：
前條第一類事業之事業單位對於所屬從事製造之一級單位，勞工人數在 100 人以上未滿 300 人者，應另置甲種職業安全衛生業務主管 1 人，勞工人數 300 人以上者，應再至少增置專職職業安全衛生管理員 1 人。

85. (2) 依職業安全衛生管理辦法規定，有關事業單位設置之職業安全衛生委員會，下列敘述何者錯誤？
①委員 7 人以上　②委員任期 3 年，連選得連任
③雇主為主任委員　④勞工代表應佔委員人數 1/3 以上。

解析
職業安全衛生委員會之設置原則依據職業安全衛生管理辦法第 11 條：
一、委員會置委員 7 人以上，除雇主為當然委員及第五款規定者外，由雇主視該事業單位之實際需要指定下列人員組成：
1. 職業安全衛生人員。
2. 事業內各部門之主管、監督、指揮人員。
3. 與職業安全衛生有關之工程技術人員。
4. 從事勞工健康服務之醫護人員。
5. 勞工代表。
二、委員任期為**2年**，並以雇主為主任委員，綜理會務。
三、委員會由主任委員指定一人為秘書，輔助其綜理會務。
四、第一項第五款之勞工代表，應佔委員人數 1/3 以上；事業單位設有工會者，由工會推派之；無工會組織而有勞資會議者，由勞方代表推選之；無工會組織且無勞資會議者，由勞工共同推選之。

86. (1) 依職業安全衛生管理辦法規定，下列何項機械，雇主應每 3 年就其整體定期實施自動檢查 1 次？
①電氣機車等　②動力堆高機　③車輛系營建機械　④固定式起重機。

解析
依職業安全衛生管理辦法第 13 條規定：
雇主對**電氣機車**、蓄電池機車、電車、蓄電池電車、內燃機車、內燃動力車及蒸汽機車等，應每 3 年就整體定期實施檢查一次。

87. (4) 依職業安全衛生管理辦法規定，雇主對於動力堆高機應每月定期實施自動檢查一次，下列何項目不包括在內？
①制動裝置、離合器及方向裝置　②積載裝置及油壓裝置
③頂篷及桅桿　④後視鏡。

解析
依職業安全衛生管理辦法第 17 條：
雇主對堆高機應每年就該機械之整體定期實施檢查一次。
雇主對前項之堆高機，應每月就下列規定定期實施檢查一次：
一、制動裝置、離合器及方向裝置。
二、積載裝置及油壓裝置。
三、頂蓬及桅桿。

88. (1) 事業單位以其事業之全部或部分交付承攬時，如使用之機械、設備或器具係由原事業單位提供者，原則上該等機械設備或器具由何單位實施定期檢查及重點檢查？
①原事業單位　②承攬人　③檢查機構　④代行檢查機構。

解析 職業安全衛生管理辦法第 84 條第一項：
事業單位以其事業之全部或部分交付承攬或再承攬時，如該承攬人使用之機械、設備或器具係由原事業單位提供者，該機械、設備或器具應由**原事業單位**實施定期檢查及重點檢查。

89. (3) 依職業安全衛生管理辦法規定，對於應定期實施自動檢查期限之敘述，下列何者有誤？
①一般車輛之安全性能每月 1 次 ②動力驅動離心機械每年 1 次
③營建用提升機每 3 個月 1 次 ④吊籠每月 1 次。

解析 職業安全衛生管理辦法第 23 條：
雇主對營建用提升機，應**每月**依下列規定實施檢查一次：
一、制動器及離合器有無異常。
二、捲揚機之安裝狀況。
三、鋼索有無損傷。
四、導索之固定部位有無異常。

90. (4) 下列何者非屬高壓氣體安全規則中所稱之特定高壓氣體？
①壓縮氫氣 ②液氯 ③液化石油氣 ④液氮。

解析 高壓氣體勞工安全規則第 3 條：
本規則所稱特定高壓氣體，係指高壓氣體中之壓縮氫氣、壓縮天然氣、液氧、液氨及液氯、液化石油氣。

91. (3) 有關高壓氣體類壓力容器處理能力之敘述下列何者錯誤？
①指 0°C、一大氣壓下 ② 24 小時全速運轉
③可處理液體體積 ④可處理氣體體積。

解析 高壓氣體勞工安全規則第 19 條：
本規則所稱處理能力，係指處理設備或減壓設備以壓縮、液化或其他方法一日可處理之**氣體容積**(換算於溫度在攝氏 0 度、壓力為每平方公分 0 公斤狀態時之容積)值。

92. (2) 依高壓氣體勞工安全規則規定甲類製造事業單位應於製造開始之日就製造事業單位指派何人為高壓氣體製造安全負責人，綜理高壓氣體之製造安全業務，並向勞動檢查機構報備？
①現場作業主管 ②實際負責人 ③領班 ④以上皆可。

解析 高壓氣體勞工安全規則第 219 條：
甲類製造事業單位應於製造開始之日就製造事業單位**實際負責人**指派為高壓氣體製造安全負責人，綜理高壓氣體之製造安全業務，並向勞動檢查機構報備。

93. (3) 依高壓氣體勞工安全規則規定，甲類製造事業單位係指使用壓縮、液化或其他方法處理之氣體容積 1 日在多少立方公尺以上之設備從事高壓氣體之製造者？
① 10 ② 20 ③ 30 ④ 40。

解析 高壓氣體勞工安全規則第 27 條：
液化或其他方法處理之氣體容積（係指換算成溫度在攝氏 0 度、壓力在每平方公分 0 公斤時之容積。）一日在 **30 立方公尺**以上或一日冷凍能力在 20 公噸（適於中央主管機關規定者，從其規定。）以上之設備從事高壓氣體之製造（含灌裝於容器）者。

94. (3) 下列何項非屬高壓氣體勞工安全規則規定所稱毒性氣體？
①丙烯腈 ②二氧化硫 ③丙烷 ④一氧化碳。

解析 高壓氣體勞工安全規則第 6 條：
本規則所稱毒性氣體，係指丙烯腈、丙烯醛、二氧化硫、氨、一氧化碳、氯、氯甲烷、氯丁二烯、環氧乙烷、氰化氫、二乙胺、三甲胺、二硫化碳、氟、溴甲烷、苯、光氣、甲胺、硫化氫及其他容許濃度（係指勞工作業場所容許暴露標準規定之容許濃度。）在百萬分之 200 以下之氣體。

95. (3) 依高壓氣體勞工安全規則規定，甲類製造事業單位之固定式製造設備其導管應經以常用壓力多少倍以上壓力實施耐壓試驗？
① 1.1 ② 1.2 ③ 1.5 ④ 2。

解析 高壓氣體勞工安全規則第 80 條第一項第五款：
導管應經以常用壓力 **1.5 倍**以上壓力實施之耐壓試驗及以常用壓力以上壓力實施之氣密試驗或經中央主管機關認定具有同等以上效力之試驗合格者。

96. (2) 依高壓氣體勞工安全規則規定，甲類製造事業單位之固定式製造設備，其導管厚度應具備以常用壓力多少倍以上壓力加壓時，不致引起導管之降伏變形？
① 1.5 ② 2 ③ 2.5 ④ 3。

解析 高壓氣體勞工安全規則第 80 條第一項第六款：
導管應具有以常用壓力 **2 倍**以上壓力加壓時不致引起降伏變形之厚度或經中央主管機關認定具有同等以上強度者。

97. (3) 依營造安全衛生設施標準規定，雇主設置護欄其上欄杆及中間欄杆高度應為多少公分？
① 95 公分上欄杆、25 公分中間欄杆
② 85 公分上欄杆、25 公分中間欄杆
③ 95 公分上欄杆、45 公分中間欄杆
④ 85 公分上欄杆、45 公分中間欄杆。

解析 營造安全衛生設施標準第 20 條第一項第一款：
具有高度 90 公分以上之上欄杆、中間欄杆或等效設備（以下簡稱中欄杆）、腳趾板及杆柱等構材；其上欄杆、中欄杆及地盤面與樓板面間之上下開口距離，應不大於 **55 公分**。（因此選項③剛好符合上欄杆 90 公分以上，且上欄杆與中間欄杆距離不大於 55 公分的規定）

98. (4) 依營造安全衛生設施標準規定，雇主使勞工從事於易踏穿材料構築之屋頂作業時，應先規劃安全通道，於屋架上設置適當強度，且寬度在多少公分以上之踏板？
① 15 ② 20 ③ 25 ④ 30。

解析 依營造安全衛生設施標準第 18 條第一項第三款：
於易踏穿材料構築之屋頂作業時，應先規劃安全通道，於屋架上設置適當強度，且寬度在 **30 公分**以上之踏板，並於下方適當範圍裝設堅固格柵或安全網等防墜設施。但雇主設置踏板面積已覆蓋全部易踏穿屋頂或採取其他安全工法，致無踏穿墜落之虞者，不在此限。

99. (4) 依營造安全衛生設施標準規定，雇主對於高度 2 公尺以上之工作場所，勞工作業有墜落之虞者，應訂定墜落災害防止計畫，依風險控制之先後順序規劃，並採取適當墜落災害防止設施，下列何項屬正確之風險控制先後順序？a、設置護欄、護蓋。b、經由設計或工法之選擇，儘量使勞工於地面完成作業，減少高處作業項目。c、經由施工程序之變更，優先施作永久構造物之上下設備或防墜設施。d、使勞工佩掛安全帶。e、張掛安全網。
① abcde ② abced ③ bcead ④ bcaed。

解析 營造安全衛生設施標準第 17 條：
雇主對於高度 2 公尺以上之工作場所，勞工作業有墜落之虞者，應訂定墜落災害防止計畫，依下列風險控制之先後順序規劃，並採取適當墜落災害防止設施：
一、經由設計或工法之選擇，儘量使勞工於地面完成作業，減少高處作業項目。
二、經由施工程序之變更，優先施作永久構造物之上下設備或防墜設施。
三、設置護欄、護蓋。
四、張掛安全網。
五、使勞工佩掛安全帶。
六、設置警示線系統。
七、限制作業人員進入管制區。
八、對於因開放邊線、組模作業、收尾作業等及採取第一款至第五款規定之設施致增加其作業危險者，應訂定保護計畫並實施。

100.(1) 依營造安全衛生設施標準規定，雇主設置之安全網其延伸適當之距離，下列敘述何項正確？
①攔截高度在 1.5 公尺以下者，至少應延伸 2.5 公尺
②攔截高度 2 公尺，至少應延伸 2.5 公尺
③攔截高度 3 公尺，至少應延伸 2.8 公尺
④攔截高度 4 公尺者，至少應延伸 3.5 公尺。

解析 營造安全衛生設施標準第22條第一項第三款：
為足以涵蓋勞工墜落之拋物線預測路徑範圍，使用於結構物四周之安全網時，應依下列規定延伸適當之距離。但結構物外緣牆面設置垂直式安全網者，不在此限：
一、攔截高度在 **1.5 公尺**以下者，至少應延伸 **2.5 公尺**。
二、攔截高度超過1.5公尺且在3公尺以下者，至少應延伸3公尺。
三、攔截高度超過3公尺者，至少應延伸4公尺。

101. (3) 依營造安全衛生設施標準規定，雇主對於鋼構之組立、架設、爬升、拆除、解體或變更等作業，應指派鋼構組配作業主管於作業現場辦理相關事項，下列何項非屬所稱鋼構？
①高度在5公尺以上之鋼構建築物
②塔式起重機或伸臂伸高起重機
③橋梁跨距在20公尺以上，以金屬構材組成之橋梁上部結構
④高度在5公尺以上之鐵塔。

解析 營造安全衛生設施標準第149條第三項規定：
第一項所定鋼構，其範圍如下：
一、高度在5公尺以上之鋼構建築物。
二、高度在5公尺以上之鐵塔、金屬製煙囪或類似柱狀金屬構造物。
三、高度在5公尺以上或橋梁跨距在30公尺以上，以金屬構材組成之橋梁上部結構。
四、塔式起重機或升高伸臂起重機。
五、人字臂起重桿。
六、以金屬構材組成之室外升降路塔或導軌支持塔。
七、以金屬構材組成之施工構臺。

102.(1) 依營造安全衛生設施標準規定，雇主僱用勞工從事露天開挖作業，其垂直開挖最大深度應妥為設計，如其深度在多少公尺以上者，應設擋土支撐？
① 1.5 ② 2 ③ 2.5 ④ 3。

解析 營造安全衛生設施標準第71條：
雇主僱用勞工從事露天開挖作業，其開挖垂直最大深度應妥為設計；其深度在 **1.5 公尺**以上，使勞工進入開挖面作業者，應設擋土支撐。但地質特殊或採取替代方法，經所僱之專任工程人員或委由相關執業技師簽認其安全性者，不在此限。

103.(2) 依營造安全衛生設施標準規定，雇主設置之任何型式之護欄，其杆柱及任何杆件之強度及錨錠，應使整個護欄具有抵抗於上欄杆之任何一點，於任何方向加以多少公斤之荷重，而無顯著變形之強度？
① 65 ② 75 ③ 85 ④ 90。

解析 營造安全衛生設施標準第20條第一項第五款：
任何型式之護欄，其杆柱及任何杆件之強度及錨錠，應使整個護欄具有抵抗於上欄杆之任何一點，於任何方向加以 **75 公斤**之荷重，而無顯著變形之強度。

104.(4) 依營造安全衛生設施標準規定，雇主設置之安全網其工作面至安全網架設平面之攔截高度，不得超過多少公尺？
① 4 ② 5 ③ 6 ④ 7。

解析 營造安全衛生設施標準第 22 條第一項第二款：
工作面至安全網架設平面之攔截高度，不得超過**7 公尺**。但鋼構組配作業得依第 151 條之規定辦理。

105.(3) 依營造安全衛生設施標準規定，勞工於高度 2 公尺以上施工架上從事作業時，應供給足夠強度之工作臺，且工作臺應以寬度多少公分以上並舖滿密接之踏板？
① 30 ② 35 ③ 40 ④ 45。

解析 營造安全衛生設施標準第 48 條第一項第二款：
工作臺寬度應在**40 公分**以上並舖滿密接之踏板，其支撐點應有 2 處以上，並應綁結固定，使其無脫落或位移之虞，踏板間縫隙不得大於 3 公分。

106.(1) 依危險性機械及設備安全檢查規則規定，所稱之營建用提升機係指導軌或升降路高度在多少公尺以上？
① 20 ② 30 ③ 40 ④ 50。

解析 危險性機械及設備安全檢查規則第 3 條第一項第五款：
營建用提升機係指導軌或升降路高度在**20 公尺**以上之營建用提升機。

107.(1) 依危險性機械及設備安全檢查規則規定，所稱之係指符合下列何條件蒸汽鍋爐危險性設備？
①最高使用壓力超過每平方公分 1 公斤，或傳熱面積超過 1 平方公尺
②最高使用壓力超過每平方公分 1.5 公斤，或傳熱面積超過 1.5 平方公尺
③最高使用壓力超過每平方公分 2 公斤，或傳熱面積超過 2 平方公尺
④最高使用壓力超過每平方公分 3 公斤，或傳熱面積超過 3 平方公尺。

解析 危險性機械及設備安全檢查規則第 4 條第一項第一款之一：
最高使用壓力超過每平方公分 **1 公斤**，或傳熱面積超過 **1 平方公尺**(裝有內徑 25 公厘以上開放於大氣中之蒸汽管之蒸汽鍋爐、或在蒸汽部裝有內徑 25 公厘以上之 U 字形豎立管，其水頭壓力超過 5 公尺之蒸汽鍋爐，為傳熱面積超過 3.5 平方公尺)，或胴體內徑超過 300 公厘，長度超過 600 公厘之蒸汽鍋爐。

108.(4) 依危險性機械及設備安全檢查規則規定，高壓氣體特定設備指其容器以「每平方公分之公斤數」單位所表示之設計壓力數值與以「立方公尺」單位所表示之內容積數值之積，超過多少者？
① 0.01 ② 0.02 ③ 0.03 ④ 0.04。

解析 危險性機械及設備安全檢查規則第4條第一項第三款：
高壓氣體特定設備：指供高壓氣體之製造（含與製造相關之儲存）設備及其支持構造物（供進行反應、分離、精鍊、蒸餾等製程之塔槽類者，以其最高位正切線至最低位正切線間之長度在5公尺以上之塔，或儲存能力在300立方公尺或3公噸以上之儲槽為一體之部分為限），其容器以「每平方公分之公斤數」單位所表示之設計壓力數值與以「立方公尺」單位所表示之內容積數值之積，超過0.04者。

109.（ 2 ）依危險性機械及設備安全檢查規則規定，高壓氣體容器係指供灌裝高壓氣體之容器中，相對於地面可移動，其內容積在多少公升以上者？
① 400 ② 500 ③ 800 ④ 1000。

解析 危險性機械及設備安全檢查規則第4條第一項第四款：
高壓氣體容器係指供灌裝高壓氣體之容器中，相對於地面可移動，其內容積在500公升以上者。

110.（ 2 ）依粉塵危害預防標準規定，同一特定粉塵發生源之特定粉塵作業，其每日作業時間為50分鐘屬下列何者？
①臨時性作業 ②作業時間短暫 ③作業期間短暫 ④長時間作業。

解析 粉塵危害預防標準第3條第一項第九款：
同一特定粉塵發生源之特定粉塵作業，其每日作業時間**不超過1小時**者為作業時間短暫之特定粉塵作業。

111.（ 3 ）依粉塵危害預防標準規定，雇主使勞工戴用輸氣管面罩之連續作業時間，每次不得超過多久？
① 30分鐘 ② 45分鐘 ③ 60分鐘 ④ 90分鐘。

解析 粉塵危害預防標準第24條：
雇主使勞工戴用輸氣管面罩之連續作業時間，每次不得超過**1小時(60分鐘)**。

112.（ 1 ）依粉塵危害預防標準規定，對於粉塵作業場所應多久時間內確認實施通風設備運轉狀況、勞工作業情形、空氣流通效果及粉塵狀況等，並採取必要措施？
①隨時 ②每週 ③每月 ④每年。

解析 粉塵危害預防標準第19條：
雇主使勞工從事粉塵作業時，應依下例規定辦理：
一、對粉塵作業場所實施通風設備運轉狀況、勞工作業情形、空氣流通效果及粉塵狀況等**隨時確認**，並採取必要措施。
二、預防粉塵危害之必要注意事項，應通告全體有關勞工。

113.(1) 室內粉塵作業場所依規定至少多久應清掃一次以上？
①每日 ②每週 ③每月 ④每年。

解析
粉塵危害預防標準第22條第一項：
雇主對室內粉塵作業場所至少**每日**應清掃一次以上。

114.(3) 下列何者屬依粉塵危害預防標準所稱之特定粉塵發生源？
①使用耐火磚之構築爐作業
②在室內實施金屬熔斷作業
③於室內非以手提式熔射機熔射金屬之作業
④在室內實施金屬電焊作業。

解析
本規則附表一所列之乙欄所指特定粉塵發生源如下：
一、於坑內以動力採掘礦物等之處所
二、以動力搗碎、粉碎或篩選之處所。
三、以車輛系營建機械裝卸之處所。
四、以輸送機(移動式輸送機除外)裝卸之處處所(不包括(二)所列之處所)。
五、於室內以動力(手提式或可搬動式動力工具除外)切斷、雕刻或修飾之處所。
六、於室內以研磨材噴射、研磨或岩石、礦物之雕刻之處所。
七、於室內利用研磨材以動力(手提式或可搬動式動力工具除外)研磨岩石、礦物或金屬或削除毛邊或切斷金屬之處所之作業。
八、於室內以動力(手提式動力工具除外)搗碎、粉碎或篩選土石、岩石礦物、碳原料或鋁箔之處所。
九、於室內將水泥、飛灰或粉狀礦石、碳原料、鋁或二氧化鈦袋裝之處所。
十、於室內混合粉狀之礦物等、碳原料及含有此等物質之混入或散布之處所。
十一、於室內混合原料之處所。
十二、於室內混合原料之處所。
十三、製造耐火磚、磁磚過程中，於室內以動力將原料(潤濕物除外)成形之處所。
十四、於室內將半製品或製品以動力(手提式動力工具除外)修飾之處所。
十五、於室內混合原料之處所。
十六、於室內將半製品或製品以動力(手提式動力工具除外)修飾之處所。
十七、於室內以拆模裝置從事拆除砂模或除砂或以動力(手提式動力工具除外)再生砂或將砂混鍊或削除鑄毛邊之處所。
十八、於**室內非以手提式熔射機熔射金屬**之處所。

115.(1) 藉動力強制吸引並排出已發散粉塵之設備為下列何者？
①局部排氣裝置 ②密閉裝置
③整體換氣裝置 ④維持濕潤狀態之設備。

解析
粉塵危害預防標準第3條第一項第六款：
局部排氣裝置係指藉動力強制吸引並排出已發散粉塵之設備。

116.(4) 下列何種特定粉塵作業，雇主除於室內作業場所設置整體換氣外，應使勞工使用適當之呼吸防護具作為必要之控制設施？
①從事臨時性作業時
②從事同一特定粉塵發生源之作業時間短暫時
③從事同一特定粉塵發生源之作業期間短暫時
④使用直徑小於 30 公分之研磨輪從事作業。

解析 粉塵危害預防標準第 13 條：
適於下列各款之一之特定粉塵作業，雇主除於室內作業場所設置整體換氣裝置及於坑內作業場所設置第 11 條第二項之換氣裝置外，並使各該作業勞工使用適當之呼吸防護具時，得不適用第 6 條之規定。
一、於使用前直徑小於 **30 公分**之研磨輪從事作業時。
二、使用搗碎或粉碎之最大能力每小時小於 20 公斤之搗碎機或粉碎機從事作業時。
三、使用篩選面積小於 700 平方公分之篩選機從事作業時。
四、使用內容積小於 18 公升之混合機從事作業時。

117.(3) 依粉塵危害預防標準規定，下列有關粉塵作業之控制設施之敘述，何者有誤？
①整體換氣裝置應置於使排氣或換氣不受阻礙之處，使之有效運轉
②設置之濕式衝擊式鑿岩機於實施特定粉塵作業時，應使之有效給水
③局部排氣裝置依規定每 2 年定期檢查一次
④維持濕潤狀態之設備於粉塵作業時，對該粉塵發生處所應保持濕潤狀態。

解析 職業安全衛生管理辦法第 40 條及第 41 條所列，雇主對局部排氣裝置、空氣清淨裝置及吹吸型換氣裝置應**每年**依規定定期實施檢查一次。

118.(3) 依粉塵危害預防標準規定，雇主應至少多久時間定期使用真空除塵器或以水沖洗等不致發生粉塵飛揚之方法，清除室內作業場所之地面？
①每日 ②每週 ③每月 ④每季。

解析 粉塵危害預防標準第 22 條第二項：
雇主至少**每月**定期使用真空除塵器或以水沖洗等不致發生粉塵飛揚之方法，清除室內作業場所之地面、設備。但使用不致發生粉塵飛揚之清掃方法顯有困難，並以供給勞工使用適當之呼吸防護具時，不在此限。

119.(4) 依粉塵危害預防標準規定，使勞工於室內混合粉狀之礦物等、碳原料及含有此等物質之混入或散布之處所，下列何項不符合規定？
①設置密閉設備 ②設置局部排氣裝置
③維持濕潤狀態 ④整體換氣裝置。

解析 室內混合粉狀之礦物之處所應：
一、設置密閉設備。
二、設置局部排氣裝置。
三、維持濕潤狀態。

120.（ 4 ）依高架作業勞工保護措施標準規定，所稱高架作業，係指雇主使勞工從事之作業，已依規定設置平台、護欄等設備，並採取防止墜落之必要安全措施，其高度在多少公尺以上？
①2 ②3 ③4 ④5。

解析 高架作業勞工保護措施標準第3條第一項第二款：
已依規定設置平台、護欄等設備，並採取防止墜落之必要安全措施，其高度在**5公尺**以上者。

121.（ 2 ）依高架作業勞工保護措施標準規定，雇主使勞工從事高度在4公尺之高架作業時，每連續作業2小時，應給予作業勞工多少分鐘休息時間？
① 15 ② 20 ③ 25 ④ 30。

解析 高架作業勞工保護措施標準第4條第一項第一款：
高度在2公尺以上未滿5公尺者，至少有**20分鐘**休息。

122.（ 3 ）依高架作業勞工保護措施標準規定，雇主使勞工從事高架作業時，應減少工作時間。高架作業高度在30公尺者每連續作業2小時，應給予作業勞工多少分鐘休息時間？
① 15 ② 20 ③ 35 ④ 45。

解析 高架作業勞工保護措施標準第4條第一項第三款：
高度在20公尺以上者，至少有**35分鐘**休息。

123.（ 2 ）依高架作業勞工保護措施標準規定，所稱高架作業，係指露天作業場所，自勞工站立位置，半徑多少公尺範圍內最低點之地面或水面起至勞工立足點平面間之垂直距離？
①2 ②3 ③4 ④5。

解析 高架作業勞工保護措施標準第3條第二項第一款：
露天作業場所，自勞工站立位置，半徑**3公尺**範圍內最低點之地面或水面起至勞工立足點平面間之垂直距離。

124.（ 2 ）依高溫作業勞工作息時間標準規定，於走動中提舉或推動一般重量物體者，係屬下列何種工作？
①輕工作 ②中度工作
③重工作 ④極重度工作。

解析 高溫作業勞工作息時間標準第4條：
本標準所稱輕工作，指僅以坐姿或立姿進行手臂部動作以操縱機器者。所稱**中度工作**，指於走動中提舉或推動一般重量物體者。所稱重工作，指鏟、掘、推等全身運動之工作者。

125.(2) 用以計算 WBGT(室外有日曬) 的公式為下列何者？
① WBGT=0.7(WBT)+0.3(GBT)
② WBGT=0.7(WBT)+0.2(GBT)+0.1(DBT)
③ WBGT=0.6(WBT)+0.2(GBT)+0.2(DBT)
④ WBGT=0.7(WBT)+0.1(GBT)+0.2(DBT)
(WBT：自然濕球溫度，GBT：黑球溫度，DBT：乾球溫度)。

解析 高溫作業勞工作息時間標準第 3 條第一項第一款：
綜合溫度熱指數計算戶外有日曬情形 (WBGT) 者，**綜合溫度熱指數** (WBGT) = 0.7× **自然濕球溫度** (WBT) + 0.2× **黑球溫度** (GBT) + 0.1× **乾球溫度** (DBT)。

126.(3) 依高溫作業勞工作息時間標準規定，黑球溫度代表下列何者之效應？
①空氣溫度 ②空氣溼度 ③輻射熱 ④空氣流動。

解析 自然濕球溫度：用計濕布包著溫度計，在無遮蔽的外界環境下量度出的溫度，以反應汗水是否容易揮發。
- 黑球溫度：在指定規格的黑色不反光銅球裏，利用溫度計量出的溫度，反應太陽輻射 (即**熱輻射**) 的效應。
- 乾球溫度：在有遮蔽的環境下，利用溫度計量出的溫度，並無濕度及太陽輻射的影響，反應單純空氣的效應。

127.(3) 依高溫作業勞工作息時間標準規定，勞工於工作時須接近黑球溫度達多少°C 以上高溫灼熱物體者，雇主應供給身體熱防護設備並使勞工確實使用？
① 35 ② 40 ③ 50 ④ 60。

解析 高溫作業勞工作息時間標準第 6 條：
勞工於操作中須接近黑球溫度達 50°C 以上高溫灼熱物體者，雇主應供給身體熱防護設備並使勞工確實使用。

128.(3) 依高溫作業勞工作息時間標準規定，暴露時量平均綜合溫度熱指數值達 32°C，若為輕工作時則其分配作業及休息時間為何？
①連續作業 ② 25% 休息、75% 作業
③ 50% 休息、50% 作業 ④ 75% 休息、25% 作業。

解析 高溫作業勞工作息時間標準第 5 條所附之表格：

時量平均綜合溫度熱指數值 °C	輕工作	30.6	31.4	32.2	33.0
	中度工作	28.0	29.4	31.1	32.6
	重工作	25.9	27.9	30.0	32.1
每小時作息時間比例		連續作業	75% 作業 25% 休息	**50% 作業 50% 休息**	25% 作業 75% 休息

129.(3) 依異常氣壓危害預防標準規定，異常氣壓作業勞工應接受耐氧試驗，該試驗係針對勞工在壓力為每平方公分 1.8 公斤以上，使其呼吸純氧多少分鐘？
① 10 ② 20 ③ 30 ④ 40。

解析 異常氣壓危害預防標準第 3 條第一項第二款：
耐氧試驗係指對從事異常氣壓作業勞工在高壓艙以每平方公分 1.8 公斤 (60 呎) 之壓力，使其呼吸純氧 **30 分鐘**之試驗。

130.(4) 依異常氣壓危害預防標準規定，雇主使勞工於高壓室內作業時，其每一勞工占有之氣積應在多少立方公尺以上？
① 1 ② 2 ③ 3 ④ 4。

解析 異常氣壓危害預防標準第 5 條：
雇主使勞工於高壓室內作業時，其每一勞工占有之氣積應在 **4 立方公尺**以上。

131.(1) 依異常氣壓危害預防標準規定，使用水面供氣之潛水作業，其緊急備用儲氣槽內空氣壓力，應經常維持在最深潛水深度時壓力之幾倍以上？
① 1.5 ② 2 ③ 3 ④ 5。

解析 異常氣壓危害預防標準第 14 條：
雇主使勞工從事潛水作業而使用水面供氣時，應對每一從事潛水作業勞工分別設置可供調節供氣之儲氣槽及緊急備用儲氣槽。但調節用氣槽符合第二項規定者，得免設備用氣槽。
前項備用氣槽，應符合下列規定：
一、槽內空氣壓力應經常維持在最深潛水深度時壓力之 **1.5 倍**以上。
二、槽之內容積應大於下列計算所得之值：
$V=(0.03D+4)\times 60/P$
V：槽之內容積(單位：升)
D：最深潛水深度(單位：公尺)
P：槽內空氣壓力(單位：公斤 / 平方公分)

132.(4) 依異常氣壓危害預防標準規定，潛水作業是指對使用潛水器具之水肺或水面供氣設備等，於水深超過多少公尺之水中實施之作業？
① 2 ② 4 ③ 8 ④ 10。

解析 異常氣壓危害預防標準第 2 條第一項第二款：
潛水作業是指對使用潛水器具之水肺或水面供氣設備等，於水深超過 **10 公尺**之水中實施之作業。

133.(2) 依異常氣壓危害預防標準規定，雇主使勞工於氣閘室接受加、減壓時，其每一勞工占有之氣積應在多少立方公尺以上？
① 0.4 ② 0.6 ③ 0.8 ④ 1.0。

解析 異常氣壓危害預防標準第 6 條：
雇主使勞工於氣閘室接受加、減壓時，其每一勞工占有之氣積應在**0.6 立方公尺**以上；底面積應在 0.3 平方公尺上。

134.(3) 依異常氣壓危害預防標準規定，雇主在氣閘室為高壓室內作業實施減壓時，其減壓速率每分鐘應維持在每平方公分多少公斤以下？
① 0.4 ② 0.6 ③ 0.8 ④ 1.0。

解析 異常氣壓危害預防標準第 18 條：
雇主在氣閘室對高壓室內作業實施加壓時，其加壓速率每分鐘應維持在每平方公分**0.8 公斤**以下。

135.(1) 依精密作業勞工視機能保護設施標準規定，所稱精密作業係指勞工從事特殊凝視作業，且每日凝視作業時間合計在幾小時以上者？
① 2 ② 3 ③ 4 ④ 6。

解析 精密作業勞工視機能保護設施標準第 3 條第一項：
所稱精密作業係指勞工從事特殊凝視作業，且每日凝視作業時間合計在**2 小時**以上者。

136.(1) 依精密作業勞工視機能保護設施標準規定，雇主使勞工從事精密作業時，其工作台面照明與其半徑 1 公尺以內接鄰地區照明之比率不得低於多少？
① 1/5 ② 1/4 ③ 1/3 ④ 1/2。

解析 精密作業勞工視機能保護設施標準第 7 條：
雇主使勞工從事精密作業時，其工作台面照明與其半徑 1 公尺以內接鄰地區照明之比率不得低於**1：1/5**，與鄰近地區照明之比率不得低於 1：1/20。

137.(2) 依精密作業勞工視機能保護設施標準規定，雇主使勞工從事精密作業時，應縮短工作時間，於連續作業 2 小時，給予作業勞工至少多少分鐘之休息？
① 10 ② 15 ③ 20 ④ 30。

解析 精密作業勞工視機能保護設施標準第 8 條：
雇主使勞工從事精密作業時，應縮短工作時間，於連續作業 2 小時，給予作業勞工至少**15 分鐘**之休息。

138.(2) 依重體力勞動作業勞工保護措施標準規定，所定重體力勞動作業，指以人力搬運或揹負重量在多少公斤以上物體之作業？
① 20 ② 40 ③ 60 ④ 100。

解析

重體力勞動作業勞工保護措施標準第 2 條：
本標準所定重體力勞動作業，指下列作業：
一、以人力搬運或揹負重量在 **40 公斤**以上物體之作業。
二、以站立姿勢從事伐木作業。
三、以手工具或動力手工具從事鑽岩、挖掘等作業。
四、坑內人力搬運作業。
五、從事薄板壓延加工，其重量在 20 公斤以上之人力搬運作業及壓延後之人力剝離作業。
六、以 4.5 公斤以上之鎚及動力手工具從事敲擊等作業。
七、站立以鏟或其他器皿裝盛 5 公斤以上物體做投入與出料或類似之作業。
八、站立以金屬棒從事熔融金屬熔液之攪拌、除渣作業。
九、站立以壓床或氣鎚等從事 10 公斤以上物體之鍛造加工作業，且鍛造物必須以人力固定搬運者。
十、鑄造時雙人以器皿裝盛熔液其總重量在 80 公斤以上或單人搯金屬熔液之澆鑄作業。
十一、以人力拌合混凝土之作業。
十二、以人工拉力達 40 公斤以上之纜索拉線作業。
十三、其他中央主管機關指定之作業。

139.(2) 依職業安全衛生設施規則規定，雇主對於工作用階梯之設置，下列敘述何者錯誤？
①在原動機與鍋爐房中之工作用階梯之寬度不得小於 56 公分
②斜度不得大於 75 度
③梯級面深度不得小於 15 公分
④應有適當之扶手。

解析

職業安全衛生設施規則第 29 條：
雇主對於工作用階梯之設置，應依下列之規定：
一、如在原動機與鍋爐房中，或在機械四周通往工作台之工作用階梯，其寬度不得小於 56 公分。
二、斜度不得大於 **60 度**。
三、梯級面深度不得小於 15 公分。
四、應有適當之扶手。

140.(2) 依職業安全衛生設施規則規定，雇主對於室內工作場所設置之通道，下列敘述何者錯誤？
①主要人行道寬度不得小於 1 公尺
②各機械間通道不得大於 80 公分
③自路面起算 2 公尺高度之範圍內不得有障礙物
④主要人行道及安全門、安全梯應有明顯標示。

解析

職業安全衛生設施規則第 31 條：
雇主對於室內工作場所設置之通道，應依下列規定設置足夠勞工使用之通道：
一、應有適應其用途之寬度，其主要人行道寬度不得小於 1 公尺。
二、各機械間或其他設備間通道**不得小於 80 公分**。
三、自路面起算 2 公尺高度之範圍內，不得有障礙物。但因工作之必要，經採防護措施者，不在此限。
四、主要人行道及有關安全門，安全梯應有明顯標示。

141.(4) 依職業安全衛生設施規則規定，雇主架設之通道下列敘述何者錯誤？
①傾斜超過 15 度以上者應設置踏條
②有墜落之虞之場所應置備 75 公分以上之堅固扶手
③傾斜應保持在 30 度以下
④如用漏空格條製成，其縫間隙不超過 40 公厘，超過時應置鐵絲網防護。

解析

職業安全衛生設施規則第 36 條：
雇主架設之通道及機械防護跨橋，應依下列規定：
一、具有堅固之構造。
二、傾斜應保持在 30 度以下。但設置樓梯者或高度未滿 2 公尺而設置有扶手者，不在此限。
三、傾斜超過 15 度以上者，應設置踏條或採取防止溜滑之措施。
四、有墜落之虞之場所，應置備高度 75 公分以上之堅固扶手。在作業上認有必要時，得在必要範圍內設置活動扶手。
五、設置於豎坑內之通道，長度超過 15 公尺者，每隔 10 公尺內應設置平台一處。
六、營建使用之高度超過 8 公尺以上之階梯，應於每隔 7 公尺內設置平台一處。
七、通道路用漏空格條製成者，其縫間隙不得超過 **3 公分**，超過時，應裝置鐵絲網防護。

142.(3) 依職業安全衛生設施規則規定，對於雇主設置之固定梯(非於沉箱內)，下列敘述何者錯誤？
①應等間隔設置踏條
②應有防止梯子移位之措施
③梯子之頂端依規定應突出板面 50 公分
④不得有妨礙工作人員通行之障礙物。

解析

職業安全衛生設施規則 37 條：
雇主設置之固定梯，應依下列規定：
一、具有堅固之構造。
二、應等間隔設置踏條。
三、踏條與牆壁間應保持 16.5 公分以上之淨距。
四、應有防止梯子移位之措施。
五、不得有妨礙工作人員通行之障礙物。
六、平台如用漏空隔條製成者，其縫間隙不得超過 3 公分；超過時，應裝置鐵絲網防護。

七、梯子之頂端應突出板面 60 **公分**以上。
八、梯長連續超過 6 公尺時，應每隔 9 公尺以下設一平台，並應於距梯底 2 公尺以上部分，設置護籠或其他保護裝置。但符合下列規定之一者，不在此限。
1. 未設置護籠或其他保護裝置，已於每隔 6 公尺以下設一平台者。
2. 塔、槽、煙囱及其他高位建築之固定梯已設置符合需要之安全帶、安全索、磨擦制動裝置、滑動附屬裝置及其他安全裝置，以防止勞工墜落者。

九、前款平台應有足夠長度及寬度，並應圍以適當之欄柵。
前項第七款至第八款規定，不適用於沉箱內之固定梯。

143.(4) 依職業安全衛生設施規則規定，雇主對於研磨機之使用，下列敘述何者錯誤？
①應採用經速率試驗合格且有明確記載最高使用周速度者
②規定研磨機之使用不得超過規定最高使用周速度
③除該研磨輪為側用外，不得使用側面
④研磨輪更換時應先檢驗有無裂痕，並在防護罩下試轉一分鐘。

解析

職業安全衛生設施規則第 62 條：
雇主對於研磨機之使用，應依下列規定：
一、研磨輪應採用經速率試驗合格且有明確記載最高使用周速度者。
二、規定研磨機之使用不得超過規定最高使用周速度。
三、規定研磨輪使用，除該研磨輪為側用外，不得使用側面。
四、規定研磨機使用，應於每日作業開始前試轉 1 分鐘以上，研磨輪更換時應先檢驗有無裂痕，並在防護罩下試轉 **3 分鐘**以上。
前項第一款之速率試驗，應按最高使用周速度增加 50% 為之。直徑不滿 10 公分之研磨輪得免予速率試驗。

144.(2) 與噪音源 (點音源) 之距離每增加 1 倍時，其噪音音壓級衰減多少分貝？
① 3 ② 6 ③ 9 ④ 12。

解析

音波自音源往所有方向發散出去，因球形面積愈來愈大，故於球面處之聲音強度亦愈來愈小。
$I=W/A=W/4\pi r^2$，故強度是隨著距離的平方成反比。
當點音源距離加倍，其聲音強度位準 (或壓力位準) 可減少 6dB。

$$L_{P2}-L_{P1}=20\log\frac{r_1}{r_2}=20\log 2=6$$

145.(2) 依職業安全衛生設施規則規定，雇主對於高壓氣體容器之搬運與儲存，下列敘述何者錯誤？
①場內移動儘量使用專用手推車
②容器吊運應以電磁鐵吊運鋼瓶
③溫度保持在攝氏 40 度以下
④盛裝容器之載運車輛應有警戒標誌。

解析

職業安全衛生設施規則第 107 條：
雇主搬運儲存高壓氣體之容器，不論盛裝或空容器，應依下列規定辦理：
一、溫度保持在攝氏 40 度以下。
二、場內移動儘量使用專用手推車等，務求安穩直立。
三、以手移動容器，應確知護蓋旋緊後，方直立移動。
四、容器吊起搬運**不得直接用電磁鐵**，吊鏈、繩子等直接吊運。
五、容器裝車或卸車，應確知護蓋旋緊後才進行，卸車時必須使用緩衝板或輪胎。
六、儘量避免與其他氣體混載，非混載不可時，應將容器之頭尾反方向置放或隔置相當間隔。
七、載運可燃性氣體時，要置備滅火器；載運毒性氣體時，要置備吸收劑、中和劑、防毒面具等。
八、盛裝容器之運載車輛，應有警戒標誌。
九、運送中遇有漏氣，應檢查漏出部位，給予適當處理。
十、搬運中發現溫度異常高昇時，應立即灑水冷卻，必要時，並應通知原製造廠協助處理。

146.(3) 雇主使勞工進入供儲存大量物料之槽桶時，下列敘述何者錯誤？
①應事先測定並確認無爆炸、中毒及缺氧等危險
②應使勞工佩掛安全帶及安全索等防護具
③工作人員應由槽底進入以防墜落
④進口處派人監視以備發生危險時營救。

解析

職業安全衛生設施規則第 154 條：
雇主使勞工進入供儲存大量物料之槽桶時，應依下列規定：
一、應事先測定並確認無爆炸、中毒及缺氧等危險。
二、應使勞工佩掛安全帶及安全索等防護具。
三、應於進口處派人監視，以備發生危險時營救。
四、規定工作人員以由**槽桶上方**進入為原則。

147.(3) 依職業安全衛生設施規則規定，下列何種情況下，雇主應指定作業管理人員負責執行管理？
①物料集合體之物料積垛作業地點高差在 2.5 公尺以上時
②於載貨台從事單一之重量超越 100 公斤以上物料裝卸時
③設置衝剪機械 5 台以上時
④從事危險物製造或處置之作業。

解析

職業安全衛生設施規則第 72 條：
雇主設置衝剪機械 **5 台**以上時，應指定作業管理人員負責執行職務。

148.(2) 依職業安全衛生設施規則規定，下列敘述何者錯誤？
①硝化甘油為爆炸性物質　②二硫化碳為爆炸性物質
③鋁粉為著火性物質　④丁烷為可燃性氣體。

解析 職業安全衛生設施規則第 13 條第一項第一款：
本規則所稱**易燃液體**，指下列危險物：
乙醚、汽油、乙醛、環氧丙烷、二硫化碳及其他之閃火點未滿攝氏零下 30 度之物質。

149.(1) 依職業安全衛生設施規則規定，下列何者不得作為起重升降機具之吊掛用具？
①延伸長度超過百分之六之吊鏈
②直徑減少達公稱直徑百分之六之鋼索
③斷面直徑減少百分之九之吊鏈
④鋼索一撚間有百分之九素線截斷。

解析 職業安全衛生設施規則第 98 條：
雇主不得以下列任何一種情況之吊鏈作為起重升降機具之吊掛用具：
一、延伸長度超過 5% 以上者。
二、斷面直徑減少 10% 以上者。
三、有龜裂者。
職業安全衛生設施規則第 99 條：
雇主不得以下列任何一種情況之吊掛之鋼索作為起重升降機具之吊掛用具：
一、鋼索一撚間有 10% 以上素線截斷者。
二、直徑減少達公稱直徑 7% 以上者。
三、有顯著變形或腐蝕者。
四、已扭結者。

150.(4) 依職業安全衛生設施規則規定，為使勞工作業場所空氣充分流通，一個佔有 5 立方公尺空間工作的勞工，以機械通風設備換氣，每分鐘所需之新鮮空氣，應為多少立方公尺以上？
① 0.14 ② 0.3 ③ 0.4 ④ 0.6。

解析 職業安全衛生設施規則第 312 條：
雇主對於勞工工作場所應使空氣充分流通，必要時，應依下列規定以機械通風設備換氣：
一、應足以調節新鮮空氣、溫度及降低有害物濃度。
二、其換氣標準如下：

工作場所每一勞工所佔立方公尺數	每分鐘每一勞工所需之新鮮空氣之立方公尺數
未滿 5.7	**0.6 以上**
5.7 以上未滿 14.2	0.4 以上
14.2 以上未滿 28.3	0.3 以上
28.3 以上	0.14 以上

151.(3) 使用乙炔熔接裝置從事金屬熔接作業應注意事項，下列敘述何者有誤？
①應先決定作業方法 ②發生器修繕前應完全除去乙炔
③發生器有電石殘存時，亦可進行修繕 ④應由合格人員操作。

解析

職業安全衛生設施規則第 217 條：
雇主對於使用乙炔熔接裝置從事金屬之熔接、熔斷或加熱作業時，應選任專人辦理下列事項：
一、決定作業方法及指揮作業。
二、對使用中之發生器，禁止使用有發生火花之虞之工具或予以撞擊。
三、使用肥皂水等安全方法，測試乙炔熔接裝置是否漏洩。
四、發生器之氣鐘上禁止置放任何物件。
五、發生器室出入口之門，應注意關閉。
六、再裝電石於移動式乙炔熔接裝置之發生器時，應於屋外之安全場所為之。
七、開啟電石桶或氣鐘時，應禁止撞擊或發生火花。
八、作業時，應將乙炔熔接裝置發生器內存有空氣與乙炔之混合氣體排除。
九、作業中，應查看安全器之水位是否保持安全狀態。
十、應使用溫水或蒸汽等安全之方法加溫或保溫，以防止乙炔熔接裝置內水之凍結。
十一、發生器停止使用時，應保持適當水位，不得使水與殘存之電石接觸。
十二、發生器之修繕、加工、搬運、收藏，或繼續停止使用時，應**完全除去乙炔及電石**。
十三、監督作業勞工戴用防護眼鏡、防護手套。

152.(2) 依職業安全衛生設施規則規定，勞工在高差超過幾公尺以上之場所作業時，應設置能使勞工安全上下之設備？
① 1 ② 1.5 ③ 2 ④ 3。

解析

職業安全衛生設施規則第 228 條：
雇主對勞工於高差超過 **1.5 公尺**以上之場所作業時，應設置能使勞工安全上下之設備。

153.(2) 在常溫下，將 10atm，10ppm 之 1cc 的苯蒸氣注入 1atm 含 1 公升乾淨空氣的容器中，試問苯蒸氣均勻混合後的濃度約為多少？
① 10ppb ② 100ppb ③ 1ppm ④ 10ppm。

解析

ppm=parts per million，100 萬分之一，是 10^{-6} 次方。
ppb=parts per billion，10 億分之一，是 10^{-9} 次方。
因此濃度換算時，1ppm=1000ppb，1ppb 即是十億分之一。

以本題來說，先說明壓力對氣體溶解度的影響，由亨利定律可以得知：
C=k*P (C 是溶解度、k 是亨利常數、P 是氣體分壓)，因此定溫定量的氣體，壓力變大氣體溶解度就變大，而此題原來苯蒸氣壓力是十大氣壓，因此計算時須列入計算式中 $=10(atm)x10ppm(10^{-6})x1(cm^3)/1(atm)x1000(cm^3)=1x10^{-7}=100ppb$ 之濃度。

154.(1) 與噪音源 (線音源) 之距離每增加 1 倍時，其噪音音壓級衰減多少分貝？
① 3 ② 6 ③ 9 ④ 12。

解析 線音源：例如工廠中排成一長列的機器、道路交通噪音、鐵路交通噪音。
I=W/A=W/(2πr×1)，故強度是隨著距離的一次方成反比。
當線音源距離加倍，其聲音強度位準(或壓力位準)可減少 3dB。

$$L_{P2}-L_{P1}=10\log\frac{r_1}{r_2}=10\log 2=3$$

155.(4) 依職業安全衛生設施規則規定，下列有關噪音暴露標準規定之敘述何者錯誤？
①勞工 8 小時日時量平均音壓級暴露不得超過 90 分貝
②工作日任何時間不得暴露於峰值超過 140 分貝之衝擊性噪音
③工作日任何時間不得暴露於超過 115 分貝之連續性噪音
④測定 8 小時日時量平均音壓級時應將 75 分貝以上噪音納入計算。

解析 職業安全衛生設施規則第 300 條第一項第一款第三目：
測定勞工 8 小時日時量平均音壓級時，應將 **80 分貝**以上之噪音以增加 5 分貝降低容許暴露時間一半之方式納入計算。

156.(3) 某勞工暴露於 95 分貝噪音，請問該勞工容許暴露時間為多少小時？
① 3 ② 3.5 ③ 4 ④ 5。

解析 職業安全衛生設施規則第 300 條第一項第一款第一目：
勞工暴露之噪音音壓級及其工作日容許暴露時間如下列對照表：

工作日容許暴露時間(小時)	A 權噪音音壓級 (dBA)
8	90
6	92
4	95
3	97
2	100
1	105
1/2	110
1/4	115

157.(1) 評估勞工噪音暴露測定時，噪音計採用下列何種權衡電網？
① A ② B ③ C ④ F。

解析
- **A 權衡電網**：所量出結果最能與人的觀感一致。
- B 權衡電網：幾乎不用於一般噪音量測。
- C 權衡電網：常見於評估防音防護具的防音性能、工業機器或產生噪音測定。
- D 權衡電網：飛航噪音使用。
- F 權衡電網：評估噪音之物理量以做為作業環境改善之依據。

158.(2) 評估勞工 8 小時日時量平均音壓級時，依職業安全衛生設施規則規定應將多少分貝以上之噪音納入計算？
① 75 ② 80 ③ 85 ④ 90。

解析 職業安全衛生設施規則第 300 條第一項第一款第三目：
測定勞工 8 小時日時量平均音壓級時，應將 **80 分貝**以上之噪音以增加 5 分貝降低容許暴露時間一半之方式納入計算。

159.(4) 依職業安全衛生設施規則規定，雇主以人工濕潤工作場所濕球溫度超過攝氏多少度時，應立即停止濕潤？
① 20 ② 24 ③ 25 ④ 27。

解析 職業安全衛生設施規則第 306 條：
雇主對作業上必須實施人工濕潤時，應使用清潔之水源噴霧，並避免噴霧器及其過濾裝置受細菌及其他化學物質之汙染。
人工濕潤工作場所濕球溫度超過攝氏 **27 度**，或濕球與乾球溫度相差攝氏 1.4 度以下時，應立即停止人工濕潤。

160.(4) 雇主對坑內之溫度在攝氏多少度以上時，依規定應使勞工停止作業？
① 30.6 ② 33.1 ③ 35.0 ④ 37.0。

解析 職業安全衛生設施規則第 308 條：
雇主對坑內之溫度，應保持在攝氏 37 度以下；溫度在攝氏 **37 度**以上時，應使勞工停止作業。但已採取防止高溫危害人體之措施、從事救護或防止危害之搶救作業者，不在此限。

161.(4) 以下何者為勞工健康保護規則規定所定之特別危害健康作業？
①使用溴丁烷之作業 ②高空作業
③局限空間作業 ④巴拉刈製造作業。

解析 勞工健康保護規則第 2 條第一項第一款所稱特別危害健康作業如附表一：

項次	作業名稱
一	高溫作業勞工作息時間標準所稱之高溫作業。
二	勞工噪音暴露工作日 8 小時日時量平均音壓級在 85 分貝以上之噪音作業。
三	游離輻射防護法所稱之游離輻射作業 。
四	異常氣壓危害預防標準所稱之異常氣壓作業。
五	鉛中毒預防規則所稱之鉛作業。
六	四烷基鉛中毒預防規則所稱之四烷基鉛作業。
七	粉塵危害預防標準所稱之粉塵作業。

項次	作業名稱
八	有機溶劑中毒預防規則所稱之下列有機溶劑作業： (一) 1,1,2,2- 四氯乙烷。 (二) 四氯化碳。 (三) 二硫化碳。 (四) 三氯乙烯。 (五) 四氯乙烯。 (六) 二甲基甲醯胺。 (七) 正己烷。
九	製造、處置或使用下列特定化學物質或其重量比(苯為體積比)超過 1% 之混合物之作業： (一) 聯苯胺及其鹽類。 (二) 4- 胺基聯苯及其鹽類。 (三) 4- 硝基聯苯及其鹽類。 (四) β - 萘胺及其鹽類。 (五) 二氯聯苯胺及其鹽類。 (六) α - 萘胺及其鹽類。 (七) 鈹及其化合物(鈹合金時，以鈹之重量比超過 3% 者為限)。 (八) 氯乙烯。 (九) 2,4- 二異氰酸甲苯或 2,6- 二異氰酸甲苯。 (十) 4,4- 二異氰酸二苯甲烷。 (十一) 二異氰酸異佛爾酮。 (十二) 苯。 (十三) 石綿(以處置或使用作業為限)。 (十四) 鉻酸與其鹽類或重鉻酸及其鹽類。 (十五) 砷及其化合物。 (十六) 鎘及其化合物。 (十七) 錳及其化合物(一氧化錳及三氧化錳除外)。 (十八) 乙基汞化合物。 (十九) 汞及其無機化合物。 (二十) 鎳及其化合物。 (二十一) 甲醛。 (二十二) 1,3- 丁二烯。 (二十三) 銦及其化合物。
十	黃磷之製造、處置或使用作業。
十一	聯吡啶或**巴拉刈**之製造作業。

項次	作業名稱
十二	其他經中央主管機關指定公告之作業： 製造、處置或使用下列化學物質或其重量比超過 5% 之混合物之作業： 溴丙烷。

162.(3) 依職業安全衛生設施規則規定，為保持良好之通風及換氣，雇主對勞工經常作業之室內作業場所，其窗戶及其他開口部分等可直接與大氣相通之開口部分面積，應為地板面積之多少比例以上？
① 1/50 ② 1/30 ③ 1/20 ④ 1/2。

解析 職業安全衛生設施規則第 311 條：
雇主對於勞工經常作業之室內作業場所，其窗戶及其他開口部分等可直接與大氣相通之開口部分面積，應為地板面積之 **1/20** 以上。但設置具有充分換氣能力之機械通風設備者，不在此限。
雇主對於前項室內作業場所之氣溫在攝氏 10 度以下換氣時，不得使勞工暴露於每秒 1 公尺以上之氣流中。

163.(1) 雇主對勞工經常作業之室內作業場所之氣溫，在攝氏多少度以下換氣時，不得使勞工暴露於每秒 1 公尺以上之氣流中？
① 10 ② 15 ③ 20 ④ 30。

解析 職業安全衛生設施規則第 311 條第二項：
雇主對於前項室內作業場所之氣溫在攝氏 **10 度**以下換氣時，不得使勞工暴露於每秒 1 公尺以上之氣流中。

164.(3) 雇主以機械通風設備換氣使空氣充分流通，除提供勞工新鮮空氣外，下列何者較屬非應一併考慮之事項？
①溫度調節 ②火災爆炸防止 ③氣壓 ④有害物濃度控制。

解析 依職業安全衛生設施規則第 312 條：
雇主對於勞工工作場所應使空氣充分流通，必要時，應依下列規定以機械通風設備換氣：應足以調節新鮮空氣、溫度及降低有害物濃度，避免火災爆炸。

165.(2) 依職業安全衛生設施規則規定，作業場所面積過大等致需人工照明時，下列對照明規定之敘述何者錯誤？
①室外走道應在 20 米燭光以上
②廁所、更衣室應在 50 米燭光以上
③一般辦公場所應在 300 米燭光以上
④印刷品校對應在 1000 米燭光以上。

解析 職業安全衛生設施規則第 313 條第一項第六款：
作業場所面積過大、夜間或氣候因素自然採光不足時，可用人工照明，依下表規定予以補足：

照度表		照明種類
場所或作業別	照明米燭光數	場所別採全面照明，作業別採局部照明
室外走道、及室外一般照明	20 米燭光以上	全面照明
一、走道、樓梯、倉庫、儲藏室堆置粗大物件處所。 二、搬運粗大物件，如煤炭、泥土等。	50 米燭光以上	一、全面照明 二、全面照明
一、機械及鍋爐房、升降機、裝箱、精細物件儲藏室、更衣室、盥洗室、廁所等。 二、需粗辨物件如半完成之鋼鐵產品、配件組合、磨粉、粗紡棉布及其他初步整理之工業製造。	100 米燭光以上	一、全面照明 二、局部照明
須細辨物體如零件組合、粗車床工作、普通檢查及產品試驗、淺色紡織及皮革品、製罐、防腐、肉類包裝、木材處理等。	200 米燭光以上	局部照明
一、須精辨物體如細車床、較詳細檢查及精密試驗、分別等級、織布、淺色毛織等。 二、一般辦公場所。	300 米燭光以上	一、局部照明 二、全面照明
須極細辨物體，而有較佳之對襯，如精密組合、精細車床、精細檢查、玻璃磨光、精細木工、深色毛織等。	500 至 1,000 米燭光以上	局部照明
須極精辨物體而對襯不良，如極精細儀器組合、檢查、試驗、鐘錶珠寶之鑲製、菸葉分級、印刷品校對、深色織品、縫製等。	1,000 米燭光以上	局部照明

166.(3) 對於雇主供應勞工飲用水之敘述，下列何者有誤？
①盛水容器須予加蓋 ②飲用水之水質應符合衛生標準
③得設置共用之杯具 ④水源非自來水者應定期檢驗合格。

解析 職業安全衛生設施規則第 320 條：
雇主應依下列規定於適當場所充分供應勞工所需之飲用水或其他飲料：
一、飲水處所及盛水容器應保持清潔，盛器須予加蓋，並應有不致於被有害物、污水污染等適當防止措施。
二、**不得設置共用之杯具**。
三、飲用水應符合飲用水水質衛生標準，其水源非自來水水源者，應定期檢驗合格。
四、非作為飲用水之水源，如工業用水、消防用水等，必須有明顯標誌以資識別。

167.(1) 依職業安全衛生設施規則規定，勞工暴露於連續穩定性噪音音壓級為 100 分貝時，其工作日容許暴露時間為多少小時？
① 2 ② 4 ③ 6 ④ 8。

解析 職業安全衛生設施規則第 300 條第一項第一款第一目：
勞工暴露之噪音音壓級及其工作日容許暴露時間如下列對照表：

工作日容許暴露時間 (小時)	A 權噪音音壓級 (dBA)
8	90
6	92
4	95
3	97
2	100
1	105
1/2	110
1/4	115

168.(1) 依職業安全衛生設施規則規定，有一室內作業場所 20 公尺長、10 公尺寬、5 公尺高，機械設備占有 5 公尺長、2 公尺寬、1 公尺高共 4 座，請問該場所最多能有多少作業員？
① 76 ② 80 ③ 86 ④ 96。

解析 職業安全衛生設施規則第 309 條：
雇主對於勞工經常作業之室內作業場所，除設備及自地面算起高度超過 4 公尺以上之空間不計外，每一勞工原則上應有 10 立方公尺以上之空間。
根據計算室內之空間為：20×10×4 = 800 立方公尺，減去機械設備之體積 5×2×1×4=40 立方公尺，剩下之空間為 760 平方公尺，除以 10 因此最多能有 76 位作業員。

169.(3) 依職業安全衛生設施規則規定，一般辦公場所之人工照明，其照度至少為多少米燭光？ ① 100 ② 200 ③ 300 ④ 500。

解析 須精辨物體如細車床、較詳細檢查及精密試驗、分別等級、織布、淺色毛織等。
以及一般辦公場所空間需要 **300 米燭光**以上之局部照明及全面照明。

170.(4) 依職業安全衛生設施規則規定，極精細儀器組合作業之人工照明，其照度至少為多少米燭光以上？
① 200 ② 300 ③ 500 ④ 1000。

解析 須極精辨物體而對襯不良，如極精細儀器組合、檢查、試驗、鐘錶珠寶之鑲製、菸葉分級、印刷品校對、深色織品、縫製等空間需要 **1,000 米燭光**以上之局部照明。

171.(3) 某勞工每日作業時間八小時暴露於穩定性噪音，戴用劑量計測定二小時，其劑量為 44.5%，則該勞工工作日八小時日時量平均音壓級為多少分貝？
① 86 ② 90 ③ 94 ④ 98。

解析
暴露計算的時間為 8 小時標準作業時間時，可使用(勞工噪音暴露之 8 小時日時量平均音壓級)之公式 TWA=16.611ogD+90 求取噪音音壓級。
2 小時暴露劑量即達 44.5%。
TWA=16.61log[44.5/(12.5*2)]+90=94.16。
所以工作日 8 小時日時量平均音壓級就是 94.16dBA，本題以選項③最為接近。

172.(4) 依職業安全衛生設施規則規定，禁水性物質屬於下列何者？
①爆炸性物質 ②氧化性物質 ③過氧化物質 ④著火性物質。

解析
職業安全衛生設施規則第 12 條：
本規則所稱著火性物質，指下列危險物：
一、金屬鋰、金屬鈉、金屬鉀。
二、黃磷、赤磷、硫化磷等。
三、賽璐珞類。
四、碳化鈣、磷化鈣。
五、鎂粉、鋁粉。
六、鎂粉及鋁粉以外之金屬粉。
七、二亞硫磺酸鈉。
八、其他易燃固體、自燃物質、禁水性物質。

173.(1) 依職業安全衛生教育訓練規則規定，雇主對新僱之一般作業勞工實施一般安全衛生教育訓練，最低不得少於多少小時？
① 3 ② 4 ③ 6 ④ 18。

解析
職業安全衛生教育訓練規則附表十四：
新僱勞工或在職勞工於變更工作前依實際需要排定時數，不得少於 **3 小時**。但從事使用生產性機械或設備、車輛系營建機械、起重機具吊掛搭乘設備、捲揚機等之操作及營造作業、缺氧作業(含局限空間作業)、電焊作業、氧乙炔熔接裝置作業等應各增列 3 小時；對製造、處置或使用危害性化學品者應增列 3 小時。

174.(2) 依職業安全衛生教育訓練規則之規定，營造業之事業單位僱用勞工人數 45 人時，應使擔任職業安全衛生業務主管者接受何種營造業職業安全衛生主管安全衛生教育訓練？
①甲 ②乙 ③丙 ④丁。

解析

- 事業之雇主應依附表二之規模，置職業安全衛生業務主管及管理人員(以下簡稱管理人員)。
- 第一類事業之事業單位勞工人數在 100 人以上者，所置管理人員應為專職；第二類事業之事業單位勞工人數在 300 人以上者，所置管理人員應至少一人為專職。
- 依前項規定所置專職管理人員，應常駐廠場執行業務，不得兼任其他法令所定專責(任)人員或從事其他與職業安全衛生無關之工作。

類別	規模	應設置之管理人員
營造業之事業單位	一、未滿 30 人者	丙種職業安全衛生業務主管。
	二、30 人以上未滿 100 人者	**乙種職業安全衛生業務主管**及職業安全衛生管理員各 1 人。
	三、100 人以上未滿 300 人者	甲種職業安全衛生業務主管及職業安全衛生管理員各 1 人。
	四、300 人以上未滿 500 人者	甲種職業安全衛生業務主管 1 人、職業安全(衛生)管理師 1 人及職業安全衛生管理員 2 人以上。
	五、500 人以上者	甲種職業安全衛生業務主管 1 人、職業安全(衛生)管理師及職業安全衛生管理員各 2 人以上。

175.(1) 雇主無需使下列何者接受高壓氣體作業主管安全衛生教育訓練？
①高壓室內作業主管 ②高壓氣體製造安全主管
③高壓氣體製造安全作業主管 ④高壓氣體供應及消費作業主管。

解析

職業安全衛生教育訓練規則第 9 條：
雇主對擔任下列作業主管之勞工，應於事前使其接受高壓氣體作業主管之安全衛生教育訓練：
一、高壓氣體製造安全主任。
二、高壓氣體製造安全作業主管。
三、高壓氣體供應及消費作業主管。
前項教育訓練課程及時數，依附表七之規定。

176.(1) 何項化學品經製造者、輸入者、供應者或雇主將相關運作資料報請中央主管機關備查即可運作？
①優先管理化學品 ②管制性化學品 ③新化學品 ④汽油。

解析

職業安全衛生法第 14 條：
製造者、輸入者、供應者或雇主，對於經中央主管機關指定之管制性化學品，不得製造、輸入、供應或供工作者處置、使用。但經中央主管機關許可者，不在此限。
製造者、輸入者、供應者或雇主，對於中央主管機關指定之**優先管理化學品**，應將相關運作資料報請中央主管機關備查。
前二項化學品之指定、許可條件、期間、廢止或撤銷許可、運作資料內容及其他應遵行事項之辦法，由中央主管機關定之。

177.(4) 下列何種操作人員未規定雇主需使其接受危險性設備操作人員安全衛生教育訓練？
①丙級鍋爐 ②高壓氣體特定設備
③高壓氣體容器 ④第二種壓力容器。

解析
職業安全衛生教育訓練規則第 13 條：
雇主對擔任下列具有危險性之設備操作之勞工，應於事前使其接受具有危險性之設備操作人員之安全衛生教育訓練：
一、鍋爐操作人員。
二、第一種壓力容器操作人員。
三、高壓氣體特定設備操作人員。
四、高壓氣體容器操作人員。
五、其他經中央主管機關指定之人員。
前項人員，係指須經具有危險性設備操作人員訓練或技能檢定取得資格者。
自營作業者擔任第一項各款具有危險性之設備操作人員，應於事前接受第一項所定職類之安全衛生教育訓練。
第一項教育訓練課程及時數，依附表十一之規定。

178.(3) 依職業安全衛生教育訓練規則規定，下列何種作業人員或操作人員，雇主不需使其接受特殊作業安全衛生教育訓練？
①小型鍋爐 ②潛水 ③施工架組配 ④火藥爆破。

解析
職業安全衛生教育訓練規則第 14 條：
雇主對下列勞工，應使其接受特殊作業安全衛生教育訓練：
一、小型鍋爐操作人員。
二、荷重在一公噸以上之堆高機操作人員。
三、吊升荷重在 0.5 公噸以上未滿 3 公噸之固定式起重機操作人員或吊升荷重未滿一公噸之斯達卡式起重機操作人員。
四、吊升荷重在 0.5 公噸以上未滿 3 公噸之移動式起重機操作人員。
五、吊升荷重在 0.5 公噸以上未滿 3 公噸之人字臂起重桿操作人員。
六、高空工作車操作人員。
七、使用起重機具從事吊掛作業人員。
八、以乙炔熔接裝置或氣體集合熔接裝置從事金屬之熔接、切斷或加熱作業人員。
九、火藥爆破作業人員。
十、胸高直徑 70 公分以上之伐木作業人員。
十一、機械集材運材作業人員。
十二、高壓室內作業人員。
十三、潛水作業人員。
十四、油輪清艙作業人員。其他經中央主管機關指定之人員。
前項教育訓練課程及時數，依附表十二之規定。
第一項第八款火藥爆破作業人員，依事業用爆炸物爆破專業人員訓練及管理辦法規定，參加爆破人員專業訓練，受訓期滿成績及格，並提出結業證書者，得予採認。

179.(2) 大專院校辦理特殊作業勞工安全衛生教育訓練，應於15日前檢附相關資料報請何單位備查？
①教育部 ②當地主管機關 ③勞動部勞動力發展署 ④勞動部。

解析
職業安全衛生教育訓練規則第 25 條：
訓練單位辦理第 3 條至第 16 條（含特殊作業勞工安全衛生教育訓練）之教育訓練者，應於 15 日前檢附下列文件，報請地方主管機關備查：
一、教育訓練計畫報備書（格式六）。
二、教育訓練課程表（格式七）。
三、講師概況（格式八）。
四、學員名冊（格式九）。
五、負責之專責輔導員名單。

180.(1) 事業單位辦理有害作業主管人員安全衛生教育訓練結束後30日內應檢送必要文件報請主管機關核備，所稱必要文件不包括下列何者？
①教育訓練課程表
②受訓學員點名紀錄
③受訓學員成績冊
④受訓學員結業證書核發清冊。

解析
職業安全衛生教育訓練規則第 29 條：
訓練單位對於第 3 條至第 16 條之教育訓練，應將第 25 條第一項規定之文件及下列文件，於教育訓練結束後 10 日內做成電子檔，至少保存 10 年：
一、學員簽到紀錄。
二、受訓學員點名紀錄。
三、受訓學員成績冊。
四、受訓學員訓練期滿證明核發清冊或結業證書核發清冊。

181.(2) 有害作業主管，依職業安全衛生教育訓練規則規定，應接受幾小時之安全衛生教育訓練課程？
① 12 ② 18 ③ 24 ④ 36。

解析
職業安全衛生教育訓練規則第 11 條附表九：
有害作業主管應接受共計 **18 小時**之安全衛生教育訓練課程。

182.(2) 依特定化學物質危害預防標準規定，從事下列何種作業時，雇主應指定現場主管擔任特定化學物質作業主管？
①正己烷 ②硫化氫 ③丙酮 ④汽油。

解析
特定化學物質危害預防標準附表一，特定化學物質分甲、乙、丙、丁四類如下列表：
一、甲類物質：黃磷火柴、聯苯胺及其鹽類、4- 胺基聯苯及其鹽類、4- 硝基聯苯及其鹽類、β- 萘胺及其鹽類、二氯甲基醚、多氯聯苯、氯甲基甲基醚、青石綿、褐石綿、甲基汞化合物、五氯酚及其鈉鹽、含苯膠糊及含有 2 至 11 列舉物占其重量超過 1% 之混合物。

二、乙類物質：二氯聯苯胺及其鹽類、α-萘胺及其鹽類、鄰－二甲基聯苯胺及其鹽類、二甲氧基聯苯胺及其鹽類、鈹及其化合物、三氯甲苯、含有1至5列舉物占其重量超過1%或鈹合金含鈹占其重量超過3%之混合物；含有6列舉物占其重量超過0.5%之混合物。

三、丙類物質：

1. 丙類第一種物質：次乙亞胺、氯乙烯、3,3'－二氯－4,4'二胺基苯化甲烷、四羰化鎳、對－二甲胺基偶氮苯、β－丙內酯、丙烯醯胺、丙烯腈、氯、氰化氫、溴甲烷、2,4－二異氰酸甲苯或2,6－二異氰酸甲苯、4,4'－二異氰酸二苯甲烷、二異氰酸異佛爾酮、異氰酸甲酯、碘甲烷、**硫化氫**、硫酸二甲酯、四氯化鈦、氧氯化磷、環氧乙烷、甲醛、1,3-丁二烯、1,2-環氧丙烷、苯、氫氧化四甲銨、溴化氫、三氟化氯、對－硝基氯苯、氟化氫、含有1至24列舉物佔其重量超過1%之混合物；含有25列舉物體積比超過1%之混合物；含有26列舉物佔其重量超過2.38%之混合物；含有27、28列舉物佔其重量超過4%之混合物。含有29、30列舉物佔其重量超過5%之混合物。
2. 丙類第二種物質；奧黃、苯胺紅、含有1及2列舉物占其重量超過1%之混合物。
3. 丙類第三種物質：石綿(不含青石綿、褐石綿)、鉻酸及其鹽類、砷及其化合物、重鉻酸及其鹽類、乙基汞化合物、鄰－二腈苯、鎘及其化合物、五氧化二釩、汞及其無機化合物(硫化汞除外)、硝基乙二醇、錳及其化合物(一氧化錳及三氧化錳除外)、鎳及其化合物(四羰化鎳除外)、銦及其化合物、鈷及其無機化合物、萘、煤焦油、氰化鉀、氰化鈉、含有1至15列舉物占其重量超過1%之混合物；含有16至18列舉物占其重量超過5%之混合物。

四、丁類物質：氨、一氧化碳、氯化氫、硝酸、二氧化硫、光氣、硫酸、酚、含有1至7列舉物占其重量超過1%之混合物；含有8列舉物占其重量超過5%之混合物。

183.(1) 依特定化學物質危害預防標準規定，雇主不得使勞工從事製造或使用何種物質？
①甲類物質 ②乙類物質 ③丙類物質 ④丁類物質。

解析 特定化學物質危害預防標準第7條：
雇主不得使勞工從事製造、處置或使用甲類物質。但供試驗或研究者，不在此限。
前項供試驗或研究之**甲類物質**，雇主應依管制性化學品之指定及運作許可管理辦法規定，向中央主管關申請許可。

184.(2) 下列何者屬特定化學物質危害預防標準中所稱之乙類特定化學物質？
①苯 ②鈹及其化合物 ③含苯膠糊 ④鉻酸及其鹽類。

解析 乙類物質：二氯聯苯胺及其鹽類、α-萘胺及其鹽類、鄰－二甲基聯苯胺及其鹽類、二甲氧基聯苯胺及其鹽類、**鈹及其化合物**、三氯甲苯、含有1至5列舉物占其重量超過1%或鈹合金含鈹占其重量超過3%之混合物；含有6列舉物占其重量超過0.5%之混合物。

185.(2) 使勞工從事製造下列何種特定化學物質時，應報請勞動檢查機構許可？
①甲 ②乙 ③丙 ④丁。

解析
特定化學物質危害預防標準第 9 條：
雇主使勞工從事製造、處置或使用經中央主管機關指定為管制性化學品之**乙類物質**，除依管制性化學品之指定及運作許可管理辦法申請許可外，應依本標準規定辦理。

186.(2) 特定化學物質危害預防標準中所稱之特定化學管理設備，係指可能因下列何種異常致漏洩丙類第一種物質及丁類物質之特定化學設備？
①吸熱反應 ②放熱反應 ③低壓 ④低溫。

解析
特定化學物質危害預防標準第 5 條：
本標準所稱特定化學管理設備，指特定化學設備中進行**放熱反應**之反應槽等，且有因異常化學反應等，致漏洩丙類第一種物質或丁類物質之虞者。

187.(4) 依特定化學物質危害預防標準規定，下列何者不屬於對特定管理設備為早期掌握其異常化學反應之發生，應設置之適當計測裝置？
①溫度計 ②流量計 ③壓力計 ④液位計。

解析
特定化學物質危害預防標準第 26 條：
雇主對特定化學管理設備，為早期掌握其異常化學反應等之發生，應設適當之**溫度計**、**流量計**及**壓力計**等計測裝置。

188.(3) 依職業安全衛生管理辦法規定，局部排氣裝置依規定應多久定期實施自動檢查 1 次？ ①每季 ②每 6 個月 ③每年 ④每 2 年。

解析
職業安全衛生管理辦法第 40 條：
雇主對局部排氣裝置、空氣清淨裝置及吹吸型換氣裝置應**每年**依下列規定定期實施檢查一次：
一、氣罩、導管及排氣機之磨損、腐蝕、凹凸及其他損害之狀況及程度。
二、導管或排氣機之塵埃聚積狀況。
三、排氣機之注油潤滑狀況。
四、導管接觸部分之狀況。
五、連接電動機與排氣機之皮帶之鬆弛狀況。
六、吸氣及排氣之能力。
七、設置於排放導管上之採樣設施是否牢固、鏽蝕、損壞、崩塌或其他妨礙作業安全事項。
八、其他保持性能之必要事項。

189.(3) 依職業安全衛生管理辦法規定，特定化學設備或附屬設備應多久定期實施自動檢查？
①每 6 個月 ②每年 ③每 2 年 ④每 3 年。

解析

職業安全衛生管理辦法第 38 條：
雇主對特定化學設備或其附屬設備，應**每 2 年**依下列規定定期實施檢查一次：
一、特定化學設備或其附屬設備(不含配管)：
1. 內部有無足以形成其損壞原因之物質存在。
2. 內面及外面有無顯著損傷、變形及腐蝕。
3. 蓋、凸緣、閥、旋塞等之狀態。
4. 安全閥、緊急遮斷裝置與其他安全裝置及自動警報裝置之性能。
5. 冷卻、攪拌、壓縮、計測及控制等性能。
6. 備用動力源之性能。
7. 其他為防止丙類第一種物質或丁類物質之漏洩之必要事項。

二、配管：
1. 熔接接頭有無損傷、變形及腐蝕。
2. 凸緣、閥、旋塞等之狀態。
3. 接於配管之供為保溫之蒸氣管接頭有無損傷、變形或腐蝕。

190.(4) 指定之乙、丙類特定化學物質之作業環境監測，其紀錄依勞工作業環境監測實施辦法規定，保存 3 年者為下列何種物質？
①氯乙烯 ②石綿 ③鈹 ④氯。

解析

根據勞工作業環境監測實施辦法附表四，以下化學物質應保存「30 年」：
一、特定化學物質乙類物質：
1. 二氯聯苯胺及其鹽類。
2. α-萘胺及其鹽類。
3. 鄰-二甲基聯苯胺及其鹽類。
4. 二甲氧基聯苯胺及其鹽類。
5. 鈹及其化合物。

二、特定化學物丙類第一種物質：
1. 次乙亞胺。
2. 氯乙烯。
3. 苯。

三、特定化學物質丙類第三種物質：
1. 石綿。
2. 鉻酸及其鹽類。
3. 砷及其化合物。
4. 重鉻酸及其鹽類。
5. 煤焦油。
6. 鎳及其化合物。

由上知道選項①②③皆須保存 30 年，只有選項④氯為保存 3 年。

191.(3) 依特定化學物質危害預防標準規定，使勞工處置丙類第一種或丁類特定化學物質合計在多少公升以上時，應置備該物質等漏洩時能迅速告知有關人員之警報用器具及除卻危害必要藥劑、器具等設施？
① 10 ② 50
③ 100 ④ 300。

解析 特定化學物質危害預防標準第 23 條：
雇主使勞工處置、使用丙類第一種物質或丁類物質之合計在 **100 公**升（氣體以其容積一立方公尺換算為 2 公升。以下均同。）以上時，應置備該物質等漏洩時能迅速告知有關人員之警報用器具及除卻危害之必要藥劑、器具等設施。

192.(4) 下列何種特定化學物質之作業場所應設置緊急沖淋設備？
①乙類 ②丙類第二種
③丙類第三種 ④丁類。

解析 特定化學物質危害預防標準第 36 條：
雇主使勞工從事製造、處置或使用特定化學物質時，其身體或衣著有被污染之虞時，應設置洗眼、洗澡、漱口、更衣及洗濯等設備。
前項特定化學物質為丙類第一種物質、**丁類物質**、鉻酸及其鹽類或重鉻酸及其鹽類者，其作業場所應另設置緊急洗眼及沖淋設備。

193.(3) 特定化學設備中進行放熱反應之反應槽等，因有異常化學反應，致漏洩丙類第一種物質混合物、丁類物質或丁類物質混合物之虞者為下列何者？
①特定化學設備 ②密閉設備
③特定管理設備 ④固定式製造處置設備。

解析 特定化學物質危害預防標準第 5 條：
本標準所稱**特定化學管理設備**，指特定化學設備中進行放熱反應之反應槽等，且有因異常化學反應等，致漏洩丙類第一種物質或丁類物質之虞者。

194.(4) 下列何種特定化學物質具腐蝕特性，應特別注意防蝕、防漏設施？
①甲類物質 ②乙類物質
③丙類第二種物質 ④丁類物質。

解析 特定化學物質危害預防標準第 20 條：
雇主對其設置之特定化學設備（不含設備之閥或旋塞）有丙類第一種物質或**丁類物質**之接觸部分，為防止其腐蝕致使該物質等之漏洩，應對各該物質之種類、溫度、濃度等，採用不易腐蝕之材料構築或施以內襯等必要措施。
雇主對特定化學設備之蓋板、凸緣、閥或旋塞等之接合部分，應使用足以防止前項物質自該部分漏洩之墊圈密接等必要措施。

195.(3) 含硫酸、硝酸之廢液收集桶不得與下列何種廢液混合？
①鹽酸 ②磷酸
③硫化物 ④水。

解析 特定化學物質危害預防標準第 18 條：
雇主對排水系統、坑或槽桶等，有因含有鹽酸、硝酸或硫酸等之酸性廢液與含有氰化物、硫化物或多**硫化物**等之廢液接觸或混合，致生成氰化氫或硫化氫之虞時，不得使此等廢液接觸或混合。

196.(3) 某一作業場所在NTP下勞工暴露於三氯乙烯及三氯乙烷之全程工作日八小時平均濃度分別為25ppm及175ppm，如三氯乙烯及三氯乙烷之八小時日時量平均容許濃度分別為50ppm及350ppm，則該勞工之暴露下列敘述何者為誤？

①無法判定是否符合法令規定
②以相加效應計算是否超過容許濃度
③以相乘效應計算是否超過容許濃度
④應再進一步測定再據以評估。

解析 勞工作業場所容許暴露標準第9條：
作業環境空氣中有二種以上有害物存在而其相互間效應非屬於相乘效應或獨立效應時，應視為**相加效應**，並依規定計算，其總和大於1時，即屬超出容許濃度。

197.(3) 評估是否會進入肺泡而且沈積於肺泡造成塵肺症之粉塵量時，應測定下列何種粉塵？

①總粉塵 ②第3種粉塵
③可呼吸性粉塵 ④可吸入性粉塵。

解析 從粉塵進入人體呼吸道的沈積作用來看，粒徑大於10μm之粉塵在人體呼吸系統，可能在鼻孔、上呼氣道時即被擋除，粒徑在7μm左右可深入肺部，這種可深入肺部之粉塵稱為**可呼吸性粉塵**。故就影響人體肺部健康而言，危害性最高者為可呼吸性粉塵。而這些可呼吸性粉塵在職業疾病中，就造成肺部粉塵沉積，而產生塵肺症。

198.(4) ppm之意義為下列何者？

① 25°C，latm下每公克空氣中有害物之毫克數
② 4°C時每公升水中有害物之毫克數
③ 4°C時每公升水中有害物之毫升數
④ 25°C，latm下每立方公尺空氣中氣態有害物之立方公分數。

解析 勞工作業場所容許暴露標準第5條：
本標準所稱ppm為百萬分之一單位，指溫度在攝氏25度、1大氣壓(atm)條件下，每立方公尺空氣中氣狀有害物之立方公分數。

199.(3) 勞工作業場所容許暴露標準中之空氣中有害物容許濃度表，下列那一註記表示該物質經證實或疑似對人類會引發腫瘤？

①癌 ②皮
③瘤 ④高。

解析 勞工作業場所容許暴露標準附表一說明：
三、本表內註有「**瘤**」字者，表示該物質經證實或疑似對人類會引起腫瘤之物質。

200.(3) 二氯甲烷之 8 小時日時量平均容許濃度為 50ppm 或 174mg/m^3，則其短時間時量平均容許濃度為下列何者？
① 50ppm 或 174mg/m^3
② 62.5ppm 或 217.5mg/m^3
③ 75ppm 或 261mg/m^3
④ 100ppm 或 348mg/m^3。

解析 短時間時量平均容許濃度：附表一符號欄未註有「高」字及附表二之容許濃度乘以下表變量係數所得之濃度，為一般勞工連續暴露在此濃度以下任何 15 分鐘，不致有不可忍受之刺激、慢性或不可逆之組織病變、麻醉昏暈作用、事故增加之傾向或工作效率之降低者。

容許濃度	變量係數	備註
未滿 1	3	表中容許濃度氣狀物以 ppm、粒狀物以 mg/m^3、石綿 f/cc 為單位。
1 以上，未滿 10	2	
10 以上，未滿 100	1.5	
100 以上，未滿 1000	1.25	
1000 以上	1	

根據計算可得容許濃度為 10~100 區間，變量係數為 1.5，得到答案 75ppm 或 261mg/m^3。

201.(3) 二氯甲烷之容許濃度為 50ppm，其分子量為 85，其容許濃度相當於多少 mg/m^3？
① 11.3　② 12.3
③ 174　④ 221。

解析 單位換算：50ppm × 85 ÷ 24.45 = 173.82mg/m^3。

202.(2) TiO_2 在勞工作業環境空氣中有害物容許濃度表中備註欄未加註可呼吸性粉塵，則其容許濃度係指下列何種粉塵？
①可呼吸性粉塵　②總粉塵
③第一種粉塵　④可吸入性粉塵。

解析 **總粉塵**係指未使用分粒裝置所測得之粒徑者。

203.(1) 三氯乙烷之 8 小時日時量平均容許濃度為 100ppm，勞工 1 日作業之時間為 1 小時，該時段之暴露濃度為 140ppm，則該勞工之暴露屬下列何狀況？
①不符規定　②符合規定　③不能判定　④劑量為 0。

解析 容許濃度如下表列，超過100ppm之三氯乙烷乘以變量係數為1.25，140ppm則超過標準。

容許濃度	變量係數	備註
未滿1	3	表中容許濃度氣狀物以ppm、粒狀物以 mg/m^3、石綿f/cc為單位。
1以上，未滿10	2	
10以上，未滿100	1.5	
100以上，未滿1000	1.25	
1000以上	1	

204.(1) 可呼吸性粉塵係指能通過人體氣管而到達氣體之交換區域者，其50%截取粒徑為多少微米？

① 4 ② 10 ③ 25 ④ 100。

解析 可呼吸性粉塵(respirable dust)：可透過分粒裝置之粒徑者，平均氣動粒徑為**4微米**，一般粒徑小於10微米，有1%可吸入至肺部而沉積。

205.(4) 依危害性化學品標示及通識規則規定，除不穩定爆炸物外，在危害物質之分類中，將爆炸物分成多少組？

① 2 ② 3 ③ 5 ④ 6。

解析 危害性化學品標示及通識規則所附危害性化學品之分類、標示要項：

物理性危害物之爆炸物分為下列**六項**：

一、有整體爆炸危險之物質或物品。

二、有拋射危險，但無整體爆炸危險之物質或物品。

三、會引起火災，並有輕微爆炸或拋射危險但無整體爆炸危險之物質或物品。

四、無重大危險之物質或物品。

五、很不敏感，但有整體爆炸危險之物質或物品。

六、極不敏感，且無整體爆炸危險之物質或物品。

206.(2) 依危害性化學品標示及通識規則規定，致癌物質分為幾級？

① 1 ② 2 ③ 3 ④ 4。

解析 危害性化學品標示及通識規則所附危害性化學品之分類、標示要項：

致癌物質	第1A級		危險	可能致癌
	第1B級			
	第2級		警告	懷疑致癌

207.(2) 依化學品全球分類及標示調和制度 (GHS) 之定義，發火性液體 (pyrophoric liquid) 指少量也能在與空氣接觸後幾分鐘之內引燃的液體？
① 1 ② 5 ③ 10 ④ 12。

解析
發火性液體：
定義：發火性液體是即使量小也能在與空氣接觸後**5分鐘**內引燃的液體。

208.(4) 依危害性化學品標示及通識規則規定，安全資料表應包含多少大項？
① 10 ② 12 ③ 14 ④ 16。

解析
危害性化學品標示及通識規則所附之安全資料表應列內容項目及參考格式中：
安全資料表應包含下列各項：
一、化學品與廠商資料。
二、危害辨識資料。
三、成分辨識資料。
四、急救措施。
五、滅火措施。
六、洩漏處理方法。
七、安全處置與儲存方法。
八、暴露預防措施。
九、物理及化學性質。
十、安定性與反應性。
十一、毒性資料。
十二、生態資料。
十三、廢棄處置方式。
十四、運送資料。
十五、法規資料。
十六、其他資料。
附註：安全資料表也是常考考題，請務必記住應列內容項目。

209.(3) 依職業安全衛生設施規則規定，下列何者不屬於危險物？
①易燃液體 ②可燃性氣體 ③致癌性物質 ④氧化性物質。

解析
職業安全衛生設施規則第 11 條至第 15 條，所稱危險物為下列各項：
- 第 11 條：本規則所稱爆炸性物質。
- 第 12 條：本規則所稱著火性物質。
- 第 13 條：本規則所稱易燃液體。
- 第 14 條：本規則所稱氧化性物質。
- 第 15 條：本規則所稱可燃性氣體。

210.(3) 下列何種物品適用危害性化學品標示及通識規則規定？
①菸草 ②化粧品 ③可從製程中分離之中間物 ④滅火器。

解析
危害性化學品標示及通識規則第4條：
下列物品不適用本規則：
一、有害事業廢棄物。
二、菸草或菸草製品。
三、食品、飲料、藥物、化粧品。
四、製成品。
五、非工業用途之一般民生消費商品。
六、滅火器。
七、在反應槽或製程中正進行化學反應之中間產物。
八、其他經中央主管機關指定者。

211.(3) 依危害性化學品標示及通識規則規定，裝有危害性化學品容器之標示不包括下列何者？
①危害成分 ②危害警告訊息
③客戶名稱、地址及電話 ④危害防範措施。

解析
危害性化學品標示及通識規則所附之安全資料表應列內容項目及參考格式中：
安全資料表應包含下列各項：
一、化學品與廠商資料。
二、危害辨識資料。
三、成分辨識資料。
四、急救措施。
五、滅火措施。
六、洩漏處理方法。
七、安全處置與儲存方法。
八、暴露預防措施。
九、物理及化學性質。
十、安定性與反應性。
十一、毒性資料。
十二、生態資料。
十三、廢棄處置方式。
十四、運送資料。
十五、法規資料。
十六、其他資料。
附註：安全資料表也是常考考題，請務必記住應列內容項目。

212.(2) 易燃液體係指閃火點未滿攝氏多少度之物質？
① 55 ② 65 ③ 75 ④ 85。

解析

易燃液體：
液體隨著溫度增加，其蒸氣壓增加，當蒸氣與空氣混合達燃燒下限時，遇火燃燒，惟一閃即滅，稱為閃火點。液體之開杯閃火點在攝氏 **65 度**以下者稱為易燃液體。

不分組 閃火點在 65 度以下者如甲苯、汽油、丙酮。	

213.(3) 安全資料表 (SDS) 依規定應由下列何人製備？
① 勞工 ② 醫護人員 ③ 運作者 ④ 顧客。

解析

危害性化學品標示及通識規則第 12 條：
雇主對含有危害性化學品或符合附表三規定之每一化學品，應依附表四提供勞工安全資料表。
前項安全資料表所用文字以中文為主，必要時並輔以作業勞工所能瞭解之外文。

214.(2) 依危害性化學品標示及通識規則規定，盛有危害物質之容器，其容積在多少公升以下者，得僅標示其名稱、危害圖式及警示語？
① 0.01 ② 0.1 ③ 1 ④ 100。

解析

危害性化學品標示及通識規則第 5 條：
雇主對裝有危害性化學品之容器，應依附表一規定之分類及危害圖式，參照附表二之格式明顯標示下列事項，所用文字以中文為主，必要時並輔以作業勞工所能瞭解之外文：
一、危害圖式。
二、內容：
1. 名稱。
2. 危害成分。
3. 警示語。
4. 危害警告訊息。
5. 危害防範措施。
6. 製造者、輸入者或供應者之名稱、地址及電話。
第一項容器所裝之危害性化學品無法依附表一規定之分類歸類者，得僅標示第一項第二款事項。
第一項容器之容積在 **100 毫升**以下者，得僅標示名稱、危害圖式及警示語。

215.(4) 依危害性化學品標示及通識規則規定，雇主為維持安全資料表內容之正確性應有何作為？
① 1 年更新 1 次 ② 2 年更新 1 次
③ 3 年更新 1 次 ④ 依實際狀況，適時更新。

解析 危害性化學品標示及通識規則第 15 條：
製造者、輸入者、供應者或雇主，應依實際狀況檢討安全資料表內容之正確性，**適時更新**，並至少每 3 年檢討一次。
前項安全資料表更新之內容、日期、版次等更新紀錄，應保存 3 年。

216.(1) 盛裝危害物質容器標示之圖式背景為何種顏色？
①白色 ②紅色 ③綠色 ④黃色。

解析 危害性化學品標示及通識規則第 7 條：
第五條標示之危害圖式形狀為直立 45 度角之正方形，其大小需能辨識清楚。圖式符號應使用黑色，背景為**白色**，圖式之紅框有足夠警示作用之寬度。

217.(2) 依危害性化學品標示及通識規則規定，容器標示之圖式形狀為直立幾度之正方形？
① 30 ② 45 ③ 60 ④ 75。

解析 危害性化學品標示及通識規則第 7 條：
第五條標示之危害圖式形狀為直立 **45 度**角之正方形，其大小需能辨識清楚。圖式符號應使用黑色，背景為白色，圖式之紅框有足夠警示作用之寬度。

218.(2) 依危害性化學品標示及通識規則規定，易燃氣體及易燃氣膠分為幾級？
① 1 ② 2 ③ 3 ④ 4。

解析 危害性化學品標示及通識規則所附危害性化學品之分類、標示要項：

易燃氣體	第 1 級		危險	極度易燃氣體
	第 2 級	無	警告	易燃氣體
易燃氣膠	第 1 級		危險	極度易燃氣膠
	第 2 級		警告	易燃氣膠

219.(2) 依危害性化學品標示及通識規則規定，易燃液體之圖式符號應使用何種顏色？
①紅色 ②黑色 ③黃色 ④橘色。

解析 危害性化學品標示及通識規則第 7 條：
第 5 條標示之危害圖式形狀為直立 45 度角之正方形，其大小需能辨識清楚。圖式符號應使用**黑色**，背景為白色，圖式之紅框有足夠警示作用之寬度。

220.(124) 下列何種人員屬職業安全衛生法所稱之工作者？
①勞工 ②建教生 ③合夥人 ④水電工。

解析 工作者：指勞工、自營作業者及其他受工作場所負責人指揮或監督從事勞動之人員。合夥人或雇主則不屬於工作者。

221.(234) 依職業安全衛生法規定，雇主對於具有危害性之化學品，應依那些條件，評估風險等級，並採取分級管理措施？
①閃火點 ②健康危害
③散布狀況 ④使用量。

解析 職業安全衛生法第 11 條：
雇主對於前條之化學品，應依其健康危害、散布狀況及使用量等情形，評估風險等級，並採取分級管理措施。
前項之評估方法、分級管理程序與採行措施及其他應遵行事項之辦法，由中央主管機關定之。

222.(14) 依職業安全衛生法規定，符合那些條件之工作場所，事業單位應依中央主管機關規定之期限，定期實施製程安全評估，並製作製程安全評估報告及採取必要之預防措施？
①從事石油裂解之石化工業
②建築物高度在五十公尺以上之建築工程
③蒸汽鍋爐之傳熱面積在五百平方公尺以上之事業單位
④從事製造、處置或使用危害性之化學品數量達中央主管機關規定量以上。

解析 職業安全衛生法第 15 條：
有下列情事之一之工作場所，事業單位應依中央主管機關規定之期限，定期實施製程安全評估，並製作製程安全評估報告及採取必要之預防措施；製程修改時，亦同：
一、從事石油裂解之石化工業。
二、從事製造、處置或使用危害性之化學品數量達中央主管機關規定量以上。
前項製程安全評估報告，事業單位應報請勞動檢查機構備查。
前二項危害性之化學品數量、製程安全評估方法、評估報告內容要項、報請備查之期限、項目、方式及其他應遵行事項之辦法，由中央主管機關定之。

223.(123) 依職業安全衛生法規定，雇主不得使妊娠中之女性勞工從事那些危險性或有害性工作？
①鉛及其化合物散布場所之工作
②一定重量以上之重物處理工作

③起重機、人字臂起重桿之運轉工作
④超過二百二十伏特電力線之銜接。

解析 職業安全衛生法第 30 條：
雇主不得使妊娠中之女性勞工從事下列危險性或有害性工作：
一、礦坑工作。
二、鉛及其化合物散布場所之工作。
三、異常氣壓之工作。
四、處理及暴露於弓形蟲、德國麻疹等影響胎兒健康之工作。
五、處理或暴露於二硫化碳、三氯乙烯、環氧乙烷、丙烯醯胺、次乙亞胺、砷及其化合物、汞及其無機化合物等經中央主管機關規定之危害性化學品工作。
六、鑿岩機及其他有顯著震動之工作。
七、一定重量以上之重物處理工作。
八、有害輻射散布場所之工作。
九、已熔礦物或礦渣之處理工作。
十、起重機、人字臂起重桿之運轉工作。
十一、動力捲揚機、動力運搬機及索道之運轉工作。
十二、橡膠化合物及合成樹脂之滾輾工作。
十三、處理或暴露於經中央主管機關規定具有致病或致死之微生物感染風險之工作。
十四、其他經中央主管機關規定之危險性或有害性工作。

224.(123) 依職業安全衛生法規定，雇主對於那些特殊危害之作業，應規定減少勞工工作時間，並在工作時間中予以適當之休息？
①高架作業 ②重體力勞動作業
③精密作業 ④鉛作業。

解析 職業安全衛生法第 19 條：
在高溫場所工作之勞工，雇主不得使其每日工作時間超過 6 小時；異常氣壓作業、高架作業、精密作業、重體力勞動或其他對於勞工具有特殊危害之作業，亦應規定減少勞工工作時間，並在工作時間中予以適當之休息。
前項高溫度、異常氣壓、高架、精密、重體力勞動及對於勞工具有特殊危害等作業之減少工作時間與休息時間之標準，由中央主管機關會同有關機關定之。

225.(1234) 依職業安全衛生法規定，雇主為預防勞工於執行職務，因他人行為致遭受身體或精神上不法侵害，應採取之暴力預防措施，與下列何者有關？
①依工作適性適當調整人力 ②辨識及評估高風險群
③建構行為規範 ④建立事件之處理程序。

解析 根據職業安全衛生法第 6 條第 2 項第 3 款及職業安全衛生設施規則第 324 條之 3：
雇主為預防勞工於工作場所執行職務，因他人行為致遭受身體或精神上不法侵害，應依勞工工作場所及風險特性，參照中央主管機關公告之相關指引，訂定執行職務遭受不法侵害預防計畫，採取下列預防措施，並留存執行紀錄：
一、辨識及評估危害。
二、適當配置作業場所。

三、依工作適性適當調整人力。
四、建構行為規範。
五、辦理危害預防及溝通技巧訓練。
六、建立事件之處理程序。
七、執行成效之評估及改善。
八、其他有關安全衛生事項。

226.(24) 依職業安全衛生管理辦法規定，下列那些事業單位應參照中央主管機關所定之職業安全衛生管理系統指引，建置適合該事業單位之職業安全衛生管理系統？
①第一類事業勞工人數在 100 人以上
②第一類事業勞工人數在 200 人以上
③第二類事業勞工人數在 300 人以上
④有從事製造、處置或使用危害性之化學品數量達中央主管機關規定量以上之工作場所。

解析
職業安全衛生管理辦法第 12-2 條：
下列事業單位，雇主應依國家標準 CNS 45001 同等以上規定，建置適合該事業單位之職業安全衛生管理系統：
一、第一類事業勞工人數在 200 人以上者。
二、第二類事業勞工人數在 500 人以上者。
三、有從事石油裂解之石化工業工作場所者。
四、有從事製造、處置或使用危害性之化學品，數量達中央主管機關規定量以上之工作場所者。
前項安全衛生管理之執行，應作成紀錄，並保存 3 年。

227.(23) 依職業安全衛生管理辦法規定，職業安全衛生委員會置委員 7 人以上，除雇主為當然委員，另由雇主應視該事業單位之實際需要指定下列那些人員組成？
①股東　②各部門之主管
③從事勞工健康服務之醫師　④承攬人代表。

解析
職業安全衛生管理辦法第 11 條：
委員會置委員 7 人以上，除雇主為當然委員及第五款規定者外，由雇主視該事業單位之實際需要指定下列人員組成：
一、職業安全衛生人員。
二、事業內各部門之主管、監督、指揮人員。
三、與職業安全衛生有關之工程技術人員。
四、從事勞工健康服務之醫護人員。
五、勞工代表。
委員任期為 2 年，並以雇主為主任委員，綜理會務。

228.(23) 依職業安全衛生管理辦法規定，下列那些實施之機械之定期檢查項目正確？
①移動式起重機過捲預防裝置、警報裝置等應每年定期實施檢查 1 次
②對堆高機應每年就該機械之整體定期實施檢查 1 次
③升降機，應每年就該機械之整體定期實施檢查 1 次
④一般車輛，應每 6 個月就車輛各項安全性能定期實施檢查 1 次。

解析
- 職業安全衛生管理辦法第 53 條：
雇主對移動式起重機，應於每日作業前對過捲預防裝置、過負荷警報裝置、制動器、離合器、控制裝置及其他警報裝置之性能實施檢點。
- 職業安全衛生管理辦法第 14 條：
雇主對一般車輛，應每 3 個月就車輛各項安全性能定期實施檢查一次。

229.(13) 依職業安全衛生管理辦法規定，下列那些是雇主依法應實施之機械、設備之重點檢查項目？
①第二種壓力容器應於初次使用前
②化學設備或其附屬設備，於開始使用、改造、修理時
③局部排氣裝置或除塵裝置於開始使用、拆卸、改裝或修理時
④營造工程之模板支撐架。

解析
職業安全衛生管理辦法第 47 條：
雇主對**局部排氣裝置或除塵裝置**，於開始使用、拆卸、改裝或修理時，應依下列規定實施重點檢查：
一、導管或排氣機粉塵之聚積狀況。
二、導管接合部分之狀況。
三、吸氣及排氣之能力。
四、其他保持性能之必要事項。
職業安全衛生管理辦法第 49 條：
雇主對**特定化學設備或其附屬設備**，於開始使用、改造、修理時，應依下列規定實施重點檢查一次：
一、特定化學設備或其附屬設備（不含配管）：
(一)內部有無足以形成其損壞原因之物質存在。
(二)內面及外面有無顯著損傷、變形及腐蝕。
(三)蓋、凸緣、閥、旋塞等之狀態。
(四)安全閥、緊急遮斷裝置與其他安全裝置及自動警報裝置之性能。
(五)冷卻、攪拌、壓縮、計測及控制等性能。
(六)備用動力源之性能。
(七)其他為防止丙類第一種物質或丁類物質之漏洩之必要事項。
二、配管：
(一)熔接接頭有無損傷、變形及腐蝕。
(二)凸緣、閥、旋塞等之狀態。
(三)接於配管之蒸氣管接頭有無損傷、變形或腐蝕。
職業安全衛生管理辦法第 44 條：
設備之定期檢查：雇主對營造工程之模板支撐架，應每週依規定實施檢查。

230.(234) 下列那些屬高壓氣體安全規則所稱之高壓氣體？
①在常用溫度下，壓力達每平方公分 1 公斤以上之壓縮乙炔氣
②在常用溫度下，表壓力達每平方公分 10 公斤以上之壓縮氣體
③在常用溫度下，壓力達每平方公分 2 公斤以上之液化氣體
④溫度在攝氏 35 度時，壓力超過每平方公分零公斤以上之液化氣體中之液化氰化氫。

解析
高壓氣體安全規則第 2 條：
本規則所稱高壓氣體如下：
一、在常用溫度下，表壓力(以下簡稱壓力)達每平方公分 10 公斤以上之壓縮氣體或溫度在攝氏 35 度時之壓力可達每平方公分 10 公斤以上之壓縮氣體，但不含壓縮乙炔氣。
二、在常用溫度下，壓力達每平方公分 2 公斤以上之壓縮乙炔氣或溫度在攝氏 15 度時之壓力可達每平方公分 2 公斤以上之壓縮乙炔氣。
三、在常用溫度下，壓力達每平方公分 2 公斤以上之液化氣體或壓力達每平方公分 2 公斤時之溫度在攝氏 35 度以下之液化氣體。
四、前款規定者外，溫度在攝氏 35 度時，壓力超過每平方公分 0 公斤以上之液化氣體中之液化氰化氫、液化溴甲烷、液化環氧乙烷或其他中央主管機關指定之液化氣體。

231.(24) 依高壓氣體安全規則規定，下列那些敘述正確？
①儲存能力 0.5 公噸以上之儲槽，應隨時注意有無沈陷現象
②可燃性氣體製造設備，應採取可除卻該設備產生之靜電之措施
③儲存氨氣之高壓氣體設備使用之電氣設備，應具有防爆性能構造
④毒性氣體之製造設備中，有氣體漏洩致積滯之虞之場所，應設可探測該漏洩氣體，且自動發出警報之氣體漏洩檢知警報設備。

解析
依高壓氣體安全規則第 54 條：
可燃性氣體(氨及溴甲烷以外)之高壓氣體設備或冷媒設備使用之電氣設備，應具有適應其設置場所及該氣體種類之防爆性能構造。
依高壓氣體安全規則第 76 條：
儲存能力在 100 立方公尺或 1 公噸以上之儲槽，應隨時注意有無沈陷現象，如有沉陷現象時，應視其沉陷程度採取適當因應措施。

232.(234) 依營造安全衛生設施標準規定，下列那些規定是雇主使勞工從事屋頂作業時，應指派專人督導辦理事項？
①於斜度大於高底比為 2/5，應設置適當之護欄
②於斜面屋頂支承穩妥且寬度在 40 公分以上之適當工作臺
③設置護欄有困難者，應提供背負式安全帶使勞工佩掛
④於輕質屋頂屋架上設置適當強度，且寬度在 30 公分以上之踏板。

解析 營造安全衛生設施標準第 18 條：
雇主使勞工於屋頂從事作業時，應指派專人督導，並依下列規定辦理：
一、因屋頂斜度、屋面性質或天候等因素，致勞工有墜落、滾落之虞者，應採取適當安全措施。
二、於斜度大於 34 度，即高底比為 2：3 以上，或為滑溜之屋頂，從事作業者，應設置適當之護欄，支承穩妥且寬度在 40 公分以上之適當工作臺及數量充分、安裝牢穩之適當梯子。但設置護欄有困難者，應提供背負式安全帶使勞工佩掛，並掛置於堅固錨錠、可供鉤掛之堅固物件或安全母索等裝置上。
三、於易踏穿材料構築之屋頂作業時，應先規劃安全通道，於屋架上設置適當強度，且寬度在 30 公分以上之踏板，並於下方適當範圍裝設堅固格柵或安全網等防墜設施。但雇主設置踏板面積已覆蓋全部易踏穿屋頂或採取其他安全工法，致無踏穿墜落之虞者，不在此限。

233.(13) 依營造安全衛生設施標準規定，下列依那些規定是雇主使勞工於高度 2 公尺以上施工架上從事作業時，應辦理事項？
①工作臺寬度應在 40 公分以上並舖滿密接之踏板
②工作臺應低於施工架立柱頂點 0.5 公尺以上
③應供給足夠強度之工作臺
④工作臺其支撐點至少 1 處。

解析 營造安全衛生設施標準第 48 條：
雇主使勞工於高度 2 公尺以上施工架上從事作業時，應依下列規定辦理：
一、應供給足夠強度之工作臺。
二、工作臺寬度應在 40 公分以上並舖滿密接之踏板，其支撐點應有 2 處以上，並應綁結固定，使其無脫落或位移之虞，踏板間縫隙不得大於 3 公分。
三、活動式踏板使用木板時，其寬度應在 20 公分以上，厚度應在 3.5 公分以上，長度應在 3.6 公尺以上；寬度大於 30 公分時，厚度應在 6 公分以上，長度應在 4 公尺以上，其支撐點應有 3 處以上，且板端突出支撐點之長度應在 10 公分以上，但不得大於板長 1/18，踏板於板長方向重疊時，應於支撐點處重疊，重疊部分之長度不得小於 20 公分。
四、工作臺應低於施工架立柱頂點 1 公尺以上。
前項第三款之板長，於狹小空間場所得不受限制。

234.(134) 下列那些係屬危險性機械及設備安全檢查規則所稱之危險性機械？
①吊升荷重在 4 公噸之固定式起重機
②工廠設置之升降機
③高度在 20 公尺之營建用提升機
④載人用吊籠。

解析

危險性機械及設備安全檢查第 3 條：
本規則適用於下列容量之危險性機械：
一、固定式起重機：吊升荷重在 3 公噸以上之固定式起重機或 1 公噸以上之斯達卡式起重機。
二、移動式起重機：吊升荷重在 3 公噸以上之移動式起重機。
三、人字臂起重桿：吊升荷重在 3 公噸以上之人字臂起重桿。
四、營建用升降機：設置於營建工地，供營造施工使用之升降機。
五、營建用提升機：導軌或升降路高度在 20 公尺以上之營建用提升機。
六、吊籠：載人用吊籠。

235.(234) 下列那些係屬危險性機械及設備安全檢查規則所稱之危險性設備？
①最高使用表壓力超過每平方公分 0.5 公斤之蒸汽鍋爐
②傳熱面積超過 1 平方公尺之蒸汽鍋爐
③以「每平方公分之公斤數」單位所表示之最高使用壓力數值與以「立方公尺」單位所表示之內容積數值之積，超過 0.2 之第一種壓力容器
④指供灌裝高壓氣體之容器中，相對於地面可移動，其內容積在 500 公升以上者。

解析

危險性機械及設備安全檢查第 4 條：
本規則適用於下列容量之危險性設備：
一、鍋爐：
1. 最高使用壓力(表壓力，以下同)超過每平方公分 1 公斤，或傳熱面積超過 1 平方公尺(裝有內徑 25 公厘以上開放於大氣中之蒸汽管之蒸汽鍋爐、或在蒸汽部裝有內徑 25 公厘以上之 U 字形豎立管，其水頭壓力超過 5 公尺之蒸汽鍋爐，為傳熱面積超過 3.5 平方公尺)，或胴體內徑超過 300 公厘，長度超過 600 公厘之蒸汽鍋爐。
2. 水頭壓力超過 10 公尺，或傳熱面積超過 8 平方公尺，且液體使用溫度超過其在一大氣壓之沸點之熱媒鍋爐以外之熱水鍋爐。
3. 水頭壓力超過 10 公尺，或傳熱面積超過八平方公尺之熱媒鍋爐。
4. 鍋爐中屬貫流式者，其最高使用壓力超過每平方公分 10 公斤(包括具有內徑超過 150 公厘之圓筒形集管器，或剖面積超過 177 平方公分之方形集管器之多管式貫流鍋爐)，或其傳熱面積超過 10 平方公尺者(包括具有汽水分離器者，其汽水分離器之內徑超過 300 公厘，或其內容積超過 0.07 立方公尺者)。
二、壓力容器：
1. 最高使用壓力超過每平方公分 1 公斤，且內容積超過 0.2 立方公尺之第一種壓力容器。
2. 最高使用壓力超過每平方公分 1 公斤，且胴體內徑超過 500 公厘，長度超過 1000 公厘之第一種壓力容器。
3. 以「每平方公分之公斤數」單位所表示之最高使用壓力數值與以「立方公尺」單位所表示之內容積數值之積，超過 0.2 之第一種壓力容器。

三、高壓氣體特定設備：指供高壓氣體之製造(含與製造相關之儲存)設備及其支持構造物(供進行反應、分離、精鍊、蒸餾等製程之塔槽類者，以其最高位正切線至最低位正切線間之長度在5公尺以上之塔，或儲存能力在300立方公尺或3公噸以上之儲槽為一體之部分為限)，其容器以「每平方公分之公斤數」單位所表示之設計壓力數值與以「立方公尺」單位所表示之內容積數值之積，超過零點零四者。但下列各款容器，不在此限：
1. 泵、壓縮機、蓄壓機等相關之容器。
2. 緩衝器及其他緩衝裝置相關之容器。
3. 流量計、液面計及其他計測機器、濾器相關之容器。
4. 使用於空調設備之容器。
5. 溫度在攝氏35度時，表壓力在每平方公分50公斤以下之空氣壓縮裝置之容器。
6. 高壓氣體容器。
7. 其他經中央主管機關指定者。

四、高壓氣體容器：指供灌裝高壓氣體之容器中，相對於地面可移動，其內容積在500公升以上者。但下列各款容器，不在此限：
1. 於未密閉狀態下使用之容器。
2. 溫度在攝氏35度時，表壓力在每平方公分50公斤以下之空氣壓縮裝置之容器。
3. 其他經中央主管機關指定者。

236.(123) 下列何項屬粉塵危害預防標準規定，所稱之粉塵作業？
①岩石或礦物之切斷作業　②岩石或礦物之切斷篩選土石作業
③鑄件過程中拆除砂模作業　④木材裁切加工作業。

解析
粉塵危害預防標準所稱粉塵作業為：
一、採掘礦物等(不包括濕潤土石)場所之作業。但於坑外以濕式採掘之作業及於室外非以動力或非以爆破採掘之作業除外。
二、積載有礦物等(不包括濕潤物)車荷台以翻覆或傾斜方式卸礦場所之作業，但(三)、(九)或(十八)所列之作業除外。
三、於坑內礦物等之搗碎、粉碎、篩選或裝卸場所之作業。但濕潤礦物等之裝卸作業及於水中實施搗碎、粉碎或篩選之作業除外。
四、於坑內搬運礦物等(不包括濕潤物)場所之作業。但駕駛裝載礦物等之牽引車輛之作業除外。
五、於坑內從事礦物等(不包括濕潤物)之充填或散布石粉之場所作業。
六、岩石或礦物之切斷、雕刻或修飾場所之作業(不包括(十三)所列作業)。但使用火焰切斷、修飾之作業除外。
七、以研磨材吹噴研磨或用研磨材以動力研磨岩石、礦物或從事金屬或削除毛邊或切斷金屬場所之作業。但(六)所列之作業除外。
八、以動力從事搗碎、粉碎或篩選土石、岩石、礦物、碳原料或鋁箔場所之作業(不包括(三)、(十五)或(十九)所列之作業)。但於水中或油中以動力搗碎、粉碎或修飾之作業除外。
九、水泥、飛灰或粉狀之礦石、碳原料或碳製品之乾燥、袋裝或裝卸場所之作業。但(三)、(十六)或(十八)所列之作業除外。

十、粉狀鋁或二氧化鈦之袋裝場所之作業。
十一、以粉狀之礦物等或碳原料為原料或材料物品之製造或加工過程中，將粉狀之礦物等石、碳原料或含有此等之混合物之混入、混合或散布場所之作業。但(十二)、(十三)或(十四)所列之作業除外。
十二、於製造玻璃或琺瑯過程中從事原料混合場所之作業或將原料或調合物投入熔化爐之作業。但於水中從事混合原料之作業除外。
十三、陶磁器、耐火物、矽藻土製品或研磨材製造過程中，從事原料之混合或成形、原料或半製品之乾燥、半製品裝載於車台，或半製品或製品自車台卸車、修飾或打包場所、或空內之作業。但於陶磁器製品過程中原料灌注成形、半製品之修飾或製品打包之作業及於水中混合原料之作業除外。
十四、於製造碳製品過程中、從事碳原料混合或成形、半成品入窯或半成品、成品出窯或修飾場所之作業。但於水中混合原料之作業除外。
十五、從事使用砂模、製造鑄件過程中拆除砂模、除砂、再生砂、將砂混鍊或削除鑄毛邊場所之作業(不包括(七)所列之作業)。但於水中將砂再生之作業除外。
十六、從事靠泊礦石專用碼頭之礦石專用船艙內將礦物等(不包括濕潤物)攪落或攪集之作業。
十七、在金屬、其他無機物鍊製或融解過程中，將土石或礦物投入開放爐、熔結出漿或翻砂場所之作業。但自轉爐出漿或以金屬模翻砂場所之作業除外。
十八、燃燒粉狀之鑄物過程中或鍊製、融解金屬、其他無機物過程中將附著於爐、煙道、煙囪等或附著、堆積之礦渣、灰之清落、清除、裝卸或投入於容器場所之作業。
十九、使用耐火物構築爐或修築或以耐火物製成爐之解體或搗碎之作業。
二十、在室內、坑內或儲槽、船舶、管道、車輛等內部實施金屬熔斷、電焊熔接之作業。但在室內以自動熔斷或自動熔接之作業除外。
二十一、於金屬熔射場所之作業。
二十二、將附有粉塵之藺草等植物纖維之入庫、出庫、選別調整或編織場所之作業。

237.(34) 依粉塵危害預防標準規定，雇主為防止特定粉塵發生源之粉塵之發散，應依規定對每一特定粉塵發生源，分別設置規定設備，下列何項屬特定粉塵發生源？
①金屬融解過程中，將土石或礦物投入開放爐、熔結出漿或翻砂場所之作業
②在室內實施金屬熔斷接之作業
③於室內以研磨材研磨礦物之作業
④室內碳原料袋裝之作業。

解析 依粉塵危害預防標準規定，雇主為防止特定粉塵發生源之粉塵之發散，應依規定對每一特定粉塵發生源，分別設置規定設備如下：

特定粉塵發生源及應採措施	
(一) 於坑內以動力採掘礦物等之處所。	(一) 之處所： 1. 使用衝擊式鑿岩機採掘之處所應使用濕式型者。但坑內經查確無水源且供勞工著用有效之呼吸用防護具者不在此限。 2. 使用衝擊式鑿岩機之處所應維持濕潤狀態。
(二) 以動力搗碎、粉碎或篩選之處所。 (三) 以車輛系營建機械裝卸之處所。 (四) 以輸送機(移動式輸送機除外)裝卸之處所(不包括(二)所列之處所)。	(二) 之處所： 1. 設置密閉設備。 2. 維持濕潤狀態。 (三)、(四)之處所： 維持濕潤狀態。
(五) 於室內以動力(手提式或可搬動式動力工具除外)切斷、雕刻或修飾之處所。 (六) 於室內以研磨材噴射、研磨或岩石、礦物之雕刻之處所。	(五) 之處所： 1. 設置局部排氣裝置。 2. 維持濕潤狀態。 (六) 之處所： 1. 設置密閉設備。 2. 設置局部排氣裝置。
(七) 於室內利用研磨材以動力(手提式或可搬動式動力工具除外)研磨岩石、礦物或金屬或削除毛邊或切斷金屬之處所之作業。	(七)之處所： 1. 設置密閉設備。 2. 設置局部排氣裝置。 3. 維持濕潤狀態。
(八) 於室內以動力(手提式動力工具除外)搗碎、粉碎或篩選土石、岩石礦物、碳原料或鋁箔之處所。	(八) 之處所： 1. 設置密閉設備。 2. 設置局部排氣裝置。 3. 維持濕潤狀態(但鋁箔之搗碎、粉碎或篩選之處所除外)。
(九) 於室內將水泥、飛灰或粉狀礦石、碳原料、鋁或二氧化鈦袋裝之處所。	(九) 之處所： 設置局部排氣裝置。
(十) 於室內混合粉狀之礦物等、碳原料及含有此等物質之混入或散布之處所。	(十) 之處所： 1. 設置密閉設備。 2. 設置局部排氣裝置。 3. 維持濕潤狀態。

特定粉塵發生源及應採措施	
（十一）於室內混合原料之處所。	（十一）之處所： 1. 設置密閉設備。 2. 設置局部排氣裝置。 3. 維持濕潤狀態。
（十二）於室內混合原料之處所。 （十三）製造耐火磚、磁磚過程中，於室內以動力將原料（潤濕物除外）成形之處所。 （十四）於室內將半製品或製品以動力（手提式動力工具除外）修飾之處所。	（十二）之處所 1. 設置密閉設備。 2. 設置局部排氣裝置。 3. 維持濕潤狀態。 （十三）之處所： 1. 設置局部排氣裝置。 （十四）之處所： 1. 設置局部排氣裝置。 2. 維持濕潤狀態。
（十五）於室內混合原料之處所。 （十六）於室內將半製品或製品以動力（手提式動力工具除外）修飾之處所。	（十五）之處所： 1. 設置密閉設備。 2. 設置局部排氣裝置。 3. 維持濕潤狀態。 （十六）之處所： 1. 設置局部排氣裝置。 2. 維持濕潤狀態。
（十七）於室內以拆模裝置從事拆除砂模或除砂或以動力（手提式動力工具除外）再生砂或將砂混鍊或削除鑄毛邊之處所。	（十七）之處所： 1. 設置密閉設備。 2. 設置局部排氣裝置。
（十八）於室內非以手提式熔射機熔射金屬之處所。	（十八）之處所： 1. 設置密閉設備。 2. 設置局部排氣裝置。

238.（123）依粉塵危害預防標準規定，下列何項屬從事特定粉塵作業之室內作業場所，應設置之設施？
①密閉設備 ②局部排氣裝置
③維持濕潤之設備 ④整體換氣裝置。

解析 依粉塵危害預防標準規定，下列何項屬從事特定粉塵作業之室內作業場所應設置之設施包含：
一、設置密閉設備。
二、設置局部排氣裝置。
三、維持濕潤狀態。

239.(234) 依高架作業勞工保護措施標準規定，勞工有下列情事之一者，雇主不得使其從事高架作業？
①勞工具高膽固醇　②情緒不穩定，有安全顧慮者
③酒醉　④勞工自覺不適從事工作者。

解析 高架作業勞工保護措施標準第 8 條：
勞工有下列情事之一者，雇主不得使其從事高架作業：
一、酒醉或有酒醉之虞者。
二、身體虛弱，經醫師診斷認為身體狀況不良者。
三、情緒不穩定，有安全顧慮者。
四、勞工自覺不適從事工作者。
五、其他經主管人員認定者。

240.(12) 依高溫作業勞工作息時間標準規定，下列那些敘述正確？
①勞工於操作中須接近黑球溫度 50 度以上高溫灼熱物體者，應供給身體熱防護設備
②重工作，指鏟、推等全身運動之工作者
③依該標準降低工作時間之勞工，其原有工資應依時間比例減少
④戶外有日曬情形者，綜合溫度熱指數 = 0.7×(自然濕球溫度) + 0.3×(黑球溫度)。

解析 依據高溫作業勞工作息時間標準：
- 第 4 條：
本標準所所稱輕工作，指僅以坐姿或立姿進行手臂部動作以操縱機器者。所稱中度工作，指於走動中提舉或推動一般重量物體者。所稱重工作，指鏟、掘、推等全身運動之工作者。
- 第 6 條：
勞工於操作中須接近黑球溫度 50 度以上高溫灼熱物體者，雇主應供給身體熱防護設備並使勞工確實使用。前項黑球溫度之測定位置為勞工工作時之位置。
綜合溫度熱指數：
1. 戶外有日曬情形者。
綜合溫度熱指數 = 0.7×(自然濕球溫度) + 0.2×(黑球溫度) + 0.1×(乾球溫度)
2. 戶內或戶外無日曬情形者。
綜合溫度熱指數 = 0.7×(自然濕球溫度) + 0.3×(黑球溫度)。

241.(234) 下列那些作業屬高溫作業勞工作息時間標準規定之作業？
①烈陽下營造工程作業
②鑄造間處理熔融鋼鐵或其他金屬之作業
③灼熱鋼鐵或其他金屬塊壓軋及鍛造之作業
④於蒸汽火車、輪船機房從事之作業。

解析

高溫作業勞工作息時間標準第2條：
本標準所定高溫作業，為勞工工作日時量平均綜合溫度熱指數達連續作業規定值以上之下列作業：
一、於鍋爐房從事之作業。
二、灼熱鋼鐵或其他金屬塊壓軋及鍛造之作業。
三、於鑄造間處理熔融鋼鐵或其他金屬之作業。
四、鋼鐵或其他金屬類物料加熱或熔煉之作業。
五、處理搪瓷、玻璃、電石及熔爐高溫熔料之作業。
六、於蒸汽火車、輪船機房從事之作業。
七、從事蒸汽操作、燒窯等作業。
八、其他經中央主管機關指定之高溫作業。
前項作業，不包括已採取自動化操作方式且勞工無暴露熱危害之虞者。

242.(14) 下列那些作業屬重體力勞動作業勞工保護措施標準規定之重體力勞動作業？
①以動力手工具從事鑽岩作業
②以2公斤之鎚從事敲擊作業
③人力搬運重量在30公斤物體之作業
④站立以金屬棒從事熔融金屬熔液之攪拌作業。

解析

重體力勞動作業勞工保護措施標準第2條：
本標準所定重體力勞動作業，指下列作業：
一、以人力搬運或揹負重量在40公斤以上物體之作業。
二、以站立姿勢從事伐木作業。
三、以手工具或動力手工具從事鑽岩、挖掘等作業。
四、坑內人力搬運作業。
五、從事薄板壓延加工，其重量在20公斤以上之人力搬運作業及壓延後之人力剝離作業。
六、以4.5公斤以上之鎚及動力手工具從事敲擊等作業。
七、站立以鏟或其他器皿裝盛5公斤以上物體做投入與出料或類似之作業。
八、站立以金屬棒從事熔融金屬熔液之攪拌、除渣作業。
九、站立以壓床或氣鎚等從事10公斤以上物體之鍛造加工作業，且鍛造物必須以人力固定搬運者。
十、鑄造時雙人以器皿裝盛熔液其總重量在80公斤以上或單人搯金屬熔液之澆鑄作業。
十一、以人力拌合混凝土之作業。
十二、以人工拉力達40公斤以上之纜索拉線作業。
十三、其他中央主管機關指定之作業。

243.(134) 下列那些作業屬精密作業勞工視機能保護設施標準規定之精密作業？
①電腦或電視影像顯示器之調整
②於終端機螢幕上檢查晶圓良劣
③紡織之穿針
④以放大鏡或顯微鏡從事組織培養。

解析

精密作業勞工視機能保護設施標準第3條：
本標準所稱精密作業，係指雇主使勞工從事下列凝視作業，且每日凝視作業時間合計在2小時以上者。
一、小型收發機用天線及信號耦合器等之線徑在0.16毫米以下非自動繞線機之線圈繞線。
二、精密零件之切削、加工、量測、組合、檢試。
三、鐘、錶、珠寶之鑲製、組合、修理。
四、製圖、印刷之繪製及文字、圖案之校對。
五、紡織之穿針。
六、織物之瑕疵檢驗、縫製、刺繡。
七、自動或半自動瓶裝藥品、飲料、酒類等之浮游物檢查。
八、以放大鏡、顯微鏡或外加光源從事記憶盤、半導體、積體電路元件、光纖等之檢驗、判片、製造、組合、熔接。
九、電腦或電視影像顯示器之調整或檢視。
十、以放大鏡或顯微鏡從事組織培養、微生物、細胞、礦物等之檢驗或判片。
十一、記憶盤製造過程中，從事磁蕊之穿線、檢試、修理。
十二、印刷電路板上以人工插件、焊接、檢視、修補。
十三、從事硬式磁碟片(鋁基板)拋光後之檢視。
十四、隱形眼鏡之拋光、切削鏡片後之檢視。
十五、蒸鍍鏡片等物品之檢視。

244.(13) 依異常氣壓危害預防標準規定，下列那些作業屬異常氣壓作業？
①壓氣潛盾施工法其表壓力達1.2大氣壓
②壓氣施工法表壓力達0.8大氣壓
③使用潛水器具之水肺於水深11公尺水中實施之作業
④以水面供氣設備等，於水深8公尺之水中實施之作業。

解析

異常氣壓危害預防標準第1條：
本標準所稱異常氣壓作業，種類如下：
一、高壓室內作業：指沈箱施工法或壓氣潛盾施工法及其他壓氣施工法中，於表壓力(以下簡稱壓力)超過大氣壓之作業室(以下簡稱作業室)或豎管內部實施之作業。
二、潛水作業：指使用潛水器具之水肺或水面供氣設備等，於水深超過10公尺之水中實施之作業。

245.(124) 以下何者為職業安全衛生設施規則所稱之高壓氣體？
①在常用溫度下，表壓力達每平方公分 10 公斤以上之壓縮氣體
②攝氏 15 度時之壓力可達每平方公分 2 公斤以上之壓縮乙炔氣
③溫度在攝氏 35 度時之壓力可達每平方公分 10 公斤以上之壓縮乙炔氣
④在常用溫度下，壓力達每平方公分 2 公斤以上之液化氣體。

解析
職業安全衛生設施規則第 18 條：
本規則所稱高壓氣體，係指下列各款：
一、在常用溫度下，表壓力(以下簡稱壓力)達每平方公分 10 公斤以上之壓縮氣體或溫度在攝氏 35 度時之壓力可達每平方公分 10 公斤以上之壓縮氣體。但不含壓縮乙炔氣。
二、在常用溫度下，壓力達每平方公分 2 公斤以上之壓縮乙炔氣或溫度在攝氏 15 度時之壓力可達每平方公分 2 公斤以上之壓縮乙炔氣。
三、在常用溫度下，壓力達每平方公分 2 公斤以上之液化氣體或壓力達每平方公分 2 公斤時之溫度在攝氏 35 度以下之液化氣體。
四、除前款規定者外，溫度在攝氏 35 度時，壓力超過每平方公分 0 公斤以上之液化氣體中之液化氰化氫、液化溴甲烷、液化環氧乙烷或其他經中央主管機關指定之液化氣體。
前項高壓氣體不適用於高壓鍋爐及其管內高壓水蒸氣，交通運輸如火車及航空器之高壓氣體、核子反應裝置有關之高壓氣體、及其他經中央主管機關認可不易發生災害之高壓氣體。

246.(12) 依職業安全衛生設施規則規定，有關研磨機之使用何者正確？
①研磨機之使用不得超過規定最高使用周速度
②研磨輪使用，除該研磨輪為側用外，不得使用側面
③每日作業開始前試轉 30 秒以上
④研磨輪速率試驗，應按最高使用周速度增加 30% 為之。

解析
職業安全衛生設施規則第 62 條：
雇主對於研磨機之使用，應依下列規定：
一、研磨輪應採用經速率試驗合格且有明確記載最高使用周速度者。
二、規定研磨機之使用不得超過規定最高使用周速度。
三、規定研磨輪使用，除該研磨輪為側用外，不得使用側面。
四、規定研磨機使用，應於每日作業開始前試轉 1 分鐘以上，研磨輪更換時應先檢驗有無裂痕，並在防護罩下試轉 3 分鐘以上。
前項第一款之速率試驗，應按最高使用周速度增加 50% 為之。直徑不滿 10 公分之研磨輪得免予速率試驗。

247.(123) 依職業安全衛生設施規則規定，雇主使用軟管以動力從事輸送硫酸，對該輸送設備，應依下列何者規定？
①軟管及連接用具應具耐腐蝕性、耐熱性及耐寒性
②為防止軟管內部承受異常壓力，應於輸壓設備安裝回流閥
③以表壓力每平方公分2公斤以上之壓力輸送時，軟管與軟管之連結用具應使用旋緊連接或以鉤式結合等方式
④動力遮斷裝置應安裝於人員不易碰觸之位置。

解析 職業安全衛生設施規則第178條：
雇主使用軟管以動力從事輸送硫酸、硝酸、鹽酸、醋酸、苛性鈉溶液、甲酚、氯磺酸、氫氧化鈉溶液等對皮膚有腐蝕性之液體時，對該輸送設備，應依下列規定：
一、於操作該設備之人員易見之場所設置壓力表，及於其易於操作之位置安裝動力遮斷裝置。
二、該軟管及連接用具應具耐腐蝕性、耐熱性及耐寒性。
三、該軟管應經水壓試驗確定其安全耐壓力，並標示於該軟管，且使用時不得超過該壓力。
四、為防止軟管內部承受異常壓力，應於輸壓設備安裝回流閥等超壓防止裝置。
五、軟管與軟管或軟管與其他管線之接頭，應以連結用具確實連接。
六、以表壓力每平方公分2公斤以上之壓力輸送時，前款之連結用具應使用旋緊連接或以鉤式結合等方式，並具有不致脫落之構造。
七、指定輸送操作人員操作輸送設備，並監視該設備及其儀表。
八、該連結用具有損傷、鬆脫、腐蝕等缺陷，致腐蝕性液體有飛濺或漏洩之虞時，應即更換。
九、輸送腐蝕性物質管線，應標示該物質之名稱、輸送方向及閥之開閉狀態。

248.(234) 雇主使勞工從事潛水作業前，下列措施何者正確？
①指定岸上人員擔任潛水作業現場主管，負責指揮及危害告知
②確認潛水作業性質、預估時間等
③確認潛水人員與現場主管間連繫方法
④確認勞工填寫工作手冊中有關急救等相關事宜。

解析 異常氣壓危害預防標準第39條：
雇主使勞工從事潛水作業時，應置潛水作業主管，辦理下列事項：
一、確認潛水作業安全衛生計畫。
二、潛水作業安全衛生管理及現場技術指揮。
三、確認潛水人員進出工作水域時與潛水作業主管之快速連繫方法。
四、確認緊急時救起潛水人員之待命船隻、人員及後送程序。
五、確認勞工置備之工作手冊中，記載各種訓練、醫療、投保、作業經歷、緊急連絡人等紀錄。
六、於潛水作業前，實施潛水設備檢點，並就潛水人員資格、體能狀況及使用個人裝備等，實施作業檢點，相關紀錄應保存5年。
七、填具潛水日誌，記錄每位潛水人員作業情形、減壓時間及工作紀錄，資料保存15年。

前項潛水作業主管應符合第 37 條所定之潛水作業種類及工作範圍，並經潛水作業主管教育訓練合格。
第一項第六款之設備檢點，依下列規定辦理，發現異常時，採取必要措施：
一、使用水面供氣設備者：應檢點潛水器、供氣管、信號索、安全索及壓力調節器，並於作業期間，每小時檢查風向及調整空壓機進氣口位置。
二、使用緊急用氣瓶外之水肺供氣者：應檢點潛水器及壓力調節器。
三、使用水肺以外之氣瓶供氣者：應檢點潛水器、供氣管、信號索、安全索及壓力調節器。
四、使用人工調和混合氣者：應檢點混合氣比例及氣瓶壓力，並檢測空氣中氧濃度。

249.(34) 依職業安全衛生設施規則規定，有關工作場所通風換氣之設置何者正確？
①勞工經常作業室內作業場所，每一勞工原則上應有 10 立方公尺之空間
②儲槽內部作業可採取自然通風策略
③勞工經常作業之室內作業場所，其窗戶及其他開口部分等可直接與大氣相通之開口部分面積，應為地板面積之 1/20 以上
④雇主對於室內作業場所之氣溫在攝氏 10 度以下換氣時，不得使勞工暴露於每秒 1 公尺以上之氣流中。

解析
職業安全衛生設施規則：
- 第 309 條：雇主對於勞工經常作業之室內作業場所，除設備及自地面算起高度超過 4 公尺以上之空間不計外，每一勞工原則上應有 10 立方公尺以上之空間。
- 第 310 條：雇主對坑內或儲槽內部作業，應設置適當之機械通風設備。但坑內作業場所以自然換氣能充分供應必要之空氣量者，不在此限。
- 第 311 條：雇主對於勞工經常作業之室內作業場所，其窗戶及其他開口部分等可直接與大氣相通之開口部分面積，應為地板面積之 1/20 以上。但設置具有充分換氣能力之機械通風設備者，不在此限。
  雇主對於前項室內作業場所之氣溫在攝氏 10 度以下換氣時，不得使勞工暴露於每秒 1 公尺以上之氣流中。

250.(134) 依職業安全衛生設施規則規定，有關工作場所採光照明之設置何者正確？
①各工作場所之窗面面積比率不得小於室內地面面積十分之一
②採光以人工照明為原則
③玻璃磨光作業局部人工照明應補足在 500-1000 米燭光以上
④菸葉分級作業局部人工照明應補足在 1000 米燭光以上。

解析

職業安全衛生設施規則第 313 條第一項第六款：
作業場所面積過大、夜間或氣候因素自然採光不足時，可用人工照明，依下表規定予以補足：

照度表		照明種類
場所或作業別	照明米燭光數	場所別採全面照明，作業別採局部照明
室外走道、及室外一般照明	20 米燭光以上	全面照明
一、走道、樓梯、倉庫、儲藏室堆置粗大物件處所。 二、搬運粗大物件，如煤炭、泥土等。	50 米燭光以上	一、全面照明 二、全面照明
一、機械及鍋爐房、升降機、裝箱、精細物件儲藏室、更衣室、盥洗室、廁所等。 二、需粗辨物件如半完成之鋼鐵產品、配件組合、磨粉、粗紡棉布及其他初步整理之工業製造。	100 米燭光以上	一、全面照明 二、局部照明
須細辨物體如零件組合、粗車床工作、普通檢查及產品試驗、淺色紡織及皮革品、製罐、防腐、肉類包裝、木材處理等。	200 米燭光以上	局部照明
一、須精辨物體如細車床、較詳細檢查及精密試驗、分別等級、織布、淺色毛織等。 二、一般辦公場所。	300 米燭光以上	一、局部照明 二、全面照明
須極細辨物體，而有較佳之對襯，如精密組合、精細車床、精細檢查、玻璃磨光、精細木工、深色毛織等。	500 至 1,000 米燭光以上	局部照明
須極精辨物體而對襯不良，如極精細儀器組合、檢查、試驗、鐘錶珠寶之鑲製、菸葉分級、印刷品校對、深色織品、縫製等。	1,000 米燭光以上	局部照明

251.(123) 依職業安全衛生教育訓練規則規定，以下何者為高壓室內作業主管安全衛生教育訓練課程內容？
①異常氣壓危害預防標準 ②壓氣施工法
③減壓表演練實習 ④潛水疾病的預防。

解析

職業安全衛生教育訓練規則附表九：
高壓室內作業主管安全衛生教育訓練課程、時數(18 小時)：
一、異常氣壓作業勞工安全衛生相關法規 2 小時。
二、異常氣壓危害預防標準 3 小時。
三、壓氣施工法 3 小時。
四、輸氣及排氣 3 小時。
五、異常氣壓危害 3 小時。
六、減壓表演練實習 4 小時

252.(123) 依職業安全衛生教育訓練規則規定，以下何者為缺氧作業主管安全衛生教育訓練課程內容？
①缺氧事故處理及急救
②缺氧危險場所危害預防及安全衛生防護具
③缺氧危險場所之環境測定
④缺氧危險場所通風換氣裝置及其維護。

解析 職業安全衛生教育訓練規則附表九：
缺氧作業主管安全衛生教育訓練課程、時數 (18 小時)：
一、缺氧危險作業及局限空間作業勞工安全衛生相關法規 3 小時。
二、缺氧症預防規則 3 小時。
三、缺氧危險場所危害預防及安全衛生防護具 3 小時。
四、缺氧危險場所之環境測定 3 小時。
五、缺氧事故處理及急救 3 小時。
六、缺氧危險作業安全衛生管理與執行 3 小時

253.(234) 以下何者為特定化學物質危害預防標準所稱之特定管理物質？
①青石綿 ②二氯聯苯胺及其鹽類
③鈹及其化合物 ④三氯甲苯。

解析 特定化學物質危害預防標準第 3 條：
本標準所稱特定管理物質，指下列規定之物質：
一、二氯聯苯胺及其鹽類、α －胺及其鹽類、鄰－二甲基聯苯胺及其鹽類、二甲氧基聯苯胺及其鹽類、次乙亞胺、氯乙烯、3,3 －二氯－ 4,4 －二胺基苯化甲烷、四羰化鎳、對－二甲胺基偶氮苯、β －丙內酯、環氧乙烷、奧黃、苯胺紅、石綿 (不含青石綿、褐石綿)、鉻酸及其鹽類、砷及其化合物、鎳及其化合物、重鉻酸及其鹽類、1,3- 丁二烯及甲醛 (含各該列舉物佔其重量超過 1% 之混合物)。
二、鈹及其化合物、含鈹及其化合物之重量比超過 1% 或鈹合金含鈹之重量比超過 3% 之混合物 (以下簡稱鈹等)。
三、三氯甲苯或其重量比超過 0.5% 之混合物。
四、苯或其體積比超過 1% 之混合物。
五、煤焦油或其重量比超過 5% 之混合物。

254.(23) 依特定化學物質危害預防標準規定，雇主使勞工從事製造鈹等以外之乙類特定化學物質時，應辦理下列何者事項？
①製造場所之地板及牆壁應以浸透性材料構築
②製造設備應為密閉設備
③為預防異常反應引起原料、材料或反應物質之溢出，應在冷凝器內充分注入冷卻水
④應由作業人員於現場實際操作。

解析

特定化學物質危害預防標準第 10 條：
雇主使勞工從事製造鈹等以外之乙類物質時，應依下列規定辦理：
一、製造場所應與其他場所隔離，且該場所之地板及牆壁應以不浸透性材料構築，且應為易於用水清洗之構造。
二、製造設備應為密閉設備，且原料、材料及其他物質之供輸、移送或搬運，應採用不致使作業勞工之身體與其直接接觸之方法。
三、為預防反應槽內之放熱反應或加熱反應，自其接合部分漏洩氣體或蒸氣，應使用墊圈等密接。
四、為預防異常反應引起原料、材料或反應物質之溢出，應在冷凝器內充分注入冷卻水。
五、須在運轉中檢點內部之篩選機或真空過濾機，應為於密閉狀態下即可觀察其內部之構造，且應加鎖；非有必要，不得開啟。
六、處置鈹等以外之乙類物質時，應由作業人員於隔離室遙控操作。但將粉狀鈹等以外之乙類物質充分濕潤成泥狀或溶解於溶劑中者，不在此限。
七、從事鈹等以外之乙類物質之計量、投入容器、自該容器取出或裝袋作業，於採取前款規定之設備顯有困難時，應採用不致使作業勞工之身體與其直接接觸之方法，且該作業場所應設置包圍型氣罩之局部排氣裝置；局部排氣裝置應置除塵裝置。
八、為預防鈹等以外之乙類物質之漏洩及其暴露對勞工之影響，應就下列事項訂定必要之操作程序，並依該程序實施作業：
   1. 閥、旋塞等（製造鈹等以外之乙類物質之設備於輸給原料、材料時，以及自該設備取出製品等時為限。）之操作。
   2. 冷卻裝置、加熱裝置、攪拌裝置及壓縮裝置等之操作。
   3. 計測裝置及控制裝置之監視及調整。
   4. 安全閥、緊急遮斷裝置與其他安全裝置及自動警報裝置之調整。
   5. 蓋板、凸緣、閥、旋塞等接合部分之有否漏洩鈹等以外之乙類物質之檢點。
   6. 試料之採取及其所使用之器具等之處理。
   7. 發生異常時之緊急措施。
   8. 個人防護具之穿戴、檢點、保養及保管。
   9. 其他為防止漏洩等之必要措施。
九、自製造設備採取試料時，應依下列規定：
   1. 使用專用容器。
   2. 試料之採取，應於事前指定適當地點，並不得使試料飛散。
   3. 經使用於採取試料之容器等，應以溫水充分洗淨，並保管於一定之場所。
十、勞工從事鈹等以外之乙類物質之處置作業時，應使該勞工穿戴工作衣、不浸透性防護手套及防護圍巾等個人防護具。

255.（123）勞工作業場所容許暴露標準不適用於以下何者之判斷？
①以二種不同有害物之容許濃度比作為毒性之相關指標
②工作場所以外之空氣污染指標
③職業疾病鑑定之唯一依據
④危害性化學品分級管理。

解析

勞工作業場所容許暴露標準第 10 條：
本標準不適用於下列事項之判斷：
一、以二種不同有害物之容許濃度比作為毒性之相關指標。
二、工作場所以外之空氣污染指標。
三、職業疾病鑑定之唯一依據。

256.(234) 勞工作業場所容許暴露標準所稱容許濃度為何？
①生物暴露指標 ②八小時日時量平均容許濃度
③短時間時量平均容許濃度 ④最高容許濃度。

解析

勞工作業場所容許暴露標準第 3 條：
本標準所稱容許濃度如下：
一、8 小時日時量平均容許濃度：除附表一符號欄註有「高」字外之濃度，為勞工每天工作 8 小時，一般勞工重複暴露此濃度以下，不致有不良反應者。
二、短時間時量平均容許濃度：附表一符號欄未註有「高」字及附表二之容許濃度乘以下表變量係數所得之濃度，為一般勞工連續暴露在此濃度以下任何十五分鐘，不致有不可忍受之刺激、慢性或不可逆之組織病變、麻醉昏暈作用、事故增加之傾向或工作效率之降低者。

容許濃度	變量係數	備註
未滿 1	3	表中容許濃度氣狀物以 ppm、粒狀物以 mg/m^3、石綿 f/cc 為單位。
1 以上，未滿 10	2	
10 以上，未滿 100	1.5	
100 以上，未滿 1000	1.25	
1000 以上	1	

三、最高容許濃度：附表一符號欄註有「高」字之濃度，為不得使一般勞工有任何時間超過此濃度之暴露，以防勞工不可忍受之刺激或生理病變者。

257.(123) 依危害性化學品標示及通識規則規定，雇主應辦理下列何事項？
①危害性化學品清單之製作 ②危害通識計畫之擬定
③危害物質容器標示 ④決定危害物質容器之包裝材質。

解析

危害性化學品標示及通識規則第 17 條：
雇主為防止勞工未確實知悉危害性化學品之危害資訊，致引起之職業災害，應採取下列必要措施：
一、依實際狀況訂定危害通識計畫，適時檢討更新，並依計畫確實執行，其執行紀錄保存 3 年。
二、製作危害性化學品清單，其內容、格式參照附表五。
三、將危害性化學品之安全資料表置於工作場所易取得之處。
四、使勞工接受製造、處置或使用危害性化學品之教育訓練，其課程內容及時數依職業安全衛生教育訓練規則之規定辦理。
其他使勞工確實知悉危害性化學品資訊之必要措施。
前項第一款危害通識計畫，應含危害性化學品清單、安全資料表、標示、危害通識教育訓練等必要項目之擬訂、執行、紀錄及修正措施。

工作項目 02：職業安全衛生計畫及管理

1. (4) 下列何項資料對職業安全衛生管理系統的建立與推動最有助益？
   ① ISO 9001 相關條文規章 ② ISO 14001 相關條文規章
   ③ CNS 15030 相關條文規章 ④ CNS 15506 相關條文規章。

解析 勞動部為引導國內企業加速職場安全衛生管理能力向上提昇及與國際接軌，已於 2007 年 12 月委由標準檢驗局發布「臺灣職業安全衛生管理系統 (TOSHMS) 驗證規範」，後續於 2011 年 11 月 29 日公告為「職業安全衛生管理系統 - 要求」及「職業安全衛生管理系統 - 指導綱要」國家標準 (分別為 CNS 15506 與 CNS 15507)。「臺灣職業安全衛生管理系統驗證標準」及「臺灣職業安全衛生管理系統指導綱領」，臺灣職業安全衛生管理系統的規範可滿足企業獲取國外驗證與符合國內規範之雙重需求。

2. (2) 虛驚事故報告屬於下列何項職業安全衛生管理活動之內容？
   ①緊急應變 ②事故調查 ③安全衛生政策 ④安全衛生管理責任。

解析 指一種非預期之狀況，若情況稍有不同即會造成人員傷亡、財產損失或製程中斷者。虛驚事件和輕傷事件佔所有意外事件的絕大部份，若能由虛驚事件中學習，將能預防重大意外事件的發生，因此屬於**事故調查**。

3. (4) 職業安全衛生管理計畫 P-D-C-A 實施原則，不包括下列何者？
   ①規劃 (plan) ②執行 (do) ③稽核 (check) ④自動 (auto)。

解析 P-D-C-A 實施原則為規劃 (Plan)、執行 (Do)、查核 (Check)、改進 (Action) 的簡稱。

4. (4) 事業單位之職業安全衛生管理計畫需能持續改善，此觀念係管理改善循環 PDCA 中之何項精神？
   ① P ② D ③ C ④ A。

解析 職業安全衛生管理計畫一般以安全衛生管理系統、組織管理經驗 (如職災統計)、法令規定、風險評估結果、文獻資料及專家指導等作為計畫內容的資料來源，並宜充分運用 P-D-C-A 管理手法，對各項安全衛生工作予以「標準化、文件化、程序化」，透過規劃 (Plan)、實施 (Do)、查核 (Check) 及**改進** (Action) 的循環過程，實現安全衛生管理目標，並藉由持續不斷的稽核發現問題，即時採取矯正及預防措施，亦即採取 ISO「說、寫、做」合一的精神，以提昇職業安全衛生管理績效。

5. (4) 下列何者為臺灣職業安全衛生管理系統之簡稱？
   ① OHSAS18001 ② OSHMS ③ TS ④ TOSHMS。

解析 勞動部 (前身：行政院勞工委員會) 為提升事業單位職場風險管控能力，並能與國際職安衛管理系統接軌，訂頒「臺灣職業安全衛生管理系統指引」(簡稱為 TOSHMS 指引)，並規定第一類事業勞工人數 200 人以上事業單位應參照該指引建立適合事業單位需求的職業安全衛生管理系統。

6. (4) 下列那項措施較不屬於勞工參與之安全衛生管理活動？
①安全衛生提案制度 ②零災害運動
③安全衛生委員會議 ④品質評鑑。

解析 安全衛生提案制度、零災害運動與安全衛生委員會議都是勞工會參與的安全衛生管理活動。

7. (4) 管理工作包含下列四要素：A. 執行工作計畫；B. 矯正補救措施；C. 訂定工作計畫；D. 查核，試問要能順利推展管理工作時，宜應按下列那一個順序執行此四要素？
① ADBC ② ADCB ③ BACD ④ CADB。

解析 職業安全衛生管理計畫透過規劃 (Plan)、實施 (Do)、查核 (Check) 及改進 (Action) 的循環過程，實現安全衛生管理目標，因此依照 P-D-C-A 原則，應為**制定工作計畫→執行工作計畫→查核→矯正補救措施**。

8. (2) 下列何者為風險的敘述？
①每 1-10 年發生 1 次
②每 5 次死 1 人
③造成永久失能
④在製程、活動或服務之生命週期內不太會發生。

解析 風險為發生機率 (可能性) 與嚴重性之結合。
選項①、④只說明頻率，並未說明發生之結果。
選項③只說明嚴重度沒有頻率。

9. (4) 事業單位推動職業安全衛生管理工作，未作決策前徵詢勞工意見的程序，係屬下列何者？
①緊急應變 ②持續改善 ③領導統御 ④諮商。

解析 溝通、參與及諮商員工參與的方式有：
- 適當的參與危害鑑別、風險評鑑及決定管制措施。
- 適當的參與事件調查。
- 參與職業安全衛生政策與目標的建立與審查。
- 在有任何變更會影響其職業安全衛生之情況時被**諮商**。
- 代表職業安全衛生相關事務。

10. (2) 職業安全衛生管理為避免不符合事項或事件原因再度發生，所實施的消除作為，可稱為下列何者？
①預防措施 ②矯正措施 ③緊急應變 ④持續改善。

解析 職業安全衛生管理計畫透過規劃 (Plan)、實施 (Do)、查核 (Check) 及改進 (Action) 的循環過程，實現安全衛生管理目標，並藉由持續不斷的稽核發現問題，即時採取**矯正及預防措施**，以提昇職業安全衛生管理績效，避免不符合事項或事件原因再度發生。

11. (4) 職業安全衛生管理系統績效量測與監督工作包括於下列何種要求事項中？
①規劃 ②持續改善 ③實施與運作 ④檢核。

解析 **檢核：**
4.5.1 績效量測與監督
組織應建立、實施及維持一個或多個程序，以定期監督與量測職業安全衛生績效。這些程序應提供：
- 適合組織要求的定性與定量之量測。
- 監督組織職業安全衛生目標的達成程度。
- 監督管制措施的有效性(對衛生與安全而言)。
- 主動性的績效量測以監督職業安全衛生方案、管制措施及作業準則之符合性。
- 被動性的績效量測以監督有礙健康、事件(包括意外事故與虛驚事件等)及其他以往職業安全衛生績效不足之事證。
- 足夠的監督與量測資訊與結果之紀錄，以進行後續矯正與預防措施的分析。

12. (2) 下列有關風險管理的敘述何者有誤？
①風險包含危害發生的可能性及後果的嚴重度應確認採取控制措施後的殘餘風險
②應確認採取控制措施後的殘餘風險
③辨識各項作業之風險時應包含臨時性作業與承攬作業
④不可接受風險應使用行政管理方式加以控制。

解析 ②是風險評估的內容，風險評估之作業流程及基本原則如下：
事業單位對預計採取降低風險的控制措施，應評估其控制後的殘餘風險，並於完成後，檢討其適用性及有效性，以確認風險可被消減至預期成效。對於無法達到預期成效者，應適時予以修正，必要時應採取其他有效的控制措施。
風險評估的參考作業流程如下：

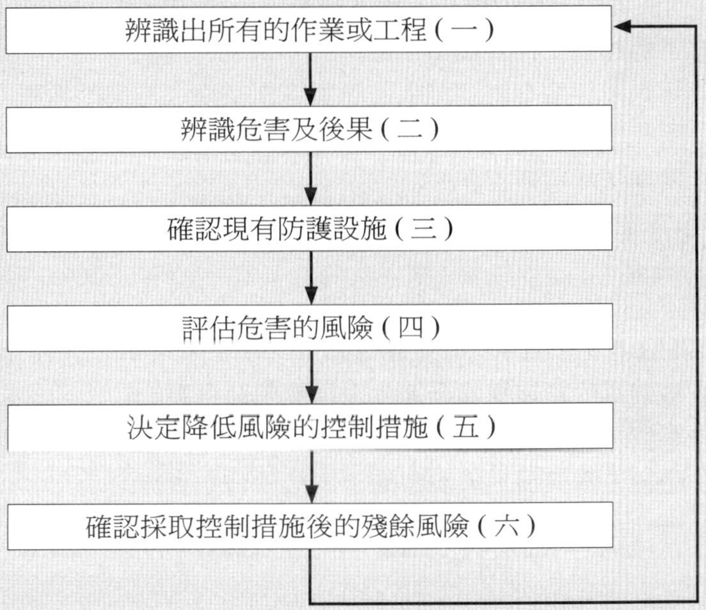

13. (2) 以下為假設性情境：「在地下室作業，當通風換氣不足時，每 2 次就會發生 1 次需送醫急救的一氧化碳中毒或缺氧危害」，請問「每 2 次就會發生 1 次」係此「一氧化碳中毒或缺氧危害」之何種描述？
①嚴重度 ②發生機率 ③危害源 ④風險。

解析 每幾次發生一次，為典型的機率問題，說明發生的頻率與可能性。

14. (1) 下列何者屬危害因子之辨識方法？
①工作分析 ②安全資料表 ③職業傷害類型 ④勞工申訴案。

解析 工作安全分析的程序包含：決定要分析之工作＞決定工作之步驟＞找出潛在危險與危害因子＞決定安全的工作方法，目的在於找出可能發生危害的可能。

15. (4) 下列何者屬安全、尊嚴的職場組織文化？
①不斷責備勞工
②公開在眾人面前長時間責罵勞工
③強求勞工執行業務上明顯不必要或不可能之工作
④不過度介入勞工私人事宜。

解析 過度介入勞工私人事宜屬於隱私侵害的範圍，安全、尊嚴的職場組織文化不適用。

16. (2) 下列何項較不屬於事業單位釐訂年度職業安全衛生管理計畫應考慮之事項？
①作業現場實態 ②外部客戶對產品品質之抱怨
③生產部門意見 ④勞工抱怨。

解析 顧客對產品的抱怨不會編列在職業安全衛生管理計畫表之中。

17. (2) 下列何者較不屬於檢討上年度職業安全衛生管理計畫的目的？
①了解那些工作要繼續進行
②延長下年度有機溶劑依法應實施作業環境監測的頻率
③所完成之工作獲得什麼效果
④要增加那些新工作。

解析 依法應實施作業環境監測的頻率不得任意更改，其他的項目皆為檢討職業安全衛生管理計畫的目的。

18. (2) 有關職業安全衛生管理計畫之敘述，下列何項較不正確？
①事業單位應掌握安全衛生之具體問題重點
②事業單位宜於新年度開始後 3 個月訂定該年度計畫重點
③應經主管與員工代表會商定案後，公布實施之
④應向全體員工做有效的溝通。

解析 在訂定職業安全衛生管理計畫時，可運用「計畫P—執行D—查核C—改進A」循環方法，於完成每一年度之計畫後，再依據計畫內容，制訂詳細之執行計畫，並由事業單位各部門依計畫時程和內容確實執行，再透過稽核制度發掘執行缺失，於每三個月之安全衛生委員會或勞資會議中修正當中的職業災害防止計畫，並於年底時依安全衛生委員會議決議事項，訂定明年度的計畫，透過再執行、再稽核、再檢討、再修正計畫等循環方式，逐年降低事業單位之危害風險，最後達成零災害之目標。

19. (3) 擬訂職業安全衛生管理計畫時，在計畫中下列那一工作場所應優先開始檢討？ ①總務課 ②倉儲課 ③有實際安全衛生問題之處所 ④運輸課。

解析 擬訂職業安全衛生管理計畫時，應優先檢討、規劃現存有實際安全衛生問題之處所。

20. (3) 下列敘述何者錯誤？
①各級主管人員應負起安全衛生管理的責任
②各階層主管之安全衛生職掌應明定
③事業單位應依照勞工健康保護規則規定設置勞工安全衛生組織
④安全衛生管理工作應有組織性地加以推行。

解析 事業單位應依照**職業安全衛生法**規定設置職業安全衛生組織。

21. (2) 下列何項較不屬職業安全衛生管理計畫的基本方針？
①促使安全衛生活動現場化 ②訂定高度10公尺之高架作業程序
③消除職業災害，促進勞工健康 ④全員參加零災害運動。

解析 訂定高度10公尺之高架作業程序為職業安全衛生管理計畫的細項，非整體方針。

22. (4) 下列何項不是職業安全衛生管理計畫量化目標的敘述？
①保持1000萬工時無災害紀錄 ②保持10年無災害紀錄
③全年達成通勤事故為零 ④強化勞工健康管理。

解析 職業安全衛生管理計畫係為求降低勞工安全災害意外的規劃。

23. (1) 有關職業安全衛生管理計畫之製作，下列敘述何者有誤？
①由經營負責人邀請有關部門主管會商討論，並報請主管機關備查後，實施之
②要檢討上年度職業安全衛生管理計畫之內容
③要反應新的一年之生產狀況變動所帶來之影響預測
④要反應工作場所平時即經常提起的問題。

解析 職業安全衛生管理計畫不需要報請主管機關備查。惟雇主應依其事業單位之規模、性質，訂定職業安全衛生管理計畫；並設置安全衛生組織、人員，實施安全衛生管理及自動檢查。

24. (1) 下列那一個職業安全衛生管理計畫之目標較佳？
①改善設備及作業安全　②推動綠建築計畫
③推動員工體重減重計畫　④研發節能減碳設備。

解析 職業安全衛生管理計畫之目的為藉由建立職業安全衛生管理系統，透過規劃、實施、檢查及改進等管理功能，實現安全衛生管理目標，提升安全衛生管理水準。

25. (3) 在安全管理的 4E 中，工作場所之監督及檢點屬於下列何者？
①工程 (Engineering)　②教育 (Education)
③執行 (Enforcement)　④熱忱 (Enthusiasm)。

解析 教育 (Education)、**執行 (Enforcement)**、熱忱 (Enthusiasm) 與工程 (Engineering) 合稱職業安全的 4E，而執行為實施廠方既定的安全政策及計劃，其方法有工作場所的安全觀察、職場的安全檢查，考核各階層所負的安全責任，並實施獎懲辦法，以達意外事故防止的目標。

26. (1) 職業安全衛生管理辦法所稱之自動檢查，其屬性為下列何者？
①強制性　②自發性　③志願性　④投機性。

解析 職業安全衛生管理辦法第 79 條：
雇主依規定實施之自動檢查，**應**訂定自動檢查計畫。

27. (4) 下列何者不屬於職業安全衛生管理辦法之自動檢查作法？
①作業檢點　②定期檢查　③重點檢查　④職業災害檢查。

解析 **職業災害檢查**係行政院勞動部重大災害通報及檢查處理要點規定中重大災害處理程序之作法，非屬於自動檢查。

28. (2) 依職業安全衛生管理辦法規定，反應器或化學設備及其附屬設備應每幾年實施定期檢查一次？
① 1　② 2　③ 3　④ 4。

解析 職業安全衛生管理辦法第 39 條：
雇主對化學設備或其附屬設備，應**每 2 年**依規定定期實施檢查一次。

29. (3) 依職業安全衛生管理辦法規定，特定化學設備或其附屬設備，應多久實施定期檢查一次？
①每 6 個月　②每 1 年　③每 2 年　④每 3 年。

解析 職業安全衛生管理辦法第 38 條：
雇主對特定化學設備或其附屬設備，應**每 2 年**依規定定期實施檢查一次。

30. (1) 勞工的安全行為會受到下列何項的影響，使勞工知道危害，但不一定會去避開危害？　①組織氣候　②教育訓練　③組織協調　④人性管理。

解析 **組織氣候**(organizational climate)是指一個單位或部門所存在的群體氛圍(situation),包括人際關係、領導方式、作風和心理契合的程度等,是組織成員在工作時的認知與感受,或是對組織內部的一種知覺,也就是個人對於自身工作環境的直接感受。

31. (1) 我國職業災害經統計分析,其最主要原因為下列何者?
①不安全動作 ②不安全設備 ③不安全環境 ④意外。

解析 全國重大職業災害概況(近 10 年),共發生 8,291 件,罹災人數 10,973 人,其中:

- 災害類型:墜落滾落 3,019 件 (36.41%),感電 1,330 件 (16.04%),物體倒塌崩塌 901 件 (10.87%),被夾被捲 638 件 (7.70%),物體飛落 413 件 (4.98%)。
- 災害原因:**不安全動作** 3,108 件 (37.49%),不安全環境 2,432 件 (29.33%),不安全動作及不安全環境 2,422 件 (29.21%)。
- 僱用勞工人數:9 人以下佔 67.69%,30~99 人佔 15.14%,100 人以上佔 17.17%;職安人員已設置者佔 44.43%,未設置者佔 55.57%;教育訓練已辦理者佔 23.88%,未辦理者佔 76.12%。

32. (3) 依職業安全衛生管理辦法規定,僱用勞工人數在多少人以上者,雇主應訂定職業安全衛生管理規章?
① 30 ② 50 ③ 100 ④ 300。

解析 職業安全衛生管理辦法第 12-1 條:
雇主應依其事業單位之規模、性質,訂定職業安全衛生管理計畫,要求各級主管及負責指揮、監督之有關人員執行;勞工人數在 30 人以下之事業單位,得以安全衛生管理執行紀錄或文件代替職業安全衛生管理計畫。
勞工人數在 **100 人**以上之事業單位,應另訂定職業安全衛生管理規章。
第一項職業安全衛生管理事項之執行,應作成紀錄,並保存 3 年。

33. (4) 下列何者較不宜作為事業單位安全衛生工作守則製作時之資料來源?
①安全衛生相關規範或指引
②實務累積經驗
③廠商設備說明書之安全注意事項
④未經修改,完全使用同業建立之安全衛生工作守則。

解析 職業安全衛生法施行細則第 41 條:
本法第 34 條第 1 項所定安全衛生工作守則之內容,參酌下列事項定之:
一、事業之安全衛生管理及各級之權責。
二、機械、設備或器具之維護及檢查。
三、工作安全及衛生標準。
四、教育及訓練。
五、健康指導及管理措施。
六、急救及搶救。
七、防護設備之準備、維持及使用。
八、事故通報及報告。
九、其他有關安全衛生事項。

34. (2) 下列何者非屬安全衛生工作守則製作時應注意事項？
①列明各項作業名稱
②將雇主責任轉嫁給勞工
③具有修訂守則之程序
④各項工作守則間應不互相矛盾。

解析 職業災害勞工保護法第7條：
勞工因職業災害所致之傷害，雇主應負賠償責任。

35. (1) 下列有關安全衛生工作守則之敘述何者錯誤？
①雇主應依勞動檢查法之規定訂定
②雇主應會同勞工代表訂定
③應報經勞動檢查機構備查
④應公告實施。

解析 依據職業安全衛生法第34條規定：
雇主應依本法及有關規定會同勞工代表訂定適合其需要之安全衛生工作守則，報經勞動檢查機構備查後，公告實施。
勞工對於前項安全衛生工作守則，應切實遵行。
依據**職業安全衛生法施行細則**第41條規定：
安全衛生工作守則之內容，依下列事項定之：
一、事業之安全衛生管理及各級之權責。
二、機械、設備或器具之維護及檢查。
三、工作安全及衛生標準。
四、教育及訓練。
五、健康指導及管理措施。
六、急救及搶救。
七、防護設備之準備、維持及使用。
八、事故通報及報告。
九、其他有關安全衛生事項。

36. (3) 安全衛生工作守則中對於各級人員權責之規定，下列何者非一般勞工之權責？
①有接受安全衛生教育訓練之義務
②遵守標準作業程序作業
③辦理職業災害統計
④有接受勞工健康檢查之義務。

解析 依據職業安全衛生法第38條：
中央主管機關指定之事業，雇主應按月依規定填載職業災害統計，報請檢查機構備查。

37. (3) 安全衛生工作守則中對於各級人員權責之規定，下列何者非職業安全衛生管理人員之權責？
①實施職業安全衛生教育訓練 ②辦理職業災害統計
③實施眷屬安全衛生教育訓練 ④實施勞工健康管理。

解析
依據職業安全衛生法第 34 條規定：
雇主應依本法及有關規定會同勞工代表訂定適合其需要之安全衛生工作守則，報經勞動檢查機構備查後，公告實施。
勞工對於前項安全衛生工作守則，應切實遵行。
依據**職業安全衛生法施行細則**第 41 條規定：
安全衛生工作守則之內容，依下列事項定之：
一、事業之安全衛生管理及各級之權責。
二、機械、設備或器具之維護及檢查。
三、工作安全及衛生標準。
四、教育及訓練。
五、健康指導及管理措施。
六、急救及搶救。
七、防護設備之準備、維持及使用。
八、事故通報及報告。
九、其他有關安全衛生事項。

38. (2) 對於職業安全衛生管理規章與安全衛生工作守則一經公布實施，下列敘述何者有誤？
①雇主應使主管與勞工共同遵守
②只要不發生職業災害即不須修訂
③作好追蹤查核，可達到防止職業災害的目標
④作業有所變動時，即應修訂。

解析
雇主仍應配合職業安全衛生法及其相關附屬法規之修正，重新檢視該工作守則所定相關事項，並作**必要之調整及修正**。

39. (3) 對於職業安全衛生管理規章與安全衛生工作守則，下列敘述何者有誤？
①可印發勞工每人一冊 ②主管人員皆應以身作則樹立典範
③訂定後皆應報經勞動檢查機構備查 ④可依個人經驗建議修訂。

解析
- 職業安全衛生管理規章指事業單位為有效防止職業災害，促進勞工安全與健康，所訂定要求各級主管及管理、指揮、監督等有關人員執行與職業安全衛生有關之內部管理程序、準則、要點或規範等文件，於實質上對員工具強制性規範，但不可違反法令。
- 事業單位之安全衛生工作守則，係事業單位依其作業性質及需要，考量其相關設施、作業，自行審慎訂定及負責；當設施、作業等如有新增、變更時應重新申報；涉及違反職業安全衛生工作原理、原則、法令規定及將雇主責任藉安全衛生工作守則之訂定轉嫁勞工者，應由函報之事業單位修正。

40. (3) 依職業安全衛生管理辦法規定，下列有關職業安全衛生管理規章之敘述何者正確？
①雇主應依勞動檢查法及有關規定訂定
②雇主自行訂定管理規章為勞動契約之一部分
③該規章之內容要求其各級主管及管理、指揮、監督人員執行規定之職業安全衛生事項
④應報經檢查機構備查。

解析
職業安全衛生管理辦法第 12-1 條：
雇主應依其事業單位之規模、性質，訂定職業安全衛生管理計畫，**要求各級主管及負責指揮、監督之有關人員執行**；勞工人數在 30 人以下之事業單位，得以安全衛生管理執行紀錄或文件代替職業安全衛生管理計畫。
勞工人數在 100 人以上之事業單位，應另訂定職業安全衛生管理規章。
第一項職業安全衛生管理事項之執行，應作成紀錄，並保存 3 年。

41. (1) 安全衛生工作守則中對於各級人員職責之規定，下列何者非屬各級主管、指揮、監督有關人員負責執行事項？
①職業病之認定 ②安全衛生管理執行事項
③提供改善工作方法 ④定期或不定期實施巡視。

解析
各部門主管管理、指揮、監督等有關人員，負責執行下列勞工安全衛生事項：
一、職業災害防止事項。
二、職業安全衛生管理計畫等執行事項。
三、定期檢查、重點檢查、檢點及其他有關檢查督導事項。
四、定期或不定期實施巡視。
五、提供改善工作方法。
六、擬定安全作業標準。
七、教導及督導所屬依安全作業標準方法實施。
八、其他雇主交辦有關安全衛生管理事項。

42. (3) 下列何者較不屬作業安全衛生管理事項？
①勞工應具備從事工作及預防災變所必要之教育訓練
②建立標準作業程序
③設備之本質安全化
④嚴謹的自動檢查計畫。

解析
安全衛生管理要做到設備安全化、作業標準化、身心健康化。
其他如安全衛生計畫包含：
一、安全衛生組織、人員。
二、職業安全衛生協議計畫。
三、職業安全衛生教育訓練計畫。
四、自動檢查計畫。
五、緊急應變計畫及急救體系。
六、稽核管理計畫。

43. (1) 雇主使員工參與職業安全衛生教育訓練，此舉屬協調與溝通的那一項特色？
①強制性 ②專業性 ③一致性 ④支持性。

解析 職業安全衛生教育訓練規則第 17 條：
雇主對新僱勞工或在職勞工於變更工作前，應使其接受適於各該工作必要之一般安全衛生教育訓練。但其工作環境、工作性質與變更前相當者，不在此限。
無一定雇主之勞工及其他受工作場所負責人指揮或監督從事勞動之人員，應接受前項安全衛生教育訓練，故職業安全衛生教育訓練為**強制性**。

44. (3) 為促進有效的溝通，在語意方面宜避免下列何狀況？
①語句簡單化 ②問題具體化
③大事化小，小事化無 ④善用肢體語言。

解析 有效之溝通必須掌握清楚、具體、簡單主動傾聽，大事化小、小事化無之精神並非良好之手段。

45. (4) 有關有效的安全衛生協調與溝通之敘述，下列何項較不恰當？
①應保持雙向溝通管道
②對象應包含員工、承攬人員、外界相關單位
③有可確保溝通管道暢通之機制
④應常使用誇大性之專業術語。

解析 使用誇大性的術語牴觸了簡單化的原則，對於溝通與協調沒有幫助。

46. (2) 下列何者不是工作安全分析之目的？
①發現並杜絕工作危害 ②懲罰犯錯的員工
③確立工作安全所需的工具與設備 ④做為員工在職訓練的方法。

解析 工作安全分析之目的：
一、發現危害因子並減少危害。
二、使工作人員瞭解其在整個組織中之關係或地位。
三、作為工作方法改進，工作分配調整之參考。
四、作為教育訓練的參考方法。
五、作為各級人員權責劃分，推行分層負責工作之參考。
六、確認工作安全所需之工具與設備。

47. (3) 下列何者較不必列為接受安全觀察的對象？
①無工作經驗之人
②常發生事故的員工
③安全衛生管理人員
④長期離開工作崗位後，再恢復工作之員工。

解析

不論是無工作經驗的人(新手)、常發生事故的人(散漫、粗心者),或是對於工作不熟練的員工,都需要安全觀察。

48. (1) 下列何種作業較無須列入安全觀察?
①完全依照安全作業標準進行之作業
②曾發生事故之作業
③有潛在危險之作業
④非經常性作業。

解析

工作安全觀察:
利用工作抽樣原理,觀察勞工行為,注意勞工不安全行為,防止可能產生的傷害。(除了觀察不安全行為外,也應注意不安全設備、不安全環境)
應受安全觀察的作業:
- 依據風險評估判斷(風險=可能性(機率)× 嚴重性)。
- 傷害頻率高的作業。
- 傷害嚴重率高的作業。
- 曾發生事故的作業。
- 有潛在危險的作業。
- 臨時或非經常性的作業。
- 新設備或新製程的作業。
- 非經常性的作業。

49. (3) 實施工作安全分析時,領班宜擔任何種角色?
①批准者 ②審核者 ③分析者 ④操作者。

解析

實施工作安全分析時:
- **分析者:領班**。
- 審核者:現場主管。
- 核准者:高階主管。

50. (2) 安全觀察所需最少次數與預期精確程度通常有何關係?
①與其平方成正比 ②與其平方成反比
③與其平方根成正比 ④不相關。

解析

隨機安全觀察最少次數:

$$N=\frac{4(1-P)}{Y^2P}$$

N = 隨機安全觀察最少需要次數
P = 安全動作符合率
Y = 預期精確程度(相對誤差)

51. (3) 工作安全分析與安全觀察的重點不包括下列何者？
①是否有不清楚或被誤解的期望
②是否有獎勵冒險行為及懲罰安全行為
③是否有行為偏差的責任
④是否有以行為為基準的回饋機制。

解析
- 工作安全分析：
主管人員(領班)藉觀察屬下工作步驟，分析作業實況，以發掘作業場所潛在的危險及可能危害，經觀察、討論、修正而建立安全的工作方法。
- 工作安全觀察：
利用工作抽樣原理，觀察勞工行為，注意勞工不安全行為，防止可能產生的傷害。(除了觀察不安全行為外，也應注意不安全設備、不安全環境)。重點不包括是否有行為偏差的責任。

52. (2) 下列何種人員可較少接受安全觀察？
①無經驗的人
②工作非常熟練且守作業規則的人
③累遭意外的人
④以不安全出名的人。

解析 對工作已熟練且守作業規則的勞工，造成職業災害的可能性較小，故可優先排在接受安全觀察名單的較末端，先以較容易產生意外的勞工優先觀察。

53. (3) 下列有關安全觀察的敘述何者錯誤？
①安全觀察人員應熟悉安全作業標準
②安全觀察人員應熟悉安全衛生工作守則
③安全觀察可以取代工作安全分析
④安全觀察人員對危險的敏感性要高。

解析 安全觀察之人員需要熟悉安全的標準作業流程與衛生工作守則。且安全觀察時，應與受觀察工作人員保持距離，次要的潛在危險，應待工作完成後再上前糾正。但重大的潛在危險，應立即上前制止。
安全觀察結果，應作成記錄，統計分析不安全行為，當做「安全績效評估」及「修訂安全作業標準」之參考，但與工作安全分析兩者為不同的內容。

54. (2) 下列四個工作安全分析項目，何者應優先進行？
①將工作分成幾個步驟 ②決定要分析的工作
③決定安全的工作方法 ④發現潛在危險及可能的危害。

解析 進行工作安全分析前，應先**確定需求安全分析的工作項目**，並依照實際需求制定適當工作安全分析。

55. (3) 工作安全分析表的內容一般不包括下列何者？
①作業名稱 ②作業地點 ③作業人員 ④防護具。

解析 工作安全分析表之參考範例如下：

工作安全分析表

作業名稱： 作業地點： 設備、工具： 物料、材料：	編號： 製作日期： 修訂日期： 修訂次數： 製表人員：

工作步驟	工作方法	可能事故危險	安全工作方法	事故處理

表號：N00114 規格 A4

核定者： 初核者： 分析者：

56. (2) 設安全作業標準表須包含五要素：a. 安全措施；b. 工作方法；c. 事故處理；d. 工作步驟；e. 不安全因素，製作此表時應按下列何種順序說明探討此五要素？
① daecb ② dbeac ③ debca ④ deabc。

解析 安全作業標準表之參考範例如下：

安全作業標準

作業種類： 作業名稱： 作業方式： 設備工具： 防護具：	編號： 訂定日期： 修訂日期： 修定次數： 製作人： 審核：

工作步驟	工作方法	不安全因素	安全措施	事故處理
圖解				

可以看到由左至右分別為：d. 工作步驟 > b. 工作方法 > e. 不安全因素 > a. 安全措施 > c. 事故處理。

57. (2) 下列何者較不為應受安全觀察的作業？
①新設備之操作　②新進員工之教育訓練
③承攬商於廠區內之電氣維修　④機台年度維修。

解析 應受安全觀察的作業：
- 依據風險評估判斷(風險＝可能性(機率)× 嚴重性)
- 傷害頻率高的作業。
- 傷害嚴重率高的作業。
- 曾發生事故的作業。
- 有潛在危險的作業。
- 臨時或非經常性的作業。
- 新設備或新製程的作業。
- 非經常性的作業。

教育訓練並非以上列出之作業類別。

58. (4) 下列何項非屬組織協調與溝通之目的？
①建立共識　②傳達觀念　③分享意見　④擴大思想差異性。

解析 組織協調與溝通之目的，乃為達成組織管理、激勵、建立共識與資訊流通與功能，因此溝通與協調的功能之一，即是傳達觀念、分享意見與激勵員工的工作安全。

59. (4) 下列何者不屬於安全衛生協調與溝通的方式？
①安全協談　②安全會議　③安全行為教導　④安全器械之使用。

解析 安全器械之使用並不是安全衛生協調與溝通的方式之一。

60. (1) 下列何項不屬於安全衛生協調與溝通的特色？
①分歧性　②強制性　③權威性　④專業性。

解析 安全衛生工作上，更有其重要性，因協調與溝通有下列幾點特色：

一、強制性：安全衛生法令均需強制執行，否則會造成職業災害。讓員工瞭解法令，可以強制員工參與教育訓練或溝通會議。

二、權威性：檢查機構執行檢查，決定限期改善或下令停工，都有其權威性，而有立即發生危險之虞者，工作場所負責人可以下令停止作業，讓工作人員退避至安全場所都有權威性，所以溝通與協調具有權威性。

三、專業性：安全衛生是統和性科學，是各學科的統合，自有其必要之專業知識與技能。因此在溝通與協調上需具備專業的知識與技能。

四、一致性：事業單位的安全衛生工作應有其一致性，規章應統一，規範應一致，安全作業方式一致，作業習慣及作業文化一致，在溝通與協調上要上下一致，前後一致，內外一致。

五、支持性：雖則安衛工作有其強制性與權威性，但若未得上下、左右之支持則安衛績效一定低落，所以在溝通與協調上要取得上下、左右之支持，惟有如此，才能使全體組織成員一致支持，共同參與安衛工作。

61. (1234) 職業安全衛生管理系統的關鍵要素包含下列何者？
①高階主管的領導和承諾　②溝通和諮商的程序
③瞭解適用的法令及其他要求　④員工參與。

解析 職業安全衛生管理系統遵守國家法令規章的各項安全衛生要求，及保障員工的職業安全衛生是雇主的責任和義務，雇主應對組織的職業安全衛生活動展現強烈的領導作用及承諾，並提供合理的安排，以建立職業安全衛生管理系統。
組織所建立的職業安全衛生管理系統，包括政策、組織設計、規劃與實施、評估和改善措施五個主要要素。常見的職業安全衛生管理系統之要素包含很多因素，除了文件內容所包含的更需要高階主管的領導與承諾，並促使員工一同參與：
一、職業安全衛生政策。
二、員工參與。
三、職責與考核責任。
四、資格與訓練。
五、職業安全衛生管理系統文件。
六、溝通。
七、初步審查。
八、系統規劃、發展及實施。
九、職業安全衛生目的。
十、危害預防。
十一、績效監測與量測。
十二、職災調查與其對安全衛生績效之衝擊。
十三、稽核。
十四、管理審核。
十五、預防及矯正措施。
十六、持續改善。

62. (234) 下列何者屬於高階主管對於職業安全衛生管理系統的領導和承諾？
①擔負保護員工眷屬健康安全整體的責任
②確保職安衛管理已整合納入事業單位的經營
③提供落實職安衛管理系統所需要的資源
④引導組織內部支持職安衛管理系統的文化。

解析 職業安全衛生管理系統必須遵守國家法令規章的各項安全衛生要求，及保障員工的職業安全衛生是雇主的責任和義務，雇主應對組織的職業安全衛生活動展現強烈的領導作用及承諾，並提供合理的安排，以建立職業安全衛生管理系統。
組織所建立的職業安全衛生管理系統，包括政策、組織設計、規劃與實施、評估和改善措施五個主要要素。至於員工眷屬的安全則不屬於公司職業安全衛生之管理範圍。

63. (23) 職業安全衛生管理績效的主動式指標包含下列何者？
①職災千人率 ②安全衛生提案改善件數
③安全衛生活動員工參與率 ④失能傷害嚴重率。

解析 主動式績效量測係在意外事故、職業病或事件發生前，就所執行的安全衛生管理業務進行量測，提供有關執行成效的重要回饋資料，用以檢查績效標準的符合度與特定目標的達成度。其主要用途在於量測達成度，並透過獎勵方式鼓勵良好表現而非懲罰失敗。

64. (34) 職業安全衛生管理績效的被動式指標包含下列何者？
①虛驚事件提報率 ②變更管理執行率
③失能傷害嚴重率 ④傷病員工缺勤時數率。

解析 被動式績效量測這種衡量方式是將所發生的事故、事件、虛驚事故或職業疾病案例的數目與所設定的目標值做比較，並依據比較結果做為提升安全衛生績效與努力方向之參考。

65. (234) 工廠緊急應變計畫應包含下列何者？
①通訊與三軍聯防支援 ②疏散時機與應變指揮系統架構
③中央監控系統 ④應變裝備器材與擺放區域。

解析 完整的緊急應變計畫其基本原則至少應具備以下功能：
一、意外事故發生時能迅速通知相關負責人及單位。
二、靈活正確之應變指揮系統。
三、評估意外災害可能造成之影響。
四、建立警示系統。
五、建立通報系統。
六、統計各種應變器材之數量並標示各器材之位置。
七、安排醫療救護等事宜。
八、規定應變人員之安全防護注意事項。
九、具體之疏散計畫。
十、災害區域之除污整治計畫。

66. (1234) 風險評估之作業清查須涵蓋組織控制下所有可能出現在公司及所屬工地 / 工廠的「人員」所執行的相關作業，所謂之「人員」包含下列何者？
①承攬人 ②供應商 ③外包人員 ④高階主管。

解析 風險評估之作業清查人員包含全部組織控制下之人員，包含承攬人、供應商、外包人員、高階主管皆是要評估之對象。

67. (1234) 風險評估所辨識作業條件包含下列何者？
①機械、設備、器具　②人員資格
③能源、化學物質　④作業暴露週期。

解析
作業條件清查的目的在於作為辨識危害及後果、評估其風險的依據。作業清查的資訊可包括：
一、作業的場所、人員、頻率及內容。
二、作業可能使用或接觸到的機械、設備、工具，及其操作或維修之說明。
三、作業可能使用或接觸到的原物料及其物性、化性、健康危害性、安全及異常之處理方法等。
四、法規及相關規範的要求，以及事業單位本身相關規定等。
五、作業所需的公用設施，如電壓、壓縮空氣、蒸汽等。
六、作業的控制措施(包含工程控制、管理控制及個人防護具)及其應用情況。
七、事業單位本身或同業以往的事件案例。
八、作業人員的技術能力、安衛知識及訓練狀況等。
九、其他可能受此作業影響的人員，包含員工、承攬人、訪客、廠(場)週遭人員等。

68. (123) 事業單位鼓勵員工參與職業安全衛生管理系統之作法，不包含下列何者？
①障礙、阻礙、不回應員工的看法或建議
②報復行為或威脅
③懲罰員工參與的條款或慣例
④提供員工可以適時獲取有關於職安衛管理系統明確、易懂和相關的資訊。

解析
事業單位鼓勵員工參與職業安全衛生管理系統應提供員工可以適時獲取有關於職安衛管理系統明確、易懂和相關的資訊，讓大家集思廣益，共同改善職業安全衛生管理系統並一起遵守規範。

69. (123) 法定安全衛生工作守則之內容應包含下列何者？
①急救及搶救
②事業之安全衛生管理及各級之權責
③機械、設備或器具之維護及檢查
④環境安全及毒物衛生標準。

解析
依據職業安全衛生法施行細則第 41 條規定：
安全衛生工作守則之內容，依下列事項定之：
一、事業之安全衛生管理及各級之權責。
二、機械、設備或器具之維護及檢查。
三、工作安全及衛生標準。
四、教育及訓練。
五、健康指導及管理措施。
六、急救及搶救。
七、防護設備之準備、維持及使用。
八、事故通報及報告。
九、其他有關安全衛生事項。

70. (1234) 法定安全衛生工作守則之內容應包含下列何者？
①事故通報及報告 ②健康指導及管理措施
③防護設備之準備、維持及使用 ④教育及訓練。

解析
依據職業安全衛生法施行細則第 41 條規定：
安全衛生工作守則之內容，依下列事項定之：
一、事業之安全衛生管理及各級之權責。
二、機械、設備或器具之維護及檢查。
三、工作安全及衛生標準。
四、教育及訓練。
五、健康指導及管理措施。
六、急救及搶救。
七、防護設備之準備、維持及使用。
八、事故通報及報告。
九、其他有關安全衛生事項。

71. (123) 組織協調與溝通之目的可包含下列何者？
①建立組織文化共識 ②增進管理績效
③擴大員工參與 ④促進部門爭競鬥角。

解析
組織協調與溝通之日包含互動雙方彼此相互了解、相互回應、並且期待經由溝通的行為與歷程，建立接納及共識。因此可以：
一、獲取和決策有關的資訊。
二、蒐集各種不同的意見。
三、交換意見，完成觀念的互動。
四、增進管理效果。
五、擴大員工參與並建立組織文化。

72. (1234) 實施工作安全分析時，分析者可由何人擔任？
①領班或基層主管 ②安全衛生管理人員 ③操作人員 ④高階主管。

解析
工作安全分析藉由主管人員、領班、安全衛生人員或操作人員等藉觀察屬下工作步驟，分析作業實況，以發掘作業場所潛在的危險及可能危害，經觀察、討論、修正而建立安全的工作方法。

73. (1234) 工作安全分析包含下列何者？
①異常或緊急狀況 ②正常性作業 ③臨時性作業 ④歲修作業。

解析
工作安全觀察：
利用工作抽樣原理，觀察勞工行為，注意勞工不安全行為，防止可能產生的傷害。(除了觀察不安全行為外，也應注意不安全設備、不安全環境)
應受安全觀察的作業：
- 依據風險評估判斷(風險＝可能性(機率)× 嚴重性)。
- 傷害頻率高的作業。

- 傷害嚴重率高的作業。
- 曾發生事故的作業。
- 有潛在危險的作業。
- 臨時或非經常性的作業。
- 新設備或新製程的作業。
- 非經常性的作業。

74. (234) 若a代表不安全因素、b代表各作業步驟條件、c代表風險或事故處理、d代表作業各步驟、e代表安全措施，當製作安全作業標準時，下列何者正確？
① c的順序比e先
② a的順序比b後
③ b可包含人員、物料、設備與環境
④ d的順序比e先。

解析 製作安全工作標準與製作工作安全分析表相同，要先實施工作分析，將作業分解為基本步驟，列出其工作方法，針對工作方法提出不安全因素及安全措施，最後檢討各不安全因素可能造成的傷害事故，並提出事故之處理方式。因此順序可以參照以下五欄式安全作業標準範例：

○○○安全作業標準（五欄式）

作業種類　　編號
作業名稱　　訂定日期
作業方式　　修訂日期
使用器具、工具　　修訂次數
防護具　　製作人
作業人員資格限制

工作步驟	工作方法	不安全因素	安全措施	事故處理

75. (12) 工作安全分析的目的，包含下列何者？
①發現及杜絕工作危害
②作為安全觀察的參考資料
③評估承攬商的薪資水平
④確立工作安全分析者所需的資格條件。

解析 工作安全分析是主管人員藉觀察屬下工作步驟，分析作業實況，來發現作業場所潛在的危險及可能產生的危害，經討論、修正而建立的工作安全方法。工作安全分析可以說是標準作業程序與預知危險的結合。標準作業程序讓主管人員清楚工作的詳細步驟、流程、內容、規範；預知危險，是將每件工作中的潛在危險與可能危害，事先加以預知防範，經溝通討論，而決定最佳的行為方針、目標，以確保能安全完成作業。

工作項目 03：專業課程

1. (1) 人體組織器官中，下列何者的總表面積最大？
①肺泡 ②皮膚 ③腸壁 ④腎臟。

解析 每個人的肺臟約有 5 億個**肺泡**，每個肺泡長約 0.2 毫米，以此計算出的肺泡總面積是 70 平方公尺，比皮膚的總面積還要大，可說是人體和外界接觸面積最大的器官。

2. (2) 當工作壓力長期增大時，下列何種荷爾蒙不增反減？
①腎上腺促進素 ②胰島素 ③腎上腺素 ④生長激素。

解析 壓力會影響血糖的控制。主要是透過體內荷爾蒙改變來減少胰島素分泌，或是改變體內細胞對胰島素的利用，進而干擾血糖平衡的機轉；壓力也會改變飲食和運動型態，進而影響血糖的控制，使得血糖無法平穩。

3. (1) 生命現象變化過程中，同化和異化作用的過程為下列何者？
①新陳代謝 ②能量代謝 ③物質代謝 ④基礎代謝。

解析 同化與異化作用，又稱作分解代謝，是生物的**新陳代謝**途徑，將分子分解成更小的單位，並被氧化釋放能量的過程，或用於其他合成代謝反應釋放能量的過程。

4. (4) 下列何者不是決定人體血壓的主要因素？
①心輸出量 (cardiac output)
②周圍血管阻抗力 (peripheral vessel resistence)
③心搏速率
④心臟大小。

解析 影響血壓的因素包括：
- 心輸出量：心輸出量增加時(運動、情緒激動)，心跳加快，血壓就會上升；心輸出量下降時(心情放鬆)，血壓亦會隨之而下降。
- 血量：血量下降時(嚴重出血)，血壓會下降；血量增加時(輸血)，血壓就會上升。
- 週邊阻力：血液流過血管(小動脈及微血管)時的阻力上升(血管狹窄、血管硬化、緊張時肌肉收縮擠壓血管)，血壓就會上升；週邊阻力下降時(血管放鬆)，血壓也會下降。
- 血液黏滯性：如果血液變得濃稠黏滯(身體水分不足、嚴重脫水)，心臟就需要更用力運作，把血液推向全身，血壓因而就會上升。

5. (4) 下列何者是人體中氣體交換最快速之處？
①喉 ②氣管 ③小支氣管 ④肺泡。

解析 成人的肺臟主要由一些小型含氣的小囊泡構成，這些小囊泡叫做**肺泡** (alveolus)。肺臟的肺泡數目可達 30 億個，而且此處是進行氣體交換的場所。

6. (4) 一般分類中，心搏速率在下列何種情形以上屬重工作 (heavywork) ？
① 80 次／分 ② 90 次／分 ③ 100 次／分 ④ 110 次／分。

解析 正常人的脈搏與心跳是一致的。正常成人為每分鐘 60 到 100 次，平均約 72 次 / 分。因此屬於重工作之勞動下的心搏。

7. (1) 下列何種因素較不會使一個人想喝水？
①小量流汗 ②體溫升高 ③吃了鹹食物 ④連續大量腹瀉。

解析 除了小量流汗之外，其他幾個因素都促使人體內水分快速流失，因此需要補充水分。

8. (3) 肌肉收縮主要能源來自於下列何者？
① AMP ②乳酸 ③醣、脂肪 ④蛋白質。

解析 肌肉收縮時，其能量來源自**醣類與脂肪**的完全氧化，產生 ATP(三磷酸腺苷)，以供肌肉收縮之用。

9. (2) 下列何種血管腔內之血液是充滿最多氧氣？
①右心房 ②左心室 ③肺動脈 ④微血管。

解析 肺動脈經過肺後，因人體的呼吸作用，使得肺泡中的氧氣與肺動脈的二氧化碳進行交換；交換後由肺流出的肺靜脈內充滿了氧氣，此時因肺動脈含氧量較多，看起來是鮮紅色的。經過一輪的循環後，肺動脈內充滿了與身體各個細胞交換的二氧化碳，此時，血看起來就是暗紅色的了。
含氧量：左心房 = **左心室** > 右心房 = 右心室。

10. (1) 負責人體視覺、語言者為那個中樞神經系統？
①大腦 ②小腦 ③脊髓 ④腦幹。

解析 視覺性語言中樞：在**大腦**頂葉下方靠近枕葉的一個部位稱為角迴，它靠近大腦視區，是視覺中樞與威尼克區之間的中介。這個小區受損後，雖然視覺正常，但卻不能理解文字符號的意義，即患有失讀症。

11. (4) 身體質量指數 (body mass index, BMI) 是指下列何者？
①胸圍除以身高 ②體重除以身高
③胸圍除以身高的平方 ④體重除以身高的平方。

解析 BMI 值計算公式：BMI= 體重 (公斤)/ 身高 ^{2}(公尺)。
例如：一個 52 公斤的人，身高是 155 公分，
則 BMI 為：52(公斤)/1.55^2(公尺)=21.6；
體重正常範圍為 BMI=18.5 ～ 24。

12. (3) 下列何者較不屬於職場健康促進項目？
①壓力紓解 ②戒菸計畫
③指認呼喚運動 ④下背痛預防。

解析 常見的職場健康促進項目包含：
A 講座或諮詢：
- 急救與應變訓練。
- 口腔保健(含篩檢)。
- 癌症講座。
- 下背痛講座。

B 檢查：
- 全員大體檢。
- 健檢套餐。
- 骨質密度檢查。
- 動脈硬化檢測。
- 體適能檢察。

C 健康提示：
- 創意健康小提示(有獎徵文)。
- 海報。
- 健康護照(健康日誌，健康存摺)。
- 體重紀錄(血壓紀錄)。
- 健康活動紀錄。
- 戒菸護照。

D 活動：
- 代謝症候群。
- 高階主管健康照顧。
- 紓壓按摩。
- 辦公室伸展操(頭頸伸展操)。
- 運動競賽。
- 瑜珈教室。
- 減重班。
- 戒菸班。
- 捐血。

13. (1) 下列何者不是「呼吸道傳染病」？
①傷寒 ②流行性感冒 ③百日咳 ④白喉。

解析
- 流行性感冒(簡稱流感)指的是流行性感冒病毒所造成的感染，每年多為秋、冬季節較易流行。它主要會造成上呼吸道的症狀，潛伏期為1到4天，其常見的臨床症狀包括突發性高燒、頭痛、全身肌肉酸痛、咳嗽、流鼻水及喉嚨痛。
- 百日咳的主要傳染途徑是飛沫傳染。由於台灣常規疫苗接種率高，目前百日咳病患，大多是哥哥姊姊或父母等長輩帶菌回家，散播給尚無免疫力的家中幼兒。
- 白喉是經由近距離飛沫傳染，包括：吸入病人的飛沫或體液，以及接觸到病患呼吸道分泌物或分泌物污染的物品而傳染，鮮奶也是重要的傳染媒介之一。

14. (4) 下列何者不屬於醫護人員對勞工之健康促進及特殊保護方面應辦理事項？
①勞工家庭計畫之服務 ②勞工之一般及特別危害健康作業之體格檢查
③職前分配適性工作 ④作業環境監測。

解析
勞工健康保護規則第9條規定，雇主應使醫護人員及勞工健康服務相關人員臨場辦理下列勞工健康服務事項：
一、勞工體格（健康）檢查結果之分析與評估、健康管理及資料保存。
二、協助雇主選配勞工從事適當之工作。
三、辦理健康檢查結果異常者之追蹤管理及健康指導。
四、辦理未滿18歲勞工、有母性健康危害之虞之勞工、職業傷病勞工與職業健康相關高風險勞工之評估及個案管理。
五、職業衛生或職業健康之相關研究報告及傷害、疾病紀錄之保存。
六、勞工之健康教育、衛生指導、身心健康保護、健康促進等措施之策劃及實施。
七、工作相關傷病之預防、健康諮詢與急救及緊急處置。
八、定期向雇主報告及勞工健康服務之建議。
九、其他經中央主管機關指定公告者。

15. (4) 職場內之傷病診治內容一般不包括下列何者？
①急救 ②一般傷病診治 ③職業傷病診治 ④家庭計畫服務。

解析
職場內勞工健康護理人員之工作內容通常如下，而傷病診治內容通常包含職業傷病及一般傷病、意外事件之防治、健康諮詢與急救及緊急處理。
一、員工健康促進與衛教之策劃及實施。
二、辦理年度健檢業務、檢查紀錄之分析、評估及健康分級管理。
三、協調安排醫師諮詢，並持續追蹤後續狀況。
四、職業傷病及一般傷病、意外事件之防治、健康諮詢與急救及緊急處理。
五、協助職業安全衛生業務推動、職業病預防及工作環境之改善。
六、執行勞工健康保護規則相關事項。

16. (2) 依職業安全衛生設施規則規定，下列何者非雇主為避免勞工因異常工作負荷促發疾病應採取之預防措施？
①辨識及評估高風險群 ②增加輪班頻率
③調整或縮短工作時間 ④實施健康檢查、管理及促進。

解析
職業安全衛生設施規則第324-2條規定，雇主使勞工從事輪班、夜間工作、長時間工作等作業，為避免勞工因異常工作負荷促發疾病，應採取下列疾病預防措施，作成執行紀錄並留存3年：
一、辨識及評估高風險群。
二、安排醫師面談及健康指導。
三、調整或**縮短工作時間**及更換工作內容之措施。
四、實施健康檢查、管理及促進。
五、執行成效之評估及改善。
六、其他有關安全衛生事項。

17. (2) 雇主使勞工從事夜間工作，長時間工作等作業，為避免勞工因異常工作負荷促發疾病，應採取疾病預防措施，作成執行紀錄並留存多少年？
① 1 ② 3 ③ 5 ④ 20。

解析 職業安全衛生設施規則第 324-2 條第 1 項，雇主使勞工從事輪班、夜間工作、長時間工作等作業，為避免勞工因異常工作負荷促發疾病，應採取疾病預防措施，作成執行紀錄並留存**3年**。

18. (2) 依職業安全衛生設施規則規定，雇主為預防勞工於執行職務，因他人行為致遭受身體或精神上不法侵害應採取預防措施，作成執行紀錄並留存多少年？
① 1 ② 3 ③ 5 ④ 20。

解析 職業安全衛生設施規則第 324-3 條第 1 項規定，雇主為預防勞工於執行職務，因他人行為致遭受身體或精神上不法侵害，應採取暴力預防措施，作成執行紀錄並留存**3年**。

19. (3) 職場上遭受主管或同事利用職務或地位上的優勢所受的言語暴力，可歸類為下列何種危害？
①物理性 ②化學性 ③社會心理性 ④人體工學性。

解析 勞工於職場上遭受主管或同事利用職務或地位上的優勢予以不當之對待，或遭受顧客、服務對象、其他相關人士之肢體攻擊、言語侮辱、恐嚇、威脅等霸凌或暴力事件，致發生精神或身體上的傷害，甚而危及性命等。此等不當行為，對於受害之勞工不僅涉及安全健康、人權問題，也涉及組織效率問題，進而影響國家整體經濟發展，此類受國際關注之職場暴力危害被歸類為「**社會環境因子引起之心理危害**」，簡稱社會心理性危害。

20. (2) 依職業安全衛生法規定，雇主為預防勞工於執行職務，因他人行為致遭受身體或精神上不法侵害，應採取之暴力預防措施，與下列何者較無關？
①依工作適性適當調整人力 ②定期健康檢查
③建構行為規範 ④建立事件之處理程序。

解析 依職業安全衛生設施規則第 324-3 條規定：
雇主為預防勞工於執行職務，因他人行為致遭受身體或精神上不法侵害，應採取下列暴力預防措施，作成執行紀錄並留存 3 年：
一、辨識及評估危害。
二、適當配置作業場所。
三、依工作適性適當調整人力。
四、建構行為規範。
五、辦理危害預防及溝通技巧訓練。
六、建立事件之處理程序。
七、執行成效之評估及改善。
八、其他有關安全衛生事項。

前項暴力預防措施，事業單位勞工人數達 100 人以上者，雇主應依勞工執行職務之風險特性，參照中央主管機關公告之相關指引，訂定執行職務遭受不法侵害預防計畫，並據以執行；於僱用勞工人數未達 100 人者，得以執行紀錄或文件代替。

21. (3) 依職業安全衛生設施規則規定，下列何者非雇主為預防勞工於執行職務，因他人行為致遭受身體或精神上不法侵害應採取之預防措施？
①辨識及評估危害 ②適當配置作業場所
③強制調整人力 ④辦理危害預防及溝通技巧訓練。

解析 依職業安全衛生設施規則第 324-3 條規定：
雇主為預防勞工於執行職務，因他人行為致遭受身體或精神上不法侵害，應採取下列暴力預防措施，作成執行紀錄並留存 3 年：
一、辨識及評估危害。
二、適當配置作業場所。
三、依工作適性適當調整人力。
四、建構行為規範。
五、辦理危害預防及溝通技巧訓練。
六、建立事件之處理程序。
七、執行成效之評估及改善。
八、其他有關安全衛生事項。
前項暴力預防措施，事業單位勞工人數達 100 人以上者，雇主應依勞工執行職務之風險特性，參照中央主管機關公告之相關指引，訂定執行職務遭受不法侵害預防計畫，並據以執行；於僱用勞工人數未達 100 人者，得以執行紀錄或文件代替。

22. (4) 職場推動健康促進，對於雇主可帶來之效益，下列何者有誤？
①降低醫療費用成本 ②減少病假
③提高工作士氣 ④改善勞工升遷管道。

解析 職場推動健康促進，對於雇主可帶來之效益，包括：
一、降低醫療費用。
二、減少病假日數。
三、提高員工士氣。
四、生產力。
五、工作動機與工作表現。
六、改善員工生理、心理功能。
七、增加員工間或勞資雙方的互動及溝通機會。
八、改善勞資關係，勞工感覺到雇主的關心，有助於增加對資方的凝聚力。

23. (4) 下列何者非愛滋病之主要傳染途徑？
①性行為 ②輸血 ③母子垂直傳染 ④接吻。

解析 愛滋病傳播方式：愛滋病毒是透過體液(如血液、精液、陰道分泌物、母乳等)交換傳染的，傳染途徑包括：
一、**性行為傳染**：與愛滋病毒感染者發生口腔、肛門、陰道接觸的性行為，就有受感染的可能。
二、**血液傳染**：包含母子垂直感染，或與愛滋病毒感染者共用注射針頭、針筒、稀釋液或輸入被愛滋病毒污染的血液或血液產品等。

24. (4) 吸菸者致肺癌危險性是一般人 10 倍，石綿暴露者致肺癌之危險性是一般人 5 倍，則吸菸的石綿工人其肺癌的危險性約一般人的幾倍？
① 12 ② 15 ③ 20 ④ 50。

解析 石綿粉塵長期吸入會增加患上肺癌的機會，吸菸人士較容易患上肺癌，機會大概是不吸菸者的 10 倍；如果吸菸者從事接觸石綿的工作，患上肺癌的機會就會比平常人高出 **50 倍**。

25. (3) 事業單位發生職業災害，較不可能導致下列何項狀況？
①勞工傷亡 ②生產中斷
③職業災害保險費率降低 ④勞工士氣低落。

解析 依據勞工保險條例第 13 條第 3 項規定，職業災害保險費率分為行業別災害費率及上、下班災害費率二種，其費率為公告費率，不隨意更動。

26. (3) 下列何項紀錄較無法協助事業單位了解現場危害因素？
①工作安全分析單 ②勞動檢查機構監督檢查結果通知書
③教育訓練之課後測驗 ④安全觀察紀錄表。

解析 教育訓練課程多為理論性課程，常與實際發生現場危害當下之人員應對有所出入，故教育訓練之課後測驗無法協助事業單位釐清危害因素，僅適作為勞工學習公司教育訓練成效依據。

27. (1) 下列何項較不宜列為事業單位職業災害調查分析之主要項目？
①職業災害追悼會 ②歷年職業災害率
③各部門職業災害率 ④職業災害類型。

解析 追悼會是為逝者舉行的追悼集會，無助於職業災害調查分析。

28. (1) 下列敘述何項有誤？
①事業單位之職業安全衛生管理計畫依法有一定的格式且不得修正
②職業災害發生的基本原因多在於安全衛生管理缺失所致
③職業安全衛生管理計畫的目的之一是要防止職業災害
④職業安全衛生管理計畫可以是長期計畫。

解析 政策與計畫目標確定後，應擬出為完成此目標所需之實施計畫項目，該計畫項目宜包括事業單位內各部門與階層為達成此目標之權責分工，以及達成目標之方法與時程。計畫項目並宜依規劃執行情形定期審查，**必要時宜修正**計畫項目。

29. (3) 事業單位內員工於高架作業時有甚多人員未配掛安全帶，下列何項與可能的原因較不相關？
①缺乏對墜落之危險意識
②許多處所未有掛置安全帶之裝置
③未規定作業中物料之置放場所
④主管未嚴格執行墜落災害防止計畫。

解析 未規定作業中物料之置放場所可能會造成崩塌等危害，但是與安全帶較無直接關聯。

30. (4) 依職業安全衛生法規定，有關事故通報及報告之敘述，下列何者正確？
①不論發生失能傷害、非失能傷害，其部門主管須主動調查分析事故原因，及於 10 日內向中央主管機關提出詳細災害報告
②發生虛驚事故或財物損失，其部門主管均應於 10 日內向中央主管機關提出報告
③不論火災大小、有無損傷，發生部門主管均應於 10 日內向中央主管機關提出火災報告
④發生死亡災害，災害之罹災人數在 3 人以上、災害之罹災人數在 1 人以上且需住院治療或其他中央主管機關指定公告之災害時，雇主應於 8 小時內通報勞動檢查機構。

解析 職業安全衛生法第 37 條：
事業單位工作場所發生職業災害，雇主應即採取必要之急救、搶救等措施，並會同勞工代表實施調查、分析及作成紀錄。
事業單位勞動場所發生下列職業災害之一者，雇主應於**8 小時**內通報勞動檢查機構：
一、發生死亡災害。
二、發生災害之罹災人數在 3 人以上。
三、發生災害之罹災人數在 1 人以上，且需住院治療。
四、其他經中央主管機關指定公告之災害。
勞動檢查機構接獲前項報告後，應就工作場所發生死亡或重傷之災害派員檢查。
事業單位發生第二項之災害，除必要之急救、搶救外，雇主非經司法機關或勞動檢查機構許可，不得移動或破壞現場。

31. (4) 下列何者非屬職業安全衛生法所規範之勞工義務？
①接受體格檢查、健康檢查　②接受安全衛生教育訓練
③遵守安全衛生工作守則　④制定職業安全衛生管理政策。

解析

職業安全衛生法所規範之勞工的義務有下列三項：
一、接受體格檢查、健康檢查。
二、接受安全衛生教育訓練。
三、遵守安全衛生工作守則。

32. (2) 零災害運動基本上是以下列何者為中心強化安全衛生管理？
①設備 ②人 ③環境 ④物料。

解析

零災害運動是基於尊重人命的理念，強調以**人**為中心的風險評估活動。

33. (3) 下列何項不屬於人性化安全衛生管理之基本觀念？
①安全是沒有假期的
②安全衛生應注意到勞工的工作壓力
③安全衛生管理不是每一人的工作
④安全衛生知識及經驗應相互分享。

解析

人性化安全衛生管理之基本觀念：
一、安全衛生管理不是專家的工作，是每一個人的工作。
二、安全衛生知識經驗應相互交流分享。
三、安全衛生教育不僅是知識的傳授。
四、安全衛生應注意到勞工的工作壓力。
五、安全衛生工作要簡單、明瞭、可行。
六、安全是沒有假期的。
七、安全需求與生產結合。
八、讓安全更有價值。

34. (4) 下列何項不屬於人性化安全衛生管理之基本觀念？
①讓安全更有價值
②安全需與生產結合
③安全衛生工作要簡單、明瞭、可行
④安全衛生教育應祇是知識的傳授。

解析

人性化安全衛生管理之基本觀念：
一、安全衛生管理不是專家的工作，是每一個人的工作。
二、安全衛生知識經驗應相互交流分享。
三、安全衛生教育不僅是知識的傳授。
四、安全衛生應注意到勞工的工作壓力。
五、安全衛生工作要簡單、明瞭、可行。
六、安全是沒有假期的。
七、安全需求與生產結合。
八、讓安全更有價值。

35. (1) 下列何者不屬於有關職業安全衛生教育訓練之教材選擇時應考量之事項？
①要有助於勞工討價還價能力的發展
②要有助於勞工技能的發展
③要有助於勞工對工作場所危害控制能力的發展
④要有助於勞工對工作場所危害認知能力的發展。

解析 職業安全衛生教育訓練之教材選擇需要有助於勞工技能的發展、勞工對工作場所危害控制能力的發展，以及勞工對工作場所危害認知能力的發展。

36. (1) 下列何項工作屬本質安全化之作法？
①防愚設計 ②安全作業標準訂定
③加裝防護設備 ④設置緊急處理設備。

解析 本質安全化是指通過設計等手段使生產設備或生產系統本身具有安全性，即使在誤操作或發生故障的情況下也不會造成事故的功能。具體包括失誤—安全（誤操作不會導致事故發生或自動阻止誤操作）、故障—安全功能（設備、機械發生故障時還能暫時正常工作或自動轉變安全狀態）。
本質安全設計理念，其設計的原則有：強化、取代、減弱、限制失誤所造成的影響、簡單化、避免骨牌效應、防呆(愚)設計、狀態清晰、容易控制等。

37. (4) 下列何項危害因子係職業傷害發生之最主要因素？
①物料 ②設備 ③環境 ④人。

解析 職業傷害之發生通常係因人員因教育訓練不足、應注意未注意等等原因之不當操作導致。

38. (1) 下列何者為我國職安法規之機械設備驗證合格標章？
① TC00000 ② ③ ④ 。

解析 依職業安全衛生法第7條第四項及第8條第五項授權訂定之安全標示與驗證合格標章使用及管理辦法：

附圖二

TC00000 （代碼＋代號）

註：
1. 驗證合格標章顏色：黑色K0。
2. 驗證合格標章由圖式及識別號碼組成，識別號碼應註明於圖式之右方或下方。
3. 驗證合格標章尺寸配合機械、設備或器具本體大小及其他需要，得按比例縮放。

39.（ 4 ）下列何者為我國職安法規之機械設備安全標示？

①  ②  ③  ④  TD00000。

解析 依職業安全衛生法第 7 條第四項及第 8 條第五項授權訂定之安全標示與驗證合格標章使用及管理辦法：

附圖一

TD00000

（代碼）

註：

1. 安全標示顏色：黑色 K0。
2. 安全標示由圖式及識別號碼組成，識別號碼應註明於圖式之右方或下方。
3. 安全標示尺寸配合機械、設備或器具本體大小及其他需要，得按比例縮放。

40.（ 3 ）下列何種因子或疾病不會引起如一般感冒類似的症狀？

①鋅的金屬燻煙

②鐵弗龍 (Teflon) 的聚合物高溫加熱後之燻煙

③使用玻璃纖維工人的過敏性皮膚炎

④清洗水塔工人的退伍軍人症。

解析 過敏性皮膚炎或過敏性濕疹 (atopic eczema)，常見症狀包含發癢、紅腫，以及皮膚龜裂。

41.（ 2 ）事業單位擴充產能時，下列何項較不可能引起潛在職業衛生危害？

①新進人員訓練不足所致之危害 ②工時縮短所致之猝死危害

③製品堆置場所不足所致之危害 ④有害物增加逸散之危害。

解析 猝死主要成因是冠心病、心臟衰竭和遺傳性心臟病，而患者病發時會心律不正，心臟突然跳得過快、收縮過速，而導致輸出血液不足，令腦部和其他身體器官缺氧，心臟同時因停頓而死亡，與縮短工時並無直接關係。

42.（ 2 ）下列何者非屬針扎所致之傳染性疾病？

① B 型肝炎 ②退伍軍人病 ③愛滋病 ④梅毒。

解析 退伍軍人病是由退伍軍人桿菌引起的傳染病，患者有機會因為吸入人工製水系統釋出受污染之水點和霧氣而染病。在處理花園土壤、堆肥和培養土時亦有可能染上此病，在一般情況下，退伍軍人病並不會透過針扎、人與人之間的接觸或飲食而傳播。

B 肝病毒、愛滋病毒、梅毒病毒則為依靠患者血液、體液等，直接接觸傷口或經由針扎造成侵入性感染之病毒。

43. (1) 事業單位洩漏何種氣體，導致一位勞工罹災須住院治療者稱為重大職業災害？
①氨氣 ②氬氣 ③氮氣 ④氧氣。

解析 根據勞動檢查法施行細則第31條所稱重大職業災害：
1. 發生死亡之職業災害。
2. 發生職業災害之罹災人數在3人以上者（指於工作場所同一災害發生勞工永久全失能、永久部分失能及暫時全失能之總人數達3人以上者）。
3. **氨**、氯、氟化氫、光氣、硫化氫、二氧化硫等化學物質之洩漏，發生1人以上罹災勞工需住院治療者。

44. (4) 下列何者較不為中高齡勞工於搬運作業中常見的災害？
①跌倒滑倒 ②肌肉骨骼傷害 ③下背痛 ④過敏。

解析 過敏為人體接觸環境中部分對一般人影響不大的過敏原因子後，所引發的一系列超敏反應現象，與搬運作業較無直接關係。

45. (2) 依職業安全衛生法規定，雇主為預防勞工於執行職務，因他人行為致遭受身體或精神上不法侵害，應採取之暴力預防措施，與下列何者較無關？
①依工作適性適當調整人力 ②優先辨識及評估低風險群
③建構行為規範 ④建立事件之處理程序。

解析 依職業安全衛生設施規則第324-3條規定：
雇主為預防勞工於執行職務，因他人行為致遭受身體或精神上不法侵害，應採取下列暴力預防措施，作成執行紀錄並留存3年：
一、辨識及評估危害。
二、適當配置作業場所。
三、依工作適性適當調整人力。
四、建構行為規範。
五、辦理危害預防及溝通技巧訓練。
六、建立事件之處理程序。
七、執行成效之評估及改善。
八、其他有關安全衛生事項。
前項暴力預防措施，事業單位勞工人數達100人以上者，雇主應依勞工執行職務之風險特性，參照中央主管機關公告之相關指引，訂定執行職務遭受不法侵害預防計畫，並據以執行；於僱用勞工人數未達100人者，得以執行紀錄或文件代替。

46. (3) 危害控制應優先考慮由何處著手？
①暴露者 ②危害所及之路徑 ③危害源 ④作業管理。

解析 危害控制應先從**危害源**制定適當之危害控制辦法。

47. (2) 不當抬舉導致肌肉骨骼傷害，或工作臺 / 椅高度不適導致肌肉疲勞之現象，可稱之為下列何者？
①感電事件 ②不當動作 ③不安全環境 ④被撞事件。

解析 **不當動作**係指不當行為引起之災害如搬物閃到腰或類似狀態之情形。

48. (1) 長期與振動過大之機械 / 設備 / 工具接觸，可能較會危及人體之何器官或系統？
①脊椎骨及末梢神經系統 ②肺部 ③眼睛 ④大腿。

解析 勞工使用振動過大之機械 / 設備 / 工具從事工作時，手工具的振動能量，藉由固體介質從振動源傳遞至操作者的手及手臂或是脊椎骨，這種長期職業性的振動暴露，容易造成勞工**末梢神經與末梢血管**的傷害，一旦病變顯現，將無法由藥物治療而復原。

49. (1) 紅外線對眼睛較可能引起下列何傷害？
①白內障 ②砂眼 ③針眼 ④流行性角結膜炎。

解析 紅外線 (Infrared，簡稱 IR) 是波長介乎微波與可見光之間的電磁波，**紅外線**波段引起的傷害主要是白內障、視網膜和角膜灼傷，以及在低強度光源下熱輻射所產生的熱壓。

50. (4) 廢液中如含有氰化鉀或氰化鈉，則不能與下列那物質之廢液相混合？
①氨水 ②石灰水 ③硫化鈉 ④鹽酸。

解析 氰化物與**酸**反應會形成劇毒的氰化氫，會抑制細胞色素氧化酶，造成細胞內窒息。可致眼、皮膚灼傷，吸收引起中毒，短時間內吸入高濃度氰化氫氣體，可立即呼吸停止而死亡。

51. (1) 廢液中如含有硫化物，則不能與下列那物質之廢液相混合？
①硫酸 ②石灰水 ③氫氧化鉀 ④氨水。

解析 硫化物與**酸**混合會產生劇毒性之硫化物。
特定化學物質危害預防標準第 18 條：
雇主對排水系統、坑或槽桶等，有因含有鹽酸、硝酸或硫酸等之酸性廢液與含有氰化物、硫化物或多硫化物等之廢液接觸或混合，致生成氰化氫或硫化氫之虞時，不得使此等廢液接觸或混合。

52. (2) 腕道症候群是屬於下列何種疾病？
①中樞神經系統 ②周邊神經系統 ③心臟循環系統 ④聽力損失。

解析 腕隧道症候群是指正中神經在傳導至腕的腕隧道發生**神經壓迫**的症狀。主要症狀包含在大拇指、食指、中指及無名指靠中指側會發生疼痛、麻木及麻刺感等狀況。

53. (2) 下列何種銲接不易產生銲接工眼？

①氬銲　②錫銲　③氣體金屬電弧銲　④電漿電弧銲。

解析

錫焊 (Soldering) 是一種利用低熔點的金屬焊料加熱熔化後，滲入並充填金屬件連接處間隙的焊接方法，一般其熔點低於攝氏 400 度。焊接材料 (Solder) 常用錫基合金。錫焊接時不需熔化金屬工件。在焊接過程中，直接在要連結的部份加熱，使焊料融化，因毛細現象而流到接合處，由於浸潤作用和工件結合，一般來言，在冷卻後，接點的強度會比工件本身的強度低，不過還是有相當的強度、導電性及防水性。

銲接產生的電弧光主要包括紅外線、可見光和紫外線。其中的強紫外線，會造成電光性眼炎。

54. (4) 下列何種危害性化學品一般不會使用如下圖式？

(外框標準為紅色)

①壓縮氣體　②液化氣體　③溶解氣體　④冷凍氣膠。

解析

壓縮氣體、冷凍液化氣體、液化液體、溶解氣體都是採用此圖示。

55. (3) 何種危害性化學品一般會使用如下圖式？

(外框標準為紅色)

①易燃液體　②易燃氣膠　③氧化性液體　④金屬腐蝕物。

解析

危害物質之主要分類及圖式：

氧化性液體共分三級，其警告圖式為。

56. (4) 下列何種危害性化學品一般不會使用如下圖式？

(外框標準為紅色)

①急毒性物質：吞食　②急毒性物質：皮膚

③急毒性物質：吸入　④致癌物質。

解析 危害物質之主要分類及圖式：

致癌物質之圖示為 。

57. (2) 何種危害性化學品一般不會使用如下圖式？

（外框標準為紅色）

①生殖毒性物質　②腐蝕／刺激皮膚物質
③急毒性物質：吸入　④致癌物質。

解析 危害物質之主要分類及圖式：
腐蝕／刺激皮膚物質：

第一級三類：　第二級：　第三級：無。

58. (4) 下列何種危害性化學品一般不會使用如下圖式？

（外框標準為紅色）

①腐蝕／刺激皮膚物質　②皮膚過敏物質
③急毒性物質：吸入　④爆炸物。

解析 危害物質之主要分類及圖式：

爆炸物：。

59. (3) 下列何種危害性化學品一般不會使用如下圖式？

（外框標準為紅色）

①易燃氣體　②易燃液體　③金屬腐蝕物　④易燃氣膠。

解析
危害物質之主要分類及圖式：

金屬腐蝕物：。

60. (2) 下列何種危害性化學品一般不會使用如下圖式？

（外框標準為紅色）

①腐蝕／刺激皮膚物質　②致癌物質
③嚴重損傷／刺激眼睛物質　④金屬腐蝕物。

解析
危害物質之主要分類及圖式：

致癌物質：。

61. (2) 危害性化學品屬「禁水性物質」者，一般會發生何種危害？
①遇水放出冷凍氣體　②遇水放出易燃氣體
③遇水放出易燃固體　④遇水放出冷凍氣膠。

解析
根據危害性化學品標示及通識規則之附表一：危害性化學品之分類、標示要項
禁水性物質：
禁水性物質第 1 級：遇水放出可能自燃的易燃氣體。
禁水性物質第 2 級：遇水放出易燃氣體。
禁水性物質第 3 級：遇水放出易燃氣體

62. (1) 當處置使用具有如下圖式之危害性化學品時，不宜採取何措施？

（外框標準為紅色）

①以鐵器敲打攪拌
②遠離熱源
③避免震動
④操作時穿著防易產生靜電之衣服鞋具。

解析
危害物質之主要分類及圖式中，題目圖示所指為爆炸物種類圖示，爆炸物不宜施加敲打等能量於上，以免發生爆炸危險。

63. (3) 當處置使用具有如下圖式之危害性化學品時，不宜採取何措施？

(外框標準為紅色)

①廢液倒入廢液桶中
②操作時穿戴合適之個人防護具
③用剩之化學品以水稀釋後直接倒入排水溝
④依 SOP 操作。

解析 危害物質之主要分類及圖式：
題目所指之圖示，係為危害物質分類為水環境之危害物質，因此直接倒入排水溝會造成危害。

64. (3) 進行液態氮鋼瓶充填作業之地下室，若外洩之氮氣充滿地下室，當勞工進入時易發生下列何災害？
①中毒 ②過敏 ③缺氧窒息 ④火災。

解析 氮氣外洩導致之職業災害最重要症狀及危害效應：氮氧為無毒性將取代氧氣而引起體內**氧氣缺乏**(窒息)。

65. (3) 吸入下列何物質易發生忽冷忽熱之發燒症狀？
①漂白水 ②麵粉 ③金屬燻煙 ④松香水。

解析 燻煙 (fume) 為蒸氣或燃燒氣態產物凝結產生之固態粒子，一般直徑小於 1mm。金屬因受熱超過熔點就會產生金屬燻煙，暴露在剛形成金屬氧化物燻煙如銅、鋁、鎘、鎂、錳、銻、 錫皆可能發生**金屬燻煙**熱，金屬燻煙熱發生症狀像感冒 (flu-like)，症狀包括喉嚨不適 (throat irritation)、呼吸困難、咳嗽、哮喘、嘶啞、嘔吐、頭痛、發冷、發熱、肌痛、虛弱、昏睡、流汗、關節痛。

66. (3) 熔接及軟焊時，勞工較易暴露於下列何種危害因子？
①氡氣 ②丙酮 ③金屬燻煙 ④粉塵。

解析 鋼鐵業、鑄造業及銲接等作業場所會產生大量**金屬燻煙**微粒，大部分屬於奈米微粒的範圍，其粒徑大約在 0.02~0.81 μm 之間，當被吸入體內會對人體造成傷害。

67. (1) 當油漆工在密閉地下室作業一段時間後，不會發生下列何症狀？
①拉肚子 ②頭昏 ③頭痛 ④心情興奮。

解析 油漆塗料中的 VOC 種類，包括苯、甲苯、二甲苯、苯乙烯、丙酮等，具健康危害性的化學物質，會影響中樞神經系統功能、消化系統及呼吸系統，出現頭暈、頭痛、嗜睡、無力、胸悶、食欲不振、興奮、噁心等症狀，嚴重時還會造成肺水腫、皮膚炎、個體免疫失調，甚至有致癌風險。

68. (3) 石綿可能引起下列何種疾病？
①白指症 ②心臟病 ③間皮瘤 ④巴金森氏症。

解析 石綿被「國際癌症研究署」歸類為一級人類致癌物質，已被證實可引發塵肺症、**間皮瘤**、肺癌，也可能導致喉癌與卵巢癌。但因為石綿相關疾病的潛伏期達數十年，因果關係很容易被忽視。

69. (3) 下列何種方法較易評估勞工個人未來 10 年內發生缺血性心臟病的機會有多高？
① KIM 人因工程關鍵指標法
② HAL-TLV 上肢重複性作業評估法
③ Framingham Risk Score 佛萊明漢危險預估評分表
④愛丁堡產後憂鬱量表。

解析 根據中華民國心臟學會公布「Framingham Risk Score **佛萊明漢危險預估評分表**」簡稱「心力評量表」，依年齡、膽固醇、高密度膽固醇、血壓、糖尿病、吸菸等六項指標，可估算出未來十年可能罹患缺血性心臟病的機率，以及心臟年齡的參考值。

70. (4) 在生理學部份，女性與男性相較，下列何者為非？
①體內循環血液量及紅血球數較少
②白血球及淋巴球數較多
③痛覺神經受體較多
④體表面積較小且排汗率較高。

解析 在生理學部份，女性與男性相較，一般而言有身材體型較小、肌力及肺活量較差、體內循環血液量及紅血球數較少、循環凝血因子量較少、白血球及淋巴球數較多(連帶有較高的循環抗體濃度)、**體表面積較小且排汗率較低**、體脂肪比例較高、下半身之軀幹肢體比例不同、皮膚較薄及皮脂分泌較少但痛覺神經受體較多、嗅覺較敏感、及內分泌濃度差異等身體或生理學差異，從而影響職場危害因子健康效應之發生與嚴重度。

71. (2) 勞工若面臨長期工作負荷壓力及工作疲勞累積，如果沒有獲得適當休息及充足睡眠，便可能影響體能及精神狀態，甚而易促發下列何種疾病？
①皮膚癌 ②腦心血管疾病 ③多發性神經病變 ④肺水腫。

解析 鑑於國內產業結構改變，多數勞工面臨工作負荷及精神壓力過重等威脅，長期壓力及工作疲勞累積，如果沒有獲得適當休息及充足睡眠，便可能影響體能及精神狀態，甚而促發**腦心血管疾病**。

72. (3) 流行病學實證研究顯示，輪班、夜間及長時間工作與心肌梗塞、高血壓、睡眠障礙、憂鬱等的罹病風險之相關性一般為何？
①無 ②負 ③正 ④可正可負。

解析 依據國際勞工組織(ILO)2005年推估職業原因於循環系統疾病之貢獻度為23%，且流行病學實證研究顯示，輪班、夜間及長時間工作與許多疾病的罹病風險**有正相關**，如心肌梗塞、高血壓、糖尿病、肥胖、肌肉骨骼疾病、睡眠障礙、憂鬱、疲勞與其他身心症狀等。

73. (4) 下列何者與職場母性健康保護不相關？
①職業安全衛生法
②妊娠與分娩後女性及未滿十八歲勞工禁止從事危險性或有害性工作認定標準
③性別工作平等法
④動力堆高機型式驗證。

解析 我國現行關於職場母性健康保護的相關法規，除上述職業安全衛生相關法令規範外，尚包含勞動基準法、性別工作平等法及游離輻射防護法等規定。勞動基準法及性別工作平等法主要為規範女性勞工之平等工作權、產假、陪產假及育嬰假等權利；行政院原子能委員會權管之游離輻射防護法，則係針對懷孕之女性輻射工作人員之工作條件規範，以確保妊娠期間胚胎或胎兒所受之曝露不超過游離輻射防護安全標準之規定。

74. (3) 下列何者較為非？
①孕婦對壓力的耐受性降低
②孕婦易有噁心感且可能無法忍受強烈氣味
③孕婦較易興奮可輪班工作
④孕婦吸收之重金屬或戴奧辛等毒性物質可能進入胎盤臍帶血或乳汁。

解析 懷孕對工作之影響：孕產期間身材、生理及活動力變化，對工作實務及安全會有連續性及變動性影響，也影響個人對危害因子的感受性；因此對於個人之職務適性，要隨不同妊娠或生產時期，持續進行包括下列各點之評估：
一、休憩時間及次數：孕婦常需要頻繁進食及飲水、或急迫解尿。
二、職務或場所之限制：孕婦易有噁心感且可能無法忍受強烈氣味、對熱的耐受性減低、需要較大的活動空間。
三、活動能力或重心改變：孕婦體型變化、下垂的腹部、關節柔軟度等影響移動或姿勢變化及速度，也增加跌倒或高處作業之風險。
四、工作場所之安全：孕婦有可能暈倒、影響緊急逃生能力。
五、工作時間：孕產婦較易疲倦且**沒有辦法輪班**工作。
六、工作壓力：孕產婦對壓力的耐受性降低。
七、個人防護具、防護衣或常規制服：孕產婦體型變化影響穿戴之舒適感或正確性。

75. (2) 妊娠期間暴露到具細胞毒性、致突變性或致畸胎性因子時可能造成早產、畸型或死產，也可能影響子代之心智發育，特別是受精後第幾週間之重要器官發育期的暴露，更可能造成嚴重畸型？
① 1-2週 ② 3-8週 ③ 12-16週 ④ 20-25週。

解析 個別生殖危害因子之健康效應，除了受暴露途徑、時間或劑量等的影響，也會因為作用部位或細胞、作用時間點或毒性機轉等，而有各種不同之健康影響；例如具細胞毒性或致突變性危害因子作用於卵子、精子或妊娠初期胚胎時可能造成不孕或流產；若在妊娠期間暴露到具細胞毒性、致突變性或致畸胎性因子時可能造成早產、畸型或死產，也可能影響子代之心智發育，特別是受精後第 3-8 **週**之重要器官發育期的暴露，更可能造成嚴重畸型；若懷孕期間暴露到具致癌性因子時，可能誘發子代的癌症發生。

76. (3) 有關孕婦嚴重的孕吐，下列何者為非？
①可能影響胎兒的體重
②可能造成早產或有較低的新生兒健康評分
③不會合併產生憂鬱等心理精神症狀
④劇吐時可能造成超過 5% 之體重減輕、脫水及營養失調，嚴重時可能導致死亡。

解析
- 孕吐極為常見且多為自癒性過程，發生的原因不明，約有 75% 孕婦曾有噁心或嘔吐症狀，多發生在懷孕 6-14 週時 (高峰期約在 11-13 週間)，約有 10% 孕婦可能持續到妊娠 20-22 週之久。雖然在早晨時較易發生孕吐，但也可在其它時間點發作。當嚴重且持續的嘔吐導致脫水或營養失調時，即稱為妊娠劇吐症。
- 孕吐症狀：噁心、嘔吐。劇吐時可能造成超過 5% 之體重減輕、脫水及營養失調，嚴重時可能導致死亡。有些孕吐患者會合併**憂鬱**等心理精神症狀。
- 孕吐可能造成工時的損失，據統計，高達 50% 孕婦認為孕吐影響其工作，而有 25% 孕婦因而需要休養而無法工作。而嚴重的孕吐可能影響胎兒的體重，造成早產或有較低的新生兒健康評分。

77. (3) 有流產病史之孕婦，宜避免相關作業，下列何者為非？
①避免砷或鉛的暴露
②避免每班站立 7 小時以上之作業
③避免提舉 2 公斤重物的職務
④避免重體力勞動的職務。

解析 易導致流產危險因子：胎兒染色體異常、酒癮或藥癮、咖啡成癮、吸菸、產後立即再次受孕、母親較年長或有健康問題、曾流產、子宮異常、某些化學物質暴露 (如笑氣、砷、鉛或其它重金屬、ethylene glycol、二硫化碳、polyurethane、或有機溶劑等)。
對於有流產症狀時可能需停止工作，流產或保胎後復工時暫時避免重體力勞動及提舉重物的職務，也要注意此時個案對工作壓力之耐受性降低。有流產病史且仍有受孕意願者，應避免上述化學物質暴露或工作壓力，也要避免每班站立 7 小時以上之作業。

78. (1) 勞工服務對象若屬特殊高風險族群，如酗酒、藥癮、心理疾患或家暴者，則此勞工易遭受下列何種危害？
①身體或心理不法侵害 ②中樞神經系統退化
③聽力損失 ④白指症。

解析 勞工服務對象若屬特殊高風險族群，如酗酒、藥癮、心理疾患或家暴者。若勞工工作時持有高額現金或貴重物品、獨自從事工作、工作性質須與陌生人接觸、工作中須處理不可預期的突發事件，或工作場所治安狀況較差，較容易遭遇陌生人之暴力及犯罪等**身心不法侵害**行為。

79. （ 2 ） 若勞工工作性質需與陌生人接觸、工作中需處理不可預期的突發事件或工作場所治安狀況較差，容易遭遇下列何種危害？
①組織內部不法侵害 ②組織外部不法侵害
③多發性神經病變 ④潛涵病。

解析 來自**組織外部**，包括顧客、服務對象、承包商、其他相關人士或陌生人，尤其服務對象若屬特殊高風險族群，如酗酒、藥癮、心理疾患或家暴者，勞工較易遭受外部不法侵害；若勞工工作時持有高額現金或貴重物品、獨自從事工作、工作性質須與陌生人接觸、工作中須處理不可預期的突發事件，或工作場所治安狀況較差，較容易遭遇陌生人之暴力及犯罪行為。

80. （ 3 ） 下列何措施可避免工作單調重複或負荷過重？
①連續夜班 ②工時過長 ③排班保有規律性 ④經常性加班。

解析 排班應取得勞工同意並保有規律性，避免連續夜班、工時過長或經常性加班累積工作壓力。

81. （ 4 ） 訊息溝通傳送較不會受傳送者與接收者下列何項特質的影響？
①知識 ②價值觀 ③態度 ④體重。

解析 溝通過程始於發訊者，故發訊者需確保訊息能傳送給收訊者，並使其瞭解此訊息。而發訊者因個人因素（教育程度、知識、年齡、價值觀、態度、文化背景…等）的不同，在訊息表達上會有個別差異，每個人對於語言的使用及對於詞字的定義認定不同，與體重無關係。

82. （ 1 ） 組織協調之訊息流通較重要的媒介為下列何者？
①溝通管道 ②績效評估資料 ③自動檢查資料 ④員工思考模式。

解析 **溝通管道**是訊息流通時非常重要的媒介，是訊息來源與接收者彼此互通的橋梁。

83. （ 4 ） 下列有關溝通的敘述，何項有誤？
①溝通可視為一種過程
②溝通需有訊息的傳送者與接收者
③溝通其實包含傳遞管道
④先入為主的觀念不會影響溝通的效果。

解析 溝通的障礙在於先入為主的觀念，溝通的時候，人們往往會站在自己的角度下意識的設想出一種結果，當溝通的過程趨近自己的設想時，人們是高興的，當溝通的結果向相反的方向走的時候，溝通往往難以進行下去。

84. (3) 下列何者不屬於事業單位內員工溝通的管道？
①提案制度 ② e-mail 系統 ③外部客戶抱怨專線 ④員工意見箱。

解析 外部客戶不屬於事業單位內員工，這是屬於外部對內部的溝通管道。

85. (2) 下列何種因素較不會影響訊息的溝通？
①距離太遠 ②組織扁平化 ③工具不靈 ④環境干擾。

解析 影響訊息的溝通因素：距離遙遠、組織龐大 (組織層級多)、工具不靈、環境干擾。

86. (4) 有關某員工人際關係不良的敘述，下列何項較不正確？
①缺乏同僚的支持 ②與同僚的關係交惡
③對組織欠缺歸屬感 ④情緒一直很好。

解析 員工人際關係不良的敘述包含：
一、對組織欠缺歸屬感。
二、缺乏同僚的支持。
三、同僚的關係交惡。

87. (2) 下列那一溝通方式較易達成有效的溝通？
①發洩式 ②同理心式 ③命令式 ④含糊式。

解析 成功學大師史蒂芬．柯維 (Stephen Covey) 指出，要找出雙方都能獲益的雙贏選項，必須先去理解對方需求；而最重要的做法，就是用心傾聽。以**同理心**從對方的角度看事情，探詢什麼是對方重視的，才能避免主觀判斷，貿然提出以為是雙贏，但其實只是「自以為是」的建議。

88. (3) 促進大型組織上下溝通的良性發展，較不宜採取下列何種組織設計模式？
①事業部方式 ②利潤中心方式
③增加管理層級方式 ④組織扁平化方式。

解析 大型組織由於階層複雜，且溝通管道數量眾多，因此適合採用專案式之管理，促進扁平化之組織，避免增加更多的管理層級造成反應速度及管理缺陷。

89. (1) 人的三種自我狀態如下：權威 (P)、成熟 (A) 和幼稚 (C)，試問下列何種人際間的溝通方式較有效？
① A 對 A 雙向式 ② P 對 C 雙向式
③ P 對 C，然後 A 對 A 之交叉反覆式 ④ P 對 C 之單向式。

解析
- 互補溝通：是指雙方以平行的自我狀態溝通，這種最好的溝通方式。如 P 對 P 雙向式、A 對 A 雙向式、C 對 C 雙向式。
- 交錯溝通：是雙方以非平行（交錯）方式溝通，產生差距，可能造成溝通受阻或中斷，使用時不可不慎。如：P 對 C，然後 A 對 A 之交叉反覆式。
- 曖昧溝通：是指送出的刺激（信息）表面是一回事，內心實際又是一回事，有弦外之音，不直接表達、不真誠。如：表面是 A 對 A；但暗地裡 A 對 C。

90. (4) 下列何項較不屬於有效溝通的基本原則？
①設身處地 ②就事論事 ③組織目標 ④先入為主。

解析 有效溝通的基本原則：
一、設身處地的原則。
二、尊重對方原則。
三、心胸開放原則。
四、就事論事原則。
五、組織目標原則。
六、合法合理原則。
七、公開公正原則。

91. (3) 依職業安全衛生法規定，勞工人數未滿多少人之事業，經中央主管機關指定，並由勞動檢查機構函知者，應按月依規定填載職業災害內容及統計，報請勞動檢查機構備查？
① 10 ② 30 ③ 50 ④ 100。

解析 職業安全衛生法第 38 條所稱中央主管機關指定之事業如下：
一、勞工人數在 **50 人**以上之事業。
二、勞工人數未滿 50 人之事業，經中央主管機關指定，並由勞動檢查機構函知者。
前項第二款之指定，中央主管機關得委任或委託勞動檢查機構為之。
雇主依本法第 38 條規定填載職業災害內容及統計之格式，由中央主管機關定之。

92. (1) 下列何者不屬於失能傷害？
①受傷未住院 ②死亡 ③永久部分失能 ④暫時全失能。

解析 失能傷害包含：
一、死亡。
二、永久失能：永久傷殘使傷者永久不能從事正常工作。
三、暫時失能：其在受傷當日以外，達一整天不能有效執行正常平時的工作之傷害。

93. (3) 失能傷害頻率及嚴重率之計算，均以多少經歷工時為計算之基礎？
①每千 ②每萬 ③每百萬 ④每億。

解析 失能傷害頻率之計算為**每百萬**總經歷工時之失能傷害次數。（小數點以後取 2 位，第 3 位以後無條件捨棄）
失能傷害嚴重率之計算為**每百萬**總經歷工時之失能傷害損失日數。（取到整數）

94. (4) 依規定填載職業災害內容及統計，其計算死亡職業傷害之損失日數時，以多少天計？
① 150 ② 1200 ③ 1350 ④ 6000。

解析 損失日數包括暫時全失能之真正失能損失日曆天數，以及死亡與永久失能的設定損失天數。後者如為死亡或永久全失能，則以損失 **6000 天**計算，如為部分永久失能則依等級程度給予不同計算日數。

95. (4) 依規定填載職業災害內容及統計，暫時全失能損失日數之計算，下列何者正確？

①以 6000 天計

②以 1800 天計

③依損失之機能百分率計

④按受傷所經過之總損失日數計，但不包括受傷當日及恢復工作當日。

解析 失能傷害損失日數，指單一個案所有傷害發生後之總損失日數。受傷害者暫時(或永久)不能恢復工作之日數，**不包括受傷當日及恢復工作當日**，但應含中間所經過之日數(包括星期天、休假日或事業單位停工日)及復工後因該災害導致之任何不能工作之日數。

96. (2) 依規定填載職業災害內容及統計，職業傷害中損失雙目屬下列何者？

①死亡　②永久全失能　③永久部分失能　④暫時全失能。

解析 **永久全失能**係指任何足使罹災者造成永久全失能，或在一次事故中損失下列之一情形，或失去其機能者：

一、雙目。

二、一隻眼睛及一隻手，或手臂或腿或足。

三、不同肢體中之任何下列兩種：手、臂、足或腿。

97. (1) 有關職業傷害雙目失明損失日數之計算，下列何者正確？

①以 6000 日計　②以 1800 日計

③依機能佔全身比率計　④按受傷經歷之總日數計。

解析 職業傷害損失日數包括暫時全失能之真正失能損失日曆天數，以及死亡與永久失能的設定損失天數。後者如為死亡或永久全失能，則以損失 **6000 天**計算，如為部分永久失能則依等級程度給予不同計算日數。

98. (3) 下列何者屬不安全的環境？

①勞工不依標準作業程序作業

②電器修理人員未具電氣技術人員資格

③進入未確認是否有缺氧、火災爆炸之虞之槽體內作業

④使用不當的工具作業。

解析 不安全的環境如下列：

一、工具、機器或設備有缺陷。

二、有火災爆炸之虞的工作場所。

三、具高度噪音的工作環境。

四、照明刺眼或照度不足的場所。

五、通風換氣不良。

六、有害化學物質洩漏。

七、缺氧場所。

八、暴露於有害輻射場所。

九、安全通報、警報系統不良。

99. (2) 下列何者屬不安全的動作？
①機械設備的防護因維修保養拆除 ②未遵守動火作業程序規定作業
③開挖未作必要之擋土支撐 ④設置之機械不符人體工學要求。

解析 不安全的動作如下列：
一、未經授權任意操作儀器。
二、不適當的操作儀器，**未遵守標準作業程序**。
三、不使用個人防護具，或使用不適當的防護具。
四、不遵守安全衛生工作守則。
五、以不適當的姿勢抬舉物品。
六、飲用含有酒精的飲料或吸食麻醉劑。
七、在工作中開玩笑。

100.(1) 下列勞工發生之災害，何者不屬職業安全衛生法所稱之職業災害？
①上下班時因私人行為之交通事故致死亡
②工廠動力衝剪機械剪斷左手食指第一截
③工廠鍋爐管路蒸汽洩漏，造成20%身體表面積3度灼傷
④工廠氯氣外洩造成呼吸不適就醫。

解析 職業安全衛生法第2條：
職業災害係指勞動場所之建築物、機械、設備、原料、材料、化學品、氣體、蒸氣、粉塵等或作業活動及其他**職業上原因**引起之工作者疾病、傷害、失能或死亡。

101.(3) 下列何者不屬職業災害直接原因中可能災害能量的來源？
①壓縮氣體 ②高電壓 ③致病劑 ④放射性物質。

解析 職業災害直接原因中可能災害能量的來源：
一、機械性：機械、工具、運動中物件、壓縮氣體、爆炸物、人體運動。
二、電氣：未經絕緣之導體、高電壓、化學性。
三、熱：易燃物、不易燃物。
四、輻射：噪音、雷射、微波、X光、放射性物質。

102.(3) 下列何者不屬職業災害間接原因的不安全動作或行為？
①未使用個人防護具 ②不正確的提舉
③工作場所不整潔 ④作業中飲用含酒精性飲料。

解析 不安全的動作如下列：
一、未經授權任意操作儀器。
二、不適當的操作儀器，**未遵守標準作業程序**。
三、不使用個人防護具，或使用不適當的防護具。
四、不遵守安全衛生工作守則。
五、以不適當的姿勢抬舉物品。
六、飲用含有酒精的飲料或吸食麻醉劑。
七、在工作中開玩笑。

103.(2) 下列何者不屬職業災害間接原因的不安全情況或環境？
①機械有缺陷 ②使用機具方法不當 ③工作場所擁擠 ④輻射暴露。

解析
不安全的環境如下列：
一、工具、機器或設備有缺陷。
二、有火災爆炸之虞的工作場所。
三、具高度噪音的工作環境。
四、照明刺眼或照度不足的場所。
五、通風換氣不良。
六、有害化學物質洩漏。
七、缺氧場所。
八、暴露於有害輻射場所。
九、安全通報、警報系統不良。

104.(3) 下列何者目前尚未規定應填載職業災害內容及統計，按月報請勞動檢查機構備查？
①勞工 60 人之營造業 ②勞工 60 人之大眾傳播業
③勞工 30 人之洗染業 ④勞工 80 人之運輸業。

解析
職業安全衛生法第 38 條：
中央主管機關指定之事業，雇主應依規定填載職業災害內容及統計，按月報請勞動檢查機構備查，並公布於工作場所。
職業安全衛生法施行細則第 51 條：
本法第 38 條所稱中央主管機關指定之事業如下：
一、勞工人數在 50 人以上之事業。
二、勞工人數未滿 50 人之事業，經中央主管機關指定，並由勞動檢查機構函知者。
前項第二款之指定，中央主管機關得委任或委託勞動檢查機構為之。
雇主依本法第 38 條規定填載職業災害內容及統計之格式，由中央主管機關定之。

105.(2) 下列何者非屬我國勞工保險認定之失能傷害？
①職業災害小指斷一截
②氨氣中毒但未住院
③職業災害死亡
④工作中因碎屑飛入眼中經診療後回家休養 3 天。

解析
失能傷害包含：
一、死亡。
二、永久失能：永久傷殘使傷者永久不能從事正常工作。
三、暫時失能：其在受傷當日以外，達一整天不能有效執行正常平時的工作之傷害。
不須住院之氨氣中毒症狀為輕微症狀，休息過後即可正常上班，不算認定為失能傷害。

106.(2) 下列敘述何者錯誤?
①失能傷害頻率=(失能傷害人次數 × 百萬工時)/總經歷工時
②死亡年千人率=(年間死亡勞工人數 × 百萬工時)/總經歷工時
③失能傷害平均損失日數=失能傷害總損失日數/失能傷害人次數
④失能傷害平均損失日數=失能傷害嚴重率/失能傷害頻率。

解析 死亡年千人率=年間死亡勞工人數 ×1000 /平均勞工人數。

107.(2) 經統計某年度化學品製造業共有勞工 9,000 人,當年度發生勞工 2 人死亡、7 人殘廢、10 人受傷,試問其當年度化學品製造業死亡年千人率為多少?
① 0.11 ② 0.22 ③ 0.74 ④ 9。

解析 根據年千人率計算方式:
一年內職業災害人數 ×1000 /勞工人數。
題目所指化學品製造業死亡年千人率計算:
$2 \times 1000/9000 = 0.22$。

108.(3) 某紡織業僱用勞工 500 人,每年工作 260 天、每人每天工作 8 小時,當年發生職業災害 2 件造成勞工 3 人殘廢、3 人失能傷害,請問其失能傷害頻率為多少?
① 3.52 ② 4.58 ③ 5.77 ④ 6.75。

解析 失能傷害頻率之計算:
每百萬經歷工時中,所有失能傷害之人次數(小數點以下第三位不計)。
(失能傷害損失人次數 $\times 10^6$)÷ 總經歷工時。
某紡織當年度總工時:$500 \times 260 \times 8 = 1,040,000$;
其失能傷害頻率為:$(6 \times 10^6) \div 1,040,000 = 5.77$。

109.(3) 依職業安全衛生法規定,中央主管機關指定之事業,雇主應依規定填載職業災害內容及統計,按月報請勞動檢查機構備查,並公布於工作場所,其受指定陳報事業單位,應於次月幾日前經由網路填載「職業災害統計月報」,函報事業所在地之勞動檢查機構?
① 3 ② 5 ③ 10 ④ 15。

解析 職業災害統計表,不管當月有無職業災害皆應填報,事業單位應按月於**次月 10 日**前至「職業災害統計網路填報系統」網路填報(網址為 https://injury.osha.gov.tw)。

110.(3) 有關職業災害統計中失能傷害頻率 (FR) 係計算至小數點第幾位?
①不計小數點 ②第 1 位 ③第 2 位 ④第 3 位。

解析 失能傷害頻率之計算:
每百萬經歷工時中,所有失能傷害之人次數係計算至小數點**第 2 位**(小數點以下 3 位不計)。

111.(1) 下列何者屬職業災害間接原因的不安全動作或行為？
①未遵守安全作業標準 ②未實施職業安全衛生教育訓練
③未實施自動檢查 ④工作環境未清掃。

解析
不安全的動作如下列：
一、未經授權任意操作儀器。
二、不適當的操作儀器，**未遵守標準作業程序**。
三、不使用個人防護具，或使用不適當的防護具。
四、不遵守安全衛生工作守則。
五、以不適當的姿勢抬舉物品。
六、飲用含有酒精的飲料或吸食麻醉劑。
七、在工作中開玩笑。

112.(1) 有關職業災害統計中失能傷害嚴重率 (SR) 係計算至小數點第幾位？
①不計小數點 ②第 1 位 ③第 2 位 ④第 3 位。

解析
所謂失能傷害嚴重率按該時期內失能傷害之總損失日數計算，以每百萬工時內之失能傷害之總損失日數計算失能傷害嚴重率（**小數點以下不計**）。
失能傷害嚴重率 (SR)=（總計傷害損失日數 $\times 10^6$）÷ 總經歷工時。

113.(2) 某事業單位 A 勞工於 5 公尺高處從事電氣相關作業時，感電墜落地面死亡，其災害類型為下列何者？
①墜落 ②感電 ③不當動作 ④無法歸類。

解析
感電：指接觸帶電體或因通電而人體受衝擊之情況而言。

114.(3) 某一金屬製品製造業有勞工 1000 人，採日班制作業，每年工作 260 天，每天工作 8 小時，當年發生勞工 1 人死亡、1 人重傷雙目失明，請問其失能傷害嚴重率 (SR) 為多少？
① 3256 ② 4829 ③ 5769 ④ 6547。

解析
失能傷害嚴重率 (SR) =（總計傷害損失日數 $\times 10^6$）÷ 總經歷工時。
死亡及雙目失明（全失能）損失日數以 6000 日計。
因此 2(人次)×6000(損失日數)×1000000/260(日)×8(時)×1000(人數)(總工時) = 5769(取到整數，小數點以下不計)。

115.(2) 下列何者為可提高持續性注意作業績效的原則？
①使用較小的資訊管道
②提供適當的休息時間
③使各作業所需的注意力資源不同
④使競爭的資訊源在空間上分離。

解析 增進持續性注意作業績效的原則：
一、改變作業環境因素，維持在最佳水準。
二、適當安排工作時間與**休息時間**。
三、對作業人員提供完整的訓練課程。
四、作業人員須善用自己的感覺，包括視覺、聽覺、嗅覺、膚覺、運動覺、平衡覺等。
五、選擇合適的感覺顯示裝置、呈現資訊。
六、顯示器應安排在合理的最佳位置。

116.(1) 下列有關「遲延寬放」之敘述何者不正確？
①政策寬放 (policy allowance) 可適用於每位員工
②工人更換工具或設備等應列入
③填寫工作表單造成之遲延應列入
④可避免之遲延不應列入。

解析 遲延寬放有可避免 (Avoidable) 和不可避免 (Unavoidable) 之分：
- 「可避免」的遲延指全由操作者意志所控制或故意造成的遲延，這種遲延遲不應入寬放的範圍內。
- 「不可避免」的遲延非操作者意志所能控制，大致可綜合成三類:操作寬放時間(如更換工具、設備)，偶發寬放時間(如領取工作單及填寫工作報告)，機器干擾。
- 政策寬放是作為管理政策上給予的寬放時間。例如因某種原因，某類操作者在市場上的工資已升高，按工廠標準工資可能無法雇到此類操作者人員，則可以將其差額用"寬放時間"給予補償，但這樣作法並不適用於每位員工。

117.(3) 人機溝通時，常常需要使用到手部或指尖的觸覺來接收回饋的訊息，下列敘述何者為非？
①測量觸覺敏銳度的常用方法是度量「兩點閾值」
②兩點閾值是指能夠判別兩個觸壓點為分離狀態的最小距離
③指尖的觸覺敏銳度比手掌低
④觸覺敏銳度隨著溫度下降而減弱。

解析 觸壓覺的能力一般以感知的敏銳度衡量，常用的指標是「兩點閾值 (two-point threshold)」，意指能夠辨別兩個觸壓點是否處於分離狀態的最小距離，觸壓覺的敏銳度也會隨著皮膚溫度的降低而減弱，指尖之觸覺敏銳度比手掌較高，因此在低溫環境下使用的觸覺顯示器必須提供更強烈的觸壓，以確保使用者能夠接受得到。

118.(2) 使用手指環繞放在桌上的原子筆是屬於下列那一個動作？
①伸手 ②握取 ③對準 ④裝配。

解析 握取係以手指接觸並且圍繞物件，以使充分控制該物體而準備拾起、持住或操作之動作。

119.(3) 身體局部肌肉活動之量度採下列何種方式衡量最精確？
①心電圖 ②聽診器
③肌電圖 (EMG) ④閃動融合頻率 (CFF)。

解析 **肌電圖** (EMG) 全名為針極肌電圖檢查 (needle electromyography)。顧名思義，就是利用針極扎入不同部位的肌肉，記錄肌肉在靜止狀態、輕度收縮及強力收縮下的電氣活動，最後綜合不同部位的檢查結果來判定神經、肌肉病變的種類、部位、範圍和嚴重度。肌電圖常用來診斷神經根病變、周邊神經損傷、肌肉病變、神經元病變…等等。肌電圖是局部肌肉活動最常用的測量方法也是最精確的。

120.(3) 下列那一項警示訊號是無方向性的，且人對於此種訊號的反應時間最短？
①文字 ②色彩 ③聽覺 ④圖形。

解析 文字、色彩、圖形皆須先看見才得以反應，相較於聽覺傳導的反應時間較長，人們可以藉由聽見文字內容、色彩、形狀等，進行直覺反應。

121.(4) 在方法時間衡量 (MTM) 系統中，影響搬運時間的因素除了搬運距離和重量等條件外，還應考慮下列何種因素？
①搬運物品之外觀 ②搬運物的材質
③搬運的角度 ④動作之形態。

解析 方法時間衡量 (MTM) 系統中，搬運又稱移動，是用手或手指將物體移動的基本動作，影響移動時間有以下四種因素：
一、移動的距離。
二、移動的條件。
三、移動形態。
四、移動物體的重量。

122.(2) 某族群身高第 5 百分位數為 158 公分，該族群有百分之多少的人身高矮於 158 公分？
① 1 ② 5 ③ 50 ④ 95。

解析 百分位數又稱百分位分數 (percentile)，是一種相對地位量數，它是次數分佈中的一個點。把一個次數分佈排序後，分為 100 個單位，百分位數就是次數分佈中相對於某個特定百分點的原始分數，它表明在次數分佈中特定個案百分比低於該分數。百分位數用 P 加下標 m(特定百分點) 表示。譬如 P_{30} 等於 60，則其表明在該次數分佈中有 30% 的個案低於 60 分。
故本題所指某族群第 5 百分位數為 158 公分，即指該族群有 5% 的人數低於 158 公分。

123.(2) 顏色管理常被運用於倉儲檢貨作業中，不同分類貨品會使用不同顏色，讓作業人員在挑貨時反應較快，目的是在提高符碼 (codes) 的那一項特性？
①可偵測度 ②可分辨度 ③意義 ④標準化。

解析 顏色管理，就是把顏色附著在管理上，也稱色彩管理、色別管理，包括地面、牆壁、管線、設備、工位器具等的管理，讓有關人員能透過顏色易於辨識、比較、瞭解的特性，而很容易就知道管理的重心所在，該如何遵循及如何避免出錯，它反映出企業的某種管理水平，還能促進企業提高管理水平，具有明顯的低成本效應。

124.(3) 某廠牌手機控制音量的裝置，是設計在手機左方的兩個小按鈕。當使用者想要音量增大時，就按手機左方有▲符號的按鈕；想要音量降低時則按手機左方有▼符號的按鈕。設計該款手機的人並沒有運用到下列何種概念？
①空間相容 (spatial compatibility)
②移動相容 (movement compatibility)
③模式相容 (modality compatibility)
④概念相容 (conceptual compatibility)。

解析 人機介面之相容性類型：
一、概念相容性：如以紅色火焰，表示易燃物。
二、移動相容性：如音響設備的音量鈕，以漸寬的三角形表示音量會漸大。
三、空間相容性：如辦公室的日光燈與其電源開關的相對位置之一致性。
四、感覺型式相容性：如用文字來形容聲音的高低較困難，但若以聲音播放型式，便能容易理解。
模式相容一詞出現自諾曼七大原理(回饋、限制、易視、配對、可感用途、心智模式相容、腦中知識與外在知識的配合)之中。

125.(4) 依勞工作業環境監測實施辦法規定，下列那些不屬於作業環境監測之行為？
①規劃 ②採樣 ③分析 ④諮詢。

解析 勞工作業環境監測實施辦法第 2 條定義：
作業環境監測：指為掌握勞工作業環境實態與評估勞工暴露狀況，所採取之規劃、採樣、測定及分析之行為。

126.(3) 依勞工作業環境監測實施辦法規定，作業環境監測計畫未涵蓋下列何者？
①危害辨識及資料收集 ②採樣策略之規劃及執行
③經費之編列 ④數據分析及評估。

解析 勞工作業環境監測實施辦法第 10-1 條：
前條監測計畫，應包括下列事項：
一、危害辨識及資料收集。
二、相似暴露族群之建立。
三、採樣策略之規劃及執行。
四、樣本分析。
五、數據分析及評估。

127.(1) 作業環境監測品質的最終責任應由何者來負責？
①雇主 ②職業安全衛生人員 ③領班 ④勞動者。

解析 作業環境監測品質的最終責任應該由**雇主**負責。

128.(1) 依勞工作業環境監測實施辦法規定，下列何者人員不得擔任作業環境檢測評估小組之成員？
①雇主 ②工作場所負責人
③職業安全衛生人員 ④受委託之執業工礦衛生技師。

解析
勞工作業環境監測實施辦法第 10-2 條：
事業單位從事特別危害健康作業之勞工人數在 100 人以上，或依本辦法規定應實施化學性因子作業環境監測，且勞工人數 500 人以上者，監測計畫應由下列人員組成監測評估小組研訂之：
一、工作場所負責人。
二、依職業安全衛生管理辦法設置之職業安全衛生人員。
三、受委託之執業工礦衛生技師。
四、工作場所作業主管。
游離輻射作業或化學性因子作業環境監測依第 11 條規定得以直讀式儀器監測方式為之者，不適用前項規定。
第一項監測計畫，雇主應使監測評估小組成員共同簽名及作成紀錄，留存備查，並保存 3 年。
第一項第三款之技師不得為監測機構之人員，且以經附表二之一所定課程訓練合格者為限。
前項訓練得由中央主管機關自行辦理，或由中央主管機關認可之專業團體辦理。

129.(3) 雇主應於採樣或測定後多少日內完成監測結果報告，通報至中央主管機關指定之資訊系統？
① 15 ② 30 ③ 45 ④ 60。

解析
勞工作業環境監測實施辦法第 12 條：
一、雇主依前二條訂定監測計畫，實施作業環境監測時，應會同職業安全衛生人員及勞工代表實施。
二、前項監測結果應依附表三記錄，並保存 3 年。但屬附表四所列化學物質者，應保存 30 年；粉塵之監測紀錄應保存 10 年。
三、第一項之監測結果，雇主應於作業勞工顯而易見之場所公告或以其他公開方式揭示之，必要時應向勞工代表說明。
四、雇主應於採樣或測定後 **45 日**內完成監測結果報告，通報至中央主管機關指定之資訊系統。所通報之資料，主管機關得作為研究及分析之用。

130.(4) 雇主使勞工製造、處置、使用非屬有容許暴露標準之有健康危害化學品時，下列敘述何者不正確？
①可參照先進國家標準或專業團體建議，自行設定暴露標準
②須辦理健康危害風險評估
③須針對健康危害進行分級管理
④無需進行作業場所暴露評估及分級管理。

解析 危害性化學品評估及分級管理技術指引第5條：
雇主使勞工製造、處置、使用中央主管機關依勞工作業場所容許暴露標準所定有容許暴露標準之化學品(以下簡稱有容許暴露標準化學品)，而事業單位規模符合本辦法第八條第一項規定者，應依附件三所定之流程，實施作業場所暴露評估，並依評估結果分級，採取控制及管理措施。
危害性化學品評估及分級管理技術指引第4條規定，雇主使勞工製造、處置、使用符合國家標準CNS 15030化學品分類，具有健康危害之化學品，除本辦法第五條規定不適用之情形外，應依附件二所定之流程與基本原則，運用具有健康危害之化學品分級管理工具，評估其危害及暴露程度，劃分風險等級，並採取對應之分級管理措施。

131.(2) 雇主於實施監測幾日前，應將監測計畫依中央主管機關公告之網路登錄系統及格式，實施通報？
①7 ②15 ③30 ④45。

解析 勞工作業環境監測實施辦法第10條：
一、雇主實施作業環境監測前，應就作業環境危害特性、監測目的及中央主管機關公告之相關指引，規劃採樣策略，並訂定含採樣策略之作業環境監測計畫(以下簡稱監測計畫)，確實執行，並依實際需要檢討更新。
二、前項監測計畫，雇主應於作業勞工顯而易見之場所公告或以其他公開方式揭示之，必要時應向勞工代表說明。
三、雇主於實施監測**15日**前，應將監測計畫依中央主管機關公告之網路登錄系統及格式，實施通報。但依前條規定辦理之作業環境監測者，得於實施後7日內通報。

132.(2) 具有下列何種危害之化學品需進行危害評估及分級管理？
①具有火災爆炸危害者 ②具有健康危害者
③具有環境危害者 ④具有感電危害者。

解析 危害性化學品評估及分級管理技術指引第2條：
本指引適用於本辦法規定應實施具有**健康危害**之化學品評估及分級管理之作業場所，其對應之職業安全衛生相關法規適用範圍及分級管理示意圖如附件中所示。

133.(3) 雇主實施作業環境監測之項目若是屬於物理性因子時，不得僱用何者來辦理？
①甲級監測人員 ②乙級監測人員
③丙級監測人員 ④執業之工礦衛生技師。

解析 勞工作業環境監測實施辦法第4條：
本辦法之作業環境監測人員(以下簡稱監測人員)，其分類及資格如下：
一、甲級化學性因子監測人員，為領有下列證照之一者：
1. 工礦衛生技師證書。
2. 化學性因子作業環境監測甲級技術士證照。
3. 中央主管機關發給之作業環境測定服務人員證明並經講習。

二、甲級物理性因子監測人員，為領有下列證照之一者：
1. 工礦衛生技師證書。
2. 物理性因子作業環境監測甲級技術士證照。
3. 中央主管機關發給之作業環境測定服務人員證明並經講習。
三、乙級化學性因子監測人員，為領有化學性因子作業環境監測乙級技術士證照者。
四、乙級物理性因子監測人員，為領有物理性因子作業環境監測乙級技術士證照者。
本辦法施行前，已領有作業環境測定技術士證照者，可繼續從事作業環境監測業務。

134.(1) 下列何者不屬於對作業場所實施暴露評估的方式？
①勞動者健康檢查 ②作業環境採樣分析
③直讀式儀器監測 ④定量暴露推估模式。

解析
危害性化學品評估及分級管理技術指引第 5 條：
雇主使勞工製造、處置、使用中央主管機關依勞工作業場所容許暴露標準所定有容許暴露標準之化學品(以下簡稱有容許暴露標準化學品)，而事業單位規模符合本辦法第八條第一項規定者，應依附件三所定之流程，實施作業場所暴露評估，並依評估結果分級，採取控制及管理措施。
危害性化學品評估及分級管理技術指引第 6 條：
前點暴露評估方式，建議採用下列之一種或多種方法辦理：
一、作業環境採樣分析。
二、直讀式儀器監測。
三、定量暴露推估模式。
四、其他有效推估作業場所勞工暴露濃度之方法。

135.(3) 雇主將相似暴露族群依暴露實態之第九十五百分位值，與該化學品之容許暴露標準 (PEL) 比對後，結果發現超過容許暴露標準，試問該場所應歸屬於第幾級管理？
① 1 ② 2 ③ 3 ④ 4。

解析
危害性化學品評估及分級管理技術指引附件 5：
雇主對各相似暴露族群，應依其暴露實態之第九十五百分位值 (X95)，對照該化學品之容許暴露標準 (PEL)，依表 5-1 進行作業場所評估結果分級。雇主另亦得依其需要，參考美國工業衛生學會 (AIHA, American Industrial Hygiene Association) 分級方式實施之(如表 5-2)。

(表 5-1)

範圍	評估結果分級
X95 ＜ 0.5PEL	第一級
0.5PEL ≦ X95 ＜ PEL	第二級
X95 ≧ PEL	**第三級**

(表 5-2)

範圍	AIHA 評估結果分級
X95 < 0.01 OEL	0
0.01 OEL ≦ X95 < 0.1 OEL	1
0.1 OEL ≦ X95 < 0.5 OEL	2
0.5 OEL ≦ X95 < OEL	3
X95 ≧ OEL	4

136.(4) 對於訂有容許暴露標準之化學品經評估結果屬於第一級管理者，雇主應至少多久實施暴露評估 1 次？
①變更前或變更後 6 個月內 ② 1 年 ③ 2 年 ④ 3 年。

解析 「危害性化學品評估及分級管理辦法」第 8 條：
中央主管機關對於第 4 條之化學品，定有容許暴露標準，而事業單位從事特別危害健康作業之勞工人數在 100 人以上，或總勞工人數 500 人以上者，雇主應依有科學根據之之採樣分析方法或運用定量推估模式，實施暴露評估。
雇主應就前項暴露評估結果，依下列規定，定期實施評估：
一、暴露濃度低於容許暴露標準 1/2 之者，至少**每 3 年**評估 1 次。
二、暴露濃度低於容許暴露標準但高於或等於其 1/2 者，至少每年評估 1 次。
三、暴露濃度高於或等於容許暴露標準者，至少每 3 個月評估 1 次。
游離輻射作業不適用前二項規定。
化學品之種類、操作程序或製程條件變更，有增加暴露風險之虞者，應於變更前或變更後 3 個月內，重新實施暴露評估。
「危害性化學品評估及分級管理辦法」第 10 條：
雇主對於前二條化學品之暴露評估結果，應依下列風險等級，分別採取控制或管理措施：
一、第一級管理：暴露濃度低於容許暴露標準 1/2 者，除應持續維持原有之控制或管理措施外，製程或作業內容變更時，並採行適當之變更管理措施。
二、第二級管理：暴露濃度低於容許暴露標準但高於或等於其 1/2 者，應就製程設備、作業程序或作業方法實施檢點，採取必要之改善措施。
三、第三級管理：暴露濃度高於或等於容許暴露標準者，應即採取有效控制措施，並於完成改善後重新評估，確保暴露濃度低於容許暴露標準。

137.(1) 有關作業環境監測計畫，下列敘述何者不正確？
①受委託之執業工礦衛生技師可以擔任監測機構
②計劃書應使監測評估小組成員共同簽名
③計劃書須作成紀錄，留存備查
④紀錄保存三年。

解析 勞工作業環境監測實施辦法第 11 條：
雇主實施作業環境監測時，應設置或委託監測機構辦理。但監測項目屬物理性因子或得以直讀式儀器有效監測之下列化學性因子者，得僱用乙級以上之監測人員或委由執業之工礦衛生技師辦理：
一、二氧化碳。
二、二硫化碳。
三、二氯聯苯胺及其鹽類。
四、次乙亞胺。
五、二異氰酸甲苯。
六、硫化氫。
七、汞及其無機化合物。
八、其他經中央主管機關指定公告者。

138.(2) 第一種粉塵中含游離二氧化矽的百分比愈大者，其作業環境空氣中容許濃度值的變化為何？
①愈大 ②愈小 ③不變 ④不一定。

解析 第一種粉塵中含游離二氧化矽與容許濃度成**反比**。

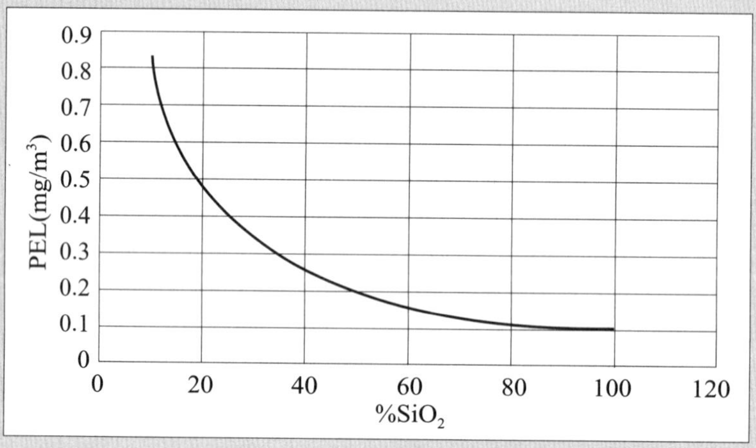

139.(4) 就採樣介質捕集能力而言，下列何者較不需考慮？
①濕度 ②採樣流率 ③氣溫 ④分析儀器之靈敏度。

解析 影響捕集效率之因素：
一、對象物質極性。
二、濕度。
三、蒸氣之揮發性。
四、矽膠顆粒大小。
五、採樣流量率。
六、現場之溫度。

140.(2) 使用活性碳管 (100/50) 兩管串聯為採集介質組合採集之有害物為下列何者？
①酚 ②氯乙烯 ③順丁二烯 ④煙鹼。

解析
活性碳管之使用：
一、最常使用在非極性之化合物採樣。
二、填充兩段不同含量的活性碳。
三、避免破出而使採樣無效。
四、適用於有機溶劑及非極性化合物。
使用範圍：活性碳管加吸引裝置及流量指示器醋酸、丙酮、甲基異丁酣、丙烯腈、乙酸戊酯、苯、1,3- 丁二烯、1- 丁醇、樟腦、二硫化碳、四氯化碳、1,1- 二氯乙烷、環己醇、環己烷、二氯乙醚、1,4- 二氧六圜、乙酸乙酯、乙醇、汽油、乙酸甲酯、丙烯酸甲酯、溴甲烷、碘甲烷、甲基環已醇、二氯甲烷、石油精、環氧丙烷、氯苯、四氯乙烷、四氫呋喃、三氯乙烯、**氯乙烯**、……等之採樣。

141.(4) 某旋風分徑器 d50 為 4.5 μm，則下列敘述何者為是？
①增加旋風分徑器之空氣流率，其 d50 應會增大
②凡粒徑大於 4.5 μm 者，均會被分徑器出口濾紙匣所捕集
③凡粒徑小於 4.5 μm 者，均會被分徑器出口濾紙匣所捕集
④粒徑為 4.5 μm 之粉塵約有 50% 被分徑器所分離。

解析
D_{50} 係指 50% 截取粒徑，即當 D_{50} 為 4.5 μm 時，則粒徑為 4.5 μm 之粉塵約有 50% 被分徑器所分離。

142.(4) 實施作業環境監測時，採樣泵之最初及最後流率分別為 F1 及 F2，如 F2=0.7F1，則計算濃度時的流率應採用下列何者？
① F1 ② (F1+F2)/2 ③ F2 ④無法據以計算。

解析
流率大小決定總採氣量且直接影響測定分析結果之濃度計算，但有時因採樣泵選擇不當或因採樣組合系列的壓損增加，流率可能隨時間變化。作業環境監測結果有兩種常用的濃度表示單位為 mg/ m^3 及 ppm。

143.(4) 金屬燻煙採樣後欲以原子吸收光譜儀分析，應以何種方法採樣？
①冷凝捕集法 ②擴散捕集法 ③直接捕集法 ④過濾捕集法。

解析
金屬燻煙的採集適以 0.8 μm 孔徑，低灰分的纖維素酯濾紙**過濾捕集**較適合，因為需利用強酸將濾紙先行消化後，再以原子吸收光譜儀定量分析。

144.(1) 採樣人員所製備之空白樣本為下列何者？
①現場空白 ②溶劑空白 ③介質空白 ④試劑空白。

解析
作業環境測定時，從採樣到分析須有 3 種空白樣品：現場空白樣品 (Field blank)、採樣介質空白樣品 (Media blank)、溶劑空白樣品 (Solvant blank)。
為了確定採樣過程中，汙染物的確來自作業現場而不是因為採樣時之人為操作汙染，或因樣品於運送，貯存過程中受到汙染，採樣人員需在現場採樣時，將一採樣介質打開後，迅速密封放入一密閉容器中，待採樣結束後，與採集樣品一樣密封包裝、運送、貯存與分析，其過程皆與採樣品一致，只是沒有採樣動作。此採樣為「**現場空白樣品**」。若現場空白樣品分析結果不含汙染物，表示採樣運送、貯存、分析過程中沒有受到汙染。

145.(4) 具浮子流量計之採樣組合系列流率校準，校準點的數目下列何者較佳？
①單點 ②2點 ③3點 ④4點。

解析
浮子流量計校正：
一、以高流量紅外線流量校正器、浮子流量計和真空抽氣幫浦依序串聯。
二、確定浮子流量計上的控制鈕全開，然後調整真空抽氣幫浦進氣口端的控制閥讓浮子流量計上的浮子位於刻度上能讓浮子穩定的最低位置，測定其流量率3次。
三、逐次調整浮子流量計上的浮子於刻度上較高的**4個**位置，並分別測定其流量率3次。
四、將測定值記錄於表中，並描繪校正曲線。

146.(2) 某活性碳管樣本採樣體積為50L，經實驗室分析結果，某有害物之量為：前段0.05000mg、後段為0.00001mg，則該樣本有害物在空氣中的濃度為何？
① 0.8mg/m^3 ② 1.0mg/m^3 ③ 1.2mg/m^3 ④為無效樣本。

解析
先將採樣體積換算為立方公尺，得到 1L = 10^{-3}m^3，因此採樣體積為 0.05 m^3，將前段之有害物減去後段有害物除以總體積得出答案。因此 (0.05-0.00001)/0.05=1 mg/m^3。

147.(3) 某有害物採樣方法之最大採樣體積為20L，若以200mL/min的採樣流率連續進行8小時採樣時，樣本數最少應有多少個？
① 3 ② 4 ③ 5 ④ 6。

解析
200mL/min 的採樣流率進行 8 小時，則可以採樣 200×60×8=96000mL 的流量，而最大採樣體積為 20L，因此由 96000/20000(20L)=4.8 個，因此樣本會有 5 個，前面 4 個已經裝滿。

148.(2) 下列何者屬於系統誤差？
①採樣時環境風速之變異 ②泵流率校正不正確
③環境濃度分布之變異 ④採樣時環境溫度之變異。

解析
系統誤差 (System error) 系統誤差又叫做規律誤差。它是在一定的測量條件下，對同一個被測尺寸進行多次重覆測量時，誤差值的大小和符號 (正值或負值) 保持不變。因此儀器**校正不確實**即屬於系統誤差，而其他的誤差包括環境誤差以及人為誤差。

149.(3) 一組濃度數據分別為105ppm、110ppm、115ppm，則其標準偏差為下列何者？
① 2.5 ppm ② 5 ppm ③ 7.5 ppm ④ 10 ppm 。

解析
平均值 $\bar{x} = \frac{1}{n}(x1+x2+\cdots+xn) = \frac{1}{3}(105+110+115) = 110$

標準偏差 $S = \sqrt{\frac{(x1-\bar{x})^2+(x2-\bar{x})^2+\cdots+(xn-\bar{x})^2}{n-1}} = \sqrt{\frac{(105-110)^2+(110-110)^2+(115-110)^2}{3-1}}$

$= \sqrt{\frac{(-5)^2+(0)^2+(5)^2}{3-1}} = \sqrt{\frac{50}{2}} = \sqrt{25} = 5$

150.(1) 將個別測定值減其算術平均值所得結果之平方加總後，除以測定個數減 1，所得值再開平方，最終所得值稱為下列何者？
①標準差 ②標準誤 ③變異數 ④平均值。

解析 標準差定義是總體各單位標準值 (xi) 與其平均數 (μ) 離差平方和的算術平均數的平方根。它反映組內個體間的離散程度。所有數減去其平均值的平方和，所得結果除以該組數之個數(或個數減一，即變異數)，再把所得值開根號，所得之數就是這組數據的**標準差**。

151.(4) 游離二氧化矽之含量可用下列何種儀器分析？
①原子吸收光譜儀 ②離子層析儀
③氣相層析儀 ④ X 光繞射分析儀。

解析 有多種儀器被用來測定空氣中二氧化矽粉塵的含量；包括示差熱分析法 (Differential thermal analysis)，紫外光－可見光譜分析法 (UV-visiblelight),X 光繞射法 (X-ray diffraction) 及傅立葉紅外光譜法 (Fourier transform infrared dspectroscopy)。其中又以紫外光－可見光譜分析儀、**X 光繞射儀**及紅外光譜儀為最常用的三種分析儀器。

152.(2) 紅外線光譜儀 (IR) 易受下列何種氣體之干擾？
①氫氣及氮氣 ②水及二氧化碳 ③氫氣及氧氣 ④氦氣及氧氣。

解析 **水氣、一氧化碳與二氧化碳**具相同吸收特性的物質易造成干擾，懸浮微粒亦是干擾來源之一，在氣體進入儀器之前，應以玻璃纖維或鐵氟龍濾膜濾除之。

153.(1) 在自由音場下，聲音強度與音壓的關係為下列何者？
①聲音強度與音壓成正比 ②聲音強度與音壓成反比
③聲音強度與音壓平方成正比 ④聲音強度與音壓平方成反比。

解析 音壓 (SPL-Sound Pressure Level)：音壓是聲音產生強度 (Intensity) 的大小，單位為「dB」。音壓 20μPa 相當於音強度 10^{-12}(W/m^2)，20Pa 相當於 1(W/m^2)。
一自由音場點音源其功率 W 與距離音源 r 處表面積為 S 之音強度 I 間的關係為：$I=W/S=W/(4\pi r^2)$。所以**聲音強度與音壓成正比**。

154.(3) 測定對象音源以外之所有噪音為下列何者？
①白噪音 ②粉紅噪音 ③背景噪音 ④殘餘噪音。

解析 **背景噪音**(音量)：指欲測量噪音(音源)以外之音量。

155.(4) 依據噪音能量加疊原理，監測音壓級比背景音量高出多少分貝時，背景噪音可忽略？
① 3 ② 5 ③ 8 ④ 10。

解析 受測噪音 (L1) 與背景音量 (L2) 相差最好 **10dB** 以上，若其相差在 10dB 以下，則以下公式計算或依據噪音管制標準附表「背景音量修正表」修正之；若其相差在 3dB 以下，則再重新測量。

156.(2) 量測衝擊噪音時，噪音計使用何種時間特性 (time constant) 所量到的音壓級數據最大？
① 慢速動特性 (slow) ② 衝擊特性 (impulse)
③ 快速動特性 (fast) ④ A 特性 (A-weighting)。

解析 **衝擊性**噪音 (Impulse Noise)：
一、例如衝床、打錘、氣鑽所產生的噪音。
二、定義：噪音發生到分貝音壓所需的時間小於 0.035 秒，且於開始經最高峰到往下降低 30 分貝音壓所需的時間小於 0.5 秒，兩次衝擊間的間隔不得小於 1 秒鐘，音壓尖峰值不得大於 140 分貝。

157.(1) 噪音計監測結果為 65dBA、83dBB、90dBC，則該噪音是在那一個頻率範圍？
① 20 ～ 600 ② 600 ～ 1200 ③ 1200 ～ 2400 ④ 2400 ～ 4800Hz。

解析 以噪音源作為改善噪音環境為目的，量測時除需噪音計外，尚須組接其他聲學儀器，如：八音度頻譜分析儀，以獲得噪音之頻率分佈，找出主要噪音源，頻譜分析儀 (FrequencyAnalyzer) 使用最普遍的為八音度頻帶分析器 (Octave band filter)，中心頻率為 63、125、250、500、1000、2000、4000、8000Hz，65dBA、83dBB、90dBC 對照頻率範圍為 **20 ～ 600Hz**。

158.(4) 正常人耳可聽範圍內，最低頻率與最高頻率間大約有幾個八音符頻帶？
① 2 ② 4 ③ 6 ④ 10。

解析 人耳可以聽到的聲音的頻率範圍在 20 到 2 萬赫茲 (Hz) 之間。大約分成 0~9 **十個**八音符頻帶。

159.(3) 工作場所測得之噪音為 93 分貝，如果將音源關掉時測得的背景噪音為 90 分貝，則音源噪音為多少分貝？
① 3 ② 30 ③ 90 ④ 93。

解析 音源噪音 $= 10\log(10^{93/10} - 10^{90/10})$
$= 10\log(10^{9.3} - 10^{9})$
$= 89.98$(分貝)

160.(2) 下列何者與人耳聽力損失較無關？
① 性別 ② 體重 ③ 頻率 ④ 音壓級。

解析 非職業性的聽力損失：
- 性別：一般認為高年齡群女性聽力稍優於男性的聽力，可能因為女性比男性較少暴露於非工業性噪音中，因此一般流行病學研究認為女性會有較小的聽力損失。中年以後男女性在聽力上的差異並不大。
- 噪音的頻率特性：一般頻率越高之噪音，危害性越大。
- 噪音之音壓級：一般噪音暴露音壓級越大，造成聽力損失越大。

161.(4) 強大的衝擊性噪音或爆炸聲音造成鼓膜破裂，屬於下列何種聽力損失？
①永久性 ②間歇性 ③年老性 ④傳音性。

解析 因強大的衝擊性噪音或爆炸造成鼓膜破裂，導致永久性的聽力受損，稱為**傳音性**聽力損失 (conductive hearing loss)。通常由於疾病或外傷導致中耳或外耳受傷，使得聲音無法有效傳達到內耳的聽覺受器，而導致聽力損失。

162.(1) 在單一自由度振動絕緣系統的振動絕緣區域中，振動絕緣器的阻尼比為下列何者時，振動絕緣效果最佳？
① 0.01 ② 0.02 ③ 0.05 ④ 0.10。

解析 當擾動頻率和系統的共振頻率的比值固定時，阻尼越大，力傳遞係數越大，隔振效果越差，因此高頻振動隔離阻尼比為 0.01 時振動絕緣效果較好。在實際上因為機器啟動和關閉時，震動是的頻率是有一定範圍的，因此一定要有適當的阻尼以避免共振。

163.(1) 設計隔音牆最重要的設計參數為下列何者？
①高度 ②厚度 ③形狀 ④結構強度。

解析 隔音牆的目的主要隔絕因道路所產生之噪音，為確保住宅區或高密度開發區之環境品質，應於噪音強烈地區設置隔音牆。隔音牆高度設置範圍通常為 2-4 公尺。隔音牆的隔音效果，**高度與長度**是兩個關鍵，隔音牆只要能阻隔道路和受體的視線，至少就能減少 5 分貝的音量，而且每增加一公尺，能減少 1.5 分貝。

164.(3) 戶外無日曬下計算高溫作業綜合溫度熱指數時，自然濕球之權數為多少%？
① 10 ② 20 ③ 70 ④ 80。

解析 綜合溫度熱指數計算法如下：
一、戶外有日曬情形者：
綜合溫度熱指數 = 0.7×(自然濕球溫度) + 0.2×(黑球溫度) + 0.1×(乾球溫度)。
二、戶內或戶外無日曬情形者：
綜合溫度熱指數 = 0.7×(自然濕球溫度) + 0.3×(黑球溫度)。
三、各測得之溫度值及綜合溫度熱指數值均以攝氏刻度示出之。
四、溫球溫度係自然濕球溫度，各種溫度測定地點係勞工工作時最接近熱源之通常位置決定之。

165.(3) 人體誘發疾病演變過程中，對於血液循環系統不穩定，會產生下列何種症狀？ ①熱痙攣 ②熱中暑 ③熱昏厥 ④熱濕疹。

解析 **熱昏厥**是熱病的一種。長時間在直射的陽光下，或者是在高溫濕氣重、通風不良的室內，進行運動等會大量出汗的活動後，出現身體水分不足的脫水症狀，此時汗水來不及蒸發，末梢血管急遽擴張，導致身體的循環血液量減少或血壓降低，腦部的血流減少而引起反射性昏厥。

166.(3) 人體與環境進行熱交換時，下列何者不受風速影響？
①熱輻射 ②汗水蒸發熱 ③基礎代謝熱 ④熱傳導對流。

解析 空氣的流動速度即為風速，一般以每秒公尺數 (m/s) 為單位，風速的強弱亦會影響人體熱蓄積的程度。在熱作業環境中，當環境溫度低於皮膚溫度時，較大的風速會幫助人體體熱的排除；但相反的，當環境溫度高於皮膚溫度時，則會造成熱傳導或對流進入人體。通常在舒適的室內環境中，環境風速需小於 0.5(m/s)，而一般工廠中，其風速亦不可超過 1.5(m/s)。而基礎代謝熱是由於自身身體新陳代謝產生，與環境較無關。

167.(4) 下列何者非屬從事高溫作業勞工作息時間標準所稱高溫作業勞工之特殊體格檢查項目？
①作業經歷之調查 ②血色素檢查 ③心電圖檢查 ④頭部斷層掃描。

解析 高溫作業的特殊檢查包括：
一、作業經歷、生活習慣及自覺症狀之調查。
二、高血壓、冠狀動脈疾病、肺部疾病、糖尿病、腎臟病、皮膚病、內分泌疾病、膠原病及生育能力既往病史之調查。
三、目前服用之藥物，尤其著重利尿劑、降血壓藥物、鎮定劑、抗痙攣劑、抗血液凝固劑及抗膽鹼激素劑之調查。
四、心臟血管、呼吸、神經、肌肉骨骼及皮膚系統(男性加作睪丸)之理學檢查。
五、飯前血糖 (sugarAC)、血中尿素氮 (BUN)、肌酸酐 (creatinine) 與鈉、鉀及氯電解質之檢查。
六、血色素檢查。
七、尿蛋白及尿潛血之檢查。
八、肺功能檢查(包括用力肺活量 (FVC)、一秒最大呼氣量 (FEV1.0) 及 FEV1.0/FVC)。
九、心電圖檢查。

168.(3) 空氣中因物體振動而產生者為下列何種波？
①空氣密波 ②空氣疏波 ③空氣疏密波 ④空氣橫波。

解析 波動而形成聲波。聲波屬於力學波，必須靠介質的擾動來傳遞能量。聲音的傳遞也可以視為「縱波」、「疏密波」，波行進的方向與其介質振動的方向平行，又稱為**疏密波**。當聲波傳入人耳，使鼓膜產生相同頻率的振動，即可聽到聲音。

169.(2) 下列何者為響度級 (loudness level) 之單位？
① Pa ② Phon ③ Sone ④ dB。

解析
- phons(來自德文)也可以用來表示聲音的響度水準 (loudness level)，這個單位雖與 dB 都是表示聲音強度的，但 dB 為物理性的單位，phons 則為心理性的單位。phon 的定義為相當於 1000Hz 時同響度的 dB 數。例如 1000Hz 下 60dB 即為 60phons。
- sones：phons 可以表達的是不同聲音的主觀相等性，但不能表達不同聲音之間相對的主觀響度 (relative subjective loundness)，因此，為了比較的目的，必須要有另一種衡量單位。Fletcher 與 Munson 發展出一種響度的比率量表，Stevens(1936) 將這量表的單位訂為 sone。

170.(4) 通常在音源四周最大邊的幾倍距離以上才會形成遠音場？
① 1 ② 2 ③ 3 ④ 4。

解析
- 近音場 (Near Field)：接近噪音源與遠音場間之音場。
- 遠音場 (Far Field)：聲音的輻射音場之一種，具有自點音源距離加倍時，噪音量減少 6 分貝之音場部分，而 6 分貝對應功率增加了 **4 倍**。

171.(1) 基準音壓 (reference sound pressure) 為正常年輕人人耳所能聽到的最微小聲音，其值為下列何者？
① 0.00002pascal ② 2pascal ③ 10 瓦特 ④ 10 瓦特 / 平方公尺。

解析 人耳所能聽到的音波音壓範圍約為 20 μPa ～ 60 μPa。而 20 μPa(0.00002 μBar) 係人耳所能聽到最微弱聲音之音壓稱為基準音壓，以 P0 表示。也就是在 1kHz 時的聽覺極限約為 2×10^{-5}Pa，0dB (0dB=0.00002pascal)。

172.(4) 若音壓減半，則音壓級將減少多少分貝？
① 3 ② 4 ③ 5 ④ 6。

解析 距離衰減：音源常有大小，但充分遠離時，音源可視為一點，因此點音源距離每增加 1 倍時聲音衰減 6dB。
Lp2=Lp1 + 20log(r1/r2)

173.(4) 噪音計在何者風速 (m/s) 下使用時須加裝防風罩？
① 1 ② 2 ③ 5 ④ 10。

解析 在室外，噪音傳播受到氣象條件、地形、地表特性影響。因此，在測定噪音時，必須詳細記錄測定點附近的風速、風向、溫度、相對濕度等氣象條件、以及地形、地表特性。此外，對於風速超過 10m/sec 時，就必須使用防風罩。

174.(4) 勞工左右兩耳聽力不同，建議應以那一耳先實施聽力監測？
①左耳 ②右耳 ③聽力較差之耳朵 ④聽力較佳之耳朵。

解析 勞工左右兩耳聽力不同，通常會以聽力較佳的一耳先實施聽力監測。

175.(2) 當左右耳都正確地戴用耳塞，在說話時對自己說話聲音的感覺為何？
①較小 ②較大 ③大小不一定 ④不變。

解析 因為戴上耳塞會篩濾掉低頻的周遭環境雜音，會使自己講話的**聲音放大**更為明顯。

176.(3) 消音器對下列何種聲音有效？
①經固體傳送聲音 ②真空中傳送聲音
③空氣傳送聲音 ④結構體中噪音。

解析 消音器會安裝在有關空氣設備進氣、排氣系統中來降低噪音，如(如鼓風機、空壓機)之氣流通道上，消音器能夠阻擋音波的傳播並允許氣流通過，是防制空氣動力性噪音的重要設備之一。

177.(3) 有關老化所致的聽力影響，下列敘述何者正確？
①低頻音較顯著 ②中低頻音較顯著
③高頻音較顯著 ④與頻率無關。

解析 老年性重聽通常為感音性(神經性)聽力障礙。同時，**高頻音損失較多**。此外，語音辨識力較差，聽得到聲音但弄不清楚內容，這不僅與聽覺神經有關，與大腦中樞辨識能力也有關。

178.(2) 某勞工每日工作 8 小時並暴露於衝擊性噪音，使用噪音計量測得勞工時量平均音壓級為 90 分貝(暴露時間 6 小時)及 95 分貝(暴露時間 2 小時)，測得峰值為 115 分貝。對於該勞工噪音暴露之描述，下列何者正確？
①工作日時量音壓級為 87 分貝
②工作日暴露劑量為 125%
③該勞工噪音暴露時間符合法令規定
④雇主勿需使該勞工使用防音防護具。

解析 根據職業安全衛生設施規則第 300 條：
雇主對於發生噪音之工作場所，應依下列規定辦理：勞工工作場所因機械設備所發生之聲音超過 90 分貝時，雇主應採取工程控制、減少勞工噪音暴露時間，使勞工噪音暴露工作日 8 小時日時量平均不超過(一)表列之規定值或相當之劑量值，且任何時間不得暴露於峰值超過 140 分貝之衝擊性噪音或 115 分貝之連續性噪音；對於勞工 8 小時日時量平均音壓級超過 85 分貝或暴露劑量超過 50% 時，雇主應使勞工戴用有效之耳塞、耳罩等防音防護具。
(一)勞工暴露之噪音音壓級及其工作日容許暴露時間如下列對照表：

工作日容許暴露時間(小時)	A 權噪音音壓級 dBA
8	90
6	92
4	95
3	97
2	100
1	105
1/2	110
1/4	115

計算方式：
5 分貝原理：以 90 分貝工作日容許暴露時間為 8 小時為基準，每增加 5 分貝，相對的暴露時間就要對半，例如：95 分貝的作業環境一個工作日容許暴露時間為 4 小時，若是 100 分貝工作日容許暴露時間只有 2 小時。
勞工工作日暴露於二種以上之連續性或間歇性音壓級之噪音時，其暴露劑量之計算方法為：

$$\frac{\text{第一種噪音音壓級之暴露時間}}{\text{該噪音音壓級對應容許暴露時間}} + \frac{\text{第二種噪音音壓級之暴露時間}}{\text{該噪音音壓級對應容許暴露時間}} + \cdots \begin{matrix} > \\ = 1 \\ < \end{matrix}$$

- 其和大於 1 時，即屬超出容許暴露劑量。
- 測定勞工 8 小時日時量平均音壓級時，應將 80 分貝以上之噪音以增加 5 分貝降低容許暴露時間一半之方式納入計算。
- 此題為：6/8+2/4=0.75+0.5=1.25。因此選項② 125% 是正確的。

179.(3) 遮音材料使用下列何種接著或塗布，可以改善符合效應 (coincidence effect)？
①泡綿 ②纖維布 ③阻尼材料 ④厚紙板。

解析 一般採用鋼板或鋁板製作的單殼，須在隔音材料上加筋，塗貼一定厚度的**阻尼材料**以抑製共振和符合（重合）效應的影響，阻尼材料層厚度通常為單壁 2~3 倍。
阻尼材料常用內損耗、內摩擦大的粘彈性材料，如瀝青、石綿漆等。

180.(1) 空氣彈簧所組成之系統，自然共振頻率於多少 Hz 以下，能顯示其最佳之減振效果？
① 3 ② 8 ③ 15 ④ 20。

解析
- 空氣彈簧減振器天然頻率低，約在 3.0—5.0Hz，故減震效果優良；阻尼係數 0.06—0.08，可有效避免共振現象，尤其對樓板、鋼結構上設備共振效果明顯。
- 以空氣為媒體，承載設備之負荷，可永保理想彈性，而無彈性疲乏及變形之率；氣體為聲音之不良導體，具有優異的隔音效果。

181.(4) 1/1 八音度頻帶，各頻帶音壓級均相同者為下列何種噪音？
①白噪音 ②黑噪音 ③綠噪音 ④粉紅噪音。

解析 粉紅雜訊或 $1/f$ 噪音（有時也稱作閃變雜訊）是一個具有功率譜密度（能量或功率每赫茲）與頻率成反比特徵頻譜的訊號或過程。在**粉紅雜訊（噪音）**中，每個倍頻程中都有一個等量的雜訊功率。粉紅雜訊的名稱源於這種功率譜下的可見光視覺顏色為粉色。

182.(4) 遮音材料會產生符合效應 (coincidence effect) 主要是出於下列何種作用？
①相加作用 ②相減作用 ③相乘作用 ④共鳴作用。

解析 由於遮音材料有其獨特的共振頻率，而當聲音的震動符合時即產生符合效應，因此是由於**共鳴作用**而產生。

183.(4) 依 ISO 7243 建議，休息時之代謝率為多少 kcal/hr 以下？

① 20 ② 40 ③ 50 ④ 100。

解析 ISO 7243《熱環境—基於 WBGT 指數估算工作人員所承受的熱應力》為國際社會提供類似的指導標準。室外休息的狀態代謝率為 100kcal/hr 以下。右圖為 ISO 7243 之對應標準：

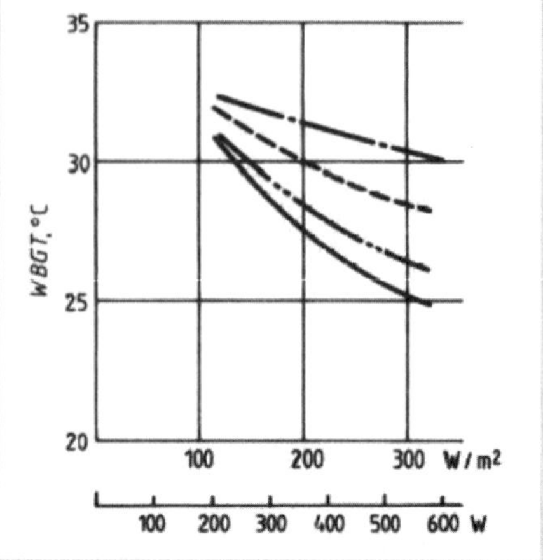

184.(4) 當高溫作業環境之休息室與作業位置之 WBGT 差異大時，應分別作量測，而該時段之 WBGT 應以何者為代表？

①作業位置 ②休息室 ③取最大值 ④兩者之時量平均。

解析 綜合溫度熱指數 (Wet Bulb Globe Temperature，英文簡寫為 WBGT)，它考量之氣候因素包括了溫度、濕度、空氣流動速度及輻射熱等溫濕要素。計算綜合溫度指數時，係因高溫作業勞工作息時間標準第 5 條之規定，要**取高溫指數與非高溫指數之時間平均值**。因此應採加權平均綜合溫度熱指數評估其環境，亦即，所列時量平均綜合溫度熱指數 =[高溫指數 * 時間 + 非高溫指數 * 時間]/ 總時間。

185.(2) 黑球溫度計之測量範圍為下列何者？

① -5°C~50°C ② -5°C~100°C ③ 0°C~80°C ④ 0°C~150°C。

解析 黑球溫度計係指一定規格之中空黑色不反光銅球 (模擬黑體)，中央插入溫度計，其所量得之溫度稱為「黑球溫度」，代表輻射熱之效應。透過黑球溫度計所測量的溫度與一般大氣溫度相較，即可獲得當時大氣輻射的熱所造成的溫度有多高，一般範圍約 -5°C~100°C。

186.(3) 當空氣溫度大於體表溫度時，如果要進行熱危害工程改善，下列何者不是控制傳導對流熱交換率 (C) 之有效對策？

①降低流經皮膚之風速 ②降低空氣溫度

③減少衣著量 ④局部冷卻。

解析 控制傳導對流熱交換率 (C) 之有效對策：

一、降低作業環境空氣溫度。

二、降低流經皮膚熱空氣的流速。

三、局部冷卻。

187.(2) 下列何者屬於濕熱作業場所？
①鉛作業場所 ②染整作業場所
③精密作業場所 ④電子組裝作業場所。

解析 傳統砂模鑄造廠、水淬與油淬熱處理廠、**紡織染整廠**、大型洗衣廠、農產品殺青場、家禽屠體濕式褪毛場、食品蒸煮廚房等，都是製程中必須對水加熱並大量蒸發產業作業場所，其廠房空間均屬濕熱作業環境。

188.(2) 對於熱衰竭危害，下列敘述何者不正確？
①與血液供輸量有關 ②好發於補充適量鹽分者
③好發於未補充適量水分者 ④好發於未適應者。

解析 熱衰竭，是指在熱的環境下過久持續的流汗，且**未補充適當的鹽分**及水分，造成全身性不舒服。

189.(4) 下列何者可由通風濕度表中得知？
①風速 ②黑球溫度 ③大氣壓力 ④相對濕度。

解析 乾濕球溫度計是以兩支相同的溫度計合為一組使用：一支為乾球溫度計(即通常測定氣溫者)，一支為濕球溫度計，係將其水銀球部包以紗布並吸收水使其濕潤，故合稱為乾濕球溫度計，在測得乾濕球溫度後就可對照相對濕度表查出**相對濕度**。

從乾、溼球溫度差與乾球溫度求得相對溼度的表格

空氣(乾球)溫度(℃)	乾球與濕球溫度差(℃) 0.5	1.0	1.5	2.0	2.5	3.0	3.5	4.0	4.5	5.0	7.5	10.0	12.5	15.0	17.5	20.0	22.5	25.0
-20	70	41	11															
-17.5	75	51	26	2														
-15	79	58	38	18														
-12.5	82	65	47	30	13													
-10	85	69	54	39	24	10												
-7.5	87	73	60	48	35	22	10											
-5	88	77	66	54	43	32	21	11	1									
-2.5	90	80	70	60	50	42	32	22	12	3								
0	91	82	73	65	56	47	39	31	23	16								
2.5	92	84	76	68	61	53	46	38	31	24								
5	93	86	78	71	65	58	51	45	38	32	1							
7.5	93	87	80	74	68	62	56	50	44	38	11							
10	94	88	83	76	71	65	60	54	49	44	19							
12.5	94	89	84	78	73	68	63	58	53	48	25	4						
15	95	90	85	80	75	70	66	61	57	52	31	12						
17.5	95	90	86	81	77	72	68	64	60	55	36	18	2					
20	95	91	87	82	78	74	70	66	62	58	40	21	8					
22.5	96	92	87	83	80	76	72	68	64	61	44	28	14	1				
25	96	92	88	84	81	77	73	70	66	63	47	33	19	7				
27.5	96	92	89	85	82	78	75	71	68	65	50	36	22	12	1			
30	96	93	89	86	82	79	76	73	70	67	52	39	27	16	6			
32.5	97	93	90	86	83	80	77	74	71	68	54	42	30	20	11	1		
35	97	93	90	87	84	81	78	75	72	69	56	44	33	23	14	6		
37.5	97	94	91	87	85	82	79	76	73	70	58	46	36	26	18	10	3	
40	97	94	91	88	85	82	79	77	74	72	59	48	38	29	21	13	6	
42.5	97	94	91	88	86	83	80	78	75	72	61	50	40	31	23	16	9	2
45	97	94	91	89	86	83	81	78	76	73	62	51	42	33	26	18	12	6
47.5	97	94	92	89	86	84	81	79	76	74	63	53	44	35	28	21	15	9
50	97	95	92	89	87	84	82	79	77	75	64	54	45	37	30	23	17	11

190.(4) 估算身體產生熱量多寡時，下列何者不予考量？
①基礎代謝 ②工作姿勢 ③工作方法 ④綜合溫度熱指數。

解析 以不同的身體姿勢活動，平躺、坐立、站立、坐立，或是不同的工作方法與每個人的基礎代謝不同，都會產生不同的熱量消耗的估計，但與 WBGT 無關。

191.(1) 高溫作業勞工特殊體格檢查項目與特殊健康檢查項目之關係為下列何者？
①完全相同
②完全不同
③特殊健康檢查增加胸部 X 光攝影檢查
④特殊健康檢查增加神經及皮膚之物理檢查。

解析 根據勞工健康保護規則附表十特殊體格檢查、健康檢查項目表，兩者項目完全相同為以下九項：
一、作業經歷、生活習慣及自覺症狀之調查。
二、高血壓、冠狀動脈疾病、肺部疾病、糖尿病、腎臟病、皮膚病、內分泌疾病、膠原病及生育能力既往病史之調查。
三、目前服用之藥物，尤其著重利尿劑、降血壓藥物、鎮定劑、抗痙攣劑、抗血液凝固劑及抗膽鹼激素劑之調查。
四、心臟血管、呼吸、神經、肌肉骨骼及皮膚系統 (男性加作睪丸) 之理學檢查。
五、飯前血糖 (sugarAC)、血中尿素氮 (BUN)、肌酸酐 (creatinine) 與鈉、鉀及氯電解質之檢查。
六、血色素檢查。
七、尿蛋白及尿潛血之檢查。
八、肺功能檢查 (包括用力肺活量 (FVC)、一秒最大呼氣量 (FEV1.0) 及 FEV1.0/FVC)。
九、心電圖檢查。

192.(3) 若某露天日曬高溫作業場所，自然濕球溫度為 25.0°C，黑球溫度為 39.0°C，綜合溫度熱指數為 28.1°C，則乾球溫度應為多少 °C ？
① 26.0 ② 27.0 ③ 28.0 ④ 29.0。

解析
- Tw= 自然濕球溫度:用計濕布包着溫度計，在無遮蔽的外界環境下量度出的溫度，以反映汗水是否容易揮發。
- Tg= 黑球溫度：在指定規格的黑色不反光銅球裡，利用溫度計量出的溫度，反映太陽輻射的效應。
- Td= 乾球濕度：在有遮蔽的環境下，利用溫度計量出的溫度，並無濕度及太陽輻射的影響，反應單純空氣的效應。
- 在戶外有日曬時，計算公式為 0.7Tw+0.2Tg+0.1Td。
- 在戶外無日曬，或在室內時，計算公式為 0.7Tw+0.3Tg。

因此此題由 0.7*25°C+0.2*39°C+0.1* 乾球溫度 =28.1，求得乾球溫度為 28.0 度。

193.(4) 下列何者屬人體受冷時，正常體溫調節動作？
①心跳加快 ②血流加快 ③喘氣 ④血管收縮。

解析 寒冷會令人體的**血管收縮**，而且出汗減少，從而刺激血壓上升。人體機體會出現交感神經興奮、血流加快、血管的外圍阻力增強、導致血壓升高或血管栓塞等。

194.(3) 下列何者可作為空調設計，衡量空調舒適程度之指標？
①熱應力指數 (Heat Stress Index, HSI)
②綜合溫度熱指數 (Wet Bulb Globe Temperature Index, WBGT)
③有效溫度 (Effective Temperature, ET)
④等熱收支溫度 (Equicaloricmetric Temperature, ECT)。

解析 有效溫度 Effective Temperature(亦稱實效溫度、實感溫度)，由 Houghton 及 Yaglou 學者提出，以乾球溫度與濕球溫度及氣體流速之綜合效果來表示人體之熱舒適感受。以相對濕度 100% 且無風之情況下，所感受到之溫度視為**有效溫度**。

195.(1) 設乾球溫度為 30.0°C，濕球溫度為 27.0°C 及風速為 1.0m/s，上述條件與下述的那個條件下之皮膚熱感覺相同？
①乾、濕球溫度均為 27.0°C，風速為 0.0m/s
②乾、濕球溫度均為 27.0°C，風速為 1.0m/s
③乾、濕球溫度均為 30.0°C，風速為 1.0m/s
④乾球溫度為 30.0°C、濕球溫度為 28.0°C，風速為 0.0m/s。

解析 有效溫度 Effective Temperature(亦稱實效溫度、實感溫度)，以乾球溫度與濕球溫度及氣體流速之綜合效果來表示人體之熱舒適感受。以相對濕度 100% 且無風之情況下，所感受到之溫度視為有效溫度，而此標準是由多數實驗者實驗所得之人體實際感受，在同一有效溫度下，可有多種組合。可以用下圖做風流動的場合下，有效溫度之風速修正：

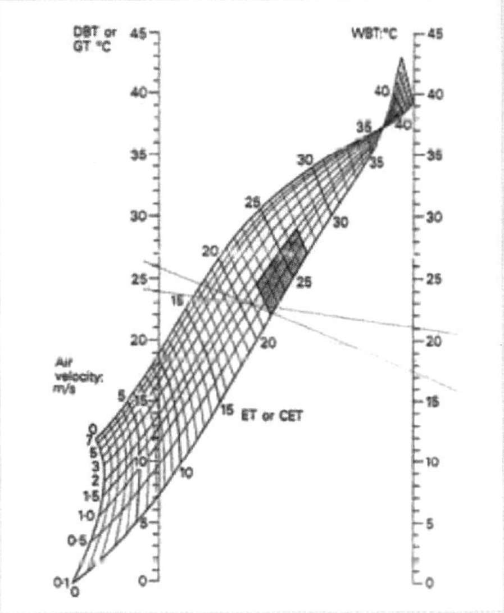

196.(3) 正常穿著的勞工，其人體與環境間之傳導對流熱交換率與風速的幾次方成正比？
① 0.1 ② 0.3 ③ 0.6 ④ 0.9。

解析
皮膚表面之對流熱流率：
$C=1.0V^{0.6}(Ta-Ts)$
C：對流熱交換熱 (Kcal/hr)
V：風速 (m/min)
Ta：空氣溫度 (°C)
Ts：皮膚表面平均溫度 (°C)
Ta>Ts 表示工人熱獲得，Ta<Ts 表示工人熱散失。

197.(4) 災害發生時，有人昏迷，急救員的責任中下列何者錯誤？
①評估整個現場情況
②檢查傷情
③急救處理並送醫
④等待救護車來之前不做任何處理。

解析
災害發生時，有人昏迷，急救員的責任如下：
一、評估整個現場情況。
二、正確判斷傷病者的傷勢及病情。
三、提供適當的急救措施和充分的援助。
四、決定急救的先後次序。
五、儘快安排傷病者接受治療。
六、在現場陪伴傷病者及給予安慰，直至醫護人員接手。
七、儘可能協助搜集傷病者的生命表徵(如呼吸、脈搏、體溫和血壓)、事發經過、傷勢和處理方法，並有責任向接手的醫護人員匯報上述資料。
八、如有需要，應留在現場提供協助。

198.(3) 傷患意識喪失的程度，以下列何者最嚴重？
①倦睡 ②木僵 ③昏迷 ④無聽覺反應。

解析
昏迷：是最嚴重的狀態，無論如何刺激眼睛均無法張開，也無語言和動作。

199.(4) 下列何者為哈姆立克急救法？
①對昏迷患者暢通呼吸道
②對哽噎成人患者之背部拍擊
③對中暑患者急救
④利用瞬間壓力使呼吸道內異物噴出。

解析
哈姆立克急救法，目的是清除上呼吸道的異物阻塞，其原理是藉由施救者站在患者的後方，以手向橫膈膜施加壓力，進而壓縮肺部，使異物排出氣管，主要對**異物梗塞**者進行急救處理。

200.(1) 當溺水患者被救起時已無呼吸，頸動脈跳動可摸到但微弱，此時應施行何種急救較為正確？
①做人工呼吸　②做胸外心臟按摩術
③實施心肺復甦法急救　④立刻以車輛送醫。

解析 如患者無自主呼吸，應予以**人工呼吸**，以保證不間斷地向患者供氧，防止重要器官因缺氧造成不可逆性損傷。正常空氣中氧濃度約為 21%，經呼吸吸入肺後人體大約可利用 3%～5%，也就是說，呼出氣中仍含有 16%～18% 的氧濃度，只要我們在進行人工呼吸時給患者的氣量稍大於正常，使氧含量的絕對值並不少於自主呼吸，這樣就完全可以保證身體重要器官的氧供應，不至於由於缺氧而導致重要生命器官的損害。

201.(2) 發生於左大腿前、內側面深度灼傷之描述及處理，下列何者錯誤？
①傷到皮下組織　②自行以冷水沖泡處理即可
③灼傷面積占 4.5% 體表面積　④皮膚會變色。

解析 灼傷深度：
- 一度灼傷：僅表皮受傷，皮膚紅、腫、疼痛。約一星期痊癒無疤痕，如日光的灼傷。
- 淺二度灼傷：傷及表皮及真皮乳頭層，傷處紅、腫、水泡、疼痛，約需二星期痊癒，可能不留疤痕或留下不明顯的疤痕。
- 深二度灼傷：傷及表皮和真皮深層，傷處淺紅或泛白、有水泡、稍痛不敏感，約需三星期以上始痊癒，會留下疤痕。
- 三度灼傷：傷及全皮層及皮下脂肪、肌肉及骨骼。傷處白色或焦黑，乾硬如皮革，感覺消失，需植皮治療，否則會留下疤痕及功能障礙。

燒傷面積計算：由於本題是單側大腿之內側，所以估算為 9% 之一半。

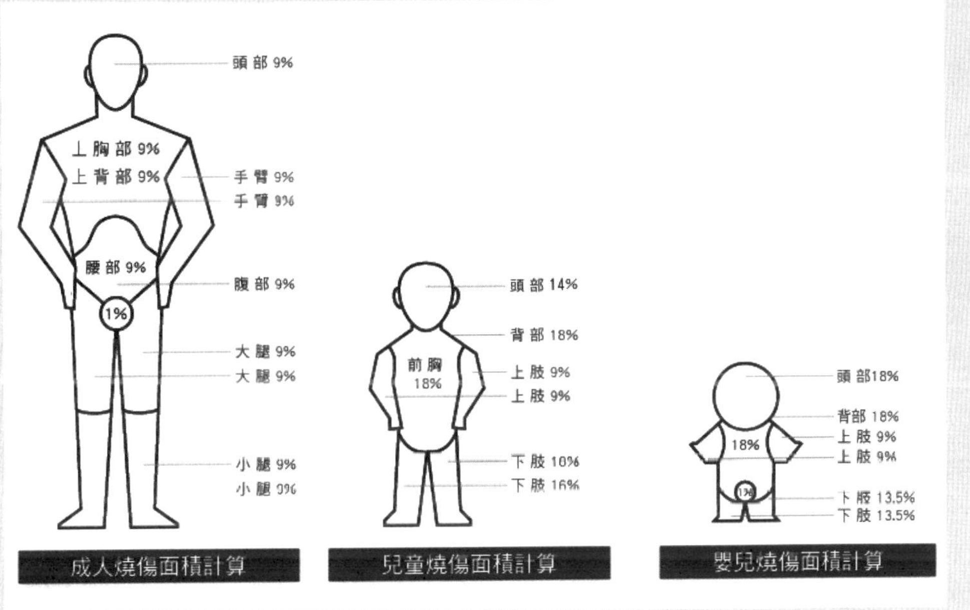

202.(2) 休克患者發現有面部潮紅時，急救時對患者應採何種姿勢為宜？
①使頭偏向一側 ②抬高頭部 ③採用頭低位 ④兩腳墊高約 30 度。

解析 依傷患的情況，採取適當的姿勢：
一、面色潮紅者，**頭部墊高**。
二、面色蒼白者，抬高腳部。
三、溺水或昏迷而有嘔吐者，採復甦姿勢。

203.(3) 體外心臟按摩時，雙手應放在胸骨何處？
①上半部 ②中間 ③下半部 ④側方。

解析 利用靠近患者下肢的食指和中指，沿著肋骨邊緣向上滑行到肋骨與胸骨交接處（**胸骨下半部**）之心窩部位。

204.(2) 下列何者為二級（中層）灼傷？
①為表皮、真皮之傷害 ②通常會起水泡
③皮下組織已經裸露出來 ④皮下組織已經燒黑。

解析 燒灼傷之分類：

燒傷深度		深度範圍	症狀	癒合情形
一度燒傷		表皮淺層	皮膚發紅、腫脹、有明顯觸痛感	約 3-5 天即可癒合，無疤痕
二度燒傷	淺二度	表皮層與真皮表層（約 1/3 以上）	皮膚紅腫、**起水泡**，有劇烈疼痛及灼熱感	約 14 天內即可癒合，會留下輕微疤痕或無疤痕
	深二度	表皮層與真皮深層	皮膚呈淺紅色、起白色大水泡，較不感覺疼痛	約 21 天以上可癒合，會留下明顯疤痕，需儘早植皮治療，避免感染
三度燒傷		全層皮膚	皮膚呈焦黑色，乾硬如皮革，或為蒼白色，色素細胞與神經皆遭破壞，疼痛消失	須依賴植皮治療，無法自行癒合，會留下肥厚性疤痕，造成功能上的障礙
四度燒傷		全層皮膚、皮下組織、肌肉、骨骼	皮下脂肪、肌肉、神經、骨骼等組織壞死，呈焦炭狀	須依賴皮瓣補植治療、電療等特殊醫療，部份需截肢

資料來源：陽光社會福利基金會

205.(3) 實施體外心臟按摩術，以下敘述何者錯誤？
①手掌根置於劍突上方二指幅處 ②二手手指交叉相扣
③按壓深度 1.5-2 公分 ④按壓時手肘要打直。

解析 胸外按壓之步驟：
一、跪在患者的側邊，膝蓋盡量靠近患者的身體，兩膝打開與肩同寬。
二、將一手掌根置於胸骨下半部(亦即兩乳頭連線的中央)，手指朝向對側，另一隻手掌交疊於第一隻手的手背上，使雙手重疊平行或互扣。手肘需打直，雙肩前傾至雙手的正上方。
三、利用上半身的重量垂直向下壓，且施力集中於掌根處。下壓**深度 5-6 公分**，且按壓速度為每分鐘 100-120 下(約每秒 2 下)。每次按壓後掌根不可以離開胸部，但必須放鬆使患者胸部回彈至原本的厚度，壓與放的時間各佔 50%。壓胸的動作儘量避免中斷，中斷的時間勿超過 10 秒。為了方便記憶，請熟記壓胸口訣「用力壓、快快壓、胸回彈、莫中斷」。

206.(3) 小面積燒傷發生在以下何部位時影響較不嚴重？
①臉 ②關節 ③背部 ④手、腳。

解析 臉有許多精細的皮膚及五官，手腳及關節容易因為燒燙傷產生肌肉緊縮等現象，**背部**相對之下是較不嚴重的部位。

207.(2) 急救的主要目的為何？
①預防疾病 ②維持生命 ③避免感染 ④促使早日康復。

解析 急救的主要目標可以概括為二個關鍵點：
一、維持生命 (Preserve life)。
二、防止進一步的傷害 (Prevent further injury)。
三、促進復原 (Promote recovery)。

208.(2) 對成年人實施口對口人工呼吸法，每分鐘約需重複做幾次？
① 6 ② 12 ③ 24 ④ 72。

解析 口對口人工呼吸法：效果好、適用範圍廣。對口直接吹氣，要捏緊鼻子完全罩住傷患的口脣以防漏氣。成人每分鐘吹 **12 次**，八歲以下兒童每分鐘吹 20 次，若口腔嚴重受傷、農藥中毒、病患嘔吐、臉部燒傷、下頜骨折、傷患有傳染病等，則不適用此種方法。實施人工呼吸時，優先考慮此法。

209.(1) 施行心肺復甦術，一人施救時，心臟壓迫和肺臟充氣次數之比為何？
① 15：2 ② 10：7 ③ 5：1 ④ 2：1。

解析 實施胸外按摩：
一、以每分鐘 100-120 次速度，執行 15 次的胸外按摩，同時口裡數次，以數次控制速度，唸第一個字時下壓，第二字時放鬆，即下壓與放鬆時間各佔一半。
二、**按摩 15 次實施 2 次人工呼吸**，如此人工呼吸與胸外按摩反覆進行，重覆 15 次按摩，2 次吹氣的循環，每次循環的時間約 11-14 秒。

210.(4) 施行心肺復甦術，應先檢查何處之脈搏？
①撓動脈 ②肱動脈 ③肺動脈 ④頸動脈。

解析 檢查有無脈搏約 5-10 秒鐘：
一、壓在前額的手不動，繼續維持頭後仰，用另一手之食、中二指尋找頸動脈。首先將手指置於喉結處，接著手指滑到氣管及頸側肌肉之間形成的溝內，即可找到頸動脈。
二、以手指輕按來感覺**頸動脈**搏動。檢查近側的頸動脈，並且不要用拇指去檢查脈搏(會感覺到自己的脈搏)。檢查有無脈搏至少 5 秒鐘，但不能超過 10 秒鐘。

211.(3) 成人施行心肺復甦術時，胸外壓心必須使胸骨下陷至少約幾公分？
① 1 ② 3 ③ 5 ④ 10。

解析 心肺復甦術利用上半身的重量垂直向下壓，且施力集中於掌根處。下壓深度**5-6 公分**，且按壓速度為每分鐘 100-120 下(約每秒 2 下)。

212.(1) 體外出血時，一般都優先採用下列何種止血方法？
①直接壓迫法 ②間接壓迫法 ③止血點止血法 ④止血帶法。

解析 **直接加壓**止血法：小量的出血非常有用，直接以紗布(如一時找不到紗布，可用乾淨的手帕或衛生紙代替)覆蓋在傷口處並且對傷口處加壓即可止血，加壓時視血管的大小，以「四指」或是「手掌」來加壓。一般還配合抬高傷肢，使受傷部位高於心臟。

213.(1) 眼內進入化學物或異物，最好能立即用下列何者沖洗眼睛？
①乾淨的清水 ②硼酸水 ③眼藥水 ④藥物或油膏。

解析 當藥品不慎濺到眼睛時，應立即以溫和的飲用水(**乾淨的清水**)沖洗至少 15 分鐘。沖洗應使用眼睛沖洗裝置，沖洗時應將眼皮拉高，同時眼睛上下左右轉動以便將眼皮內徹底洗淨。若無此設備時，沖洗方式是先將患者側躺下，讓患眼朝下並將眼皮拉高，眼睛上下左右轉動，用水由內眼角往外眼角沖以避免污染到另一眼。不可使用任何的藥劑中和清洗。沖洗後應立即包紮雙眼後儘快送醫診療。

214.(3) 固定用的護木，其長度必須超過骨折部位的何處？
①上方關節 ②下方關節
③上、下兩端關節 ④近心端的第二關節。

解析 固定骨折部位時，須使用木板、長棍或雨傘等堅硬的物品，其長度必須超過**骨折處上下兩處的關節**才能達到固定的效果。

215.(2) 依勞工健康保護規則規定，事業單位同一場所之勞工，早班有 115 人、中班有 20 人、晚班有 5 人輪班作業，至少應設置幾位合格之急救人員？
① 3 ② 4 ③ 5 ④ 6。

解析 依場所大小、分布、危險狀況及勞工人數而定，每班次至少置有1名急救人員。勞工人數50人以上，每增加50人增一名(例如勞工人數115人，則須置2名急救人員)，並備置足夠急救藥品及器材。急救人員需由受過16小時的「急救人員安全衛生教育訓練」並取得證照者擔任，每3年至少應再接受3小時在職教育訓練。此題早班需要兩位，中班及晚班各一位總共**4位**急救人員。

216.(2) 呼吸防護具密合度測試時機，不包含下列那一項？
①佩戴者裝置假牙或失去牙齒
②佩戴者的體重變化達百分之三十以上時
③重新選用呼吸防護具後
④每一年至少進行一次。

解析 密合度測試頻率：
一、首次使用呼吸防護具或重新選用呼吸防護具後；
二、每年至少進行一次；
三、佩戴者身體有重大改變或自認為有需要進行密合度測試時；
四、主管、健康狀況評估人員或計畫幕僚人員認為佩戴者密合情形有改變時。

217.(4) 呼吸防護具中，那一項構造能夠捕集氣狀污染物？
①不織布濾材 ②面體 ③排氣閥 ④濾毒罐。

解析 **濾毒罐**可能由濾材、吸收劑、催化劑或以上任意組合所構成，可捕集濾除空氣中特定的氣狀污染物。

218.(4) 呼吸防護具通常使用時機不包含下列那一項？
①為工業危害防護最後一道防線 ②緊急搶救事件
③無其他工程控制方法可資使用 ④經常性維護。

解析 呼吸防護具使用時機：
一、採用工程控制及管理措施，仍無法將空氣中有害物濃度降低至勞工作業場所容許暴露標準之下。
二、進行作業場所清掃及設備(裝置)之維修、保養等臨時性作業或短暫性作業。
三、緊急應變之處置。(消防除外)

219.(2) 呼吸防護具中，那一項構造能夠捕集粒狀污染物？
①面體 ②不織布濾材 ③排氣閥 ④濾罐。

解析 粒狀物是指懸浮於空氣中的微粒，其大小通常以微米(10^{-4}公分)或次微米(10^{-7}公分)為單位。可以使用**不織布濾材**將其顆粒攔截捕集。

220.(4) 使用防護係數PF=50之防毒面具，防護對象為甲苯(TLV=100ppm)則可適用之工作環境濃度上限為多少ppm？
① 250 ② 500 ③ 2500 ④ 5000。

解析

不同種類之防護具都有一個防護係數 (Protect Factor)，防護係數是表示該呼吸防護具可提供之防護效果，其定義如下：
防護係數 (PF) = 環境中有害物之濃度 / 防護具面體內有害物之濃度。
而防護具面體內有害物之濃度不可超過有害物容許濃度標準，因此當一個呼吸防護具之防護係數 (PF) 為 100 時，則表示該防護具可用於 100 倍的容許濃度下的環境。因此可以使用於甲苯在 100*50=5000ppm 以下的環境。

221.(1) 下列何者為負壓式呼吸防護具？
①簡易型拋棄式　②供氣式呼吸防護具
③動力過濾式防護具　④自攜式呼吸器。

解析

負壓式呼吸防護具：當吸氣時，防護具面體內的壓力相對於大氣壓力為小時稱之。常見有簡易型拋棄式、緊密接合式。

222.(4) 呼吸防護具通常使用時機不含下列那項？
①短期維護　②緊急處置
③無其他工程控制方法可資使用　④為工業危害防護第一道防線。

解析

呼吸防護具使用時機：
一、採用工程控制及管理措施，仍無法將空氣中有害物濃度降低至勞工作業場所容許暴露標準之下。
二、進行作業場所清掃及設備 (裝置) 之維修、保養等臨時性作業或短暫性作業。
三、緊急應變之處置。(消防除外)
四、為工業危害防護**最後一道**防線。

223.(1) 下列何者非為影響防護手套選用之主要因素？
①美觀　②尺寸　③暴露形式　④耐久性。

解析

手套之選用考量因子包含：
一、待處理的物質。
二、暴露時間的長短。
三、手套之材質。
四、靈活度與厚度。
五、舒適性。
六、現場溫度。
七、耐久性 (degradation resistance)。
八、穿透時間 (penetration)。
九、浸透率 (permeation rate)。
十、機械性強度。
十一、工作電壓等級。
十二、作業方式。
十三、檢驗證明。
十四、製造商。
十五、成本。

224.(3) 下列何者不是工作時佩戴手套的目的？
①避免病人的血液或體液接觸皮膚 ②降低針扎發生的機率
③防止皮膚老化 ④避免皮膚直接接觸藥品。

解析

手套依搬運或處理危險物可分為以下數種，但沒有防止皮膚老化之功能：
一、棉布手套。
二、化學纖維手套。
三、加工棉布或化學纖維手套。
四、作業用皮手套。
五、熔接用防護皮手套。
六、作業用橡膠手套。
七、職業衛生用防護手套。
八、防止切傷手套。
九、防止指頭被夾手套。
十、導電手套。
十一、防振手套。
十二、防止振動衝擊手套。
十三、手腕、腱鞘支撐手套。
十四、電用橡膠手套。
十五、耐熱手套。
十六、防寒手套。
十七、指頭套。
十八、醫用 X 射線防護手套。

225.(3) 有關防護衣物，下列敘述何者錯誤？
①未有一種材質可以防護所有的化學物質及混合化學物質，且現行之材質中亦未有有效的防護層可防護長時間的化學暴露
②防護衣塗佈層又稱為阻隔層 (barrier)，為防護衣之主要部分，防止有害物之功能端賴阻隔層，其材質、厚度及層數與防護功能息息相關
③美國環保署把危害 B 級定義為：當氧氣濃度低於 18% 或存有之物質會對人體呼吸系統造成立即性傷害
④醫用手套多為乳膠手套，使用時應選擇無粉與低蛋白質的乳膠手套以減低過敏的危險性。

解析

化學防護衣之所以能抵抗化學品的傷害在於其主要材質不易和化學物質起反應。但因化學品的種類、特性繁多，所以沒有一種可以抵禦各種化學物質的入侵，因而有不同的防護衣針對不同的化學危害物。在另一方面，即使主要材質相同，但因成份、厚度、結構、製程的不同，防護效果也不全然相同。

美國環保署化學防護衣分級		
分級	防護裝備	工作環境
A 級	1. 氣密式防護衣 2. 呼吸空調系統 3. Full-face SCBA	1. 劇毒化學物質化學液體或氣體傷皮膚 2. 含氧量低於 19.5%
B 級	1. 全身防護衣（含頭罩） 2. 呼吸系統	1. 劇毒化學物質化學氣體不傷皮膚 2. 含氧量低於 19.5%
C 級	1. 全身防護衣 2. 防毒面具 （Canister-equipped respirator）	1. 化學氣體不傷皮膚 2. 含氧量高於 19.5%
D 級	基本防護（工作服）	不會接觸化學品的情況

226.(4) 通風式護目鏡不具下列何種功能？
①避免起霧 ②大顆粒粉塵不易進入
③防止化學品飛濺 ④氣密性佳。

解析 以下為常見護目鏡的分類及特點：
一、無通風：
- 氣密性佳。
- 易起霧。

二、直接通風：
- 藉空氣流通避免起霧問題。
- 大粒徑粉塵或飛塵不易進入。

三、間接通風：
- 藉空氣流通避免起霧問題。
- 防止化學飛濺液體進入。

227.(3) 防護眼鏡側護片主要作用為下列何者？
①美觀 ②遮光 ③預防異物從側面飛來 ④增加支撐力。

解析 防護眼鏡側護片主要用來**防禦機械能**傷害（如飛濺的顆粒、噴濺的化學物質）。

228.(1) 眼部臉部防護具使用玻璃材質鏡片之優點為何？
①可防護化學物質 ②較重 ③比較舒適 ④易磨損。

解析 玻璃鏡片可以在處理化學品作業時防止噴濺之化學品、酸灼傷、燻煙等傷害。

229.(2) 呼吸防護具主要選擇標準，除了考慮通過認證、舒適度之外，以下何者最為適當？
①價錢 ②密合度 ③容易取得 ④可重複使用。

解析 呼吸防護具最重要的因素為**密合度**，否則有縫隙的話就大大降低了防護具原始之設計標準。

230.(2) 缺氧環境下，不建議使用以下那種防護具？
①正壓式全面罩 ②拋棄式半面口罩
③自攜式呼吸防護具 ④供氣式呼吸防護具。

解析 缺氧症預防規則所規定之空氣呼吸器等呼吸防護具，包括空氣呼吸器、氧氣呼吸器以及輸氣管面罩等供氣式呼吸器，事業單位置備局限空間所需之呼吸防護具時，應該置備此類型呼吸防護具，就保守考量最好是空氣呼吸器，但若人孔等開口太小，佩戴空氣呼吸器將無法自由進出，因此應該置備輸氣管面罩，而且應該是正壓式輸氣管面罩，最好能搭配輔助空氣呼吸器。另除呼吸防護具外，亦應同時準備梯子、安全帶或救生索等設備。

231.(1) 對於防護係數之敘述，下列何者有誤？
①正壓式呼吸防護具之防護係數一般較負壓式來的低
②當防護係數越大時，其所能提供的防護等級就越高
③全面體呼吸防護具的防護係數會高於半面體
④防護係數的定義為佩戴呼吸防護具時，防護具內、外污染物的平均濃度之比值。

解析 防護係數的定義為配戴呼吸防護具時，防護具內、外污染物的平均濃度之比值，當防護係數越大時，其所能提供的防護等級就越高。不同型式的呼吸防護具所能提供的防護係數並不相同，從面體型式的角度來看，全面體的防護係數會高於半面體。此外，正壓式之防護係數一般較負壓式來的高。

232.(1) 對於可拋棄式呼吸防護具之敘述下列何者為非？
①價格低廉、重量輕，設計較為複雜
②此種呼吸防護具並無所謂的面體，直接以濾材當作面體
③濾材直接接觸佩戴者臉部，但較容易產生洩漏
④與他種呼吸防護具相比，此種面體的防護效果最低。

解析 可拋棄式呼吸防護具：直接以濾材當作面體，由於價格低廉、重量輕、不需維修保養等優點，因此經常被使用，但較容易產生洩漏，相較之下的防護效果較差。

233.(1) 眼部臉部防護具可防止的危害不包括下列何者？
①針扎 ②熱 ③化學品 ④輻射。

解析 眼部臉部防護具可防止：
- 防塵及防噴濺。
- 一般化學實驗室應使用防噴濺式。
- 有爆炸之考量時應加戴防護盾。

234.(1) 呼吸防護具之面體中，包含四分之一面罩、半面罩、全面罩，前項敘述中半面罩面體之包覆範圍係指下列何者？
①穿戴者臉型範圍從鼻根到下顎處
②穿戴者臉型範圍從鼻根到下嘴唇處
③穿戴者臉型範圍從額頭到下顎處
④穿戴者臉型範圍從眼睛下緣到鼻根。

解析 呼吸防護具之面罩面體依保護臉部的範圍不同而分下列三個種類：
- 四分之一面罩：穿戴者臉型範圍從鼻根到下嘴唇處。
- **半面罩：穿戴者臉型範圍從鼻根到下顎處**。
- 全面罩：穿戴者臉型範圍從額頭到下顎處。

235.(2) 呼吸防護具之美國 NIOSH 標準，100 等級之最低過濾效率係指下列何者？
①≧ 95% ②≧ 99.97% ③≧ 99.9995% ④ 100%。

解析 呼吸防護具之美國 NIOSH 標準，濾材最低過濾效率分三種等級：
- 95 等級：表示最低過濾效率≧ 95 %。
- 99 等級：表示最低過濾效率≧ 99 %。
- 100 等級：表示最低**過濾效率≧ 99.97 %**。

236.(3) 呼吸防護具之美國 NIOSH 標準，N 系列代表可用來防護？
①非油性及油性懸浮微粒 ②含油性懸浮微粒
③非油性懸浮微粒 ④有機溶劑。

解析 呼吸防護具之美國 NIOSH 標準，將濾材區分為下列三種：
一、N 系列：N 代表 Not resistant to oil，可用來防護**非油性懸浮微粒**。
二、R 系列：R 代表 Resistant to oil，可用來防護非油性及含油性懸浮微粒。
三、P 系列：P 代表 Oil proof，可用來防護非油性及含油性懸浮微粒。

237.(4) 有關工業通風功能與目的之下列敘述何者不正確？
①提供工作場所勞工足夠的新鮮空氣
②稀釋或抽取作業環境空氣中所含的有害物，並藉空氣的流動將其排出，降低作業環境空氣中有害物或危險物的濃度
③藉由通風以控制及減少勞工暴露
④工業通風之排風機功能選用只需考慮馬力大小。

解析 通風之功能主要在於藉由供給或排除空氣，調節工作場所之空氣品質，以保持勞工之健康及提高其工作效率。
其目的可概分為四種：
一、提供工作場所勞工足夠的新鮮空氣。
二、稀釋或抽取作業環境空氣中所含的有害物，並藉空氣的流動將其排出，降低作業環境空氣中有害物或危險物的濃度，減少勞工暴露，這是預防職業病最根本的措施之一。
三、將空氣中的危險物稀釋並排出，避免火災爆炸的發生。
四、調節作業環境之溫濕度及風速，確保勞工之工作舒適度。

238.(4) 預防危害物進入人體的種種措施中，下列那一項不是針對發生源所進行的措施？
①危害源包圍 ②局部排氣 ③危害物替換 ④整體換氣。

解析 預防危害物進入人體之發生源措施如下：
一、以低毒性物料或物質代替高毒性物質使用。
二、變更生產程序或作業方法。
三、抑制、隔離、遮蔽危害物質危害發生源。
四、裝設局部排氣裝置。
五、設置密閉設備。

239.(2) 室內作業環境空氣中二氧化碳最大容許濃度為 5000ppm，而室外空氣中二氧化碳濃度平均為 350ppm，有 100 名員工進行輕工作作業，其每人二氧化碳呼出量為 $0.028m^3CO_2/hr$，若以室外空氣進行稀釋通風，試問其每分鐘所需之必要換氣量 Q1 ？同理，若用不含二氧化碳之空氣進行稀釋通風，請問其每分鐘所需之必要換氣量 Q2 ？請問下列選項何者為正確？
① Q1 約為 $6m^3/min$ ② Q1 約為 $9m^3/min$
③ Q1 約為 $20m^3/min$ ④ Q2 約為 $600m^3/min$。

解析 換氣稀釋通風採用公式：
每小時每人戶外空氣之換氣量 $(m^3/hr)Q = \frac{K}{(p-q)} \times 10^6$
K：二氧化碳產生量 (m^3/hr)
p：二氧化碳容許濃度 (ppm)
q：戶外二氧化碳濃度 (ppm)
先計算產生的二氧化碳為 100(人)×0.028=$2.8m^3/hr$，再計算每分鐘的產生量為 $0.0467m^3$，(5000-350)=4650，帶入公式得 $0.0467/4650\times10^6$，得到答案為 10.04 左右，此題勞動部公告之標準答案為 $9m^3/min$，但根據計算實際答案應為 $10.04m^3/min$，請考生特別注意。

240.(4) 有害物作業場所控制危害之最優先考慮方法為下列何者？
①自然換氣 ②局部排氣裝置 ③整體換氣裝置 ④密閉設備。

解析 密閉設備是將有害物完全密閉起來是最能有效防止或減少工作者暴露有害物的方法，因此**密閉設備**是有害物作業場所工程控制或降低危害的最優先考慮之方法。

241.(3) 製備甲苯 C_7H_8 標準氣體 100ppm(25°C,1atm) 於一密閉實驗室 $(100*10*3m^3)$，請問需要多少公克的甲苯液體？
① 0.376 ② 376 ③ 1129 ④ 1129000。

解析 實驗室空間為 =100*10*3=$3000m^3$，轉換成公升 (L) 為 3000000 公升。標準氣體需要 100ppm，因此 3000000*100/1000000(百萬分之一)為 300。總共需要 300L 的體積，氣體莫耳體積為 24.5 升 / 莫耳 (25°C,1atm)，因此 300/24.5=12.25(需要的甲苯莫耳數)，甲苯之分子量為 92.14g/mol，因此重量為 92.14*12.25=1129g。

242.(1) 某公司有作業員工 300 人，廠房長 30 公尺，寬 15 公尺，高 5 公尺，每日需使用第一種有機溶劑三氯甲烷，依有機溶劑中毒預防規則規定，其容許消費量為每小時多少公克？

① 10 ② 60 ③ 120 ④ 150。

解析

有機溶劑中毒預防規則指有機溶劑或其混存物：
第一種：容許消費量 = 1/15×作業場所之氣積。
第二種：容許消費量 = 2/5×作業場所之氣積。
第三種：容許消費量 = 3/2×作業場所之氣積。

- 容許消費量單位 = 公克；氣積單位 = m^3；
- 氣積超過 $150m^3$，一律以 $150m^3$ 計算；
- 作業場所之氣積不包括超越地面 4m 以上之空間。

此題作業氣積超過 $150m^3$，以 $150m^3$ 計算，150*1/15=10 公克。

243.(3) 某公司廠房長 20 公尺，寬 10 公尺，高 6 公尺，每日每小時平均使用第三種有機溶劑石油醚 30 公克，依有機溶劑中毒預防規則規定，其每小時需提供多少立方公尺之換氣量？

① 0.3 ② 9 ③ 18 ④ 72。

解析

計算之有機溶劑之換氣量公式為：
第一種：每分鐘換氣量 = 作業時一小時有機溶劑消費量×0.3
第二種：每分鐘換氣量 = 作業時一小時有機溶劑消費量×0.04
第三種：每分鐘換氣量 = 作業時一小時有機溶劑消費量×0.01

- 每分鐘換氣量單位 = m^3；
- 作業時間內有機溶劑消費量單位 = gram；
- 消費量 = 蒸發的有機溶劑數量。

因此根據題目 30g (作業時一小時有機溶劑消費量 ×0.01 = 0.3(每分鐘換氣量))，再乘以 60 得出每小時為 18 立方公尺之換氣量。

244.(4) 一乾燥爐內有丙酮在蒸發，每小時蒸發量為 1kg，經過理論計算則需要每分鐘 0.9 立方公尺之新鮮空氣稀釋丙酮蒸氣才安全 (其爆炸範圍 2.6-12.8%)；若乾燥爐內操作物改為苯 (其爆炸範圍 1.4-7.1%)，每小時蒸發量也為 1kg，依職業安全衛生設施規則規定，需要每分鐘多少立方公尺之新鮮空氣稀釋苯蒸氣才安全？ ① 0.4 ② 0.9 ③ 1.0 ④ 1.2。

解析

由於此題的計算是採用固定重量的蒸發比，但由於是不同物質，其氣體之體積是不同的，丙酮的分子量為 58.08，重量為 58.08g/ 莫耳，苯分子量為 78.11，重量為 78.11g/ 莫耳，而 1kg 重之丙酮為 17.217 莫耳，1kg 重之苯為 12.8 莫耳。而根據比例，X/0.9=17.217/12.8，得出 X 為 1.2。

245.(3) 某作業場所有 30 人，每人平均 CO_2 排放量為 $0.03m^3/hr$，若 CO_2 之容許濃度為 5000ppm，而新鮮空氣中之 CO_2 之濃度為 435ppm，則作業場所每分鐘共需提供多少立方公尺之新鮮空氣才符合勞工作業場所容許暴露標準？

① 2.13 ② 2.86 ③ 4.29 ④ 4.93。

解析 換氣稀釋通風採用公式：

每小時每人戶外空氣之換氣量 $(m^3/hr)Q = \frac{K}{(p-q)} \times 10^6$

K：二氧化碳產生量 (m^3/hr)

p：二氧化碳容許濃度 (ppm)

q：戶外二氧化碳濃度 (ppm)

先計算產生的二氧化碳為30(人)×0.03=$0.9m^3/hr$，再計算每分鐘的產生量為$0.015m^3$，(5000-435)=4565，帶入公式得 0.015/4565×10^6，得到答案為3.286左右，此題勞動部公告之標準答案為$4.29m^3/min$，但根據計算實際答案應為$3.286m^3/min$，請考生特別注意。

246.(3) 利用廠內熱空氣上升，並由屋頂排出，同時新鮮冷空氣會由門窗等開口補充進入廠房中，如此可達到排除熱有害空氣及補充新鮮空氣之換氣目的請問此為何種換氣法？

①分子擴散法　②慣性力排除法　③溫度差換氣法　④機械換氣法。

解析 一、分子擴散法：氣體分子可藉由擴散作用，由高濃度區域擴散至低濃度區域，使環境中之濃度均勻，利用此特性，非連續性、低濃度有害物可因分子擴散作用，而使其濃度降至容許濃度值以下。

二、慣性力排除法：有害物從其發生源產生時，利用本身具有的慣性力，可將此有害物順勢予以排除。

三、**溫度差換氣法**：俗稱太子樓，可利用廠內外溫度差，使廠內熱空氣上升，並由屋頂排出，此時補充用之新鮮冷空氣會由門窗等開口進入廠房中，如此可達到排除熱有害空氣及補充新鮮空氣之換氣目的。

四、機械換氣法：主要是利用排風機強制空氣流動達到換氣的目的。

247.(1) 下列對於安全係數K之敘述何者正確？

①實際換氣量 $Q'(m^3/s)=K\times$ 理論換氣量 $Q(m^3/s)$

②在供、排氣位置及混合效率良好時，可設定K為5~10

③考量工作場所可燃性氣體濃度維持在其爆炸下限的30%以下，和K無關

④如果位置及混合效率不良時，K值需設定為1~2，以確保整體換氣效果。

解析 以新鮮空氣稀釋作業場所中的有害物濃度，使其合於法定之容許濃度標準，計算公式為：

$$Q = \frac{24.45 \times 10^3 \times W}{60 \times C \times M} \times K$$

Q：必要換氣量 (m^3/min)

W：有害物每小時實際蒸發或擴散到空氣中之量 (g/hr)

M：有害物之分子量

C：有害物之容許濃度 (ppm)

K：安全係數(通常取3至10左右)

安全係數在通風不好的位置或效率時，係數會取較高，而通風好的位置可以取較低。

248.(4) 整體換氣設置原則不包括下列那一項？

①整體換氣通常用於低危害性物質，且用量少之環境

②局部較具毒性或高污染性作業場所時，最好與其他作業環境隔離，或併用局部排氣裝置

③有害物發生源遠離勞工呼吸區，且有害物濃度及排放量需較低，使勞工不致暴露在有害物之八小時日時量平均容許濃度值之上

④作業環境空氣中有害物濃度較高，必須使用整體換氣以符合經濟效益。

解析 整體換氣設置原則：

一、整體換氣通常用於低危害性物質，且用量少之環境。

二、作業環境空氣中**有害物濃度不能太大**，否則因所需稀釋之空氣量大而使整體換氣不符經濟效益。

三、有害物發生源需遠離勞工呼吸區，且有害物濃度及排放量需較低，使勞工不致暴露在有害物之 8 小時日時量平均容許濃度值之上。

四、補充之新鮮空氣量應足夠，並應根據作業環境需要，先行調整溫濕度，送進作業環境時，應先經過勞工呼吸區，不可先經過有害物發生源，再經過勞工呼吸區建。

五、避免排出的污染空氣再回流，排氣口位置最好高過屋頂，約建築物高度一點五倍至兩倍為佳，且遠離進氣口。

六、為求稀釋效果良好，避免新鮮空氣動線發生短流，抽風口及送風口位置應使氣流流動路徑順暢不受阻礙，且能有效流經整個有害物散佈區域，不致出現死角。

七、連接排氣機之導管開口部至應儘量接近有害物發生源，並使勞工呼吸區不暴露在排氣氣流中。

八、在衡量有害物排放率及通風混合稀釋效果前題下，為有效控制有害物濃度在法規容許濃度值以下。

249.(4) 理想之整體換氣裝置設計方式不包括下列那一項？

①在最短的時間內稀釋污染物濃度

②污染物以最短的時間或最短的路徑排出

③污染物排出路徑不經過人員活動區域

④已排出的污染物應設計使其重回進氣口。

解析 理想之整體換氣裝置設計方式：

一、將污染物濃度降至最低。

二、在最短的時間內稀釋污染物濃度。

三、不使已沈積的污染物再飛揚。

四、無死角。

五、污染物以最短的時間或最短的路徑排出。

六、污染物排出路徑不經過人員活動區域。

七、已排出的污染物**不至重回進氣口**。

250.(2) 整體換氣裝置通常不用在粉塵或燻煙之作業場所，其原因不包括下列那一項？

①粉塵或燻煙產生速度及量大，不易稀釋排除

②粉塵或燻煙危害小，且容許濃度高

③粉塵或燻煙產生率及產生量皆難以估計

④整體換氣裝置較適合於使用在污染物毒性小之氣體或蒸氣產生場所。

解析 整體換氣裝置通常不用在粉塵或燻煙之作業場所，其原因如下：

一、粉塵或燻煙產生速度及量大，不易稀釋排除。

二、粉塵或燻煙危害高，且容許濃度低。

三、粉塵或燻煙產生率及產生量皆難以估計。

四、整體換氣裝置較適合於使用在污染物毒性小之氣體或蒸氣產生場所。

251.(2) 下列那些項目對於管道內壓力之敘述有誤？

①動壓：由於空氣移動所造成，僅受氣流方向影響且一定為正值

②靜壓：方向是四面八方均勻分佈，若是正壓則管道會有凹陷的趨勢，若是負壓則會有管道膨脹的趨勢

③靜壓和動壓之總和為定值(大氣密度過小而忽略)，是根據伯努利定律所推導而得

④全壓有可能為正值，也有可能為負值。

解析 一、**靜壓**：指的就是流體因受重力與風扇的推動，因而施加於器具表面且與器具表面呈垂直的力，此就稱之為靜壓，其他再例如像氣球內所具有的壓力，以及輪胎的胎壓等也都是屬於靜壓。一般在風管內，任何方向與位置上的靜壓均為定值，其中靜壓值若為負值(與大氣壓力來比)，則此時表示風管正受到擠壓；若為正值，則此時表示風管正在膨脹。

二、動壓：指的就是流體因流動速度所形成的壓力，此就稱之為動壓；至於在單位表示上同靜壓表示方式。

三、全壓：為靜壓與動壓之和，一般全壓與靜壓一樣是可直接透過量測得到；至於在單位表示上同靜壓表示方式。

252.(1) 氣罩開口設置凸緣 (Flange)，最多可增加多少 % 之抽氣效率？

① 25 ② 50 ③ 60 ④ 75。

解析 局部排氣裝置之氣罩裝設凸緣，為使局部排氣裝置之氣罩有效控制有害物於氣罩口逸走，任何形式局部排氣裝置之氣罩均應裝設凸緣。

局部排氣裝置之氣罩裝設凸緣之目的：

- 減少排氣風量損耗(約 25%) 及降低壓力損失 (50%)。
- 對於外部擾亂氣流具有阻擋作用。
- 可獲得較大控制風速，有效控制有害物於氣罩口逸走。

253.(1) 在一管徑 20cm 的通風管道內，量測到風速為 30cm/s，在 20°C 時，標準大氣情況下，經計算 Re 約為 3960，請問下列有關雷諾數 (Reynold number, Re) 或流場之敘述何者為正確？

①為過渡區流場 ②為紊流流場 ③為層流流場 ④流場與雷諾數無關。

解析 亂流 (turbulence)，也稱為紊流，是流體的一種流動狀態。當流速很小時，流體分層流動，互不混合稱為層流，或稱為片流；逐漸增加流速，流體的流線開始出現波浪狀的擺動，擺動的頻率及振幅隨流速的增加而增加，此種流況稱為**過渡流**；當流速增加到很大時，流線不再清楚可辨，流場中有許多小漩渦，稱為亂流，又稱為湍流、擾流或紊流。流態轉變時的雷諾數值稱為臨界雷諾數。臨界雷諾數與流場的參考尺寸有密切關係。一般管道流雷諾數 Re < 2100 為層流狀態，Re > 4000 為亂流狀態，Re = 2100 ～ 4000 為過渡狀態。

254.(3) 包圍型氣罩捕捉風速係指下列何者？

①氣罩開口面之平均風速 ②氣罩開口面之最大風速

③氣罩開口面之最低風速 ④氣罩與導管連接處之平均風速。

解析

- 包圍型氣罩捕捉風速：係指氣罩開口面之**最低風速**。
- 外裝型氣罩捕捉風速：係指作業位置內之粉塵發生源之氣罩所吸引之發散粉塵範圍內，距離氣罩最遠距離之作業位置之風速。

255.(2) 關於氣罩之敘述，下列那一項不正確？

①包圍污染物發生源設置之圍壁，使其產生吸氣氣流引導污染物流入其內部之局部排氣裝置之入口部份

②外裝型氣罩可以裝設凸緣 (Flange) 以增加抽氣風速，但狹縫型氣罩無法加裝凸緣

③某些氣罩設計具有長而狹窄的狹縫

④即使是平面的管道開口也可稱為氣罩。

解析 氣罩：

一、包圍污染物發生源設置之圍壁，或於無法包圍時儘量接近於發生源設置之開口面，使其產生吸氣氣流引導污染物流入其內部之局部排氣裝置之入口部份。

二、設置凸緣 (Flange)，可防止非控制污染物所必要之空氣之吸入。

三、狹縫型氣罩為提高有害物之捕捉效率，減低所需排氣量，氣罩開口四周**可加裝凸緣**。

四、氣罩之型式有狹縫型、凸緣狹縫型、簡單開口型、凸緣開口型、涼亭型、傘頂型。

五、即使是平面的管道開口也可稱為氣罩。

256.(4) 關於導管之敘述，下列那一項不正確？

①包括污染空氣自氣罩、空氣清淨裝置至排氣機之運輸管路 (吸氣管路)

②可包括自排氣機至排氣口之搬運管路 (排氣導管)

③設置導管時應同時考慮排氣量及污染物流經導管時所產生之壓力損失

④截面積較小時雖其壓損較低，但流速會因而減低，易導致大粒徑之粉塵沈降於導管內。

解析 導管：

一、污染空氣自氣罩、空氣清淨裝置至排氣機之運輸管路（吸氣管路）。

二、可包括自排氣機至排氣口之搬運管路（排氣導管）。

三、設置導管時應同時考慮排氣量及危害物流經導管時所產生之壓力損失，故導管截面積及長度之決定為影響導管設置之重要因子。

四、**截面積較大**時雖其壓損較低，但流速會因而減低，易導致大粒徑之粉塵沉降於導管內。

257.(3) 關於排氣機之敘述，下列那一項不正確？

①是局部排氣裝置之動力來源

②其功能在使導管內外產生不同壓力以帶動氣流

③軸心式排氣機之排氣量小、靜壓高、形體較大，可置於導管內，適於高靜壓局部排氣裝置

④排氣機出口處緊鄰彎管 (elbow)，容易因出口處的紊流而降低排氣性能。

解析 排氣機：

通常為排氣風扇，是局部排氣裝置之動力來源，其功能在使導管內外產生不同壓力以帶動氣流。最常用的可分為軸心式與離心式。軸心式之排氣量大，靜壓低、形體較小，可置於導管內，適於低靜壓局部排氣裝置；而離心式有自低靜壓至高靜壓範圍之設計，但形體較大。

258.(1) 局部排氣裝置之設計與使用時機，下列那一項敘述不正確？

①從有害物發生源附近即可移除有害物，其所需要的排氣量及排氣機動力會比整體換氣大

②在使用局部排氣裝置前，應優先考慮能減少有害物發散量的方法

③作業環境監測或員工抱怨顯示空氣中存在有害物，其濃度會危害健康、有爆炸之虞

④法規有規定需設置，例如四烷基鉛中毒預防規則。

解析 局部排氣裝置之設計與使用時機：

一、無其他更經濟有效之控制方法。

二、作業環境監測或員工抱怨顯示空氣中存在有害物，其濃度會危害健康、有爆炸之虞、會影響產能或產生不舒服的問題。

三、法規有規定需設置。目前有機溶劑中毒預防規則、鉛中毒預防規則、四烷基鉛中毒預防規則、特定化學物質危害預防標準及粉塵危害預防標準等法規中皆有相關規定。

四、預期可見改善之成效，包括產能及員工士氣之提昇、廠房整潔等。

五、有害物發生源很小，固定或有害物容易四處逸散。

六、有害物發生源很靠近勞工呼吸區。

七、有害物發生量不穩定，會隨時間改變。

因此局部排氣適用於在發生源附近移除有害物，會比整體換氣來得經濟且高效。

259.(2) 有關局部排氣裝置之設計與使用時機，下列那一項敘述不正確？
①有害物發生源很小、有害物容易四處逸散
②有害物發生源遠離勞工呼吸區 (breathing zone)
③有害物發生量不穩定，會隨時間改變
④預期可見改善之成效，包括產能及員工士氣之提昇、廠房整潔等。

解析
局部排氣裝置之設計與使用時機：
一、無其他更經濟有效之控制方法。
二、作業環境監測或員工抱怨顯示空氣中存在有害物，其濃度會危害健康、有爆炸之虞、會影響產能或產生不舒服的問題。
三、法規有規定需設置。目前有機溶劑中毒預防規則、鉛中毒預防規則、四烷基鉛中毒預防規則、特定化學物質危害預防標準及粉塵危害預防標準等法規中皆有相關規定。
四、預期可見改善之成效，包括產能及員工士氣之提昇、廠房整潔等。
五、有害物發生源很小，固定或有害物容易四處逸散。
六、有害物發生源很靠近勞工呼吸區。
七、有害物發生量不穩定，會隨時間改變。
因此局部排氣適用於在發生源附近移除有害物，會比整體換氣來得經濟且高效。

260.(4) 雇主對局部排氣裝置或除塵裝置，於開始使用、拆卸、改裝或修理時，依職業安全衛生管理辦法規定實施重點檢查，以下那一項敘述不正確？
①檢查導管或排氣機粉塵之積聚狀況
②檢查導管接合部分之狀況
③檢查吸氣及排氣之能力
④改用危害較低之原料、改善或隔離製程等工程改善方法。

解析
依職業安全衛生管理辦法第 47 條規定，雇主對局部排氣裝置或除塵裝置，於開始使用、拆卸、改裝或修理時，應依下列規定實施重點檢查：
一、導管或排氣機粉塵之聚積狀況。
二、導管接合部分之狀況。
三、吸氣及排氣之能力。
四、其他保持性能之必要事項。

261.(1) 關於包圍式氣罩之敘述，下列那一項不正確？
①將汙染源密閉防止氣流干擾污染源擴散，觀察口及檢修點越大越好
②氣罩內應保持一定均勻之負壓，以避免污染物外洩
③氣罩吸氣氣流不宜鄰近物料集中地點或飛濺區內
④對於毒性大或放射物質應將排氣機設於室外。

解析
包圍式氣罩：
一、將汙染源全部予已包圍，只留觀察孔等**較小**的開口，於開口部份產生吸氣氣流，使污染空氣不至逸流於外部。
二、氣罩內應保持一定均勻之負壓，以避免污染物外洩。
三、氣罩吸氣氣流不宜鄰近物料集中地點或飛濺區內。
四、對於毒性大或放射物質應將排氣機設於室外。

262.(3) 關於外裝式氣罩之敘述，下列那一項不正確？
①氣罩口加裝凸緣以提高控制效果
②頂蓬式氣罩可在罩口四周加裝檔板，以減少橫向氣流干擾
③頂蓬式氣罩擴張角度應大於 60°，以確保吸氣速度均勻
④在使用上及操作上，較包圍式氣罩更易於被員工接受。

解析 關於外裝式氣罩：
一、氣罩口加裝凸緣以提高控制效果。
二、頂蓬式氣罩可在罩口四周加裝檔板，以減少橫向氣流干擾。
三、為確保吸氣速度均勻，頂蓬式氣罩擴張角度**不應大於 60°**。
四、在使用上及操作上，較包圍式氣罩更易於被員工接受。

263.(2) 請問下列何項氣罩較不適合使用在生產設備本身散發熱氣流，如爐頂熱煙，或高溫表面對流散熱之情況？
①高吊式氣罩 ②向下吸引式氣罩 ③接收式氣罩 ④低吊式氣罩。

解析 高溫型氣罩有三種：
一、高吊式氣罩。
二、接收式氣罩。
三、低吊式氣罩。

264.(3) 有一酸洗槽上有懸吊式氣罩，酸洗槽作業面周長 18 公尺，其與氣罩間垂直高度差為 3 公尺，若氣罩寬 3.75 公尺，長 6 公尺，捕捉風速平均為 7.5m/s，其理論排氣量為 X。若其為加強補集效果，在氣罩下多加三片塑膠版，圍住三面，僅餘一長面操作，則理論排氣量為 Y。請問下列那一項正確？
① $X<Y$ ② $X=Y$ ③ $X=135m^3/s$ ④ $Y=844m^3/s$。

解析 由於懸吊式氣罩從四面吸收空氣排風，若裝上塑膠板則影響排氣量，因此X應大於Y的排風量。理論排氣量為作業面周長 x 捕捉風速因此 $18\times7.5m/s=135m^3/s$。

265.(4) 下列何者不為直讀式儀器使用時機？
①緊急搶救 ②儲槽內部工作前輔助
③最高可能濃度之測定 ④八小時時量平均濃度評估。

解析 直讀式儀器是指能於短時間內直接顯示待測物濃度之儀器，其使用時機：
一、用於緊急搶救時狀況之了解。
二、密閉空間工作進入前的測定。
三、現場初步調查。
四、最高可能濃度之測定，可量測**瞬間濃度**或**時量平均容許濃度**。

266.(2) 對於有害物工程控制，下列敘述何者為非？
①將製造區隔離，以減少暴露人數
②使用濕潤法(濕式作業)以減少有機溶劑逸散
③改變製程以減少操作人員與危害因素之接觸
④使用區域排氣(通風)，以排出危害氣懸物質。

解析
有害物工程控制：
一、危害預防、污染預防。
二、以危害性較低物質替代危害性較高物質。
三、改變製程以減少操作人員與危害因子之接觸。
四、將製造區隔離，以減少暴露人數。
五、使用濕潤法以減少**粉塵**產量。
六、使用區域排氣，以排出危害氣懸物質。

267.(2) 對於「飛沫傳染」之敘述，下列答案何者為非？
①飛沫是指接觸到上呼吸道具傳染性的分泌物
②結核桿菌、葡萄球菌及鏈球菌由飛沫傳染為唯一途徑
③當宿主吸入這些飛沫，其粘膜接觸到這些粒子時，才會引起感染
④呼吸道飛沫傳染必須兩人在三呎內，在飛沫還未降落之前接觸才會被傳染。

解析
飛沫傳染是指接觸到上呼吸道具傳染性的分泌物，當宿主吸入這些飛沫，其粘膜接觸到這些粒子時，才會引起感染，呼吸道飛沫傳染必須兩人在三呎內，在飛沫還未降落之前接觸才會被傳染，而結核桿菌、葡萄球菌及鏈球菌可以由空氣傳染。

268.(3) 暴露於生物體所產生之細菌內毒素、細菌外毒素、真菌毒素，可能產生發燒、發冷、肺功能受損等症狀，此種現象稱為？
①感染 ②過敏 ③中毒 ④中暑。

解析
- 感染 (Infection)：生物體在人體內繁殖生長所致(如：流行性感冒、痲疹、肺結核)。
- 過敏 (Allergy)：生物體以過敏原角色經重覆暴露致使人體免疫系統過度反應所致(如：過敏性肺炎、氣喘、過敏性鼻炎)。
- **中毒** (Toxicity)：暴露於生物體所產生之毒素(細菌內毒素、細菌外毒素、真菌毒素)所致(如：發燒、發冷、肺功能受損)。

269.(3) 對於病原體「空氣傳染」之敘述，下列答案何者為非？
①空氣傳染為以飛沫核進行傳染
②是指直徑小於五微米，它們能在空氣中懸浮相當長的一段時間
③第一線防疫人員需佩戴外科手術口罩以杜絕傳染
④不須經由直接或間接接觸即可經空氣由一個人傳給另一個人。

解析

- 空氣傳染 (air-borne transmission) 則屬於一種間接傳染，包含有病原的顆粒較小，所以能在空氣中漂浮而傳染他人，其傳染的範圍也較大，例如退伍軍人症可以依此途徑傳染。
- 防疫人員進入確認或疑似患有下列疾病之病人的病房或住家時，應佩戴經測試密合的 **N95 或高效能口罩**作為呼吸道保護。

270.(4) 負壓隔離病房的設置特性，不包含以下那一項？
①醫院收容傳染病患者時，設計以控制病患身體產生的生物氣膠污染
②設計使病房內之氣壓恆低於病房外之氣壓
③設計迫使病房外之空氣透過各種結構縫隙(門縫、平衡風門開口等)單向流入病房內部空間，造成病房內空氣之單向隔絕
④醫護人員在病房內照護病患時，應站在氣流流入之下風處，避免受到空氣傳播感染。

解析

負壓隔離病房之特性：
一、醫院收容傳染病患者時，為控制病患身體產生的生物氣膠污染範圍。
二、刻意使病房內之氣壓恆低於病房外之氣壓。
三、迫使病房外之空氣透過各種結構縫隙(門縫、平衡風門開口等)單向流入病房內部空間，造成病房內空氣之單向隔絕，此種病房通稱為負壓隔離病房。
四、負壓隔離病房通常由「病室」與附屬於病室的「前室」構成，但前者與後者之對應關係可能為一對一(獨立前室)或多對一(共同前室)。
五、醫護人員應該站在**上風處**較可以避免受到空氣傳播的汙染。

271.(1) 化學品分級管理 (chemical control banding, CCB) 在劃分危害群組時將符合 GHS 健康危害分類為急毒性物質，任何暴露途徑第 1、2 級之物質多歸屬於下列何群組？ ① D ② C ③ S ④ B。

解析

劃分危害群組：

危害群組	GHS 健康危害分類	
E	•生殖細胞致突變性物質第 1、2 級 •致癌物質第 1 級	•呼吸道過敏物質第 1 級
D	•急毒性物質，任何暴露途徑第 1、2 級 •致癌物質第 2 級	•生殖毒性物質第 1、2 級 •特定標的器官系統毒性物質～重複暴露第 1 級
C	•急毒性物質，任何暴露途徑第 3 級 •腐蝕/刺激皮膚物質第 1 級 •嚴重損傷/刺激眼睛物質第 1 級 •皮膚過敏物質第 1 級	•特定標的器官系統毒性物質～單一暴露第 1 級 •特定標的器官系統毒性物質～單一暴露，第 3 級(呼吸道刺激) •特定標的器官系統毒性物質～重複暴露第 2 級
B	•急毒性物質(任何暴露途徑)第 4 級	•特定標的器官系統毒性物質～單一暴露第 2 級
A	•急毒性物質(任何暴露途徑)第 5 級 •腐蝕/刺激皮膚物質第 2、3 級	•嚴重損傷/刺激眼睛物質第 2 級 •所有未被分類至其他群組的粉塵及液體
S	•急毒性物質，皮膚接觸第 1、2、3、4 級 •嚴重損傷/刺激眼睛物質第 1、2 級 •皮膚過敏物質第 1 級 •腐蝕/刺激皮膚物質第 1、2 級	•特定標的器官系統毒性物質～單一暴露(皮膚接觸)第 1、2 級 •特定標的器官系統毒性物質～重複暴露(皮膚接觸)第 1、2 級

(危害性 ↑)

資料來源：勞動部職業安全衛生署

272.(1) 下列對於生物危害管理之敘述，那一項有誤？
①標準微生物操作程序禁止飲食、抽煙、處理隱形眼鏡、化妝，但在實驗室內可以喝水
②生物危害管理二級防範措施，包含保護實驗室外環境(含社區環境)，工作人員需免疫接種與定期檢驗，但無關動物管制
③生物安全等級第三級：臨床診斷教學研究生產等單位使用本土或外來物質時，可造成嚴重或致命疾病者，如漢他病毒
④生物安全操作櫃III級：為人員、外界環境與操作物的最高保護，適用生物安全第三、四級。

解析 基本上針對各病原體對人體、環境的危害程度分為四大類：

一、生物安全等級一：
- 適用於使用之生物不會使健康人致病、對實驗室工作人員及環境具最低潛在危險。如：大腸桿菌。
- 工作可依照標準微生物操作準則，在開放的實驗桌上進行，不需特殊設計的污染防護儀器設施。
- 實驗室無須與其他作業區域分離。

二、生物安全等級二：
- 用於中度潛在危險的病原。病原與人類疾病有關，可能有皮膚接觸、誤食及黏膜暴露。如：金黃色葡萄球菌。
- 與等級一差別在(1)實驗室工作人員受過使用致病物質的特殊訓練並由適當的專家所指導。(2)工作進行中需管制門禁。(3)特別小心受污染的尖銳物品。(4)操作步驟可能產生氣霧或濺灑者，需使用生物安全櫃或物理性防護設備。

三、生物安全等級三：
- 可經氣膠傳播之本土或外來病原，會嚴重危害健康。如：SARS病毒。
- 適用於臨床、診斷、教學、研究單位、工作人員必須接受處理致病性及致命生物的特別訓練，處理感染性物質的過程需在生物安全櫃中進行，或使用其他物理防範裝置。
- 實驗室需經特殊設計(如緩衝區、密封通道、定向氣流等)。故需遵守標準微生物操作、特殊操作及安全設備規範才能符合等級三之需要。

四、生物安全等級四：
- 適用於可經由氣膠傳播或未知傳染危險之危險生物病原，會引起對生命之高度危機的疾病。如：依波拉病毒。
- 實驗工作人員必須接受極度危險之感染性物質的特別訓練，需充分了解標準及特殊操作、設備、實驗室的設計特色。並嚴格管制實驗室門禁，所有活動皆限於第三級生物安全櫃中；或於第二級生物安全櫃中，工作人員穿著連身式具支持生命系統通風設備的正壓工作服，完全與其他區域隔離。

273.(2) 下列對於微生物特性之敘述，那一項有誤？
①節肢動物之疾病傳播方式為叮咬或吸入排泄物，常以哺乳類動物為宿主(如鼠)
②病毒 (Virus) 為絕對寄生，大小約為 0.5-1μm×2-5μm，無完整細胞結構，僅有核酸、蛋白質外殼
③真菌 (Fungi) 似植物體、缺乏葉綠素、多以本身酵素分解有機物，單細胞或多細胞結構
④細菌外毒素 (exotoxins) 為在寄主體內生長代謝過程中即可產生，造成寄主神經性、胃腸性、免疫性或血液方面的疾病。

解析 病毒的形狀和大小(統稱形態)各異。大多數病毒的直徑在 10-300 奈米 (nm)。一個完整的病毒顆粒稱為「病毒體」(virion)，是由蛋白質組成的具有保護功能的「衣殼 (Capsid，或稱蛋白質外殼)」和衣殼所包住的核酸組成，是僅能在生物體活細胞內複製繁衍的亞顯微病原體。它由核酸分子（DNA 或 RNA）與保護性外殼（蛋白質）構成的非細胞形態的類生物結構。

274.(4) 高等動物如鼠、兔、貓、狗、猴等，其對人造成風險的途徑與方式，不包含下列何項？
①動物咬傷 ②透過其身上之皮屑造成傳染
③寄生於寵物身上的節肢動物傳染 ④接觸乳膠蛋白造成過敏。

解析 一、高等動物之傳染來源：
- 寵物或實驗動物。
- 鼠、兔、貓、狗、猴等。

二、造成風險的途徑與方式：
- 動物咬傷。
- 皮屑。
- 寄生於寵物身上的節肢動物。

三、人畜共同傳染病。

275.(3) 下列對於生物危害之人員管理敘述，那一項有誤？
①加強個人衛生(例如洗手)
②注意個人健康管理(例如施打疫苗)
③操作生物安全第三、四級者，應遵守標準微生物操作守則，其餘生物安全等級則排除
④使用個人防護設備(最後一道預防管道)。

解析 生物危害之人員管理：
- 加強個人衛生(例如：洗手)。
- 注意個人健康管理(例如：施打 B 肝疫苗)。
- 遵守標準微生物操作守則。
- 使用個人防護設備(最後一道預防管道)：
  —穿著實驗衣。
  —佩戴手套及防護口罩。

276.(3) 下列對於標準脫除手套步驟及注意事項之敘述，那一項有誤？
①第一步驟為以戴手套的右手抓住近手腕處左手手套的外面，將手套翻轉脫下
②用脫下手套的左手插入右手套內，以外翻的方式脫下右手手套
③整個過程中應儘可能碰觸手套外側為原則，即手套對皮膚的方式進行
④脫除的手套須置於生物廢棄物處理桶(袋)中。

解析
標準脫除手套步驟：
一、此時雙手皆戴有手套，先以一手抓起另一手手套接近腕部的外側。
二、將手套以**內側**朝外的方式脫除。
三、脫下來的手套先以仍戴有手套的手拎著。
四、已脫除手套的手，將手指穿入另一手的手套腕口內側。
五、以內側朝外的方式脫除手套，並在脫除過程中，將拎在手上手套一併套入其中。
六、將脫下來的手套丟入醫療廢棄物垃圾桶中。

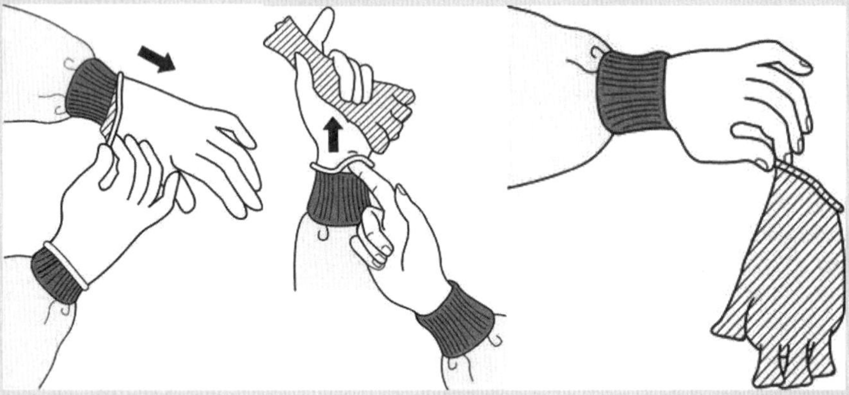

資料來源：衛生署疾病管制局

277.(2) 下列對於消毒或滅菌之相關敘述，那一項有誤？
① 75% 酒精可使病原體蛋白質凝固，達到殺菌效果；95% 酒精會使菌體外層產生一層保護莢膜，而影響消毒效果
② 75% 酒精對內孢子、無外套膜病毒(如：腸病毒)之消毒效果極佳
③氯液消毒法之消毒原理主要為使菌體產生氧化作用
④紫外線的穿透度極低，無法消毒到物品的背面或內側。

解析
一、酒精消毒原理：
- 75% 酒精可使病原體蛋白質凝固，達到殺菌效果；95% 酒精會使菌體外層產生一層保護莢膜，而影響消毒效果。
- 可有效消滅細菌營養體、真菌和含脂病毒，但對內孢子無效，**對無外套膜病毒(如：腸病毒)效果不穩**。
- 長期和重複使用後也可能對橡膠或部分塑膠造成退色、膨脹、硬化和破裂。

二、氯液之消毒原理：
- 使菌體產生氧化作用。

- 漂白水會刺激黏膜、皮膚和呼吸道，且會在光或熱下分解，並容易與其他化學物質(如：鹽酸)起反應，產生有毒氣體。

三、紫外線照射消毒原理：

- 波長 254nm 的紫外線會使細胞的 DNA 發生變化，造成喪失繁殖的能力。
- 紫外線的穿透度極低，無法消毒到物品的背面或內側。
- 消毒時間約 20 分鐘以上，依菌種而異，對孢子及芽孢殺菌效果差。
- 對人體細胞有破壞作用。

278.(1) 下列對於生物安全櫃 (Biological Safety Cabinet, BSC) 之相關敘述，那一項有誤？
①利用乾淨之正壓層流空氣來隔絕其內部空氣外洩
② ClassIII 之 BSC 適用於操作生物安全等級第四級
③不在操作台面上使用明火為原則，因為會影響層流氣流
④開 UV 燈時要拉下玻璃窗，此玻璃窗可屏蔽 UV，避免 UV 暴露。

解析
- 生物安全櫃會利用**負壓**來隔絕其內部空氣外洩。
- 第三級的生物安全櫃設計目的在於工作使用上被歸於生物安全第四級的微生物試劑。
- 生物安全櫃不適合有明火的操作。
- 生物安全櫃會設置金屬或玻璃板阻隔，有紫外線時會用玻璃以便阻隔並透視。

279.(3) 生物醫療廢棄物 (Biomedical waste) 不包括下列那一項？
①基因毒性廢棄物
②廢尖銳器具
③研究機構生物安全等級第一級實驗室製造過程中產生的廢棄物
④生物科技工廠及製藥工廠，於研究、藥品或生物材料製造過程中產生的廢棄物。

解析
依據我國環保法規之認定，醫療院所特有之生物醫療廢棄物，可大致歸類為 3 大類，屬於致癌或可能致癌之細胞毒素或其他藥物者，被歸類於基因毒性廢棄物；屬於對人體會造成刺傷或切割傷之廢棄物品，如注射針頭、與針頭相連之注射筒及輸液導管、針灸針、手術縫合針、手術刀、載玻片、蓋玻片或破裂之玻璃器皿等，被歸類為廢尖銳器具；至於廢棄之微生物培養物、菌株及相關生物製品、病理廢棄物、血液廢棄物、受污染動物屍體、殘肢及墊料、手術或驗屍廢棄物、實驗室廢棄物、透析廢棄物、隔離廢棄物、受血液及體液污染廢棄物等，則被歸類為感染性廢棄物。這些類別的廢棄物都必須依照事業廢棄物貯存清除處理方法及設施標準，妥善加以處理。

280.(2) 下列何者為化學窒息性物質？
①正丁醇　②一氧化碳　③ 1,1,1,- 三氯乙烷　④二氧化碳。

解析
窒息性物質：
- 單純性窒息性物質：氮氣、氬氣、甲烷及二氧化碳。
- 化學性窒息性物質：**一氧化碳**、二氧化氮。

281.(1) 硫化氫屬於何種氣體？
①化學性窒息氣體 ②單純窒息氣體 ③麻醉氣體 ④氧化性氣體。

解析 硫化氫是無機化合物，化學式為 H_2S。正常是無色、易燃的酸性**化學性窒息氣體**，濃度低時帶惡臭，氣味如臭蛋；濃度高時反而沒有氣味(因為高濃度的硫化氫可以麻痺嗅覺神經)。

282.(3) 在毒性測試結果中，可以得到 LOAELs(lowest-observed adverse-effect levels)數值，其代表意義為何？
①不致引起不良反應之最高劑量 ②不致引起不良反應之最低劑量
③引起不良反應之最低劑量 ④引起不良反應之最高劑量。

解析 可觀察到不良效應之最低劑量 (LOAEL)：暴露族群和其適當控制組之間不良效應嚴重度和頻率有明顯生物性增加的**最低暴露劑量**。

283.(4) 毒性化學物質對生物體所產生的危害效應不包括下列何者？
①急性 ②慢性 ③致癌性 ④病原性。

解析 一、急毒性 (Acute Toxicity)：
高劑量下的化學藥劑在短時間內(通常在 24~48 小時內)對生物體所產生的致毒害效應。暴露的途徑(吸入、接觸、口服)可能為單一途徑或同時為二種或三種方式，為較易被生物體所吸收之化學藥劑在高劑量下產生立即而致危害的毒性。
二、慢性毒性 (Chronic Toxicity)：
給實驗性動物長期重複給予有毒物質所致的毒性反應或損害。慢性毒性有別於急性毒性反應，是一種長期的蓄積毒性，可受衰老等多種因素的影響，此種資料是化學物質安全性評估和制定各類容許限量標準的重要依據。
三、致癌性 (Carcinogenicity)：
毒性化學物質或其他化學藥劑能使致生物體因攝入此化學物質而導致癌細胞之產生，此種特性稱為致癌性。

284.(4) 有些化學物質本身毒性很低，但經由體內酵素反應代謝後，其毒性反而增加，此現象為下列何者？
①氧化反應 ②代謝解毒 ③鐘擺效應 ④代謝活化。

解析 化學物質本身無毒或毒性較低。但在體內經過生物轉化後，形成的代謝產物毒性比母體物質增大，甚至產生致癌、致突變、致畸作用，這一過程稱為**代謝活化**。

285.(1) 毒化物劑量增加而其造成生物體危害亦隨之增加，此現象為下列何者？
①劑量效應關係 ②激效作用 ③比爾定律 ④增強效應。

解析 劑量及效應是可測量的；而效應的大小是與劑量有關的。所有發生在化學物質與生物系統間之交互作用皆依循著一種**劑量—效應關係**。當劑量增加效應也增加；當劑量降低效應也降低，因此毒化物劑量增加而其造成生物體危害亦隨之增加。

286.(4) 下列何者非為毒性化學物質進入人體的途徑？
①皮膚 ②呼吸道 ③腸胃道 ④巨噬效應。

解析 **巨噬效應**由巨噬細胞作用，塵埃及壞疽組織的移除大部份由固定巨噬細胞負責，它們會駐守在一些戰略位置如肺臟、肝臟、神經中樞的組織、骨、脾臟及結締組織，以攝取外來物質如塵埃和病原體。巨噬細胞吞噬病原體，病原體會被困於食物泡中並稍後與溶體融合。在溶體中，酶和有毒物質如過氧化物會把侵入者消化。
化學毒物主要通過呼吸道、皮膚、消化道進入人體，還會對皮膚、眼睛等黏膜造成刺激。

287.(3) 職業暴露造成血鉛過高，較不會造成下列何種危害？
①貧血 ②肌肉無力如腕垂症 ③低血壓 ④神經行為異常。

解析 據研究血中鉛超過 40μg/dl（1dl=100ml）即會造成貧血等臨床症狀。以下分述各系統受鉛的危害症狀：
一、消化系統：腹痛、噁心、嘔吐、厭食、便祕或味覺異常。
二、血液系統：血色素合成受阻、紅血球生活期縮減而致小細胞低色素貧血。
三、神經系統：在成人方面主要表現在周邊運動神經病變，出現肌肉無力、顫抖、垂腕、麻痺等症狀；中樞神經症狀如抽搐、幻想、腦水腫及腦壓上升等多出現在嬰幼兒及高暴露量之成人。
四、泌尿系統：急性期會有腎近曲小管細胞損害，慢性時則有間質纖維化、腎水腫等現象。
五、生殖系統：男女均會導致不孕，母親懷孕時暴露鉛過多，可造成流產、死產及新生兒發育障礙。

288.(1) 在毒性試驗中，毒性化學物質能造成百分之50試驗動物死亡的劑量，此現象為下列何者？
① Lethal dose 50 (LD_{50}) ② Toxic dose 50 (TD_{50})
③ Stimulating dose 50 (SD_{50}) ④ Effective dose 50 (ED_{50})。

解析 一、半數致死濃度 (Lethal Concentration 50%, LC_{50})：
動物實驗中施用之化學物質能使 50% 實驗動物族群發生死亡時所需要之濃度。通常對水體生物毒理研究及生物呼吸道吸入毒理研究以半數致死濃度替代半數致死劑量。
二、**半數致死劑量** (Lethal Dose 50%, LD_{50})：
動物實驗中，能致使實驗動物產生 50% 比例之死亡所需要化學物質之劑量。
三、半數有效劑量 (Effective Dose 50%, ED_{50})：
能使 50% 實驗動物產生反應所需要之有效劑量。ED_{50} 值越低表示某種物質對某種動物之影響力越高。

289.(2) 下列何者屬於化學性致癌物質？
①肝炎病毒 ②砷 ③ UV ④ X-ray。

解析 化學性致癌物種類較多，包括石綿、多環芳烴、芳香胺及鉻、鎳、**砷**等金屬。

290.(2) 依國家標準 CNS 15030，針對引起致癌、生殖細胞、致突變和生殖毒性化學品 (carcinogenic, mutagenic, or toxic for reproduction, CMR) 等第一級的化學品較可能具有何種危害？
①神經毒性物質第一級　②生殖毒性物質第一級
③水環境之危害物質第一級　④腐蝕刺激皮膚物質第一級。

解析 CMR 物質第一級：
依國家標準 CNS 15030 分類，屬致癌物質第一級、生殖細胞致突變性物質第一級或**生殖毒性物質第一級**之化學品，經中央主管機關公告者。

291.(3) 下列何種農藥中毒會抑制乙醯膽鹼酵素 (cholinesterase) 之分解，進而產生持續神經刺激的症狀？
①有機氯殺蟲劑　②除蟲菊精殺蟲劑　③有機磷殺蟲劑　④巴拉刈。

解析 乙醯膽鹼酵素在農業用**有機磷殺蟲劑**中占首位，常見如〈美文松〉、〈達馬松〉、〈大滅松〉、〈毒絲本〉、〈亞素靈〉、〈全滅寧〉、〈撲滅松〉等。毒理機轉為抑制乙醯膽鹼酵素之分解，而產生持續神經刺激的症狀。

292.(1) 下列何項非為化學性危害嚴重程度的主要影響因子？
①暴露者的年齡　②接觸方式
③毒性物質的濃度　④毒性物質本身的毒性。

解析 化學性危害嚴重程度與暴露者的年齡較為無關，但與其毒性的接觸強度 (毒性與濃度) 與方式有關。

293.(4) 毒性物質在生物體內產生毒性作用最明顯，而引起最大傷害的器官為下列何項？
①重要器官　②感覺器官　③暴露器官　④標的器官。

解析 標的器官 (target tissue)：指目標器官或某些疾病會影響到的相關器官。毒性物質對於**標的器官**之影響最為嚴重，GHS 也將化學品分為特定標的器官系統毒性物質為「單一暴露」與「重複暴露」類別。

294.(2) 有關氫氧化四甲基銨之下列敘述何者錯誤？
①具強鹼性且會腐蝕皮膚　②不會致死
③具神經毒性　④具有四級銨結構。

解析 氫氧化四甲基銨 (tetramethylammonium hydroxide, TMAH) 是具有類似胺 (amine) 氣味的無色透明溶液，25%TMAH 溶液 pH 值高達 13 以上，被廣泛運用於微機電及光電產業，研究室或分析部門也可能使用低濃度 TMAH 溶液。TMAH 在水溶液中會解離產生四甲基銨離子 (tetramethylammoniumion, TMA) 和氫氧基離子；雖然氫氧基離子帶有強鹼性，對皮膚、眼睛及呼吸道等組織會造成腐蝕，但在人類皮膚暴露致死個案中，TMA 被認為是主要的**致死**原因。

295.(1) 以下何者非由物理性力量，如機械方法所產生而懸浮於空氣中的固體微粒？
①燻煙 ②石綿 ③鉛塵 ④礦砂。

解析 **燻煙**是金屬或某些聚合物在高溫下產生的蒸氣或氣態分子，在空氣中進而凝結成固態微粒，就稱為燻煙。其他三者皆是由於機械加工、摩擦或切割等產生之固體粒子。由物理性力量如機械方法所產生而懸浮於空氣中的固體微粒。例如：礦砂、石綿、鉛塵。

296.(2) 有關空氣中粉塵容許濃度之敘述，下列何者錯誤？
①含結晶型游離二氧化矽 10% 以上之礦物性粉塵，SiO_2 含量愈多，容許濃度愈低
②未滿 10% 結晶型游離二氧化矽之礦物性粉塵，其 SiO_2 含量愈多，容許濃度值愈低
③總粉塵係未使用分粒(徑)裝置所測得之粒徑者
④石綿粉塵係指纖維長度在五微米以上且長寬比在三以上之粉塵。

解析 空氣中粉塵容許濃度：

種類	粉塵	容許濃度		符號	化學文摘社號碼 (CAS No.)
		可呼吸性粉塵	總粉塵		
第一種粉塵	含結晶型游離二氧化矽 10% 以上之礦物性粉塵	$\frac{10mg/m^3}{\%SiO_2+2}$	$\frac{30mg/m^3}{\%SiO_2+2}$		14808-60-7；15468-32-3；14464-46-1；1317-95-9
第二種粉塵	含結晶型游離二氧化矽未滿 10% 以上之礦物性粉塵	1 mg/m^3	4 mg/m^3		
第三種粉塵	石綿纖維	0.15 f/cc		瘤	1332-21-4；12001-28-4；12172-73-5；77536-66-4；77536-67-5；77536-68-6；132207-32-0
第四種粉塵	厭惡性粉塵	5 mg/m^3	10 mg/m^3		

一、本表內所規定之容許濃度均為 8 小時日時量平均容許濃度。
二、可呼吸性粉塵係指可透過離心式等分粒裝置所測得之粒徑者。
三、總粉塵係指未使用分粒裝置所測得之粒徑者。
四、結晶型游離二氧化矽係指石英、方矽石、鱗矽石及矽藻土。
五、石綿粉塵係指纖維長度在 5 微米以上，長寬比在 3 以上之粉塵。

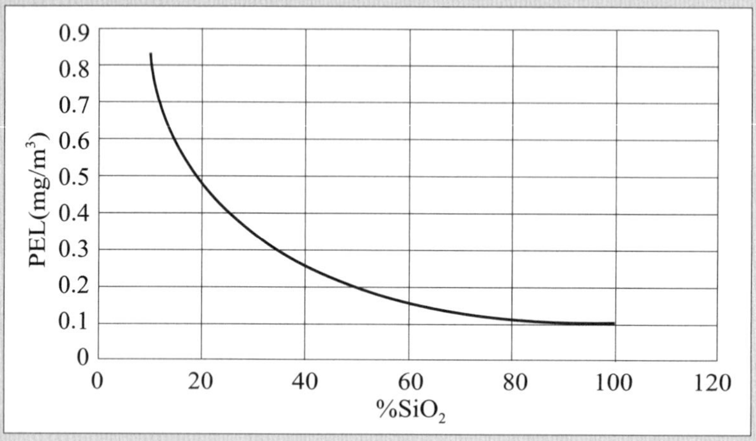

含結晶型游離二氧化矽 10% 以上之礦物性粉塵

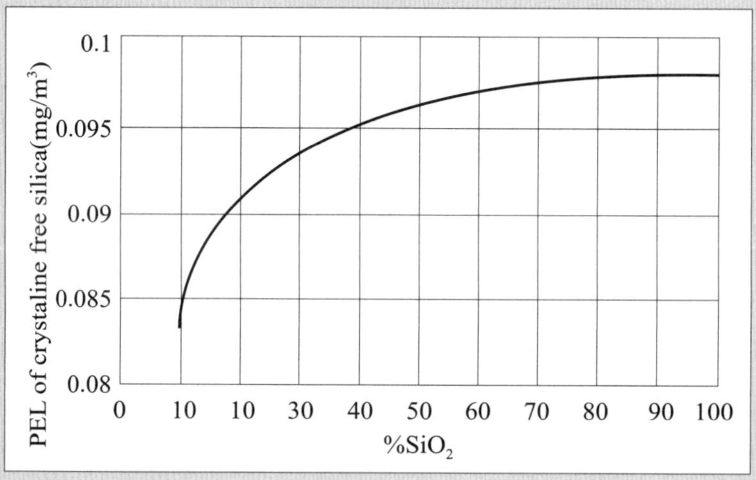

含結晶型游離二氧化矽未滿 10% 之礦物性粉塵

資料來源：勞動及職業安全衛生簡訊 NO.10

297.(2) 對於「粉塵」的相關敘述中，下列答案何者為正確？

①所謂可吸入性粉塵係指能穿越咽、喉而進入人體胸腔—即可達氣管與支氣管及氣體交換區域之粒狀污染物

②可呼吸性粉塵係指能通過人體氣管而到達氣體交換區域者

③石綿粉塵係指纖維長度在 3 微米以上且長寬比在 5 以上之粉塵

④可呼吸性粉塵其特性為在氣動直徑為 10 μm 大小的粒狀污染物，約有 50% 的粉塵量可達氣體交換區域。

解析

粉塵依其粒徑大小(進入人體沉降位置)分類：
一、可吸入性粉塵(inspirable dust)(<100 微米)：不論粒徑大小，可懸浮於空氣中進入呼吸道之粉塵。
二、胸腔性粉塵(thoracic dust)(<30 微米)：能穿越咽喉區域而進入人體胸腔，即可達氣體交換區之粒狀污染物。平均氣動粒徑為 10 μm。
三、可呼吸性粉塵(respirable dust)(<10 微米)：可透過分粒裝置之粒徑者，平均氣動粒徑為 4 μm，一般粒徑小於 10 μm，有 1% 可**吸入至肺部**而沉積。
四、石綿粉塵係指纖維長度在 5 微米以上，長寬比在 3 以上之粉塵。

298.(3) 對於「短時間暴露容許濃度(short-term exposure limit, STEL)」的定義與精神中，下列答案何者為非？
① 15 分鐘內連續暴露之最高暴露值
②在符合 STEL 下，工作人員仍不會有不能忍受之刺激
③在符合 STEL 下，工作人員仍不會有急性或可逆性的細胞組織病變
④在符合 STEL 下，工作人員仍不會有嚴重頭暈以至於降低工作效率或增高發生意外事故的可能性。

解析

短時間量平均容許濃度(PEL-STEL)為一般勞工連續暴露在此濃度以下任何 15 分鐘，不致有不可忍受之刺激、慢性或不可逆之組織病變，或麻醉昏暈作用，事故增加之傾向或工作效率之降低者。

299.(4) 下列何者不屬於勞工作業場所容許暴露標準所稱容許濃度？
①最高容許濃度 ②短時間時量平均容許濃度
③八小時日時量平均容許濃度 ④半數致死濃度(LC_{50})。

解析

一、8 小時日時量平均容許濃度：為勞工每天工作 8 小時，一般勞工重複暴露此濃度以下，不致有不良反應者。
二、短時間時量平均容許濃度：為一般勞工連續暴露在此濃度以下任何 15 分鐘，不致有不可忍受之刺激、慢性或不可逆之組織病變、麻醉昏暈作用、事故增加之傾向或工作效率之降低者。
三、最高容許濃度：符號欄註有「高」字之濃度，為不得使一般勞工有任何時間超過此濃度之暴露，以防勞工不可忍受之刺激或生理病變者。

300.(1) 對於工業衛生之定義，其中有關發生於作業環境中的因素，可能危害工作人員或附近居民的健康、舒適、和福利，而此環境因素不包含以下那一項？
①社會學因素 ②物理性因素 ③化學性因素 ④人因性因素。

解析

工業衛生與工業安全人員訓練時的重要課題，在工業衛生中之危害因素為：
一、化學性。
二、物理性。
三、生物性。
四、心理性。
五、人因性。

301.(2) 對於「恕限值 (threshold limit value, TLV)」的定義與精神中，下列答案何者為非？
①空氣中的物質濃度，在此情況下認為大多數人員每天重複暴露，不致有不良效應
②在此濃度每天呼吸暴露超過八小時不致有健康危害
③因每人體質感受性差異很大，因此，有時即使低於 TLV 之濃度方可能導致某些人之不舒服、生病或使原有情況加劇
④在低於恕限值的濃度之下，一個工作人員可連續暴露亦不會受到危害。

解析 恕限值 (threshold limit value, TLV) 的定義：
一、空氣中的物質濃度，在此情況下認為大多數人員每天重複暴露，不致有不良效應。
二、在此濃度每天呼吸暴露 8 小時 (未超過) 不致有健康危害。
三、但因每人體質感受性差異很大，因此，有時即使低於 TLV 之濃度方可能導致某些人之不舒服、生病或使原有情況加劇。
四、在低於恕限值的濃度之下，一個工作人員可連續暴露亦不會受到危害。

302.(3) 工業衛生為以下列環境因素為目標的科學與藝術，不包含以下那一項措施？
①辨識　②評估　③模仿　④控制。

解析 依據美國工業衛生協會 (American Industrial Hygiene Association, AIHA) 之定義：「工業衛生為致力於預知 (anticipation)、辨識 (recognition)、評估 (evaluation) 和控制 (control) 作業場所產生之環境危害因子，而此危害因子可能會引起勞工或社會大眾造成健康危害、加速衰老、引起不舒適或工作無效率、產生疾病、損害健康和福祉等之一門科學與藝術。」

303.(2) 下列那一項敘述有誤？
①化學品防護裝備之資訊，可在安全資料表內找到
②將濃硫酸與水混合時，應將水加入酸中
③從事化學品之實驗，不可戴隱形眼鏡
④安全資料表有十六項規定內容。

解析 硫酸＋水會在表面產生放熱作用，又硫酸密度比水大，因此要是把水加入硫酸的話會在表面產生放熱作用，劇烈情況會把水溶液噴起來非常危險。另外也需要慢慢地倒入，如果很快地把濃硫酸倒進水裡，由於發熱過多，攪拌不均勻，也會使水沸騰，從容器裡濺出來。

304.(4) 下列那項不是化學品管理之良好措施？
①有效清查化學品之存量、位置及使用人是否接受安全訓練
②提供安全資料表
③容器標示
④對新進員工依法實施 2 小時危害通識訓練。

解析 職業安全衛生法第32條及危害性化學品標示及通識規則第17條第四項規定，新雇勞工依實際需要除外，應接受**3小時**一般安全衛生教育訓練。

305.（4）濾材對粒狀物之收集機制，不包含以下何項機制？
①擴散(diffusion) ②攔截(interception)
③慣性衝擊(inertial impaction) ④順磁性(paramagnetic)。

解析 濾紙對粒狀物的捕集五種機制：
一、慣性衝擊沈降。
二、攔截捕集。
三、重力沈降。
四、靜電捕集。
五、擴散捕集。

306.（2）油性物質產生之微粒，懸浮於空氣中形成油性氣膠(Oil Aerosol)，不包含以下那一項？
①油煙 ②噴霧作業之水性農藥微粒
③機械用油形成之氣膠 ④煉焦爐之空氣逸散物。

解析 油性氣膠(Oil Aerosol)為油性物質產生之微粒，懸浮於空氣中所形成。此油性物質一般於室溫下為液態或可液化，其表面光滑、可燃燒、呈黏稠狀，只溶於有機溶劑而不溶於水。例如：油煙、煉焦爐之空氣溢散物、機械用油形成之氣懸膠。

307.（2）健康風險評估第一步驟為下列那一項？
①暴露評估 ②危害辨識
③劑量效應評估 ④風險控制。

解析 健康風險評估的主要架構為**危害辨識**(Hazard Identification)、暴露評估(Exposure Assessment)、劑量反應關係(Dose-Response Relationship)與風險描述(Risk Characterization)。

308.（1）會引起多發性神經病變的有機溶劑為下列何者？
①正己烷 ②苯 ③環己烷 ④氯乙烷。

解析 **正己烷**作為良好的有機溶劑，被廣泛使用在化工有機合成，機械設備表面清洗去污等環節。但其具有一定的毒性，會通過呼吸道、皮膚等途徑進入人體，長期接觸可導致人體出現頭痛、頭暈、乏力、四肢麻木等慢性中毒症狀，嚴重的可導致暈倒、神志喪失、甚至死亡。

309.（4）有害污染物進入人體的途徑，不包含以下那一項？
①呼吸(inhalation) ②皮膚吸收(skin absorption)
③食入、攝取(ingestion) ④轉移(transfer)。

解析

化學物質進入人體途徑：
一、口腔。
二、皮膚。
三、呼吸道。
四、眼睛。

310.(2) 在照明對作業的影響探討中，事實上幫助視覺的是下列何者？
①光度 ②亮度 ③照度 ④光束穿透率。

解析

- 光度 (luminosity) 並不是一個物理量，這個詞用於光度函數。光度也指發光強度 (Luminousin tensity)。
- 照度為光源發出光的量稱為光通量，而在某方向上光的分佈密度稱為發光強度，照度為光落在物體表面的密度，而吾人所見的並非照度而是該物體所反射的亮度。
- **亮度**是表示人眼對發光體或被照射物體表面的發光或反射光強度實際感受的物理量。

311.(4) 作業環境照明的設計要點，不包含以下那一項？
①適當的照度 ②減少眩光
③均勻的輝度分布 ④應使用至光源的斷線壽命。

解析

職業安全衛生設施規則第 313 條：
雇主對於勞工工作作場所之採光照明，應依下列規定辦理：
一、各工作場所須有充分之光線，但處理感光材料、坑內及其他特殊作業之工作場所不在此限。
二、光線應分佈均勻，明暗比並應適當。
三、應避免光線之刺目、眩耀現象。
四、各工作場所之窗面面積比率不得小於室內地面面積 1/10。
五、採光以自然採光為原則，但必要時得使用窗簾或遮光物。
六、作業場所面積過大、夜間或氣候因素自然採光不足時，可用人工照明予以補足。
七、燈盞裝置應採用玻璃燈罩及日光燈為原則，燈泡須完全包蔽於玻璃罩中。
八、窗面及照明器具之透光部份，均須保持清潔。

312.(1) 光通量(或稱光束)定義為某一光源所發出的總光量，其單位為下列何者？
①流明 (lumen)，簡稱 Lm ②勒克斯 (lux)，簡稱 Lx
③演色評價數單位：Ra ④燭光 (candela)，簡稱 cd。

解析

光通量 (Luminous flux)，符號是 Φ，標準單位是**流明** (lumen，簡記為 lm)，是一種表示光功率的物理量，是表示光源整體亮度的指標。

313.(1) 下列那一項敘述有誤？
①房間全般的照度分布，應以地板上 120 公分左右桌面高度之水平面為準
②維護係數 (Maintenance Factor) 為時間衰減及積塵減光之比率
③光體老化為光源在使用中逐漸降低光束
④減光補償率之倒數為維護係數。

解析 照明配置的高度應能使工作面(通常約離地 85 公分高度的水平面)上獲得需要的照度為原則。

314.(3) 關於照明率 (Utilization Factor) 之敘述，下列那一項有誤？

①到達工作面的流明數與燈具所發出的流明數之比值

②與燈具形式、透光率、配光等因素有關

③不包含室指數及各表面反射率之變異

④可稱為利用係數。

解析 照明率：

一、到達工作面的流明數與燈具所發出的流明數之比值。

二、與燈具形式、透光率、配光等因素有關。

三、**包含室指數及各表面反射率之變異**。

四、可稱為利用係數。

315.(2) 下列對於採光與照明之敘述，那一項有誤？

①若兩光源的光度相同，則其發光面積大者輝度小

②為求照度之均勻，在燈具下方之最大照度與兩燈具間之最低照度的比以 10：1 最為理想

③眩光是視野內任何具有引起不適、討厭、疲倦或干擾視覺的輝度

④常用於工廠的精密作業或光學實驗光源，且具有透過濃霧的能力，而用於街道、高速公路者為鈉氣燈。

解析 採光與照明：

一、若兩光源的光度相同，則其發光面積大者輝度小。

二、燈具表面最大照度與平均照度的比值不得超過 5：1，且以 3：1 以內最為理想。

三、眩光是視野內任何具有引起不適、討厭、疲倦或干擾視覺的輝度。

四、常用於工廠的精密作業或光學實驗光源，且具有透過濃霧的能力，而用於街道、高速公路者為鈉氣燈。

316.(3) 下列對於作業環境照明設計之敘述，那一項有誤？

①儘可能減少眩光、均勻的輝度分布

②適度的陰影、適當的光色

③輝度與發光面積成正比，與光源之光度成反比

④具有適當且符合作業場所需求之照度。

解析 輝度表示光源的亮度，有時稱為輝亮度，因此，從某一光源出來的光強度相同時，其發光面積大，其輝亮度則小；又當發光面積相同時，光強度大者，其輝亮度也大，即是輝亮度與發光面積成反比，而與光源的強度成**正比**。

317.(1) 下列對於採光與照明之敘述，那一項有誤？
①明視力時人眼最敏感波長為 500nm(藍綠光)；暗視力時最敏感波長為 550nm(綠光)
②視線附近有高輝度光源，使眼睛暈眩看不到東西稱失能眩光
③受光面上單位面積所接受的光通量稱為照度
④若兩光源的光度相同，則其發光面積大者輝度小。

解析
- 當照明水準高時，桿細胞和錐細胞都能作用，稱為「明視力」，此時眼睛對波長 550 nm (綠) 左右的光最敏感。
- 當照明水準降低時，錐細胞漸漸失效，改由桿細胞主宰視覺，稱為「暗視力」，此時眼睛對波長 500 nm **左右** (藍—綠) 的光最敏感。
- 這種明視力與暗視力間感受性的轉換，稱為「Purkinje 效應」。

318.(4) 下列有關雇主對於勞工工作場所之採光照明敘述，那一項有誤？
①燈盞裝置應採用玻璃燈罩及日光燈為原則
②對於高度 2 公尺以上之勞工作業場所，照明設備應保持其適當照明，遇有損壞，應即修復
③僱用勞工從事精密作業時，其作業檯面局部照度不得低於 1000 米燭光
④各工作場所之窗面面積比率不得小於室內地面面積的二十分之一。

解析
職業安全衛生設施規則第 313 條：
雇主對於勞工工作作場所之採光照明，應依下列規定辦理：
一、各工作場所須有充分之光線，但處理感光材料、坑內及其他特殊作業之工作場所不在此限。
二、光線應分佈均勻，明暗比並應適當。
三、應避免光線之刺目、眩耀現象。
四、各工作場所之窗面面積比率不得小於室內地面面積 1/10。
五、採光以自然採光為原則，但必要時得使用窗簾或遮光物。
六、作業場所面積過大、夜間或氣候因素自然採光不足時，可用人工照明予以補足。
七、燈盞裝置應採用玻璃燈罩及日光燈為原則，燈泡須完全包蔽於玻璃罩中。
八、窗面及照明器具之透光部份，均須保持清潔。

319.(3) 下列有關色溫之敘述，那一項有誤？
①以物體的溫度表示光色
②愈高的色溫帶愈多藍色
③單位為勒克司 (Lux)，$1Lux = 1L_m/m^2$
④愈低的色溫帶愈多紅色。

解析 色溫是指黑體金屬輻射光的顏色溫度，具體一點說：色溫就是各種不同光源中所含的光譜成分如何，用色溫來表示。色溫最早是由凱爾文 (Kelvin) 制定的，所以用凱爾文的名字作計量單位，並用英文字母 K 作為代表符號。當溫度每升高 $1^{o}C$ 時，就是 $1^{o}K$。現在已經把 $1^{o}K$ 的 ^{o} 取消，只寫作 1K。

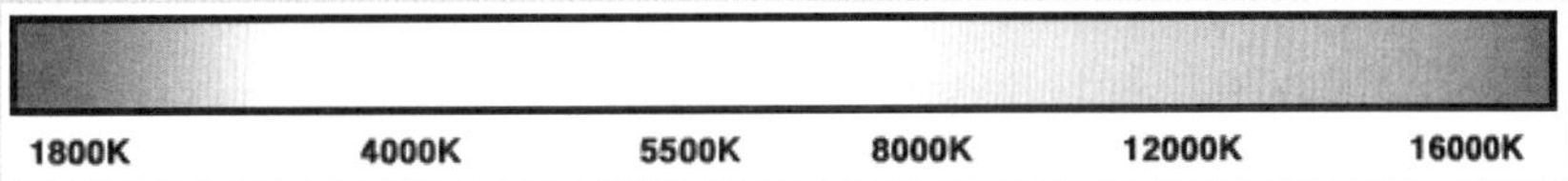

測量單位是 Kelvin(K) 度。數值越低紅色越強，數值越高藍色越強。

320.(1) 對於「輻射」之相關敘述，下列答案何者為正確？
①屏蔽游離輻射物質的密度愈大，屏蔽效果愈好
②等效劑量為人體組織的吸收劑量和射質因數的乘積，含有輻射對組織器官傷害的意義單位「貝克，Bq」
③阿伐粒子就是氦核，含 1 個質子和 2 個中子
④一放射性核種於每單位時間內發生自發性蛻變的次數，稱為活度單位「西弗」。

解析
- 密度越高的屏蔽(每單位體積內的電子數越多)，衰減的光子越多。例：鉛的密度比水大，所以鉛的屏蔽效果比水好。
- 等效劑量 (Equivalentdose) 為吸收劑量 (D) 乘上品質因子 (QF) 的值，符號為 DE，定義為 DE=D×QF，單位為西弗 (sievert，縮寫為 Sv)。
- α 粒子(英語：Alphaparticle) 是一種放射性粒子，由兩個質子及兩個中子組成，並不帶任何電子。
- 一放射性核種於每單位時間內發生自發性蛻變的次數(即蛻變率)，稱它為活度。活度：每秒原子核衰變的個數 $A(t)=\lambda N(t)=\lambda N(0)e^{-\lambda t}=A(0)e^{-\lambda t}$ (活度的單位為貝克，定義為：1 貝克 (Bq)=1 蛻變 / 秒。
- 西弗 (sievert) 是一個用來衡量輻射劑量對生物組織的影響程度的國際單位制導出單位，為受輻射等效生物當量的單位。

321.(4) 非游離輻射不包含下列那一項？
①微波 ②紅外線 ③極低頻電磁場 ④ X 射線。

解析 非游離輻射 (Non-ionizin gradiation) 是指波長較長、頻率較低、能量低的射線(粒子(主要是光子)或波的雙重形式)或電磁波。
非游離輻射包括：
一、有熱效應非游離輻射(會產生溫度變化)：
- 可見光
- 紅外線

二、無熱效應非游離輻射(不會產生溫度變化)：
- 紫外線
- 無線電波

322.(3) 對於「非游離輻射」之下列敘述何者為非？
①非游離輻射包括紫外線、紅外線、可見光
②非游離輻射不會造成受暴露物質的組成原子產生游離效應
③非游離輻射會穿透細胞，並以隨機的方式在原子中累積能量，會造成生理上某些改變
④非游離輻射包括非常低頻電磁場。

解析
輻射可分為游離輻射和非游離輻射，非游離輻射無法從（絕大多數）原子或分子裡面游離 (ionize) 出電子。**游離輻射才會穿透細胞**，並以隨機的方式在原子中累積能量，會造成生理上某些改變。
游離輻射包含：α 射線（α 粒子）、β 射線（β 粒子）、中子等高能粒子流與 γ 射線、X 射線等高能電磁波，而被稱為宇宙射線的高能粒子射線則兩者皆有。電磁波（光子）的游離能力，隨著電磁波譜變化，電磁波譜中的 γ 射線、X 射線幾乎可以電離任何原子或分子。電磁波的頻率愈高，能量愈強，電離能力愈強。

323.(2) 光子 / 電子的能量大於多少 eV，可將中性原子游離成離子對此種輻射稱為游離輻射，對生物體有直接的危害
① 21　② 34　③ 75　④ 100。

解析
空氣中每產生一個離子對需消耗 34eV 的能量。電子伏特 (electron Volt)，簡稱電子伏，符號為 eV，是能量的單位。代表一個電子（所帶電量為 1.6×10^{-19} 庫侖）經過 1 伏特的電位差加速後所獲得的動能。

324.(1) 對於「輻射」之下列敘述何者正確？
①非游離輻射包括紫外線、紅外線、可見光、非常低頻及極低頻電磁場
②紫外線由波長範圍大小，區分為三種紫外線，其中 UVB(中紫外線波長範圍為 315nm~400nm，可穿透空氣和石英，但無法穿透玻璃
③據估計，當臭氧減少 10% 時，將使波長小於 300nm 的紫外線到達地球的量增加一倍，但對於 UVB 波段的紫外線，並沒有顯著影響
④國際輻射保護協會 (IRPA) 認為日光燈照明是黑色素皮膚癌 (melanoma skin cancer) 的成因。

解析
非游離輻射 (Non-ionizingradiation) 是指波長較長、頻率較低、能量低的射線（粒子（主要是光子）或波的雙重形式）或電磁波。
非游離輻射包括：
一、有熱效應非游離輻射（會產生溫度變化）：
- 可見光
- 紅外線

二、無熱效應非游離輻射（不會產生溫度變化）：
- 紫外線
- 無線電波

紫外線的分類：

- 紫外線 A(UVA)：波長較長，波長介於 315~400 奈米，可穿透雲層、玻璃進入室內及車內，可穿透至皮膚真皮層，會造成曬黑。UVA 可再細分為 UVA-2(320~340nm) 與 UVA-1(340~400nm)。
- 紫外線 B(UVB)：波長居中，波長介於 280~315 奈米，會被平流層的臭氧所吸收，會引起曬傷及皮膚紅、腫、熱及痛，嚴重者還會起水泡或脫皮(類似燒燙傷之症狀)。
- 紫外線 C(UVC)：波長介於 100~280 奈米，波長更短、更危險，但由於可被臭氧層所阻隔，只有少量會到達地球表面。
- 黑色素皮膚癌是由於過度日曬造成。

325.(4) 對於「紫外線」之下列敘述何者有誤？

①紫外線測量單位：光度 (irradiance)，依國際標準單位 (SI units) 為瓦特/平方公尺 (W/m^2) 或微瓦特/平方公分 (mW/cm^2)

②大多數的物質並不反射 UV，人為的 UV 反射面包含不光亮的鋁、淺色的水泥人行道等

③在 UVB 產生日曬灼傷的有效性研究上發現，波長 300nm 的紫外線在上午 9 時和下午 3 時的太陽光度，相對於正午而言減低 10 倍

④使用 UVC 燈泡進行人工日照曬黑，可能使全身性紅斑性狼瘡惡化及造成皮膚炎。

解析

紫外線 (Ultra violet，簡稱為 UV)，為波長在 10nm 至 400nm 之間的電磁波，波長比可見光短，但比 X 射線長。一般運用在醫療院所的消毒的透明紫外燈管，波長約在 254nm 左右，屬於 UV-C，對人體傷害很大，只要照射數分鐘就會曬傷，照多了會有癌症發生的可能。這樣的光本身就可以殺菌，但僅在燈管前後 70 公分的範圍，且這種光無法讓光觸媒產生作用。紫外線 B（UVB）則可被有色玻璃過濾，是造成皮膚炎或紅斑狼瘡光敏感之主因。

等級	UV-A	UV-B	UV-C
波長	315nm~400nm	280nm~315nm	100nm~280nm
對人體的影響	過量照射會曬黑	會將皮膚曬傷，量大則會引致皮膚癌及白內障	只要照射數分鐘即會曬傷，並引起其他病變

326.(3) 對於「非游離輻射」之下列敘述何者有誤？

①等級 IIIA 的雷射會造成急性或慢性視覺危害，其危害程度依光度而定通常指可見光雷射功率小於 5mW

②當紅外線造成皮膚溫度升高至 45°C 時，會到達皮膚疼痛閾值

③在可見光和紅外光範圍的雷射(波長 400~1400nm) 進入眼睛後會聚焦在視網膜上，但尚不會導致視網膜熱燒傷

④紅外線對眼睛的穿透和波長有關係，在 800~1200nm 波長的紅外線大約有 50% 穿透到眼睛的深層組織。

解析

紫外線：

- 等級IIIA：這個等級的雷射會造成急性或慢性視覺危害，其危害程度依光度而定。通常指可見光雷射功率小於5mW。危害發生在眼睛暴露於雷射光束中，建議需要一些限制性控制。

紅外線：

- 主要的效應包括造成微血管擴張及色素沉積。
- 當紅外線造成皮膚溫度升高至45°C時，會到達皮膚疼痛閾值。視網膜對近紅外線(760~1400nm)至為敏感，其傷害可能和因加熱組織造成蛋白質和其他大分子變性。
- 影響角膜(cornea)和較深層的組織如水晶體(lens)和玻璃狀液(vitreoushumor)，紅外線對眼睛的穿透和波長有關係，在0.8~1.2m波長的紅外線大約有50%穿透到眼睛的深層組織。

327.(2) 對於「非游離輻射」之下列敘述何者有誤？
①最大容許暴露值(maximum permissible limit, MPE)，為對於雷射暴露者的眼睛和或皮膚不會造成任何危害或生物效應和變化的最大容許雷射光度
②等級I為高功率雷射(連續波：500mW，脈衝式：10J/cm²)，具有潛在性火災危害
③電場很容易被金屬的外殼、鋼筋混凝土的建築物隔絕
④三相輸電的電力線較單相電力線產生的磁場會小得多。

解析

- 最大容許暴露值(Maximum Permissible Exposure, MPE)是對於雷射暴露者的眼睛和或皮膚不會造成任何危害或生物效應和變化的最大容許雷射光度。
- 雷射危害依其潛在的生物危害分為四個等級(I、II、III和IV)：
  等級I：**沒有放射任何已知危害程度**的雷射，這一個等級的雷射被認為「眼睛安全」雷射。使用等級I的雷射產品或裝置，在操作和維修期間通常並不需要雷射危害防護裝置。
- 電場很容易被阻隔，只要碰到金屬外殼、鋼筋混凝土、樹木甚至人體皮膚，就能擋掉。
- 相較於電場而言，磁場幾乎無法屏蔽，必須使用高導電性金屬材料或高導磁性金屬材料，以單一型式或複合搭配的方式來衰減磁場，達到遮蔽磁場的效果，但若採用方向相反、大小相同電流產生的磁場則可以相互抵消，因此電流相同而採三相輸電的電力線較單相輸電的電力線產生的磁場會小得多。

328.(1) 磁場暴露的相關因素，不包含以下那一項？
①減光補償率 ②暴露時間 ③磁場強度 ④頻率。

解析 磁場暴露與接觸的強度、時間長短以及頻率有相關。

329.(4) 對於「電磁場」之相關敘述，下列何者有誤？
①暴露於電磁場之結果為在人體產生弱電流，但遠低於腦、神經及心臟所產生
②靜止的電荷產生電場，移動的電荷產生磁場

③電磁場源於電的流動，最常見的電磁場來源是電線
④電力場 (Electric Field) 主要由電流產生，單位為 Gauss(G)。

解析
- 電場和磁場存在於電流通過的地方，如電線、纜線、住宅配線以及電器用品中。
- 電場因電荷產生，測量的單位是「伏特/公尺」(V/m)，並可被一般的材質，如木頭或金屬等隔絕。
- **磁場**是由於電荷的流動(電流)產生，測量單位是「特士拉」(tesla,T)，但一般以「毫特士拉」(millitesla,mT) 或「微特士拉」(microtesla, μT) 表示，某些國家則採用「高斯」(gauss,G,10000G=1T,1 μT=10mG)，磁場可輕易穿透一般物質，很難屏障。

330.(2) 對於「輻射防護」之相關敘述，下列何者有誤？
①接受曝露的時間要儘可能縮短，所以事先要瞭解狀況並做好準備，熟練操作程序
②要遠離射源，輻射的強度與距離的平方成正比關係，距離加倍，輻射強度增強四倍
③利用鉛板、鋼板或水泥牆可擋住輻射或減低輻射強度，保護人員的安全
④避免食入、減少吸入、加強除污的工作、避免在污染地區逗留。

解析 體外曝露的防護：時間、距離、屏蔽是體外曝露防護的三原則。
- 時間：接受曝露的時間要儘可能縮短，所以事先要瞭解狀況並做好準備，熟練操作程序。
- 距離：要遠離射源，輻射的強度與距離的平方成反比關係，距離加倍，輻射強度**減弱四倍**。
- 屏蔽：利用鉛板、鋼板或水泥牆可擋住輻射或降低輻射強度，保護人員的安全。

331.(4) 對於「光子屏蔽」之相關敘述，下列何者有誤？
①鉛的密度比水大，故光子能夠穿透鉛的數目遠比水少，因此鉛的屏蔽效果比水好
②鉛、鐵、混凝土等是良好的屏蔽材料
③屏蔽物質的原子序愈大，屏蔽效果愈好
④紅外線為光子的一種，其穿透力很強，找不到能完全將其阻擋的材料。

解析 光子屏蔽材料的選擇：
- 光子(γ 射線或 X 射線)的穿透力很強，任何屏蔽都無法完全衰減光子。
- 密度越高的屏蔽(每單位體積內的電子數越多)，衰減的光子越多。例：鉛的密度比水大，所以鉛的屏蔽效果比水好。
- 低能量 X 射線之屏蔽(容易產生光電效應)，以高原子序數 (Z) 的物質為佳。
- 光子屏蔽的其他考量：任何建築材料如鐵、混凝土、磚等皆可做為光子的屏蔽。但考量屏蔽效果、經濟性、實用性之後，最常用的屏蔽材料為鉛與混凝土。

332.(2) 下列選項何者非常見天然輻射源？
①太空的宇宙射線為天然存在的輻射
②地殼土壤及建築材料中含天然放射性核種銫 137、銥 192
③食物中所含的鉀 40
④空氣中的氡 222 和它的子核種。

解析 天然輻射(占民眾劑量約 82%)：
- 來自太空的宇宙射線。
- 地表(殼)輻射－土壤及建築材料中所含的天然放射性核種(鉀-40、鈾-238、釷-232及它們一系列的子核種)。
- 人體內輻射(鉀-40；攝取食物中的鉀-40、碳-14)。
- 空氣中的氡-222和它的子核種等等，從體內、體外使人體接受輻射劑量。
- 天然放射性元素(分子量83~92的元素都有天然放射線量)。

333.(1) 對於「輻射」之下列敘述何者正確？
①輻射是一種能量，以波動或高速粒子的形態傳送
②非游離輻射為指能量高能使物質產生游離作用的輻射
③游離輻射是指能量低無法產生游離的輻射，例如太陽光、燈光、紅外線、微波、無線電波、雷達波等
④一般所謂輻射或放射線，都指非游離輻射而言。

解析 物理學上的輻射指的是能量以波或是次原子粒子移動的型態，在真空或介質中傳送。游離輻射為指能量高能使物質產生游離作用的輻射，而非游離輻射是指能量低無法產生游離的輻射，例如太陽光、燈光、紅外線、微波、無線電波、雷達波等，平常一般所謂輻射或放射線，都指游離輻射而言。

334.(4) 對於「X 射線」之下列敘述何者錯誤？
①高能軌道電子跳回低能軌道時會產生特性 X 射線
②當高速電子撞擊重原子核時(例如鎢元素就會產生連續 X 射線)
③可應用在金屬元素的定性、定量分析工作
④含有質子的數目相同，但具有不同的中子數目，皆為該元素產生 X 光之方法。

解析 X 射線，也稱為 X 光，是一種波長範圍在 0.01 奈米到 10 奈米之間的電磁輻射形式。X 射線也是游離輻射等這一類對人體有危害的射線。當高速運動的電子撞擊重原子核時(例如鎢元素)就會產生 X 射線，在醫學上的用途非常大。

335.(134) 依危險性工作場所審查及檢查辦法規定，甲、乙、丙類工作場所在製程安全評估報告中，初步危害分析可採用之評估方法為下列那幾種？
①危害及可操作性分析　②相對危害順序排列
③故障樹分析　④檢核表。

解析 實施初步危害分析 (Preliminary Hazard Analysis) 以分析發掘工作場所重大潛在危害，並針對重大潛在危害實施下列之一之安全評估方法，實施過程應予記錄並將改善建議彙整：
一、檢核表 (Check list)。
二、如果 - 結果分析 (What If)。
三、如果 - 結果分析 / 檢核表 (What If/ Check list)。
四、危害及可操作性分析 (Hazard and Operability Studies)。
五、故障樹分析 (Fault Tree Analysis)。
六、失誤模式與影響分析 (Failure Modes and Effects Analysis)。
七、其他經中央主管機關認可具有上列同等功能之安全評估方法。

336.(124) 依勞動檢查法規定，丁類危險性工作場所申請審查，事前應依實際需要組成評估小組實施評估，組成人員包括下列何者？
①專任工程人員 ②工作場所負責人
③醫護人員 ④工作場所作業主管。

解析 事業單位應依作業實際需要，於事前由下列人員組成評估小組實施評估：
一、工作場所負責人。
二、曾受國內外製程安全評估專業訓練或具有製程安全評估專業能力，並有證明文件，且經中央主管機關認可者(以下簡稱製程安全評估人員)。
三、依職業安全衛生管理辦法設置之職業安全衛生人員。
四、工作場所作業主管。
五、熟悉該場所作業之勞工。
事業單位未置前項第二款所定製程安全評估人員者，得以在國內完成製程安全評估人員訓練之下列執業技師任之：
一、工業安全技師及下列技師之一：
1. 化學工程技師。
2. 工礦衛生技師。
3. 機械工程技師。
4. 電機工程技師。
二、工程技術顧問公司僱用之工業安全技師及前款各目所定技師之一。
前項人員兼具工業安全技師資格及前項第一款各目所定技師資格之一者，得為同一人。第一項實施評估之過程及結果，應予記錄。

337.(124) 危險性工作場所應建立稽核管理制度，稽核計畫包括下列何者？
①正常操作程序 ②緊急操作程序
③公司組織架構 ④承攬管理制度。

解析 為確保危險性工作場所之製程安全管理符合政府法令規定及一般製程安全實務的要求，故應建立完善的稽核管理制度，對於危險性工作場所之製程進行定期性的安全稽核，並辦理稽核結果相關缺失之彙整及實施追蹤改善，以確保製程及人員之安全。危險性工作場所稽核事項如下：
一、製程安全評估。
二、正常操作程序。

三、緊急操作程序。
四、製程修改安全計畫。
五、勞工教育訓練計畫。
六、自動檢查計畫。
七、承攬管理計畫。
八、緊急應變計畫。

338.(134) 下列何者為勞工健康保護規則特殊健康檢查之作業？
①從事鎳及其化合物之製造、處置或使用作業
②磷化物之製造、處置或使用作業
③異常氣壓作業
④高溫作業。

解析
勞工健康保護規則，列舉40種特別危害健康之作業如下：
(檢查類別編號1)高溫、(2)噪音、(3)游離輻射、(4)異常氣壓、(5)鉛、(6)四烷基鉛、(7)粉塵、(8)四氯乙烷、(9)四氯化碳、(10)二硫化碳、(11)三氯乙烯、(12)四氯乙烯、(13)二甲基甲醯胺、(14)正己烷、(15)聯苯胺及其鹽類、(16)4-胺基聯苯及其鹽類、(17)4-硝基聯苯及其鹽類、(18)β-萘胺及其鹽類、(19)二氯聯苯胺及其鹽類、(20)α-萘胺及其鹽類、(21)鈹及其化合物、(22)氯乙烯、(23)二異氰酸甲苯、(24)二異氰酸苯甲烷、(25)二異氰酸異佛爾酮、(26)苯、(27)石綿、(28)鉻酸或重鉻酸及其鹽類、(29)砷及其化合物、(30)鎘及其化合物、(31)錳及其化合物、(32)乙基汞化合物、(33)汞及其無機化合物、(34)鎳及其化合物、(35)甲醛、(36)1,3-丁二烯、(37)銦及其化合物、(38)黃磷、(39)聯吡啶或巴拉刈、(40)溴丙烷。

339.(124) 依勞工健康保護規則規定，雇主對在職勞工應定期實施一般健康檢查，下列敘述何者正確？
①年滿65歲以上者每年檢查一次
②未滿40歲者每5年檢查一次
③年滿30歲未滿40歲者每7年檢查一次
④40歲以上未滿65歲者，每3年檢查一次。

解析
勞工健康保護規則第17條：
雇主對在職勞工，應依下列規定，定期實施一般健康檢查：
一、**年滿65歲者，每年檢查一次**。
二、40歲以上未滿65歲者，每3年檢查一次。
三、未滿40歲者，每5年檢查一次。
前項所定一般健康檢查之項目與檢查紀錄，應依第18條之附表九及附表十一規定辦理。但經檢查為先天性辨色力異常者，得免再實施辨色力檢查。

340.(134) 依勞工健康保護規則規定，下列何者為雇主應使醫護人員及勞工健康服務相關人員臨場服務辦理之事項？
①勞工之健康促進　②勞工之家庭生育計畫
③協助雇主選配勞工從事適當之工作　④職業疾病紀錄之保存。

解析 勞工健康保護規則第 9 條規定，雇主應使醫護人員及勞工健康服務相關人員臨場辦理下列勞工健康服務事項：
一、勞工體格(健康)檢查結果之分析與評估、健康管理及資料保存。
二、協助雇主選配勞工從事適當之工作。
三、辦理健康檢查結果異常者之追蹤管理及健康指導。
四、辦理未滿 18 歲勞工、有母性健康危害之虞之勞工、職業傷病勞工與職業健康相關高風險勞工之評估及個案管理。
五、職業衛生或職業健康之相關研究報告及傷害、疾病紀錄之保存。
六、勞工之健康教育、衛生指導、身心健康保護、健康促進等措施之策劃及實施。
七、工作相關傷病之預防、健康諮詢與急救及緊急處置。
八、定期向雇主報告及勞工健康服務之建議。
九、其他經中央主管機關指定公告者。

341.(124) 下列何者為有機溶劑中毒預防規則所列管之第二種有機溶劑？
①丙酮 ②異丙醇 ③三氯乙烯 ④氯苯。

解析 第二種有機溶劑包含：1. 丙酮 2. 異戊醇 3. 異丁醇 4. 異丙醇 5. 乙醚 6. 乙二醇乙醚 7. 乙二醇乙醚醋酸酯 8. 乙二醇丁醚 9. 乙二醇甲醚 10. 鄰 - 二氯苯 11. 二甲苯(含鄰、間、對異構物)12. 甲酚 13. 氯苯 14. 乙酸戊酯 15. 乙酸異戊酯 16. 乙酸異丁酯 17. 乙酸異丙酯 18. 乙酸乙酯 19. 乙酸丙酯 20. 乙酸丁酯 21. 乙酸甲酯 22. 苯乙烯 23.1,4- 二氧陸圜 24. 四氯乙烯 25. 環己醇 26. 環己酮 27.1- 丁醇 28. 2- 丁醇 29. 甲苯 30. 二氯甲烷 31. 甲醇 32. 甲基異丁酮 33. 甲基環己醇 34. 甲基環己酮 35. 甲丁酮 36. 1,1,1- 三氯乙烷 37. 1,1,2- 三氯乙烷 38. 丁酮 39. 二甲基甲醯胺 40. 四氫呋喃 41. 正己烷。

342.(123) 下列何者為有機溶劑中毒預防規則所稱之有機溶劑作業場所？
①使用二甲苯從事印刷之作業
②使用有機溶劑從事書寫、描繪之作業
③使用異丙醇從事擦拭之作業
④使用酒精從事清洗之作業。

解析 本規則適用於從事下列各款有機溶劑作業之事業：
一、製造有機溶劑或其混存物過程中，從事有機溶劑或其混存物之過濾、混合、攪拌、加熱、輸送、倒注於容器或設備之作業。
二、製造染料、藥物、農藥、化學纖維、合成樹脂、染整助劑、有機塗料、有機顏料、油脂、香料、調味料、火藥、攝影藥品、橡膠或可塑劑及此等物品之中間物過程中，從事有機溶劑或其混存物之過濾、混合、攪拌、加熱、輸送、倒注於容器或設備之作業。
三、使用有機溶劑混存物從事印刷之作業。
四、使用有機溶劑混存物從事書寫、描繪之作業。
五、使用有機溶劑或其混存物從事上光、防水或表面處理之作業。
六、使用有機溶劑或其混存物從事為粘接之塗敷作業。
七、從事已塗敷有機溶劑或其混存物之物品之粘接作業。
八、使用有機溶劑或其混存物從事清洗或擦拭之作業。但不包括第十二款規定作業之清洗作業。

九、使用有機溶劑混存物之塗飾作業。但不包括第十二款規定作業之塗飾作業。
十、從事已附著有機溶劑或其混存物之物品之乾燥作業。
十一、使用有機溶劑或其混存物從事研究或試驗。
十二、從事曾裝儲有機溶劑或其混存物之儲槽之內部作業。但無發散有機溶劑蒸氣之虞者，不在此限。
十三、於有機溶劑或其混存物之分裝或回收場所，從事有機溶劑或其混存物之過濾、混合、攪拌、加熱、輸送、倒注於容器或設備之作業。
十四、其他經中央主管機關指定之作業。

343.(234) 下列何種氣體不可使用有機氣體用防毒面罩之吸收罐？
①四氯化碳 ②一氧化碳 ③一氧化氮 ④氟化氫。

解析 只有有機氣體才使用有機氣體用防毒面罩之吸收罐，其他類別請見下表：

CNS 國家標準

防護有害物種類	濾罐標示顏色
鹵族氣體用	灰與黑
酸性氣體用	灰
有機氣體用	黑
一氧化碳用	紅
煙氣用	白與黑
氨氣用	綠
二氧化硫 / 硫磺用	黃與紅
硫化氫用	黃
氰酸氣體用	藍
消防用	白與紅

344.(123) 下列何者屬於鉛中毒預防規則所稱之鉛作業？
①於通風不充分之場所從事鉛合金軟焊作業
②機械印刷作業中鉛字排版作業
③含鉛、鉛塵設備內部之作業
④亞鉛鐵皮器皿之製造作業。

解析 鉛作業，指下列之作業：
一、鉛之冶煉、精煉過程中，從事焙燒、燒結、熔融或處理鉛、鉛混存物、燒結礦混存物之作業。
二、含鉛重量在 3% 以上之銅或鋅之冶煉、精煉過程中，當轉爐連續熔融作業時，從事熔融及處理煙灰或電解漿泥之作業。

三、鉛蓄電池或鉛蓄電池零件之製造、修理或解體過程中，從事鉛、鉛混存物等之熔融、鑄造、研磨、軋碎、製粉、混合、篩選、捏合、充填、乾燥、加工、組配、熔接、熔斷、切斷、搬運或將粉狀之鉛、鉛混存物倒入容器或取出之作業。
四、前款以外之鉛合金之製造，鉛製品或鉛合金製品之製造、修理、解體過程中，從事鉛或鉛合金之熔融、被覆、鑄造、熔鉛噴布、熔接、熔斷、切斷、加工之作業。
五、電線、電纜製造過程中，從事鉛之熔融、被覆、剝除或被覆電線、電纜予以加硫處理、加工之作業。
六、鉛快削鋼之製造過程中，從事注鉛之作業。
七、鉛化合物、鉛混合物製造過程中，從事鉛、鉛混存物之熔融、鑄造、研磨、混合、冷卻、攪拌、篩選、煆燒、烘燒、乾燥、搬運倒入容器或取出之作業。
八、從事鉛之襯墊及表面上光作業。
九、橡膠、合成樹脂之製品、含鉛塗料及鉛化合物之繪料、釉藥、農藥、玻璃、黏著劑等製造過程中，鉛、鉛混存物等之熔融、鑄注、研磨、軋碎、混合、篩選、被覆、剝除或加工之作業。
十、於通風不充分之場所從事鉛合金軟焊之作業。
十一、使用含鉛化合物之釉藥從事施釉或該施釉物之烘燒作業。
十二、使用含鉛化合物之繪料從事繪畫或該繪畫物之烘燒作業。
十三、使用熔融之鉛從事金屬之淬火、退火或該淬火、退火金屬之砂浴作業。
十四、含鉛設備、襯墊物或已塗布含鉛塗料物品之軋碎、壓延、熔接、熔斷、切斷、加熱、熱鉚接或剝除含鉛塗料等作業。
十五、含鉛、鉛塵設備內部之作業。
十六、轉印紙之製造過程中，從事粉狀鉛、鉛混存物之散布、上粉之作業。
十七、機器印刷作業中，鉛字之檢字、排版或解版之作業。
十八、從事前述各款清掃之作業。

345.(124) 有關鉛作業休息室之敘述，下列何者符合鉛中毒預防規則之規定？
①出入口設置充分濕潤墊蓆
②入口處設置清潔衣服用毛刷
③設置於鉛作業場所內
④進入休息室前附著於工作衣上之鉛塵應適當清除。

解析

鉛中毒預防規則第 34 條：
雇主使勞工從事鉛作業時，應於作業場所外設置合於下列規定之休息室：
一、休息室之出入口，應設置沖洗用水管或充分濕潤之墊蓆，以清除附著於勞工足部之鉛塵，並於入口設置清除鉛塵用毛刷或真空除塵機。
二、休息室之地面構造應易於使用真空除塵機或以水清洗者。
三、雇主應使勞工於進入休息室前，將附著於工作衣上之鉛塵適當清除。
四、前項規定，雇主應揭示於勞工顯而易見之處所。
五、第一項與第二項之規定，於鉛作業場所勞工無附著鉛塵之虞者，不適用之。

346.(134) 依鉛中毒預防規則規定，下列何種鉛作業未要求設置淋浴及更衣設備，以供勞工使用？
①軟焊作業 ②含鉛裝置內部作業
③熔融鑄造作業 ④鉛蓄電池加工組配作業。

解析

依鉛中毒預防規則第35條：
雇主使勞工從事粉狀之鉛、鉛混存物或燒結礦混存物之處理作業者，應設置淋浴設備。
依鉛中毒預防規則第38條：
雇主使勞工從事第2條第二款至第十五款之作業時，依下列規定：
一、設置淋浴及更衣設備，以供勞工使用。
二、使勞工將污染之衣服置於密閉容器內。
前條第二款至第十五款包括以下：

1. 含鉛重量在3%以上之銅或鋅之冶煉、精煉過程中，當轉爐連續熔融作業時，從事熔融及處理煙灰或電解漿泥之作業。
2. 鉛蓄電池或鉛蓄電池零件之製造、修理或解體過程中，從事鉛、鉛混存物等之熔融、鑄造、研磨、軋碎、製粉、混合、篩選、捏合、充填、乾燥、加工、組配、熔接、熔斷、切斷、搬運或將粉狀之鉛、鉛混存物倒入容器或取出之作業。
3. 前款以外之鉛合金之製造，鉛製品或鉛合金製品之製造、修理、解體過程中，從事鉛或鉛合金之熔融、被覆、鑄造、熔鉛噴布、熔接、熔斷、切斷、加工之作業。
4. 電線、電纜製造過程中，從事鉛之熔融、被覆、剝除或被覆電線、電纜予以加硫處理、加工之作業。
5. 鉛快削鋼之製造過程中，從事注鉛之作業。
6. 鉛化合物、鉛混合物製造過程中，從事鉛、鉛混存物之熔融、鑄造、研磨、混合、冷卻、攪拌、篩選、煆燒、烘燒、乾燥、搬運倒入容器或取出之作業。
7. 從事鉛之襯墊及表面上光作業。
8. 橡膠、合成樹脂之製品、含鉛塗料及鉛化合物之繪料、釉藥、農藥、玻璃、黏著劑等製造過程中，鉛、鉛混存物等之熔融、鑄注、研磨、軋碎、混合、篩選、被覆、剝除或加工之作業。
9. 於通風不充分之場所從事鉛合金軟焊之作業。
10. 使用含鉛化合物之釉藥從事施釉或該施釉物之烘燒作業。
11. 使用含鉛化合物之繪料從事繪畫或該繪畫物之烘燒作業。
12. 使用熔融之鉛從事金屬之淬火、退火或該淬火、退火金屬之砂浴作業。
13. 含鉛設備、襯墊物或已塗布含鉛塗料物品之軋碎、壓延、熔接、熔斷、切斷、加熱、熱鉚接或剝除含鉛塗料等作業。
14. 含鉛、鉛塵設備內部之作業。

347.(123) 下列何種場所可能有缺氧危險？
①使用乾冰從事冷凍、冷藏之冷凍庫、冷凍貨櫃內部
②紙漿廢液儲槽內部
③穀物、麵粉儲存槽內部
④具有空調的教室。

解析 缺氧危險作業，指於下列缺氧危險場所從事之作業：

一、長期間未使用之水井、坑井、豎坑、隧道、沈箱、或類似場所等之內部。

二、貫通或鄰接下列之一之地層之水井、坑井、豎坑、隧道、沈箱、或類似場所等之內部。

1. 上層覆有不透水層之砂礫層中，無含水、無湧水或含水、湧水較少之部分。
2. 含有亞鐵鹽類或亞錳鹽類之地層。
3. 含有甲烷、乙烷或丁烷之地層。
4. 湧出或有湧出碳酸水之虞之地層。
5. 腐泥層。

三、供裝設電纜、瓦斯管或其他地下敷設物使用之暗渠、人孔或坑井之內部。

四、滯留或曾滯留雨水、河水或湧水之槽、暗渠、人孔或坑井之內部。

五、滯留、曾滯留、相當期間置放或曾置放海水之熱交換器、管、槽、暗渠、人孔、溝或坑井之內部。

六、密閉相當期間之鋼製鍋爐、儲槽、反應槽、船艙等內壁易於氧化之設備之內部。但內壁為不銹鋼製品或實施防銹措施者，不在此限。

七、置放煤、褐煤、硫化礦石、鋼材、鐵屑、原木片、木屑、乾性油、魚油或其他易吸收空氣中氧氣之物質等之儲槽、船艙、倉庫、地窖、貯煤器或其他儲存設備之內部。

八、以含有乾性油之油漆塗敷天花板、地板、牆壁或儲具等，在油漆未乾前即予密閉之地下室、倉庫、儲槽、船艙或其他通風不充分之設備之內部。

九、穀物或飼料之儲存、果蔬之燜熟、種子之發芽或蕈類之栽培等使用之倉庫、地窖、船艙或坑井之內部。

十、置放或曾置放醬油、酒類、胚子、酵母或其他發酵物質之儲槽、地窖或其他釀造設備之內部。

十一、置放糞尿、腐泥、污水、紙漿液或其他易腐化或分解之物質之儲槽、船艙、槽、管、暗渠、人孔、溝、或坑井等之內部。

十二、使用乾冰從事冷凍、冷藏或水泥乳之脫鹼等之冷藏庫、冷凍庫、冷凍貨車、船艙或冷凍貨櫃之內部。

十三、置放或曾置放氦、氬、氮、氟氯烷、二氧化碳或其他惰性氣體之鍋爐、儲槽、反應槽、船艙或其他設備之內部。

十四、其他經中央主管機關指定之場所。

348.(123) 下列敘述何者屬職業安全衛生設施規則所稱局限空間認定之條件？
①非供勞工在其內部從事經常性作業
②勞工進出方法受限制
③無法以自然通風來維持充分、清淨空氣之空間
④狹小之內部空間。

解析 職業安全衛生設施規則第19-1條：
本規則所稱局限空間，指非供勞工在其內部從事經常性作業，勞工進出方法受限制，且無法以自然通風來維持充分、清淨空氣之空間。

349.(23) 下列哪些呼吸防護具，可在缺氧危險場所使用？
①防毒面罩 ②輸氣管面罩 ③空氣呼吸器 ④氧氣呼吸器。

解析 缺氧危險場所需要配戴空氣呼吸器或輸氣管面罩。防毒面具沒有提供氧氣的功能，氧氣呼吸器又稱隔絕式壓縮氧呼吸器。呼吸系統與外界隔絕，儀器與人體呼吸系統形成內部迴圈，由高壓氣瓶提供氧氣，消防用途為多。

350.(134) 氧利用率相關的敘述，下列何者正確？
①氧攝取量大者適合耐力競賽 ②長跑選手不會因耐力訓練而進步
③氧債大者適合於短跑 ④訓練對最大氧債無一定的效果。

解析
- 氧債 (Oxygen Debt)：指運動後開始恢復時的耗氧量高出同時間安靜時耗氧量的部分，氧的補充用來處理肌肉中產生的乳酸，此稱之為氧債。
- 短時間爆發性的運動項目優越者，一般有較大的氧債值，因此有以最大氧債值作為判斷無氧閾值的指標。而長跑可以藉由耐力訓練提升心肺功能而進步。

351.(124) 下列何者屬於職場健康促進項目？
①壓力紓解 ②戒菸計畫 ③指認呼喚運動 ④下背痛預防。

解析 常見的職場健康促進項目包含：

A 講座或諮詢：
- 急救與應變訓練。
- 口腔保健 (含篩檢)。
- 癌症講座。
- 下背痛講座。

B 檢查：
- 全員大體檢。
- 健檢套餐。
- 骨質密度檢查。
- 動脈硬化檢測。
- 體適能檢察。

C 健康提示：
- 創意健康小提示 (有獎徵文)。
- 海報
- 健康護照 (健康日誌，健康存摺)。
- 體重紀錄 (血壓紀錄)。
- 健康活動紀錄。
- 戒菸護照。

D 活動：
- 代謝症候群。
- 高階主管健康照顧。
- 紓壓按摩。
- 辦公室伸展操 (頭頸伸展操)。
- 運動競賽。

- 瑜珈教室。
- 減重班。
- 戒菸班。
- 捐血。

352.(234) 肝臟具有下列那些功能?
①產生胰島素 ②將溶劑解毒 ③製造白蛋白 ④貯存維生素A及K。

解析 肝臟可以將溶劑解毒、製造白蛋白以及貯存維生素A及K。而產生胰島素是胰臟的功能。

353.(123) 下列敘述何者正確?
①電傳工作者可指藉由電腦資訊科技或透過電子通信設備接受雇主指揮,於事業單位外之場所提供勞務之勞工
②勞工與雇主協調出適合雙方之任意第三方工作場所,可稱之為該雇主事業單位外之場所
③在事業場所外從事工作之勞工,應於約定正常工作時間內履行勞務
④勞基法所稱之休息時間,駕駛得受雇主之指揮、監督,並不得自由利用。

解析 關於勞基法第35條休息時間之規定:
勞工繼續工作4小時,至少應有30分鐘之休息。但實行輪班制或其工作有連續性或緊急性者,雇主得在工作時間內,另行調配其時間。而其休息時間可以自由利用,不受雇主之指揮、監督。

354.(124) 我國職業災害統計分類包含下列何者?
①永久部分失能 ②永久全失能 ③暫時部分失能 ④暫時全失能。

解析 職災失能傷害包括下列四種:
一、死亡:死亡係指因職業災害致使工作者喪失生命而言,不論罹災至死亡時間之長短。
二、永久全失能:永久全失能係指除死亡外之任何足使罹災者造成永久全失能,或在一次事故中損失下列各項之一,或失去其機能者:
1. 雙目。
2. 一隻眼睛及一隻手,或手臂或腿或足。
3. 不同肢中之任何下列兩種:手、臂、足或腿。
三、永久部分失能:永久部分失能係指除死亡及永久全失能以外之任何足以造成肢體之任何一部分完全失去,或失去其機能者。不論該受傷之肢體或損傷身體機能之事前有無任何失能。
下列各項不能列為永久部分失能:
1. 可醫好之小腸疝氣。
2. 損失手指甲或足趾甲。
3. 僅損失指尖。而不傷及骨節者。
4. 損失牙齒。

5. 體形破相。
6. 不影響身體運動之扭傷或挫傷。
7. 手指及足趾之簡單破裂及受傷部分之正常機能不致因破裂傷害而造成機障或受到影響者。

四、暫時全失能：暫時全失能係指罹災人未死亡，亦未永久失能。但不能繼續其正常工作，必須休班離開工作場所，損失時間在一日(含)以上(包括星期日、休假日或事業單位停工日)，暫時不能恢復工作者。

355.(234) 初步危害分析的方法包含下列何者？
①暴露評估貝氏統計 ②危害及可操作性分析 (HazOp)
③檢核表 ④故障樹分析 (FTA)。

解析
實施初步危害分析 (Preliminary Hazard Analysis) 以分析發掘工作場所重大潛在危害，並針對重大潛在危害實施下列之一之安全評估方法，實施過程應予記錄並將改善建議彙整：
一、檢核表 (Check list)。
二、如果 - 結果分析 (What If)。
三、如果 - 結果分析 / 檢核表 (What If/ Check list)。
四、危害及可操作性分析 (Hazard and Operability Studies)。
五、故障樹分析 (Fault Tree Analysis)。
六、失誤模式與影響分析 (Failure Modes and Effects Analysis)。
七、其他經中央主管機關認可具有上列同等功能之安全評估方法。

356.(1234) 下列何者為職業安全衛生的危害因子？
①社會心理壓力危害 ②人因工程危害
③化學性危害 ④生物性危害。

解析
危害因子種類及可能的影響如下：
- 化學性危害因子：勞工暴露於粉塵、有害氣體、有機溶劑、金屬類、氧氣缺乏等危害因子，藉由呼吸、皮膚接觸、或食入，進而造成特定疾病的發生。
- 物理性危害因子：包括溫度條件(高溫、低溫)、異常氣壓、噪音、振動、非游離輻射、放射線、紫外線等因子。
- 生物性危害因子：有病原性微生物、有害生物蛋白、動植物或有機粉塵。
- 作業型態危害因子：包括人因工程或工作時間的安排；可能引起職業性肌肉骨骼傷害或全身性疲勞。
- 心理性危害：包含壓力以及憂鬱、暴躁等心理疾病之危害。

357.(34) 攪拌大型醬料醃製槽時，易發生下列何危害？
①捲夾 ②切割 ③缺氧 ④墜落。

解析
大型醬料醃漬物品的槽體由於有化學反應進行容易產生缺氧狀態，另外由於槽體若較寬較深，容易發生勞工不慎墜落等問題。

358.(14) 長期與振動過大之機械 / 設備 / 工具接觸，可能較會危及人體那些器官或系統？
①脊椎骨 ②肺部 ③眼睛 ④末梢神經系統。

解析 流行病學研究顯示，全身振動暴露與下背疼痛以及退化性或突出性椎間盤疾病的發生有關聯性，長期的全身振動暴露會增加罹患脊椎與神經方面疾病的機率，依據勞保法規，長期暴露於全身振動工作場所，引起之腰椎椎間盤突出，歸屬於職業疾病。

359.(134) 入槽作業前應採取之措施，常包含下列何者？
①採取適當之機械通風
②測定溼度
③測定危害物之濃度並瞭解爆炸上下限
④測定氧氣濃度。

解析 入槽作業稍一不慎，極易發生事故；因此入槽作業之規定與許可證皆需先確認與核准。而槽內作業最常發生之意外事故為缺氧，故槽內空氣中含氧量及可燃性氣體、有害性氣體濃度之測定，為必須採取之預防措施。

360.(124) 工廠緊急應變器材包含下列何者？
①化學防護衣 ②自給式空氣呼吸器
③VX 神經毒劑 ④消防滅火器材。

解析 常見的緊急應變器材：
一、可燃性氣體 / 毒氣偵測警報器。
二、消防滅火器材。
三、氣體檢知器組。
四、空氣呼吸器。
五、氣密式 A 級化學防護衣。
六、非氣密式 B 級化學防護衣。
七、非氣密式 C 級化學防護衣。
八、進火場用防護衣。
九、耐化手套、圍裙及鞋靴。
十、防塵、防毒口罩及面罩。

361.(123) 下列有關工作場所危害性化學品標示及通識之敘述何者正確？
①安全資料表簡稱 SDS
②標示之圖式為白底紅框，圖案為黑色
③當一個物質有 5 種危害分類時，就有相對應的 5 種危害警告訊息，但危害圖式可能少於 5 種
④獲商業機密核准的物質，可以不揭露其危害特性、防範措施與急救注意事項。

解析
- 安全資料表 (Safety Data Sheet，簡稱 SDS)。
- 危害性化學品標示之圖式為白底紅框，圖案為黑色。
- 當一個物質有數種危害分類時，就有相對應的數種危害警告訊息，但危害圖式可能少於數種
- 即便是獲商業機密核准的物質，也必須揭露其危害特性、防範措施與急救注意事項。

362.(234) 危害性化學品管理通常包含下列那些？
①危險性機械設備 ②危害標示及教育訓練
③危害清單及通識計畫 ④安全資料表。

解析
危害性化學品標示及通識規則第 17 條：
危害通識計畫，應含危害性化學品清單、安全資料表、標示、危害通識教育訓練等必要項目之擬訂、執行、紀錄及修正措施。

363.(123) 下列那些可能為照顧服務員常見的職業傷害？
①肌肉骨骼疾病 ②身體或精神不法侵害
③生物病原體危害 ④機械沖壓危害。

解析
肌肉骨骼傷害 (Musculoskeletal disorders, MSDs) 在許多工業化的國家都已被確認是照顧服務員的主要職業傷害之一。而更有許多照顧服務員可能遭受雇主身體或精神不法侵害，以及生物病原體的危害 (如針頭感染)，因此需要特別注意。

364.(124) 下列有關工作場所安全衛生之那些敘述正確？
①對於勞工從事其身體或衣著有被污染之虞之特殊作業時，應置備該勞工洗眼、洗澡、漱口、更衣、洗濯等設備
②事業單位應備置足夠急救藥品及器材
③事業單位應備置足夠的零食自動販賣機
④勞工應定期接受健康檢查。

解析
- 雇主對於勞工從事其身體或衣著有被污染之虞之特殊作業時，應置備該勞工洗眼、洗澡、漱口、更衣、洗滌等設備。
- 事業單位應參照工作場所大小、分布、危險狀況與勞工人數，備置足夠急救藥品及器材，並置急救人員辦理急救事宜。
- 雇主對在職勞工，應依規定定期實施一般健康檢查。

365.(124) 有流產病史之孕婦，宜避免相關作業，下列那些敘述正確？
①避免砷或鉛的暴露 ②避免每班站立 7 小時以上之作業
③避免提舉 2 公斤重物的職務 ④避免重體力勞動的職務。

解析 雇主不得使妊娠中之女性勞工從事危險性或有害性工作包含：
一、礦坑工作。
二、鉛及其化合物散布場所之工作。
三、異常氣壓之工作。
四、處理或暴露於弓形蟲、德國麻疹等影響胎兒健康之工作。
五、處理或暴露於二硫化碳、三氯乙烯、環氧乙烷、丙烯醯胺、次乙亞胺、砷及其化合物、汞及其無機化合物等經中央主管機關規定之危害性化學品之工作。
六、鑿岩機及其他有顯著振動之工作。
七、一定重量以上之重物處理工作。

作業別	規定值(公斤)
斷續性作業	10
持續性作業	6

八、有害輻射散布場所之工作。
九、已熔礦物或礦渣之處理工作。
十、起重機、人字臂起重桿之運轉工作。
十一、動力捲揚機、動力運搬機及索道之運轉工作。
十二、橡膠化合物及合成樹脂之滾輾工作。
十三、處理或暴露於經中央主管機關規定具有致病或致死之微生物感染風險之工作。
十四、其他經中央主管機關規定之危險性或有害性之工作。

366.(1234) 職業安全衛生管理系統相關資訊的溝通對象，包括下列何者？
①公司內清潔人員
②到工作場所的承攬人和訪客
③事業單位內部不同的階層和功能單位
④事業單位大門警衛。

解析 職業安全衛生管理系統溝通的對象包括：
一、組織內部不同的階級及部門。
二、到工作場所的訪客或承攬商。
三、其他的利害關係人。

367.(12) 下列何者屬安全、尊嚴的職場組織文化？
①不強求勞工執行業務上明顯不必要或不可能之工作
②不在眾人面前長時間責罵勞工
③過度介入勞工私人事宜
④不斷在眾人面前嘲笑同事。

解析 安全、尊嚴的職場組織文化：
應建立安全、尊嚴、無歧視、互相尊重及包容、機會均等之職場文化。例如不強求勞工執行業務上明顯不必要或不可能之工作、不在眾人面前長時間責罵勞工、不過度介入勞工私人事宜、不宜在眾人面前嘲笑同事等等。

368.(123) 下列敘述何者正確？
①失能傷害頻率 = (失能傷害人次數 × 百萬工時) ／總經歷工時
②失能嚴重率 = (總損失日數 × 百萬工時) ／總經歷工時
③死亡年千人率 = 年間死亡勞工人數 ×1000 ／平均勞工人數
④失能傷害平均損失日數 = 失能傷害頻率／失能傷害嚴重率。

解析

$$失能傷害平均損失日數 = \frac{總損失日數}{失能傷害人次數} = \frac{SR}{FR}。$$

369.(13) 下列那些項目屬職業災害調查範圍？
①發生災害時間
②公司財務狀況
③勞工從事何種作業
④公司客戶名單。

解析

職業災害調查分析資料，包括災害發生經過、災害原因分析、災害改善對策 (含安全衛生管理及現場機械、設備及作業流程等之改善與其他與肇災有關之安全衛生管理相關資料等)。

370.(134) 下列那些屬正確職業災害類型分類？
①從施工架高處掉落歸類於墜落
②因感電而跌倒時，歸類於跌倒
③研磨機砂輪破裂撞擊頭部致死，歸類於物體飛落
④因豎立物倒下被壓死亡，歸類於倒塌、崩塌。

解析

常見的職業災害類型分類：
一、墜落、滾落。
二、跌倒。
三、衝撞。
四、物體飛落。
五、物體倒塌、崩塌。
六、被撞。
七、被切、割、擦傷。
八、被夾、被捲。
因感電而跌倒時，災害類別歸類於感電。

371.(234) 下列敘述何者正確？
①工作環境未清掃屬不安全動作
②工作場所擁擠屬不安全狀況
③進入未確認是否有缺氧、火災爆炸之虞之槽體內作業屬不安全狀況
④未遵守動火作業程序規定作業屬不安全動作。

解析 ①工作環境未清掃屬不安全環境。
②擁擠屬於不安全狀況。
③未確認屬於不安全狀況。
④未遵守規定作業屬於不安全動作。

372.(23) 因為工作設計不良所造成的重複性傷害，下列敘述何者正確？
①會造成消化系統的不適
②主要影響因素為姿勢、施力、作業頻率、休息時間
③常由輕微傷害慢慢累積而形成
④高溫及低溫環境沒有任何影響力。

解析 預防工作者因長期暴露在設計不理想的工作環境、重複性作業、不良的作業姿勢或者工作時間管理不當下，引起工作相關肌肉骨骼傷害、疾病之人因性危害的發生。主要影響因素為姿勢、施力、作業頻率、休息時間，常由輕微傷害慢慢累積而形成。

373.(14) 視覺顯示器相對於聽覺顯示器較具優勢的場合為何？
①訊息內容比較抽象或與空間、位置、方向有關
②具有許多干擾來源的情況下分辨某種特定訊號
③收訊者有缺氧可能或身處加速度狀況
④不需要口頭的反應時。

解析 一、視覺顯示居優勢的場合：
- 多種訊息均來自控制板的某一有限區域。
- 訊息內容比較抽象或與空間、位置、方向有關（例如，以地圖指出兩地之關係，比用口頭表達更清楚簡便）。

二、聽覺顯示居優勢的場合：
- 訊息來源本身原是音響。
- 語言管道已充分使用（聲音訊號可以在話語中突顯而被偵測到）。
- 具有許多干擾來源的情況下分辨某種特定訊號。
- 收訊者有缺氧可能或身處加速度狀況。
- 某種連續性變化的訊息之呈現（例如，飛航路線、無線電測距等訊息）。
- 需要口頭的反應時。

374.(12) 具有那些危害的作業場所應實施作業環境監測？
①物理性危害 ②化學性危害 ③生物性危害 ④人因工程危害。

解析 作業環境監測，分類如下：
一、化學性因子作業環境監測。
二、物理性因子作業環境監測。

375.(34) 所謂相似暴露族群(Similar Exposure Group, SEG)係下列何者大致相同而具有類似暴露狀況之一群勞工？
①工作時間 ②工作薪資 ③暴露危害種類 ④暴露濃度。

解析 相似暴露族群：指工作型態、危害種類、暴露時間及濃度大致相同，具有類似暴露狀況之一群勞工。

376.(34) 雇主對作業環境監測結果之紀錄應如何處理？
①電子檔加密儲存於電腦中 ②紙本儲存於可上鎖之櫥櫃中
③公告、公開揭示 ④通報中央主管機關。

解析 勞工作業環境監測結果，雇主應於顯明易見之場所公告或以其他公開之方式揭示，必要時應向勞工代表說明，並於採樣或測定後 30 日內，通報中央主管機關。

377.(234) 以活性碳管作為採樣介質之採樣過程中，下列那些可能是造成採樣泵停頓的原因？
①採集過量 ②活性碳管阻塞
③採樣泵出氣端阻塞 ④連接管受壓迫。

解析 活性碳管會因為活性碳管阻塞、採樣泵出氣端阻塞或是連接管受壓迫而造成採樣泵停頓。

378.(24) 有關硫化氫之採樣分析敘述，下列何者正確？
①使用高流量採樣泵採樣 ②以分光光譜儀分析
③採集介質為醋酸吸收液 ④使用內盛吸收液之衝擊瓶採樣。

解析 硫化氫之採樣分析：
- 以正確且已知的流率採集空氣。採樣泵流率為 5~100 mL/min，應採集的空氣體積約 0.75 L ~ 10 L。
- 紫外光 / 可見光分光光度儀：偵測波長：670 nm。
- 採集介質為硝酸銀濾紙。
- 採樣介質為小型衝擊式採集瓶 (含 10 mL 吸附劑)。

379.(134) 有關石綿的敘述下列何者正確？
①石綿有不同的顏色
②石綿為不含結晶水的矽酸鹽類
③石綿可以經由 X 光繞射而確認
④經長時間暴露，石綿可能造成石綿肺症。

解析
- 石綿 (Asbestos) 其實是六大類結晶呈纖維狀的矽酸鹽類礦物總稱，成分中含有一定數量的水。從原礦中剝離之後呈棉絮狀，帶點緞面織品的光澤；常見的種類有蛇紋石系的白石綿，與角閃石系的青石綿和褐石綿。
- 可以使用 X 光繞射儀佐以相位差顯微鏡進行快速篩選，將可確實檢測建築材料中是否含有石綿。
- 接觸石綿會導致肺癌、喉癌、卵巢癌與惡性間皮瘤，以及其他疾病，如石綿肺症、胸膜病變等。

380.(124) 有關活塞式音響校正器之特性，下列敘述何者正確？
①易受大氣壓力變化影響 ②僅能產生單一頻率音源
③可產生多種頻率音源 ④利用往復壓縮空氣產生音源。

解析 活塞式聲音校正器係以往復運動之活塞在密閉之空洞中產生已知音壓位準之聲音供噪音計校正，一般此型之校正器在頻率 125Hz 處可以產生 124dB 已知音壓位準。

381.(134) 對於中暑危害，下列敘述何者正確？
①身體失去調節能力 ②死亡率低
③身體須立即降溫 ④體溫會超過正常體溫。

解析 中暑：熱傷害中最嚴重、死亡率最高的一種，患者常出現會高於攝氏 40 度以上的高溫合併意識改變，也可能出現其他類似熱衰竭的症狀，現場處理仍應儘速移至陰涼處並給予降溫，然後儘速送醫。

382.(34) 人體實施熱適應措施，下列敘述何者正確？
①會降低出汗率 ②實施熱適應後不會衰退
③可減輕心跳上升速率 ④汗水含鹽量會降低。

解析 在熱環境下反覆從事長時間運動幾天後，會增加身體排除過多體熱的能力，減少發生熱衰竭及中暑的危險，稱為熱適應 (heat acclimatization)。主要在排汗的機轉及血流方面有所調整，總排汗量不會因熱適應而有所改變，但它會使排汗及散熱更有效率，使得 (1) 血漿量增加 (2) 出汗更早 (3) 出汗更多 (4) 汗水中氯化鈉減少 (5) 皮膚血流量減少。

383.(234) 下列何者為噪音作業場所進行噪音監測時應考慮之因素？
①測定點照度強弱 ②量測儀器放置位置
③測定條件(如天氣、風速等) ④量測時間。

解析 氣象條件、地形、地面情況：噪音之傳播會受到氣象條件、地形、地面情況等之影響，故測量噪音時需記錄天氣、考量位置、測量點附近之風向、風速、溫度、相對濕度等之氣象條件及低頻噪音傳遞途徑附近實物或地形、地面情況以及量測時間。

384.(13) 對於吸音材料之吸音率 (a)，下列敘述何者正確？
① a 介於 0 ～ 1 ② a = 0 表示全吸收
③ a = 0 表示全反射 ④ a 值與音源入射角無關。

解析 材料不同則吸音係數也不同，$\alpha=0$，表示材料完全反射；$\alpha=1$，表示材料完全吸收；一般材料的吸音係數介於 0 ～ 1 之間，吸音材料對於不同的頻率，具有不同的吸音係數。

385.(34) 下列何者為活塞式音響校正器之特性？
①可產生多種頻率音源 ②不易受大氣壓力變化影響
③利用往復壓縮空氣產生音源 ④僅能產生一種音源。

解析 活塞式聲音校正器係以往復運動之活塞在密閉之空洞中產生已知音壓位準之聲音供噪音計校正，一般此型之校正器在頻率 125Hz 處可以產生 124dB 已知音壓位準。

386.(12) 有關自然濕球溫度之敘述，下列何者正確？
①要以蒸餾水潤濕
②要使紗布保持清潔
③可以阿斯曼之濕球溫度代替
④要使溫度計球部周圍之風速保持在 2.5m/sec。

解析 所謂「自然濕球溫度」，是利用包著濕布、直接暴露於太陽下照射的溫度計所量度的溫度。它與太陽輻射、風力和濕度有關。為求量測準備需準備乾淨的棉芯以及蒸餾水，並予以遮蔽以免輻射熱之影響。相對濕度則是運用阿斯曼通風濕度計進行測定。

387.(124) 下列何者為熱防護衣應考慮具備之特性？
①材料之反射輻射熱能力 ②材料絕熱之性能
③環境之外觀 ④內部散熱之能力。

解析 熱防護衣選用原則：
一、抗熱能力高。
二、具有充分防止危害的功能。
三、具有良好的材質與耐久性。
四、內部散熱能力佳。
五、良好的隔熱性。

388.(123) 熱危害改善工程對策中，下列何者是控制輻射熱 (R) 之有效對策？
①設置熱屏障 ②設置隔熱牆 ③設置反射簾幕 ④增加風速。

解析 輻射熱傳遞 (R) 可採取的對策：
一、設置熱屏障，避免勞工在熱源直接輻射範圍內。
二、熱爐或高溫爐壁的絕熱、保溫。
三、熱源覆以金屬反射簾幕如鋁箔。
四、穿著反射圍裙，尤其面對熱源時更需要穿。
五、遮蓋或覆蓋身體裸露在外的部分。

389.(234) 下列何者是閉氣潛水中較可能面臨到的問題？
①體內氣泡形成 ②低血氧 ③二氧化碳滯積 ④腔室及肺部受擠壓。

解析 閉氣潛水當潛水者在水中時間越來越長，二氧化碳在血液中含量逐漸增高，形成低血氧的狀況，且腔室及肺部會受到擠壓。

390.(124) 下列何者可能增加潛涵症的發生率？
①睡眠不足 ②潛水前多喝酒 ③潛水前多喝水 ④肥胖。

解析 潛涵症，也稱減壓症，也就是俗稱潛水夫病或沉箱病。會加重這個情況的因素包括：
一、減壓的幅度。
二、重複暴露。
三、上升的程度。
四、高海拔的滯留時間。
五、年齡。
六、之前受傷病史。
七、環境溫度。
八、身體型態。
九、運動。
十、飲用酒精。
十一、心房中隔缺損。

391.(134) 對於中暑之急救步驟，下列敘述何者正確？
①立即將患者移到陰涼處
②使患者仰臥
③除去衣物覆以床單或大浴巾
④以水沖濕儘快降低體溫至 38°C 以下。

解析 根據衛福部中央健保局提供資訊，若不幸中暑，急救 5 步驟依序為陰涼、脫衣、散熱、喝水、送醫。旁人應先將中暑者移至陰涼通風處，身體躺平、頭部墊高，接著脫掉多餘衣物以利呼吸散熱。第 3 步為用搧風、水沖、冷水毛巾擦拭中暑者身體散熱到正常體溫，第 4 步為喝水，輕微中暑者短時間內會清醒，旁人可給予水分或稀釋的電解質飲品。最後為送醫，若中暑者 5 至 10 分未清醒一定要盡速送醫，尤其是年長者或有慢性病、中風病例者。

392.(14) 進行油漆塗裝時，因有機溶劑揮發，可以佩戴以下那幾種呼吸防護具？
①全面罩 + 活性碳濾罐
②拋棄式半面口罩 N95
③動力濾淨式呼吸防護具 +P100 濾材
④自攜式呼吸防護具。

解析 有機溶劑作業場所應置備適當之呼吸防護具(活性碳防毒面罩或空氣呼吸器)以供有機溶劑作業勞工使用。

393.(14) 對於動力濾淨式呼吸防護具之敘述，下列那些正確？
①無呼吸阻力問題，佩戴者的舒適度較佳
②可結合頭盔或氣罩等型式的負壓型寬鬆面體，增加佩戴者作業安全性與作業相容性
③不會有密合不良而可能造成污染物洩漏問題
④使用全面體與寬鬆面體時，有較大量的空氣流經頭部，在高溫作業下具冷卻效果。

解析 動力空氣濾淨式呼吸防護具(PAPR)是以個人攜帶的送風機等裝備結合認證過的頭罩一起使用，提供使用者呼吸所需要的空氣。主機(送風機、電池與濾材)通常繫在使用者的腰上，送風機可促使外部空氣進入，讓使用者呼吸更容易，解決一般戴半面式或全面式防毒面具時的悶熱感和呼吸受阻的問題，提高使用者的舒適度。

394.(34) 整體換氣裝置通常不用在粉塵或燻煙之作業場所，其原因包括下列那幾項？
①粉塵或燻煙產生率及產生量容易估計
②粉塵或燻煙危害小，且容許濃度高
③粉塵或燻煙產生速度及量大，不易稀釋排除
④整體換氣裝置較適合於使用在污染物毒性小之氣體或蒸氣產生場所。

解析 整體換氣裝置：
- 將新鮮空氣引進或排出室內污染空氣，使室內污染物之濃度稀釋，也稱之為稀釋換氣，其性能的優劣視換氣量而定。
- 整體換氣裝置可以用控制作業場所之溫度、濕度及氣味，以維持作業場所之舒適。
- 對發生源分佈廣泛之低濃度或低毒性有害物之排除為整體換氣裝置之適合時機。

395.(12) 關於空氣清淨裝置之敘述，下列那些正確？
①在污染物質排出於室外前，以物理或化學方法自氣流中予以清除之裝置
②裝置應考慮運行成本，污染物收集效率，以及可正常維護和清潔
③除塵裝置有充填塔(吸收塔)、洗滌塔、焚燒爐等
④氣狀有害物處理裝置有重力沈降室、慣性集塵機、離心分離機、濕式集塵機、靜電集塵機及袋式集塵機等。

解析 空氣清淨裝置：在污染物質排出於室外前，以物理或化學方法自氣流中予以清除之裝置，包含除塵裝置及清除廢氣裝置。除塵裝置則有重力沈降室、慣性集塵機、離心分離機、濕式集塵機、靜電集塵機及袋式集塵機等；廢氣處理裝置則有充填塔(吸收塔)、焚燒爐。

396.(1234) 生物性危害物是指所有會造成健康影響的生物(或其產生不具活性的產物)，這些危害物質包括下列那幾項？
①節肢動物 ②鼠類 ③真菌 ④過敏原。

解析 生物性危害物是指所有會造成健康影響的生物 (或其產生不具活性的產物)。這些危害物質包含植物、節肢動物、鼠類和其他動物、真菌、細菌、病毒以及毒素和過敏原等。

397.(1234) 下列那些物質吸入後會造成肺部損傷？
①石綿 ②甲醛 ③臭氧 ④氯氣。

解析
- 石綿暴露所造成的肺部疾病，主要是肺纖維化 (石綿塵肺症)、肺癌和肋膜、腹膜的間皮細胞瘤。
- 甲醛可以在數分鐘內造成肺水腫、肺炎、支氣管刺激、胸悶、頭痛、心悸、眼睛灼傷；嚴重時可能致死。
- 對人體來說，臭氧對呼吸系統具有刺激性，吸入濃度超過 0.05ppm 的臭氧會引起咳嗽、頭痛、疲倦以及肺部的傷害。
- 氯氣，化學式為 Cl_2。常溫常壓下為黃綠色，有強烈刺激性氣味的劇毒氣體，具有窒息性。

398.(234) 下列敘述那些為正確？
①空氣中氧氣含量，若低於 6%，工作人員即會感到頭暈、心跳加速、頭痛
②呼吸帶 (Breathing zone)：亦稱呼吸區，一般以口、鼻為中心點，10 英吋為半徑之範圍內
③所謂評估，是指測量各種環境因素大小，根據國內、外建議之暴露劑量建議標準，判斷是否有危害之情況存在
④生物檢體由於成分相當複雜，容易產生所謂基質效應 (matrix effect) 而使偵測結果誤差較高。

解析 空氣含氧量出現之症狀：

空氣中含氧量	出現症狀
12 ~ 16%	呼吸和心跳加速，肌肉不協調
10 ~ 14%	情緒低落、疲勞、呼吸不順
6 ~ 10%	噁心、嘔吐、虛脫或喪失意識
< 6%	痙攣、窒息和死亡

- 呼吸帶 (breathing zone) 是指人類呼吸直接利用的那部分大氣，也就是口鼻附近空間裡的空氣。
- 評估：是指測量各種環境因素大小，根據國內、外建議之暴露劑量建議標準，判斷是否有危害之情況存在。
- 基質效應 (Matrix Effect)：基質 (母體) 與分析的標準品狀況不一樣 (物理性質，黏度、表面張力、揮發度)，而造成分析結果的偏差，稱為基質效應。

399.(123) 下列有關採光與照明之敘述，那些選項正確？
①被照面所反射的亮度與照射在被照面上的照度之比為反射比
②亮度單位為 cd/m^2
③發光面、反射面、透過面皆可定義為某面上某點光束發散度
④輝度單位為 cd/m^2 或 Ra。

解析 輝度的公制單位為燭光 / 平方公尺 (candela/m^2，cd/m^2) 或尼特 (nit)，英制單位為呎朗伯 (foot lambert, fL)。亮度 (L) = 發光強度 / 面積 = I / AP(公制單位：cd /m^2 (nt))。

400.(134) 下列那些為放射性同位素？
①氚 (3H) ②碳 12(12C) ③鈷 60(60Co) ④鉀 40(40K)。

解析 放射性同位素就是具有放射性的同位素，例如氚 (3H)，碳 14 (14C)，鈷 60 (60Co)，鉀 40 (40K)，鈾 235 (235U)，鈾 238 (238U)。目前已知天然存在的同位素約有 330 種，其中大約 270 種是穩定同位素，其餘是不穩定的放射性同位素。

4-2 共同科目學科試題（114/01/01 啟用）

90006 職業安全衛生共同科目 不分級

工作項目 01：職業安全衛生

1. （2）對於核計勞工所得有無低於基本工資，下列敘述何者有誤？
①僅計入在正常工時內之報酬 ②應計入加班費
③不計入休假日出勤加給之工資 ④不計入競賽獎金。

2. （3）下列何者之工資日數得列入計算平均工資？
①請事假期間 ②職災醫療期間
③發生計算事由之當日前 6 個月 ④放無薪假期間。

3. （4）有關「例假」之敘述，下列何者有誤？
①每 7 日應有例假 1 日 ②工資照給
③天災出勤時，工資加倍及補休 ④須給假，不必給工資。

4. （4）勞動基準法第 84 條之 1 規定之工作者，因工作性質特殊，就其工作時間，下列何者正確？
①完全不受限制 ②無例假與休假
③不另給予延時工資 ④得由勞雇雙方另行約定。

5. （3）依勞動基準法規定，雇主應置備勞工工資清冊並應保存幾年？
① 1 年 ② 2 年 ③ 5 年 ④ 10 年。

6. （1）事業單位僱用勞工多少人以上者，應依勞動基準法規定訂立工作規則？
① 30 人 ② 50 人 ③ 100 人 ④ 200 人。

7. （3）依勞動基準法規定，雇主延長勞工之工作時間連同正常工作時間，每日不得超過多少小時？
① 10 小時 ② 11 小時 ③ 12 小時 ④ 15 小時。

8. （4）依勞動基準法規定，下列何者屬不定期契約？
①臨時性或短期性的工作 ②季節性的工作
③特定性的工作 ④有繼續性的工作。

9. （1）依職業安全衛生法規定，事業單位勞動場所發生死亡職業災害時，雇主應於多少小時內通報勞動檢查機構？
① 8 小時 ② 12 小時 ③ 24 小時 ④ 48 小時。

10. (1) 事業單位之勞工代表如何產生？

①由企業工會推派之　②由產業工會推派之
③由勞資雙方協議推派之　④由勞工輪流擔任之。

11. (4) 職業安全衛生法所稱有母性健康危害之虞之工作，不包括下列何種工作型態？

①長時間站立姿勢作業　②人力提舉、搬運及推拉重物
③輪班及工作負荷　④駕駛運輸車輛。

12. (3) 依職業安全衛生法施行細則規定，下列何者非屬特別危害健康之作業？

①噪音作業　②游離輻射作業　③會計作業　④粉塵作業。

13. (3) 從事於易踏穿材料構築之屋頂修繕作業時，應有何種作業主管在場執行主管業務？

①施工架組配　②擋土支撐組配　③屋頂　④模板支撐。

14. (4) 有關「工讀生」之敘述，下列何者正確？

①工資不得低於基本工資之 80%　②屬短期工作者，加班只能補休
③每日正常工作時間得超過 8 小時　④國定假日出勤，工資加倍發給。

15. (3) 勞工工作時手部嚴重受傷，住院醫療期間公司應按下列何者給予職業災害補償？

①前 6 個月平均工資　②前 1 年平均工資　③原領工資　④基本工資。

16. (2) 勞工在何種情況下，雇主得不經預告終止勞動契約？

①確定被法院判刑 6 個月以內並諭知緩刑超過 1 年以上者
②不服指揮對雇主暴力相向者
③經常遲到早退者
④非連續曠工但 1 個月內累計 3 日者。

17. (3) 對於吹哨者保護規定，下列敘述何者有誤？

①事業單位不得對勞工申訴人終止勞動契約
②勞動檢查機構受理勞工申訴必須保密
③為實施勞動檢查，必要時得告知事業單位有關勞工申訴人身分
④事業單位不得有不利勞工申訴人之處分。

18. (4) 職業安全衛生法所稱有母性健康危害之虞之工作，係指對於具生育能力之女性勞工從事工作，可能會導致的一些影響。下列何者除外？

①胚胎發育　②妊娠期間之母體健康
③哺乳期間之幼兒健康　④經期紊亂。

19. (3) 下列何者非屬職業安全衛生法規定之勞工法定義務？
①定期接受健康檢查 ②參加安全衛生教育訓練
③實施自動檢查 ④遵守安全衛生工作守則。

20. (2) 下列何者非屬應對在職勞工施行之健康檢查？
①一般健康檢查 ②體格檢查
③特殊健康檢查 ④特定對象及特定項目之檢查。

21. (4) 下列何者非為防範有害物食入之方法？
①有害物與食物隔離 ②不在工作場所進食或飲水
③常洗手、漱口 ④穿工作服。

22. (1) 原事業單位如有違反職業安全衛生法或有關安全衛生規定，致承攬人所僱勞工發生職業災害時，有關承攬管理責任，下列敘述何者正確？
①原事業單位應與承攬人負連帶賠償責任
②原事業單位不需負連帶補償責任
③承攬廠商應自負職業災害之賠償責任
④勞工投保單位即為職業災害之賠償單位。

23. (4) 依勞動基準法規定，主管機關或檢查機構於接獲勞工申訴事業單位違反本法及其他勞工法令規定後，應為必要之調查，並於幾日內將處理情形，以書面通知勞工？
① 14 日 ② 20 日 ③ 30 日 ④ 60 日。

24. (3) 我國中央勞動業務主管機關為下列何者？
①內政部 ②勞工保險局 ③勞動部 ④經濟部。

25. (4) 對於勞動部公告列入應實施型式驗證之機械、設備或器具，下列何種情形不得免驗證？
①依其他法律規定實施驗證者 ②供國防軍事用途使用者
③輸入僅供科技研發之專用機型 ④輸入僅供收藏使用之限量品。

26. (4) 對於墜落危險之預防設施，下列敘述何者較為妥適？
①在外牆施工架等高處作業應盡量使用繫腰式安全帶
②安全帶應確實配掛在低於足下之堅固點
③高度 2m 以上之邊緣開口部分處應圍起警示帶
④高度 2m 以上之開口處應設護欄或安全網。

27. (3) 對於感電電流流過人體可能呈現的症狀，下列敘述何者有誤？
①痛覺 ②強烈痙攣
③血壓降低、呼吸急促、精神亢奮 ④造成組織灼傷。

28. (2) 下列何者非屬於容易發生墜落災害的作業場所？
①施工架 ②廚房 ③屋頂 ④梯子、合梯。

29. (1) 下列何者非屬危險物儲存場所應採取之火災爆炸預防措施？
①使用工業用電風扇 ②裝設可燃性氣體偵測裝置
③使用防爆電氣設備 ④標示「嚴禁煙火」。

30. (3) 雇主於臨時用電設備加裝漏電斷路器，可減少下列何種災害發生？
①墜落 ②物體倒塌、崩塌 ③感電 ④被撞。

31. (3) 雇主要求確實管制人員不得進入吊舉物下方，可避免下列何種災害發生？
①感電 ②墜落 ③物體飛落 ④缺氧。

32. (1) 職業上危害因子所引起的勞工疾病，稱為何種疾病？
①職業疾病 ②法定傳染病 ③流行性疾病 ④遺傳性疾病。

33. (4) 事業招人承攬時，其承攬人就承攬部分負雇主之責任，原事業單位就職業災害補償部分之責任為何？
①視職業災害原因判定是否補償 ②依工程性質決定責任
③依承攬契約決定責任 ④仍應與承攬人負連帶責任。

34. (2) 預防職業病最根本的措施為何？
①實施特殊健康檢查 ②實施作業環境改善
③實施定期健康檢查 ④實施僱用前體格檢查。

35. (1) 在地下室作業，當通風換氣充分時，則不易發生一氧化碳中毒、缺氧危害或火災爆炸危險。請問「通風換氣充分」係指下列何種描述？
①風險控制方法 ②發生機率 ③危害源 ④風險。

36. (1) 勞工為節省時間，在未斷電情況下清理機臺，易發生危害為何？
①捲夾感電 ②缺氧 ③墜落 ④崩塌。

37. (2) 工作場所化學性有害物進入人體最常見路徑為下列何者？
①口腔 ②呼吸道 ③皮膚 ④眼睛。

38. (3) 活線作業勞工應佩戴何種防護手套？
①棉紗手套 ②耐熱手套 ③絕緣手套④防振手套。

39. (4) 下列何者非屬電氣災害類型？
①電弧灼傷 ②電氣火災 ③靜電危害 ④雷電閃爍。

40. (3) 下列何者非屬於工作場所作業會發生墜落災害的潛在危害因子?
①開口未設置護欄 ②未設置安全之上下設備
③未確實配戴耳罩 ④屋頂開口下方未張掛安全網。

41. (2) 在噪音防治之對策中,從下列何者著手最為有效?
①偵測儀器 ②噪音源 ③傳播途徑 ④個人防護具。

42. (4) 勞工於室外高氣溫作業環境工作,可能對身體產生之熱危害,下列何者非屬熱危害之症狀?
①熱衰竭 ②中暑 ③熱痙攣 ④痛風。

43. (3) 下列何者是消除職業病發生率之源頭管理對策?
①使用個人防護具 ②健康檢查 ③改善作業環境 ④多運動。

44. (1) 下列何者非為職業病預防之危害因子?
①遺傳性疾病 ②物理性危害 ③人因工程危害 ④化學性危害。

45. (3) 依職業安全衛生設施規則規定,下列何者非屬使用合梯,應符合之規定?
①合梯應具有堅固之構造
②合梯材質不得有顯著之損傷、腐蝕等
③梯腳與地面之角度應在 80 度以上
④有安全之防滑梯面。

46. (4) 下列何者非屬勞工從事電氣工作安全之規定?
①使其使用電工安全帽
②穿戴絕緣防護具
③停電作業應斷開、檢電、接地及掛牌
④穿戴棉質手套絕緣。

47. (3) 為防止勞工感電,下列何者為非?
①使用防水插頭 ②避免不當延長接線
③設備有金屬外殼保護即可免接地 ④電線架高或加以防護。

48. (2) 不當抬舉導致肌肉骨骼傷害或肌肉疲勞之現象,可歸類為下列何者?
①感電事件 ②不當動作 ③不安全環境 ④被撞事件。

49. (3) 使用鑽孔機時,不應使用下列何護具?
①耳塞 ②防塵口罩 ③棉紗手套 ④護目鏡。

50. (1) 腕道症候群常發生於下列何種作業?
①電腦鍵盤作業 ②潛水作業 ③堆高機作業 ④第一種壓力容器作業。

51. (1) 對於化學燒傷傷患的一般處理原則，下列何者正確？
①立即用大量清水沖洗
②傷患必須臥下，而且頭、胸部須高於身體其他部位
③於燒傷處塗抹油膏、油脂或發酵粉
④使用酸鹼中和。

52. (4) 下列何者非屬防止搬運事故之一般原則？
①以機械代替人力 ②以機動車輛搬運
③採取適當之搬運方法 ④儘量增加搬運距離。

53. (3) 對於脊柱或頸部受傷患者，下列何者不是適當的處理原則？
①不輕易移動傷患
②速請醫師
③如無合用的器材，需 2 人作徒手搬運
④向急救中心聯絡。

54. (3) 防止噪音危害之治本對策為下列何者？
①使用耳塞、耳罩 ②實施職業安全衛生教育訓練
③消除發生源 ④實施特殊健康檢查。

55. (1) 安全帽承受巨大外力衝擊後，雖外觀良好，應採下列何種處理方式？
①廢棄 ②繼續使用 ③送修 ④油漆保護。

56. (2) 因舉重而扭腰係由於身體動作不自然姿勢，動作之反彈，引起扭筋、扭腰及形成類似狀態造成職業災害，其災害類型為下列何者？
①不當狀態 ②不當動作 ③不當方針 ④不當設備。

57. (3) 下列有關工作場所安全衛生之敘述何者有誤？
①對於勞工從事其身體或衣著有被污染之虞之特殊作業時，應備置該勞工洗眼、洗澡、漱口、更衣、洗濯等設備
②事業單位應備置足夠急救藥品及器材
③事業單位應備置足夠的零食自動販賣機
④勞工應定期接受健康檢查。

58. (2) 毒性物質進入人體的途徑，經由那個途徑影響人體健康最快且中毒效應最高？
①吸入 ②食入 ③皮膚接觸 ④手指觸摸。

59. (3) 安全門或緊急出口平時應維持何狀態？
①門可上鎖但不可封死
②保持開門狀態以保持逃生路徑暢通
③門應關上但不可上鎖
④與一般進出門相同，視各樓層規定可開可關。

60. (3) 下列何種防護具較能消減噪音對聽力的危害？
①棉花球 ②耳塞 ③耳罩 ④碎布球。

61. (2) 勞工若面臨長期工作負荷壓力及工作疲勞累積，沒有獲得適當休息及充足睡眠，便可能影響體能及精神狀態，甚而較易促發下列何種疾病？
①皮膚癌 ②腦心血管疾病 ③多發性神經病變 ④肺水腫。

62. (2) 「勞工腦心血管疾病發病的風險與年齡、吸菸、總膽固醇數值、家族病史、生活型態、心臟方面疾病」之相關性為何？
①無 ②正 ③負 ④可正可負。

63. (3) 下列何者不屬於職場暴力？
①肢體暴力 ②語言暴力 ③家庭暴力 ④性騷擾。

64. (4) 職場內部常見之身體或精神不法侵害不包含下列何者？
①脅迫、名譽損毀、侮辱、嚴重辱罵勞工
②強求勞工執行業務上明顯不必要或不可能之工作
③過度介入勞工私人事宜
④使勞工執行與能力、經驗相符的工作。

65. (3) 下列何種措施較可避免工作單調重複或負荷過重？
①連續夜班 ②工時過長 ③排班保有規律性 ④經常性加班。

66. (1) 減輕皮膚燒傷程度之最重要步驟為何？
①儘速用清水沖洗 ②立即刺破水泡
③立即在燒傷處塗抹油脂 ④在燒傷處塗抹麵粉。

67. (3) 眼內噴入化學物或其他異物，應立即使用下列何者沖洗眼睛？
①牛奶 ②蘇打水 ③清水 ④稀釋的醋。

68. (3) 石綿最可能引起下列何種疾病？
①白指症 ②心臟病 ③間皮細胞瘤 ④巴金森氏症。

69. (2) 作業場所高頻率噪音較易導致下列何種症狀？
①失眠 ②聽力損失 ③肺部疾病 ④腕道症候群。

70. (2) 廚房設置之排油煙機為下列何者？
①整體換氣裝置 ②局部排氣裝置 ③吹吸型換氣裝置 ④排氣煙囪。

71. (4) 下列何者為選用防塵口罩時，最不重要之考量因素？
①捕集效率愈高愈好 ②吸氣阻抗愈低愈好
③重量愈輕愈好 ④視野愈小愈好。

72. (2) 若勞工工作性質需與陌生人接觸、工作中需處理不可預期的突發事件或工作場所治安狀況較差，較容易遭遇下列何種危害？
①組織內部不法侵害 ②組織外部不法侵害
③多發性神經病變 ④潛涵症。

73. (3) 下列何者不是發生電氣火災的主要原因？
①電器接點短路 ②電氣火花 ③電纜線置於地上 ④漏電。

74. (2) 依勞工職業災害保險及保護法規定，職業災害保險之保險效力，自何時開始起算，至離職當日停止？
①通知當日 ②到職當日 ③雇主訂定當日 ④勞雇雙方合意之日。

75. (4) 依勞工職業災害保險及保護法規定，勞工職業災害保險以下列何者為保險人，辦理保險業務？
①財團法人職業災害預防及重建中心
②勞動部職業安全衛生署
③勞動部勞動基金運用局
④勞動部勞工保險局。

76. (1) 有關「童工」之敘述，下列何者正確？
①每日工作時間不得超過 8 小時
②不得於午後 8 時至翌晨 8 時之時間內工作
③例假日得在監視下工作
④工資不得低於基本工資之 70%。

77. (4) 依勞動檢查法施行細則規定，事業單位如不服勞動檢查結果，可於檢查結果通知書送達之次日起 10 日內，以書面敘明理由向勞動檢查機構提出？
①訴願 ②陳情 ③抗議 ④異議。

78. (2) 工作者若因雇主違反職業安全衛生法規定而發生職業災害、疑似罹患職業病或身體、精神遭受不法侵害所提起之訴訟，得向勞動部委託之民間團體提出下列何者？
①災害理賠 ②申請扶助 ③精神補償 ④國家賠償。

79. (4) 計算平日加班費須按平日每小時工資額加給計算，下列敘述何者有誤？
①前 2 小時至少加給 1/3 倍
②超過 2 小時部分至少加給 2/3 倍
③經勞資協商同意後，一律加給 0.5 倍
④未經雇主同意給加班費者，一律補休。

80. (2) 下列工作場所何者非屬勞動檢查法所定之危險性工作場所？
①農藥製造
②金屬表面處理
③火藥類製造
④從事石油裂解之石化工業之工作場所。

81. (1) 有關電氣安全，下列敘述何者錯誤？
① 110 伏特之電壓不致造成人員死亡
②電氣室應禁止非工作人員進入
③不可以濕手操作電氣開關，且切斷開關應迅速
④ 220 伏特為低壓電。

82. (2) 依職業安全衛生設施規則規定，下列何者非屬於車輛系營建機械？
①平土機 ②堆高機 ③推土機 ④鏟土機。

83. (2) 下列何者非為事業單位勞動場所發生職業災害者，雇主應於 8 小時內通報勞動檢查機構？
①發生死亡災害
②勞工受傷無須住院治療
③發生災害之罹災人數在 3 人以上
④發生災害之罹災人數在 1 人以上，且需住院治療。

84. (4) 依職業安全衛生管理辦法規定，下列何者非屬「自動檢查」之內容？
①機械之定期檢查 ②機械、設備之重點檢查
③機械、設備之作業檢點 ④勞工健康檢查。

85. (1) 下列何者係針對於機械操作點的捲夾危害特性可以採用之防護裝置？
①設置護圍、護罩 ②穿戴棉紗手套
③穿戴防護衣 ④強化教育訓練。

86. (4) 下列何者非屬從事起重吊掛作業導致物體飛落災害之可能原因？
①吊鉤未設防滑舌片致吊掛鋼索鬆脫 ②鋼索斷裂
③超過額定荷重作業 ④過捲揚警報裝置過度靈敏。

87. (2) 勞工不遵守安全衛生工作守則規定，屬於下列何者？
①不安全設備 ②不安全行為 ③不安全環境 ④管理缺陷。

88. (3) 下列何者不屬於局限空間內作業場所應採取之缺氧、中毒等危害預防措施？
①實施通風換氣 ②進入作業許可程序
③使用柴油內燃機發電提供照明 ④測定氧氣、危險物、有害物濃度。

89. (1) 下列何者非通風換氣之目的？
①防止游離輻射 ②防止火災爆炸
③稀釋空氣中有害物 ④補充新鮮空氣。

90. (2) 已在職之勞工，首次從事特別危害健康作業，應實施下列何種檢查？
①一般體格檢查 ②特殊體格檢查
③一般體格檢查及特殊健康檢查 ④特殊健康檢查。

91. (4) 依職業安全衛生設施規則規定，噪音超過多少分貝之工作場所，應標示並公告噪音危害之預防事項，使勞工周知？
① 75 分貝 ② 80 分貝 ③ 85 分貝④ 90 分貝。

92. (3) 下列何者非屬工作安全分析的目的？
①發現並杜絕工作危害 ②確立工作安全所需工具與設備
③懲罰犯錯的員工 ④作為員工在職訓練的參考。

93. (3) 可能對勞工之心理或精神狀況造成負面影響的狀態，如異常工作壓力、超時工作、語言脅迫或恐嚇等，可歸屬於下列何者管理不當？
①職業安全 ②職業衛生 ③職業健康 ④環保。

94. (3) 有流產病史之孕婦，宜避免相關作業，下列何者為非？
①避免砷或鉛的暴露 ②避免每班站立 7 小時以上之作業
③避免提舉 3 公斤重物的職務 ④避免重體力勞動的職務。

95. (3) 熱中暑時，易發生下列何現象？
①體溫下降 ②體溫正常 ③體溫上升 ④體溫忽高忽低。

96. (4) 下列何者不會使電路發生過電流？
①電氣設備過載 ②電路短路 ③電路漏電 ④電路斷路。

97. (4) 下列何者較屬安全、尊嚴的職場組織文化？
①不斷責備勞工
②公開在眾人面前長時間責罵勞工
③強求勞工執行業務上明顯不必要或不可能之工作
④不過度介入勞工私人事宜。

98. (4) 下列何者與職場母性健康保護較不相關？

①職業安全衛生法

②妊娠與分娩後女性及未滿十八歲勞工禁止從事危險性或有害性工作認定標準

③性別平等工作法

④動力堆高機型式驗證。

99. (3) 油漆塗裝工程應注意防火防爆事項，下列何者為非？

①確實通風 ②注意電氣火花

③緊密門窗以減少溶劑擴散揮發 ④嚴禁煙火。

100. (3) 依職業安全衛生設施規則規定，雇主對於物料儲存，為防止氣候變化或自然發火發生危險者，下列何者為最佳之採取措施？

①保持自然通風 ②密閉

③與外界隔離及溫濕控制 ④靜置於倉儲區，避免陽光直射。

90007 工作倫理與職業道德共同科目 不分級

工作項目 01：工作倫理與職業道德

1. (4) 下列何者「違反」個人資料保護法？
①公司基於人事管理之特定目的，張貼榮譽榜揭示績優員工姓名
②縣市政府提供村里長轄區內符合資格之老人名冊供發放敬老金
③網路購物公司為辦理退貨，將客戶之住家地址提供予宅配公司
④學校將應屆畢業生之住家地址提供補習班招生使用。

2. (1) 非公務機關利用個人資料進行行銷時，下列敘述何者錯誤？
①若已取得當事人書面同意，當事人即不得拒絕利用其個人資料行銷
②於首次行銷時，應提供當事人表示拒絕行銷之方式
③當事人表示拒絕接受行銷時，應停止利用其個人資料
④倘非公務機關違反「應即停止利用其個人資料行銷」之義務，未於限期內改正者，按次處新臺幣 2 萬元以上 20 萬元以下罰鍰。

3. (4) 個人資料保護法規定為保護當事人權益，幾人以上的當事人提出告訴，就可以進行團體訴訟？
① 5 人 ② 10 人 ③ 15 人 ④ 20 人。

4. (2) 關於個人資料保護法的敘述，下列何者錯誤？
①公務機關執行法定職務必要範圍內，可以蒐集、處理或利用一般性個人資料
②間接蒐集之個人資料，於處理或利用前，不必告知當事人個人資料來源
③非公務機關亦應維護個人資料之正確，並主動或依當事人之請求更正或補充
④外國學生在臺灣短期進修或留學，也受到我國個人資料保護法的保障。

5. (2) 關於個人資料保護法的敘述，下列何者錯誤？
①不管是否使用電腦處理的個人資料，都受個人資料保護法保護
②公務機關依法執行公權力，不受個人資料保護法規範
③身分證字號、婚姻、指紋都是個人資料
④我的病歷資料雖然是由醫生所撰寫，但也屬於是我的個人資料範圍。

6. (3) 對於依照個人資料保護法應告知之事項，下列何者不在法定應告知的事項內？
①個人資料利用之期間、地區、對象及方式
②蒐集之目的
③蒐集機關的負責人姓名
④如拒絕提供或提供不正確個人資料將造成之影響。

7. (2) 請問下列何者非為個人資料保護法第 3 條所規範之當事人權利?
①查詢或請求閱覽 ②請求刪除他人之資料
③請求補充或更正 ④請求停止蒐集、處理或利用。

8. (4) 下列何者非安全使用電腦內的個人資料檔案的做法?
①利用帳號與密碼登入機制來管理可以存取個資者的人
②規範不同人員可讀取的個人資料檔案範圍
③個人資料檔案使用完畢後立即退出應用程式,不得留置於電腦中
④為確保重要的個人資料可即時取得,將登入密碼標示在螢幕下方。

9. (1) 下列何者行為非屬個人資料保護法所稱之國際傳輸?
①將個人資料傳送給地方政府
②將個人資料傳送給美國的分公司
③將個人資料傳送給法國的人事部門
④將個人資料傳送給日本的委託公司。

10. (1) 有關智慧財產權行為之敘述,下列何者有誤?
①製造、販售仿冒註冊商標的商品雖已侵害商標權,但不屬於公訴罪之範疇
②以 101 大樓、美麗華百貨公司做為拍攝電影的背景,屬於合理使用的範圍
③原作者自行創作某音樂作品後,即可宣稱擁有該作品之著作權
④著作權是為促進文化發展為目的,所保護的財產權之一。

11. (2) 專利權又可區分為發明、新型與設計三種專利權,其中發明專利權是否有保護期限?期限為何?
①有,5 年 ②有,20 年 ③有,50 年 ④無期限,只要申請後就永久歸申請人所有。

12. (2) 受僱人於職務上所完成之著作,如果沒有特別以契約約定,其著作人為下列何者?
①雇用人 ②受僱人
③雇用公司或機關法人代表 ④由雇用人指定之自然人或法人。

13. (1) 任職於某公司的程式設計工程師,因職務所編寫之電腦程式,如果沒有特別以契約約定,則該電腦程式之著作財產權歸屬下列何者?
①公司 ②編寫程式之工程師
③公司全體股東共有 ④公司與編寫程式之工程師共有。

14. (3) 某公司員工因執行業務，擅自以重製之方法侵害他人之著作財產權，若被害人提起告訴，下列對於處罰對象的敘述，何者正確？
①僅處罰侵犯他人著作財產權之員工
②僅處罰雇用該名員工的公司
③該名員工及其雇主皆須受罰
④員工只要在從事侵犯他人著作財產權之行為前請示雇主並獲同意，便可以不受處罰。

15. (1) 受僱人於職務上所完成之發明、新型或設計，其專利申請權及專利權如未特別約定屬於下列何者？
①雇用人 ②受僱人
③雇用人所指定之自然人或法人 ④雇用人與受僱人共有。

16. (4) 任職大發公司的郝聰明，專門從事技術研發，有關研發技術的專利申請權及專利權歸屬，下列敘述何者錯誤？
①職務上所完成的發明，除契約另有約定外，專利申請權及專利權屬於大發公司
②職務上所完成的發明，雖然專利申請權及專利權屬於大發公司，但是郝聰明享有姓名表示權
③郝聰明完成非職務上的發明，應即以書面通知大發公司
④大發公司與郝聰明之雇傭契約約定，郝聰明非職務上的發明，全部屬於公司，約定有效。

17. (3) 有關著作權的敘述，下列何者錯誤？
①我們到表演場所觀看表演時，不可隨便錄音或錄影
②到攝影展上，拿相機拍攝展示的作品，分贈給朋友，是侵害著作權的行為
③網路上供人下載的免費軟體，都不受著作權法保護，所以我可以燒成大補帖光碟，再去賣給別人
④高普考試題，不受著作權法保護。

18. (3) 有關著作權的敘述，下列何者錯誤？
①撰寫碩博士論文時，在合理範圍內引用他人的著作，只要註明出處，不會構成侵害著作權
②在網路散布盜版光碟，不管有沒有營利，會構成侵害著作權
③在網路的部落格看到一篇文章很棒，只要註明出處，就可以把文章複製在自己的部落格
④將補習班老師的上課內容錄音檔，放到網路上拍賣，會構成侵害著作權。

19. (4) 有關商標權的敘述，下列何者錯誤？
①要取得商標權一定要申請商標註冊
②商標註冊後可取得 10 年商標權
③商標註冊後，3 年不使用，會被廢止商標權
④在夜市買的仿冒品，品質不好，上網拍賣，不會構成侵權。

20. (1) 有關營業秘密的敘述，下列何者錯誤？
①受雇人於非職務上研究或開發之營業秘密，仍歸雇用人所有
②營業秘密不得為質權及強制執行之標的
③營業秘密所有人得授權他人使用其營業秘密
④營業秘密得全部或部分讓與他人或與他人共有。

21. (1) 甲公司將其新開發受營業秘密法保護之技術，授權乙公司使用，下列何者錯誤？
①乙公司已獲授權，所以可以未經甲公司同意，再授權丙公司使用
②約定授權使用限於一定之地域、時間
③約定授權使用限於特定之內容、一定之使用方法
④要求被授權人乙公司在一定期間負有保密義務。

22. (3) 甲公司嚴格保密之最新配方產品大賣，下列何者侵害甲公司之營業秘密？
①鑑定人 A 因司法審理而知悉配方
②甲公司授權乙公司使用其配方
③甲公司之 B 員工擅自將配方盜賣給乙公司
④甲公司與乙公司協議共有配方。

23. (3) 故意侵害他人之營業秘密，法院因被害人之請求，最高得酌定損害額幾倍之賠償？
① 1 倍 ② 2 倍 ③ 3 倍 ④ 4 倍。

24. (4) 受雇者因承辦業務而知悉營業秘密，在離職後對於該營業秘密的處理方式，下列敘述何者正確？
①聘雇關係解除後便不再負有保障營業秘密之責
②僅能自用而不得販售獲取利益
③自離職日起 3 年後便不再負有保障營業秘密之責
④離職後仍不得洩漏該營業秘密。

25. (3) 按照現行法律規定，侵害他人營業秘密，其法律責任為
①僅需負刑事責任
②僅需負民事損害賠償責任
③刑事責任與民事損害賠償責任皆須負擔
④刑事責任與民事損害賠償責任皆不須負擔。

26. (3) 企業內部之營業秘密，可以概分為「商業性營業秘密」及「技術性營業秘密」二大類型，請問下列何者屬於「技術性營業秘密」？
①人事管理 ②經銷據點 ③產品配方 ④客戶名單。

27. (3) 某離職同事請求在職員工將離職前所製作之某份文件傳送給他，請問下列回應方式何者正確？
①由於該項文件係由該離職員工製作，因此可以傳送文件
②若其目的僅為保留檔案備份，便可以傳送文件
③可能構成對於營業秘密之侵害，應予拒絕並請他直接向公司提出請求
④視彼此交情決定是否傳送文件。

28. (1) 行為人以竊取等不正當方法取得營業秘密，下列敘述何者正確？
①已構成犯罪
②只要後續沒有洩漏便不構成犯罪
③只要後續沒有出現使用之行為便不構成犯罪
④只要後續沒有造成所有人之損害便不構成犯罪。

29. (3) 針對在我國境內竊取營業秘密後，意圖在外國、中國大陸或港澳地區使用者，營業秘密法是否可以適用？
①無法適用
②可以適用，但若屬未遂犯則不罰
③可以適用並加重其刑
④能否適用需視該國家或地區與我國是否簽訂相互保護營業秘密之條約或協定。

30. (4) 所謂營業秘密，係指方法、技術、製程、配方、程式、設計或其他可用於生產、銷售或經營之資訊，但其保障所需符合的要件不包括下列何者？
①因其秘密性而具有實際之經濟價值者
②所有人已採取合理之保密措施者
③因其秘密性而具有潛在之經濟價值者
④一般涉及該類資訊之人所知者。

31. (1) 因故意或過失而不法侵害他人之營業秘密者，負損害賠償責任該損害賠償之請求權，自請求權人知有行為及賠償義務人時起，幾年間不行使就會消滅？
① 2 年 ② 5 年 ③ 7 年 ④ 10 年。

32. (1) 公司負責人為了要節省開銷，將員工薪資以高報低來投保全民健保及勞保，是觸犯了刑法上之何種罪刑？
①詐欺罪 ②侵占罪 ③背信罪 ④工商秘密罪。

33. (2) A受僱於公司擔任會計，因自己的財務陷入危機，多次將公司帳款轉入妻兒戶頭，是觸犯了刑法上之何種罪刑？
①洩漏工商秘密罪 ②侵占罪 ③詐欺罪 ④偽造文書罪。

34. (3) 某甲於公司擔任業務經理時，未依規定經董事會同意，私自與自己親友之公司訂定生意合約，會觸犯下列何種罪刑？
①侵占罪 ②貪污罪 ③背信罪 ④詐欺罪。

35. (1) 如果你擔任公司採購的職務，親朋好友們會向你推銷自家的產品，希望你要採購時，你應該
①適時地婉拒，說明利益需要迴避的考量，請他們見諒
②既然是親朋好友，就應該互相幫忙
③建議親朋好友將產品折扣，折扣部分歸於自己，就會採購
④可以暗中地幫忙親朋好友，進行採購，不要被發現有親友關係便可。

36. (3) 小美是公司的業務經理，有一天巧遇國中同班的死黨小林，發現他是公司的下游廠商老闆。最近小美處理一件公司的招標案件，小林的公司也在其中，私下約小美見面，請求她提供這次招標案的底標，並馬上要給予幾十萬元的前謝金，請問小美該怎麼辦？
①退回錢，並告訴小林都是老朋友，一定會全力幫忙
②收下錢，將錢拿出來給單位同事們分紅
③應該堅決拒絕，並避免每次見面都與小林談論相關業務問題
④朋友一場，給他一個比較接近底標的金額，反正又不是正確的，所以沒關係。

37. (3) 公司發給每人一台平板電腦提供業務上使用，但是發現根本很少在使用，為了讓它有效的利用，所以將它拿回家給親人使用，這樣的行為是
①可以的，這樣就不用花錢買
②可以的，反正放在那裡不用它，也是浪費資源
③不可以的，因為這是公司的財產，不能私用
④不可以的，因為使用年限未到，如果年限到報廢了，便可以拿回家。

38. (3) 公司的車子，假日又沒人使用，你是鑰匙保管者，請問假日可以開出去嗎？
①可以，只要付費加油即可
②可以，反正假日不影響公務
③不可以，因為是公司的，並非私人擁有
④不可以，應該是讓公司想要使用的員工，輪流使用才可。

39. (4) 阿哲是財經線的新聞記者，某次採訪中得知A公司在一個月內將有一個大的併購案，這個併購案顯示公司的財力，且能讓A公司股價往上飆升。請問阿哲得知此消息後，可以立刻購買該公司的股票嗎？

①可以，有錢大家賺

②可以，這是我努力獲得的消息

③可以，不賺白不賺

④不可以，屬於內線消息，必須保持記者之操守，不得洩漏。

40. (4) 與公務機關接洽業務時，下列敘述何者正確？

①沒有要求公務員違背職務，花錢疏通而已，並不違法

②唆使公務機關承辦採購人員配合浮報價額，僅屬偽造文書行為

③口頭允諾行賄金額但還沒送錢，尚不構成犯罪

④與公務員同謀之共犯，即便不具公務員身分，仍可依據貪污治罪條例處刑。

41. (1) 與公務機關有業務往來構成職務利害關係者，下列敘述何者正確？

①將餽贈之財物請公務員父母代轉，該公務員亦已違反規定

②與公務機關承辦人飲宴應酬為增進基本關係的必要方法

③高級茶葉低價售予有利害關係之承辦公務員，有價購行為就不算違反法規

④機關公務員藉子女婚宴廣邀業務往來廠商之行為，並無不妥。

42. (4) 廠商某甲承攬公共工程，工程進行期間，甲與其工程人員經常招待該公共工程委辦機關之監工及驗收之公務員喝花酒或招待出國旅遊，下列敘述何者正確？

①公務員若沒有收現金，就沒有罪

②只要工程沒有問題，某甲與監工及驗收等相關公務員就沒有犯罪

③因為不是送錢，所以都沒有犯罪

④某甲與相關公務員均已涉嫌觸犯貪污治罪條例。

43. (1) 行(受)賄罪成立要素之一為具有對價關係，而作為公務員職務之對價有「賄賂」或「不正利益」，下列何者不屬於「賄賂」或「不正利益」？

①開工邀請公務員觀禮　②送百貨公司大額禮券

③免除債務　④招待吃米其林等級之高檔大餐。

44. (4) 下列有關貪腐的敘述何者錯誤？

①貪腐會危害永續發展和法治

②貪腐會破壞民主體制及價值觀

③貪腐會破壞倫理道德與正義

④貪腐有助降低企業的經營成本。

45. (4) 下列何者不是設置反貪腐專責機構須具備的必要條件？
①賦予該機構必要的獨立性
②使該機構的工作人員行使職權不會受到不當干預
③提供該機構必要的資源、專職工作人員及必要培訓
④賦予該機構的工作人員有權力可隨時逮捕貪污嫌疑人。

46. (2) 檢舉人向有偵查權機關或政風機構檢舉貪污瀆職，必須於何時為之始可能給與獎金？
①犯罪未起訴前　②犯罪未發覺前　③犯罪未遂前　④預備犯罪前。

47. (3) 檢舉人應以何種方式檢舉貪污瀆職始能核給獎金？
①匿名　②委託他人檢舉　③以真實姓名檢舉　④以他人名義檢舉。

48. (4) 我國制定何種法律以保護刑事案件之證人，使其勇於出面作證，俾利犯罪之偵查、審判？
①貪污治罪條例　②刑事訴訟法　③行政程序法　④證人保護法。

49. (1) 下列何者非屬公司對於企業社會責任實踐之原則？
①加強個人資料揭露　②維護社會公益
③發展永續環境　④落實公司治理。

50. (1) 下列何者並不屬於「職業素養」規範中的範疇？
①增進自我獲利的能力　②擁有正確的職業價值觀
③積極進取職業的知識技能　④具備良好的職業行為習慣。

51. (4) 下列何者符合專業人員的職業道德？
①未經雇主同意，於上班時間從事私人事務
②利用雇主的機具設備私自接單生產
③未經顧客同意，任意散佈或利用顧客資料
④盡力維護雇主及客戶的權益。

52. (4) 身為公司員工必須維護公司利益，下列何者是正確的工作態度或行為？
①將公司逾期的產品更改標籤
②施工時以省時、省料為獲利首要考量，不顧品質
③服務時優先考量公司的利益，顧客權益次之
④工作時謹守本分，以積極態度解決問題。

53. (3) 身為專業技術工作人士，應以何種認知及態度服務客戶？
①若客戶不瞭解，就儘量減少成本支出，抬高報價
②遇到維修問題，儘量拖過保固期
③主動告知可能碰到問題及預防方法
④隨著個人心情來提供服務的內容及品質。

54. (2) 因為工作本身需要高度專業技術及知識，所以在對客戶服務時應如何？
①不用理會顧客的意見
②保持親切、真誠、客戶至上的態度
③若價錢較低，就敷衍了事
④以專業機密為由，不用對客戶說明及解釋。

55. (2) 從事專業性工作，在與客戶約定時間應
①保持彈性，任意調整
②儘可能準時，依約定時間完成工作
③能拖就拖，能改就改
④自己方便就好，不必理會客戶的要求。

56. (1) 從事專業性工作，在服務顧客時應有的態度為何？
①選擇最安全、經濟及有效的方法完成工作
②選擇工時較長、獲利較多的方法服務客戶
③為了降低成本，可以降低安全標準
④不必顧及雇主和顧客的立場。

57. (4) 以下那一項員工的作為符合敬業精神？
①利用正常工作時間從事私人事務
②運用雇主的資源，從事個人工作
③未經雇主同意擅離工作崗位
④謹守職場紀律及禮節，尊重客戶隱私。

58. (3) 小張獲選為小孩學校的家長會長，這個月要召開會議，沒時間準備資料，所以，利用上班期間有空檔非休息時間來完成，請問是否可以？
①可以，因為不耽誤他的工作
②可以，因為他能力好，能夠同時完成很多事
③不可以，因為這是私事，不可以利用上班時間完成
④可以，只要不要被發現。

59. (2) 小吳是公司的專用司機，為了能夠隨時用車，經過公司同意，每晚都將公司的車開回家，然而，他發現反正每天上班路線，都要經過女兒學校，就順便載女兒上學，請問可以嗎？
①可以，反正順路
②不可以，這是公司的車不能私用
③可以，只要不被公司發現即可
④可以，要資源須有效使用。

60. (4) 小江是職場上的新鮮人，剛進公司不久，他應該具備怎樣的態度？
①上班、下班，管好自己便可
②仔細觀察公司生態，加入某些小團體，以做為後盾
③只要做好人脈關係，這樣以後就好辦事
④努力做好自己職掌的業務，樂於工作，與同事之間有良好的互動，相互協助。

61. (4) 在公司內部行使商務禮儀的過程，主要以參與者在公司中的何種條件來訂定順序？
①年齡 ②性別 ③社會地位 ④職位。

62. (1) 一位職場新鮮人剛進公司時，良好的工作態度是
①多觀察、多學習，了解企業文化和價值觀
②多打聽哪一個部門比較輕鬆，升遷機會較多
③多探聽哪一個公司在找人，隨時準備跳槽走人
④多遊走各部門認識同事，建立自己的小圈圈。

63. (1) 根據消除對婦女一切形式歧視公約（CEDAW），下列何者正確？
①對婦女的歧視指基於性別而作的任何區別、排斥或限制
②只關心女性在政治方面的人權和基本自由
③未要求政府需消除個人或企業對女性的歧視
④傳統習俗應予保護及傳承，即使含有歧視女性的部分，也不可以改變。

64. (1) 某規範明定地政機關進用女性測量助理名額，不得超過該機關測量助理名額總數二分之一，根據消除對婦女一切形式歧視公約（CEDAW），下列何者正確？
①限制女性測量助理人數比例，屬於直接歧視
②土地測量經常在戶外工作，基於保護女性所作的限制，不屬性別歧視
③此項二分之一規定是為促進男女比例平衡
④此限制是為確保機關業務順暢推動，並未歧視女性。

65. (4) 根據消除對婦女一切形式歧視公約（CEDAW）之間接歧視意涵，下列何者錯誤？
①一項法律、政策、方案或措施表面上對男性和女性無任何歧視，但實際上卻產生歧視女性的效果
②察覺間接歧視的一個方法，是善加利用性別統計與性別分析
③如果未正視歧視之結構和歷史模式，及忽略男女權力關係之不平等，可能使現有不平等狀況更為惡化
④不論在任何情況下，只要以相同方式對待男性和女性，就能避免間接歧視之產生。

66. (4) 下列何者不是菸害防制法之立法目的？

①防制菸害　②保護未成年免於菸害
③保護孕婦免於菸害　④促進菸品的使用。

67. (1) 按菸害防制法規定，對於在禁菸場所吸菸會被罰多少錢？

①新臺幣 2 千元至 1 萬元罰鍰　②新臺幣 1 千元至 5 千元罰鍰
③新臺幣 1 萬元至 5 萬元罰鍰　④新臺幣 2 萬元至 10 萬元罰鍰。

68. (3) 請問下列何者不是個人資料保護法所定義的個人資料？

①身分證號碼　②最高學歷　③職稱　④護照號碼。

69. (1) 有關專利權的敘述，下列何者正確？

①專利有規定保護年限，當某商品、技術的專利保護年限屆滿，任何人皆可免費運用該項專利
②我發明了某項商品，卻被他人率先申請專利權，我仍可主張擁有這項商品的專利權
③製造方法可以申請新型專利權
④在本國申請專利之商品進軍國外，不需向他國申請專利權。

70. (4) 下列何者行為會有侵害著作權的問題？

①將報導事件事實的新聞文字轉貼於自己的社群網站
②直接轉貼高普考考古題在 FACEBOOK
③以分享網址的方式轉貼資訊分享於社群網站
④將講師的授課內容錄音，複製多份分贈友人。

71. (1) 有關著作權之概念，下列何者正確？

①國外學者之著作，可受我國著作權法的保護
②公務機關所函頒之公文，受我國著作權法的保護
③著作權要待向智慧財產權申請通過後才可主張
④以傳達事實之新聞報導的語文著作，依然受著作權之保障。

72. (1) 某廠商之商標在我國已經獲准註冊，請問若希望將商品行銷販賣到國外，請問是否需在當地申請註冊才能主張商標權？

①是，因為商標權註冊採取屬地保護原則
②否，因為我國申請註冊之商標權在國外也會受到承認
③不一定，需視我國是否與商品希望行銷販賣的國家訂有相互商標承認之協定
④不一定，需視商品希望行銷販賣的國家是否為 WTO 會員國。

73. (1) 下列何者不屬於營業秘密？
①具廣告性質的不動產交易底價
②須授權取得之產品設計或開發流程圖示
③公司內部管制的各種計畫方案
④不是公開可查知的客戶名單分析資料。

74. (3) 營業秘密可分為「技術機密」與「商業機密」，下列何者屬於「商業機密」？
①程式 ②設計圖 ③商業策略 ④生產製程。

75. (3) 某甲在公務機關擔任首長，其弟弟乙是某協會的理事長，乙為舉辦協會活動，決定向甲服務的機關申請經費補助，下列有關利益衝突迴避之敘述，何者正確？
①協會是舉辦慈善活動，甲認為是好事，所以指示機關承辦人補助活動經費
②機關未經公開公平方式，私下直接對協會補助活動經費新臺幣 10 萬元
③甲應自行迴避該案審查，避免瓜田李下，防止利益衝突
④乙為順利取得補助，應該隱瞞是機關首長甲之弟弟的身分。

76. (3) 依公職人員利益衝突迴避法規定，公職人員甲與其小舅子乙（二親等以內的關係人）間，下列何種行為不違反該法？
①甲要求受其監督之機關聘用小舅子乙
②小舅子乙以請託關說之方式，請求甲之服務機關通過其名下農地變更使用申請案
③關係人乙經政府採購法公開招標程序，並主動在投標文件表明與甲的身分關係，取得甲服務機關之年度採購標案
④甲、乙兩人均自認為人公正，處事坦蕩，任何往來都是清者自清，不需擔心任何問題。

77. (3) 大雄擔任公司部門主管，代表公司向公務機關投標，為使公司順利取得標案，可以向公務機關的採購人員為以下何種行為？
①為社交禮俗需要，贈送價值昂貴的名牌手錶作為見面禮
②為與公務機關間有良好互動，招待至有女陪侍場所飲宴
③為了解招標文件內容，提出招標文件疑義並請說明
④為避免報價錯誤，要求提供底價作為參考。

78. (1) 下列關於政府採購人員之敘述，何者未違反相關規定？
①非主動向廠商求取，是偶發地收到廠商致贈價值在新臺幣 500 元以下之廣告物、促銷品、紀念品
②要求廠商提供與採購無關之額外服務
③利用職務關係向廠商借貸
④利用職務關係媒介親友至廠商處所任職。

79. (4) 下列敘述何者錯誤？

①憲法保障言論自由，但散布假新聞、假消息仍須面對法律責任
②在網路或 Line 社群網站收到假訊息，可以敘明案情並附加截圖檔，向法務部調查局檢舉
③對新聞媒體報導有意見，向國家通訊傳播委員會申訴
④自己或他人捏造、扭曲、竄改或虛構的訊息，只要一小部分能證明是真的，就不會構成假訊息。

80. (4) 下列敘述何者正確？

①公務機關委託的代檢（代驗）業者，不是公務員，不會觸犯到刑法的罪責
②賄賂或不正利益，只限於法定貨幣，給予網路遊戲幣沒有違法的問題
③在靠北公務員社群網站，覺得可受公評且匿名發文，就可以謾罵公務機關對特定案件的檢查情形
④受公務機關委託辦理案件，除履行採購契約應辦事項外，對於蒐集到的個人資料，也要遵守相關保護及保密規定。

81. (1) 有關促進參與及預防貪腐的敘述，下列何者錯誤？

①我國非聯合國會員國，無須落實聯合國反貪腐公約規定
②推動政府部門以外之個人及團體積極參與預防和打擊貪腐
③提高決策過程之透明度，並促進公眾在決策過程中發揮作用
④對公職人員訂定執行公務之行為守則或標準。

82. (2) 為建立良好之公司治理制度，公司內部宜納入何種檢舉人制度？

①告訴乃論制度
②吹哨者（whistleblower）保護程序及保護制度
③不告不理制度
④非告訴乃論制度。

83. (4) 有關公司訂定誠信經營守則時，下列何者錯誤？

①避免與涉有不誠信行為者進行交易
②防範侵害營業秘密、商標權、專利權、著作權及其他智慧財產權
③建立有效之會計制度及內部控制制度
④防範檢舉。

84. (1) 乘坐轎車時，如有司機駕駛，按照國際乘車禮儀，以司機的方位來看，首位應為

①後排右側　②前座右側　③後排左側　④後排中間。

85. (2) 今天好友突然來電，想來個「說走就走的旅行」，因此，無法去上班，下列何者作法不適當？

①發送 E-MAIL 給主管與人事部門，並收到回覆
②什麼都無需做，等公司打電話來確認後，再告知即可
③用 LINE 傳訊息給主管，並確認讀取且有回覆
④打電話給主管與人事部門請假。

86. (4) 每天下班回家後，就懶得再出門去買菜，利用上班時間瀏覽線上購物網站，發現有很多限時搶購的便宜商品，還能在下班前就可以送到公司，下班順便帶回家，省掉好多時間，下列何者最適當？

①可以，又沒離開工作崗位，且能節省時間
②可以，還能介紹同事一同團購，省更多的錢，增進同事情誼
③不可以，應該把商品寄回家，不是公司
④不可以，上班不能從事個人私務，應該等下班後再網路購物。

87. (4) 宜樺家中養了一隻貓，由於最近生病，獸醫師建議要有人一直陪牠，這樣會恢復快一點，辦公室雖然禁止攜帶寵物，但因為上班家裡無人陪伴，所以準備帶牠到辦公室一起上班，下列何者最適當？

①可以，只要我放在寵物箱，不要影響工作即可
②可以，同事們都答應也不反對
③可以，雖然貓會發出聲音，大小便有異味，只要處理好不影響工作即可
④不可以，可以送至專門機構照護或請專人照顧，以免影響工作。

88. (4) 根據性別平等工作法，下列何者非屬職場性騷擾？

①公司員工執行職務時，客戶對其講黃色笑話，該員工感覺被冒犯
②雇主對求職者要求交往，作為僱用與否之交換條件
③公司員工執行職務時，遭到同事以「女人就是沒大腦」性別歧視用語加以辱罵，該員工感覺其人格尊嚴受損
④公司員工下班後搭乘捷運，在捷運上遭到其他乘客偷拍。

89. (4) 根據性別平等工作法，下列何者非屬職場性別歧視？

①雇主考量男性賺錢養家之社會期待，提供男性高於女性之薪資
②雇主考量女性以家庭為重之社會期待，裁員時優先資遣女性
③雇主事先與員工約定倘其有懷孕之情事，必須離職
④有未滿 2 歲子女之男性員工，也可申請每日六十分鐘的哺乳時間。

90. (3) 根據性別平等工作法，有關雇主防治性騷擾之責任與罰則，下列何者錯誤？
①僱用受僱者 30 人以上者，應訂定性騷擾防治措施、申訴及懲戒規範
②雇主知悉性騷擾發生時，應採取立即有效之糾正及補救措施
③雇主違反應訂定性騷擾防治措施之規定時，處以罰鍰即可，不用公布其姓名
④雇主違反應訂定性騷擾申訴管道者，應限期令其改善，屆期未改善者，應按次處罰。

91. (1) 根據性騷擾防治法，有關性騷擾之責任與罰則，下列何者錯誤？
①對他人為性騷擾者，如果沒有造成他人財產上之損失，就無需負擔金錢賠償之責任
②對於因教育、訓練、醫療、公務、業務、求職，受自己監督、照護之人，利用權勢或機會為性騷擾者，得加重科處罰鍰至二分之一
③意圖性騷擾，乘人不及抗拒而為親吻、擁抱或觸摸其臀部、胸部或其他身體隱私處之行為者，處 2 年以下有期徒刑、拘役或科或併科 10 萬元以下罰金
④對他人為權勢性騷擾以外之性騷擾者，由直轄市、縣（市）主管機關處 1 萬元以上 10 萬元以下罰鍰。

92. (3) 根據性別平等工作法規範職場性騷擾範疇，下列何者錯誤？
①上班執行職務時，任何人以性要求、具有性意味或性別歧視之言詞或行為，造成敵意性、脅迫性或冒犯性之工作環境
②對僱用、求職或執行職務關係受自己指揮、監督之人，利用權勢或機會為性騷擾
③與朋友聚餐後回家時，被陌生人以盯梢、守候、尾隨跟蹤
④雇主對受僱者或求職者為明示或暗示之性要求、具有性意味或性別歧視之言詞或行為。

93. (3) 根據消除對婦女一切形式歧視公約（CEDAW）之直接歧視及間接歧視意涵，下列何者錯誤？
①老闆得知小黃懷孕後，故意將小黃調任薪資待遇較差的工作，意圖使其自行離開職場，小黃老闆的行為是直接歧視
②某餐廳於網路上招募外場服務生，條件以未婚年輕女性優先錄取，明顯以性或性別差異為由所實施的差別待遇，為直接歧視
③某公司員工值班注意事項排除女性員工參與夜間輪值，是考量女性有人身安全及家庭照顧等需求，為維護女性權益之措施，非直接歧視
④某科技公司規定男女員工之加班時數上限及加班費或津貼不同，認為女性能力有限，且無法長時間工作，限制女性獲取薪資及升遷機會，這規定是直接歧視。

94. (1) 目前菸害防制法規範，「不可販賣菸品」給幾歲以下的人？

① 20 ② 19 ③ 18 ④ 17。

95. (1) 按菸害防制法規定，下列敘述何者錯誤？

①只有老闆、店員才可以出面勸阻在禁菸場所抽菸的人

②任何人都可以出面勸阻在禁菸場所抽菸的人

③餐廳、旅館設置室內吸菸室，需經專業技師簽證核可

④加油站屬易燃易爆場所，任何人都可以勸阻在禁菸場所抽菸的人。

96. (3) 關於菸品對人體危害的敘述，下列何者正確？

①只要開電風扇、或是抽風機就可以去除菸霧中的有害物質

②指定菸品(如：加熱菸)只要通過健康風險評估，就不會危害健康，因此工作時如果想吸菸，就可以在職場拿出來使用

③雖然自己不吸菸，同事在旁邊吸菸，就會增加自己得肺癌的機率

④只要不將菸吸入肺部，就不會對身體造成傷害。

97. (4) 職場禁菸的好處不包括

①降低吸菸者的菸品使用量，有助於減少吸菸導致的疾病而請假

②避免同事因為被動吸菸而生病

③讓吸菸者菸癮降低，戒菸較容易成功

④吸菸者不能抽菸會影響工作效率。

98. (4) 大多數的吸菸者都嘗試過戒菸，但是很少自己戒菸成功。吸菸的同事要戒菸，怎樣建議他是無效的？

①鼓勵他撥打戒菸專線 0800-63-63-63，取得相關建議與協助

②建議他到醫療院所、社區藥局找藥物戒菸

③建議他參加醫院或衛生所辦理的戒菸班

④戒菸是自己的事，別人幫不了忙。

99. (2) 禁菸場所負責人未於場所入口處設置明顯禁菸標示，要罰該場所負責人多少元？

① 2 千至 1 萬 ② 1 萬至 5 萬 ③ 1 萬至 25 萬 ④ 20 萬至 100 萬。

100.(3) 目前電子煙是非法的，下列對電子煙的敘述，何者錯誤？

①跟吸菸一樣會成癮

②會有爆炸危險

③沒有燃燒的菸草，也沒有二手煙的問題

④可能造成嚴重肺損傷。

90008 環境保護共同科目 不分級

工作項目 03：環境保護

1. (1) 世界環境日是在每一年的哪一日？

   ① 6 月 5 日 ② 4 月 10 日 ③ 3 月 8 日 ④ 11 月 12 日。

2. (3) 2015 年巴黎協議之目的為何？

   ①避免臭氧層破壞 ②減少持久性污染物排放
   ③遏阻全球暖化趨勢 ④生物多樣性保育。

3. (3) 下列何者為環境保護的正確作為？

   ①多吃肉少蔬食 ②自己開車不共乘 ③鐵馬步行 ④不隨手關燈。

4. (2) 下列何種行為對生態環境會造成較大的衝擊？

   ①種植原生樹木 ②引進外來物種
   ③設立國家公園 ④設立自然保護區。

5. (2) 下列哪一種飲食習慣能減碳抗暖化？

   ①多吃速食 ②多吃天然蔬果 ③多吃牛肉 ④多選擇吃到飽的餐館。

6. (1) 飼主遛狗時，其狗在道路或其他公共場所便溺時，下列何者應優先負清除責任？

   ①主人 ②清潔隊 ③警察 ④土地所有權人。

7. (1) 外食自備餐具是落實綠色消費的哪一項表現？

   ①重複使用 ②回收再生 ③環保選購 ④降低成本。

8. (2) 再生能源一般是指可永續利用之能源，主要包括哪些：A. 化石燃料 B. 風力 C. 太陽能 D. 水力？

   ① ACD ② BCD ③ ABD ④ ABCD。

9. (4) 依環境基本法第 3 條規定，基於國家長期利益，經濟、科技及社會發展均應兼顧環境保護。但如果經濟、科技及社會發展對環境有嚴重不良影響或有危害時，應以何者優先？

   ①經濟 ②科技 ③社會 ④環境。

10. (1) 森林面積的減少甚至消失可能導致哪些影響：A. 水資源減少 B. 減緩全球暖化 C. 加劇全球暖化 D. 降低生物多樣性？

    ① ACD ② BCD ③ ABD ④ ABCD。

11. (3) 塑膠為海洋生態的殺手，所以政府推動「無塑海洋」政策，下列何項不是減少塑膠危害海洋生態的重要措施？

①擴大禁止免費供應塑膠袋
②禁止製造、進口及販售含塑膠柔珠的清潔用品
③定期進行海水水質監測
④淨灘、淨海。

12. (2) 違反環境保護法律或自治條例之行政法上義務，經處分機關處停工、停業處分或處新臺幣五千元以上罰鍰者，應接受下列何種講習？

①道路交通安全講習 ②環境講習 ③衛生講習 ④消防講習。

13. (1) 下列何者為環保標章？

①  ②  ③  ④ 

。

14. (2) 「聖嬰現象」是指哪一區域的溫度異常升高？

①西太平洋表層海水 ②東太平洋表層海水
③西印度洋表層海水 ④東印度洋表層海水。

15. (1) 「酸雨」定義為雨水酸鹼值達多少以下時稱之？

① 5.0 ② 6.0 ③ 7.0 ④ 8.0。

16. (2) 一般而言，水中溶氧量隨水溫之上升而呈下列哪一種趨勢？

①增加 ②減少 ③不變 ④不一定。

17. (4) 二手菸中包含多種危害人體的化學物質，甚至多種物質有致癌性，會危害到下列何者的健康？

①只對 12 歲以下孩童有影響 ②只對孕婦比較有影響
③只對 65 歲以上之民眾有影響 ④對二手菸接觸民眾皆有影響。

18. (2) 二氧化碳和其他溫室氣體含量增加是造成全球暖化的主因之一，下列何種飲食方式也能降低碳排放量，對環境保護做出貢獻：A. 少吃肉，多吃蔬菜；B. 玉米產量減少時，購買玉米罐頭食用；C. 選擇當地食材；D. 使用免洗餐具，減少清洗用水與清潔劑？

① AB ② AC ③ AD ④ ACD。

19. (1) 上下班的交通方式有很多種，其中包括：A. 騎腳踏車；B. 搭乘大眾交通工具；C. 自行開車，請將前述幾種交通方式之單位排碳量由少至多之排列方式為何？

① ABC ② ACB ③ BAC ④ CBA。

20. (3) 下列何者「不是」室內空氣污染源？
①建材 ②辦公室事務機 ③廢紙回收箱 ④油漆及塗料。

21. (4) 下列何者不是自來水消毒採用的方式？
①加入臭氧 ②加入氯氣 ③紫外線消毒 ④加入二氧化碳。

22. (4) 下列何者不是造成全球暖化的元凶？
①汽機車排放的廢氣 ②工廠所排放的廢氣
③火力發電廠所排放的廢氣 ④種植樹木。

23. (2) 下列何者不是造成臺灣水資源減少的主要因素？
①超抽地下水 ②雨水酸化 ③水庫淤積 ④濫用水資源。

24. (1) 下列何者是海洋受污染的現象？
①形成紅潮 ②形成黑潮 ③溫室效應 ④臭氧層破洞。

25. (2) 水中生化需氧量（BOD）愈高，其所代表的意義為下列何者？
①水為硬水 ②有機污染物多
③水質偏酸 ④分解污染物時不需消耗太多氧。

26. (1) 下列何者是酸雨對環境的影響？
①湖泊水質酸化 ②增加森林生長速度
③土壤肥沃 ④增加水生動物種類。

27. (2) 下列哪一項水質濃度降低會導致河川魚類大量死亡？
①氨氮 ②溶氧 ③二氧化碳 ④生化需氧量。

28. (1) 下列何種生活小習慣的改變可減少細懸浮微粒（PM2.5）排放，共同為改善空氣品質盡一份心力？
①少吃燒烤食物 ②使用吸塵器
③養成運動習慣 ④每天喝 500cc 的水。

29. (4) 下列哪種措施不能用來降低空氣污染？
①汽機車強制定期排氣檢測 ②汰換老舊柴油車
③禁止露天燃燒稻草 ④汽機車加裝消音器。

30. (3) 大氣層中臭氧層有何作用？
①保持溫度 ②對流最旺盛的區域 ③吸收紫外線 ④造成光害。

31. (1) 小李具有乙級廢水專責人員證照，某工廠希望以高價租用證照的方式合作，請問下列何者正確？
①這是違法行為 ②互蒙其利 ③價錢合理即可 ④經環保局同意即可。

32. (2) 可藉由下列何者改善河川水質且兼具提供動植物良好棲地環境?
①運動公園 ②人工溼地 ③滯洪池 ④水庫。

33. (2) 台灣自來水之水源主要取自
①海洋的水 ②河川或水庫的水 ③綠洲的水 ④灌溉渠道的水。

34. (2) 目前市面清潔劑均會強調「無磷」,是因為含磷的清潔劑使用後,若廢水排至河川或湖泊等水域會造成甚麼影響?
①綠牡蠣 ②優養化 ③秘雕魚 ④烏腳病。

35. (1) 冰箱在廢棄回收時應特別注意哪一項物質,以避免逸散至大氣中造成臭氧層的破壞?
①冷媒 ②甲醛 ③汞 ④苯。

36. (1) 下列何者不是噪音的危害所造成的現象?
①精神很集中 ②煩躁、失眠 ③緊張、焦慮 ④工作效率低落。

37. (2) 我國移動污染源空氣污染防制費的徵收機制為何?
①依車輛里程數計費 ②隨油品銷售徵收
③依牌照徵收 ④依照排氣量徵收。

38. (2) 室內裝潢時,若不謹慎選擇建材,將會逸散出氣狀污染物。其中會刺激皮膚、眼、鼻和呼吸道,也是致癌物質,可能為下列哪一種污染物?
①臭氧 ②甲醛 ③氟氯碳化合物 ④二氧化碳。

39. (1) 高速公路旁常見農田違法焚燒稻草,其產生下列何種污染物除了對人體健康造成不良影響外,亦會造成濃煙影響行車安全?
①懸浮微粒 ②二氧化碳(CO_2) ③臭氧(O_3) ④沼氣。

40. (2) 都市中常產生的「熱島效應」會造成何種影響?
①增加降雨 ②空氣污染物不易擴散
③空氣污染物易擴散 ④溫度降低。

41. (4) 下列何者不是藉由蚊蟲傳染的疾病?
①日本腦炎 ②瘧疾 ③登革熱 ④痢疾。

42. (4) 下列何者非屬資源回收分類項目中「廢紙類」的回收物?
①報紙 ②雜誌③紙袋 ④用過的衛生紙。

43. (1) 下列何者對飲用瓶裝水之形容是正確的：A. 飲用後之寶特瓶容器為地球增加了一個廢棄物；B. 運送瓶裝水時卡車會排放空氣污染物；C. 瓶裝水一定比經煮沸之自來水安全衛生？

① AB ② BC ③ AC ④ ABC。

44. (2) 下列哪一項是我們在家中常見的環境衛生用藥？

①體香劑 ②殺蟲劑 ③洗滌劑 ④乾燥劑。

45. (1) 下列何者為公告應回收的廢棄物？ A. 廢鋁箔包 B. 廢紙容器 C. 寶特瓶

① ABC ② AC ③ BC ④ C。

46. (4) 小明拿到「垃圾強制分類」的宣導海報，標語寫著「分 3 類，好 OK」，標語中的分 3 類是指家戶日常生活中產生的垃圾可以區分哪三類？

①資源垃圾、廚餘、事業廢棄物
②資源垃圾、一般廢棄物、事業廢棄物
③一般廢棄物、事業廢棄物、放射性廢棄物
④資源垃圾、廚餘、一般垃圾。

47. (2) 家裡有過期的藥品，請問這些藥品要如何處理？

①倒入馬桶沖掉 ②交由藥局回收
③繼續服用 ④送給相同疾病的朋友。

48. (2) 台灣西部海岸曾發生的綠牡蠣事件是與下列何種物質污染水體有關？

①汞 ②銅 ③磷 ④鎘。

49. (4) 在生物鏈越上端的物種其體內累積持久性有機污染物（POPs）濃度將越高，危害性也將越大，這是說明 POPs 具有下列何種特性？

①持久性 ②半揮發性 ③高毒性 ④生物累積性。

50. (3) 有關小黑蚊的敘述，下列何者為非？

①活動時間以中午十二點到下午三點為活動高峰期
②小黑蚊的幼蟲以腐植質、青苔和藻類為食
③無論雄性或雌性皆會吸食哺乳類動物血液
④多存在竹林、灌木叢、雜草叢、果園等邊緣地帶等處。

51. (1) 利用垃圾焚化廠處理垃圾的最主要優點為何？

①減少處理後的垃圾體積 ②去除垃圾中所有毒物
③減少空氣污染 ④減少處理垃圾的程序。

52. (3) 利用豬隻的排泄物當燃料發電，是屬於下列哪一種能源？

①地熱能 ②太陽能 ③生質能 ④核能。

53. (2) 每個人日常生活皆會產生垃圾，有關處理垃圾的觀念與方式，下列何者不正確？

①垃圾分類，使資源回收再利用
②所有垃圾皆掩埋處理，垃圾將會自然分解
③廚餘回收堆肥後製成肥料
④可燃性垃圾經焚化燃燒可有效減少垃圾體積。

54. (2) 防治蚊蟲最好的方法是

①使用殺蟲劑 ②清除孳生源 ③網子捕捉 ④拍打。

55. (1) 室內裝修業者承攬裝修工程，工程中所產生的廢棄物應該如何處理？

①委託合法清除機構清運 ②倒在偏遠山坡地
③河岸邊掩埋 ④交給清潔隊垃圾車。

56. (1) 若使用後的廢電池未經回收，直接廢棄所含重金屬物質曝露於環境中可能產生哪些影響？A. 地下水污染、B. 對人體產生中毒等不良作用、C. 對生物產生重金屬累積及濃縮作用、D. 造成優養化

① ABC ② ABCD ③ ACD ④ BCD。

57. (3) 哪一種家庭廢棄物可用來作為製造肥皂的主要原料？

①食醋 ②果皮 ③回鍋油 ④熟廚餘。

58. (3) 世紀之毒「戴奧辛」主要透過何者方式進入人體？

①透過觸摸 ②透過呼吸 ③透過飲食 ④透過雨水。

59. (1) 臺灣地狹人稠，垃圾處理一直是不易解決的問題，下列何種是較佳的因應對策？

①垃圾分類資源回收 ②蓋焚化廠 ③運至國外處理 ④向海爭地掩埋。

60. (3) 購買下列哪一種商品對環境比較友善？

①用過即丟的商品 ②一次性的產品
③材質可以回收的商品 ④過度包裝的商品。

61. (2) 下列何項法規的立法目的為預防及減輕開發行為對環境造成不良影響，藉以達成環境保護之目的？

①公害糾紛處理法 ②環境影響評估法 ③環境基本法 ④環境教育法。

62. (4) 下列何種開發行為若對環境有不良影響之虞者，應實施環境影響評估？A. 開發科學園區；B. 新建捷運工程；C. 採礦

① AB ② BC ③ AC ④ ABC。

63. (1) 主管機關審查環境影響說明書或評估書，如認為已足以判斷未對環境有重大影響之虞，作成之審查結論可能為下列何者？
①通過環境影響評估審查　②應繼續進行第二階段環境影響評估
③認定不應開發　④補充修正資料再審。

64. (4) 依環境影響評估法規定，對環境有重大影響之虞的開發行為應繼續進行第二階段環境影響評估，下列何者不是上述對環境有重大影響之虞或應進行第二階段環境影響評估的決定方式？
①明訂開發行為及規模　②環評委員會審查認定
③自願進行　④有民眾或團體抗爭。

65. (2) 依環境教育法，環境教育之戶外學習應選擇何地點辦理？
①遊樂園　②環境教育設施或場所
③森林遊樂區　④海洋世界。

66. (2) 依環境影響評估法規定，環境影響評估審查委員會審查環境影響說明書，認定下列對環境有重大影響之虞者，應繼續進行第二階段環境影響評估，下列何者非屬對環境有重大影響之虞者？
①對保育類動植物之棲息生存有顯著不利之影響
②對國家經濟有顯著不利之影響
③對國民健康有顯著不利之影響
④對其他國家之環境有顯著不利之影響。

67. (4) 依環境影響評估法規定，第二階段環境影響評估，目的事業主管機關應舉行下列何種會議？
①研討會　②聽證會　③辯論會　④公聽會。

68. (3) 開發單位申請變更環境影響說明書、評估書內容或審查結論，符合下列哪一情形，得檢附變更內容對照表辦理？
①既有設備提昇產能而污染總量增加在百分之十以下
②降低環境保護設施處理等級或效率
③環境監測計畫變更
④開發行為規模增加未超過百分之五。

69. (1) 開發單位變更原申請內容有下列哪一情形，無須就申請變更部分，重新辦理環境影響評估？
①不降低環保設施之處理等級或效率
②規模擴增百分之十以上
③對環境品質之維護有不利影響
④土地使用之變更涉及原規劃之保護區。

70. (2) 工廠或交通工具排放空氣污染物之檢查，下列何者錯誤？
①依中央主管機關規定之方法使用儀器進行檢查
②檢查人員以嗅覺進行氨氣濃度之判定
③檢查人員以嗅覺進行異味濃度之判定
④檢查人員以肉眼進行粒狀污染物不透光率之判定。

71. (1) 下列對於空氣污染物排放標準之敘述，何者正確：A. 排放標準由中央主管機關訂定；B. 所有行業之排放標準皆相同？
①僅 A ②僅 B ③ AB 皆正確 ④ AB 皆錯誤。

72. (2) 下列對於細懸浮微粒（$PM_{2.5}$）之敘述何者正確：A. 空氣品質測站中自動監測儀所測得之數值若高於空氣品質標準，即判定為不符合空氣品質標準；B. 濃度監測之標準方法為中央主管機關公告之手動檢測方法；C. 空氣品質標準之年平均值為 15 $\mu g/m^3$ ？
①僅 AB ②僅 BC ③僅 AC ④ ABC 皆正確。

73. (2) 機車為空氣污染物之主要排放來源之一，下列何者可降低空氣污染物之排放量：A. 將四行程機車全面汰換成二行程機車；B. 推廣電動機車；C. 降低汽油中之硫含量？
①僅 AB ②僅 BC ③僅 AC ④ ABC 皆正確。

74. (1) 公眾聚集量大且滯留時間長之場所，經公告應設置自動監測設施，其應量測之室內空氣污染物項目為何？
①二氧化碳 ②一氧化碳 ③臭氧 ④甲醛。

75. (3) 空氣污染源依排放特性分為固定污染源及移動污染源，下列何者屬於移動污染源？
①焚化廠 ②石化廠 ③機車 ④煉鋼廠。

76. (3) 我國汽機車移動污染源空氣污染防制費的徵收機制為何？
①依牌照徵收 ②隨水費徵收 ③隨油品銷售徵收 ④購車時徵收。

77. (4) 細懸浮微粒（$PM_{2.5}$）除了來自於污染源直接排放外，亦可能經由下列哪一種反應產生？
①光合作用 ②酸鹼中和 ③厭氧作用 ④光化學反應。

78. (4) 我國固定污染源空氣污染防制費以何種方式徵收？
①依營業額徵收 ②隨使用原料徵收
③按工廠面積徵收 ④依排放污染物之種類及數量徵收。

79. (1) 在不妨害水體正常用途情況下，水體所能涵容污染物之量稱為

①涵容能力 ②放流能力 ③運轉能力 ④消化能力。

80. (4) 水污染防治法中所稱地面水體不包括下列何者？

①河川 ②海洋 ③灌溉渠道 ④地下水。

81. (4) 下列何者不是主管機關設置水質監測站採樣的項目？

①水溫 ②氫離子濃度指數 ③溶氧量 ④顏色。

82. (1) 事業、污水下水道系統及建築物污水處理設施之廢（污）水處理，其產生之污泥，依規定應作何處理？

①應妥善處理，不得任意放置或棄置
②可作為農業肥料
③可作為建築土方
④得交由清潔隊處理。

83. (2) 依水污染防治法，事業排放廢（污）水於地面水體者，應符合下列哪一標準之規定？

①下水水質標準 ②放流水標準
③水體分類水質標準 ④土壤處理標準。

84. (3) 放流水標準，依水污染防治法應由何機關定之：A. 中央主管機關；B. 中央主管機關會同相關目的事業主管機關；C. 中央主管機關會商相關目的事業主管機關？

①僅 A ②僅 B ③僅 C ④ ABC。

85. (1) 對於噪音之量測，下列何者錯誤？

①可於下雨時測量
②風速大於每秒 5 公尺時不可量測
③聲音感應器應置於離地面或樓板延伸線 1.2 至 1.5 公尺之間
④測量低頻噪音時，僅限於室內地點測量，非於戶外量測。

86. (4) 下列對於噪音管制法之規定，何者敘述錯誤？

①噪音指超過管制標準之聲音
②環保局得視噪音狀況劃定公告噪音管制區
③人民得向主管機關檢舉使用中機動車輛噪音妨害安寧情形
④使用經校正合格之噪音計皆可執行噪音管制法規定之檢驗測定。

87. (1) 製造非持續性但卻妨害安寧之聲音者，由下列何單位依法進行處理？

①警察局 ②環保局 ③社會局 ④消防局。

88. (1) 廢棄物、剩餘土石方清除機具應隨車持有證明文件且應載明廢棄物、剩餘土石方之：A 產生源；B 處理地點；C 清除公司

①僅 AB ②僅 BC ③僅 AC ④ ABC 皆是。

89. (1) 從事廢棄物清除、處理業務者，應向直轄市、縣（市）主管機關或中央主管機關委託之機關取得何種文件後，始得受託清除、處理廢棄物業務？

①公民營廢棄物清除處理機構許可文件
②運輸車輛駕駛證明
③運輸車輛購買證明
④公司財務證明。

90. (4) 在何種情形下，禁止輸入事業廢棄物：A. 對國內廢棄物處理有妨礙；B. 可直接固化處理、掩埋、焚化或海拋；C. 於國內無法妥善清理？

①僅 A ②僅 B ③僅 C ④ ABC。

91. (4) 毒性化學物質因洩漏、化學反應或其他突發事故而污染運作場所周界外之環境，運作人應立即採取緊急防治措施，並至遲於多久時間內，報知直轄市、縣（市）主管機關？

① 1 小時 ② 2 小時 ③ 4 小時 ④ 30 分鐘。

92. (4) 下列何種物質或物品，受毒性及關注化學物質管理法之管制？

①製造醫藥之靈丹 ②製造農藥之蓋普丹
③含汞之日光燈 ④使用青石綿製造石綿瓦。

93. (4) 下列何行為不是土壤及地下水污染整治法所指污染行為人之作為？

①洩漏或棄置污染物
②非法排放或灌注污染物
③仲介或容許洩漏、棄置、非法排放或灌注污染物
④依法令規定清理污染物。

94. (1) 依土壤及地下水污染整治法規定，進行土壤、底泥及地下水污染調查、整治及提供、檢具土壤及地下水污染檢測資料時，其土壤、底泥及地下水污染物檢驗測定，應委託何單位辦理？

①經中央主管機關許可之檢測機構 ②大專院校
③政府機關 ④自行檢驗。

95. (3) 為解決環境保護與經濟發展的衝突與矛盾，1992 年聯合國環境發展大會（UN Conference on Environment and Development, UNCED）制定通過：

①日內瓦公約 ②蒙特婁公約 ③ 21 世紀議程 ④京都議定書。

96. (1) 一般而言，下列哪一個防治策略是屬經濟誘因策略？
①可轉換排放許可交易 ②許可證制度
③放流水標準 ④環境品質標準。

97. (1) 對溫室氣體管制之「無悔政策」係指
①減輕溫室氣體效應之同時，仍可獲致社會效益
②全世界各國同時進行溫室氣體減量
③各類溫室氣體均有相同之減量邊際成本
④持續研究溫室氣體對全球氣候變遷之科學證據。

98. (3) 一般家庭垃圾在進行衛生掩埋後，會經由細菌的分解而產生甲烷氣體，有關甲烷氣體對大氣危機中哪一種效應具有影響力？
①臭氧層破壞 ②酸雨 ③溫室效應 ④煙霧（smog）效應。

99. (1) 下列國際環保公約，何者限制各國進行野生動植物交易，以保護瀕臨絕種的野生動植物？
①華盛頓公約 ②巴塞爾公約 ③蒙特婁議定書 ④氣候變化綱要公約。

100.(2) 因人類活動導致哪些營養物過量排入海洋，造成沿海赤潮頻繁發生，破壞了紅樹林、珊瑚礁、海草，亦使魚蝦銳減，漁業損失慘重？
①碳及磷 ②氮及磷 ③氮及氯 ④氯及鎂。

90009 節能減碳共同科目 不分級

工作項目 04：節能減碳

1. （ 1 ）依經濟部能源署「指定能源用戶應遵行之節約能源規定」，在正常使用條件下，公眾出入之場所其室內冷氣溫度平均值不得低於攝氏幾度？
① 26 ② 25 ③ 24 ④ 22。

2. （ 2 ）下列何者為節能標章？
①  ②  ③ 

④ 。

3. （ 4 ）下列產業中耗能佔比最大的產業為
①服務業 ②公用事業 ③農林漁牧業 ④能源密集產業。

4. （ 1 ）下列何者「不是」節省能源的做法？
①電冰箱溫度長時間設定在強冷或急冷
②影印機當 15 分鐘無人使用時，自動進入省電模式
③電視機勿背著窗戶，並避免太陽直射
④短程不開汽車，以儘量搭乘公車、騎單車或步行為宜。

5. （ 3 ）經濟部能源署的能源效率標示中，電冰箱分為幾個等級？
① 1 ② 3 ③ 5 ④ 7。

6. （ 2 ）溫室氣體排放量：指自排放源排出之各種溫室氣體量乘以各該物質溫暖化潛勢所得之合計量，以
①氧化亞氮（N_2O） ②二氧化碳（CO_2）
③甲烷（CH_4） ④六氟化硫（SF_6）當量表示。

7. （ 3 ）根據氣候變遷因應法，國家溫室氣體長期減量目標於中華民國幾年達成溫室氣體淨零排放？
① 119 ② 129 ③ 139 ④ 149。

8. （ 2 ）氣候變遷因應法所稱主管機關，在中央為下列何單位？
①經濟部能源署②環境部 ③國家發展委員會 ④衛生福利部。

9. （ 3 ）氣候變遷因應法中所稱：一單位之排放額度相當於允許排放多少的二氧化碳當量
① 1 公斤 ② 1 立方米 ③ 1 公噸 ④ 1 公升。

10. (3) 下列何者「不是」全球暖化帶來的影響？
①洪水 ②熱浪 ③地震 ④旱災。

11. (1) 下列何種方法無法減少二氧化碳？
①想吃多少儘量點，剩下可當廚餘回收
②選購當地、當季食材，減少運輸碳足跡
③多吃蔬菜，少吃肉
④自備杯筷，減少免洗用具垃圾量。

12. (3) 下列何者不會減少溫室氣體的排放？
①減少使用煤、石油等化石燃料 ②大量植樹造林，禁止亂砍亂伐
③增高燃煤氣體排放的煙囪 ④開發太陽能、水能等新能源。

13. (4) 關於綠色採購的敘述，下列何者錯誤？
①採購由回收材料所製造之物品
②採購的產品對環境及人類健康有最小的傷害性
③選購對環境傷害較少、污染程度較低的產品
④以精美包裝為主要首選。

14. (1) 一旦大氣中的二氧化碳含量增加，會引起那一種後果？
①溫室效應惡化②臭氧層破洞 ③冰期來臨 ④海平面下降。

15. (3) 關於建築中常用的金屬玻璃帷幕牆，下列敘述何者正確？
①玻璃帷幕牆的使用能節省室內空調使用
②玻璃帷幕牆適用於臺灣，讓夏天的室內產生溫暖的感覺
③在溫度高的國家，建築物使用金屬玻璃帷幕會造成日照輻射熱，產生室內「溫室效應」
④臺灣的氣候濕熱，特別適合在大樓以金屬玻璃帷幕作為建材。

16. (4) 下列何者不是能源之類型？
①電力 ②壓縮空氣 ③蒸汽 ④熱傳。

17. (1) 我國已制定能源管理系統標準為
① CNS 50001 ② CNS 12681 ③ CNS 14001 ④ CNS 22000。

18. (4) 台灣電力股份有限公司所謂的三段式時間電價於夏月平日（非週六日）之尖峰用電時段為何？
① 9：00~16：00 ② 9：00~24：00
③ 6：00~11：00 ④ 16：00~22：00。

19. (1) 基於節能減碳的目標，下列何種光源發光效率最低，不鼓勵使用？
①白熾燈泡 ② LED 燈泡 ③省電燈泡 ④螢光燈管。

20. (1) 下列的能源效率分級標示，哪一項較省電？
①1 ②2 ③3 ④4。

21. (4) 下列何者「不是」目前台灣主要的發電方式？
①燃煤 ②燃氣 ③水力 ④地熱。

22. (2) 有關延長線及電線的使用，下列敘述何者錯誤？
①拔下延長線插頭時，應手握插頭取下
②使用中之延長線如有異味產生，屬正常現象不須理會
③應避開火源，以免外覆塑膠熔解，致使用時造成短路
④使用老舊之延長線，容易造成短路、漏電或觸電等危險情形，應立即更換。

23. (1) 有關觸電的處理方式，下列敘述何者錯誤？
①立即將觸電者拉離現場 ②把電源開關關閉
③通知救護人員 ④使用絕緣的裝備來移除電源。

24. (2) 目前電費單中，係以「度」為收費依據，請問下列何者為其單位？
① kW ② kWh ③ kJ ④ kJh。

25. (4) 依據台灣電力公司三段式時間電價（尖峰、半尖峰及離峰時段）的規定，請問哪個時段電價最便宜？
①尖峰時段 ②夏月半尖峰時段 ③非夏月半尖峰時段 ④離峰時段。

26. (2) 當用電設備遭遇電源不足或輸配電設備受限制時，導致用戶暫停或減少用電的情形，常以下列何者名稱出現？
①停電 ②限電 ③斷電 ④配電。

27. (2) 照明控制可以達到節能與省電費的好處，下列何種方法最適合一般住宅社區兼顧節能、經濟性與實際照明需求？
①加裝 DALI 全自動控制系統
②走廊與地下停車場選用紅外線感應控制電燈
③全面調低照明需求
④晚上關閉所有公共區域的照明。

28. (2) 上班性質的商辦大樓為了降低尖峰時段用電，下列何者是錯的？
①使用儲冰式空調系統減少白天空調用電需求
②白天有陽光照明，所以白天可以將照明設備全關掉
③汰換老舊電梯馬達並使用變頻控制
④電梯設定隔層停止控制，減少頻繁啟動。

29. (2) 為了節能與降低電費的需求，應該如何正確選用家電產品？

①選用高功率的產品效率較高
②優先選用取得節能標章的產品
③設備沒有壞，還是堪用，繼續用，不會增加支出
④選用能效分級數字較高的產品，效率較高，5 級的比 1 級的電器產品更省電。

30. (3) 有效而正確的節能從選購產品開始，就一般而言，下列的因素中，何者是選購電氣設備的最優先考量項目？

①用電量消耗電功率是多少瓦攸關電費支出，用電量小的優先
②採購價格比較，便宜優先
③安全第一，一定要通過安規檢驗合格
④名人或演藝明星推薦，應該口碑較好。

31. (3) 高效率燈具如果要降低眩光的不舒服，下列何者與降低刺眼眩光影響無關？

①光源下方加裝擴散板或擴散膜　②燈具的遮光板
③光源的色溫　④採用間接照明。

32. (4) 用電熱爐煮火鍋，採用中溫 50% 加熱，比用高溫 100% 加熱，將同一鍋水煮開，下列何者是對的？

①中溫 50% 加熱比較省電　②高溫 100% 加熱比較省電
③中溫 50% 加熱，電流反而比較大　④兩種方式用電量是一樣的。

33. (2) 電力公司為降低尖峰負載時段超載的停電風險，將尖峰時段電價費率 (每度電單價) 提高，離峰時段的費率降低，引導用戶轉移部分負載至離峰時段，這種電能管理策略稱為

①需量競價　②時間電價　③可停電力　④表燈用戶彈性電價。

34. (2) 集合式住宅的地下停車場需要維持通風良好的空氣品質，又要兼顧節能效益，下列的排風扇控制方式何者是不恰當的？

①淘汰老舊排風扇，改裝取得節能標章、適當容量的高效率風扇
②兩天一次運轉通風扇就好了
③結合一氧化碳偵測器，自動啟動 / 停止控制
④設定每天早晚二次定期啟動排風扇。

35. (2) 大樓電梯為了節能及生活便利需求，可設定部分控制功能，下列何者是錯誤或不正確的做法？

①加感應開關，無人時自動關閉電燈與通風扇
②縮短每次開門 / 關門的時間
③電梯設定隔樓層停靠，減少頻繁啟動
④電梯馬達加裝變頻控制。

36. (4) 為了節能及兼顧冰箱的保溫效果，下列何者是錯誤或不正確的做法？
①冰箱內上下層間不要塞滿，以利冷藏對流
②食物存放位置紀錄清楚，一次拿齊食物，減少開門次數
③冰箱門的密封壓條如果鬆弛，無法緊密關門，應儘速更新修復
④冰箱內食物擺滿塞滿，效益最高。

37. (2) 電鍋剩飯持續保溫至隔天再食用，或剩飯先放冰箱冷藏，隔天用微波爐加熱，就加熱及節能觀點來評比，下列何者是對的？
①持續保溫較省電
②微波爐再加熱比較省電又方便
③兩者一樣
④優先選電鍋保溫方式，因為馬上就可以吃。

38. (2) 不斷電系統 UPS 與緊急發電機的裝置都是應付臨時性供電狀況；停電時，下列的陳述何者是對的？
①緊急發電機會先啟動，不斷電系統 UPS 是後備的
②不斷電系統 UPS 先啟動，緊急發電機是後備的
③兩者同時啟動
④不斷電系統 UPS 可以撐比較久。

39. (2) 下列何者為非再生能源？
①地熱能 ②焦煤 ③太陽能 ④水力能。

40. (1) 欲兼顧採光及降低經由玻璃部分侵入之熱負載，下列的改善方法何者錯誤？
①加裝深色窗簾 ②裝設百葉窗
③換裝雙層玻璃 ④貼隔熱反射膠片。

41. (3) 一般桶裝瓦斯（液化石油氣）主要成分為丁烷與下列何種成分所組成？
①甲烷 ②乙烷 ③丙烷 ④辛烷。

42. (1) 在正常操作，且提供相同暖氣之情形下，下列何種暖氣設備之能源效率最高？
①冷暖氣機 ②電熱風扇 ③電熱輻射機 ④電暖爐。

43. (4) 下列何種熱水器所需能源費用最少？
①電熱水器 ②天然瓦斯熱水器
③柴油鍋爐熱水器 ④熱泵熱水器。

44. (4) 某公司希望能進行節能減碳，為地球盡點心力，以下何種作為並不恰當？
①將採購規定列入以下文字：「汰換設備時首先考慮能源效率 1 級或具有節能標章之產品」
②盤查所有能源使用設備
③實行能源管理
④為考慮經營成本，汰換設備時採買最便宜的機種。

45. (2) 冷氣外洩會造成能源之浪費，下列的入門設施與管理何者最耗能？
①全開式有氣簾　②全開式無氣簾　③自動門有氣簾　④自動門無氣簾。

46. (4) 下列何者「不是」潔淨能源？
①風能　②地熱　③太陽能　④頁岩氣。

47. (2) 有關再生能源中的風力、太陽能的使用特性中，下列敘述中何者錯誤？
①間歇性能源，供應不穩定　②不易受天氣影響
③需較大的土地面積　④設置成本較高。

48. (3) 有關台灣能源發展所面臨的挑戰，下列選項何者是錯誤的？
①進口能源依存度高，能源安全易受國際影響
②化石能源所占比例高，溫室氣體減量壓力大
③自產能源充足，不需仰賴進口
④能源密集度較先進國家仍有改善空間。

49. (3) 若發生瓦斯外洩之情形，下列處理方法中錯誤的是？
①應先關閉瓦斯爐或熱水器等開關
②緩慢地打開門窗，讓瓦斯自然飄散
③開啟電風扇，加強空氣流動
④在漏氣止住前，應保持警戒，嚴禁煙火。

50. (1) 全球暖化潛勢（Global Warming Potential, GWP）是衡量溫室氣體對全球暖化的影響，其中是以何者為比較基準？
① CO_2　② CH4　③ SF_6　④ N_2O。

51. (4) 有關建築之外殼節能設計，下列敘述中錯誤的是？
①開窗區域設置遮陽設備
②大開窗面避免設置於東西日曬方位
③做好屋頂隔熱設施
④宜採用全面玻璃造型設計，以利自然採光。

52. (1) 下列何者燈泡的發光效率最高？
① LED 燈泡　②省電燈泡　③白熾燈泡　④鹵素燈泡。

53. (4) 有關吹風機使用注意事項，下列敘述中錯誤的是？

①請勿在潮濕的地方使用，以免觸電危險
②應保持吹風機進、出風口之空氣流通，以免造成過熱
③應避免長時間使用，使用時應保持適當的距離
④可用來作為烘乾棉被及床單等用途。

54. (2) 下列何者是造成聖嬰現象發生的主要原因？

①臭氧層破洞 ②溫室效應 ③霧霾 ④颱風。

55. (4) 為了避免漏電而危害生命安全，下列「不正確」的做法是？

①做好用電設備金屬外殼的接地
②有濕氣的用電場合，線路加裝漏電斷路器
③加強定期的漏電檢查及維護
④使用保險絲來防止漏電的危險性。

56. (1) 用電設備的線路保護用電力熔絲（保險絲）經常燒斷，造成停電的不便，下列「不正確」的作法是？

①換大一級或大兩級規格的保險絲或斷路器就不會燒斷了
②減少線路連接的電氣設備，降低用電量
③重新設計線路，改較粗的導線或用兩迴路並聯
④提高用電設備的功率因數。

57. (2) 政府為推廣節能設備而補助民眾汰換老舊設備，下列何者的節電效益最佳？

①將桌上檯燈光源由螢光燈換為 LED 燈
②優先淘汰 10 年以上的老舊冷氣機為能源效率標示分級中之一級冷氣機
③汰換電風扇，改裝設能源效率標示分級為一級的冷氣機
④因為經費有限，選擇便宜的產品比較重要。

58. (1) 依據我國現行國家標準規定，冷氣機的冷氣能力標示應以何種單位表示？

① kW ② BTU/h ③ kcal/h ④ RT。

59. (1) 漏電影響節電成效，並且影響用電安全，簡易的查修方法為

①電氣材料行買支驗電起子，碰觸電氣設備的外殼，就可查出漏電與否
②用手碰觸就可以知道有無漏電
③用三用電表檢查
④看電費單有無紀錄。

60. (2) 使用了10幾年的通風換氣扇老舊又骯髒，噪音又大，維修時採取下列哪一種對策最為正確及節能？
①定期拆下來清洗油垢
②不必再猶豫，10年以上的電扇效率偏低，直接換為高效率通風扇
③直接噴沙拉脫清潔劑就可以了，省錢又方便
④高效率通風扇較貴，換同機型的廠內備用品就好了。

61. (3) 電氣設備維修時，在關掉電源後，最好停留1至5分鐘才開始檢修，其主要的理由為下列何者？
①先平靜心情，做好準備才動手
②讓機器設備降溫下來再查修
③讓裡面的電容器有時間放電完畢，才安全
④法規沒有規定，這完全沒有必要。

62. (1) 電氣設備裝設於有潮濕水氣的環境時，最應該優先檢查及確認的措施是？
①有無在線路上裝設漏電斷路器　②電氣設備上有無安全保險絲
③有無過載及過熱保護設備　④有無可能傾倒及生鏽。

63. (1) 為保持中央空調主機效率，最好每隔多久時間應請維護廠商或保養人員檢視中央空調主機？
①半年　②1年　③1.5年　④2年。

64. (1) 家庭用電最大宗來自於
①空調及照明　②電腦　③電視　④吹風機。

65. (2) 冷氣房內為減少日照高溫及降低空調負載，下列何種處理方式是錯誤的？
①窗戶裝設窗簾或貼隔熱紙
②將窗戶或門開啟，讓屋內外空氣自然對流
③屋頂加裝隔熱材、高反射率塗料或噴水
④於屋頂進行薄層綠化。

66. (2) 有關電冰箱放置位置的處理方式，下列何者是正確的？
①背後緊貼牆壁節省空間
②背後距離牆壁應有10公分以上空間，以利散熱
③室內空間有限，側面緊貼牆壁就可以了
④冰箱最好貼近流理台，以便存取食材。

67. (2) 下列何項「不是」照明節能改善需優先考量之因素？
①照明方式是否適當　②燈具之外型是否美觀
③照明之品質是否適當　④照度是否適當。

68. (2) 醫院、飯店或宿舍之熱水系統耗能大，要設置熱水系統時，應優先選用何種熱水系統較節能？
①電能熱水系統 ②熱泵熱水系統 ③瓦斯熱水系統 ④重油熱水系統。

69. (4) 如右圖，你知道這是什麼標章嗎？
①省水標章 ②環保標章 ③奈米標章 ④能源效率標示。

70. (3) 台灣電力公司電價表所指的夏月用電月份（電價比其他月份高）是為
① 4/1~7/31 ② 5/1~8/31 ③ 6/1~9/30 ④ 7/1~10/31。

71. (1) 屋頂隔熱可有效降低空調用電，下列何項措施較不適當？
①屋頂儲水隔熱
②屋頂綠化
③於適當位置設置太陽能板發電同時加以隔熱
④鋪設隔熱磚。

72. (1) 電腦機房使用時間長、耗電量大，下列何項措施對電腦機房之用電管理較不適當？
①機房設定較低之溫度 ②設置冷熱通道
③使用較高效率之空調設備 ④使用新型高效能電腦設備。

73. (3) 下列有關省水標章的敘述中正確的是？
①省水標章是環境部為推動使用節水器材，特別研定以作為消費者辨識省水產品的一種標誌
②獲得省水標章的產品並無嚴格測試，所以對消費者並無一定的保障
③省水標章能激勵廠商重視省水產品的研發與製造，進而達到推廣節水良性循環之目的
④省水標章除有用水設備外，亦可使用於冷氣或冰箱上。

74. (2) 透過淋浴習慣的改變就可以節約用水，以下選項何者正確？
①淋浴時抹肥皂，無需將蓮蓬頭暫時關上
②等待熱水前流出的冷水可以用水桶接起來再利用
③淋浴流下的水不可以刷洗浴室地板
④淋浴沖澡流下的水，可以儲蓄洗菜使用。

75. (1) 家人洗澡時，一個接一個連續洗，也是一種有效的省水方式嗎？
①是，因為可以節省等待熱水流出之前所先流失的冷水
②否，這跟省水沒什麼關係，不用這麼麻煩
③否，因為等熱水時流出的水量不多
④有可能省水也可能不省水，無法定論。

76. (2) 下列何種方式有助於節省洗衣機的用水量？
①洗衣機洗滌的衣物盡量裝滿，一次洗完
②購買洗衣機時選購有省水標章的洗衣機，可有效節約用水
③無需將衣物適當分類
④洗濯衣物時盡量選擇高水位才洗的乾淨。

77. (3) 如果水龍頭流量過大，下列何種處理方式是錯誤的？
①加裝節水墊片或起波器
②加裝可自動關閉水龍頭的自動感應器
③直接換裝沒有省水標章的水龍頭
④直接調整水龍頭到適當水量。

78. (4) 洗菜水、洗碗水、洗衣水、洗澡水等的清洗水，不可直接利用來做什麼用途？
①洗地板 ②沖馬桶 ③澆花 ④飲用水。

79. (1) 如果馬桶有不正常的漏水問題，下列何者處理方式是錯誤的？
①因為馬桶還能正常使用，所以不用著急，等到不能用時再報修即可
②立刻檢查馬桶水箱零件有無鬆脫，並確認有無漏水
③滴幾滴食用色素到水箱裡，檢查有無有色水流進馬桶，代表可能有漏水
④通知水電行或檢修人員來檢修，徹底根絕漏水問題。

80. (3) 水費的計量單位是「度」，你知道一度水的容量大約有多少？
① 2,000 公升 ② 3000 個 600cc 的寶特瓶
③ 1 立方公尺的水量 ④ 3 立方公尺的水量。

81. (3) 臺灣在一年中什麼時期會比較缺水（即枯水期）？
① 6 月至 9 月 ② 9 月至 12 月 ③ 11 月至次年 4 月 ④臺灣全年不缺水。

82. (4) 下列何種現象「不是」直接造成台灣缺水的原因？
①降雨季節分佈不平均，有時候連續好幾個月不下雨，有時又會下起豪大雨
②地形山高坡陡，所以雨一下很快就會流入大海
③因為民生與工商業用水需求量都愈來愈大，所以缺水季節很容易無水可用
④台灣地區夏天過熱，致蒸發量過大。

83. (3) 冷凍食品該如何讓它退冰，才是既「節能」又「省水」？
①直接用水沖食物強迫退冰
②使用微波爐解凍快速又方便
③烹煮前盡早拿出來放置退冰
④用熱水浸泡，每 5 分鐘更換一次。

84. (2) 洗碗、洗菜用何種方式可以達到清洗又省水的效果？
①對著水龍頭直接沖洗，且要盡量將水龍頭開大才能確保洗的乾淨
②將適量的水放在盆槽內洗濯，以減少用水
③把碗盤、菜等浸在水盆裡，再開水龍頭拼命沖水
④用熱水及冷水大量交叉沖洗達到最佳清洗效果。

85. (4) 解決台灣水荒（缺水）問題的無效對策是
①興建水庫、蓄洪（豐）濟枯　②全面節約用水
③水資源重複利用，海水淡化…等　④積極推動全民體育運動。

86. (3) 如下圖，你知道這是什麼標章嗎？

①奈米標章　②環保標章　③省水標章　④節能標章。

87. (3) 澆花的時間何時較為適當，水分不易蒸發又對植物最好？
①正中午　②下午時段　③清晨或傍晚　④半夜十二點。

88. (3) 下列何種方式沒有辦法降低洗衣機之使用水量，所以不建議採用？
①使用低水位清洗
②選擇快洗行程
③兩、三件衣服也丟洗衣機洗
④選擇有自動調節水量的洗衣機。

89. (3) 有關省水馬桶的使用方式與觀念認知，下列何者是錯誤的？
①選用衛浴設備時最好能採用省水標章馬桶
②如果家裡的馬桶是傳統舊式，可以加裝二段式沖水配件
③省水馬桶因為水量較小，會有沖不乾淨的問題，所以應該多沖幾次
④因為馬桶是家裡用水的大宗，所以應該儘量採用省水馬桶來節約用水。

90. (3) 下列的洗車方式，何者「無法」節約用水？
①使用有開關的水管可以隨時控制出水
②用水桶及海綿抹布擦洗
③用大口徑強力水注沖洗
④利用機械自動洗車，洗車水處理循環使用。

91.（ 1 ）下列何種現象「無法」看出家裡有漏水的問題？
①水龍頭打開使用時，水表的指針持續在轉動
②牆面、地面或天花板忽然出現潮濕的現象
③馬桶裡的水常在晃動，或是沒辦法止水
④水費有大幅度增加。

92.（ 2 ）蓮蓬頭出水量過大時，下列對策何者「無法」達到省水？
①換裝有省水標章的低流量（5~10L/min）蓮蓬頭
②淋浴時水量開大，無需改變使用方法
③洗澡時間盡量縮短，塗抹肥皂時要把蓮蓬頭關起來
④調整熱水器水量到適中位置。

93.（ 4 ）自來水淨水步驟，何者是錯誤的？
①混凝　②沉澱　③過濾　④煮沸。

94.（ 1 ）為了取得良好的水資源，通常在河川的哪一段興建水庫？
①上游　②中游　③下游　④下游出口。

95.（ 4 ）台灣是屬缺水地區，每人每年實際分配到可利用水量是世界平均值的約多少？
① 1/2　② 1/4　③ 1/5　④ 1/6。

96.（ 3 ）台灣年降雨量是世界平均值的 2.6 倍，卻仍屬缺水地區，下列何者不是真正缺水的原因？
①台灣由於山坡陡峻，以及颱風豪雨雨勢急促，大部分的降雨量皆迅速流入海洋
②降雨量在地域、季節分佈極不平均
③水庫蓋得太少
④台灣自來水水價過於便宜。

97.（ 3 ）電源插座堆積灰塵可能引起電氣意外火災，維護保養時的正確做法是？
①可以先用刷子刷去積塵
②直接用吹風機吹開灰塵就可以了
③應先關閉電源總開關箱內控制該插座的分路開關，然後再清理灰塵
④可以用金屬接點清潔劑噴在插座中去除銹蝕。

98.（ 4 ）溫室氣體易造成全球氣候變遷的影響，下列何者不屬於溫室氣體？
①二氧化碳（CO_2）　②氫氟碳化物（HFCs）
③甲烷（CH_4）　④氧氣（O_2）。

99. (4) 就能源管理系統而言，下列何者不是能源效率的表示方式？

①汽車－公里 / 公升

②照明系統－瓦特 / 平方公尺（W/m^2）

③冰水主機－千瓦 / 冷凍噸（kW/RT）

④冰水主機－千瓦（kW）。

100.(3) 某工廠規劃汰換老舊低效率設備，以下何種做法並不恰當？

①可考慮使用較高效率設備產品

②先針對老舊設備建立其「能源指標」或「能源基線」

③唯恐一直浪費能源，未經評估就馬上將老舊設備汰換掉

④改善後需進行能源績效評估。

chapter 5

職業衛生管理甲級術科重點暨試題解析

5-1 職業安全衛生法規

壹、職業安全衛生法規

本節提要及趨勢

名詞解釋雖一向為職業衛生管理師常考題型，但比較偏向專業名詞用語。本章名詞為法定名詞，字體不可混淆錯別；另職安母法為許多標準或規則之法源依據，請各位讀者務必熟悉母法與子法間的關係。

適用法規

一、「職業安全衛生法」。

二、「職業安全衛生法施行細則」。

重點精華

一、**工作者**：指**勞工**、**自營作業者**及**其他受工作場所負責人指揮或監督從事勞動之人員**。【72-1-1】【77-4】

二、**自營作業者**：指獨立從事勞動或技藝工作，獲致報酬，且未僱用有酬人員幫同工作者。【106 工礦】

三、**其他受工作場所負責人指揮或監督從事勞動之人員**：指與事業單位無僱傭關係，於其工作場所從事勞動或以學習技能、接受職業訓練為目的從事勞動之工作者。

四、**工作場所負責人**：指雇主或於該工作場所代表雇主從事管理、指揮或監督工作者從事勞動之人。

五、**職業災害**：指因勞動場所之建築物、機械、設備、原料、材料、化學品、氣體、蒸氣、粉塵等或作業活動及其他職業上原因引起之工作者**疾病**、**傷害**、**失能**或**死亡**。【黃金考題】

六、**勞動場所**：【73-1-1】【106 工礦】

1. 於勞動契約存續中，由雇主所提示，使勞工履行契約提供勞務之場所。
2. 自營作業者實際從事勞動之場所。
3. 其他受工作場所負責人指揮或監督從事勞動之人員，實際從事勞動之場所。

七、**工作場所**：指勞動場所中，接受雇主或代理雇主指示處理有關勞工事務之人所能支配、管理之場所。【106 工礦】

八、**作業場所**：指工作場所中，從事特定工作目的之場所。

九、**職業上原因**：指隨作業活動所衍生，於勞動上一切必要行為及其附隨行為而具有相當因果關係者。

十、**合理可行範圍**：指依本法及有關安全衛生法令、指引、實務規範或一般社會通念，雇主明知或可得而知勞工所從事之工作，有致其生命、身體及健康受危害之虞，並可採取必要之預防設備或措施者。

參考題型

依「職業安全衛生法」規定，雇主對於具有危害性之化學品，應如何採取源頭管理措施？

答

依「職業安全衛生法」第10條（危害通識）規定，雇主對於具有危害性之化學品，應予標示、製備清單及揭示安全資料表，並採取必要之通識措施。

製造者、輸入者或供應者，提供前項化學品與事業單位或自營作業者前，應予標示及提供安全資料表；資料異動時，亦同。

口訣 標、清、資、通。

參考題型

依「職業安全衛生法」規定，雇主對於危害性化學品，應如何實施風險評估及管理？

答

依「職業安全衛生法」第11條（分級管理）規定，雇主對於危害性化學品，應依其健康危害、散布狀況及使用量等情形，評估風險等級，並採取分級管理措施。

解析 風險評估3個要項：健康危害、散布狀況、使用量。

參考題型

依「職業安全衛生法」，中央主管機關對於新化學物質有何規定？

答

依「職業安全衛生法」第13條（新化學物質）規定，製造者或輸入者對於中央主管機關公告之化學物質清單以外之新化學物質，未向中央主管機關繳交化學物質安全評估報告，並經核准登記前，不得製造或輸入含有該物質之化學品。

參考題型

中央主管機關依「職業安全衛生法」規定，審查化學物質安全評估報告後，得予公開之資訊為何？有必要揭露予特定人員之資訊範圍為何？

答

依據「職業安全衛生法施行細則」第 18 條（公開資訊）規定，中央主管機關審查化學物質安全評估報告後，得予公開之資訊如下：

一、新化學物質編碼。

二、危害分類及標示。

三、物理及化學特性資訊。

四、毒理資訊。

五、安全使用資訊。

六、為因應緊急措施或維護工作者安全健康，有必要揭露予特定人員之資訊。

前項第 6 款之資訊範圍如下：

一、新化學物質名稱及基本辨識資訊。

二、製造或輸入新化學物質之數量。

三、新化學物質於混合物之組成。

四、新化學物質之製造、用途及暴露資訊。

參考題型

依據「職業安全衛生法」所稱之優先管理化學品，包含哪些項目？

答

依據「職業安全衛生法」第 14 條第 2 項（優先管理化學品）所稱優先管理化學品如下：

一、本法第 29 條第 1 項第 3 款及第 30 條第 1 項第 5 款規定所列之危害性化學品。

二、依國家標準 CNS 15030 分類，屬致癌物質第 1 級、生殖細胞致突變性物質第 1 級或生殖毒性物質第 1 級者。

三、依國家標準 CNS 15030 分類，具有物理性危害或健康危害，其化學品運作量達中央主管機關規定者。

四、其他經中央主管機關指定公告者。

參考題型

依「職業安全衛生法」規定，對於未滿 18 歲之工作者，雇主不得使其從事哪些工作？

答

依「職業安全衛生法」第 29 條（未滿 18 歲者限制）規定，雇主不得使未滿 18 歲者從事下列危險性或有害性工作：

一、坑內工作。

二、處理爆炸性、易燃性等物質之工作。

三、鉛、汞、鉻、砷、黃磷、氯氣、氰化氫、苯胺等有害物散布場所之工作。

四、有害輻射散布場所之工作。

五、有害粉塵散布場所之工作。

六、運轉中機器或動力傳導裝置危險部分之掃除、上油、檢查、修理或上卸皮帶、繩索等工作。

七、超過 220 伏特電力線之銜接。

八、已熔礦物或礦渣之處理。

九、鍋爐之燒火及操作。

十、鑿岩機及其他有顯著振動之工作。

十一、一定重量以上之重物處理工作。

十二、起重機、人字臂起重桿之運轉工作。

十三、動力捲揚機、動力運搬機及索道之運轉工作。

十四、橡膠化合物及合成樹脂之滾輾工作。

十五、其他經中央主管機關規定之危險性或有害性之工作。

參考題型

依「職業安全衛生法」規定，雇主對於妊娠中女性勞工應予以保護，並不得使其從事危險性或有害性之工作，請列舉 5 項危險性或有害性之工作。

【82-01-02】

答

依「職業安全衛生法」第 30 條第 1 項（妊娠限制）規定，雇主不得使妊娠中之女性勞工從事下列危險性或有害性工作：

一、礦坑工作。

二、鉛及其化合物散布場所之工作。

三、異常氣壓之工作。

四、處理或暴露於弓形蟲、德國麻疹等影響胎兒健康之工作。

五、處理或暴露於二硫化碳、三氯乙烯、環氧乙烷、丙烯醯胺、次乙亞胺、砷及其化合物、汞及其無機化合物等經中央主管機關規定之危害性化學品之工作。

六、鑿岩機及其他有顯著振動之工作。

七、一定重量以上之重物處理工作。

八、有害輻射散布場所之工作。

九、已熔礦物或礦渣之處理工作。

十、起重機、人字臂起重桿之運轉工作。

十一、動力捲揚機、動力運搬機及索道之運轉工作。

十二、橡膠化合物及合成樹脂之滾輾工作。

十三、處理或暴露於經中央主管機關規定具有致病或致死之微生物感染風險之工作。

十四、其他經中央主管機關規定之危險性或有害性之工作。

參考題型

依「職業安全衛生法」規定，對於分娩後未滿 1 年之女性勞工，雇主不得使其從事哪些工作？【72-1-2】

答

依「職業安全衛生法」第 30 條第 2 項（分娩限制）規定，雇主不得使分娩後未滿 1 年之女性勞工從事下列危險性或有害性工作：

一、礦坑工作。

二、鉛及其化合物散布場所之工作。

三、鑿岩機及其他有顯著振動之工作。

四、一定重量以上之重物處理工作。

五、其他經中央主管機關規定之危險性或有害性之工作。

★ 未滿 18 歲與受母性健康保護之勞工，不得從事作業之比較可參考以下列表：

未滿 18 歲者	妊娠中之女性勞工	分娩後未滿 1 年之女性勞工
坑內工作	礦坑工作	礦坑工作
鉛、汞、鉻、砷、黃磷、氯氣、氰化氫、苯胺等有害物散布場所之工作	鉛及其化合物散布場所之工作	鉛及其化合物散布場所之工作
鑿岩機及其他有顯著振動之工作	鑿岩機及其他有顯著振動之工作	鑿岩機及其他有顯著振動之工作
一定重量以上之重物處理工作	一定重量以上之重物處理工作	一定重量以上之重物處理工作
其他經中央主管機關規定之危險性或有害性之工作	其他經中央主管機關規定之危險性或有害性之工作	其他經中央主管機關規定之危險性或有害性之工作
有害輻射散布場所之工作	有害輻射散布場所之工作	
已熔礦物或礦渣之處理	已熔礦物或礦渣之處理工作	
起重機、人字臂起重桿之運轉工作	起重機、人字臂起重桿之運轉工作	
動力捲揚機、動力運搬機及索道之運轉工作	動力捲揚機、動力運搬機及索道之運轉工作	
橡膠化合物及合成樹脂之滾輾工作	橡膠化合物及合成樹脂之滾輾工作	
處理爆炸性、易燃性等物質之工作	異常氣壓之工作	
有害粉塵散布場所之工作	處理或暴露於弓形蟲、德國麻疹等影響胎兒健康之工作	
運轉中機器或動力傳導裝置危險部分之掃除、上油、檢查、修理或上卸皮帶、繩索等工作	處理或暴露於二硫化碳、三氯乙烯、環氧乙烷、丙烯醯胺、次乙亞胺、砷及其化合物、汞及其無機化合物等經中央主管機關規定之危害性化學品之工作	
超過 220 伏特電力線之銜接	處理或暴露於經中央主管機關規定具有致病或致死之微生物感染風險之工作	
鍋爐之燒火及操作		

解析 考生準備此部分的方法，建議從理解的方式去準備，妊娠中之女性勞工因為懷有胎兒，因此格外特別需要保護，故工作上的限制也比分娩後未滿 1 年之女性勞工多 9 項。

參考題型

請依據「職業安全衛生法」規定，敘述雇主可以讓受母性健康保護之勞工從事「職業安全衛生法」第 30 條之工作項目但書為何？

答

依據「職業安全衛生法」第 30 條第 3 項（書面同意）規定，第 1 項第 5 款至第 14 款及前項第 3 款至第 5 款所定之工作，雇主依第 31 條（母性健康管理）採取母性健康保護措施，經當事人書面同意者，不在此限。

★ 雇主可以讓受母性健康保護之勞工從事「職業安全衛生法」第 30 條之工作項目但書：

<table>
<tr><th>危險性或有害性工作</th><th>妊娠女性勞工可工作條件</th><th>雇主應採措施</th></tr>
<tr><td>礦坑工作</td><td>X</td><td rowspan="14">母性健康保護措施</td></tr>
<tr><td>鉛及其化合物散布場所之工作</td><td>X</td></tr>
<tr><td>異常氣壓之工作</td><td>X</td></tr>
<tr><td>處理或暴露於弓形蟲、德國麻疹等影響胎兒健康之工作</td><td>X</td></tr>
<tr><td>處理或暴露於二硫化碳、三氯乙烯、環氧乙烷、丙烯醯胺、次乙亞胺、砷及其化合物、汞及其無機化合物等經中央主管機關規定之危害性化學品之工作</td><td rowspan="10">當事人書面同意</td></tr>
<tr><td>鑿岩機及其他有顯著振動之工作</td></tr>
<tr><td>一定重量以上之重物處理工作</td></tr>
<tr><td>有害輻射散布場所之工作</td></tr>
<tr><td>已熔礦物或礦渣之處理工作</td></tr>
<tr><td>起重機、人字臂起重桿之運轉工作</td></tr>
<tr><td>動力捲揚機、動力運搬機及索道之運轉工作</td></tr>
<tr><td>橡膠化合物及合成樹脂之滾輾工作</td></tr>
<tr><td>處理或暴露於經中央主管機關規定具有致病或致死之微生物感染風險之工作</td></tr>
<tr><td>其他經中央主管機關規定之危險性或有害性之工作</td></tr>
</table>

參考題型

請問依據「職業安全衛生法施行細則」規定，所稱具有危害性之化學品，是指何物？

答

依據「職業安全衛生法施行細則」第 14 條（危害性化學品）規定，所稱具有危害性之化學品，指下列之危險物或有害物：

一、危險物：符合國家標準 CNS 15030 分類，具有物理性危害者。

二、有害物：符合國家標準 CNS 15030 分類，具有健康危害者。

參考題型

依據「職業安全衛生法施行細則」規定，哪些作業場所應實施「作業環境監測」？

答

依據「職業安全衛生法施行細則」第 17 條（環測場所）規定應訂定作業環境監測計畫及實施監測之作業場所如下：

一、設置有中央管理方式之空氣調節設備之建築物室內作業場所。

二、坑內作業場所。

三、顯著發生噪音之作業場所。

四、下列作業場所，經中央主管機關指定者：

1. 高溫作業場所。
2. 粉塵作業場所。
3. 鉛作業場所。
4. 四烷基鉛作業場所。
5. 有機溶劑作業場所。
6. 特定化學物質作業場所。

五、其他經中央主管機關指定公告之作業場所。

參考題型

依據「職業安全衛生法」所稱之特殊危害之作業，是指哪些作業？

答

依據「職業安全衛生法」第 19 條（特殊危害）所稱之特殊危害作業如下：

一、**高**溫作業。

二、異常氣**壓**作業。

三、**高**架作業。

四、**精**密作業。

五、**重**體力勞動作業。

六、**其**他對於勞工具有特殊危害之作業。

口訣 高高重騎驚訝 (高高重其精壓)。

參考題型

依據「職業安全衛生法」所稱之特別危害健康作業，是指哪些作業？

答

依據「職業安全衛生法」第 20 條第 1 項第 2 款（特殊健康檢查）所稱特別危害健康作業，指下列作業：

一、高溫作業。

二、噪音作業。

三、游離輻射作業。

四、異常氣壓作業。

五、鉛作業。

六、四烷基鉛作業。

七、粉塵作業。

八、有機溶劑作業，經中央主管機關指定者。

九、製造、處置或使用特定化學物質之作業，經中央主管機關指定者。

十、黃磷之製造、處置或使用作業。

十一、聯吡啶或巴拉刈之製造作業。

十二、其他經中央主管機關指定公告之作業。

★「特別危害健康作業」vs.「有害作業主管」vs.「作業環境監測場所」：

特別危害健康作業	有害作業主管	作業環境監測場所
高溫作業	-	高溫作業
噪音作業	-	噪音作業場所
游離輻射作業	-	-
異常氣壓作業	高壓室內作業主管 潛水作業主管	-
鉛作業	鉛作業主管	鉛作業場所
四烷基鉛作業	四烷基鉛作業主管	四烷基鉛作業場所
粉塵作業	粉塵作業主管	粉塵作業場所
指定之有機溶劑作業	有機溶劑作業主管	指定之有機溶劑作業場所
指定之特定化學物質作業	特定化學物質作業主管	指定之特定化學物質作業場所
黃磷之製造、處置或使用作業	-	-
聯吡啶或巴拉刈之製造作業	-	-
-	缺氧作業主管	-
-	-	中央空調室內作業場所
-	-	坑內作業場所
-	-	煉焦之場所

★「特殊危害作業」vs.「特別危害健康作業」：

分類	特殊危害作業	特別危害健康作業
法源依據	「職業安全衛生法」第 19 條	「職業安全衛生法」第 20 條
項目	高溫作業	高溫作業
	異常氣壓作業	異常氣壓作業
	高架作業	游離輻射作業
	精密作業	噪音作業
	重體力勞動作業	重體力勞動作業
	其他對於勞工具有特殊危害之作業	四烷基鉛作業
		粉塵作業
		有機溶劑作業
		製造、處置或使用特定化學物質作業
		黃磷之製造、處置或使用作業
		聯吡啶或巴拉刈之製造作業
		其他經中央主管機關指定公告之作業
相關法規	1. 高溫作業勞工作息時間標準 2. 異常氣壓危害預防標準 3. 高架作業勞工保護措施標準 4. 精密作業勞工視機能保護設施標準 5. 重體力勞動作業勞工保護措施標準	勞工健康保護規則

參考題型

依據職業安全衛生法及其施行細則規定，雇主應依其事業單位規模、特性，訂定職業安全衛生管理計畫，執行哪些職業安全衛生管理事項？

答

依據「職業安全衛生法施行細則」第 31 條（管理計畫）所定職業安全衛生管理計畫，包括下列事項：

一、工作環境或作業危害之辨識、評估及控制。【辨識、評估、控制】

二、機械、設備或器具之管理。【機具管理】

三、危害性化學品之分類、標示、通識及管理。【危害標示】

四、有害作業環境之採樣策略規劃及監測。【環境監測】

五、危險性工作場所之製程或施工安全評估。【安全評估】

六、採購管理、承攬管理及變更管理。【採購、承攬、變更】

七、安全衛生作業標準。【作業標準】

八、定期檢查、重點檢查、作業檢點及現場巡視。【檢查巡視】

九、安全衛生教育訓練。【教育訓練】

十、個人防護具之管理。【防護器具】

十一、健康檢查、管理及促進。【健康事項】

十二、安全衛生資訊之蒐集、分享及運用。【安衛資訊】

十三、緊急應變措施。【緊急應變】

十四、職業災害、虛驚事故、影響身心健康事件之調查處理及統計分析。【職災調查】

十五、安全衛生管理紀錄及績效評估措施。【紀錄績效】

十六、其他安全衛生管理措施。【其他措施】

口訣 可以簡化的字句，然後再自行解釋

一、辨識評估	九、教育訓練
二、機具管理	十、防護器具
三、危害標識	十一、健康事項
四、環境監測	十二、安衛資訊
五、安全評估	十三、緊急應變
六、採購承攬變更	十四、職災調查
七、作業標準	十五、紀錄績效
八、檢查巡視	十六、其他措施

也可以記諧音，再自行展開

便 洩 通廁 所夠準、 簡 訊 防李安、 警 察 笑他

(辨)(械)(測)(購) (檢)(訓)(理) (緊)(查)(效)

參考題型

依「職業安全衛生法」規定，有母性健康危害之虞之工作，指其從事可能影響胚胎發育、妊娠或哺乳期間之母體及幼兒健康之哪些工作？

答

依據「職業安全衛生法」第 31 條第 1 項（母性健康管理）所稱有母性健康危害之虞之工作，係指依據「女性勞工母性健康保護實施辦法」第 3 條所定之下列工作：

一、工作暴露於具有依國家標準 CNS 15030 分類，屬生殖毒性物質第 1 級、生殖細胞致突變性物質第 1 級或其他對哺乳功能有不良影響之化學品者。

二、勞工個人工作型態易造成妊娠或分娩後哺乳期間，產生健康危害影響之工作，包括勞工作業姿勢、人力提舉、搬運、推拉重物、輪班、夜班、單獨工作及工作負荷等工作型態，致產生健康危害影響者。

三、其他經中央主管機關指定公告者。

參考題型

當職業災害發生時，雇主應即採取必要之急救、搶救等措施，包含哪些事項？

答

依據「職業安全衛生法施行細則」第 46-1 條（急救搶救）規定，雇主應即採取必要之急救、搶救等措施，包含下列事項：

一、緊急應變措施，並確認工作場所所有勞工之安全。

二、使有立即發生危險之虞之勞工，退避至安全場所。

貳、職業安全衛生設施規則

本節提要及趨勢

「職業安全衛生設施規則」在職業衛生管理師考科裡面，是非常重要的一個法規，尤其以缺氧危害、噪音危害、生物性危害、熱危害、通風換氣、個人防護具、人因危害、職場暴力、過勞等，為經常出現的考題。另民國 113 年 8 月 1 日修正後，新增了第 181-1 條有關金屬加熱熔融等作業安全規定、第 227-1 條屋頂作業安全規定、第 303-1 條有關戶外作業的熱危害分級與事業單位應提供之設施等相關規定，亦是 114 年考試重點，請讀者務必留意其法規規定及修正總說明注意事項。

適用法規

一、「職業安全衛生設施規則」。

重點精華

一、**局限空間**：依據「職業安全衛生設施規則」第 19-1 條規定，所稱局限空間，係指非供勞工在其內部從事經常性作業，勞工進出方法受限制，且無法以自然通風來維持充分、清淨空氣之空間。

二、**危害預防計畫**：局限空間危害防止計畫、聽力保護計畫、人因性危害預防計畫、異常工作負荷促發疾病預防計畫、執行職務遭受不法侵害預防計畫、生物病原體危害預防計畫。

參考題型

雇主使勞工於局限空間從事作業前，應先確認該局限空間內有無可能引起勞工之危害，如有危害之虞者，應訂定危害防止計畫，並使現場作業主管、監視人員、作業勞工及相關承攬人依循辦理。【黃金考題】

一、依據「職業安全衛生設施規則」定義，何謂局限空間？

二、請試依「職業安全衛生設施規則」規定訂定局限空間危害防止計畫。

三、雇主使勞工於局限空間從事作業，有危害勞工之虞時，應於作業場所入口顯而易見處所公告哪些事項？

答

一、依據「職業安全衛生設施規則」第19-1條（局限空間）規定，所稱局限空間，係指非供勞工在其內部從事經常性作業，勞工進出方法受限制，且無法以自然通風來維持充分、清淨空氣之空間。

二、依據「職業安全衛生設施規則」第29-1條規定，局限空間危害防止計畫，應依作業可能引起之危害訂定下列事項：

1. 局限空間內危害之確認。
2. 局限空間內氧氣、危險物、有害物濃度之測定。
3. 通風換氣實施方式。
4. 電能、高溫、低溫與危害物質之隔離措施及缺氧、中毒、感電、塌陷、被夾、被捲等危害防止措施。
5. 作業方法及安全管制作法。
6. 進入作業許可程序。
7. 提供之測定儀器、通風換氣、防護與救援設備之檢點及維護方法。
8. 作業控制設施及作業安全檢點方法。
9. 緊急應變處置措施。

三、依據「職業安全衛生設施規則」第29-2條（公告周知）規定，雇主使勞工於局限空間從事作業，有危害勞工之虞時，應於作業場所入口顯而易見處所公告下列注意事項，使作業勞工周知：

1. 作業有可能引起缺氧等危害時，應經許可始得進入之重要性。
2. 進入該場所時應採取之措施。
3. 事故發生時之緊急措施及緊急聯絡方式。
4. 現場監視人員姓名。
5. 其他作業安全應注意事項。

參考題型

試回答下列有關肌肉骨骼疾病之預防或診斷的問題：【90-02】

一、依「職業安全衛生設施規則」規定，雇主使勞工從事重複性之作業，為避免勞工因姿勢不良、過度施力及作業頻率過高等原因，促發肌肉骨骼疾病，請列出除了「其他有關安全衛生事項。」，其他應採取之危害預防措施。

二、職業病連連看：勞工從事下列作業或工作時，分別可能引起所列何種肌肉骨骼疾病？

答題說明：請連接對應之疾病名稱與作業危害（不良作業姿勢或動作），請參考作業 A 至 F 之作業內容說明，各配對選擇一種疾病與作業危害，如 A-1- 甲、B-2- 乙。（疾病名稱、不良作業姿勢或動作僅能選擇配對 1 次）

作業	疾病名稱	不良作業姿勢或動作
A.	1. 白指症	甲、具有跪姿、蹲姿或爬行等工作姿勢
B.	2. 肘外側上髁炎（肌腱炎）	乙、長期在工作中從事負重於單肩、雙肩、或頭部的重複性動作
C.	3. 旋轉肌袖症候群	丙、高度重複性或持續性肩部不良姿勢
D.	4. 半月狀軟骨病變	丁、腕部以不良的屈曲或伸展姿勢、長時間或反覆性動作
E.	5. 腕道症候群	戊、手臂手腕反覆性施力、握拳旋轉或手部反覆性握、拉、推及提重物
F.	6. 頸部椎間盤突出	己、振動能量由工具傳遞至施作者肢體

作業（A~F）說明	
A	電子廠流水線作業勞工，徒手拿取小零件以旋入或按壓方式組裝電子零件
B	植物染作業勞工以雙手甩開染色完成之布團，並懸吊至高位繩架
C	裝修作業勞工於工地組裝方塊地板或地毯
D	搬運作業勞工以頭、頸及上背等部位扛揹重物
E	園藝作業勞工以圓鍬鏟土挖掘渠道或坑洞
F	營建裝修作業勞工手持氣動工具研磨人造石材

答

一、依照「職業安全衛生設施規則」第 324-1 條（人因性危害）規定，雇主使勞工從事重複性之作業，為避免勞工因姿勢不良、過度施力及作業頻率過高等原因，促發肌肉骨骼疾病，應採取下列危害預防措施，作成執行紀錄並留存 3 年：

1. 分析作業流程、內容及動作。

2. 確認人因性危害因子。

3. 評估、選定改善方法及執行。

4. 執行成效之評估及改善。

5. 其他有關安全衛生事項。

二、A-5-丁、B-3-丙、C-4-甲、D-6-乙、E-2-戊、F-1-己。

參考題型

燃煤工廠之煙道氣（廢氣）簡易處理流程如下圖，試回答下列問題：【89-01】

一、辨識該缺氧危險場所（鍋爐內部）可能之化學性危害？

二、工廠欲維持鍋爐正常運轉，需定期進行燃煤鍋爐內部清理，作業時若使用四用氣體測定儀器實施該缺氧危險場所（鍋爐內部）環境測定，其限制為何？【四用氣體測定儀器（氧氣、一氧化碳、硫化氫及可燃性氣體 (%)）】

三、若要使勞工進入燃煤鍋爐內部從事清理作業，請依職業安全衛生設施規則之規定，列舉 5 項局限空間危害防止計畫應訂定之事項。

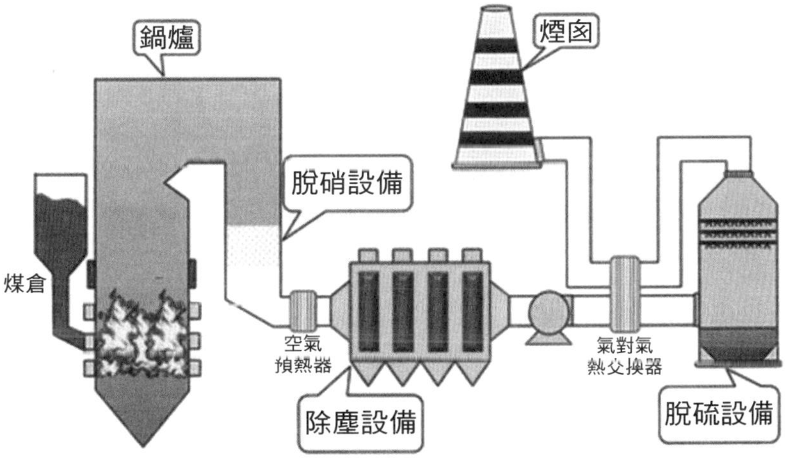

答

一、該缺氧危險場所（鍋爐內部）可能之化學性危害如下列：

1. 缺氧、窒息。

2. 硫化氫、一氧化碳等有害物中毒。

3. 火災、爆炸。

二、作業時若使用四用氣體測定儀器實施該缺氧危險場所（鍋爐內部）環境測定，其限制為使用時，必須注意該測定儀器具有防爆設計及警報器功能，且處於校正有效週期內。

三、依據「職業安全衛生設施規則」第 29-1 條（危害防止計畫）規定，雇主使勞工於局限空間從事作業前，應先確認該空間內有無可能引起勞工缺氧、中毒、感電、塌陷、被夾、被捲及火災、爆炸等危害，有危害之虞者，應訂定危害防止計畫，並使現場作業主管、監視人員、作業勞工及相關承攬人依循辦理。

前項危害防止計畫，應依作業可能引起之危害訂定下列事項：

1. 局限空間內危害之確認。
2. 局限空間內氧氣、危險物、有害物濃度之測定。
3. 通風換氣實施方式。
4. 電能、高溫、低溫及危害物質之隔離措施及缺氧、中毒、感電、塌陷、被夾、被捲等危害防止措施。
5. 作業方法及安全管制作法。
6. 進入作業許可程序。
7. 提供之測定儀器、通風換氣、防護與救援設備之檢點及維護方法。
8. 作業控制設施及作業安全檢點方法。
9. 緊急應變處置措施。

參考題型

依「職業安全衛生設施規則」之規定，雇主使勞工使用呼吸防護具時，應指派專人採取那些呼吸防護措施，試列舉 4 項。【88-04-02】

答

依據「職業安全衛生設施規則」第 277-1 條（呼吸防護計畫）規定，雇主使勞工使用呼吸防護具時，應指派專人採取下列呼吸防護措施，作成執行紀錄，並留存 3 年：

1. 危害辨識及暴露評估。
2. 防護具之選擇。
3. 防護具之使用。
4. 防護具之維護及管理。
5. 呼吸防護教育訓練。

6. 成效評估及改善。

參考題型

試回答下列問題：【93-1】

一、雇主使勞工從事戶外作業，為防範環境引起之熱疾病，應視天候狀況採取那些危害預防措施，試列舉 10 項。

二、請引據職業安全衛生法條文大義（不必提及其它附屬法規或指引）論述雇主應採取之作為，以保護勞工於工作場所免於生物性危害。

答

一、依「職業安全衛生設施規則」第 324-6 條（熱危害預防）規定，雇主使勞工從事戶外作業，為防範環境引起之熱疾病，應視天候狀況採取下列危害預防措施：

1. 降低作業場所之溫度。
2. 提供陰涼之休息場所。
3. 提供適當之飲料或食鹽水。
4. 調整作業時間。
5. 增加作業場所巡視之頻率。
6. 實施健康管理及適當安排工作。
7. 採取勞工熱適應相關措施。
8. 留意勞工作業前及作業中之健康狀況。
9. 實施勞工熱疾病預防相關教育宣導。
10. 建立緊急醫療、通報及應變處理機制。

二、雇主應採取下列作為，以保護勞工於工作場所免於生物性危害：

1. 雇主使勞工從事工作，應在合理可行範圍內，採取必要之預防設備或措施，使勞工免於發生職業災害。（職安法 5）
2. 雇主對動物、植物或微生物等引起之危害，應有符合規定之必要安全衛生設備及措施。（職安法 6）
3. 雇主於僱用勞工時，應施行體格檢查；對在職勞工應施行下列健康檢查（職安法 20）
4. 雇主依前條體格檢查發現應僱勞工不適於從事某種工作，不得僱用其從事該項工作。健康檢查發現勞工有異常情形者，應由醫護人員提供其健康指導；其經醫師健康評估結果，不能適應原有工作者，應參採醫師之

建議，變更其作業場所、更換工作或縮短工作時間，並採取健康管理措施。（職安法 21）

5. 事業單位勞工人數在 50 人以上者，應僱用或特約醫護人員，辦理健康管理、職業病預防及健康促進等勞工健康保護事項。（職安法 22）
6. 雇主應依其事業單位之規模、性質，訂定職業安全衛生管理計畫；並設置安全衛生組織、人員，實施安全衛生管理及自動檢查。（職安法 23）
7. 雇主不得使妊娠中之女性勞工處理或暴露於弓形蟲、德國麻疹等影響胎兒健康之工作。（職安法 30）
8. 中央主管機關指定之事業，雇主應對有母性健康危害之虞之工作，採取危害評估、控制及分級管理措施；對於妊娠中或分娩後未滿 1 年之女性勞工，應依醫師適性評估建議，採取工作調整或更換等健康保護措施，並留存紀錄。（職安法 31）
9. 雇主對勞工應施以從事工作與預防災變所必要之安全衛生教育及訓練。（職安法 32）
10. 雇主應依本法及有關規定會同勞工代表訂定適合其需要之安全衛生工作守則，報經勞動檢查機構備查後，公告實施。（職安法 34）

參考題型

某化工廠設置有一高約 2.5 公尺之汙水處理設備，於歲修時將該設備之入槽維修及清理作業交付甲環境科技公司承攬，試依職業安全衛生法及相關行政規定，回答下列問題：【94-1】

一、化工廠對於其汙水處理設備於清理作業前及當日，應先採取哪些防止職業災害發生之必要管理措施？

二、甲環境科技公司使其勞工入槽從事維修及清理作業前已先斷電，請評估勞工作業時除火災爆炸外，尚可能發生的危害有哪些？

三、針對以上所述之危害，依規定應採行之預防措施為何（不含緊急應變有關作為）？

答

一、依據「職業安全衛生法」第 26 條（危害告知）規定，化工廠將汙水處理設備交付甲環境科技公司承攬時，應於事前告知該甲環境科技公司有關其事業工作環境、危害因素暨本法及有關安全衛生規定應採取之措施。

二、依據「職業安全衛生設施規則」第 29-1 條（危害防止計畫）規定，入槽從事維修及清理作業可能發生的危害，除火災爆炸外尚有缺氧、中毒、感電、塌陷、被夾、被捲等。

三、依據「職業安全衛生設施規則」第 29-1 條（危害防止計畫）規定，針對以上所述之危害應採行之預防措施為下列：

1. 局限空間內危害之確認。
2. 局限空間內氧氣、危險物、有害物濃度之測定。
3. 通風換氣實施方式。
4. 電能、高溫、低溫與危害物質之隔離措施及缺氧、中毒、感電、塌陷、被夾、被捲等危害防止措施。
5. 作業方法及安全管制作法。
6. 進入作業許可程序。
7. 提供之測定儀器、通風換氣、防護與救援設備之檢點及維護方法。
8. 作業控制設施及作業安全檢點方法。
9. 緊急應變處置措施。

參考題型

雇主對於事業單位內之毒性高壓氣體之儲存，應如何依法辦理？

答

依據「職業安全衛生設施規則」第 110 條（儲存規範）規定，雇主對於毒性高壓氣體之儲存，應依下列規定辦理：

一、貯存處要置備吸收劑、中和劑及適用之防毒面罩或呼吸用防護具。

二、具有腐蝕性之毒性氣體，應充分換氣，保持通風良好。

三、不得在腐蝕化學藥品或煙囪附近貯藏。

四、預防異物之混入。

參考題型

試說明勞工如使用軟管並以動力從事輸送對皮膚有腐蝕性之液體時（如硫酸、氫氧化鈉），對該輸送設備，雇主應辦理事項為何？

答

依據「職業安全衛生設施規則」第 178 條（輸送規範）規定，雇主使用軟管以動力從事輸送硫酸、硝酸、鹽酸、醋酸、甲酚、氯磺酸、氫氧化鈉溶液等對皮膚有腐蝕性之液體時，對該輸送設備，應依下列規定辦理：

一、於操作該設備之人員易見之場所設置壓力表及於其易於操作之位置安裝動力遮斷裝置。

二、該軟管及連接用具應具耐腐蝕性、耐熱性及耐寒性。

三、該軟管應經水壓試驗確定其安全耐壓力，並標示於該軟管，且使用時不得超過該壓力。

四、為防止軟管內部承受異常壓力，應於輸壓設備安裝回流閥等超壓防止裝置。

五、軟管與軟管或軟管與其他管線之接頭，應以連結用具確實連接。

六、以表壓力 $2kg/cm^2$ 以上之壓力輸送時，前款之連結用具應使用旋緊連接或以鉤式結合等方式，並具有不致脫落之構造。

七、指定輸送操作人員操作輸送設備，並監視該設備及其儀表。

八、連結用具有損傷、鬆脫、腐蝕等缺陷，致腐蝕性液體有飛濺或漏洩之虞時，應即更換。

九、輸送腐蝕性物質管線，應標示該物質之名稱、輸送方向及閥之開閉狀態。

解析 考生準備此部分的方法，建議從「情境想像」的方式去準備，當您以一動力輸送裝置輸送腐蝕液體，為了確保輸送過程中不致遭腐蝕溶液噴濺，在人、機、料、法、環五個面向上，您會注意到什麼？

參考題型

依據「職業安全衛生設施規則」規定，雇主供給勞工使用之個人防護具或防護器具，應依何規定辦理？

答

依據「職業安全衛生設施規則」第 277 條（防護具置備規範）規定，雇主供給勞工使用之個人防護具或防護器具，應依下列規定辦理：

一、保持清潔，並予必要之消毒。【清潔消毒】

二、經常檢查，保持其性能，不用時並妥予保存。【檢查保存】

三、防護具或防護器具應準備足夠使用之數量，個人使用之防護具應置備與作業勞工人數相同或以上之數量，並以個人專用為原則。【足夠數量】

四、如對勞工有感染疾病之虞時，應置備個人專用防護器具，或作預防感染疾病之措施。【專用】

參考題型

假設一事業單位其勞工人數在 200 人以上，該雇主因各種控制措施仍無法有效降低汙染物低於法定標準，而欲使勞工使用呼吸防護具作業時，您身為該事業單位之安全衛生管理人員，該如何依「職業安全衛生設施規則」規定協助雇主採取呼吸防護措施？

答

依據「職業安全衛生設施規則」第 277-1 條（呼吸防護措施）規定：雇主使勞工使用呼吸防護具時，應指派專人採取下列呼吸防護措施，作成執行紀錄，並留存 3 年：

一、危害辨識及暴露評估。

二、防護具之選擇。

三、防護具之使用。

四、防護具之維護及管理。

五、呼吸防護教育訓練。

六、成效評估及改善。

前項呼吸防護措施，事業單位勞工人數達 200 人以上者，雇主應依中央主管機關公告之相關指引，訂定呼吸防護計畫，並據以執行；於勞工人數未滿 200 人者，得以執行紀錄或文件代替。

參考題型

依據「職業安全衛生設施規則」規定，雇主對於勞工有暴露於高溫、低溫、非游離輻射線、生物病原體、有害氣體、蒸氣、粉塵或其他有害物之虞者，應置備何種安全衛生防護具？

答

依據「職業安全衛生設施規則」第 287 條（防護具使用規範）規定，雇主對於勞工有暴露於高溫、低溫、非游離輻射線、生物病原體、有害氣體、蒸氣、粉塵或其他有害物之虞者，應置備安全衛生防護具，如安全面罩、防塵口罩、防毒面具、防護眼鏡、防護衣等適當之防護具，並使勞工確實使用。

參考題型

依據「職業安全衛生設施規則」規定，雇主對於有害氣體、蒸氣、粉塵等作業場所，應如何辦理？

答

依據「職業安全衛生設施規則」第 292 條（有害作業場所規範）規定，雇主對於有害氣體、蒸氣、粉塵等作業場所，應依下列規定辦理：

一、工作場所內發散有害氣體、蒸氣、粉塵時，應視其性質，採取密閉設備、局部排氣裝置、整體換氣裝置或以其他方法導入新鮮空氣等適當措施，使其不超過勞工作業場所容許暴露標準之規定。勞工有發生中毒之虞者，應停止作業並採取緊急措施。

二、勞工暴露於有害氣體、蒸氣、粉塵等之作業時，其空氣中濃度超過 8 小時日時量平均容許濃度、短時間時量平均容許濃度或最高容許濃度者，應改善其作業方法、縮短工作時間或採取其他保護措施。

三、有害物工作場所，應依有機溶劑、鉛、四烷基鉛、粉塵及特定化學物質等有害物危害預防法規之規定，設置通風設備，並使其有效運轉。

參考題型

雇主對於工作場所有生物病原體危害之虞者，應如何採取預防措施？

答

依據「職業安全衛生設施規則」第 297-1 條（生物病原體感染預防）規定，雇主對於工作場所有生物病原體危害之虞者，應採取下列感染預防措施：

一、危害暴露範圍之確認。

二、相關機械、設備、器具等之管理及檢點。

三、警告傳達及標示。

四、健康管理。

五、感染預防作業標準。

六、感染預防教育訓練。

七、扎傷事故之防治。

八、個人防護具之採購、管理及配戴演練。

九、緊急應變。

十、感染事故之報告、調查、評估、統計、追蹤、隱私權維護及紀錄。

十一、感染預防之績效檢討及修正。

十二、其他經中央主管機關指定者。

前項預防措施於醫療保健服務業，應增列勞工工作前預防感染之預防注射等事項。

前二項之預防措施，應依作業環境特性，訂定實施計畫及將執行紀錄留存 3 年，於僱用勞工人數在 30 人以下之事業單位，得以執行紀錄或文件代替。

參考題型

若您是某生技公司之職業衛生管理師，為預防員工因職業因素接觸生物病原體而引發感染，試依職業安全衛生設施規則規定，回答下列問題：

一、除「其他經中央主管機關指定者以外」之措施，請再列舉 7 項雇主為預防生物病原體危害所應採行之措施。

二、對於作業中遭生物病原體污染之針具或尖銳物品扎傷之勞工，列舉 3 項雇主應有之作為。

答

一、依據「職業安全衛生設施規則」第 297-1 條（生物病原體感染預防）規定，雇主對於工作場所有生物病原體危害之虞者，應採取下列感染預防措施：

1. 危害暴露範圍之確認。
2. 相關機械、設備、器具等之管理及檢點。
3. 警告傳達及標示。
4. 健康管理。
5. 感染預防作業標準。
6. 感染預防教育訓練。
7. 扎傷事故之防治。
8. 個人防護具之採購、管理及配戴演練。
9. 緊急應變。
10. 感染事故之報告、調查、評估、統計、追蹤、隱私權維護及紀錄。
11. 感染預防之績效檢討及修正。
12. 其他經中央主管機關指定者。

二、依據「職業安全衛生設施規則」第 297-2 條（扎傷感染預防）規定，雇主對於作業中遭生物病原體污染之針具或尖銳物品扎傷之勞工，應建立扎傷感染災害調查制度及採取下列措施：

1. 指定專責單位或專人負責接受報告、調查、處理、追蹤及紀錄等事宜，相關紀錄應留存 3 年。
2. 調查扎傷勞工之針具或尖銳物品之危害性及感染源。但感染源之調查需進行個案之血液檢查者，應經當事人同意後始得為之。
3. 前款調查結果勞工有感染之虞者，應使勞工接受特定項目之健康檢查，並依醫師建議，採取對扎傷勞工採血檢驗與保存、預防性投藥及其他必要之防治措施。

參考題型

雇主對於發生噪音之工作場所應依規定辦理何種控制措施？

答

依據「職業安全衛生設施規則」第 300 條（噪音防護）規定，雇主對於發生噪音之工作場所，應依下列規定辦理：

一、勞工工作場所因機械設備所發生之聲音超過 90 分貝時，雇主應採取工程控制、減少勞工噪音暴露時間，使勞工噪音暴露工作日 8 小時日時量平均不超過 (一) 表列之規定值或相當之劑量值，且任何時間不得暴露於峰值超過 140 分貝之衝擊性噪音或 115 分貝之連續性噪音；對於勞工 8 小時日時量平均音壓級超過 85 分貝或暴露劑量超過 50% 時，雇主應使勞工戴用有效之耳塞、耳罩等防音防護具。

(一) 勞工暴露之噪音音壓級及其工作日容許暴露時間對照表：

工作日容許暴露時間 (小時)	A 權噪音音壓級 (dBA)
8	90
6	92
4	95
3	97
2	100
1	105
1/2	110
1/4	115

(二) 勞工工作日暴露於二種以上之連續性或間歇性音壓級之噪音時，其暴露劑量之計算方法為：

$$\frac{\text{第一種噪音音壓級之暴露時間}}{\text{該噪音音壓級對應容許暴露時間}}+\frac{\text{第二種噪音音壓級之暴露時間}}{\text{該噪音音壓級對應容許暴露時間}}+\ldots\ldots \begin{smallmatrix}>\\=\\<\end{smallmatrix} 1$$

其和大於 1 時，即屬超出容許暴露劑量。

(三) 測定勞工 8 小時日時量平均音壓級時，應將 80 分貝以上之噪音以增加 5 分貝降低容許暴露時間一半之方式納入計算。

二、工作場所之傳動馬達、球磨機、空氣鑽等產生強烈噪音之機械，應予以適當隔離，並與一般工作場所分開為原則。

三、發生強烈振動及噪音之機械應採消音、密閉、振動隔離或使用緩衝阻尼、慣性塊、吸音材料等，以降低噪音之發生。

四、噪音超過 90 分貝之工作場所，應標示並公告噪音危害之預防事項，使勞工周知。

依「職業安全衛生設施規則」第 300 條和第 300-1 條規定，關於各音壓級規定歸納如下圖：

80 分貝	85 分貝	90 分貝	115 分貝以上
1. 低於 80 分貝不列入計算。 2. 每超過 5 分貝降低容許暴露時間一半。	1. 超過 85 分貝或暴露劑量超過 50% 配戴耳塞、耳罩等防音防護具。 2. 執行聽力保護措施。	1. 超過 90 分貝應採取工程控制並減少噪音暴露時間。 2. 噪音工作場所應公告噪音危害之預防事項。	1. 任何時間不得暴露於峰值超過 140 分貝之衝擊性噪音。 2. 任何時間不得暴露於峰值超過 115 分貝之連續性噪音。

參考題型

雇主對於勞工 8 小時日時量平均音壓級超過 85 分貝或暴露劑量超過 50% 之工作場所，應如何採取聽力保護措施？

答

依據「職業安全衛生設施規則」第 300-1 條（聽力保護措施）規定，雇主對於勞工 8 小時日時量平均音壓級超過 85 分貝或暴露劑量超過 50% 之工作場所，應採取下列聽力保護措施，作成執行紀錄並留存 3 年：

一、噪音監測及暴露評估。

二、噪音危害控制。

三、防音防護具之選用及佩戴。

四、聽力保護教育訓練。

五、健康檢查及管理。

六、成效評估及改善。

前項聽力保護措施，事業單位勞工人數達 100 人以上者，雇主應依作業環境特性，訂定聽力保護計畫據以執行；於勞工人數未滿 100 人者，得以執行紀錄或文件代替。

參考題型

依據「職業安全衛生設施規則」規定，雇主對於勞工工作場所之採光照明，應如何辦理？

答

依據「職業安全衛生設施規則」第 313 條（採光照明）規定，主對於勞工工作場所之採光照明，應依下列規定辦理：

一、各工作場所須有充分之光線。但處理感光材料、坑內及其他特殊作業之工作場所不在此限。

二、光線應分佈均勻，明暗比並應適當。

三、應避免光線之刺目、眩耀現象。

四、各工作場所之窗面面積比率不得小於室內地面面積 1/10。但採用人工照明，照度符合第 6 款規定者，不在此限。

五、採光以自然採光為原則，但必要時得使用窗簾或遮光物。

六、作業場所面積過大、夜間或氣候因素自然採光不足時，可用人工照明，依「人工照度表」規定予以補足。

七、燈盞裝置應採用玻璃燈罩及日光燈為原則，燈泡須完全包蔽於玻璃罩中。

八、窗面及照明器具之透光部份，均須保持清潔。

參考題型

依據「職業安全衛生設施規則」規定，雇主為預防重複性作業等促發肌肉骨骼疾病之妥為規劃，其內容應包含哪些事項？【72-1-4】

答

依「職業安全衛生設施規則」第 324-1 條（人因性危害預防）規定，雇主為預防重複性作業等促發肌肉骨骼疾病之妥為規劃，其內容應包含下列事項：

一、分析作業流程、內容及動作。

二、確認人因性危害因子。

三、評估、選定改善方法及執行。

四、執行成效之評估及改善。

五、其他有關安全衛生事項。

參考題型

依據「職業安全衛生設施規則」規定，雇主為預防輪班、夜間工作、長時間工作等異常工作負荷促發疾病之妥為規劃，其內容應包含哪些事項？
【74-2-2】【77-1-1】

答

依「職業安全衛生設施規則」第 324-2 條（過勞預防）規定，雇主為預防輪班、夜間工作、長時間工作等異常工作負荷促發疾病之妥為規劃，其內容應包含下列事項：

一、辨識及評估高風險群。

二、安排醫師面談及健康指導。

三、調整或縮短工作時間及更換工作內容之措施。

四、實施健康檢查、管理及促進。

五、執行成效之評估及改善。

六、其他有關安全衛生事項。

口訣 短一件變平(短醫健辨評)。

參考題型

依據「職業安全衛生設施規則」規定，雇主為預防執行職務因他人行為遭受身體或精神不法侵害之妥為規劃，其內容應包含哪些事項？【74-2-1】

答

依「職業安全衛生設施規則」第324-3條（職場暴力預防）規定，雇主為預防執行職務因他人行為遭受身體或精神不法侵害之妥為規劃，其內容應包含下列事項：

一、辨識及評估危害。

二、適當配置作業場所。

三、依工作適性適當調整人力。

四、建構行為規範。

五、辦理危害預防及溝通技巧訓練。

六、建立事件之處理程序。

七、執行成效之評估及改善。

八、其他有關安全衛生事項。

參考題型

雇主使勞工從事戶外作業，為防範環境引起之熱疾病，應視天候狀況採取何種危害預防措施？

答

依據「職業安全衛生設施規則」第324-6條（熱危害預防）規定，雇主使勞工從事戶外作業，為防範環境引起之熱疾病，應視天候狀況採取下列危害預防措施：

一、降低作業場所之【溫度】。

二、提供陰涼之【休息】場所。

三、提供適當之飲料或食【鹽】水。

四、調整作業【時間】。

五、增加作業場所巡視之【頻率】。

六、實施【健康】管理及適當安排工作。

七、採取勞工熱【適應】相關措施。

八、留意勞工作業前及作業【中】之健康狀況。

九、實施勞工熱疾病預防相關【教育】宣導。

十、建立【緊急】醫療、通報及應變處理機制。

口訣 3t-fishers

3t：temperature【溫度】、teach【教育】、time【時間】。

fishers：frequency【頻率】、intermediate【中】、salt【鹽】、health【健康】、emergency【緊急】、rest【休息】、suit【適應】。

參考題型

依據「職業安全衛生設施規則」規定，雇主使勞工從事外送作業時，應評估哪些事項？

答

依據「職業安全衛生設施規則」第 324-7 條（外送危害預防）規定，雇主使勞工從事外送作業，應評估交通、天候狀況、送達件數、時間及地點等因素，並採取適當措施，合理分派工作，避免造成勞工身心健康危害。

參考題型

民國 104 年及 106 年事業單位進行溫泉水槽清洗工作時，相繼發生溫泉水槽清洗工硫化氫中毒身亡案例。試就下列不同作業時間，分別列舉雇主為避免硫化氫中毒致死事故的再次發生，應執行之管理事項及預防措施。

一、事業單位使勞工進入溫泉水槽從事清洗工作前。（請列舉 5 項）

二、勞工於作業場所，即將進入或進入溫泉水槽從事清洗作業。（請列舉 5 項）

答

一、依據「職業安全衛生設施規則」第 29-1 條（危害防止計畫）規定，雇主使勞工於局限空間從事作業前，應先確認該局限空間內無可能引起勞工缺氧、中毒、感電、塌陷、被夾、被捲及火災、爆炸等危害，有危害之虞者，應訂定危害防止計畫，並使現場作業主管、監視人員、作業勞工及相關承攬人依循辦理。前項危害防止計畫，應依作業可能引起之危害訂定下列事項：

1. 局限空間內危害之確認。
2. 局限空間內氧氣、危險物、有害物濃度之測定。
3. 通風換氣實施方式。
4. 電能、高溫、低溫與危害物質之隔離措施及缺氧、中毒、感電、塌陷、被夾、被捲等危害防止措施。
5. 作業方法及安全管制作法。
6. 進入作業許可程序。
7. 提供之測定儀器、通風換氣、防護與救援設備之檢點及維護方法。
8. 作業控制設施及作業安全檢點方法。
9. 緊急應變處置措施。

二、依據「職業安全衛生設施規則」第 29-2 條（局限空間公告）規定，雇主使勞工於局限空間從事作業，有危害勞工之虞時，應於作業場所入口顯而易見處所公告下列注意事項，使作業勞工周知：

1. 作業有可能引起缺氧等危害時，應經許可始得進入之重要性。
2. 進入該場所時應採取之措施。
3. 事故發生時之緊急措施及緊急聯絡方式。
4. 現場監視人員姓名。
5. 其他作業安全應注意事項。

參、職業安全衛生管理辦法

本節提要及趨勢

在「職業安全衛生管理辦法」裡，比較可以被提出來當作考題的部分不多，職業安全衛生人員或職業安全衛生委員會相關人員職責算是較基本觀念，雖然較偏向乙級管理員考題，但仍有機會出現在衛生師考題中，另外值得一提的就是「局部排氣裝置」，此為本節中較為需要注意的地方，因為牽涉到通風換氣實施的有效性，也是衛生管理實務上的重點，因此請讀者特別留意一下。

適用法規

一、「職業安全衛生管理辦法」。

重點精華

一、職業安全衛生委員會

二、局部排氣、空氣清淨裝置定期檢查

參考題型

職業安全衛生組織、人員、工作場所負責人及各級主管之職責為何？

答

依據「職業安全衛生管理辦法」第 5-1 條（管理職責）規定，職業安全衛生組織、人員、工作場所負責人及各級主管之職責如下：

一、職業安全衛生管理單位：擬訂、規劃、督導及推動安全衛生管理事項，並指導有關部門實施。

二、職業安全衛生委員會：對雇主擬訂之安全衛生政策提出建議，並審議、協調及建議安全衛生相關事項。

三、未置有職業安全(衛生)管理師、職業安全衛生管理員事業單位之職業安全衛生業務主管：擬訂、規劃及推動安全衛生管理事項。

四、置有職業安全(衛生)管理師、職業安全衛生管理員事業單位之職業安全衛生業務主管：主管及督導安全衛生管理事項。

五、職業安全(衛生)管理師、職業安全衛生管理員：擬訂、規劃及推動安全衛生管理事項，並指導有關部門實施。

六、工作場所負責人及各級主管：依職權指揮、監督所屬執行安全衛生管理事項，並協調及指導有關人員實施。

七、一級單位之職業安全衛生人員：協助一級單位主管擬訂、規劃及推動所屬部門安全衛生管理事項，並指導有關人員實施。

前項人員，雇主應使其接受安全衛生教育訓練。

前二項安全衛生管理、教育訓練之執行，應作成紀錄備查。

參考題型

依據「職業安全衛生管理辦法」規定，職業安全衛生委員會：

一、委員會成員由哪些人組成？

二、應每幾個月至少開會一次？

三、應辦理哪些事項？

四、相關事項，應作成紀錄保存幾年？

答

依據「職業安全衛生管理辦法」第 11 條（委員會組成）、第 12 條（委員會事務）規定：

一、委員會置委員 7 人以上，除雇主為當然委員及第 5 款規定者外，由雇主視該事業單位之實際需要指定下列人員組成：

1. 職業安全衛生人員。
2. 事業內各部門之主管、監督、指揮人員。
3. 與職業安全衛生有關之工程技術人員。
4. 從事勞工健康服務之醫護人員。
5. 勞工代表。

二、委員會應每 3 個月至少開會 1 次。

三、委員會辦理事項如下：

1. 對雇主擬訂之職業安全衛生政策提出建議。
2. 協調、建議職業安全衛生管理計畫。
3. 審議安全、衛生教育訓練實施計畫。
4. 審議作業環境監測計畫、監測結果及採行措施。
5. 審議健康管理、職業病預防及健康促進事項。
6. 審議各項安全衛生提案。
7. 審議事業單位自動檢查及安全衛生稽核事項。
8. 審議機械、設備或原料、材料危害之預防措施。
9. 審議職業災害調查報告。
10. 考核現場安全衛生管理績效。
11. 審議承攬業務安全衛生管理事項。

12. 其他有關職業安全衛生管理事項。

四、前項委員會審議、協調及建議安全衛生相關事項，應作成紀錄，並保存 3 年。

參考題型

雇主應依其事業單位之規模、性質，訂定職業安全衛生管理計畫，要求各級主管及負責指揮、監督之有關人員執行，試問其勞工人數與應訂定之職業安全衛生管理事務為何？

答

勞工人數	30 人以下	31 人 ~99 人	100 人以上
職業安全衛生管理執行紀錄（文件）	◎	◎	◎
職業安全衛生管理計畫		◎	◎
職業安全衛生管理規章			◎

參考題型

依據「職業安全衛生管理辦法」規定：

一、哪些事業單位，應依何種國家標準規定，建置適合該事業單位之職業安全衛生管理系統？

二、前項管理系統應包括哪些安全衛生事項？

答

一、依據「職業安全衛生管理辦法」第 12-2 條（管理系統）規定，下列事業單位，應依國家標準 CNS 45001 同等以上規定，建置適合該事業單位之職業安全衛生管理系統：

1. 第一類事業勞工人數在 200 人以上者。
2. 第二類事業勞工人數在 500 人以上者。
3. 有從事石油裂解之石化工業工作場所者。
4. 有從事製造、處置或使用危害性之化學品，數量達中央主管機關規定量以上之工作場所者。

二、依據「職業安全衛生管理辦法」第 1-1 條規定，管理系統應包括下列安全衛生事項：（管理系統）

1. 規劃。
2. 實施。
3. 評估。
4. 改善措施。

參考題型

依據「職業安全衛生管理辦法」規定，雇主對局部排氣裝置、空氣清淨裝置及吹吸型換氣裝置應每年定期實施檢查 1 次，試列舉 6 項檢查項目以保持其性能：

答

依據「職業安全衛生管理辦法」第 40 條（局排定檢）規定，雇主對局部排氣裝置、空氣清淨裝置及吹吸型換氣裝置應每年依下列規定定期實施檢查 1 次：

一、氣罩、導管及排氣機之磨損、腐蝕、凹凸及其他損害之狀況及程度。

二、導管或排氣機之塵埃聚積狀況。

三、排氣機之注油潤滑狀況。

四、導管接觸部分之狀況。

五、連接電動機與排氣機之皮帶之鬆弛狀況。

六、吸氣及排氣之能力。

七、設置於排放導管上之採樣設施是否牢固、鏽蝕、損壞、崩塌或其他妨礙作業安全事項。

八、其他保持性能之必要事項。

參考題型

假設雇主為擴大產能需求，購入多種危險性機械、設備，試問為了預防勞工因機械設備問題，造成職業災害發生，雇主依法辦理自動檢查應記錄哪些事項？其紀錄應保存多久？

答

雇主依「職業安全衛生管理辦法」第 80 條（檢查紀錄）規定，實施之定期檢查、重點檢查應就下列事項記錄，並保存 3 年：

一、檢查年月日。

二、檢查方法。

三、檢查部分。

四、檢查結果。

五、實施檢查者之姓名。

六、依檢查結果應採取改善措施之內容。

肆、職業安全衛生教育訓練規則

本節提要及趨勢

勞動部鑑於職業安全衛生管理人員將面對不同於過去產業之職業安全衛生業務，經檢討現行每 2 年至少 6 小時之在職教育訓練，尚不足以因應實際需求，故自 110 年起修正「職業安全衛生教育訓練規則」，有關安全衛生在職教育訓練時數。

適用法規

一、「職業安全衛生教育訓練規則」。

重點精華

一、 有害作業主管種類。

二、 一般安全衛生教育訓練課程。

參考題型

雇主對擔任有害作業主管之勞工，應於事前使其接受哪些有害作業主管之安全衛生教育訓練？

答

依據「職業安全衛生教育訓練規則」第 11 條（有害作業主管）規定，雇主對擔任下列作業主管之勞工，應於事前使其接受有害作業主管之安全衛生教育訓練：

一、有機溶劑作業主管。

二、鉛作業主管。

三、四烷基鉛作業主管。

四、缺氧作業主管。

五、特定化學物質作業主管。

六、粉塵作業主管。

七、高壓室內作業主管。

八、潛水作業主管。

九、其他經中央主管機關指定之人員。

參考題型

試列舉 10 項擔任何種工作之勞工，雇主應使其接受安全衛生在職教育訓練：

答

依據「職業安全衛生教育訓練規則」第 18 條（在職教育訓練）規定，雇主對擔任下列工作之勞工，應依工作性質使其接受安全衛生在職教育訓練：

一、職業安全衛生業務主管。

二、職業安全衛生管理人員。

三、勞工健康服務護理人員及勞工健康服務相關人員。

四、勞工作業環境監測人員。

五、施工安全評估人員及製程安全評估人員。

六、高壓氣體作業主管、營造作業主管及有害作業主管。

七、具有危險性之機械及設備操作人員。

八、特殊作業人員。

九、急救人員。

十、各級管理、指揮、監督之業務主管。

十一、職業安全衛生委員會成員。

十二、下列作業之人員：

(一) 營造作業。

(二) 車輛系營建機械作業。

(三) 起重機具吊掛搭乘設備作業。

(四) 缺氧作業。

(五) 局限空間作業。

(六) 氧乙炔熔接裝置作業。

(七) 製造、處置或使用危害性化學品作業。

十三、前述各款以外之一般勞工。

十四、其他經中央主管機關指定之人員。

參考題型

如果雇主招募新進人員，請問：

一、該公司應對該新進人員施予一般安全衛生教育訓練之課程應有哪些項目？

二、雇主應使其接受至少多少時數之安全衛生教育訓練？

答

依據「職業安全衛生教育訓練規則」附表 14（一般教育訓練課程）規定，雇主對該勞工施予一般安全衛生教育訓練應考量該勞工作業是否有關，其課程與時數應符合下列規定：

一、課程 (以與該勞工作業有關者)：

1. 作業安全衛生有關法規概要
2. 職業安全衛生概念及安全衛生工作守則
3. 作業前、中、後之自動檢查
4. 標準作業程序
5. 緊急事故應變處理
6. 消防及急救常識暨演練

7. 其他與勞工作業有關之安全衛生知識

二、教育訓練時數新僱勞工或在職勞工於變更工作前依實際需要排定時數，不得少於 3 小時。但從事使用生產性機械或設備、車輛系營建機械、捲揚機等之操作及營造作業、缺氧作業 (含局限空間作業)、電焊作業、氧乙炔熔接裝置作業等應各增列 3 小時；對製造、處置或使用危害性化學品者應增列 3 小時。

伍、勞工健康相關法規

(含勞工健康保護規則、女性勞工母性健康保護實施辦法、辦理勞工體格與健康檢查醫療機構認可及管理辦法等)

本節提要及趨勢

女性勞工母性健康保護實施辦法一直以來都是職業衛生管理師的核心考科之一，自 113 年 5 月 31 日修正公布後，新增與修改了一些法條，如擴大應實施母性健康保護之事業單位範圍、強化保障勞工隱私權 ... 等，故此節在未來出題機率會大幅增加。

適用法規

一、「勞工健康保護規則」。

二、「女性勞工母性健康保護實施辦法」。

三、「工作場所母性健康保護技術指引」。

重點精華

一、**臨時性作業**：指正常作業以外之作業，其作業期間不超過 3 個月，且 1 年內不再重複者。

二、**母性健康保護**：指對於女性勞工從事有母性健康危害之虞之工作所採取之措施，包括危害評估與控制、醫師面談指導、風險分級管理、工作適性安排及其他相關措施。

三、**母性健康保護期間**：指雇主於得知女性勞工妊娠之日起至分娩後 1 年之期間。【黃金考題】

參考題型

請依據「勞工健康保護規則」規定，回答下列問題：

一、急救人員應具備何種資格？

二、急救人員之配置為何？

答

依據「勞工健康保護規則」第 15 條（急救人員）規定：

一、急救人員應具下列資格之一，且不得有失聰、兩眼裸視或矯正視力後均在 0.6 以下、失能及健康不良等，足以妨礙急救情形：

1. 醫護人員。
2. 經職業安全衛生教育訓練規則所定急救人員之安全衛生教育訓練合格。
3. 緊急醫療救護法所定救護技術員。

二、急救人員，每一輪班次應至少置 1 人；其每一輪班次勞工人數超過 50 人者，每增加 50 人，應再置 1 人。但事業單位有下列情形之一，且已建置緊急連線、通報或監視裝置等措施者，不在此限：

1. 第一類事業，每一輪班次僅 1 人作業。
2. 第二類或第三類事業，每一輪班次勞工人數未達 5 人。

急救人員因故未能執行職務時，雇主應即指定具第 2 項資格之人員，代理其職務。

公式 Y = (N-1) / 50 (取整數，小數點無條件捨去)

Y：急救人員人數。

N：勞工總人數。

參考題型

依據「勞工健康保護規則」規定，雇主應使醫護人員、勞工健康服務相關人員於下列情況時，辦理何種事項？

一、臨場服務時：

二、配合職業安全衛生及相關部門人員訪視現場時：

答

一、依據「勞工健康保護規則」第 9 條（臨場健康服務）規定，雇主應使醫護人員及勞工健康服務相關人員臨場服務辦理下列事項：

1. 勞工體格(健康)檢查結果之分析與評估、健康管理及資料保存。
2. 協助雇主選配勞工從事適當之工作。
3. 辦理健康檢查結果異常者之追蹤管理及健康指導。
4. 辦理未滿18歲勞工、有母性健康危害之虞之勞工、職業傷病勞工與職業健康相關高風險勞工之評估及個案管理。
5. 職業衛生或職業健康之相關研究報告及傷害、疾病紀錄之保存。
6. 勞工之健康教育、衛生指導、身心健康保護、健康促進等措施之策劃及實施。
7. 工作相關傷病之預防、健康諮詢與急救及緊急處置。
8. 定期向雇主報告及勞工健康服務之建議。
9. 其他經中央主管機關指定公告者。

二、依據「勞工健康保護規則」第11條（訪視現場措施）規定，為辦理前二條所定業務，雇主應使醫護人員、勞工健康服務相關人員配合職業安全衛生、人力資源管理及相關部門人員訪視現場，辦理下列事項：

1. 辨識與評估工作場所環境、作業及組織內部影響勞工身心健康之危害因子，並提出改善措施之建議。
2. 提出作業環境安全衛生設施改善規劃之建議。
3. 調查勞工健康情形與作業之關連性，並採取必要之預防及健康促進措施。
4. 提供復工勞工之職能評估、職務再設計或調整之諮詢及建議。
5. 其他經中央主管機關指定公告者。

參考題型

試列舉10種特別危害健康作業之名稱。

答

依據「勞工健康保護規則」第2條（用詞定義）所述，本規則所稱特別危害健康之作業，依本法施行細則第28（特別危害健康作業）條規定，指下列作業：

一、「高溫作業勞工作息時間標準」所稱之高溫作業。

二、勞工噪音暴露工作8小時日時量平均音壓級在85分貝以上之噪音作業。

三、游離輻射作業。

四、「異常氣壓危害預防標準」所稱之異常氣壓作業。

五、「鉛中毒預防規則」所稱之鉛作業。

六、「四烷基鉛中毒預防規則」所稱之四烷基鉛作業。

七、「粉塵危害預防標準」所稱之粉塵作業。

八、「有機溶劑中毒預防規則」所稱之有機溶劑作業，經中央主管機關指定者。

九、製造、處置或使用下列特定化學物質或其重量比(苯為體積比)超過1%之混合物之作業，經中央主管機關指定者。

十、黃磷之製造、處置或使用作業。

十一、聯吡啶或巴拉刈之製造作業。

十二、其他經中央主管機關指定公告之作業。

參考題型

試列舉10項何種作業之各項特殊體格(健康)檢查紀錄，應保存30年？

答

依據「勞工健康保護規則」第20條（保存年限）規定，從事下列作業之各項特殊體格(健康)檢查紀錄，應至少保存30年：

一、游離輻射。

二、粉塵。

三、三氯乙烯及四氯乙烯。

四、聯苯胺與其鹽類、4-胺基聯苯及其鹽類、4-硝基聯苯及其鹽類、β-萘胺及其鹽類、二氯聯苯胺及其鹽類及 α-萘胺及其鹽類。

五、鈹及其化合物。

六、氯乙烯。

七、苯。

八、鉻酸與其鹽類、重鉻酸及其鹽類。

九、砷及其化合物。

十、鎳及其化合物。

十一、1,3-丁二烯。

十二、甲醛。

十三、銦及其化合物。

十四、石綿。

十五、鎘及其化合物。

參考題型

依據「勞工健康保護規則」規定，雇主使勞工從事特別危害健康作業，應使其接受定期特殊健康檢查，及實施健康分級管理。

一、試問「醫師綜合判定結果」及「與工作相關性」？

二、請說明雇主對於特別危害健康作業屬於第二級以上健康管理者應有之作為？

答

一、依「勞工健康保護規則」第 21 條第 1 項（分級管理）規定，雇主使勞工從事第 2 條規定之特別危害健康作業時，應建立其暴露評估及健康管理資料，並將其定期實施之特殊健康檢查，依下列規定分級實施健康管理：

1. 第一級管理：特殊健康檢查或健康追蹤檢查結果，全部項目正常，或部分項目異常，而經醫師綜合判定為無異常者。
2. 第二級管理：特殊健康檢查或健康追蹤檢查結果，部分或全部項目異常，經醫師綜合判定為異常，而與工作無關者。
3. 第三級管理：特殊健康檢查或健康追蹤檢查結果，部分或全部項目異常，經醫師綜合判定為異常，而無法確定此異常與工作之相關性，應進一步請職業醫學科專科醫師評估者。
4. 第四級管理：特殊健康檢查或健康追蹤檢查結果，部分或全部項目異常，經醫師綜合判定為異常，且與工作有關者。

二、依「勞工健康保護規則」第 21 條第 3 項（分級管理）規定，雇主對於檢查結果應分別採取下列分級健康管理措施：

1. 第二級管理者：應提供勞工個人【健康指導】。
2. 第三級管理者：應請職業醫學科專科醫師實施健康【追蹤檢查】，必要時應實施疑似工作相關疾病之現場評估，且應依評估結果【重新分級】，並將分級結果與採行措施依中央主管機關公告之方式通報。
3. 屬於第四級管理者：經職業醫學科專科醫師評估現場仍有工作危害因子之暴露者，應採取【危害控制及相關管理措施】。

參考題型

設北部某甲國立法商學院(未設有實驗室)勞工人數 550 人,中部某乙國立大學勞工人數 450 人(設有化學實驗室,特別危害健康作業勞工人數 101 人),各校之職業安全衛生管理人員及勞工健康服務人員原來的配置或特約情形如下表:【92-1】

院校	職業安全衛生管理人員	健康服務護理人員	健康服務醫師臨場服務頻率
甲	1. 甲種職業安全衛生業務主管 1 人。 2. 職業安全衛生管理員 1 人	1 人	b,1 次 /3 個月
乙	1. 甲種職業安全衛生業務主管 1 人。 2. 職業安全衛生管理員 1 人	1 人	b,1 次 /1 個月
註: 1. 從事勞工健康服務醫師(不具職業醫學科專科醫師資格)以代號 a 表示 2. 職業醫學科專科醫師以代號 b 表示			

近期兩校進行合併,組織編制未作實質變動但新設校名為丙國立大學,學校登記地址設在原乙國立大學校區,甲國立學院於合併後不再具有獨立之人事及會計管理制度,試回答下列問題:

一、依職業安全衛生管理辦法第二類事業單位規定,丙國立大學之職業安全衛生管理人員編制至少為何?

二、續上題,依勞工健康保護規則規定,丙國立大學應聘雇或特約之從事勞工健康服務護理人員人數至少為何?

三、續上題,丙國立大學依規定應特約從事勞工健康服務之醫師的服務頻率至少為何?(請以表格醫師代號 a 每月幾次、b 每月幾次,或 a 每月幾次 +b 每月幾次作答)

四、若丙國立大學保留原甲國立學院校區、原乙國立大學校區獨立之勞工健康服務人員配置及服務頻率,依勞工健康保護規則規定,丙國立大學勞工健康服務人員配置或特約,應作何修正較符合規定且符合最小變動原則(原簽約之人員儘量不更動勞動契約,經費不是考慮重點)?

五、甲校區工作場所負責人為副校長 A、乙校區工作場所負責人為校長 B,某日甲校區勞工上下樓梯跌倒受傷住院治療 2 天,雖甲校區職安室積極調查事故原因並作改善,惟未通報勞動檢查機構,請問職業安全衛生法規定中誰負有通報義務?

答

一、甲校 550 人、乙校 450 人合併為丙校國立大學 1,000 人，依職業安全衛生管理辦法規定，第二類事業單位 500 人以上者應置職業安全衛生人員至少為：甲種職業安全衛生業務主管、職業安全（衛生）管理師及職業安全衛生管理員各 1 人，且所置管理人員應至少 1 人為專職。

二、丙國立大學 (1,000 人)，其中特別危害健康作業勞工人數為 101 人，依勞工健康保護規則附表三規定，應聘雇或特約之從事勞工健康服務護理人員人數至少 2 位。

三、丙國立大學 (1,000 人)，其中特別危害健康作業勞工人數為 101 人，依勞工健康保護規則附表二從事勞工健康服務之醫師人力配置及臨場服務頻率規定，應特約職業醫學科專科醫師 b，1 次 /1 個月。

四、若丙國立大學保留原甲國立學院校區、原乙國立大學校區獨立之勞工健康服務人員配置及服務頻率，依勞工健康保護規則規定，丙國立大學勞工健康服務人員配置或特約，應聘僱或特約從事勞工健康服務護理人員：甲校區、乙校區各 1 位。

五、依職業安全衛生法第 37 條規定，事業單位勞動場所發生發生災害之罹災人數在 1 人以上，且需住院治療者，雇主應於 8 小時內通報勞動檢查機構，因甲校區工作場所負責人為副校長 A，故應負有通報義務。

參考題型

事業單位勞工人數在 100 人以上者，其勞工於保護期間，從事哪些可能影響胚胎發育、妊娠或哺乳期間之母體及嬰兒健康工作，應實施母性健康保護？

答

依據「女性勞工母性健康保護實施辦法」第 3 條（母性健康保護）規定，事業單位勞工人數依勞工健康保護規則第 3 條或第 4 條規定，應配置醫護人員辦理勞工健康服務者，其勞工於保護期間，從事可能影響胚胎發育、妊娠或哺乳期間之母體及嬰兒健康之下列工作，應實施母性健康保護：

一、工作暴露於具有依國家標準 CNS 15030 分類，屬【生殖毒性物質第一級】、【生殖細胞致突變性物質第一級】或其他對哺乳功能有不良影響之【化學品】者。

二、易造成健康危害之工作，包括【勞工作業姿勢】、【人力提舉】、【搬運】、【推拉重物】、【輪班】、【夜班】、【單獨工作】及【工作負荷】等。

三、其他經中央主管機關指定公告者。

參考題型

依據「女性勞工母性健康保護實施辦法」規定，雇主對於女性勞工之母性健康保護，應使職業安全衛生人員會同從事勞工健康服務醫護人員，辦理事項為何？

答

依據「女性勞工母性健康保護實施辦法」第 6 條（職安會同辦理）規定，雇主對於前三條之母性健康保護，應使職業安全衛生人員會同從事勞工健康服務醫護人員，辦理下列事項：

一、辨識與評估工作場所環境及作業之危害，包含物理性、化學性、生物性、人因性、工作流程及工作型態等。

二、依評估結果區分風險等級，並實施分級管理。

三、協助雇主實施工作環境改善與危害之預防及管理。

四、其他經中央主管機關指定公告者。

雇主執行前項業務時，應依附表一填寫作業場所危害評估及採行措施，並使從事勞工健康服務醫護人員告知勞工其評估結果及管理措施。

參考題型

依據「女性勞工母性健康保護實施辦法」規定，雇主使保護期間之勞工從事工作，應如何區分風險等級？

答

依據「女性勞工母性健康保護實施辦法」第 9 條（風險分級）規定，雇主使保護期間之勞工從事第 3 條（影響胚胎發育、母體、嬰兒）或第 5 條第 2 項（有害或危險作業）之工作，應依下列原則區分風險等級：

一、符合下列條件之一者，屬第一級管理：

1. 作業場所空氣中暴露濃度低於容許暴露標準 1/10。
2. 第 3 條或第 5 條第 2 項之工作或其他情形，經醫師評估無害母體、胎兒或嬰兒健康。

二、符合下列條件之一者，屬第二級管理：

1. 作業場所空氣中暴露濃度在容許暴露標準 1/10 以上未達 1/2。

2. 第 3 條或第 5 條第 2 項之工作或其他情形，經醫師評估可能影響母體、胎兒或嬰兒健康。

三、符合下列條件之一者，屬第三級管理：

1. 作業場所空氣中暴露濃度在容許暴露標準 1/2 以上。
2. 第 3 條或第 5 條第 2 項之工作或其他情形，經醫師評估有危害母體、胎兒或嬰兒健康。

前項規定對於有害輻射散布場所之工作，應依游離輻射防護安全標準之規定辦理。

參考題型

依據「女性勞工母性健康保護實施辦法」規定，雇主使女性勞工從事第四條之鉛及其化合物散布場所之工作，應如何區分風險等級？

答

依據「女性勞工母性健康保護實施辦法」第 10 條（血中鉛濃度）規定，雇主使女性勞工從事第 4 條（鉛作業）之鉛及其化合物散布場所之工作，應依下列血中鉛濃度區分風險等級，但經醫師評估須調整風險等級者，不在此限：

一、第一級管理：血中鉛濃度低於 5μg/dl 者。

二、第二級管理：血中鉛濃度在 5μg/dl 以上未達 10μg/dl。

三、第三級管理：血中鉛濃度在 10μg/dl 以上者。

註：1dl = 100ml

★ 綜合整理如下圖簡示：

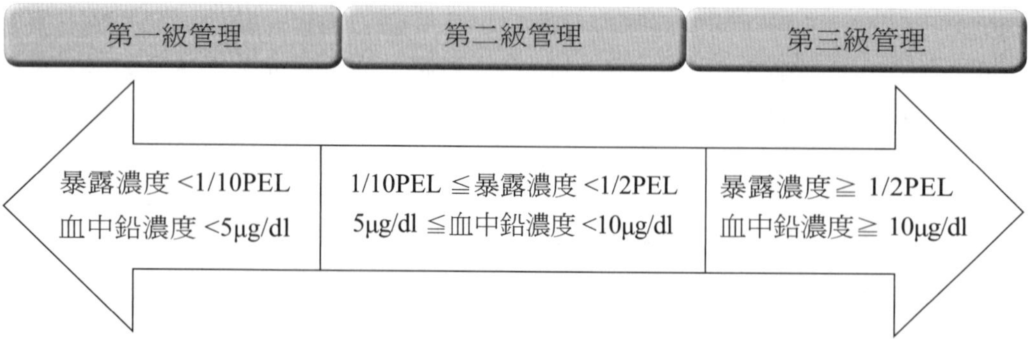

參考題型

你是某超商企業的職業安全衛生人員，你的主管請你針對某超商據點夜間工作安全與衛生進行管理，該據點位於某鄉鎮聘有 9 位工作人員，其中 3 位為正職（有 2 人分別擔任正、副店長），另外 6 位均為部分工時人員，平時人員編制為三班制每班各 2 人；請你依據職業安全衛生法、職業安全衛生設施規則、職場夜間工作安全衛生指引、及女性勞工母性健康保護實施辦法等，回答下列問題：

一、夜間工作者是指於那個時段工作的勞工？

二、副店長近日向店長表達自己懷孕 8 週，應接受母性健康保護評估，請問依據女性勞工母性健康保護實施辦法，該副店長的保護期間之定義為何？

三、因副店長需安胎休假，本來每個班別都排 2 個人的情況有點吃緊，造成有時大夜班只能排 1 個人，主管要求對這個超商進行夜間工作安全衛生評估，請依職業安全衛生署公告之職場夜間工作安全衛生指引的查核表，除了身心健康管理部分外的 (1) 工作場所之設施及管理、(2) 人身安全保護、(3) 緊急應變機制、與 (4) 教育訓練等 4 個面向，各提出 2 個重點查核事項。

答

一、參照「職場夜間工作安全衛生指引」第貳點（適用對象），夜間工作者是指適用職業安全衛生法，並於午後 10 時至翌晨 6 時從事工作之各業別工作者。

二、依照「女性勞工母性健康保護實施辦法」第 2 條（用詞定義）規定，該副店長的保護期間之定義，係指雇主於得知女性勞工妊娠之日起至分娩後 1 年之期間。

三、依照「職場夜間工作安全衛生指引」的查核表，(1) 工作場所之設施及管理、(2) 人身安全保護、(3) 緊急應變機制、與 (4) 教育訓練等 4 個面向的重點查核事項如下：

(1) 工作場所之設施及管理：

1.1 工作場所是否維持安全狀態，並採取防止工作者跌倒、滑倒、踩傷、滾落之措施？

1.2 工作場所之出入口、通道及安全梯等是否有足夠採光或照明並明顯標示？

1.3 重要場所是否已設置夜間緊急照明系統？

1.4 主要出入口位置，是否已規劃適當進出動線？

1.5 潛在高危險區域是否裝置監視器或安裝監視及警報設備並定期維護？

(2) 人身安全保護：

2.1 是否就執行職務遭受不法侵害預防進行規劃與執行？

2.2 是否已建立有效之人員進出管制措施？

2.3 針對零售服務業、餐飲業等類型應強化之職場暴力風險管控事項。

(3) 緊急應變機制：

3.1 是否依夜間人力配置及實際需求，訂定緊急疏散程序與建立緊急應變機制及聯繫窗口電話？

3.2 為因應緊急情況，工作場所是否設置退避空間或安全區域？

3.3 可能發生暴力或搶劫傷害之工作場所，是否建置緊急連線、通報、警報或監控裝置？

(4) 教育訓練：

4.1 是否依夜間工作特性、危害風險評估結果及對應之控制措施，提供工作者必要之教育訓練？

4.2 是否對工作者定期實施在職教育訓練並評估成效？

4.3 是否已提供臨櫃服務或於第一線接觸民眾之工作者，接受口語表達及人際溝通等訓練？

4.4 對於有遭遇暴力攻擊之虞者，是否強化工作者如何應對處理及自我防衛之教育訓練？

參考題型

試回答下列問題：

一、你是一家企業的職安全衛生人員，會同從事勞工健康醫護規劃「母性健康保護計畫」，試依「職業安全衛生法」、「女性勞工母性健康保護實施辦法」、「工作場所母性健康保護技術指引」回答下列問題：

1. 規劃的第 1 個步驟是工作環境及作業危害辨識與評估，請問依規定妊娠中和分娩後未滿 1 年之女性勞工，均不得從事的危險性或有害性工作有那 4 項？
2. 某位女性勞工懷孕，經通知主管後，通報你和醫師、護理師進行危害辨識與評估，評估後醫師判定該勞工之健康風險等級為第二級，請略述說明此風險等級的內涵為何？
3. 承上題，對健康風險等級為第二級之懷孕勞工，請就雇主在環境危害預防管理與健康管理等 2 個面向，分別提出 2 項應執行之措施。

二、簡短列舉發現勞工身體局部受化學品噴濺而發生局部性燒灼傷害時，事業單位依勞工健康保護規則設置之急救人員，應實施之緊急處置步驟。

答

一、1. 依據「職業安全衛生法」第 30 條第 2 項（分娩限制）規定，雇主不得使分娩後未滿 1 年之女性勞工從事下列危險性或有害性工作：

(1) 礦坑工作。

(2) 鉛及其化合物散布場所之工作。

(3) 鑿岩機及其他有顯著振動之工作。

(4) 一定重量以上之重物處理工作。

(5) 其他經中央主管機關規定之危險性或有害性之工作。

2. 依據「女性勞工母性健康保護實施辦法」第 9 條第 1 項（分級管理）規定，工作場所環境風險等級第二級的內涵為：

(1) 作業場所空氣中暴露濃度在容許暴露標準 10 分之 1 以上未達 2 分之 1。

(2) 第 3 條或第 5 條第 2 項之工作或其他情形，經醫師評估可能影響母體、胎兒或嬰兒健康。。

3. 依據「工作場所母性健康保護技術指引」三、規劃與實施當中之項（四）、實施管理措施之規定，對健康風險等級為第二級之懷孕勞工，雇主在環境危害預防管理與健康管理等 2 個面向，分別應執行下列措施：

(1) 環境危害預防管理：定期檢點作業環境有害勞工健康之各種危害因素及勞工暴露情形等，採取必要之改善措施；另應視作業環境需求，提供適當之防護具予勞工使用。

(2) 健康管理：對於妊娠中或分娩後未滿 1 年及哺乳中之女性勞工，應使勞工健康服務之醫師提供勞工個人面談指導，並採取危害預防措施，如告知勞工有哪些危害因子會影響生殖或胎（嬰）兒生長發育等，使其有清楚的認知，並提醒勞工養成良好之衛生習慣，或正確使用防護具及相關可運用之資源等。

二、發現勞工身體局部受化學品噴濺而發生局部性燒灼傷害時，應實施之緊急處置步驟為【脫】、【沖】、【蓋】、【送】，特別注意化學品灼傷急救處理不能【泡】，因為這樣會使化學物質擴散，而導致傷勢惡化。

【脫】：立即除去受汙染的衣物，減少皮膚受傷面積，及接觸時間。

【沖】：以流動的水大量地單一方向沖洗傷處，讓殘餘酸鹼流到地上，至少 30 分鐘，但若面積太大，體溫降低太快，還是要儘早送醫。

※ 不能沖水的例外情況：鉀、鈉、鋰融液則不能沖水，否則會產生氫氧化鉀、氫氧化鈉、氫氧化鋰及大量熱度，造成雙重傷害，生石灰也不要沖水，要用刷的，否則也會產生高熱。如果當下實在無法判斷化學品種類，至少要做到：去除受汙染的衣物 (脫)，並立即打 119 送醫。

※ 沖水不正確造成二度傷害：少量沖水會或造成化學品沾滿衣物，反而增加化學品接觸皮膚面積，得不償失。

【蓋】：送醫時用乾淨衣物或浴巾覆蓋在身上，避免失溫。

【送】：儘快就醫，報案時告知消防人員為化學灼傷，並於送醫後，告知醫師化學品種類，或將化學品及殘瓶提供醫師參考。

資料來源：陽光預防知識 + (陽光社會福利基金會)

參考題型

你被指派擔任一間新建工廠的職業衛生管理師，這家工廠於去年年初開始動工興建，預定今年第三季要完工，讓人員進駐和移入機台設備等，試依職業安全衛生相關法規回答下列問題。

一、依勞工健康保護規則之規定，依下表當年度每個季度的員工總人數，應各至少配置多少位專任護理人員（A、B、C、D）？

項目	前一年度	當年度			
季度	第 1 至第 4 季	第 1 季	第 2 季	第 3 季	第 4 季
員工總人數（常日，無輪班人員）	32	150	350	1,200	1,700
列特別危害健康作業工人數	2	10	20	90	160
須至少需配置專任護理人員人數	0	A	B	C	D

二、依勞工健康保護規則或職業安全衛生法，護理人員需與醫師、職業安全衛生人員或人事等人員，辦理那些勞工健康服務事項或安全衛生措施，請寫出 6 項。

三、依勞工健康保護規則規定，雇主使勞工從事第二條規定之特別危害健康作業，應每年依第十六條附表十所定項目實施特殊健康檢查。請列舉說明特殊作業健康檢查之健康管理分級結果為第三級和第四級者的管理內容？

【98-03】

答

一、依據「勞工健康保護規則」附表三從事勞工健康服務之護理人員人力配置表規定，A=0 人、B=1 人、C=2 人、D=2 人。

二、依據「勞工健康保護規則」第 11 條規定，為辦理前二條所定勞工健康服務，雇主應使醫護人員與勞工健康服務相關人員，配合職業安全衛生、人力資源管理及相關部門人員訪視現場，辦理下列事項：

1. 辨識與評估工作場所環境、作業及組織內部影響勞工身心健康之危害因子，並提出改善措施之建議。
2. 提出作業環境安全衛生設施改善規劃之建議。
3. 調查勞工健康情形與作業之關連性，並採取必要之預防及健康促進措施。
4. 提供復工勞工之職能評估、職務再設計或調整之諮詢及建議。
5. 其他經中央主管機關指定公告者。

三、依據「勞工健康保護規則」第 21 條第 3 項規定，對於第三級管理者，應請職業醫學科專科醫師實施健康追蹤檢查，必要時應實施疑似工作相關疾病之現場評估，且應依評估結果重新分級，並將分級結果及採行措施依中央主管機關公告之方式通報；屬於第四級管理者，經職業醫學科專科醫師評估現場仍有工作危害因子之暴露者，應採取危害控制及相關管理措施。

陸、有機溶劑中毒預防規則

本節提要及趨勢

由於在台灣產業內經常會使用到有機溶劑，而有機溶劑又屬於化學品的一環，故研讀此節必須對於化學品相關知識與法令多作連結，如「有機溶劑中毒預防規則」僅列舉 55 種有機溶劑，而乙醇卻沒規範在該規則內，難道不必管理嗎？實則不然，雖然乙醇及其他有機溶劑未被列舉管理，但仍適用其他法令管理，如依據「危害性化學品標示及通識規則」、「職業安全衛生設施規則」、「勞工作業場所容許暴露標準」等規範來管理。另外在計算題中，有機溶劑或其混存物屬於第幾種？消費量要帶哪個數字？亦是考驗讀者是否對於本節的了解。

適用法規

一、「有機溶劑中毒預防規則」。

重點精華

一、**密閉設備**：指密閉有機溶劑蒸氣之發生源使其蒸氣不致發散之設備。

二、**局部排氣裝置**：指藉動力強制吸引並排出已發散有機溶劑蒸氣之設備。

三、**整體換氣裝置**：指藉動力稀釋已發散有機溶劑蒸氣之設備。

四、**通風不充分之室內作業場所**：指室內對外開口面積未達底面積之 1/20 以上或全面積之 3% 以上者。

參考題型

為預防有機溶劑中毒，雇主使勞工於儲槽等之內部從事有機溶劑作業時，應如何預防危害？

答

一、工程控制措施：

1. 於室內作業場所或儲槽等之作業場所，從事有關【第一種有機溶劑或其混存物】之作業，應於各該作業場所設置【密閉設備】或【局部排氣裝置】。
2. 於室內作業場所或儲槽等之作業場所，從事有關【第二種有機溶劑或其混存物】之作業，應於各該作業場所設置【密閉設備】、【局部排氣裝置】或【整體換氣裝置】。
3. 於儲槽等之作業場所或通風不充分之室內作業場所，從事有關【第三種有機溶劑或其混存物】之作業，應於各該作業場所設置【密閉設備】、【局部排氣裝置】或【整體換氣裝置】。

二、行政管理：

1. 實施職前【體格檢查】、定期【健康檢查】，以利【選工配工】及健康管理。
2. 勞工作業前實施安全衛生【教育訓練】。
3. 勞工從事有機溶劑作業時，應指定現場主管擔任【有機溶劑作業主管】，從事【監督】作業。
4. 作業期間，應置備與作業勞工【人數相同】數量以上之必要【防護具】，保持其【性能】及【清潔】，並使勞工確實使用。
5. 作業【前】及作業【中】應實施作業環境【測定】。
6. 應每週對有機溶劑作業之室內作業場所及儲槽等之作業場所【檢點】1次以上。
7. 設置之局部排氣裝置及吹吸型換氣裝置每年應依規定項目定期實施【自動檢查】1 次以上，發現異常時應即採取必要措施紀錄並要保存 3 年。
8. 室內作業場所從事有機溶劑作業，應明顯【標示】分別標明其為第一種、第二種、第三種等有機溶劑。
9. 中央主管機關指定之有機溶劑之室內作業場所應依勞工作業環境監測實施辦法之規定，每 6 個月【定期監測】有機溶劑 1 次以上，依規定記錄並保存 3 年。

參考題型

依「有機溶劑中毒預防規則」規定，雇主應使勞工擔任有機溶劑作業主管應實施之監督工作為何？

答

依「有機溶劑中毒預防規則」第 20 條（主管監督工作）規定，雇主應使有機溶劑作業主管實施下列監督工作：

一、決定作業方法，並指揮勞工作業。

二、實施通風設備運轉狀況、勞工作業情形、空氣流通效果及有機溶劑或其混存物使用情形等，應隨時確認並採取必要措施。（第 18 條）

三、監督個人防護具之使用。

四、勞工於儲槽之內部從事有機溶劑作業時，應確認各項安全規定之措施。（第 21 條）

五、其他為維護作業勞工之健康所必要之措施。

參考題型

依「有機溶劑中毒預防規則」規定，雇主使勞工於儲槽之內部從事有機溶劑作業時，應辦理之事項為何？

答

依「有機溶劑中毒預防規則」第 21 條（儲槽內部作業規範）規定，雇主使勞工於儲槽之內部從事有機溶劑作業時，應依下列規定辦理：

一、派遣【有機溶劑作業主管】從事【監督】作業。

二、決定作業方法及順序於【事前告知】從事作業之勞工。

三、確實將有機溶劑或其混存物自儲槽【排出】，並應有防止連接於儲槽之配管【流入】有機溶劑或其混存物之措施。

四、前款所採措施之閥、旋塞應予【加鎖】或設置【盲板】。

五、作業開始前應全部【開放】儲槽之人孔及其他無虞流入有機溶劑或其混存物之【開口】部。

六、以水、水蒸汽或化學藥品清洗儲槽之內壁，並將清洗後之水、水蒸氣或化學藥品【排出】儲槽。

七、應送入或吸出【3 倍】於儲槽容積之【空氣】，或以水灌滿儲槽後予以全部【排出】。

八、應以【測定】方法確認儲槽之內部之有機溶劑濃度未超過【容許濃度】。

九、應置備適當的【救難設施】。

十、勞工如被有機溶劑或其混存物污染時，應即使其離開儲槽內部，並使該勞工【清洗身體】除卻污染。

柒、鉛中毒預防規則

本節提要及趨勢

鉛作業種類中，軟焊作業屬較常見到之鉛作業，國內電子產業的零件及印刷電路板經常會使用利用焊料進行焊接作業，而此種焊料即含有鉛成分，目前已漸漸使用無鉛焊料 (錫 - 銀 - 銅) 取代傳統焊料 (錫 - 鉛)。在有關鉛中毒的考題裡面，最常出現的應屬鉛作業的計算題了，此部分在第 6 章【計算題精華彙整】中會談到，再請讀者練習計算一下。(註：計算題是用來算的，不是用來看的，請各位讀者一定要親自計算過，才能加強計算能力。)

適用法規

一、「鉛中毒預防規則」。

二、「勞工健康保護規則」。

三、「女性勞工母性健康保護實施辦法」。

四、「勞工作業環境監測實施辦法」。

重點精華

一、**鉛合金**：指鉛與鉛以外金屬之合金中，鉛佔該合金重量 10% 以上者。

二、**鉛作業換氣量**：每一從事鉛作業勞工平均 1.67m^3/min 以上。

參考題型

依據「鉛中毒預防規則」規定，鉛蓄電池之解體、研磨、熔融等回收過程中涉及鉛作業，試將鉛作業危害預防應有之控制設備及應實施之作業管理列出。

答

一、依據「鉛中毒預防規則」第7條（鉛蓄電池作業規範）規定，雇主使勞工從事第2條第2項第3款（鉛蓄電池）之作業時，依下列規定設置控制設備：

1. 從事鉛、鉛混存物之熔融、鑄造、加工、組配、熔接、熔斷或極板切斷之室內作業場所，應設置局部排氣裝置。
2. 非以濕式作業方法從事鉛、鉛混存物之研磨、製粉、混合、篩選、捏合之室內作業場所，應設置密閉設備或局部排氣裝置。
3. 非以濕式作業方法將粉狀之鉛、鉛混存物倒入容器或取出之作業，應於各該室內作業場所設置局部排氣裝置及承受溢流之設備。
4. 從事鉛、鉛混存物之解體、軋碎作業場所，應與其他之室內作業場所隔離。但鉛、鉛混存物之熔融、鑄造作業場所或軋碎作業採密閉形式者，不在此限。
5. 鑄造過程中，如有熔融之鉛或鉛合金從自動鑄造機飛散之虞，應設置防止其飛散之設備。
6. 從事充填黏狀之鉛、鉛混存物之工作台或吊運已充填有上述物質之極板時，為避免黏狀之鉛掉落地面，應設置承受容器承受之。
7. 以人工搬運裝有粉狀之鉛、鉛混存物之容器，為避免搬運之勞工被上述物質所污染，應於該容器上裝設把手或車輪或置備有專門運送該容器之車輛。
8. 室內作業場所之地面，應為易於使用真空除塵機或以水清除之構造。
9. 從事鉛、鉛混存物之熔融、鑄造作業場所，應設置儲存浮渣之容器。

二、依據「鉛中毒預防規則」第40條（鉛作業主管）規定，雇主使勞工從事鉛作業時，應指派現場作業主管擔任鉛作業主管，並執行下列規定之作業管理：

1. 採取必要措施預防從事作業之勞工遭受鉛污染。
2. 決定作業方法並指揮勞工作業。
3. 保存每月檢點局部排氣裝置及其他預防勞工健康危害之裝置1次以上之紀錄。
4. 監督勞工確實使用防護具。

捌、特定化學物質危害預防標準

本節提要及趨勢

110 年 9 月修正了特定化學物質危害預防標準，未來幾梯次的考題要稍微注意新修正的條文，如緊急應變應每年 1 次，局部排氣裝置要求監測靜壓、流速等，皆為未來考題可能會考的方向，請讀者務必注意。

適用法規

一、「特定化學物質危害預防標準」。

重點精華

一、**特定化學設備**：指製造或處理、置放(以下簡稱處置)、使用丙類第一種物質、丁類物質之固定式設備。

二、**特定化學物質作業主管應執行之規定事項：**

1. 預防從事作業之勞工遭受污染或吸入該物質。
2. 決定作業方法並指揮勞工作業。
3. 保存每月檢點局部排氣裝置及其他預防勞工健康危害之裝置 1 次以上之紀錄。
4. 監督勞工確實使用防護具。

三、1. 甲醛、1,3- 丁二烯、1,2- 環氧丙烷為丙類第一種物質。

2. 銦及化合物其、鈷及其無機化合物、萘屬丙類第三種物質。

參考題型

丙類第一種或丁類特定化學物質屬容易因設備腐蝕產生漏洩之物質，為防止因腐蝕產生漏洩，雇主對此等物質之作業應有何必要之控制設備？

答

依據「特定化學物質危害預防標準」第 20、21、23、25、27、28、29 條規定，雇主應有下列必要控制設備：

一、為防止因腐蝕產生漏洩，雇主對丙類第一種或丁類特定化學物質之作業應有必要之控制設備如下列：(§20)（防腐蝕洩漏）

1. 應對各該物質之種類、溫度、濃度等，採用不易腐蝕之材料構築或施以【內襯】等必要措施。

2. 設備之蓋板、凸緣、閥或旋塞等之接合部分應使用足以防止前項物質自該部分漏洩之【墊圈】密接等必要措施。

二、雇主對特定化學設備之閥、旋塞或操作此等之開關、按鈕等，為防止誤操作致丙類第一種物質或丁類物質之漏洩：(§21)（防誤操作洩漏）

1. 對特定化學設備之閥、旋塞或操作此等之開關、按鈕等，應明顯【標示開閉方向】。

2. 因應開閉頻率及所製造之該物質之種類、溫度、濃度等，應使用【耐久性材料】製造。

3. 特定化學設備使用必須頻繁開啟或拆卸之過濾器等及與此最近之特定化學設備之間設置【雙重開關】。

三、雇主使勞工處置、使用丙類第一種物質或丁類物質之合計在 100 公升以上時，應置備該物質等漏洩時能迅速告知有關人員之【警報用器具】及【除卻危害】之必要藥劑、器具等設施。(§23)（洩漏警報設施）

四、雇主為防止供輸原料、材料及其他物料於特定化學設備之勞工因誤操作致丙類第一種物質或丁類物質之漏洩，應於該勞工易見之處，【標示】該原料、材料及其他物料之種類、輸送對象設備及其他必要事項。(§25)（標示防誤操作）

五、雇主對製造、處置或使用丙類第一種物質或丁類物質之合計在 100 公升以上之特定化學管理設備，為早期掌握其異常化學反應等之發生，應設置適當之溫度、壓力、流量等發生異常之【自動警報裝置】。(§27)（自動警報）

六、雇主對特定化學管理設備，為防止異常化學反應等導致大量丙類第一種物質或丁類物質之漏洩，應設置【遮斷】原料、材料、物料之供輸或卸放製品等之裝置，或供輸惰性氣體、冷卻用水等之【裝置】。(§28)（異常遮斷）

七、雇主為防止特定化學管理設備及其配管或其附屬設備動力源之異常導致丙類第一種物質或丁類物質之漏洩，應置備可迅速使用之【備用動力源】。(§29)（備用動力）

參考題型

依據「特定化學物質危害預防標準」規定，雇主對製造、處置或使用乙類物質、丙類物質或丁類物質之設備，或儲存可生成該物質之儲槽等，因改造、修理或清掃等而拆卸該設備之作業或必須進入該設備等內部作業時，應依規定辦理哪些事項，以避免造成職業災害？

答

依據「特定化學物質危害預防標準」第 30 條（儲槽內部作業規範）規定，雇主對製造、處置或使用乙類物質、丙類物質或丁類物質之設備，或儲存可生成該物質之儲槽等，因改造、修理或清掃等而拆卸該設備之作業或必須進入該設備等內部作業時，應依下列規定：

一、派遣【特定化學物質作業主管】從事【監督】作業。

二、決定作業方法及順序，於【事前告知】從事作業之勞工。

三、確實將該物質自該作業設備【排出】。

四、為使該設備連接之所有配管不致流入該物質，應將該閥、旋塞等設計為【雙重開關】構造或設置【盲板】等。

五、依前款規定設置之閥、旋塞應予加鎖或設置盲板，並將「不得開啟」之標示【揭示】於顯明易見之處。

六、作業設備之開口部，不致流入該物質至該設備者，均應予【開放】。

七、使用換氣裝置將設備內部【充分換氣】。

八、以測定方法確認作業設備內之該物質濃度未超過【容許濃度】。

九、拆卸第四款規定設置之盲板等時，有該物質流出之虞者，應於事前確認在該盲板與其最接近之閥或旋塞間有否該物質之【滯留】，並採取適當措施。

十、在設備內部應置發生意外時能使勞工【立即避難】之設備或其他具有同等性能以上之設備。

十一、供給從事該作業之勞工穿著【不浸透性】防護衣、防護手套、防護長鞋、呼吸用防護具等【個人防護具】。

雇主在未依前項第八款規定確認該設備適於作業前，應將「不得將頭部伸入設備內」之意旨，告知從事該作業之勞工。

參考題型

依據「特定化學物質危害預防標準」規定，雇主使勞工從事特定化學物質之作業時，應指定現場主管擔任特定化學物質作業主管，並執行哪些事項？

答

依據「特定化學物質危害預防標準」第 37 條（作業主管監督事項）規定，雇主使勞工從事特定化學物質之作業時，應指定現場主管擔任特定化學物質作業主管，執行下列規定事項：

一、預防從事作業之勞工遭受污染或吸入該物質。

二、決定作業方法並指揮勞工作業。

三、保存每月檢點局部排氣裝置及其他預防勞工健康危害之裝置 1 次以上之紀錄。

四、監督勞工確實使用防護具。

參考題型

依據「特定化學物質危害預防標準」規定，雇主對製造、處置或使用特定化學物質之作業場所，其防護具使用上有何相關規定？

答

依據「特定化學物質危害預防標準」第 50 條（置備防護具）規定，雇主對製造、處置或使用特定化學物質之作業場所，應依下列規定置備與同一工作時間作業【勞工人數】相同數量以上之適當必要防護具，並保持其【性能】及【清潔】，使勞工於有暴露危害之虞時，確實使用：

一、為防止勞工於該作業場所吸入該物質之氣體、蒸氣或粉塵引起之健康危害，應置備必要之【呼吸用防護具】。

二、為防止勞工於該作業場所接觸該物質等引起皮膚障害或由皮膚吸收引起健康危害，應置備必要之【不浸透性】防護衣、防護手套、防護鞋及【塗敷劑】等。

三、為防止特定化學物質對視機能之影響，應置備必要之【防護眼鏡】。

參考題型

某工廠使用鎳粉末加熱熔融後急速冷卻形成氧化鎳，勞工在此作業環境長期工作，若未經適當危害控制可能會罹患職業病。請依特定化學物質危害預防標準規定，回答下列問題：

一、鎳粉末投料口設有一局部排氣裝置，請寫出此局部排氣裝置應符合那 5 項規定。

二、雇主應使特定化學物質作業主管執行那 4 項規定事項？

三、如果勞工的身體或衣著有被鎳污染之虞時，雇主應設置何種設備？

答

一、依據「特定化學物質危害預防標準」第 17 條第 1 項（設置局排裝置）規定，雇主依本標準規定設置之局部排氣裝置，應依下列規定：

1. 氣罩應置於每一氣體、蒸氣或粉塵發生源；如為外裝型或接受型之氣罩，則應儘量接近各該發生源設置。
2. 應儘量縮短導管長度、減少彎曲數目，且應於適當處所設置易於清掃之清潔口與測定孔。
3. 設置有除塵裝置或廢氣處理裝置者，其排氣機應置於該裝置之後。但所吸引之氣體、蒸氣或粉塵無爆炸之虞且不致腐蝕該排氣機者，不在此限。
4. 排氣口應置於室外。
5. 於製造或處置特定化學物質之作業時間內有效運轉，降低空氣中有害物濃度。

二、依據「特定化學物質危害預防標準」第 37 條第 2 項（作業主管監督事項）規定，雇主應使特定化學物質作業主管執行下列規定事項：

1. 預防從事作業之勞工遭受污染或吸入該物質。
2. 決定作業方法並指揮勞工作業。
3. 保存每月檢點局部排氣裝置及其他預防勞工健康危害之裝置 1 次以上之紀錄。
4. 監督勞工確實使用防護具。

三、依據「特定化學物質危害預防標準」第 36 條第 1 項（設置洗濯設備）規定，雇主使勞工從事製造、處置或使用特定化學物質時，其身體或衣著有被污染之虞時，應設置洗眼、洗澡、漱口、更衣及洗濯等設備。

玖、粉塵危害預防標準

本節提要及趨勢

PM 2.5 為近年來熱烈討論的議題之一，因應環保法規日趨嚴謹，固定污染物排放標準提高，粉塵危害預防也會被持續拿出來當作考題，但是比較少出現在職安法規的考題上，過去技能檢定出題模式較偏向專業題型，如粉塵爆炸、防爆電氣設備種類、可呼吸性粉塵、胸腔性粉塵、吸入性粉塵進入人體的機制等。

適用法規

一、「粉塵危害預防標準」。

二、「勞工作業場所容許暴露標準」。

重點精華

一、**可呼吸性粉塵**：係指可透過離心式等分粒裝置所測得之粒徑者。粉塵之粒徑在 4 微米 (4μm) 以下者，可深入肺部，此種可深入肺部之粉塵，稱為可呼吸性粉塵。

二、**胸腔性粉塵**：能穿越咽喉區域而進入人體胸腔，即可達氣體交換區之粒狀污染物。平均氣動粒徑約 10 微米 (10μm)。

三、**吸入性粉塵**：係指空氣中之粒狀污染物能經由鼻或口呼吸而進入人體呼吸系統者，平均氣動粒徑約 100 微米 (100μm)。

參考題型

何謂「臨時性作業」、「作業時間短暫」、「作業期間短暫」？

答

一、臨時性作業：指正常作業以外之作業，其作業期間不超過 3 個月，且 1 年內不再重複者。

二、作業時間短暫：指雇主使勞工每日作業時間在 1 小時以內者。

三、作業期間短暫：指作業期間不超過 1 個月，且確知自該作業終了日起 6 個月，不再實施該作業者。

參考題型

依據「粉塵危害預防標準」規定，雇主於粉塵作業場所設置之局部排氣裝置，應辦理事項為何？

答

依據「粉塵危害預防標準」第 15 條（局排裝置）規定，雇主設置之局部排氣裝置，應依下列之規定：

一、氣罩宜設置於每一粉塵發生源，如採外裝型氣罩者，應儘量【接近發生源】。

二、導管長度宜儘量縮短，肘管數應儘量減少，並於適當位置開啟易於清掃及測定之【清潔口】及【測定孔】。

三、局部排氣裝置之【排氣機】，應置於【空氣清淨裝置後】之位置。

四、排氣口應設於【室外】。

五、其他經中央主管機關指定者。

拾、勞工作業場所容許暴露標準

本節提要及趨勢

此類考題是牽涉到有害物質 (有機溶劑、特定化學物質、粉塵、鉛)、通風換氣實施、防護具選用，因此可以說是許多題型的延伸，許多基本觀念在此節了解，才能應用到其他考題上。

適用法規

一、「勞工作業場所容許暴露標準」。

二、「勞工作業環境監測實施辦法」。

重點精華

一、**八小時日時量平均容許濃度**：為勞工每天工作 8 小時，一般勞工重複暴露此濃度以下，不致有不良反應者。

二、**短時間時量平均容許濃度**：為一般勞工連續暴露在此濃度以下任何 15 分鐘，不致有不可忍受之刺激、慢性或不可逆之組織病變、麻醉昏暈作用、事故增加之傾向或工作效率之降低者。

三、**最高容許濃度**：為不得使一般勞工有任何時間超過此濃度之暴露，以防勞工不可忍受之刺激或生理病變者。

參考題型

依據「勞工作業場所容許暴露標準」規定，本標準所稱時量平均濃度，其計算方式為何？

答

依「勞工作業場所容許暴露標準」第 4 條（時量平均濃度）規定，本標準所稱時量平均濃度，其計算方式如下：

(第 1 次某有害物空氣中濃度 × 工作時間 + 第 2 次某有害物空氣中濃度 × 工作時間 +…+ 第 n 次某有害物空氣中濃度 × 工作時間)/ 總工作時間＝時量平均濃度

參考題型

依據「勞工作業場所容許暴露標準」規定，本標準對於工作職場上有何限制？

答

依據「勞工作業場所容許暴露標準」第 10 條（排外條款）規定，本標準不適用於下列事項之判斷：

一、以二種不同有害物之容許濃度比作為毒性之相關指標。

二、工作場所以外之空氣污染指標。

三、職業疾病鑑定之唯一依據。

參考題型

請依「勞工作業場所容許暴露標準」說明，何謂第一種、第二種、第三種及第四種粉塵？

答

依據「勞工作業場所容許暴露標準」附表二（粉塵種類）說明，各類粉塵如下表所述：

種類	粉塵
第一種粉塵	含結晶型游離二氧化矽 10% 以上之礦物性粉塵 (≧ 10%)
第二種粉塵	含結晶型游離二氧化矽未滿 10% 之礦物性粉塵 (<10%)
第三種粉塵	石綿纖維
第四種粉塵	厭惡性粉塵

參考題型

若作業環境空氣中有二種以上有害物存在，且有相加效應時，應如何判斷是否超出容許濃度？

答

依據「勞工作業場所容許暴露標準」第 9 條（相加效應）規定，作業環境空氣中有 2 種以上有害物存在而其相互間效應非屬於相乘效應或獨立效應時，應視為相加效應，並依下列規定計算，其總和大於 1 時，即屬超出容許濃度。

總和＝甲有害物成分之濃度 / 甲有害物成分之容許濃度＋乙有害物成分之濃度 / 乙有害物成分之容許濃度＋丙有害物成分之濃度 / 丙有害物成分之容許濃度＋・・・

拾壹、缺氧症預防規則（含局限空間危害預防）

本節提要及趨勢

本節缺氧危險場所公告事項需與「職業安全衛生設施規則」第 29-2 條（公告周知）比較其差異性。

適用法規

一、「缺氧症預防規則」。

二、「職業安全衛生設施規則」第 29-2 條。

三、「職業安全衛生教育訓練規則」。

重點精華

一、**缺氧**：指空氣中氧氣濃度未滿 18% 之狀態。

二、**缺氧症**：指因作業場所缺氧引起之症狀。

參考題型

雇主使勞工從事缺氧危險作業時，應採取何種必要之措施？

答

依「缺氧症預防規則」第 4 條（置備測定儀器）及第 5 條（適當換氣）規定：

一、雇主使勞工從事缺氧危險作業時，應置備測定空氣中氧氣濃度之必要測定儀器，並採取隨時可確認空氣中氧氣濃度、硫化氫等其他有害氣體濃度之措施。

二、應予適當換氣，以保持該作業場所空氣中氧氣濃度在 18% 以上。但為防止爆炸、氧化或作業上有顯著困難致不能實施換氣者，不在此限。雇主依前項規定實施換氣時，不得使用純氧。

參考題型

雇主使勞工於缺氧危險場所或其鄰接場所作業時，應於作業場所入口顯而易見之處所公告之事項為何？

答

依「缺氧症預防規則」第 18 條（公告周知）規定，雇主使勞工於缺氧危險場所或其鄰接場所作業時，應將下列注意事項公告於作業場所入口顯而易見之處所，使作業勞工周知：

一、有罹患缺氧症之虞之事項。

二、進入該場所時應採取之措施。

三、事故發生時之緊急措施及緊急聯絡方式。

四、空氣呼吸器等呼吸防護具、安全帶等、測定儀器、換氣設備、聯絡設備等之保管場所。

五、缺氧作業主管姓名。

雇主應禁止非從事缺氧危險作業之勞工，擅自進入缺氧危險場所；並應將禁止規定公告於勞工顯而易見之處所。

★ 缺氧危險場所與局限空間作業場所之比較

缺氧危險場所	局限空間作業場所
有罹患缺氧症之虞之事項	作業有可能引起缺氧等危害時，應經許可始得進入之重要性
進入該場所時應採取之措施	進入該場所時應採取之措施
事故發生時之緊急措施及緊急聯絡方式	事故發生時之緊急措施及緊急聯絡方式
空氣呼吸器等呼吸防護具、安全帶等、測定儀器、換氣設備、聯絡設備等之保管場所	現場監視人員姓名
缺氧作業主管姓名	其他作業安全應注意事項

拾貳、危害性化學品標示及通識規則

本節提要及趨勢

安全資料表為本節黃金考題，另 107 年 11 月修正「危害性化學品標示及通識規則」，新增第 18-1 條（不得申請保留），規範危害性化學品成分不得申請保留安全資料表內容之規定，亦為技能檢定考可能出題方向。

適用法規

一、「危害性化學品標示及通識規則」。

重點精華

一、**安全資料表**：共 16 大項。

參考題型

試說明哪些物品不適用「危害性化學品標示及通識規則」？

答

依「危害性化學品標示及通識規則」第 4 條（排外條款）規定，下列物品不適用本規則：

一、事業廢棄物。

二、菸草或菸草製品。

三、食品、飲料、藥物、化粧品。

四、製成品。

五、非工業用途之一般民生消費商品。

六、滅火器。

七、在反應槽或製程中正進行化學反應之中間產物。

八、其他經中央主管機關指定者。

參考題型

某事業單位購得 25 公斤桶裝 12% 次氯酸鈉溶液 (sodium hypochlorite solution)，將稀釋用於一般環境消毒。查詢危害物資料庫得知此物質濃度達 5% 時開始有皮膚刺激性，達 10% 時有皮膚腐蝕性，pH 值約 8.4，假設此危害性化學品之危害分類，包括急毒性物質第 5 級（吞食）、金屬腐蝕物第 1 級、腐蝕 / 刺激皮膚物質第 1 級與嚴重損傷 / 刺激眼睛物質第 1 級、水環境之危害物質（急毒性）第 1 級。【89-04】

一、依危害性化學品標示及通識規則之規定，供應商在安全資料表中，對此危害性化學品（12% 次氯酸鈉溶液）之皮膚危害可能性之標示，應選用下列那個危害圖式？

二、對此危害性化學品之危害通識要項，應選用下列那個警示語？

三、若要將購得之次氯酸鈉溶液稀釋為 500 ppm 或 1000 ppm 作為環境消毒之用，雇主應提供那些個人防護具或設備供作業勞工使用，以作為皮膚及眼睛之暴露預防措施？

四、此危害性化學品為水環境之危害物質，若操作時不慎造成大量洩漏是否應儘速以酸中和？（請先回答是或否，再說明理由）

五、敵腐靈（diphoterine solution）或六氟靈（hexafluorine solution）等，是否均適合用於此危害性化學品意外暴露之皮膚緊急沖淋除污？（請先回答是或否，再說明理由）

危害圖示	
 A	 D
 B	無對應象徵符號 E
 C	

警示語
危險
警告
無

答

一、依據「危害性化學品標示及通識規則」附表一危害性化學品之分類、標示要項，其內容對此危害性化學品(12% 次氯酸鈉溶液 - 腐蝕 / 刺激皮膚物質第 1 級）之皮膚危害可能性之標示，應選用危害圖式「D」。

二、依據「危害性化學品標示及通識規則」附表一危害性化學品之分類、標示要項內容，對此危害性化學品 (12% 次氯酸鈉溶液 - 腐蝕 / 刺激皮膚物質第 1 級) 之危害通識要項，應選用警示語為「危險」。

三、雇主應提供個人防護具或設備如下列：

1. 眼睛防護：護目鏡、防護面罩、緊急眼睛清洗裝置或快速沖淋裝置等。
2. 皮膚及身體防護：有噴濺之虞需穿著長袖防噴濺圍裙、化學防護手套或全身式化學防護衣。

四、否，因次氯酸鈉溶液與酸混合時會釋放氯氣導致危害勞工。

五、1. 敵腐靈：是，因敵腐靈為多用途的吸收性分子，能將滲入表皮之毒性物吸出並中和，對於酸、鹼性物質均有效果。

2. 六氟靈：否，因六氟靈對於酸性物質 (尤其是氫氟酸) 的混酸效果較適用且有效。

參考題型

試說明危害性化學品之危害圖示，應包含哪些資訊及注意事項？

答

依「危害性化學品標示及通識規則」第 5 條（標示規範）規定，雇主對裝有危害性化學品之容器，應依附表一規定之分類及標示要項，參照附表二之格式明顯標示下列事項，所用文字以中文為主，必要時並輔以作業勞工所能瞭解之外文：

一、危害圖式。

二、內容：

1. 名稱。
2. 危害成分。
3. 警示語。
4. 危害警告訊息。
5. 危害防範措施。
6. 製造者、輸入者或供應者之名稱、地址及電話。

前項容器內之危害性化學品為混合物者，其應標示之危害成分指混合物之危害性中符合國家標準 CNS15030 分類，具有物理性危害或健康危害之所有危害物質成分。

第一項容器之容積在 100 毫升以下者，得僅標示名稱、危害圖式及警示語。

參考題型

雇主對裝有危害性化學品之容器，有哪些情形，得免標示？

答

依「危害性化學品標示及通識規則」第 8 條（排外條款）規定，雇主對裝有危害性化學品之容器屬下列情形之一者，得免標示：

一、外部容器已標示，僅供內襯且不再取出之內部容器。

二、內部容器已標示，由外部可見到標示之外部容器。

三、勞工使用之可攜帶容器，其危害性化學品取自有標示之容器，且僅供裝入之勞工當班立即使用。

四、危害性化學品取自有標示之容器，並供實驗室自行作實驗、研究之用。

參考題型

雇主為防止勞工因危害性化學品引起之職業災害，應採取哪些必要措施？

答

依「危害性化學品標示及通識規則」第 17 條（化災危害預防措施）規定，雇主為防止勞工未確實知悉危害性化學品之危害資訊，致引起之職業災害，應採取下列必要措施：

一、依實際狀況訂定危害通識計畫，適時檢討更新，並依計畫確實執行，其執行紀錄保存 3 年。

二、製作危害性化學品清單，其內容、格式參照附表五。

三、將危害性化學品之安全資料表置於工作場所易取得之處。

四、使勞工接受製造、處置或使用危害性化學品之教育訓練，其課程內容及時數依職業安全衛生教育訓練規則之規定辦理。

五、其他使勞工確實知悉危害性化學品資訊之必要措施。

前項第一款危害通識計畫，應含危害性化學品清單、安全資料表、標示、危害通識教育訓練等必要項目之擬訂、執行、紀錄及修正措施。

參考題型

製造者、輸入者或供應者為維護國家安全或商品營業秘密之必要，而保留揭示安全資料表中之危害性化學品成分之名稱、含量或製造者、輸入者或供應者名稱，但前項危害性化學品成分屬於國家標準 CNS 15030 分類之哪些級別者，不得申請保留上開安全資料表內容之揭示？

答

一、勞工作業場所容許暴露標準所列之化學物質。

二、依據「危害性化學品標示及通識規則」第 18-1 條（不得申請保留）規定，屬於國家標準 CNS 15030 分類之下列級別者：

1. 急毒性物質第 1 級、第 2 級或第 3 級。
2. 腐蝕或刺激皮膚物質第 1 級。
3. 嚴重損傷或刺激眼睛物質第 1 級。
4. 呼吸道或皮膚過敏物質。
5. 生殖細胞致突變性物質。
6. 致癌物質。
7. 生殖毒性物質。
8. 特定標的器官系統毒性物質－單一暴露第 1 級。
9. 特定標的器官系統毒性物質－重複暴露第 1 級。

三、其他經中央主管機關指定公告者。

提示 不得保留之部分皆為對人體健康影響非常顯著之資料，主要是提供給醫療救護協助者。

參考題型

請簡述安全資料表應包含哪些項目？【黃金考題】

答

安全資料表應包含下列項目：

一、**化**學品與廠商資料：製造者、輸入者或供應者名稱、地址及電話。

二、**危**害辨識資料：化學品危害分類。

三、**成**分辨識資料：純物質、混合物、CAS No.。

四、**急**救措施：不同暴露途徑之急救方法。

五、滅**火**措施：適用滅火劑及程序、滅火時可能遭遇之特殊危害。

六、**洩**漏處理方法：個人及環境應注意事項。

七、安全處置與儲**存**方法：處置與儲存。

八、**暴**露預防措施：控制參數 (PEL-TWA、PEL-STEL、PEL-Ceiling)、個人防護設備…。

九、**物**理及化學性質：蒸氣壓、沸點、閃火點、爆炸界線…。

十、**安**定性及反應性：應避免之狀況、應避免之物質…。

十一、**毒**性資料：暴露途徑、症狀。

十二、**生**態資料：持久性及降解性、生物蓄積性…。

十三、**廢**棄處置方法：廢棄處置方法。

十四、**運**送資料：聯合國編號、運輸危害分類…。

十五、**法**規資料：相關法規名稱。

十六、**其**他資料：製表單位、製表日期…。

區塊理解方法

一、基本資料：

廠商、危害、成分

二、應變措施：

急救、滅火、洩漏

三、注意事項：

儲存、暴露、性質、反應

四、其他資料：

毒性、生態、處置、運送、法規、其他

口訣 化危成急、火洩存、暴物安、毒生廢、運法其

參考題型

某事業單位購買 100% 的強鹼性化學物質 (TMXH)，並以水稀釋成不同濃度水溶液供作業場所使用，若可忽略該等水溶液對金屬之腐蝕危害，試依表 1、表 2 及圖 1 等資訊，填答表 3 中 A 至 J 之健康危害相關資訊。【92-3】

填答說明：

填答 C、D、G 及 J 時，請依圖 1 資訊選答危害圖式之代表數字，若無合適圖式請答 0; 填答 C 與 D 時，圖式代表數字小者為 C，數字大者為 D。

填答 B、F 及 I 時，請依表 2 急毒性估計值範圍之資訊，選答該 TMXH 水溶液之毒性屬 GHS 急毒性危害分類之級別 (第幾級)。

填答 A、E 及 H 時，應列出計算式，若有小數位數者，須四捨五入至整數。

危害圖式

表 1　危害性化學品分類、級別、危害圖式、警示語及危害警告訊息

急毒性物質：皮膚	第 1 級		危險	皮膚接觸致命
	第 2 級		危險	皮膚接觸致命
	第 3 級		危險	皮膚接觸有毒
	第 4 級		警告	皮膚接觸有害
	第 5 級	無	警告	皮膚接觸可能有害

表 2　急毒性危害級別和定義各個級別的急毒性估計值範圍

暴露途徑	第 1 級	第 2 級	第 3 級	第 4 級	第 5 級
吞食 (mg/kg 體重)	≦ 5	>5 ≦ 50	>50 ≦ 300	>300 ≦ 2000	>2000 ≦ 5000
皮膚接觸 (mg/kg 體重)	≦ 50	>50 ≦ 200	>200 ≦ 1000	>1000 ≦ 2000	

表 3　TMXH 及其不同濃度水溶液之危害圖式與健康危害分類

TMXH 濃度	100% TMXH	25% 水溶液	1.8% 水溶液	1.0% 水溶液
危害圖式	 	C D	 G	J
健康危害之分類	• 急毒性物質第 1 級 (皮膚) • 腐蝕 / 刺激皮膚物質第 1 級 • 嚴重損傷 / 刺激眼睛物質第 1 級	• 急毒性物質第 B 級 (皮膚) • 腐蝕 / 刺激皮膚物質第 1 級 • 嚴重損傷 / 刺激眼睛物質第 1 級	• 急毒性物質第 F 級 (皮膚) • 腐蝕 / 刺激皮膚物質第 1 級 • 嚴重損傷 / 刺激眼睛物質第 1 級	• 急毒性物質第 I 級 (皮膚)
混合物急毒性估算	急毒性 (皮膚) 第 1 級，其 ATE = 5	ATE_{mix} = A	ATE_{mix} = E	ATEmix = H

答

一、

C → 5	D → 8	G → 8	J → 8

二、有關吞食、皮膚或吸入毒性，混合物的 ATE　用所有相關成分的 ATE 值計算公式如下：

$$\frac{100}{ATEmix} = \sum_{n} \frac{Ci}{ATEi}$$

Ci：成分 i 的濃度

ATEi：成分 i 的急毒性估計值

∵ ATE=5；C2 的濃度為 25%；C3 的濃度為 1.8%；C4 的濃度為 1.0%

$$\frac{100}{ATEmix}=\sum_{n}\frac{Ci}{ATEi}$$

Ci：成分 i 的濃度

$$A\rightarrow\frac{100}{ATEmix}=\frac{25}{5}\rightarrow ATEmix=\frac{5\times100}{25}=20$$

又∵ 20 ≦ 50，屬急毒性 (皮膚) 第 1 級 ∴ B → 1

$$E\rightarrow\frac{100}{ATEmix}=\frac{1.8}{5}\rightarrow ATEmix=\frac{5\times100}{1.8}=278$$

又∵ 200 ≧ 278 ≦ 1000，屬急毒性 (皮膚) 第 3 級 ∴ F → 3

$$H\rightarrow\frac{100}{ATEmix}=\frac{1.0}{5}\rightarrow ATEmix=\frac{5\times100}{1.0}=500$$

又∵ 200 ≧ 500 ≦ 1000，屬急毒性 (皮膚) 第 3 級 ∴ I → 3

TMXH 濃度	100% TMXH	25% 水溶液	1.8% 水溶液	1.0% 水溶液
危害圖式				
健康危害之分類	• 急毒性物質第 1 級 (皮膚) • 腐蝕 / 刺激皮膚物質第 1 級 • 嚴重損傷 / 刺激眼睛物質第 1 級	• 急毒性物質第 1 級 (皮膚) • 腐蝕 / 刺激皮膚物質第 1 級 • 嚴重損傷 / 刺激眼睛物質第 1 級	• 急毒性物質第 3 級 (皮膚) • 腐蝕 / 刺激皮膚物質第 1 級 • 嚴重損傷 / 刺激眼睛物質第 1 級	• 急毒性物質第 3 級 (皮膚)
混合物急毒性估算	急毒性 (皮膚) 第 1 級，其 ATE = 5	ATE_{mix} = 20	ATE_{mix} = 278	ATE_{mix} = 500

參考題型

國內某科技公司所生產之特用化學品通過國際知名晶圓代工廠之測試認證，該公司在提供客戶安全資料表時，想保留揭示安全資料表中某一危害性化學品成分之資訊，經初步評估該成分未有屬於不得申請保留安全資料表內容揭示之規定，並以類名申請核准登錄。依危害性化學品標示及通識規則中之保留揭示規定回答以下問題：

一、向中央主管機關申請核定保留揭示安全資料表中有關資訊之必要條件為何？

二、危害性化學品成分除了屬於國家標準 CNS 15030 分類之特定標的器官系統毒性物質－單一暴露第一級、及特定標的器官系統毒性物質－重複暴露第一級不得申請保留揭示外，請再列舉 5 項不得申請保留安全資料表內容揭示之規定。（不得寫英文縮寫）

三、該特用化學品之安全資料表部分資訊如下，表中欲保留揭示之危害性化學品成分以類名表示，該公司依規定可以向中央主管機關申請保留揭示之資訊還有那些？（請以所附安全資料表中的英文字母代號回答，如 ABHI，全對才給分。）

【100-01】

安全資料表

一、化學品與廠商資料

化學品名稱：（略）
其他名稱：（略）
建議用提及限制使用：A
製造者、輸入者或共應者名稱：B、地址：C、電話：D
緊急連絡電話／傳真電話：E ／ F

二、危害辨識資料：（略）

三、成分辨識資料

混合物：

化學性質		
危害成分之中英文名稱	化學文摘社登記號碼 (CAS No,)	濃度或濃度範圍（成分百分比）
二鹵代硝基丁烷 dihalosubstitutednitrobutane	G	H
乙二醇甲醚 Ethylene glycol monomethyl ether	I	J

答

一、依據「危害性化學品標示及通識規則」第 18 條第 1 項規定，製造者、輸入者或供應者為維護國家安全或商品營業秘密之必要，而保留揭示安全資料表中之危害性化學品成分之名稱、化學文摘社登記號碼、含量或製造者、輸入者或供應者名稱時，應檢附下列文件，向中央主管機關申請核定：

1. 認定為國家安全或商品營業秘密之證明。
2. 為保護國家安全或商品營業秘密所採取之對策。
3. 對申請者及其競爭者之經濟利益評估。
4. 該商品中危害性化學品成分之危害性分類說明及證明。

二、依據「危害性化學品標示及通識規則」第 18 條第 1 項第 2 款規定屬於國家標準 CNS 15030 分類之下列級別者（除了特定標的器官系統毒性物質－單一暴露第一級和特定標的器官系統毒性物質－重複暴露第一級外），不得申請保留安全資料表內容之揭示：

1. 急毒性物質第一級、第二級或第三級。
2. 腐蝕或刺激皮膚物質第一級。
3. 嚴重損傷或刺激眼睛物質第一級。
4. 呼吸道或皮膚過敏物質。
5. 生殖細胞致突變性物質。
6. 致癌物質。
7 生殖毒性物質。

三、該公司依規定可以向中央主管機關申請保留揭示之資訊：B、G、H、I、J。

拾參、勞工作業環境監測實施辦法

本節提要及趨勢

本節常見考題為名詞解釋、監測項目與頻率、監測計畫、監測小組。

適用法規

一、「勞工作業環境監測實施辦法」。

二、「作業環境監測指引」。

重點精華

一、**作業環境監測**：指為掌握勞工作業環境實態與評估勞工暴露狀況，所採取之規劃、採樣、測定及分析之行為。

二、**臨時性作業**：指正常作業以外之作業，其作業期間不超過 3 個月，且 1 年內不再重複者。

三、**作業時間短暫**：指雇主使勞工每日作業時間在 1 小時以內者。

四、**作業期間短暫**：指作業期間不超過 1 個月，且確知自該作業終了日起 6 個月，不再實施該作業者。

五、**相似暴露族群**：指工作型態、危害種類、暴露時間及濃度大致相同，具有類似暴露狀況之一群勞工。【77-2-1】

參考題型

若您為一職業衛生管理師，受僱於一勞工人數 550 人，且依法應實施化學性因子作業環境監測之事業單位，在執行環境監測前，應先協助雇主組成監測評估小組、訂定監測計畫及執行管理審查。請依職業安全衛生相關法令及指引之規定，回答下列問題：

一、監測評估小組之組成人員【76-1-1】

二、監測計畫之項目及內容【76-1-2】

三、管理審查之內涵【76-1-3】

答

一、依據「勞工作業環境監測實施辦法」第 10-2 條（監測評估小組）規定，事業單位從事特別危害健康作業之勞工人數在 100 人以上，或依本辦法規定應實施化學性因子作業環境監測，且勞工人數 500 人以上者，監測計畫應由下列人員組成監測評估小組研訂之：

1. 工作場所負責人。
2. 依職業安全衛生管理辦法設置之職業安全衛生人員。
3. 受委託之執業工礦衛生技師。
4. 工作場所作業主管。

二、依據「勞工作業環境監測實施辦法」第 10-1 條（監測計畫）規定，監測計畫應包括下列事項：

1. 危害辨識及資料收集。
2. 相似暴露族群之建立。
3. 採樣策略之規劃及執行。
4. 樣本分析。
5. 數據分析及評估。

三、依據「作業環境監測指引」第 3 條（管理審查）規定，管理審查之內涵為高階管理階層依預定時程及程序，定期審查計畫及任何相關資訊，以確保其持續之適合性與有效性，並導入必要之變更或改進。

參考題型

依「勞工作業環境監測實施辦法」規定，雇主得自行雇用監測人員，以自讀式儀器監測之化學性因子包括哪些？

答

依「勞工作業環境監測實施辦法」第 11 條（直讀式儀器監測）規定，雇主得自行雇用監測人員，以直讀式儀器監測之化學性因子如下列：

一、二氧化碳。
二、二硫化碳。
三、二氯聯苯胺及其鹽類。
四、次乙亞胺。
五、二異氰酸甲苯。
六、硫化氫。
七、汞及其無機化合物。
八、其他經中央主管機關指定公告者。

參考題型

某高科技製程設備零組件洗淨及再生處理廠，僱用勞工 520 人，欲實施作業環境監測，併同本次擴增的新製程使用新化學品（硫酸）進行清洗作業，以評估勞工暴露之風險，因此著手訂定含採樣策略之作業環境監測計畫，先行收集之場內製程資訊（如表 1、化學性作業內容調查表）與相關資料，其中作業場所 J 為此次設置之新製程；並於 6 月 3 日實施作業環境監測，表 2、為該公司於 6 月 3 日進行採樣之分析報告，請依職業安全衛生法規定回答下列問題：

【99-02】

表 1、化學性作業內容調查表

作業場所	部門名稱	作業區域	流程說明	暴露危害物	控制設備	勞工人數	作業型態	作業頻率	
								次 / 週	小時 / 次
A	清洗課	製程一室	化學清洗	氫氟酸	2	10	1	5	8
B			化學清洗	鹽酸	2	12	1	5	8
C		製程二室	浸泡清洗	丙酮	2	8	1	5	8
D		製程三室	化學清洗	硝酸	2	5	4	-	8
E		製程四室	化學清洗	硫酸	2	5	4	-	8
F	噴砂課	噴砂室	噴砂	第 4 種粉塵	1	12	1	5	8
G	品管課	QC 區	擦拭	異丙醇	2	6	3	5	0.5
H		實驗室	檢驗	鉻酸	2	5	1	5	2
I	行政課	廢水區	廢水處理	硫酸	2	2	1	5	4
J	清洗課	製程五室	化學清洗	硫酸	2	10	2	5	8

備註：
1. 作業型態：(1) 例行性 (2) 臨時性作業 (3) 作業時間短暫 (4) 作業期間短暫
2. 控制設備：(1) 密閉設備 (2) 局部排氣裝置 (3) 整體換氣裝置
3. 前次監測作業場所濃度有超過容許濃度標準者為：D、G

表 2、採樣分析報告（節錄）

分析日期：112 年 6 月 9 日

採樣日期：112 年 6 月 3 日　現場氣溫：24 ℃　現場氣壓： 755 mmHg

樣本編號	分析項目	採樣時間：時 分（開始：時 分 終止：時 分）	檢驗結果 mg	校正後採樣體積 m^3	空氣中濃度 ppm	容許濃度標準 ppm	備註
BK1 空白樣品							
BK2 空白樣品							
SA1 製程一室 陳 OO	氫氟酸	0 時 40 分（開始：9 時 0 分 終止：9 時 40 分）	略	Y	<0.197	X	PEL-STEL
SA2 製程一室 作業區	氫氟酸	6 時 0 分（開始：9 時 0 分 終止：15 時 0 分）	略	0.1215	0.223	3	
SA3 製程三室 作業區	硝酸	6 時 0 分（開始：9 時 30 分 終止：15 時 30 分）	略	略	1.123	2	

一、由表 1 中可知，作業場所 D 隸屬於清洗課，位於廠內製程三室，主要使用硝酸從事清洗作業，作業型態為作業期間短暫，請問何謂作業期間短暫？

二、依勞工作業環境監測實施辦法規定，訂定含採樣策略之作業環境監測計畫，除包括危害辨識及資料收集、樣本分析與數據分析及評估外，還有那些事項？

三、請問表 1 中，那些非法定應每 6 個月定期監測濃度之作業場所？（請填作業場所代號）

四、請問此次作業環境監測計畫至遲應於何時（同年幾月幾日）通報於中央主管機關所公告之網路登錄系統？

五、請問表 2 中，樣本編號 BK1 所代表意義為何？

六、請問表 2 中，樣本編號 SA1 係勞工陳 OO 於製程一室作業，實施氫氟酸個人採樣，其短時間時量平均容許濃度 X 值應為多少？

七、請問表 2 中，如樣本編號 SA1 之採樣體積為 0.0209(m^3)，校正後採樣體積 Y 值應為多少？（四捨五入至小數點後第四位）

八、該公司使用採樣分析方法，實施暴露評估，對於樣本編號 SA3 之分析空氣中濃度結果，風險等級為何？應採取何控制或管理措施？應定期評估週期為何？

答

一、依據「勞工作業環境監測實施辦法」第 2 條第 5 款規定，作業期間短暫係指指作業期間不超過 1 個月，且確知自該作業終了日起 6 個月，不再實施該作業者。

二、依據「勞工作業環境監測實施辦法」第 10-1 條規定，監測計畫，應包括下列事項：

1. 危害辨識及資料收集。
2. 相似暴露族群之建立。
3. 採樣策略之規劃及執行。
4. 樣本分析。
5. 數據分析及評估。

三、表 1 中，非法定應每 6 個月定期監測濃度之作業場所為：A、B、D。

四、依據「勞工作業環境監測實施辦法」第 10 條第 3 項規定，雇主於實施監測 15 日前，應將監測計畫依中央主管機關公告之網路登錄系統及格式，實施通報。

依題意，預定於 6 月 3 日實施之作業環境監測，應於 5 月 18 日前實施通報。（不包含 6 月 3 日，故 6 月 2 日往前 15 日得知為 5 月 18 日）

五、表 2 中，樣本編號 BK1 所代表意義為空白樣品 1。

六、表 2 中，樣本編號 SA1 係勞工陳 OO 於製程一室作業，實施氫氟酸個人採樣，其短時間時量平均容許濃度 X 值計算如下列：

1. 氫氟酸的 8 小時日時量平均容許濃度 (PEL-TEA) 為 3 ppm、變量係數為 2。
2. 短時間時量平均容許濃度 X=8 小時日時量平均容許濃度 × 變量係數 =3 ppm×2=6 ppm

七、表 2 中，樣本編號 SA1 校正後採樣體積 Y 值計算如下列：

1. $V_{NTP}(m^3) = V_{Ts,Ps}(m^3) \times \frac{P_S}{760}(mmHg) \times \frac{273+25}{273+T_S}(\mathrm{K})$

$V_{NTP}(m^3)$、標準採樣體積、$V_{Ts,Ps}(m^3)$ ＝現場採樣體積、Ps(mmHg) ＝現場大氣壓

760(mmHg) ＝標準大氣壓、273+25 ＝標準溫度 (K)、Ts(°C) ＝現場溫度

2. $V_{NTP}\left(m^3\right)=0.0209\left(m^3\right)\times\frac{755}{760}\left(mmHg\right)\times\frac{273+25}{273+24}\left(K\right)=0.0208\left(m^3\right)$

八、對於樣本編號 SA3 之分析空氣中濃度結果為 1.123 ppm，容許濃度標準為 2 ppm 其暴露濃度低於容許暴露濃度但高於或等於其二分之一：

1. 對於樣本編號 SA3 之分析空氣中濃度結果，風險等級為第二級管理。
2. 因風險等級為第二級管理，應就製程設備、作業程序或作業方法實施檢點，採取必要之改善措施。
3. 因風險等級為第二級管理，其定期評估週期為每年至少評估 1 次。

拾肆、危害性化學品管理相關法規

（含危害性化學品評估及分級管理辦法、新化學物質登記管理辦法、管制性化學品之指定及運作許可管理辦法、優先管理化學品之指定及運作管理辦法）

本節提要及趨勢

危害性化學品分級管理及新管優三法為目前化學品相關考題裡面屬於較新的，也因此很多考題是最近幾年才出現的，尤其是「危害性化學品評估及分級管理辦法」出題機率較高，相關分級管理也不只出現在化學品裡，其他如「勞工健康保護規則」、「女性勞工母性健康保護規則」也都有說明分級管理的要求，分級管理的目的在於利用有效的資源去改善最迫切需要改善的對象，因此在「改善」前會先有一個「評估」的動作，利用評估工具量化風險後，優先改善最高風險的危害，此方法即是「分級管理」的實現。

適用法規

一、「危害性化學品評估及分級管理辦法」。

二、「新化學物質登記管理辦法」。

三、「管制性化學品之指定及運作許可管理辦法」。

四、「優先管理化學品之指定及運作管理辦法」。

重點精華

一、**暴露評估**：指以定性、半定量或定量之方法，評量或估算勞工暴露於化學品之健康危害情形。【76-3-1】

二、**分級管理**：指依化學品健康危害及暴露評估結果評定風險等級，並分級採取對應之控制或管理措施。【76-3-2】【77-2】

三、**運作**：指對於管制性化學品之製造、輸入、供應或供工作者處置、使用之行為。

參考題型

請說明依「危害性化學品評估及分級管理辦法」及技術指引規定，雇主使勞工製造、處置、使用符合何條件化學品，應採取分級管理措施？請說明如何實施分級管理措施(請以國際勞工組織國際化學品分級管理 CCB 說明)？

【78-1-1】

答

一、依據「危害性化學品評估及分級管理辦法」第 4 條（分級管理措施）規定，雇主使勞工製造、處置或使用之化學品，符合國家標準 CNS 15030 化學品分類，具有健康危害者，應評估其危害及暴露程度，劃分風險等級，並採取對應之分級管理措施。

二、依據「國際勞工組織國際化學品分級管理 (CCB)」，其分級措施實施說明如下：運用 GHS 健康危害分類來劃分化學品的危害群組(等級由 A~E 及 S)，配合化學品的散布狀況及使用量來判斷潛在暴露程度，然後以風險矩陣來決定管理方法(整體換氣、工程控制、隔離、特殊規定)，並提供暴露控制措施參考。如下列職安署提供圖表表示：

1. 劃分危害群組

危害性

危害群組	GHS 健康危害分類	
E	• 生殖細胞致突變性物質第 1、2 級 • 致癌物質第 1 級	• 呼吸道過敏物質第 1 級
D	• 急毒性物質，任何暴露途徑第 1、2 級 • 致癌物質第 2 級	• 生殖毒性物質第 1、2 級 • 特定標的器官系統毒性物質～重複暴露第 1 級
C	• 急毒性物質，任何暴露途徑第 3 級 • 腐蝕 / 刺激皮膚物質第 1 級 • 嚴重損傷 / 刺激眼睛物質第 1 級 • 皮膚過敏物質第 1 級	• 特定標的器官系統毒性物質～單一暴露第 1 級 • 特定標的器官系統毒性物質～單一暴露第 3 級 (呼吸道刺激) • 特定標的器官系統毒性物質～重複暴露第 2 級
B	• 急毒性物質 (任何暴露途徑) 第 4 級	• 特定標的器官系統毒性物質～單一暴露第 2 級
A	• 急毒性物質 (任何暴露途徑) 第 5 級 • 腐蝕 / 刺激皮膚物質第 2、3 級	• 嚴重損傷 / 刺激眼睛物質第 2 級 • 所有未被分類至其他群組的粉塵級液體
S	• 急毒性物質，皮膚接觸第 1、2、3、4 級 • 嚴重損傷 / 刺激眼睛物質第 1、2 級 • 皮膚過敏物質第 1 級 • 腐蝕 / 刺激皮膚物質第 1、2 級	• 特定標的器官系統毒性物質～單一暴露 (皮膚接觸) 第 1、2 級 • 特定標的器官系統毒性物質～重複暴露 (皮膚接觸) 第 1、2 級

2. 判定散布狀況

逸散程度	固體粉塵度	常溫下的液體揮發度
低	為不會碎屑的固體小球。使用時可以看到細小的粉塵，如 PVC 小球。	沸點大於 150°C
中	晶體狀或粒狀固體，使用中可以看到粉塵，但很快就下沉，使用後粉塵留在表面，如肥皂粉。	沸點介於 50°C 至 150°C 間
高	細微、輕重量的粉末。使用時可以看到塵霧形成，並在空氣中保留數分鐘，如：水泥、碳黑、粉筆灰。	沸點小於 50°C

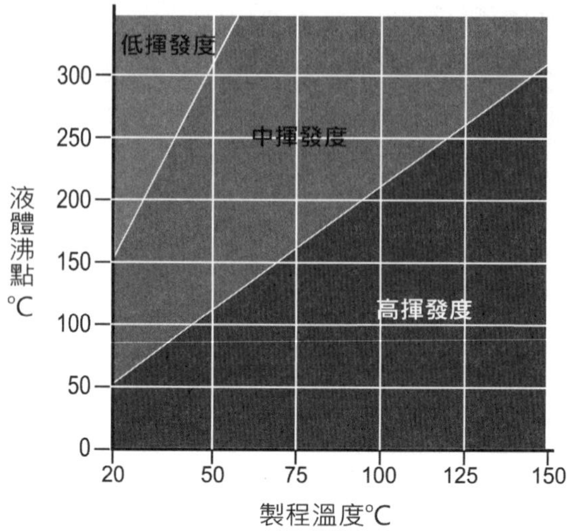

3. 選擇使用量

使用量	固體重量	液體容積
小量	<1 公斤	<1 公升
中量	1~1000 公斤	1~1000 公升
大量	≥1000 公斤	≥1000 公升

4. 決定管理方法

使用量	低粉塵度或揮發度	中揮發度	中粉塵度	高粉塵度或揮發度
危害群組 A				
小量	1	1	1	1
中量	1	1	1	2
大量	1	1	2	2
危害群組 B				
小量	1	1	1	1
中量	1	2	2	2
大量	1	2	3	3
危害群組 C				
小量	1	2	1	2
中量	2	3	3	3
大量	2	4	4	4
危害群組 D				
小量	2	3	2	3
中量	3	4	4	4
大量	3	4	4	4
危害群組 E				
所有屬危害群組 E 的化學品皆使用管理方法 4				

5. 參考暴露控制表單

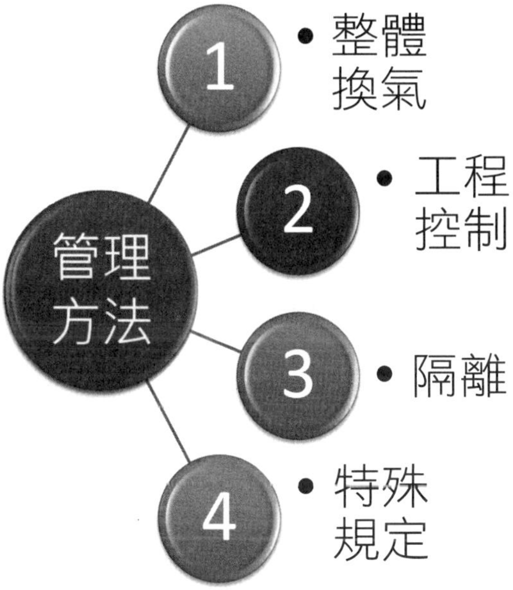

資料來源：勞動部職業安全衛生署

參考題型

某化學工廠(勞工人數為 600 人)在室內使用正己烷溶劑(勞工作業場所容許暴露標準為 50ppm)進行攪拌混合，請問：

一、依「危害性化學品評估及分級管理辦法」規定，該廠應如何運用其作業環境監測結果與勞工作業場所容許暴露標準，決定其定期實施危害性化學品評估之頻率？

二、對於化學品暴露評估結果，該廠應如何依風險等級，分別採取控制或管理措施？【80-1】

答

一、依據「危害性化學品評估及分級管理辦法」第 8 條（暴露評估）規定，中央主管機關對於第 4 條（具有健康危害之化學品）之化學品，定有容許暴露標準，而事業單位從事特別危害健康作業之勞工人數在 100 人以上，或總勞工人數 500 人以上者，雇主應依有科學根據之之採樣分析方法或運用定量推估模式，實施暴露評估。雇主應就前項暴露評估結果，依下列規定，定期實施評估：

1. 暴露濃度低於容許暴露標準 1/2 之者，至少每 3 年評估 1 次。

2. 暴露濃度低於容許暴露標準但高於或等於其 1/2 者，至少每 1 年評估 1 次。

3. 暴露濃度高於或等於容許暴露標準者，至少每 3 個月評估 1 次。

游離輻射作業不適用前 2 項規定。

化學品之種類、操作程序或製程條件變更，有增加暴露風險之虞者，應於變更前或變更後 3 個月內，重新實施暴露評估。

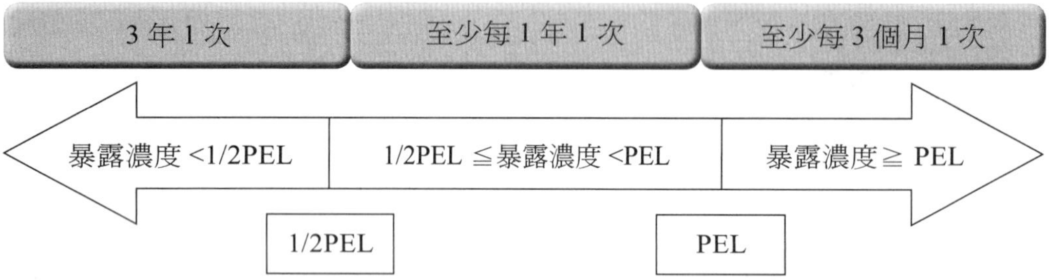

二、依據「危害性化學品評估及分級管理辦法」第 10 條（分級管理）規定，雇主對於前 2 條化學品之暴露評估結果，應依下列風險等級，分別採取控制或管理措施：

1. 第一級管理：暴露濃度低於容許暴露標準 1/2 者，除應持續維持原有之控制或管理措外，製程或作業內容變更時，並採行適當之變更管理措施。

2. 第二級管理：暴露濃度低於容許暴露標準但高於或等於其 1/2 者，應就製程設備、作業程序或作業方法實施檢點，採取必要之改善措施。

3. 第三級管理：暴露濃度高於或等於容許暴露標準者，應即採取有效控制措施，並於完成改善後重新評估，確保暴露濃度低於容許暴露標準。

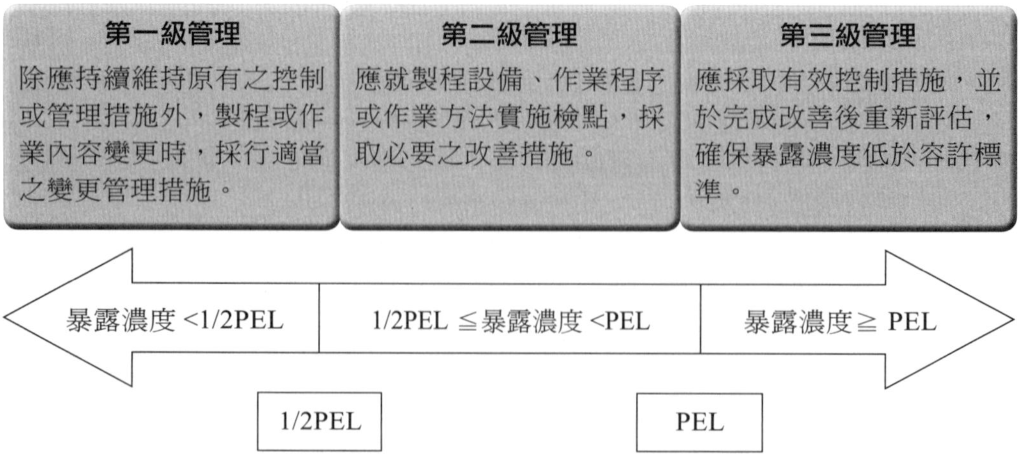

第一級管理
除應持續維持原有之控制或管理措施外，製程或作業內容變更時，採行適當之變更管理措施。
第二級管理
應就製程設備、作業程序或作業方法實施檢點，採取必要之改善措施。
第三級管理
應採取有效控制措施，並於完成改善後重新評估，確保暴露濃度低於容許標準。
暴露濃度 <1/2PEL
1/2PEL ≦暴露濃度 <PEL
暴露濃度≧ PEL
1/2PEL
PEL

參考題型

某化學工廠製造 1,3 丁二烯及甲醛（事業單位從事特別危害健康作業之勞工人數在 100 人以上），職業衛生人員欲實施危害性化學品評估及分級管理，應該考慮下列幾個因素？

一、依危害性化學品評估及分級管理辦法第 3 條規定：本辦法所定化學品，優先適用特定化學物質危害預防標準、有機溶劑中毒預防規則、四烷基鉛中毒預防規則、鉛中毒預防規則及粉塵危害預防標準之相關設置危害控制設備或採行措施之規定。請問 1,3 丁二烯及甲醛為適用前開那一標準那一分類之物質。（請依下列方式作答，〇〇 (法規名稱)；〇〇 (物質分類))

二、1,3 丁二烯及甲醛之勞工作業場所容許暴露標準（8 小時 TWA）為多少 ppm ？

三、依勞工作業環境監測實施辦法規定，1,3 丁二烯及甲醛是否應實施作業環境監測？監測頻率為何？

四、續上，

1. 若此職業衛生人員有充足的知識及資源使用下列三種暴露評估方法及工具（CCB tool kit、有科學根據之採樣分析方法、運用定量推估模式），請幫其就前三項選擇一種最經濟（指直接經濟而言）及符合法規規定之方法及工具。
2. 承上，說明法規依據之內容。

五、續上，

1. 若依職業衛生人員專業知識判斷，此 2 物質之暴露濃度可能皆低於容許暴露標準但高於或等於其二分之一，試問此 2 物質暴露評估之頻率至少為何？
2. 承上，說明是依據勞工作業環境監測實施辦法、CCB tool kit、或依據危害性化學品評估及分級管理辦法規定。

答

一、依據「特定化學物質危害預防標準」第 2 條附表一（特化物分類）規定：

1,3 丁二烯及甲醛均為丙類第一種物質。

二、依據「勞工作業場所容許暴露標準」第 2 條附表一（容許濃度）規定所載，1,3 丁二烯之 8 小時日時量平均容許濃度（8 小時 TWA）為 5 ppm；甲醛之 8 小時日時量平均容許濃度（8 小時 TWA）為 1 ppm。

三、依據「勞工作業環境監測實施辦法」附表二「製造、處置或使用特定化學物質之作業場所應實施作業環境監測之項目一覽表」規定：

1,3 丁二烯及甲醛均不需要實施作業環境監測。

四、1. 選擇運用定量推估模式為最經濟及符合法規規定之方法及工具。

2. 依據「危害性化學品評估及分級管理辦法」第 8 條規定。

五、1. 暴露濃度低於容許暴露標準但高於或等於其二分之一者，至少每年評估一次。

2. 依據危害性化學品評估及分級管理辦法規定第 8 條第 2 項第 2 款規定。

參考題型

某醫院聘僱勞工人數約 1,000 人，該院使用核可藥物 A（三氧化二砷 10mg/10ml/ 支）為病人注射以治療特定惡性腫瘤。

原則上，每位病人接受 2 個療程的治療，每療程為每週 5 天，每天使用 1 支以 500ml 生理食鹽水或葡萄糖水注射液稀釋後滴注時間約 4 小時，連續 5 個星期為 1 個療程，間隔 2 週後再進行下 1 個療程；藥師每次製劑時間約 10 分鐘。經查三氧化二砷安全資料表的危害分類、標示及危害警告訊息包括：

(1) 急毒性物質第 2 級 (吞食)

(2) 致癌物質第 1 級 (Category 1A)

(3) 腐蝕 / 激皮膚物質第 1 級 (Category 1B)

(4) 嚴重損傷 / 刺激眼睛物質第 1 級 (Category 1)

(5) 可能造成遺傳性缺陷 (Suspected of causing genetic defects, H340)

(6) 可能具生殖毒性或對胎兒發育有不良影響 (May damage fertility or the unborn child, H360FD)。

試回答下列問題：

一、試問此藥物

1. 是否為須報請中央主管機關備查及須取得運作許可之優先管理化學品？

2. 理由為何？【100-04】

二、作業環境監測

1. 雇主是否應依勞工作業環境監測實施辦法規定，委託認可作業環境監測機構，定期實施砷及其化合物之作業環境監測？
2. 理由為何？

三、特殊作業健康檢查

1. 此醫院使用密閉給藥裝置 (closed system transfer devices, CSTD)，以降低人員之暴露危害和降低工作環境污染。護理人員於作業時均依指引建議穿戴個人防護具，給藥物時不需再執行藥物稀釋等相關製備作業。近 3 年使用量及處置人員業務統計如表三，雇主是否應依職業安全衛生法規定，使那些參與此藥物注射之護理人員接受「砷及其化合物作業勞工特殊體格及健康檢查」？
2. 理由為何？

四、承上題，該醫院藥師於符合 CLASS II（中度風險）標準之生物安全櫃進行調劑，並使用藥物密閉傳輸系統傳送藥物，人員於作業時均依指引建議穿戴個人防護具；

1. 雇主是否應使那些參與此藥物調劑之藥師接受「砷及其化合物作業勞工特殊體格及健康檢查」？
2. 理由為何？

五、此藥物的懷孕用藥安全為 X（動物或人體試驗證實對胎兒有害絕對不可使用），此藥物於製備後應用無針密閉安全連接裝置可大幅減少汙染、戳破、傳送擠壓滲漏之風險，請問：（全對才給分）

1. 此醫院使通報懷孕後之護理人員執行此藥物的注射作業是否恰當？
2. 理由為何？

表一、勞工作業場所容許暴露標準附表一空氣中有害物容許濃度（節錄）

中文名稱	符號	容許濃度	備註
砷及其化合物（以砷計）	瘤	0.01 mg/m^3	丙類第三種特定化學物質

表二、三氧化二砷的物理及化學性質（節錄自安全資料表）

氣味：無味	熔點：312° C
沸點 / 沸點範圍：465°C	蒸氣壓：1 mmHg@212.5°C
蒸氣密度：-	揮發速率：-

表三、藥物 A 年度用量及處置業務統計

年度	110 年	111 年	112 年（1 至 4 月）
用量（支）	128	114	95
全年藥師調劑日數（支 / 人）	10~18	6~16	3~14
全年護理人員注射業務（次 / 人）	0~8	0~6	0~5

答

一、1. 是。此藥物必須報請中央主管機關備查及須取得運作許可之優先管理化學品。

2. 理由：由此三氧化二砷安全資料表的危害分類、標示得知為致癌物質第 1 級屬優先管理化學品，依「職業安全衛生法」第 14 條第 2 項規定，製造者、輸入者、供應者或雇主，對於中央主管機關指定之優先管理化學品，應將相關運作資料報請中央主管機關備查。

二、1. 是。雇主應依「勞工作業環境監測實施辦法」規定，委託認可作業環境監測機構，定期實施砷及其化合物之作業環境監測。

2. 理由：因此藥物含砷及其化合物，屬丙類第三種特定化學物質，依「職業安全衛生法」第 12 條第 3 項規定，雇主對於經中央主管機關指定之作業場所，應訂定作業環境監測計畫，並設置或委託由中央主管機關認可之作業環境監測機構實施監測。

三、1. 是。雇主應依職業安全衛生法規定，使參與此藥物注射之護理人員接受「砷及其化合物作業勞工特殊體格及健康檢查」。

2. 理由：因此藥物含砷及其化合物，為製造、處置或使用特定化學物質作業，屬特別危害健康作業，依「職業安全衛生法」第 20 條第 1 項第 2 款規定，雇主對從事特別危害健康作業者施行特殊健康檢查。

四、1. 是。雇主應使參與此藥物調劑之藥師接受「砷及其化合物作業勞工特殊體格及健康檢查」。

2. 理由：因此藥物含砷及其化合物，為製造、處置或使用特定化學物質作業，屬特別危害健康作業，依「職業安全衛生法」第 20 條第 1 項第 2 款規定，雇主對從事特別危害健康作業者施行特殊健康檢查。

五、1. 否。此醫院使通報懷孕後之護理人員執行此藥物的注射作業並不恰當。

2. 理由：由於此藥物的懷孕用藥安全為 X（動物或人體試驗證實對胎兒有害絕對不可使用），依「職業安全衛生法」第 30 條第 1 項第 5 款規定，雇主不得使妊娠中之女性勞工從事處理或暴露於二硫化碳、三氯乙烯、環氧乙烷、丙烯醯胺、次乙亞胺、砷及其化合物、汞及其無機化合物等經中央主管機關規定之危害性化學品之工作，故此醫院使通報懷孕後之護理人員執行此藥物的注射作業並不恰當。

拾伍、具有特殊危害之作業相關法規

（高溫作業勞工作息時間標準、重體力勞動作業勞工保護措施標準、精密作業勞工視機能保護設施標準、高架作業勞工保護措施標準及異常氣壓危害預防標準）

本節提要及趨勢

「特殊危害作業」有 5 個作業項目，即高溫、高架、重體力、精密作業、異常氣壓作業這 5 種，都是與休息時間有關的作業，其中高溫作業又與「勞工健康保護規則」、「勞工作業環境監測實施辦法」等法規互有關聯，於此讀者應可了解高溫作業在考科裡面的重要性了。另外「特殊危害作業」不同於「特別危害健康作業」，讀者研讀時需小心別混淆了。

適用法規

一、「高溫作業勞工作息時間標準」。

二、「重體力勞動作業勞工保護措施標準」。【99-1-6】

三、「精密作業勞工視機能保護設施標準」。

四、「高架作業勞工保護措施標準」。

五、「異常氣壓危害預防標準」。

重點精華

一、**輕工作**：指僅以坐姿或立姿進行手臂部動作以操縱機器者。

二、**中度工作**：指於走動中提舉或推動一般重量物體者。

三、**重工作**：指鏟、掘、推等全身運動之工作者。

四、**高壓室內作業**：指沈箱施工法或壓氣潛盾施工法及其他壓氣施工法中，於表壓力超過大氣壓之作業室或豎管內部實施之作業。

五、**潛水作業**：指使用潛水器具之水肺或水面供氣設備等，於水深超過 10 公尺之水中實施之作業。【97-1-1】

參考題型

請依據我國職業安全衛生相關法律說明何為高溫作業？

答

依據「高溫作業勞工作息時間標準」第 2 條（高溫作業定義）規定，本標準所定高溫作業，為勞工工作日時量平均綜合溫度熱指數達第 5 條連續作業規定值以上之下列作業：

一、於鍋爐房從事之作業。

二、灼熱鋼鐵或其他金屬塊壓軋及鍛造之作業。

三、於鑄造間處理熔融鋼鐵或其他金屬之作業。

四、鋼鐵或其他金屬類物料加熱或熔煉之作業。

五、處理搪瓷、玻璃、電石及熔爐高溫熔料之作業。

六、於蒸汽火車、輪船機房從事之作業。

七、從事蒸汽操作、燒窯等作業。

八、其他經中央主管機關指定之高溫作業。

前項作業，不包括已採取自動化操作方式且勞工無暴露熱危害之虞者。

勞工高溫作業休息時間標準：

每小時作息時間 比例		連續作業	75% 作業 25% 休息	50% 作業 50% 休息	25% 作業 75% 休息
WBGT〔°C〕	輕	30.6	31.4	32.2	33.0
	中度	28.0	29.4	31.1	32.6
	重	25.9	27.9	30.0	32.1

（一）輕工作：係指僅似坐姿或立姿進行手臂部動作以操縱機器者。

（二）中度工作：係指以走動中提舉或推動一般重量物體者。

（三）重工作：係指鏟、掘、推等全身運動之工作者。

參考題型

請依據我國職業安全衛生相關法律說明何為重體力勞動作業？

答

依據「重體力勞動作業勞工保護措施標準」第 2 條（重體力勞動作業定義）規定，本標準所定重體力勞動作業，指下列作業：

一、以人力搬運或揹負重量在 40 公斤以上物體之作業。

二、以站立姿勢從事伐木作業。

三、以手工具或動力手工具從事鑽岩、挖掘等作業。

四、坑內人力搬運作業。

五、從事薄板壓延加工，其重量在 20 公斤以上之人力搬運作業及壓延後之人力剝離作業。

六、以 4.5 公斤以上之鎚及動力手工具從事敲擊等作業。

七、站立以鏟或其他器皿裝盛 5 公斤以上物體做投入與出料或類似之作業。

八、站立以金屬棒從事熔融金屬熔液之攪拌、除渣作業。

九、站立以壓床或氣鎚等從事 10 公斤以上物體之鍛造加工作業，且鍛造物必須以人力固定搬運者。

十、鑄造時雙人以器皿裝盛熔液其總重量在 80 公斤以上或單人搯金屬熔液之澆鑄作業。

十一、以人力拌合混凝土之作業。

十二、以人工拉力達 40 公斤以上之纜索拉線作業。

十三、其他中央主管機關指定之作業。

參考題型

請依據我國職業安全衛生相關法律說明何為精密作業？ 【109 職衛技師】

答

依據「精密作業勞工視機能保護設施標準」第 3 條（精密作業定義）規定，本標準所稱精密作業，係指雇主使勞工從事下列凝視作業，且每日凝視作業時間合計在 2 小時以上者。

一、小型收發機用天線及信號耦合器等之線徑在 0.16 毫米以下非自動繞線機之線圈繞線。

二、精密零件之切削、加工、量測、組合、檢試。

三、鐘、錶、珠寶之鑲製、組合、修理。

四、製圖、印刷之繪製及文字、圖案之校對。

五、紡織之穿針。

六、織物之瑕疵檢驗、縫製、刺繡。

七、自動或半自動瓶裝藥品、飲料、酒類等之浮游物檢查。

八、以放大鏡、顯微鏡或外加光源從事記憶盤、半導體、積體電路元件、光纖等之檢驗、判片、製造、組合、熔接。

九、電腦或電視影像顯示器之調整或檢視。

十、以放大鏡或顯微鏡從事組織培養、微生物、細胞、礦物等之檢驗或判片。

十一、記憶盤製造過程中，從事磁蕊之穿線、檢試、修理。

十二、印刷電路板上以人工插件、焊接、檢視、修補。

十三、從事硬式磁碟片 (鋁基板) 抛光後之檢視。

十四、隱形眼鏡之抛光、切削鏡片後之檢視。

十五、蒸鍍鏡片等物品之檢視。

> **提示** 因凝視作業項目頗多，若考題要求依據此標準說明，確實不好寫出，且此類題目出現機率較低，建議朝生活中易見作業來寫，如鐘錶珠寶、製圖印刷、穿針、顯微鏡檢驗、抛光檢視…等較易理解而不需刻意去背的作業。

參考題型

請回答下列問題：

一、請問人體對外在環境的冷熱舒適感覺，受那四種因素影響？

二、請寫出綜合溫度熱指數計算方法：

1. 戶外有日曬情形者。
2. 戶內或戶外無日曬情形者。

三、某基本金屬製造工廠之室內有一位勞工從事金屬熔煉作業，為間歇性熱暴露，該勞工在熔煉投料區作業 30 分鐘，投料區測得之綜合溫度熱指數為 29.4°C；另於出料區從事檢視作業 90 分鐘，出料區測得之綜合溫度熱指數為 28.6°C，試計算其時量平均綜合溫度熱指數？

四、承上題，已知該勞工之作業屬中度工作，依高溫作業勞工作息時間標準規定該勞工每小時應至少有多少時間之休息？

五、某日該工廠有一位勞工在從事投料作業時，突然覺得無力倦怠，體溫微幅升高（經量測約 38.5°C），並伴隨有大量出汗、皮膚濕冷、臉色蒼白、心跳加快等症狀。請問該名勞工可能罹患那種熱疾病？

表、高溫作業勞工作息時間標準

時量平均綜合溫度熱指數值 °C	輕工作	30.6	31.4	32.2	33.0
	中度工作	28.0	29.4	31.1	32.6
	種工作	25.9	27.9	30.0	32.1
時間比例 每小時作息		連續作業	25% 休息 75% 作業	50% 休息 50% 作業	75% 休息 25% 作業

答

一、人體對外在環境的冷熱舒適感覺，受下列 4 種因素影響：

1. 溫度。
2. 濕度。
3. 風速（氣流速度）。
4. 輻射熱。

二、綜合溫度熱指數 (WBGT) 計算方法如下列：

1. 戶外有日曬情形者＝自然濕球 × 0.7 + 黑球 × 0.2 + 乾球 × 0.1

2. 戶內或戶外無日曬情形者＝自然濕球 × 0.7 + 黑球 × 0.3

三、勞工之時量平均綜合溫度熱指數計算如下列：

$$WBGT_{TWA}=\frac{(WBGT_1\times t_1)+(WBGT_2\times t_2)\ldots+(WBGT_n\times t_n)}{t1+t2\ldots tn}$$

$$=\frac{(29.4\times 30)+(28.6\times 90)}{30+9}=28.8\ (^{o}C)$$

四、已知該勞工之作業屬中度工作，而時量平均綜合溫度熱指數為 28.8°C (介於 28°C 與 29.4°C 之間)，依「高溫作業勞工作息時間標準」規定 (25% 休息、75% 作業)，所以該勞工每小時應至少有 15 分鐘之休息及 45 分鐘作業。

五、勞工體溫微幅升高（經量測約 38.5°C），並伴隨有大量出汗、皮膚濕冷、臉色蒼白、心跳加快等症狀，此勞工可能罹患熱疾病為熱衰竭，其主因是因為流汗過多，未適時補充水分或電解質而導致的血液循環衰竭。

參考題型

某一公司承攬油輪輸送之海底管線與浮筒檢視的工作，此為例行性的業務，每天均要進行，其工作環境需要潛水員潛入水面下約 30-42 公尺深處進行作業，請依照異常氣壓危害預防標準，及表 1、表 2、表 3、表 4、表 5，回答下列問題：

一、請說明何謂潛水作業？

二、潛水員使用氮氣人工調和混合氣供給氣體，其氧氣濃度不得超過 40%，且氧分壓不得超過多少絕對大氣壓力？

三、查閱該公司 111 年 5 月 12 日之潛水日誌（表 1、潛水日誌），發現部分欄位遺漏，請參考表 1 至表 5，提供潛水員甲之正確的減壓程序，列出下列時間（請寫出「分：秒」）

X：上升至第一減壓站時間。

Y：使用空氣減壓停留時間。

Z：上浮時間總計。

四、依相關法規規定，潛水日誌應妥善填寫並至少保存多少年？

五、當天潛水員乙於上午 10 時進行潛水後，約休息 3 小時 15 分後，再於 14 時進行重複潛水，請依表 1 至表 5，列出

1. 本次重複潛水代號或群組。
2. 水面休息後重複潛水之代號或群組。
3. 餘氮時間（分）。
4. 第 2 次潛水的免減壓限度滯底時間（分）。

表 1 潛水日誌

作業地點：外海第一浮筒
作業日期：111 年 5 月 12 日
供氣方式：氮氣人工調和混合氣供給氣體（氧氣 28%）

潛水員姓名	下水時間（時：分）	潛水深度（公尺）	滯底時間（分）	上升至第一減壓站時間（分：秒）	減壓停留時間（分：秒）	上浮時間總計（分：秒）	救援潛水員	工作內容
甲	07:30	42	17	X	Y	Z	丙	浮筒水下連桿法蘭螺絲鎖緊作業
乙	10:00	32	20				丙	南側管線巡查
乙	14:0	32					丙	北側管線巡查

表 2 人工調合混合氣（氮氣）潛水相當於空氣潛水之深度

潛水人員實際潛水深度公尺（呎）	各種氧濃度下之潛水深度相當於空氣潛水之深度 [Equivalent Air Depth(EAD)，公尺（呎）]															
	氧 25%	氧 26%	氧 27%	氧 28%	氧 29%	氧 30%	氧 31%	氧 32%	氧 33%	氧 34%	氧 35%	氧 36%	氧 37%	氧 38%	氧 39%	氧 40%
27.4 (90)	27.4 (90)	27.4 (90)	27.4 (90)	27.4 (90)	24.4 (80)	24.4 (80)	24.4 (80)	24.4 (80)	24.4 (80)	24.4 (80)	21.3 (70)	21.3 (70)	21.3 (70) [:107]	21.3 (70) [:80]	21.3 (70) [:61]	21.3 (70) [:47]
30.5 (100)	30.5 (100)	30.5 (100)	30.5 (100)	27.4 (90)	27.4 (90)	27.4 (90)	27.4 (90)	27.4 (90)	27.4 (90)	24.4 (80) [:113]	24.4 (80) [:82]	24.4 (80) [:61]	24.4 (80) [:46]	24.4 (80) [:36]	24.4 (80) [:29]	21.3 (70) [:23]
33.5 (110)	33.5 (110)	33.5 (110)	33.5 (110)	30.5 (100)	30.5 (100)	30.5 (100)	30.5 (100)	30.5 (100) [:96]	30.5 (100) [:69]	27.4 (90) [:51]	27.4 (90) [:39]	27.4 (90) [:30]				
36.6 (120)	36.6 (120)	36.6 (120)	36.6 (120)	33.5 (110)	33.5 (110)	33.5 (110)	33.5 (110)	33.5 (110)	30.5 (100)	30.5 (100)						
39.6 (130)	39.6 (130)	39.6 (130)	39.6 (130)	36.6 (120)	36.6 (120) [:95]	36.6 (120) [:65]	36.6 (120) [:47]	36.6 (120) [:35]	33.5 (110) [:26]							
42.7 (140)	42.7 (140)	42.7 (140) [:109]	39.6 (130) [:73]	39.6 (130) [:50]	39.6 (130) [:36]											
45.7 (150)	45.7 (150) [:89]	45.7 (150) [:59]	42.7 (140) [:41]													
48.8 (160)	48.8 (160) [:50]	48.8 (160) [:35]														

註：

1. 以 EAD 使用減壓表減壓時，應選擇高一階的深度。
2. - - - : 係指 1.4 絕對大氣壓力下，正常潛水作業深度之限制範圍。
3. 灰色區域係指超過正常潛水作業範圍，不宜從事重覆潛水。
4. [ ] 內之時間為安全潛水最大容許時間。

表 3 空氣潛水減壓表

滯底時間分	到達第一減壓站時間分:秒	使用氣體	減壓站深度〔公尺(呎)〕及停留時間(分) 30.5 (100)	27.4 (90)	24.4 (80)	21.3 (70)	18.3 (60)	15.2 (50)	12.2 (40)	9.1 (30)	6.1 (20)	總上浮時間分:秒	艙內氧氣減壓單元(每單元30分鐘)	重複潛水代號或組群
潛水深度：30.5公尺(100呎)														
25	03:20	空氣									0	3:20	0	H
		空氣/氧氣									0	3:20		
30	02:40	空氣									3	6:20	0.5	J
		空氣/氧氣									2	5:20		
35	02:40	空氣									15	18:20	0.5	L
		空氣/氧氣									8	11:20		
潛水深度：33.5公尺(110呎)														
20	03:40	空氣									0	3:40	0	H
		空氣/氧氣									0	3:40		
25	03:00	空氣									3	6:40	0.5	I
		空氣/氧氣									2	5:40		
30	03:00	空氣									14	17:40	0.5	K
		空氣/氧氣									7	10:40		
潛水深度：39.6公尺(130呎)														
10	04:20	空氣									0	4:20	0	E
		空氣/氧氣									0	4:20		
15	03:40	空氣									1	5:20	0.5	G
		空氣/氧氣									1	5:20		
20	03:40	空氣									4	8:20	0.5	I
		空氣/氧氣									2	6:20		
潛水深度：42.7公尺(140呎)														
10	04:40	空氣									0	4:40	0	E
		空氣/氧氣									0	4:40		
15	04:00	空氣									2	6:40	0.5	H
		空氣/氧氣									1	5:40		
20	04:00	空氣									7	11:40	0.5	J
		空氣/氧氣									4	8:40		

表 4 空氣潛水免減壓限度與重複潛水代號或群組表

潛水深度 公尺(呎)	免減壓限度 滯底時間：分	重複潛水代號或組群 A	B	C	D	E	F	G	H	I	J	K	L	M	N	O	Z
27.4 (90)	30	4	7	11	14	17	21	24	28	30							
30.5 (100)	25	4	6	9	12	15	18	21	25								
33.5 (110)	20	3	6	8	11	14	16	19	20								
36.6 (120)	15	3	5	7	10	12	15										
39.6 (130)	10	2	4	6	9	10											
42.7 (140)	10	2	4	6	8	10											
45.7 (150)	5	2	3	5													

表 5 空氣潛水水面休息時間表與重複潛水餘氧時間

註：
1. 右表單位為時：分
2. 註記＊者，係指比該時間組還要長的水面休息時間之後所作的潛水，非屬重複潛水。

重複潛水代號 / 水面休息時間 / 水面休息後重複潛水之代號或組群

重複潛水代號	Z	O	N	M	L	K	J	I	H	G	F	E	D	C	B	A
A																0:10 2:20 *
B															0:10 1:16	1:17 3:36 *
C														0:10 0:55	0:56 2:11	2:21 4:31 *
D													0:10 0:52	0:53 1:47	1:48 3:03	3:04 5:23 *
E												0:10 :52	0:53 1:44	1:45 2:39	2:40 3:55	3:56 6:15 *
F											0:10 0:52	:53 1:44	1:45 2:37	2:38 3:31	3:32 4:48	4:49 7:08 *
G										0:10 0:52	0:53 1:44	1:45 2:37	2:38 3:29	3:30 4:23	4:24 5:40	5:41 8:00 *
H									0:10 0:52	0:53 1:44	1:45 2:37	2:38 3:29	3:30 4:21	4:22 5:16	5:17 6:32	6:33 8:52 *
I								0:10 0:52	0:53 1:44	1:45 2:37	2:38 3:29	3:30 4:21	4:22 5:13	5:14 6:08	6:09 7:24	7:25 9:44 *
J							0:10 0:52	0:53 1:44	1:45 2:37	2:38 3:29	3:30 4:21	4:22 5:13	5:14 6:06	6:07 7:00	7:01 8:16	8:17 10:36 *
K						0:10 0:52	0:53 1:44	1:45 2:37	2:38 3:29	3:30 4:21	4:22 5:13	5:14 6:06	6:07 6:58	6:59 7:52	7:53 9:09	9:10 11:29 *
L					0:10 0:52	0:53 1:44	1:45 2:37	2:38 3:29	3:30 4:21	4:22 5:13	5:14 6:06	6:07 6:58	6:59 7:50	7:51 8:44	8:45 10:01	10:02 12:21 *
M				0:10 0:52	0:53 1:44	1:45 2:37	2:38 3:29	3:30 4:21	4:22 5:13	5:14 6:06	6:07 6:58	6:59 7:50	7:51 8:42	8:43 9:37	9:38 10:53	10:54 13:13 *
N			0:10 0:52	0:53 1:44	1:45 2:37	2:38 3:29	3:30 4:21	4:22 5:13	5:14 6:06	6:07 6:58	6:59 7:50	7:51 8:42	8:43 9:34	9:35 10:29	10:30 11:45	11:46 14:05 *
O		0:10 0:52	0:53 1:44	1:45 2:37	2:38 3:29	3:30 4:21	4:22 5:13	5:14 6:06	6:07 6:58	6:59 7:50	7:51 8:42	8:43 9:34	9:35 10:27	10:28 11:21	11:22 12:37	12:38 14:58 *
Z	0:10 0:52	0:53 1:44	1:45 2:37	2:38 3:29	3:30 4:21	4:22 5:13	5:14 6:06	6:07 6:58	6:59 7:50	7:51 8:42	8:43 9:34	9:35 10:27	10:28 11:19	11:20 12:13	12:14 13:30	13:31 15:50 *

重複潛水深度 公尺（呎）	Z	O	N	M	L	K	J	I	H	G	F	E	D	C	B	A
3.0 (10)	--	--	--	--	--	--	--	--	--	--	--	427	246	159	101	58
4.5 (15)	--	--	--	--	--	--	--	--	450	298	218	164	122	89	61	37
6.1 (20)	--	--	--	--	--	462	331	257	206	166	134	106	83	62	44	27
7.6 (25)	372	308	470	354	286	237	198	167	141	118	98	79	63	48	34	21
9.1 (30)	372	308	261	224	194	168	146	126	108	92	77	63	51	39	28	18
10.6 (35)	245	216	191	169	149	132	116	101	88	75	64	53	43	33	24	15
12.2 (40)	188	169	152	136	122	109	97	85	74	64	55	45	37	29	21	13
13.7 (45)	154	140	127	115	104	93	83	73	64	56	48	40	32	25	18	12
15.2 (50)	131	120	109	99	90	81	73	65	57	49	42	35	29	23	17	11
16.7 (55)	114	105	96	88	80	72	65	58	51	44	38	32	26	20	15	10
18.3 (60)	101	93	86	79	72	65	58	52	46	40	35	29	24	19	14	9
21.3 (70)	83	77	71	65	59	54	49	44	39	34	29	25	20	16	12	8
24.4 (80)	70	65	60	55	51	46	42	38	33	29	25	22	18	14	10	7
27.4 (90)	61	57	52	48	44	41	37	33	29	26	22	19	16	12	9	6
30.5 (100)	54	50	47	43	40	36	33	30	26	23	20	17	14	11	8	5
33.5 (110)	48	45	42	39	36	33	30	27	24	21	18	16	13	10	8	5
36.6 (120)	44	41	38	35	32	30	27	24	22	19	17	14	12	9	7	5
39.6 (130)	40	37	35	32	30	27	25	22	20	18	15	13	11	9	6	4
42.7 (140)	37	34	32	30	27	25	23	21	19	16	14	12	10	8	6	4
45.7 (150)	34	32	30	28	26	23	21	19	17	15	13	11	9	8	6	4

答

一、依據「異常氣壓危害預防標準」第 2 條第 1 項第 2 款（潛水作業定義）規定，本標準所稱異常氣壓作業，種類如下：

潛水作業：指使用潛水器具之水肺或水面供氣設備等，於水深超過 10 公尺之水中實施之作業。

二、依據「異常氣壓危害預防標準」第 45-1 條（調和氣體規範）規定，雇主使勞工從事潛水作業而使用氮氧人工調和混合氣供給氣體時，應參照附表四之七之相當空氣潛水深度，並依其減壓時程作業，其氧氣濃度不得超過 40%，且氧分壓不得超過 1.4 絕對大氣壓力。

三、X：上升至第一減壓站時間：04:00

Y：使用空氣減壓停留時間：07:00

Z：上浮時間總計：11:40

四、依據「異常氣壓危害預防標準」第 39 條第 1 項第 7 款（潛水日誌保存年限）規定，填寫潛水日誌，記錄每位潛水人員作業情形、減壓時間及工作紀錄，資料保存 15 年。

五、1. 本次重複潛水代號或群組：II

2. 水面休息後重複潛水之代號或群組：E

3. 餘氮時間（分）：16 分

4. 第 2 次潛水的免減壓限度滯底時間（分）：14 分

5-2 職業安全衛生計畫及管理

本章節部分內容參考「中華民國工業安全衛生協會編列之職業衛生管理師教育訓練教材」。

壹、職業安全衛生管理系統（含風險評估）

本節提要及趨勢

本章職業安全衛生管理系統(CNS 15506:2011)是我國(勞委會96年)整併OHSAS 18001:2007(全球主要驗證機構共同制定之職業安全衛生評估系列標準)及ILO-OSH:2001(國際勞工組織公告之職業安全衛生管理系統指引)，以提升國家競爭力，將職場安全衛生管理制度邁向系統化。2018年3月國際標準組織(ISO)已發布ISO 45001職業安全衛生管理系統標準，更成為各企業系統改版的趨勢，以走向國際化發展的指標。

適用法規

一、「職業安全衛生法」第23條第1項。

二、「職業安全衛生管理辦法」第12-2條。

三、「職業安全衛生管理系統」

1. TOSHMS驗證指導要點(109.10.13)。
2. TOSHMS指引(96.08.13)。

重點精華

一、名詞定義

1. **稽核**(audit)：系統化、獨立及文件化之程序，以獲得證據，並客觀地評估它，以決定滿足所定準則的程度。
2. **危害**(hazard)：潛在會造成人員傷害或有礙健康的傷害之來源、情況或行為，或上述之組合。
3. **危害鑑別**(hazard identification)：確認危害之存在，並定義其特性的過程。
4. **有礙健康**(ill health)：可鑑別，有害身體或精神的狀態，因工作活動與工作相關情形提升或者惡化。
5. **事件**(incident)：造成或可能造成傷害、有礙健康(不論嚴重程度)或死亡的工作相關情事；包含意外事故、虛驚事件或緊急情況。

6. **風險** (risk)：係對於危害事件或暴露發生的可能性之組合，且傷害程度或有礙健康會因此危害事件或暴露而造成。
7. **風險評鑑** (risk assessment)：考量任何現有管制措施的結果，評估因危害而造成的風險與決定此風險是否可接受的過程。
8. **主動式監督** (active)：檢查危害和風險的預防與控制措施，以實施職業安全衛生管理系統的作法，符合其所定準則的持續性活動。
9. **被動式監督** (passive)：對因危害和風險的預防與控制措施，職業安全衛生管理系統的失誤而引起的傷病、不健康和事故進行檢查、辨識之過程。
10. **持續改善** (action)：為達成改善整體的職業安全衛生績效及職業安全衛生政策的承諾，而不斷強化職業安全衛生管理系統的循環過程。
11. **預防措施**：消除潛在不符合或其他不期待情況原因之措施。
12. **矯正措施**：消除所偵知之不符合或不期待情況原因之措施。

二、「職業安全衛生管理系統」在決定管制措施，或是考慮變更現有管制措施時，應依據下列順序(**應注意優先次序**)以考量降低風險。

1. 消除；
2. 取代；
3. 工程控制措施；
4. 標示、警告與管理或管制措施；
5. 個人防護器具。

三、依國際勞工局 ILO-OSH 2001 指引，其職業安全衛生管理系統架構包含：

1. 政策 - 職業安全衛生政策。
   - 員工參與。
2. 組織 - 責任與義務。
   - 能力與訓練。
   - 職安衛管理系統文件化。
   - 溝通。
3. 規劃與實施 - 先期審查。
   - 系統規劃、建立與實施。
   - 職業安全衛生目標。
   - 危害預防(包括預防與控制措施、變更管理、緊急應變措施、採購、承攬等)。

4. 評估 - 績效監督與量測。
   - 與工作有關的傷害、不健康、疾病和事故及其對安全衛生績效影響的調查。
   - 稽核。
   - 管理階層審查。

5. 改善措施 - 矯正與預防措施。
   - 持續改善。

四、依行政院國家工安獎評審標準，安全衛生管理之目的為降低企業風險，保護企業及員工的安全與健康，而職業安全衛生管理系統即為運用風險管理的觀念，有效建構與整合企業的安全衛生自主管理制度。企業要達到健全的職業安全衛生管理，至少要做到：

1. 超越法規：任何安全衛生規範除應符合安全衛生法規及職業安全衛生管理系統的基本要求外，尚須追求優於法令的高階標準。

2. 高層政策支持：在提升安全衛生及促進勞工健康之投資，應以本質安全、工程控制優先考量。

3. 落實風險評估：任何作業工作環境及組織程序所存在的風險，均應詳實地辨識與評估，並採取防災控制措施，透過事前做好評估及預防控制，將風險機率及嚴重性降到最低。

4. 持續改善：落實規劃 (Plan)、實施 (Do)、查核 (Check) 與矯正行動 (Action) 的管理循環，隨時檢討改進，使安全衛生水準不斷地改進提昇。

五、依「風險評估技術指引」，執行風險評估之作業流程如下涵蓋 6 個步驟程序：

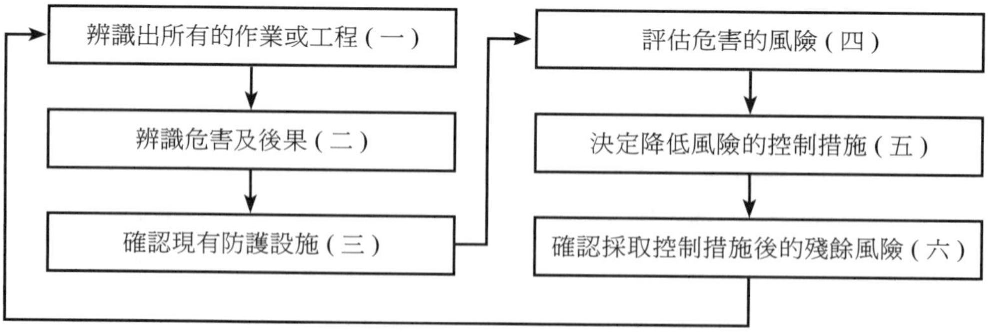

六、依臺灣職業安全衛生管理系統 (TOSHMS) 指引，「職業安全衛生管理系統」之政策、目標、適用範圍，主要要項與其關聯性，以及相關文件，確保與其職業安全衛生風險相關過程之有效的規劃、運作、管制及紀錄等應有文件化，其管理系統包含下列四階文件架構。

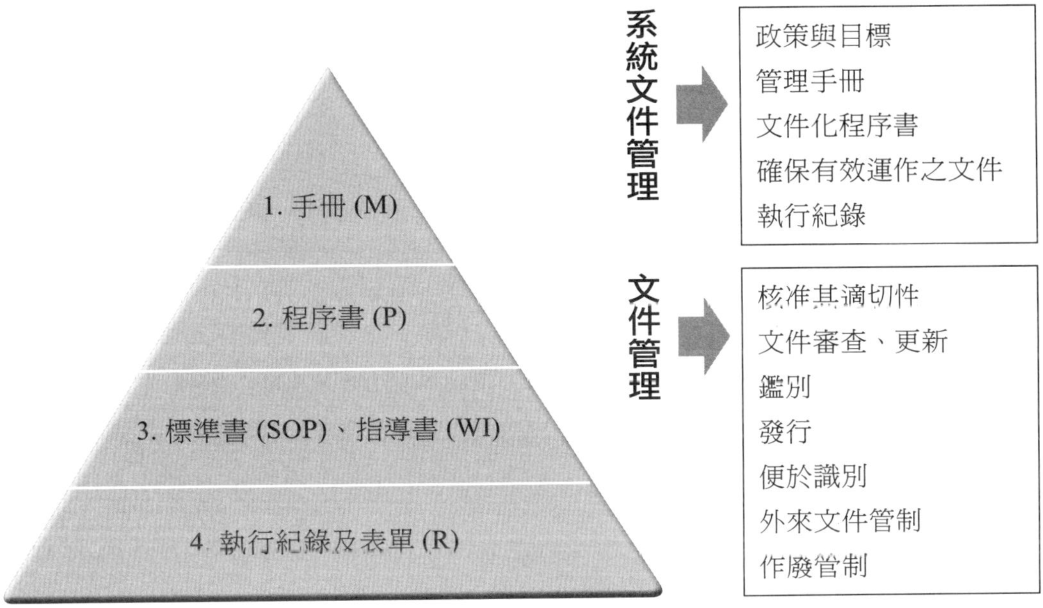

七、依臺灣職業安全衛生管理系統 (TOSHMS) 驗證規範，其職業安全衛生管理系統模式，採取規劃 - 實施 - 檢查 - 行動 (PDCA) 之方法論，以持續精進系統整體性的提升。

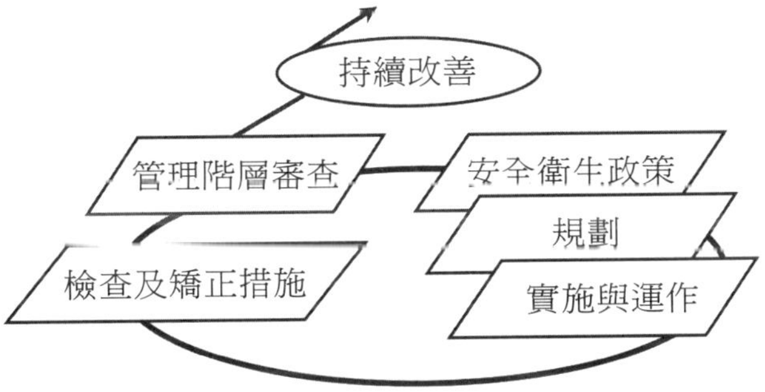

PDCA 簡述如下：

1. 規劃：建立目標與必要之過程，以達成符合組織職業安全衛生政策之結果。
2. 實施：執行這些過程。
3. 檢查：針對職業安全衛生政策、目標、法規與其他要求事項之監督與量測過程，並報告結果。
4. 行動：採取措施以持續改善職業安全衛生管理系統之績效。

八、依臺灣職業安全衛生管理系統 (TOSHMS) 指引，其職安衛管理系統之架構涵蓋 5 要素 20 個項目，如下圖所示：

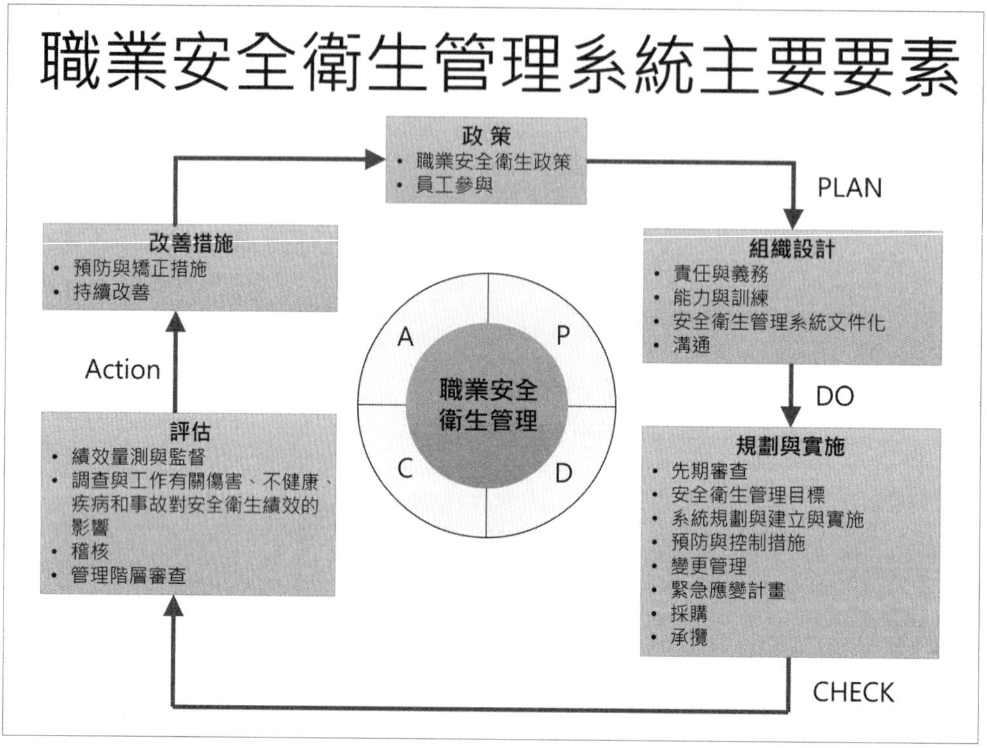

九、現今 ISO 45001 職業安全衛生管理系統，如同品質與環境系統採用高階結構，涵蓋下列 10 個章節；依系統要求現持有 OHSAS 18001 組織，應於 ISO 45001 正式發佈 2018 年 3 月 12 日起 3 年內完成轉版稽核，即證書轉版時程至 2021 年 3 月 11 日。

第 1 章：範圍 (Scope)

第 2 章：引用標準 (Normative references)

第 3 章：術語和定義 (Terms and definitions)

第 4 章：組織的背景 (Context of the organization)

第 5 章：領導與工作者參與 (Leadership and worker participation)

第 6 章：規劃 (Planning)

第 7 章：支援 (Support)

第 8 章：運行 (Operation)

第 9 章：績效評估 (Performance evaluation)

第 10 章：持續改善 (Improvement)

ISO 45001 職業安全衛生管理系統所關注的要項如下：

1. 對危險源辨識、風險評估及決定控制的計劃。
2. 符合法規和其他要求。
3. 目標、標的與健康安全方案。
4. 資源、角色、責任、職責與許可權。
5. 人員能力、訓練和意識。
6. 溝通、參與和諮詢。
7. 運行控制。
8. 緊急應變機制。
9. 績效測量和監視。

資料來源：https://www.jsconsulting.com.tw

參考題型

有關職業安全衛生管理系統之標準及其內容：

一、我國 TOSHMS 驗證標準，目前是否指國家標準 CNS 45001 或 CNS 15506？

二、CNS 45001:2018 所稱受傷及健康妨害 (injury and ill health)，除職業病、疾病及死亡等不利影響外，尚包含那些不利影響項目？

三、何謂職業安全衛生機會？【87-03-01】

答

一、依據 109 年 10 月 13 日修正公布之「臺灣職業安全衛生管理系統驗證指導要點」所稱 TOSHMS 驗證標準，指國家標準 CNS 45001 或 CNS 15506，以及職安署發布之 TOSHMS 特定稽核重點事項。但 CNS 15506 自 110 年 4 月 1 日起停止適用。

二、CNS 45001:2018 所稱受傷及健康妨害，除職業病、疾病及死亡等不利影響外，尚包含個人生理、心理或認知狀態的不利影響。

三、職業安全衛生機會係指可導致職業績效改進之狀況或一組狀況。

參考題型

CNS 45001:2018 指組織應在相關功能及水準前提下，建立各職業安全衛生管理目標，以維持及持續改進職業安全衛生管理系統與職業安全衛生績效，試列舉 4 項職業安全衛生目標應有之特性。【88-04-03】

答

依據「CNS 45001:2018」第 6.2.1 條規定，職業安全衛生目標應有下列特性：

一、與職業安全衛生政策一致。

二、可量測 (若可行)，或足以評估績效。

三、納入考量：

1. 適用的要求事項。
2. 風險與機會評鑑的結果。
3. 與工作者及其代表 (若有) 諮詢的結果。

四、可以監督。

五、可以溝通。

六、適時予以更新。

參考題型

CNS 45001 職業安全衛生管理系統提及組織應建立過程，以實施及管制所規劃但會影響職業安全衛生績效之臨時性及永久性的變更，試舉例說明變更管理包含之事項，並說明變更後應採取之必要措施。【89-03-01】

答

一、依據「變更管理技術指引補充說明」，變更管理可能包含之事項如下列：

1. 設計 (含生產技術引進或修改製程) 之變更。
2. 生產機械或設備之變更。
3. 原物料或化學材料之變更。
4. 操作或維修方法、作業程序或準則之變更。
5. 一般設施或安全防護設施之變更。
6. 永久性、暫時性或緊急狀況之變更。

二、依據「變更管理技術指引補充說明」，變更後應採取之必要措施如下列：

1. 所有變更案件於結案後皆應留下紀錄備查。
2. 事業單位應明確規範變更管理相關紀錄之保存期限。
3. 因故須中途終止變更，或未達預期效果，應通知所有相關人員「終止變更」，並於安全情況下將其回復到變更前狀態，及收回所有相關文件結案歸檔。
4. 應定期依實際執行成效檢討變更管理計畫之適用性，包含適用範圍、權責、管制流程及方式、紀錄內容及管理等，必要時予以修正。

參考題型

試列舉事業單位推動職業安全衛生管理系統的成功因素 10 項。

【86-03-02】

答

事業單位推動職業安全衛生管理系統的成功因素如下：

一、雇主的理念與承諾。

二、高階主管的支持。

三、安全衛生組織、功能及人員技術能力的強化。

四、擴大員工參與之層面。

五、融入企業管理模式。

六、善用安全衛生資源。

七、實施風險評估，對不可接受之風險採取有效之控制措施。

八、依據 PDCA 管理循環模式建置及落實各項職安衛計畫。

九、職安衛目標和職安衛政策是一致的。

十、建立職業安全衛生績效監督與量測機制。

十一、將職業安全衛生績效納入年度績效考核要項之中。

十二、強化職安衛管理系統之評估及審核機制。

參考題型

執行職業安全衛生管理系統之風險評估時，其中之作業條件清查可作為辨識危害與後果及評估風險的依據。試列舉 6 項有關作業清查宜包含的資訊。

答

依「風險評估技術指引」附錄一、風險評估技術指引補充說明，作業清查可包括的資訊如下列：

一、作業的場所、人員、頻率及內容。

二、作業可能使用或接觸到的機械、設備、工具，及其操作或維修之說明。

三、作業可能使用或接觸到的原物料及其物性、化性、健康危害性、安全及異常之處理方法等。

四、法規及相關規範的要求，以及事業單位本身相關規定等。

五、作業所需的公用設施，如電壓、壓縮空氣、蒸汽等。

六、作業的控制措施 (包含工程控制、管理控制及個人防護具) 及其應用情況。

七、事業單位本身或同業以往的事件案例。

八、作業人員的技術能力、安衛知識及訓練狀況等。

九、其他可能受此作業影響的人員，包含員工、承攬人、訪客、廠 (場) 周遭人員等。

十、標示：資訊提供、現場危害警示。

十一、個人防護器具：如粉塵工作提供防塵口罩。

貳、職業安全衛生管理計畫及緊急應變計畫之製作

本節提要及趨勢

本章職業安全衛生管理計畫及緊急應變計畫，事業單位應依本身管理制度規模、工作環境狀況、作業特性、使用原料設備及歷年職災等因素，訂定出可執行且有助於事業單位管理運作之規章制度；對計畫執行要定期實施稽核、檢討與反饋，透過PDCA 管理循環，以逐年降低單位危害風險，達成零災害之最終目標。

適用法規

一、「職業安全衛生法」第 23 條。

二、「職業安全衛生法施行細則」第 31 條。

三、「職業安全衛生管理辦法」第 12 條，第 12-1 條。

四、「危險性工作場所審查及檢查辦法」第 5 條。

五、「營造安全衛生設施標準」第 16 條。

重點精華

一、依勞動部頒發之職業安全衛生管理規章及職業安全衛生管理計畫指導原則，事業單位應依其規模及性質等，訂定並實施安全衛生管理規章，各類規章包含：

1. 政策與組織。
2. 承攬人 (含工程及勞務等) 管理。
3. 獎懲激勵。
4. 教育訓練及宣導。
5. 稽核督導。
6. 安全衛生管控 (應含危害辨識後，主要危害之控制作業程序標準、要點、辦法等)。
7. 防護具管理。
8. 健康管理。
9. 事故處理。
10. 交通安全。

二、依職業安全衛生管理計畫指導原則，其職業安全衛生管理計畫之架構包含下類要項：

1. 政策。
2. 目標。
3. 計畫項目。
4. 實施細目。
5. 計畫時程。
6. 實施方法。
7. 實施單位及人員。
8. 完成期限。
9. 經費編列。
10. 績效考核。
11. 其他規定事項。

其中「計畫項目」依「職業安全衛生法施行細則」第 31 條規定，職業安全衛生管理計畫至少包括下列事項：

1. 工作環境或作業危害之辨識、評估及控制。
2. 機械、設備或器具之管理。
3. 危害性化學品之分類、標示、通識及管理。
4. 有害作業環境之採樣策略規劃及監測。
5. 危險性工作場所之製程或施工安全評估事項。
6. 採購管理、承攬管理與變更管理事項。
7. 安全衛生作業標準。
8. 定期檢查、重點檢查、作業檢點及現場巡視。
9. 安全衛生教育訓練。
10. 個人防護具之管理。
11. 健康檢查、管理及促進事項。
12. 安全衛生資訊之蒐集、分享及運用。
13. 緊急應變措施。
14. 職業災害、虛驚事故、影響身心健康事件之調查處理及統計分析。
15. 安全衛生管理紀錄及績效評估措施。
16. 其他安全衛生管理措施。

其中的緊急應變措施，依據「緊急應變措施技術指引」，事業單位訂定緊急應變計畫之參考作業流程如下：

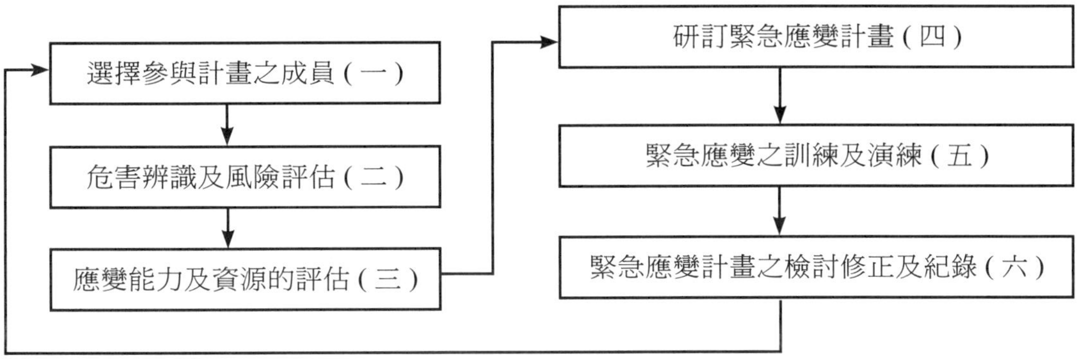

三、 因事故意外有 98% 是可以避免的，透過職業安全衛生管理計畫，以「矯正預防」減少不安全行為 (未體格檢查、健康檢查、教育訓練、未訂定安全衛生工作守則等)，以「持續改善」降低不安全狀況 (未自動檢查、通風、個人防護具、作業環境監測、危害物未標示、無 SDS 等)。至於那剩餘的 2%，應擬定緊急應變計畫，並加以演練防範未然。

四、 依「緊急應變措施技術指引」，一般緊急應變計畫中，其編組架構如下：緊急應變組織架構 (共 5 組)

1. 組織架構圖：

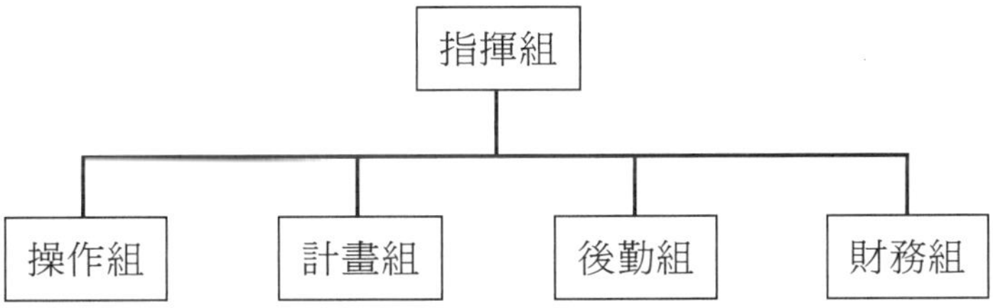

2. 以防火管理之自衛消防編組而言，人數低於 50 人需「滅火、避難引導、通報」3 個基本編組，50 人以上需增加「安全防護、救護」2 個編組。

3. 若單位內有毒性化學物質，且有重大災害之潛在風險，應額外編制化學災害搶救編組，以執行災變現場之初期控制。

五、 緊急應變危險區域劃分：

1. 熱區 (hot zone)：又稱禁區，為災害發生之中心區域，第一線應變人員應穿著 A 或 B 級防護，方可進入搶救。

2. 暖區 (warm zone)：又稱除污區，其污染危害相對較低，但進入該區域仍應穿著熱區相同或次一級防護，且要進行除污後方可離開。

3. 冷區 (cold zone)：此為支援人員所在區域，雖對防護沒有特別要求，但應注意風向等變化，以執行適切應變處置。

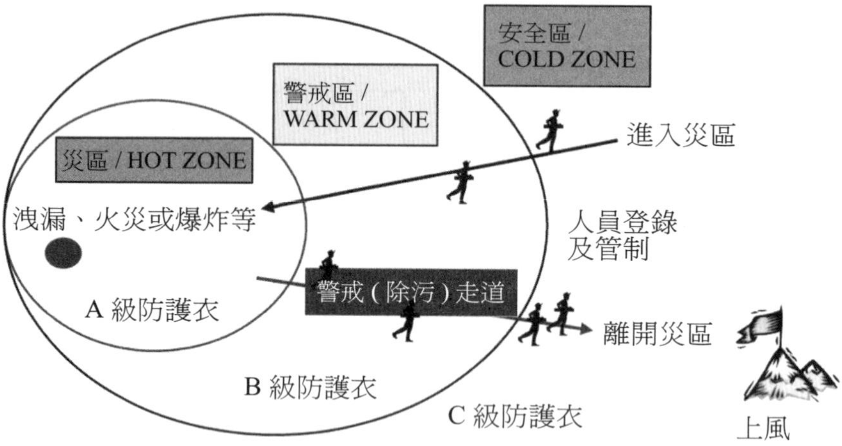

參考題型

試回答下列問題：

一、金管會要求我國上市上櫃公司之企業永續報告 (ESG 報告) 須參照 GRI (The Global Reporting Initiative) 等準則撰寫，並公開具體績效，以回應和接軌聯合國 2030 年永續發展目標 (Sustainable Development Goals, SDGs)。

1. 請問 GRI 準則中的 GRI 403 是有關那方面的準則？
2. ESG 永續報告分別是揭露環境保護 (Environmental, E)、社會責任 (Social, S) 及公司治理 (Governance, G) 等類議題的績效，請問與勞動相關的事項大多會放在 ESG 報告中的 E、S 或 G 此三類議題的那一類中？

二、ISO 45003 是 ISO 45001 的指導綱要之一，它強調職場社會心理風險 (psychosocial risk) 的預防及「well-being at work」的促進，請問：

1. 何謂與社會心理相關的風險？（請著重在風險的定義）
2. 試列舉 2 例職場社會心理風險類型。
3. 請寫出「well-being at work」較恰當之中文用詞。
4. 請簡單說明「well-being at work」的含義。

三、依勞動部職業安全衛生管理規章及職業安全衛生管理計畫指導原則之建議，除包括下列職業安全衛生管理計畫事項以外，請再列舉 3 項建議執行之事項？

I. 工作環境或業危害之辨識、評估及控制

II. 機械、設備或器具之管理

III. 危險性工作場所之製程或施安全評估事項

IV. 採購管理、承攬與變更事項

V. 安全衛生教育訓練

VI. 安全衛生作業標準之訂定

VII. 定期檢查、重點作業及現場巡視

VIII. 安全衛生資訊之蒐集、分享及運用

IX. 緊急應變措施

X. 其他安全衛生管理措施（如：a. 製程 / 作業程序 / 材料 / 設備之引進、修改、變更之職災風險評估預防及訓練。b. 機械 / 器具 / 設備 / 物料 / 原料等採購、驗收之安衛規範，及營繕工程之防止職業災害規範。c. 承攬管理有關之職安衛計畫。d. 緊急狀況預防 / 準備 / 應變計畫及演練。e. 墜落災害防止計畫。f. 局限空間危害防止計畫。）

四、依職業安全衛生管理辦法之規定，雇主對局部排氣裝置、空氣清淨裝置及吹吸型換氣裝置每年應實施檢查一次之事項，除其他保持性能之必要事項外，請列舉 3 項。【98-02】

答

一、1. 依據「GRI 準則」規定：GRI 403 是有關職業健康與安全方面的準則。

2. 與勞動相關的事項大多會放在 ESG 報告中的社會責任 (Social, S) 類議題中。

二、1. 所謂與社會心理相關的風險係指由風險因素、風險事故和風險損失等要素組成，損失的發生與何時會發生是無法確定，且損失發生之結果無法預料。

2. 職場社會心理風險類型如下列：

(1) 工作壓力。

(2) 職場霸凌。

(3) 職場暴力。

(4) 不規律的工作時間。

(5) 不穩定的工作。

3. 「well-being at work」較恰當之中文用詞：工作幸福感。

4. 「well-being at work」的含義係指對工作經歷和職能的整體質量評價。

三、依據「職業安全衛生法施行細則」第 31 條規定 雇主應依其事業規模、特性，訂定職業安全衛生管理計畫，執行下列勞工安全衛生事項：

1. 工作環境或作業危害之辨識、評估及控制。【辨識評估】
2. 機械、設備或器具之管理。【機具管理】
3. 危害性化學品之分類、標示、通識及管理。【危害標識】
4. 有害作業環境之採樣策略規劃與監測。【環境測定】
5. 危險性工作場所之製程或施工安全評估。【安全評估】
6. 採購管理、承攬管理與變更管理。【採購承攬變更】
7. 安全衛生作業標準。【作業標準】
8. 定期檢查、重點檢查、作業檢點及現場巡視。【檢查巡視】
9. 安全衛生教育訓練。【教育訓練】
10. 個人防護具之管理。【防護器具】
11. 健康檢查、管理及促進。【健康事項】
12. 安全衛生資訊之蒐集、分享與運用。【安衛資訊】
13. 緊急應變措施。【緊急應變】
14. 職業災害、虛驚事故、影響身心健康事件之調查處理與統計分析。【職災調查】
15. 安全衛生管理記錄與績效評估措施。【記錄績效】
16. 其他安全衛生管理措施。【其他措施】

四、依據「職業安全衛生管理辦法」第 40 條規定，雇主對局部排氣裝置、空氣清淨裝置及吹吸型換氣裝置應每年依下列規定定期實施檢查一次：

1. 氣罩、導管及排氣機之磨損、腐蝕、凹凸及其他損害之狀況及程度。
2. 導管或排氣機之塵埃聚積狀況。
3. 排氣機之注油潤滑狀況。
4. 導管接觸部分之狀況。

5. 連接電動機與排氣機之皮帶之鬆弛狀況。

6. 吸氣及排氣之能力。

7. 設置於排放導管上之採樣設施是否牢固、鏽蝕、損壞、崩塌或其他妨礙作業安全事項。

8. 其他保持性能之必要事項。

參、安全衛生管理規章及安全衛生工作守則之製作

本節提要及趨勢

本章安全衛生管理規章及安全衛生工作守則之製作，得依事業單位之實際需要，訂定適用於全部或一部份事業，做為安全衛生管理之準據。因一個好的制度，仍貴在執行，所以無論是管理規章或工作守則在製作完成後，應依計畫 (Plan) 公布實施，在執行 (Do) 過程可能會發現一些問題或困難存在，管理單位則應經常與執行部門溝通協調或實施教育訓練；使管理工作經由查核 (Check) 和矯正行動 (Action) 能夠更為落實執行。

適用法規

一、「職業安全衛生法」第 34 條。

二、「職業安全衛生法施行細則」第 41、42 條。

三、「職業安全衛生管理辦法」第 12-1 條。

重點精華

一、安全衛生管理規章為事業單位實施職業安全衛生管理所訂定的內部規定，對勞工及相關人員具有強制性規定之文件。事業單位勞工人數 100 以上應依法制定，並由雇主頒布實施。

二、安全衛生工作守則：雇主應會同工會及勞工代表，訂定安全衛生工作守則，需報經檢查機構備查，公告實施，其效力及於全體在職勞工；其中，屬於雇主責任不得轉嫁給勞工。訂定原則包含：

1. 合情合理。

2. 公正公開。

3. 適法可行。

4. 以身作則。

三、事業單位為防止職業災害，保障工作者安全與健康，應訂定安全衛生工作守則並依其性質及需要來訂定，且要符合「職業安全衛生法」第 34 條及「職業安全衛生法施行細則」第 41~43 條規定。依勞動部職安署之事業單位報備安全衛生工作守則流程宣導，其職場安全衛生工作守則內容應參照施行細則第 41 條架構來撰寫，且要會同勞工代表訂定，完成後要以正式公文函報勞動檢查機構備查，其過程應注意事項如下：

1. 工作守則內容應參酌「職業安全衛生法施行細則」第 41 條所列事項訂定之。
2. 若為營造業須敘明工程名稱、工程地址及建築執照字號 (土木工程除外)。
3. 報備函須加蓋事業單位名稱及負責人印章。
4. 雇主應會同勞工代表訂定 (勞工代表簽章應列於工作守則最後面，勞工代表姓名上並應書明職工別)。
5. 安全衛生工作守則得依事業單位之實際需要，訂定適用於全部或一部分事業，且得依工作性質、規模分別訂定。

四、職業安全衛生管理規章並無統一格式，一般建議撰寫結構如下：

1. 制定目的：制定規章所要達到之目的，如降低職災、維護職業安全及健康等。
2. 適用範圍：依規章所適用之相關人員、業務或工作場所等。
3. 規章內容：職業安全衛生管理規章之種類及內容要點。
4. 權責單位：對規章有關業務有執行、督導權限之單位。
5. 獎懲：獎懲的標準及方式。
6. 相關表單及作業流程：規章所使用之相關表單及需要之作業流程。
7. 頒布實施及修正：需經機關首長核准公告，並有公告日期及文號。

肆、工作安全分析與安全作業標準之製作

本節提要及趨勢

本章「工作安全分析」與「安全作業標準」之製作，應考量事業單位本身特性、實際工作環境作業狀況與作業人員的安衛需求妥為量身訂製流程，始能真正將安衛管理措施落實至工作、現場，以達提升工作效率、預防災害事故的目的。「工作安全分析 (JSA)」源於科學管理之「工作分析」，而「安全作業標準 (SOP)」係對每一種作業經由工作安全分析，藉觀察、討論、修正等方法，逐步分析作業實況，以發現工作中之潛在危害與風險，據以建立一套安全的標準作業方法，故兩者是安衛自主管理的綜合展現。

適用法規

一、「職業安全衛生法施行細則」第 31 條。

二、「職業安全衛生設施規則」第 297-1 條。

三、「營造安全衛生設施標準」第 124 條。

重點精華

一、工作分析 (Job Analysis)：分析完成作業步驟，活動所需知識、技術、能力、經驗、體能與所負責任的程度，並確定工作相關之人、事、時、地、物等。工作安全分析 (JSA) ：工作分析 (JA)+ 預知危險，以策安全 (Safety) 之組合，屬自主管理的一環。JSA 的方法包含：觀察、面談、問卷、測驗、實作、文件分析、特殊事件或綜合運用等。

二、安全作業標準 (SOP)：與標準作業流程 (Standard Operation Procedure) 縮寫相同，但第 1 字改為安全 (Safety)，經由 JSA 發現不安全狀況與不安全行為，進而消弭與改善，並據以建立一套 SOP。

三、依「職業安全衛生法施行細則」第 41 條規定，職場安全衛生工作守則之內容，包含下列事項：

1. 事業之安全衛生管理及各級之權責。
2. 機械、設備或器具之維護及檢查。
3. 工作安全及衛生標準。
4. 教育及訓練。
5. 健康指導及管理措施。
6. 急救及搶救。
7. 防護設備之準備、維護及使用。
8. 事故通報及報告。
9. 其他有關安全衛生事項。

其中工作安全及衛生標準，需先經由工作安全分析程序，來建立正確的作業步驟並消除不安全的因素，以確保勞工作業之安全。另工作安全分析應包含：工作內容 (What) 的確定、作業人員 (Who) 的名單、作業地點 (Where) 或工作場所、作業時間 (When)、作業程序 (How) 或工作方法，以及必須說明為何應如此做的原因 (Why) 等；而通常為了達到上述的目的，工作安全分析可能採用的方法如下：

1. 現場觀察法。
2. 實際面談法。
3. 調查問卷法。
4. 量表測驗法。
5. 特殊事件法。
6. 親臨實作法。
7. 文件分析法。

安全作業標準之功能包含下列幾項：

1. 預防工作場所的職災事故或職業病的發生。
2. 確定工作過程所需的設備、機械、器具及個人防護具等。
3. 選擇適當的工作人員來從事操作。
4. 作為單位從業人員的教育訓練教材。
5. 作為單位主管執行安全觀察的參考。
6. 作為職災事故調查的參考。
7. 提升工作效率並維護工作的品質。
8. 促使操作人員的參與感。
9. 符合職安法規的規範等其它功能。

四、 工作安全分析其作業過程中的潛在危害根源，可區分為四大類：

1. 人為因素：人是不安全的主體，人的知識技能、工作態度、行為特質、經驗習性、身心狀態、人際關係及家庭背景等，都可能是造成人為失誤的主因；所以，作業前應選擇合適人員，以減少不安全行為的發生。
2. 設備因素：在於降低不安全狀況的發生，應於作業前確認所需設備、器具甚至個人使用之安全防護具等，是否具備本質安全，避免機械設備造成人員作業過程之職業傷害。
3. 材料因素：產品生產的原物料之進料管制、搬運儲存及加工處理過程，如有不當均可能對人員造成傷害。
4. 環境因素：為維護工作品質，提昇作業效率，工作環境如作業場所的照明、噪音、通道及作業環境的 6S 等，若不注意不僅影響產品品質，亦可能因此造成職業傷害或職業病。

其工作安全分析的程序，如下：

1. 擬定工作安全分析計畫：事先規劃擬訂計畫，讓工作有明確的目標，將所需的人力與資源先行備便，促使計畫時效如期如質達成。

2. 決定要分析的工作：以工作導向為分析途徑，優先選擇傷害頻率高的工作、傷害嚴重性高的工作、曾經發生意外事故的工作、具有潛在嚴重危害性的工作、臨時性的任務工作、新製程或製程有所變更的工作、經常性但非生產性的工作等。

3. 執行工作步驟分解：由資深領班或有經驗人員先進行工作描述，由領班召集相關組員進行研討，並列出每個主要基本步驟，說明每項步驟目的；將工作步驟文件化，必要時可圖例簡單說明，促使工作人員能明瞭；若發現過程中有不妥之處，應即修訂以確保新的方法符合作業安全與效率。

4. 辨識出潛在的風險危害：針對已經分成的工作步驟，仔細找出每步驟的潛在危害及可能發生事故的風險，透過不斷的觀察與危害辨識，以發覺工作中潛在的不安全因素。

5. 找出危險關鍵：工作安全分析應研究每一步驟所含的危險程度及意外機率，探討步驟程序不同時，可能造成的後果，若一切工作步驟錯誤，容易導致嚴重後果之關鍵步驟，即為危險關鍵。

6. 決定安全的工作方法：針對危險關鍵步驟的潛在危害，應尋求防止事故發生的對策或規範，可採行的型式包含：改善精進工作的程序、有效提昇工作環境品質、管控人員避免接觸危害因素、管制設備或機器的運轉等。

5-3 專業課程

本章節部分內容參考「中華民國工業安全衛生協會編列之職業衛生管理師教育訓練教材」。

壹、職業安全概論

本節提要及趨勢

隨著經濟的發展，企業使用機械設備及危險物或有害物，將使勞工暴露於各種不同的潛在危害環境中。因著工作場所的不安全狀況及人員的不安全行為，每年仍有數百人發生墜落、感電、被夾、被捲、被撞、火災、爆炸、缺氧窒息及中毒等事故。依據過去職業災害統計顯示，其職災的類型分析，以墜落、滾落、感電、物體倒塌、崩塌等為主。可見職場勞工的安全與職業傷害預防問題應積極改善，速謀對策以確保職業安全。

適用法規

一、「職業安全衛生法」第 23 條。

二、「職業安全衛生法施行細則」第 31、32、35 及 53 條。

三、「職業安全衛生管理辦法」第 1-1、12 及 12-4 條。

重點精華

一、勞工安全之範圍：舉凡能夠避免勞工造成傷害事故之相關作為等事項，均可被認定為勞工安全之範圍，如考量作業過程中可能會引起勞工危害之因子，包括設備、製程、機械、器具、化學品、環境條件、作業程序及作業方法等，甚至工作場所的設計規劃，人體工學的人機介面調合等。

二、職業傷害因子：

1. 不安全設備
   (1) 未妥善防護的機械設備。
   (2) 無防止感電的設施。
   (3) 有墜落之虞的作業。
   (4) 未設靜電消除之設施。
   (5) 通風換氣不良之環境。
   (6) 管路設備維護保養不良。
   (7) 機械設備不符合人因工程設計等。
2. 不安全動作
   (1) 未依標準作業程序作業。
   (2) 未依安全衛生工作守則作業。
   (3) 未經許可擅入禁止進入危險之作業場所。
   (4) 無操作資格操作機械設備。
   (5) 於運轉中之機械設備，從事掃除、上油、修理、檢查。
   (6) 於不適當位置操作機械設備，導致身體接觸危險點。
   (7) 未著用必要之個人防護具等。

三、 職業傷害發生原因

1. 直接原因：勞工無法承受不安全動作或狀態肇生能量之接觸。

2. 間接原因：

(1) 不安全的動作或行為：

a. 不知：不知安全的操作方法，不會使用防護器具。

b. 不顧：缺乏安全意願，或為圖舒適、方便、不顧及安全守則，或不使用防護器具。

c. 不能：智力、體能或技能不能配合從事的工作。

d. 不理：不聽信安全管理人員之教導，拒絕使用規定的防護具，或不遵守安全守則。

e. 粗心：工作時粗心大意、動作粗魯、漫不經心、旁若無人。

f. 運轉：反應不夠靈敏，當一項災害發生時，不能預感或不能及時控制或逃避。

g. 失檢：工作中嬉戲、行為粗暴、不服從、生活不正常，致影響其正常的動作與行為。

(2) 不安全的狀況：

a. 不安全的機器設備：包含保養不當，未實施定期安全檢查、不適當的防護或安全裝置、過度的噪音與振動等。

b. 未提供適當的個人防護裝備。

c. 不安全的環境：舉如不充分或不適當的照明、通風不良、廠房建築設施規劃不當、廠房不整理、機器設備等佈置不當。

3. 基本原因：

(1) 雇主缺乏安全政策與決心：

a. 未訂定書面的安全衛生工作守則。

b. 未實施工作安全分析。

c. 發生災害，未徹底檢討、分析，並作成紀錄。

d. 未實施安全衛生自動檢查。

e. 未實施預防性保養。

f. 未提供必要的安全衛生器材。

(2) 對勞工方面：

a. 進用勞工未作適當選擇。

b. 未作適當的安全衛生教育、訓練。

c. 未安排適當的工作。

d. 未實施安全觀察。

e. 未確定其責任。

參考題型

防止有害物質危害之方法，可從 A. 發生源、B. 傳播途徑、及 C. 暴露者等三處著手，請問下列各方法分屬上述何者？請依序回答。(本題各小項均為單選，答題方式如：(一)A、(二)B、(三)C、……)

一、設置整體換氣裝置。

二、設置局部排氣裝置。

三、製程之密閉。

四、實施職業安全衛生教育訓練。

五、擴大發生源與接受者之距離。

六、以低毒性、低危害性物料取代。

七、實施輪班制度，減少暴露時間。

八、製程之隔離。

九、使用正確有效之個人防護具。

十、變更製程方法、作業程序。

答

一、B

二、A

三、A

四、C

五、B

六、A

七、C

八、A

九、C

十、A

參考題型

職業衛生之主要工作為危害之認知、評估與控制，請問在危害認知中危害因子一般分為哪 5 大類？每類各舉 3 例？

答

一、物理性危害：高溫濕度及低溫之危害、噪音危害、振動危害、採光照明之影響、游離輻射、非游離輻射、異常氣壓危害。

二、化學性危害：特定化學物質、粉塵危害、有機溶劑危害、腐蝕性物質、毒性物質。

三、生物性危害：細菌、黴菌、病毒、寄生蟲、人畜共通傳染病、針扎感染、SARS、COVID-19。

四、人因性危害：座椅、儀表、操作方式、工具等安排不當導致疲勞、下背痛或其他骨骼傷害，長期負重所造成之脊椎傷害、高重複性動作造成腕隧道症候群。

五、心理性危害：職場暴力、異常工時、夜間獨立作業、性騷擾及跟蹤騷擾等行為，造成受害者精神焦慮、憂鬱等症狀。

貳、職業衛生與職業病預防概論

本節提要及趨勢

隨著科學之進展，工業之發達，雖然因著科技帶來不少舒適及便利，但同時也製造出不少自然界原先所不存在之新環境，造成許多潛在危害因子；使得現今勞工在工作環境中與危害接觸機會更大。事業單位在面對工業化所帶來的環境汙染及工業災害和職業病，應以預防重於治療的精神，做好預先工作的防範要比事後改善來得重要。因為職業安全衛生的工作目標，消極而言係預防職業病之發生，積極而言則在促進工作環境之改善，使勞工在其工作環境中的危害因子能夠降至最低，達到職業病預防之目標。

適用法規

一、「職業安全衛生法」第 22、39、49 條。

二、「職業安全衛生法施行細則」第 27 條。

三、「職業安全衛生設施規則」第 324-2 條。

四、「職業安全衛生管理辦法」第 12 條。

重點精華

一、名詞定義

1. **熱中暑**：例如熱浪來襲時，因長時間暴露於濕熱環境中，體溫上升使溫度調節功能嚴重受損，喪失排汗功能。剛開始患者會感頭痛、嘔吐、無力，接著產生意識錯亂，皮膚乾紅，體溫高達 40°C 以上，嚴重者陷入半昏迷狀態。

2. **熱衰竭**：在高溫下激烈運動或因為空氣流通不良而造成過度流汗，而使水份與電解質隨症狀類似輕度中暑，出現無精打采，倦怠無力、大量流汗、皮膚濕冷、蒼白、頭暈、頭痛、嘔心、視力模糊、激躁與肌肉抽筋，嚴重者會意識不清。如果不盡快處理就會進入神智不清和熱中暑的休克狀況。

3. **熱痙攣**：大多發生於運動員，因在濕熱的環境下從事劇烈的運動，並且大量的飲用水份且因為大量的流汗而使水份與電解質隨汗流失，引起小腿或腹部肌肉強烈抽，可能持續長達 15 分鐘，常合併大量流汗、頭暈、倦怠、甚至昏倒。

4. 作業場所環境監測頻率及監測項目與紀錄保存。

作業場所	監測頻率	監測項目	紀錄保存
設有中央管理方式之空氣調節設備之建築物室內作業場所	應每 6 個月監測 1 次以上	二氧化碳 (carbon dioxide, CO_2) 濃度	3 年
坑內作業場所	應每 6 個月監測 1 次以上	粉塵、二氧化碳之濃度	
勞工噪音暴露工作日 8 小時日時量平均音壓級在 85 分貝以上之作業場所	應每 6 個月監測 1 次以上	噪音 (Noise)	
勞工工作日時量平均綜合溫度熱指數超過中央主管機關規定	應每 3 個月監測 1 次以上	綜合溫度熱指數 (WBGT)	

二、職業衛生的宗旨：在於促進和保持各行業勞工身體、心理和社會安寧達最高程度，防止勞工因工作條件欠缺而影響健康，保護勞工免於因受僱而遭受有危害健康因素的風險中，安置和維持勞工於一個為其生理和心理能力所能適應的職業環境。

三、職業災害包含傷害、疾病、失能及死亡，其中疾病即可稱為職業病；其職業病的判定為相當專業之過程，至少必須滿足下列條件。

口訣（常考）職業病判定（口訣：病暴時非文）→鑑別→補償。

(1) 確實有病因　(2) 暴露危害環境
(3) 時序相關　(4) 病因不屬於非職業上之因素所引起
(5) 文獻上有記載

1. 勞工確實有病因。

2. 必須曾暴露於存在危害因子的環境。

3. 發病期間與症狀及有害因子之暴露等有時序之相關。

4. 病因不屬於非職業上之因素所引起。

5. 文獻上有記載。

四、 由三出發 (認知、評估、控制；或發生源、傳播途徑、接受者)

1. **認知**：5 大危害 (要會各舉 2 例)

> **口訣** 物、化、生、人、心

(1) 物理性危害 (能量大，時間短)：噪音 (設施規則 300，300-1)、溫濕度 (WBGT)、振動、採光照明、異常氣壓、游離輻射等。

(2) 化學性危害 (長時間累積)：特定化學物質、有機溶劑、粉塵作業、鉛作業等。

(3) 生物性危害：SARS、MERS、微生物、細菌、COVID-19 等。

(4) 人因性危害：下背痛、媽媽手、腕隧道症侯群等。

(5) 心理性危害：職場暴力、性騷擾及跟蹤騷擾等。

另其傳播途徑：吸入 (吸入性 / 胸腔性 / 呼吸性)、食入、皮膚接觸、其他 (注射、眼睛濺入等)。

2. **評估**：二種方法

(1) 作業環境監測：定義、監測場所、監測項目、監測頻率、紀錄保存期限等。

> **口訣** 測定頻率：鉛 1 年，高溫 3 個月，其他 6 個月。

(2) 生物偵測定義：由血液、尿液、毛髮、呼吸等採集樣本偵測。

> **口訣** 血尿毛吸

劑量 (濃度計算：單一物質，多物質) 公式。

3. **控制**：4 類方式

(1) 工程控制：a. 取代、b. 密閉、c. 隔離、d. 抑制 (溼式作業)、e. 整體換氣裝置、f. 局部排氣裝置、g. 製程變更、h. 廠房設計佈置、i. 適當保養維護計劃。

(2) 行政管理：a. 縮短工時、輪班工作、輪換工作職務等減少暴露時間、b. 危害通識制度建立、c. 安全衛生教育訓練的實施。

(3) 健康管理：健康檢查 (職前、一般、特殊健檢)→健康管理 (四級管理)→健康促進→職業病預防。

(4) 個人防護具：大約有 9 類 (安全帽、安全眼鏡、口罩、耳塞 / 罩、安全面罩、安全手套、安全鞋、防護衣、安全帶)。

五、 職業衛生工作可歸納成下列 5 個重要原則

1. 預防原則：預防工作之職業危害。
2. 保護原則：保護勞工工作之健康。
3. 適應原則：工作及工作環境適合勞工能力。
4. 健康促進原則：增進勞工身體的、心理的及社會的福祉。
5. 治療復健原則：治療及復健勞工職業傷害和疾病。

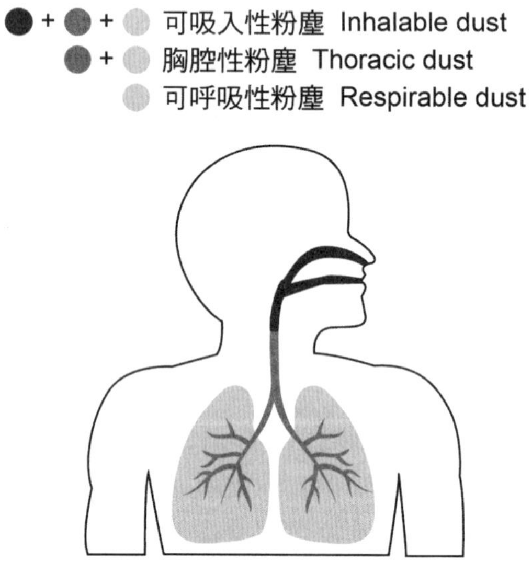

吸入空氣中粒狀物質沉積人體部位

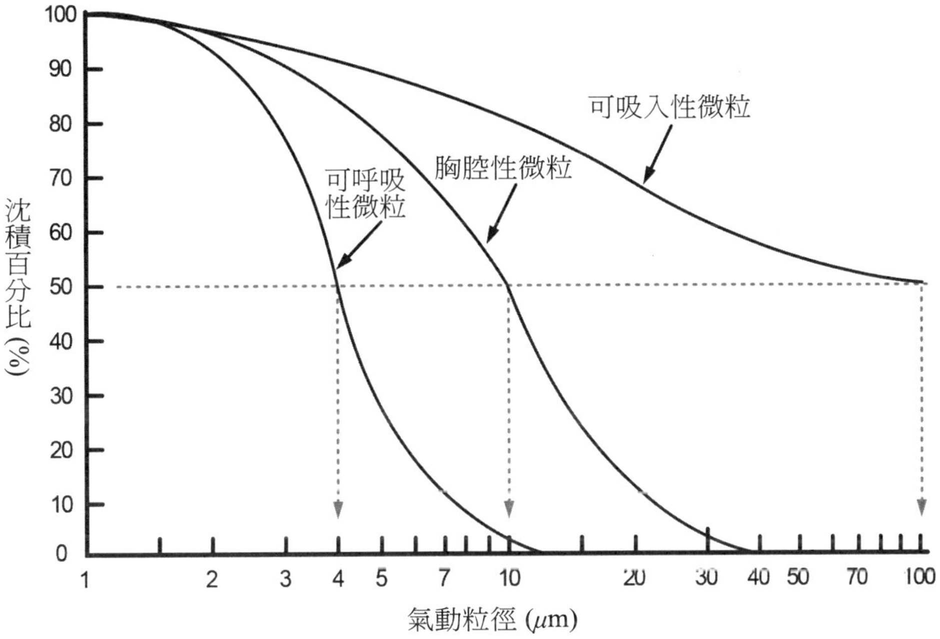

與健康有關之粒狀汙染物定義及其採樣準則

參考題型

請依所從事職業特性、暴露與可能導致之危害來源，根據勞動部公布之職業病種類表，請將以下職業代號（下列左欄）配對最常見可能引發之職業病（下列右欄）。【83-03】

職業代號	「職業病」或「執行職務所致疾病」
A. 游離輻射暴露作業	1. H5N1 感染
B. 醫學檢驗作業	2. 肝細胞癌
C. 日光燈管回收作業	3. 腰椎椎間盤突出
D. 氯乙烯暴露作業	4. 甲狀腺癌
E. 用力抓緊或握緊物品之作業	5. 塵肺症
F. 物流貨運搬運作業	6. 過敏性接觸性皮膚炎
G. 地板地毯鋪設作業	7. 間皮細胞瘤
H. 陶瓷廠粉塵作業	8. 腕隧道症候群
I. 船舶拆卸作業	9. 膝關節半月狀軟骨病變
J. 養雞場作業	10. 急性腎衰竭

答

A-4、B-6、C-10、D-2、E-8、F-3、G-9、H-5、I-7、J–1。

參考題型

你擔任事業單位的職業衛生管理師，與從事勞工健康服務之醫護人員共同規劃執行傳染病預防及其相關健康管理事項，請回答下列問題：

一、請就下表所列 2 種傳染病，分別簡述傳染途徑和預防措施。

疾病別	傳染途徑	預防措施
（範例）嚴重特殊傳染性肺炎	飛沫、接觸	正確洗手、保持適當社交距離
退伍軍人症		
B 型肝炎		

二、為保護參與照護嚴重特殊傳染性肺炎的醫事人員，應採取正確、有效的防護措施，依據呼吸防護具選用參考原則、呼吸防護計畫及採行措施指引等，若選用 N95 口罩供人員於作業時戴用：

1. 請簡述密合度測試的 4 個時機？
2. 請簡述負壓檢點和正壓檢點的執行方式？【90-01】

答

一、

疾病別	傳染途徑	預防措施
（範例）嚴重特殊傳染性肺炎	飛沫、接觸	正確洗手、保持適當社交距離。
退伍軍人症	吸入或嗆入	冷卻水塔不用時應將水漏光，且必須定期將污垢及沉澱物清洗乾淨。
B 型肝炎	體液或血液傳輸	1. 勿與人共用任何可能接觸血液、體液之物品，如刮鬍刀、牙刷等。 2. 勿捐血液、身體器官或精卵等。 3. 落實安全性行為，並鼓勵性伴侶接種 B 型肝炎疫苗。

二、選用 N95 口罩供人員於作業時戴用：

1. 密合度測試的 4 個時機：

   (1) 首次或重新選擇呼吸護具時。

   (2) 每年至少測試 1 次。

   (3) 勞工之生理變化會影響面體密合時。

   (4) 勞工反應密合有問題時。

2. 負壓檢點和正壓檢點的執行方式：

(1) 負壓檢點：遮住吸氣閥並吸氣，面體需保持凹陷狀態。

(2) 正壓檢點：遮住呼氣閥並呼氣，面體需維持膨脹狀態。

參考題型

一、作業環境監測結果與導致職業病具有相當因果關係，請就下圖 A、B、C 三種狀態判定是否合法？並請簡要說明雇主是否應採取因應措施。（註：$LCL_{95\%}$ 可信度下限、$UCL_{95\%}$ 可信度上限）

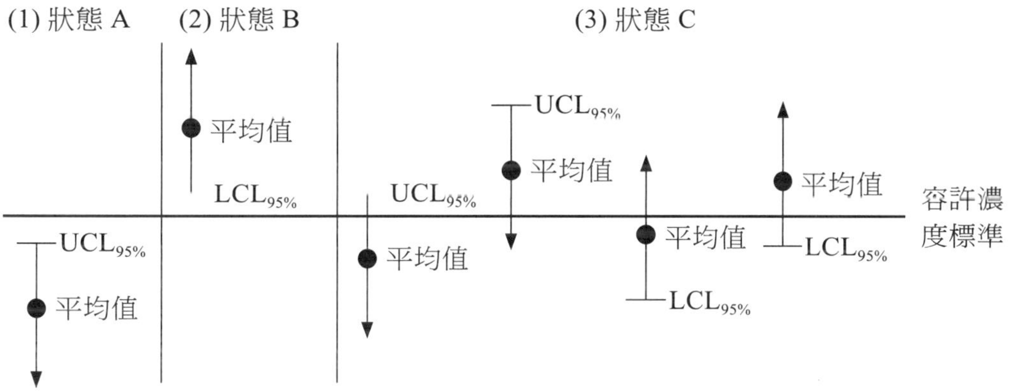

二、所謂的職業病可視為因為職業的原因所導致的疾病，要判定疾病的發生是否真的由職業因素所引起，是相當專業的過程。我國目前是採列舉方式，並且必須由職業病專家判定，一般的判定條件如何？

三、依勞工作業場所容許暴露標準「空氣中粉塵容許濃度表」粉塵種類分 4 種。何謂第三種粉塵？試說明採樣該類粉塵有效樣本之規定。【79-02】

答

一、$UCL_{95\%} \leqq 1$ 不違反；$LCL_{95\%} > 1$ 違反；$LCL_{95\%} \leqq 1$ 及 $UCL_{95\%} > 1$ 可能過暴露。

狀態 A：應視為合法（不違反），應維持現行安全衛生水準。

狀態 B：視為絕對非合法（違反），應立即採取改善措施。

狀態 C：可能不足以保障勞工之健康，仍應考量採取適當的措施為宜。

二、職業病的診斷與判定，為相當專業與嚴謹之程序，一般而言須符合下列 5 項原則：

1. 勞工確實有病徵。
2. 必須曾暴露於存在有害因子之環境。
3. 發病期間與症狀及有害因子之暴露期間有時序之相關。
4. 排除其它可能致病的因素。
5. 文獻上曾記載症狀與危害因子之關係。

三、依粉塵分類及採樣有效規定，說明如下：

1. 第三種粉塵為石綿纖維。
2. 採樣該類粉塵有效樣本之規定如下：每組樣本至少準備 2 組現場對照樣本，或樣本總數 10% 以上，且需設備在正常操作下的採樣，才算是有效樣品。

參考題型

下列左欄為職業病，右欄為致病原。請分別說明每項職業病之致病原。

【76-02】

職業病
(一) 痛痛病
(二) 氣喘
(三) 肝癌
(四) 鼻中膈穿孔
(五) 間皮癌 (瘤)
(六) 龐帝亞克熱
(七) 陰囊癌
(八) 白血病 (血癌)
(九) 水俣病
(十) 骨內瘤

致病原	
A. 砷	H. 鎘
B. 真菌	I. 苯
C. 聚乙烯 (PE)	J. 聚氯乙烯 (PVC)
D. 鐳鹽	K. 水泥
E. 石綿	L. 有機汞
F. 煤焦油	M. 鉻
G. 退伍軍人菌	

答

(一)H、(二)B、(三)J、(四)M、(五)E、(六)G、(七)F、(八)I、(九)L、(十)D。

參考題型

對於職場工作狀況是否為引發勞工出現腦血管及心臟疾病之原因，依據勞動部「職業促發血管及心臟疾病(外傷導致者除外)之認定參考指引」，需評估罹病勞工是否已具有此類疾病之健康異常因子，並參酌疾病的自然過程惡化因子，以及促發疾病之危險因子加以研判，回答下列問題：

一、工作負荷屬於上述健康異常因子、惡化因子及促發疾病之危險因子中之何類因子？

二、試舉 3 項可能引發心血管疾病之工作負荷型態。

三、請說明預防工作負荷引發勞工心血管疾病可採行之措施。【72-04】

答

一、工作負荷屬於血管及心臟疾病(外傷導致者除外)之促發疾病之危險因子。

二、引發心血管疾病之工作負荷型態：與工作有關之重度體力消耗或精神緊張(含高度驚愕或恐怖)等異常事件，以及短期、長期的疲勞累積等過重之工作負荷均可能促發心血管疾病。工作負荷因子列舉如下：

1. 不規則的工作。
2. 工作時間長的工作。
3. 經常出差的工作。
4. 輪班工作或夜班工作。
5. 工作環境(異常溫度環境、噪音、時差)。
6. 伴隨精神緊張的工作。

三、依據「職業安全衛生設施規則」第 324-2 條規定，雇主使勞工從事輪班、夜間工作、長時間工作等作業，為避免勞工因異常工作負荷促發疾病，應採取下列疾病預防措施，作成執行紀錄並留存 3 年。

1. 辨識及評估高風險群。
2. 安排醫師面談及健康指導。
3. 調整或縮短工作時間及更換工作內容之措施。
4. 實施健康檢查、管理及促進。
5. 執行成效之評估及改善。
6. 其他有關安全衛生事項。

參考題型

試回答下列問題：

一、職業病之診斷與判定，為相當專業與嚴謹之程序，一般而言需符合哪 5 項原則？

二、國際癌症研究中心 (IARC) 針對許多物質，依據其流行病學、動物毒理實驗證據，區分其致癌等級為 1 級、2A 級、2B 級、3 級、4 級，試說明各級別所代表之意義。【70-01】

答

一、職業病的診斷與判定，為相當專業與嚴謹之程序，一般而言須符合下列 5 項原則：

1. 勞工確實有病徵。

2. 必須曾暴露於存在有害因子之環境。
3. 病期間與症狀及有害因子之暴露期間有時序之相關。
4. 排除其它可能致病的因素。
5. 文獻上曾記載症狀與危害因子之關係。

二、依據國際癌症研究中心對癌症之分類方法，區分其致癌等級所代表之意義說明如下列：

分類級別	級別說明
1 級 (確定為致癌因子)	流行病學證據充分。
2A 級 (極有可能為致癌因子)	流行病學證據有限或不足，但動物實驗證據充分。
2B 級 (可能為致癌因子)	流行病學證據有限，且動物實驗證據有限或不足。
3 級 (無法歸類為致癌因子)	流行病學證據不足，且動物實驗證據亦不足或無法歸入其他類別。
4 級 (極有可能為非致癌因子)	人類及動物均欠缺致癌性或流行病學證據不足，且動物致癌性欠缺。

參考題型

試回答下列問題：【69-02-01】

農牧業及醫療院所從業人員因經常接觸動物、植物與微生物，可能引發工作者出現感染、中毒或過敏等之健康影響 (如下列左表如示)。請依序說明下列右表中各項職業暴露所致之健康問題與左表內容之關連性 (答題方式請以代號表示，例：A-1)。

代號	健康影響
1	感染
2	過敏
3	中毒

代號	職業暴露所致之健康問題
A	養豬場工人因長期吸入豬場內細菌內毒素，導致肺功能受損
B	農夫因長期吸入附著於植作與土壤表面之真菌孢子，出現氣喘症狀
C	醫師因處置 SARS 病患而出現嚴重急性呼吸道症侯群
D	護理人員因針扎事故導致 B 型肝炎
E	雞農因從事雞隻養殖，發生禽流感症狀

答

職業暴露所致健康問題關連性：A-3、B-2、C-1、D-1、E-1。

參考題型

下列左欄為職業性癌症從右邊毒物欄中選出相關致癌毒物。(複選)

【65-04】、【32-05】

職業性癌症	毒物	
1. 皮膚癌	A. 砷	J. 鐳鹽
2. 膀胱癌	B. β －苯胺	K. 苯
3. 肝癌	C. 製煤氣產物	L. 二氯甲醚
4. 鼻腔(竇)癌	D. 鉻	M. 切削油
5. 肺癌及支氣管癌	E. 鉻酸鹽	N. 氯乙烯單體
6. 間皮癌(瘤)	F. 石綿	O. 瀝青
7. 陰囊癌	G. 焦油	P. 氧化鐵礦
8. 白血症	H. 巴拉刈	Q. 芥子氣
9. 骨肉瘤	I. 鎳	

答

職業性癌症	毒物
1. 皮膚癌	A. 砷、M. 切削油、G. 焦油、H. 巴拉刈、O. 瀝青
2. 膀胱癌	B. β －苯胺
3. 肝癌	A. 砷、N. 氯乙烯單體
4. 鼻腔(竇)癌	E. 鉻酸鹽、L. 二氯甲醚
5. 肺癌及支氣管癌	A. 砷、E. 鉻酸鹽、I. 鎳、F. 石綿、G. 焦油、N. 氯乙烯單體、Q. 芥子氣
6. 間皮癌(瘤)	F. 石綿
7. 陰囊癌	C. 製煤氣產物、G. 焦油、M. 切削油、P. 氧化鐵礦
8. 白血症	K. 苯
9. 骨肉瘤	J. 鐳鹽

參考題型

「職業促發腦血管及心臟疾病」(外傷導致者除外，俗稱過勞)之認定，應依工作型態評估其工作負荷。試列舉 5 項其可能促發疾病之工作負荷型態。

【62-04-01】

答

可能促發疾病之工作負荷型態：

一、超時工作。

二、物理性因子。

三、化學性因子。

四、輪班工作。

五、工作造成之精神壓力。

六、其他非工作相關之因子(吸菸、酗酒、高血壓、缺乏運動…)。

參考題型

請說明下列工作者可能罹患之職業病：【60-04-01】

一、長時間操作鏈鋸之伐木勞工。

二、於醫療院所工作而遭生物病原體污染之針具扎傷者。

三、因從事室內裝修以致長期吸入苯蒸氣之作業人員。

四、以不當姿勢重複搬運重物者。

答

下列工作者可能罹患之職業病如下列：

一、長時間操作鏈鋸之伐木勞工【白指症】。

二、於醫療院所工作而遭生物病原體污染之針具扎傷者【B、C 型肝炎、愛滋病與梅毒等】。

三、因從事室內裝修以致長期吸入苯蒸氣之作業人員【白血症】。

四、以不當姿勢重複搬運重物者【下背痛】。

參考題型

一、何謂職業病？

二、試說明認定或鑑定為職業病的基本原則？

三、勞工、資方申請職應疾病認定或鑑定時，應檢送哪些資料？

四、試述職業疾病之鑑定程序？ 【43-02】、【40-03】

答

一、職業病：是因為工作場所所發生之物理性、化學性、生物性、人因性、心理性等危害因子的程度受損導致正常性生理機能受影響及勞工的健康之一種狀況，職業病可能是身體或一系統器官功能失常，而有特殊的症狀，其原因為暴露於工作場所之危害因子所導致。因此如工作中導致疾病和執行之職業具有因果關係則屬於職業病。

二、要判斷職業病必須滿足下列條件：

1. 工作場所中有害因子確實存在：是指工作環境中確實存在有已知會對人體造成疾病的因子，對動物有害者不能立即判定對人類有害。
2. 必須曾暴露於存在有害因子的環境：發病勞工必須曾暴露於該致病因子的環境，空氣之污染、人體之接觸、口之食入、噪音充斥、輻射外洩等皆視為暴露。
3. 發病期間與症狀及有害因子之暴露其間有時序相關：理論上，發病與暴露有其因果性，必須先有暴露過程才導致發病，故症狀最早出現時應晚於第一次暴露時。但如原暴露於某一因子，導致某一症狀而勞工本人並不知其原因，更換作業環境後恰又暴露會導致某一症狀之危害因子，此時會造成因果關係判定上之困難。
4. 排除其它可能致病的因素：如果勞工在離開工作場所之後，也有暴露在相同的危害因子之中，將不利於判斷此危害因子與工作環境關聯性之程度有多強。
5. 文獻上曾記載症狀與危害因子之關係：如果文獻上曾記載類似症狀與危害因子之關係，將形成一個有利的證據，如果沒有相關的文獻記載，則有可能是新興職業病或不利於判斷職業病。

三、勞工、資方申請職業疾病認定或鑑定時，應檢送資料如下：

1. 雇主提供之資料為勞工既往之作業經歷、職業暴露資料、勞工體格及健康檢查紀錄等。

2. 勞工提供之資料為既往之作業經歷、職業暴露資料、勞工體格及健康檢查紀錄、職業疾病診斷書、病歷、生活史及家族病史等。

四、依據「勞工職業災害保險及保護法」第 75 條規定：

1. 保險人於審核職業病給付案件認有必要時，得向中央主管機關申請職業病鑑定。
2. 被保險人對職業病給付案件有爭議，且曾經第 73 條第 1 項認可醫療機構之職業醫學科專科醫師診斷罹患職業病者，於依第 5 條規定申請審議時，得請保險人逕向中央主管機關申請職業病鑑定。
3. 為辦理前 2 項職業病鑑定，中央主管機關應建置職業病鑑定專家名冊（以下簡稱專家名冊），並依疾病類型由專家名冊中遴聘委員組成職業病鑑定會。
4. 前 3 項職業病鑑定之案件受理範圍、職業病鑑定會之組成、專家之資格、推薦、遴聘、選定、職業病鑑定程序、鑑定結果分析與揭露及其他相關事項之辦法，由中央主管機關定之。

職業病認定流程

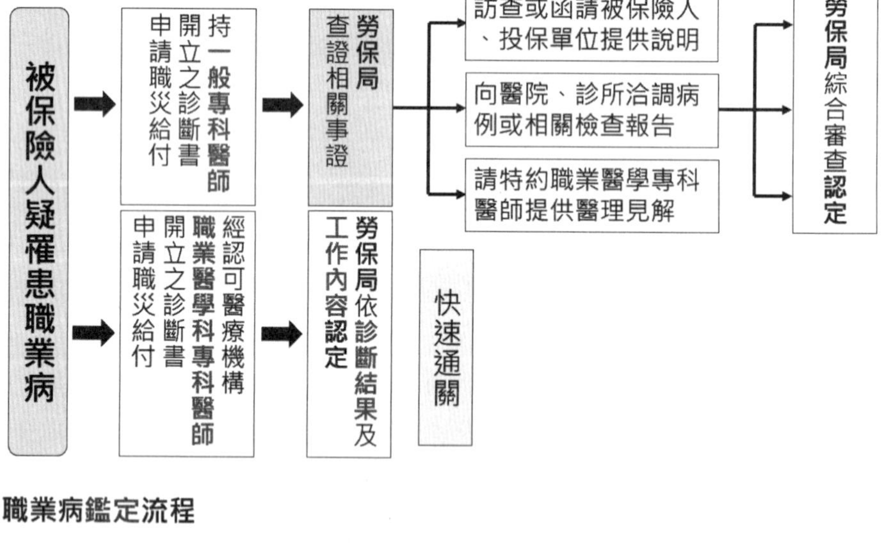

職業病鑑定流程

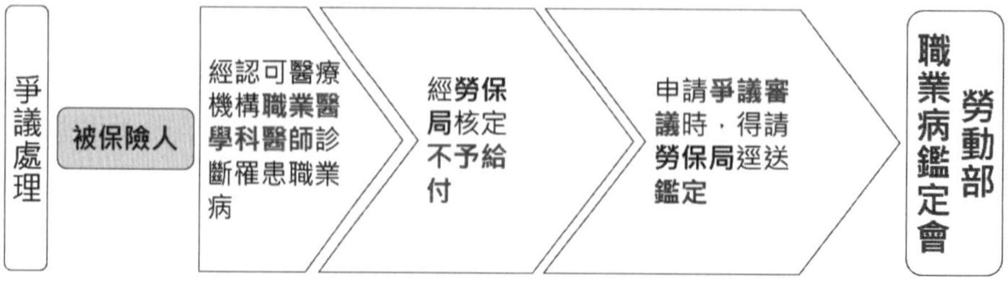

參考題型

試回答下列職業病預防相關問題：【93-2】

一、常用於染料製程的甲苯胺 (o-tolidine，鄰二甲基二胺基聯苯) 或其鹽類 (o-toluidine hydrochloride) 為人類致癌物，試回答下列問題：

1. 目前的研究證據支持甲苯胺可引發勞工的癌症名稱為何？
2. 請列舉 2 種應提供勞工於從事甲苯胺處置作業時戴用之個人防護裝備。
3. 請說明勞工主要的甲苯胺的暴露途徑。

二、常用於製作透明導電鍍膜的氧化銦錫 (indium-tin oxide，ITO) 等銦及其化合物，可引發急性或慢性健康效應，試回答下列問題：

1. 由勞工個案報告中，銦所引發的健康效應較為嚴重時，可導致失能的疾病名稱為何？
2. 請分別列舉 1 種雇主使勞工於 ITO 作業環境空氣濃度為 50ppm 及未知濃度下作業時，應提供之呼吸防護具。
3. 目前銦及其化合物作業勞工特殊體格及健康檢查中，生物標記檢查項目為何？

答

一、1. 目前的研究證據支持甲苯胺可引發勞工的癌症名稱為職業膀胱癌。

2. 應提供勞工從事甲苯胺處置作業時戴用之個人防護裝備為：
   (1) 正壓式之全面型供氣式呼吸防護具。
   (2) 化學防滲手套。
   (3) 化學安全護目鏡、面罩。
   (4) 化學防護衣。
3. 勞工主要的甲苯胺暴露途徑為吸入或皮膚接觸進入體內。

二、1. 氧化銦錫 (ITO) 等銦及其化合物會經由呼吸系統進入到肺部，而引發肺水腫，長期暴露會造成銦肺病等，由勞工個案報告中，銦所引發的健康效應較為嚴重時，導致肺部病變甚至死亡的可能。

2. 雇主使勞工於 ITO 作業環境空氣濃度應提供之呼吸防護具：
   (1) 於空氣濃度 50ppm 時，使用個人動力過濾式呼吸防護具（PAPR ）。
   (2) 於未知濃度下作業時，使用正壓或力需求型輸氣管面罩和輔助呼吸器。
3. 目前銦及其化合物作業勞工特殊體格及健康檢查中，生物標記檢查項目為血清銦檢查。

參考題型

請回答下列問題：【98-04】

一、當勞工因長期暴露於職場危害，發生慢性聽力損失或反覆發作氣喘主張為職業病時，就事業單位的職業衛生管理師所收集之資訊（如下表），分別對應職業病認定 A 至 E 的 5 個原則。（答題方式如 A- 甲、B- 乙）

A. 職業暴露的證據（判斷其與工作相關的致病因子是否存在）

B. 排除其他可能導致相同疾病或症狀的因子

C. 符合時序性（發病前曾暴露職場危害因子）

D. 疾病的證據（必須先有醫學上確定診斷的疾病）

E. 符合人類流行病學已知的證據（有相關文獻且相同作業勞工有相似症狀或疾病）：

聽力損失	氣喘	職業病認定原則
1. 雙耳有對稱性感音聽力損失 (sensorineural hearing loss) 2. 早期的純音聽力檢查圖出現 4K 或 6K 凹陷	由肺功能、最大呼氣流量測定、病史及理學檢查等，證實有可逆性的呼吸道阻塞或診斷氣喘	甲
長期於平均音壓級大於 85dB 之噪音作業環境下作業	工作時會暴露於特定致敏原或其他可引起職業性氣喘之物質	乙
1. 聽力損失發生在暴露職業性噪音後 2. 停止噪音暴露後聽力損失不會持續惡化	1. 在特定工作開始之後才發生氣喘或明顯惡化 2. 離開工作場所一段時間之後，肺功能有明顯之進步	丙
1. 歷年聽力檢查結果大致符合職業性聽力損失的特性 2. 在持續、穩定的噪音暴露環境下，聽力損失常在 10 至 15 年後達到噪音引起的聽力損失的極限	有醫學文獻支持懷疑之職業性氣喘誘發因子的致病機轉	丁
合理排除非職業性噪音因素以及其他可能引起感覺性神經性聽力損失的常見原因。例如：年齡、藥物引起的中耳疾病	合理地排除其他常見之肺部阻塞性疾病，如慢性支氣管炎、肺氣腫及非工作環境所引起之氣喘等	戊

二、請配對常見的熱疾病及其致病機轉。（答題方式如 A- 甲、B- 乙）

熱疾病種類	
A.	熱痙攣 (Heat cramp)
B.	熱水腫 (Heat edema)
C.	熱衰竭 (Heat exhaustion)
D.	熱中暑 (Heat stroke)
E.	熱暈厥 (Heat syncope)

致病機轉	
甲	在無法散發熱量的環境中，造成體溫調節功能失常及中樞神經系統失調，使細胞產生急性反應
乙	因為流汗過多，未適時補充水分或電解質而導致的血液循環失調
丙	因血管擴張，水分流失，血管舒縮失調，導致腦部血流暫時不足，發生暫時性的姿勢性低血壓
丁	肢體皮下血管擴張，組織間液積聚於四肢，通常在熱環境暴露後數天內發生
戊	在高濕熱環境下長時間活動時因流汗過多、或補充過多水分形成電解質不平衡，導致骨骼肌不自主收縮引發肌肉疼痛

答

一、A- 乙、B- 戊、C- 丙、D- 甲、E- 丁

二、A- 戊、B- 丁、C- 乙、D- 甲、E- 丙

參考題型

你是某事業單位的職業安全衛生管理人員，由於近期該事業單位因應突然增加的訂單需求，緊急僱用多位超過 45 歲的勞工，你會同勞工健康服務人員依據勞動部職業安全衛生署「中高齡及高齡工作者安全衛生指引」，訂定管理計畫，試回答下列問題：

一、由於中高齡者的身體機能在骨骼肌肉、心血管及呼吸系統、視力及聽力均可能有退化情形，其作業環境在安全、照明、噪音、環境溫度和緊急應變等五個面向，應做那些調整或安排，請各列舉 2 項。

二、你與勞工健康服務人員欲針對這些中高齡者進行「異常工作負荷促發疾病預防」計畫，其中健康風險評估的部分由勞工健康服務醫護人員執行，工作風險評估的部分，除每月加班時數外，還有那些工作型態需同時評估，請寫出其中 5 個工作型態並說明可被認定為有異常負荷的狀況。【99-03】

答

一、依據「中高齡及高齡工作者安全衛生指引」規定，針對中高齡者其作業環境在安全、照明、噪音、環境溫度和緊急應變等五個面向，應做的調整或安排如下列：

1. 安全

   (1) 避免指派高齡工作者於高處從事作業，並確實依規定設置必要之防護設施，如設置護欄或安全網等。

   (2) 使用移動梯或合梯作業時，指派其他人於梯旁協助及監護，以增加作業安全性；另應使用符合法令規定之移動梯或合梯。

   (3) 對高差超過 1.5 公尺以上之場所，設置適當之安全上下設備。

   (4) 工作場所通道、地板、階梯等保持乾燥、乾淨及暢通。

   (5) 於電動機具設備之連接電路上設置漏電斷路器。

   (6) 對於從事可能遭機械捲夾之作業，設置護罩、護圍等設備。

   (7) 提供必要之個人防護具。

2. 照明

   對於工作場所之採光照明，以自然採光為佳，必要時可輔以人工照明，並提供適當之照度，須注意光線分佈之均勻度、適當之明暗比，避免產生眩光。

3. 噪音

   對於工作場所之噪音，應優先採取工程控制措施，以消除或減低噪音源，其次為採取行政管理措施，以減少噪音暴露時間，必要時，應提供有效防音防護具。

4. 環境溫度

   (1) 對於工作場所因人工引起之高溫或低溫危害，如高溫作業，仍應以製程改善為主，工作輪替等行政管理措施為輔，並提供勞工必要之防護設備及飲水等方法因應。低溫作業則應提供勞工帽子、手套或絕緣手套、防護衣、絕緣防水鞋等防護具。

   (2) 對於高氣溫戶外作業引起之熱危害預防，可參照本署訂定之高氣溫戶外作業勞工熱危害預防指引辦理，以強化相關熱危害預防措施。

   (3) 對於戶外低溫環境引起之危害，應參考交通部中央氣象局發布之低溫特報資訊，提供多層次保暖、透氣之工作服，並注意其身體健康狀況，避免長時間從事戶外作業。

5. 緊急應變

   (1) 針對警報訊息除了聽覺外，亦可配合警示燈閃爍俾利察覺，並儘量以視覺設計為主，減少過度依賴聽覺信號。

(2) 中高齡及高齡工作者身體機能逐年退化，造成反應時間延長及敏捷性降低，爰雇主應確保逃生路徑保持暢通，避免有突出物或地面濕滑致逃生時發生跌倒之情事，並考量該等族群行走速度及所需避難時間，據以規劃工作區域及逃生路徑。

(3) 確保逃生通道上之緊急照明應符合相關規定，並在走廊曲折點處，增設緊急照明燈。

(4) 作業前召開工具箱會議，確保中高齡及高齡工作者明瞭逃生動線，包含臨時人員或承攬人工作者。

(5) 指派專人引導協助中高齡及高齡工作者疏散至出口，降低該等族群逃生時之資訊負荷，避免發生不必要之突發狀況。

(6) 對於中高齡及高齡工作者之緊急應變訓練，宜較年輕工作者增加 1.5 至 2 倍時間，並定期演練，留存紀錄。

二、依據「異常工作負荷促發疾病預防指引」規定，工作風險評估的部分，除每月加班時數外，還有下列工作型態需同時評估，對可被認定為有異常負荷的狀況，說明如下表：

工作型態		說明
不規律的工作		對預定之工作排程或工作內容經常性變更或無法預估、常屬於事前臨時通知狀況等。例如：工作時間安排，常為前一天或當天才被告知之情況。
經常出差的工作		經常性出差，其具有時差、無法休憩、休息或適當住宿、長距離自行開車或往返兩地而無法恢復疲勞狀況等。
作業環境	異常溫度環境	於低溫、高溫、高溫與低溫間交替、有明顯溫差之環境或場所間出入等。
作業環境	噪音	於超過 80 分貝的噪音環境暴露。
作業環境	時差	超過 5 小時以上的時差、於不同時差環境變更頻率頻繁等。
伴隨精神緊張的工作		日常工作處於高壓力狀態，如經常負責會威脅自己或他人生命、財產的危險性工作、處理高危險物質、需在一定期間內完成困難工作或處理客戶重大衝突或複雜的勞資紛爭等工作。

參、危害性化學品危害評估及管理

本節提要及趨勢

因國際間工業發展迅速，各產業使用之化學品數量及種類劇增，勞工於工作場所受到化學品危害之風險日增；危害化學品數量龐大，職業暴露限值 (OELs) 建置速度不及，且超出各國政府及廠商的能力範圍。因此國際組織與各國政府或民間機構透過不同研究或調查，針對化學品健康風險議題，致力發展出具經濟有效且易懂、易執行的工作場所共通性評估方法，使危害性化學品危害評估及管理可以更為落實可行。

適用法規

一、「危害性化學品標示及通識規則」第 5、12、16-18 條。

二、「危害性化學品評估及分級管理辦法」第 5、8、10、11 條。

三、「新化學物質登記及管制性化學品許可申請收費標準」第 2、4 條。

四、「管制性化學品之指定及運作許可管理辦法」第 6、7、12、14、15 條。

五、「優先管理化學品之指定及運作管理辦法」第 2、6、8-10 條。

重點精華

一、「職業安全衛生法」修法新增之法令規定，需要熟記相關項目的法令內容，包括：化學品分級原則、化學品分級管理措施等。

暴露評估分級管理	評估方法	實施期程	控制方法
第一級管理	暴露濃度 <1/2 容許暴露標準	至少每 3 年評估 1 次	持續維持原有之控制或管理措施外，製程或作業內容變更時，並採行適當之變更管理措施。
第二級管理	1/2 容許暴露標準 ≤ 暴露濃度 < 容許暴露標準	至少每年評估 1 次	應就製程設備、作業程序或作業方法實施檢點，採取必要之改善措施。
第三級管理	暴露濃度 ≥ 容許濃度	至少每 3 個月評估 1 次	應即採取有效控制措施，並於完成改善後重新評估，確保暴露濃度低於容許暴露標準。

二、 管制性化學品類別、內容及指定化學品如下。

管制性化學品類別	內容	指定化學品
新化學物質管理	依據：職業安全衛生法第13條 申請新化學物質核准登記，應依適當之類型，繳交化學物質安全評估報告。 新化學物質需針對年製造或輸入量繳交評估報告。可分為標準登記(5年有效期)、簡易登記(2年有效期)與少量登記(2年有效期)。	於中央主管機關於資訊網站之化學物質清單以外之新化學物質。
優先管理化學品	依據：職業安全衛生法第14條第2項 製造者、輸入者、供應者或雇主，對於中央主管機關指定之優先管理化學品，應將相關運作資料報請中央主管機關備查。	1. 職業安全衛生法第29條第1項第3款及第30條第1項第5款規定 所列之危害性化學品(有關未滿18歲勞工及女性勞工母性健康保 護之規定，對可能影響少年勞工安全與健康，或可能影響女性勞工於妊娠與哺乳期間對於母體或胎(幼)兒健康之危害性化學品，明列為優先管理化學品。) 2. 依國家標準CNS 15030分類，屬致癌物質第1級、生殖細胞致突變性物質第1級或生殖毒性物質第1級者。 3. 依國家標準CNS 15030分類，具有物理性危害或健康危害，其化學品運作量達中央主管機關規定者。 4. 其他經中央主管機關指定公告者。
管制性化學品	依據：職業安全衛生法第14條第1項 製造者，輸入者，供應者或雇主，對於經中央主管機關指定之管制性化學品，不得製造、輸入、供應或供工作者處置、使用。但經中央主管機關許可者，不在此限。	1. 優先管理化學品中，經中央主管機關評估具高度暴露風險者。 2. 其他經中央主管機關指定公告者(本辦法優先適用特定化學品標準規定之甲類、乙類特定化學物質作為指定公告物質)。

參考題型

請回答下列有關我國化學品健康危害分級管理 (Chemical Control Banding, CCB) 工具之問題：【83-01】

一、何謂 CCB 工具？

二、扼要說明 CCB 各步驟及其內容。

三、CCB 工具有何限制或不足之處？

答

一、我國化學品分級管理 (Chemical Control Banding, CCB) 工具主要係利用化學品本身的健康危害特性，加上使用時潛在暴露的程度 (如使用量、散布狀況)，透過風險矩陣的方式來判斷出風險等級及建議之管理方法，進而採取相關風險減緩或控制措施來加以改善；為近年來國際勞工組織 (International Labour Organization, ILO) 及國際間針對健康風險積極發展的一套半定量式評估工具。

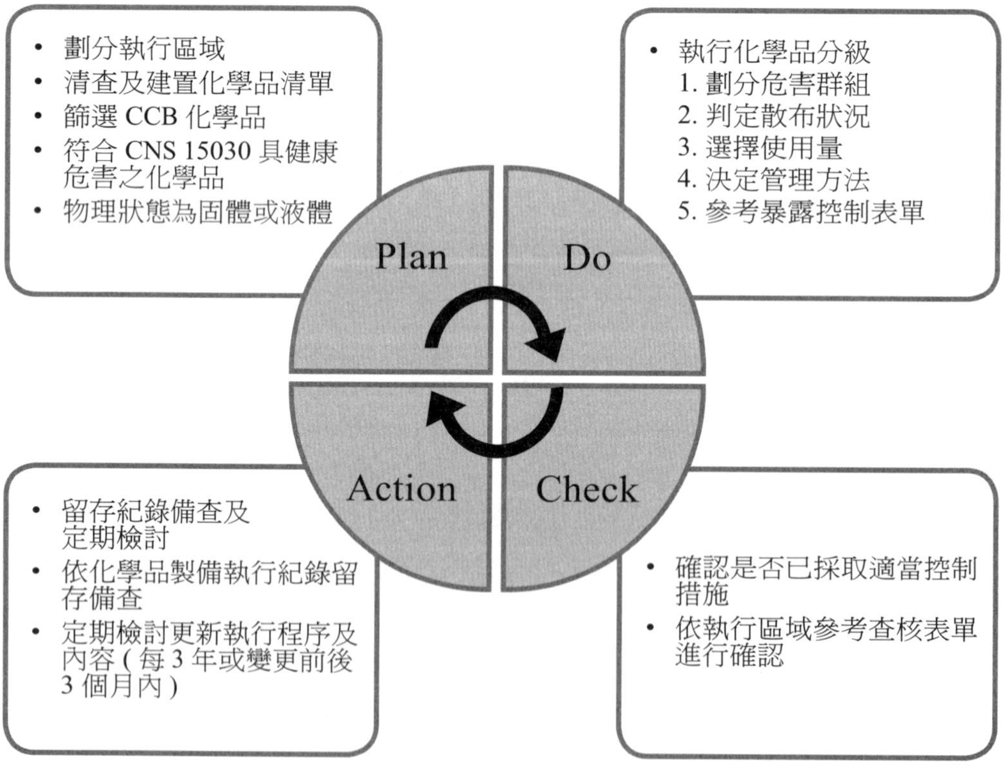

• 劃分執行區域
• 清查及建置化學品清單
• 篩選 CCB 化學品
• 符合 CNS 15030 具健康危害之化學品
• 物理狀態為固體或液體
• 執行化學品分級
1. 劃分危害群組
2. 判定散布狀況
3. 選擇使用量
4. 決定管理方法
5. 參考暴露控制表單
Plan
Do
Action
Check
• 留存紀錄備查及定期檢討
• 依化學品製備執行紀錄留存備查
• 定期檢討更新執行程序及內容 (每 3 年或變更前後 3 個月內)
• 確認是否已採取適當控制措施
• 依執行區域參考查核表單進行確認

化學品分級管理（CCB）

二、CCB 各步驟及其內容說明如下：

1. 步驟一：劃分危害群組。

   根據化學品的 GHS 健康危害分類及分級，利用 GHS 健康危害分類與危害群組對應表找出相對應的危害群組，以進行後續的危害暴露及評估程序。

2. 步驟二：判定散布狀況。

   化學品的物理型態會影響其散布到空氣中的狀況，此階段是利用固體的粉塵度及液體的揮發度來決定其散布狀況。粉塵度或揮發度愈高的化學品，表示愈容易散布到空氣中。

3. 步驟三：選擇使用量。

   由於化學品的使用量多寡會影響到製程中該化學品的暴露量，故將製程中的使用量納入考量，可依表 3：化學品的使用量判定為小量、中量或大量。

4. 步驟四：決定管理方法。

   利用前面步驟一～三的結果，根據化學品的危害群組、使用量、粉塵度或揮發度，對照表 4 的風險矩陣，即可判斷出該化學品在設定的環境條件下的風險等級。

5. 步驟五：參考暴露控制表單。

   依據步驟四判斷出風險等級 / 管理方法後，可對照暴露控制表單，依據作業型態來選擇適當的暴露控制表單。所提供的管理措施包括整體換氣、局部排氣、密閉操作、暴露濃度監測、呼吸防護具、尋求專家建議等。

三、CCB 工具限制或不足之處如下列：

1. 無法取代或去除個人暴露監測的必要性，應與傳統暴露監測及 OELs 適度搭配運用。
2. 並非所有職業危害種類 (如切割夾捲) 皆可用分級管理策略解決。
3. 分級管理為快速初篩的簡易評估方法，將危害性物質分級後採取不同管控措施，必要時或特殊情況下，仍應採用較複雜的工具或方法來評估勞工健康風險。

參考題型

試依職業安全衛生相關法規，說明下列問題：

一、請說明 CMR 物質之 C、M、R 的 3 個英文縮寫，分別指那種物質？（寫出中文給 2 分，英文給 1 分）

二、依優先管理化學品之指定及運作管理辦法，CMR 危害性化學品包含那些類別？

三、若某事業單位依法應實施職場母性健康保護，對於保護期間之勞工執行化學品的健康風險分析時，是否僅限優先管理化學品所列之 CMR 物質？（請先回答是或否，再說明理由） 【91-03】

答

一、CMR 物質之 C、M、R 的 3 個英文縮寫，分別指下列物質：

【C】Carcinogenic substances 致癌物質。

【M】Mutagenic substances 致突變性物質。

【R】Reproduction substances 生殖毒性物質。

二、依照「優先管理化學品之指定及運作管理辦法」第 2 條規定，CMR 危害性化學品包含下列類別：化學物質依國家標準 CNS 15030 危害分類，具致癌物質第 1 級、生殖細胞致突變性物質第 1 級或生殖毒性物質第 1 級。

三、否。理由：因實施職場母性健康保護，對於保護期間之勞工執行化學品的健康風險分析時，除了優先管理化學品所列之 CMR 物質外，尚需針對其他對哺乳功能有不良影響之化學品，以確保哺乳期間之母體及嬰兒健康。

參考題型

一、請說明依危害性化學品評估及分級管理辦法及技術指引規定，雇主使勞工製造、處置、使用符合何條件化學品，應採取分級管理措施？請說明如何實施分級管理措施（請以國際勞工組織國際化學品分級管理 CCB 說明）？

二、使用之化學品依勞工作業場所容許暴露標準已定有容許暴露標準者，如何實施分級管理措施請就事業單位勞工人數達 500 人規模說明）？

三、又請說明依風險等級，分別採取控制或管理措施為何？ 【78-01】

答

一、 應採取分級管理措施。

1. 依據「危害性化學品評估及分級管理辦法」第 4 條規定，雇主使勞工製造、處置或使用之化學品，符合國家標準 CNS 15030 化學品分類，具有健康危害者，應評估其危害及暴露程度，劃分風險等級，並採取對應之分級管理措施。

2. 依據「國際勞工組織國際化學品分級管理 (CCB)」，其分級措施實施說明包含：運用 GHS 健康危害分類來劃分化學品的危害群組，配合化學品的散布狀況及使用量來判斷潛在暴露程度，然後以風險矩陣來決定管理方法 (整體換氣、工程控制、隔離、特殊規定)，並提供暴露控制措施參考。

二、 實施分級管理措施流程如下：

依據「危害性化學品評估及分級管理技術指引」第 5 點規定，雇主使勞工製造、處置、使用定有容許暴露標準化學品，而事業單位規模符合本辦法第 8 條第 1 項規定者，應依附件三所定之流程 (如下列)，實施作業場所暴露評估，並依評估結果分級。

1. 作業場所及相關資訊蒐集。

2. 建立相似暴露族群。

3. 選擇相似暴露族群執行暴露評估。

4. 作業環境監測、直讀式儀器、暴露推估模式或其他相關推估方法。

5. 與容許暴露標準比較後評估結果分級。

三、 依風險等級，分別採取控制或管理措施如下：

依據「危害性化學品評估及分級管理辦法」第 10 條規定，雇主對於前二條化學品之暴露評估結果，應依下列風險等級，分別採取控制或管理措施：

1. 第一級管理：暴露濃度低於容許暴露標準 1/2 者，除應持續維持原有之控制或管理措施外，製程或作業內容變更時，並採行適當之變更管理措施。

2. 第二級管理：暴露濃度低於容許暴露標準但高於或等於其 1/2 者，應就製程設備、作業程序或作業方法實施檢點，採取必要之改善措施。

3. 第三級管理：暴露濃度高於或等於容許暴露標準者，應即採取有效控制措施，並於完成改善後重新評估，確保暴露濃度低於容許暴露標準。

參考題型

根據 GHS 制度制定的分類標準，制定調和的危害通識制度，其中最主要之核心工具為標示及安全資料表，請說明何謂 SDS ？其內容為何？以及標示應注意事項？

答

一、安全資料表簡稱 SDS，即 Safety Data Sheet。內容簡要記載化學物質的特性，有如「化學品的身分證」；它是化學物質的說明書，也是化學物質管理的基本工具，是一份提供化學物質資訊之技術性文獻。其內容廣泛，包括過量暴露情況下的健康危害、操作、貯存或使用時的危害性評估、在過量暴露風險下，保護員工的方法、以及緊急處理步驟。

二、GHS SDS 的 16 項內容如下：

1. 化學品與廠商資料。
2. 危害辨識資料。
3. 成分辨識資料。
4. 急救措施。
5. 滅火措施。
6. 洩漏處理方法。
7. 安全處置與儲存方法。
8. 暴露預防措施。
9. 物理和化學性質。
10. 安定性與反應性。
11. 毒性資料。
12. 生態資料。
13. 廢棄處置方法。
14. 運送資料。
15. 法規資料。
16. 其他資料。

三、危害性化學品標示及通識規則 (簡稱危害通識) 第 5 條因應 GHS 修法後，容器標示之規定為：雇主對裝有危害物質之容器，應依規定分類、危害圖式及明顯標示下列事項，必要時，輔以外文。

1. 危害圖式。
2. 內容：
   (1) 名稱。
   (2) 危害成分。
   (3) 警示語。
   (4) 危害警告訊息。
   (5) 危害防範措施。
   (6) 製造商或供應商之名稱、地址及電話。

火焰	圓圈上一團火焰	炸彈爆炸

• 易燃氣體 • 易燃氣膠 • 易燃液體 • 易燃固體 • 自反應物質 • 發火性液體 • 發火性固體 • 自熱物質 • 禁水性物質 • 有機過氧化物	• 氧化性氣體 • 氧化性液體 • 氧化性固體	• 爆炸物 • 自反應物質 A 型及 B 型 • 有機過氧化物 A 型及 B 型
腐蝕	**氣體鋼瓶**	**骷髏與兩根交叉骨**

• 金屬腐蝕物 • 腐蝕 / 刺激皮膚物質第 1 級 • 嚴重損傷 / 刺激眼睛物質第 1 級	• 加壓氣體	• 急毒性物質第 1 級～第 3 級
驚嘆號	**環境**	**健康危害**

• 急毒性物質第 4 級 • 腐蝕 / 刺激皮膚物質第 2 級 • 嚴重損傷 / 刺激眼睛物質第 2 級 • 皮膚過敏物質 • 特定標的器官系統毒性物質～單一暴露第 3 級	• 水環境之危害物質	• 呼吸道過敏物質 • 生殖細胞致突變性物質 • 致癌物質 • 生殖毒性物質 • 特定標的器官系統毒性物質～單一暴露第 1 級～第 2 級 • 特定標的器官系統毒性物質～重複暴露 • 吸入性危害物質

GHS 危害圖式說明

肆、健康風險評估

本節提要及趨勢

人的一生中，最精華的歲月 (25-65 歲) 是在職場度過的，而且每天約有 1/3 的時間是在工作場所，因此工作環境對健康的影響不容忽視。職業安全衛生在於減少職業災害，減少職業病，而減少職業病的主要原則為「預防勝於治療」，所以必須強化職場健康的風險評估；因為擁有身心健康的優質員工是企業的最大資產。所以職業安全衛生管理必須加入積極的職場健康風險評估的作為，進而改善員工的工作環境，促進員工身心健康，照顧員工工作及生活平衡，塑造健康企業文化，才能成為具競爭性的成功企業。

適用法規

一、「風險評估技術指引」。

二、「健康風險評估技術規範」。

重點精華

一、推動職場健康風險評估，促進員工身心健康的益處。

企業組織層面	員工層面
1. 提升工作效率及服務品質	1. 促進健康
2. 降低健康照顧與醫療支付	2. 提升工作效率及士氣
3. 減少罰款與訴訟之風險	3. 維持勞動力、延長工作年限
4. 降低病假率	4. 增加就業滿意度
5. 降低員工流動率	5. 增加維護健康的技巧與知識
6. 提振員工士氣	6. 健康的家庭與和樂的社區
7. 正面企業形象	

二、世界衛生組織所提出的健康促進五大行動綱領

1. **訂定健康公共政策**：訂定任何政策時都要考量社會責任及政策對健康的影響。
2. **創造有利健康的支持環境**：強調健康環境的可近性，營造友善健康環境及健康文化。
3. **強化社區行動**：強調社區自我發展，培養社區人員，利用社區資源及人力。
4. **發展個人技巧**：健康促進的技巧是需要學習，並進而落實行為的改變與成長。
5. **重新定位健康服務作法**：建構全方位完整的健康照護體系。

三、健康風險評估作業應包括危害性鑑定、劑量效應評估、暴露量評估及風險特徵評估等四部分；其風險評估作業可依下列模式辦理：

1. **危害性鑑定**：包括危害性化學物質種類、危害性化學物質之毒性(致癌性、包括致畸胎性及生殖能力受損之生殖毒性、生長發育毒性、致突變性、系統毒性)、危害性化學物質釋放源、危害性化學物質釋放途徑、危害性化學物質釋放量之鑑定等。

2. **劑量效應評估**：致癌性危害性化學物質應說明其致癌斜率因子，非致癌性危害性化學物質應說明其參考劑量或參考濃度。

3. **暴露量評估**：進行開發活動於營運階段所釋放危害性化學物質經擴散後，經由各種介質及各種暴露途徑進入影響範圍內居民體內之總暴露劑量評估等。

4. **風險特徵評估**：依前三項之結果加以綜合計算推估，開發活動影響範圍內居民暴露各種危害性化學物質之總致癌及總非致癌風險，總非致癌風險以危害指標表示不得高於 1；總致癌風險高於 10^{-6} 時，開發單位應提出最佳可行風險管理策略，並經環境影響評估審查委員會認可，另風險估算應進行不確定性分析，並以 95% 上限值為判定基準值。

參考題型

何謂風險評估？請說明實施步驟及各步驟扼要內容。【83-02】

答

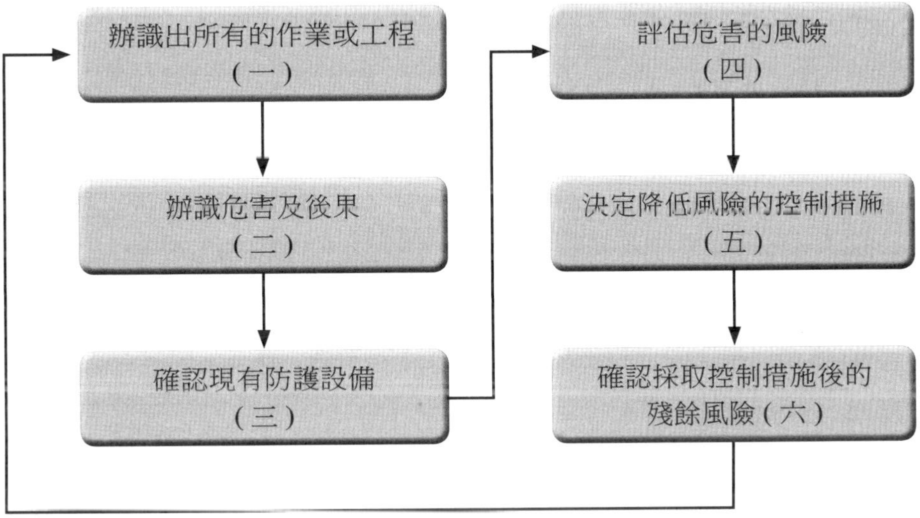

一、依「風險評估技術指引」第 3 點：所稱的風險評估為辨識、分析及評量風險之程序。

二、依「風險評估技術指引」第 4 點說明風險評估之作業流程如下列：

1. 辨識出所有的作業或工程：

   事業單位應依安全衛生法規及職業安全衛生管理系統相關規範等要求，建立、實施及維持風險評估管理計畫或程序，以有效執行工作環境或作業危害的辨識、評估及控制。

2. 辨識危害及後果：

   事業單位應事先依其工作環境或作業(製程、活動或服務)的危害特性，界定潛在危害的分類或類型，作為危害辨識、統計分析及採取相關控制措施的參考，事業單位應針對作業的危害源，辨識出所有的潛在危害、及其發生原因與合理且最嚴重的後果。

3. 確認現有防護設施：

   事業單位應依所辨識出的危害及後果，確認現有可有效預防或降低危害發生原因之可能性及減輕後果嚴重度的防護設施。必要時，對所確認出的現有防護設施，得分為工程控制、管理控制及個人防護具等，以利於後續的分析及應用。

4. 評估危害的風險：

   事業單位對所辨識出的潛在危害，應依風險等級判定基準分別評估其風險等級。風險為危害事件之嚴重度及發生可能性的組合，評估時不必過於強調須有精確數值的量化分析，事業單位可自行設計簡單的風險等級判定基準，以相對風險等級方式，作為改善優先順序的參考。

5. 決定降低風險的控制措施：

   事業單位應訂定不可接受風險的判定基準，作為優先決定採取降低風險控制措施的依據。對於不可接受風險項目應依消除、取代、工程控制、管理控制及個人防護具等優先順序，並考量現有技術能力及可用資源等因素，採取有效降低風險的控制措施。

6. 確認採取控制措施後的殘餘風險：

   事業單位對預計採取降低風險的控制措施，應評估其控制後的殘餘風險，並於完成後，檢討其適用性及有效性，以確認風險可被消減至預期成效。對於無法達到預期成效者，應適時予以修正，必要時應採取其他有效的控制措施。

參考題型

試回答下列問題：【88-02】

一、說明預防重複性作業等促發肌肉骨骼疾病之危害評估方法。

二、何謂熱壓力（heat stress）？並說明熱壓力生理症狀。

三、何謂輪班制？

四、說明游離輻射暴露影響健康之確定效應（non-stochastic effects）與機率效應（stochastic effects）。

五、試就下列游離輻射暴露之健康效應，選擇一個主要的發生機轉。

健康效應	發生機轉
(1) 皮膚灼傷（皮膚炎）	
(2) 甲狀腺癌	(A) 確定效應（非隨機效應）
(3) 白血病（血癌）	
(4) 白血球數減少	(B) 機率效應（隨機效應）

答

一、依據「人因性危害預防計畫指引」第三章內容，評估方法主要考量項目包含：工作姿勢、施力大小、持續時間與頻率等。文獻上常被使用的評估方法有肌肉骨骼傷病人因工程檢核表 (MSD)、人因基準線風險認定檢核表 (BRIEF)、OWAS 姿勢分析等，近期則推出其他檢核表，例如人工搬運評估表 (MAC)、快速上肢評估 (RULA)、快速全身評估 (REBA)、KIM 人工物料處理檢核表 (KIM LHC)、KIM 推拉作業檢核表 (KIM PP)、以及 KIM 手工物料作業檢核表 (KIM MHO) 等。

二、依據「熱危害引起之職業疾病認定參考指引」內容如下列：

1. 熱壓力：人體在熱環境工作，代謝產熱量與外在環境因素 (氣溫、濕度、風速及輻射熱等) 及衣著情形等共同作用而造成身體產生熱負荷或熱蓄積情形，則稱之為熱壓力。

2. 熱壓力生理症狀：當一個人首次在熱環境下工作，他將會表現出熱壓力症的症狀，例如體溫上升、心跳加快、頭痛或噁心的現象。

三、依據「勞動基準法」第 34 條修法說帖內容所述，輪班制：指事業單位之工作型態定有數個班別，由勞工分組輪替完成各班別之工作。勞工各組之工作地點相同、工作內容相同，只有工作時段不同，且具有更換工作班次之情形。

四、依據「游離輻射防護安全標準」第 2 條第 9 款，輻射之健康效應區分如下：

1. 確定效應：指導致組織或器官之功能損傷而造成之效應，其嚴重程度與劑量大小成比例增加，此種效應可能有劑量低限值。
2. 機率效應：指致癌效應及遺傳效應，其發生之機率與劑量大小成正比，而與嚴重程度無關，此種效應之發生無劑量低限值。

五、游離輻射暴露之健康效應對應之主要的發生機轉：

健康效應	發生機轉
(1) 皮膚灼傷（皮膚炎）	(A) 確定效應（非隨機效應）
(2) 甲狀腺癌	(B) 機率效應（隨機效應）
(3) 白血病（血癌）	(B) 機率效應（隨機效應）
(4) 白血球數減少	(A) 確定效應（非隨機效應）

參考題型

您是某事業單位之職業衛生管理師，試依健康風險分析之原則，回答下列問題：【93-3】

一、請依序寫出對一健康危害相關資訊並不充分但即將引進使用的化學物質，執行職場危害暴露的健康風險評估的 4 個步驟。（步驟順序請以 1、2、3 及 4 標示，若無法完整寫出所有步驟，請寫出答案的步驟編號，例如第 3 步驟無法寫出，答題方式為 1- 知識、2- 態度、4- 行為）

二、承上題，請對每 1 步驟的內容簡略說明重點。

三、承上題，在 COVID-19 疫情發生時，試就個別步驟提出 2 項應收集或提供之資料。

答

一、健康風險評估的 4 個步驟：

1. 危害辨識。
2. 危害特徵描述。
3. 暴露量評估。
4. 風險特性描述。

二、每 1 步驟的內容簡略說明：

1. 危害辨識：危害辨識為決定某一危害物質是否會增加某種危害健康情形之發生率。
2. 危害特徵描述：以定性的方式詳細描述生物危害物質，若數據充分 (如，感染劑量)，則進行劑量反應評估 (Dose Response Assessment)，劑量反應評估亦即定量評估劑量與暴露族群中之某種健康效應之發生率的關係。
3. 暴露量評估：主要在測量人體暴露到環境中物質的程度、頻率和持續期間，以及暴露途徑。
4. 風險特徵描述：綜合前述各步驟的健康效應，估計在各種暴露情況下的風險值，並就過程中的主要假設及不確定性進行討論。

三、在 COVID-19 疫情發生時，個別步驟應提出收集或提供之資料：

1. 危害辨識：收集生物危害物質的基礎資訊。
2. 危害特徵描述：收集生物危害物質相關資料，如疾病爆發調查報告、監測與一年的健康統計資料、自願人體實驗資料、生物標記等。
3. 暴露評估：生物危害物質進入人體的資料，如生物危害物質的濃度、暴露的途徑經由何種方式被人體吸收等。
4. 風險特徵描述：來自暴露評估所有資訊，如暴露的途徑、估算生物危害物質的濃度、生物危害物質在不同介質生長的資訊、攝取劑量的估算方式等。

參考題型

您是想要在事業單位內推行職場心理健康促進計畫的職業衛生管理師，試回答下列問題：

一、除了「缺乏彈性的工作排程或工時過長」的危險因子以外，再列舉 4 個職場心理健康常見危險因子。

二、除了「向所有員工提供心理健康自我評估工具」以外，再列舉 4 項事業單位依計畫不同執行時程，可實施之工作事項。

三、試列舉 1 個不需由心理健康專業人員施作，可普遍用於職場健康篩檢的員工心理健康自我評估工具。

四、請依職場健康風險評估的 5 個主要執行步驟，並依單一循環的先後順序選擇合適步驟（答題只需列出編號，如 13578）：

1. 由心理健康專業及人力資源部門人員面談罹病員工，並紀錄面談結果。
2. 辨識職場或工作相關心理健康危害因子。
3. 記錄風險調查結果並作為計畫的制定基礎。
4. 追蹤和分析員工協助方案使用情形。
5. 追蹤和評估對策有效性並修正計畫的缺失。
6. 執行內部顧客滿意度調查。
7. 評估工作相關壓力的發生原因，以及易受傷害或易感族群。
8. 評估職場心理健康風險並採取對策。

答

一、除了「缺乏彈性的工作排程或工時過長」的危險因子以外，還有其他職場心理健康常見危險因子：不安全的工作環境、不當的工作流程與設計、不適的管理方式、以及模糊的角色設計等。

二、事業單位依計畫不同執行時程，可實施之工作事項如下：

1. 領導與策略規劃。
2. 資源及人力運用。
3. 依據職場需求確立健康促進項目。
4. 擬定年度計畫。
5. 教育與宣導。
6. 過程管理。

7. 推行成效。

8. 改善。

三、簡式健康量表 (俗稱：心情溫度計)6 題，協助您瞭解你的身心適應狀況，可每週自我檢測。

四、7、1、3、8、5。

7. 評估工作相關壓力的發生原因，以及易受傷害或易感族群。

1. 由心理健康專業及人力資源部門人員面談罹病員工，並紀錄面談結果。

3. 記錄風險調查結果並作為計畫的制定基礎。

8. 評估職場心理健康風險並採取對策。

5. 追蹤和評估對策有效性並修正計畫的缺失。

參考題型

請回答下列問題：

一、事業單位推動職業安全衛生管理，在風險評估執行初期必須先辨識出工作場所中所有的工作環境及作業活動，作為後續辨識危害的依據。作業清查的原則除「同類型或共通性的作業可以召開跨部門會議共同討 、確認及整合」、「營造工程須依其分項工程逐步拆解至三階作業」外，請再列舉其它 5 項原則。

二、CNS 45001 職業安全衛生管理系統強調事業單位為鼓勵工作者在管理制度與其措施之諮商及參與，事業單位應「決定並移除工作者參與的障礙或阻礙，並盡量降低事業單位無法移除的障礙或阻礙」，除「語言或語文障礙」外，請再列舉 2 項事業單位的「障礙或阻礙」。

三、在評估危害的風險後，為達風險降低及持續改善之目的，試說明事業單位如何判定不可接受風險項目，並依危害控制階層說明採取有效降低風險之控制措施之優先順序。【99-04】

答

一、依據「風險評估技術指引補充說明」，作業清查的原則除「同類型或共通性的作業可以召開跨部門會議共同討論、確認及整合」、「營造工程須依其分項工程逐步拆解至三階作業」外，還包括下列原則：

1. 依據部門之各職務辨識出所有須執行的作業。

2. 依據生產、工程或服務等之流程辨識出所有的作業，如圖一之參考例。

3. 須涵蓋例行性作業及非例行性作業，包含正常操作、異常處理及特殊狀況處理等作業。

4. 訂有標準作業程序（SOP）、工作指導書（WI）等之作業均須納入。

5. 須涵蓋組織控制下所有可能出現在公司及所屬工地 / 工廠的人員所執行的相關作業，包括員工、承攬人、供應商、訪客及其他利害相關者等。

6. 非人為操作的作業、半自動化或自動化等製程亦須包含在內。

7. 同類型或共通性的作業可以召開跨部門會議共同討論、確認及整合，例如：差旅、上下班交通、飲水機清洗等作業。

8. 營造工程須依其分項工程逐步拆解至三階作業，如圖二之參考例。

二、事業單位應「決定並移除工作者參與的障礙或阻礙，並盡量降低事業單位無法移除的障礙或阻礙」，除「語言或語文障礙」外，事業單位的「障礙或阻礙」，還包括下列項目：

1. 未回應來自工作者的訊息或建議。

2. 報復行為或報復行為的威脅。

3. 不鼓勵或懲罰工作者參與的政策或作法。

三、依據「風險評估技術指引補充說明」，事業單位判定不可接受風險項目，並依危害控制階層說明採取有效降低風險之控制措施之優先順序如下列：

1. 若可能，須先消除所有危害或風險之潛在根源，如使用無毒性化學、本質安全設計之機械設備等。

2. 若無法消除，須試圖以取代方式降低風險，如使用低電壓電器設備、低危害物質等。

3. 以工程控制方式降低危害事件發生可能性或減輕後果嚴重度，如連鎖停機系統、釋壓裝置、隔音裝置、警報系統、護欄等。

4. 以管理控制方式降低危害事件發生可能性或減輕後果嚴重度，如機械設備自動檢查、教育訓練、標準作業程序、工作許可、安全觀察、安全教導、緊急應變計畫及其他相關作業管制程序等。

5. 最後才考量使用個人防護具來降低危害事件發生時對人員所造成衝擊的嚴重度。

伍、個人防護具

本節提要及趨勢

雖然在工作職場以工程或技術方法消除工作場所潛在危險因素，仍為預防災害最經濟有效之原則及目標。然而因限於科技發展均日趨提高增大，常導致生產因素與安全防護問題間之矛盾而難以取捨，在此情況下作業，則難免被迫採取使用配戴個人防護具以保護工作者之做法，此即為個人防護具乃職業安全衛生防護最後一道防線之來源。個人防護具乃為供在危害作業環境中工作者配戴，以直接保護工作者身體上之全部或某些部位，使其免於與有害因素接觸、消除或盡量降低其傷害程度，同時亦可增進工作者心理上之安全感。通常在比較危險的作業環境中，工作者心理上難免會產生恐懼感，如能使用適當之個人防護具，必然會提高其安全感，進而促進作業安全及工作效率。

適用法規

一、「職業安全衛生設施規則」第 277 條至第 290 條。

重點精華

一、防護具的種類

1. 個人防護具 (PPE) 為最後一道防護。
2. 個人防護具種類思考邏輯。

可由頭部往下想，大約有 9 類，安全帽、安全眼鏡、呼吸防護具 (淨氧式、供氣式)、耳塞 / 罩、安全面罩、安全手套、安全鞋、防護衣 (A、B、C、D 級)、安全帶 (背負式) 等，由各安全防護具往下細分及相關注意事項。

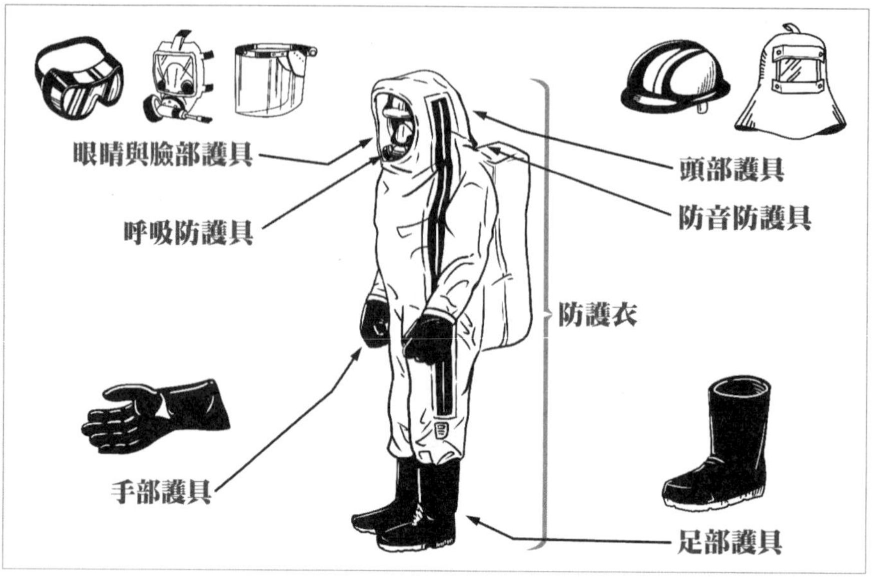

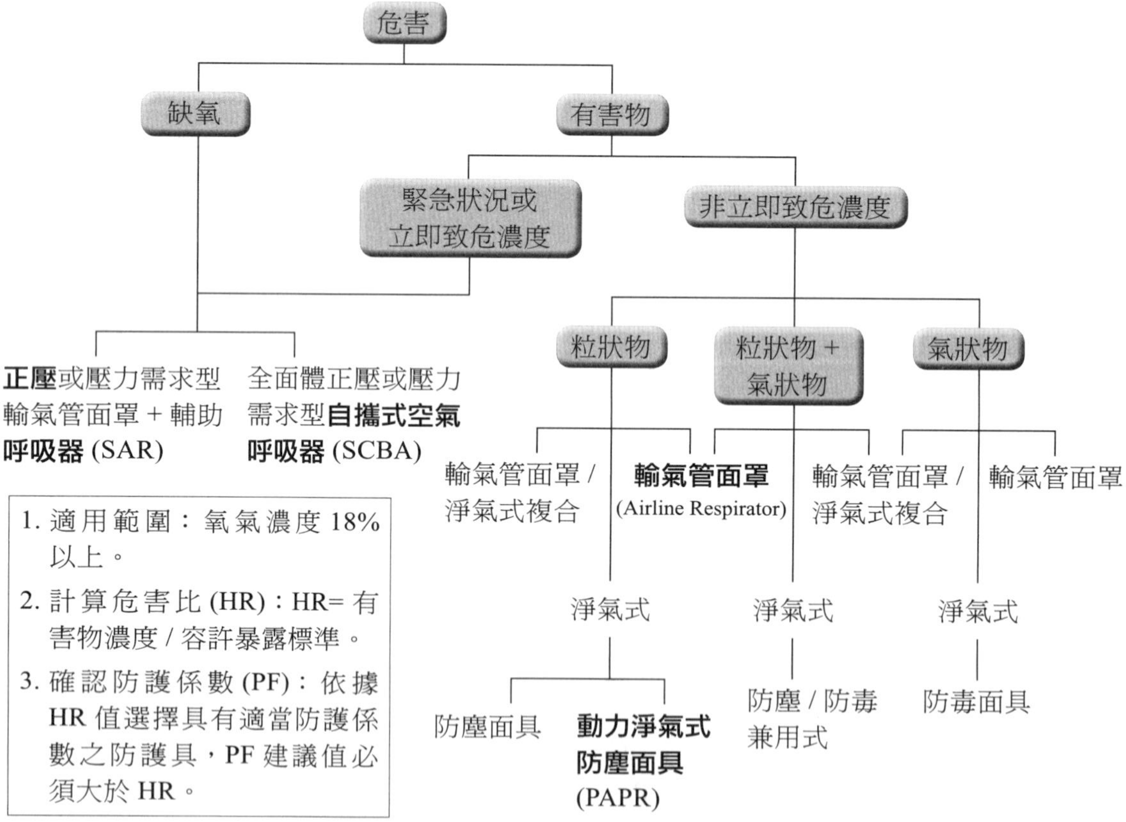

呼吸防護具之分類

呼吸防護具種類

1. 動力淨氣式呼吸防護具 (Powered Air-Purifying Respirator，PAPR)
2. 供氣式呼吸防護具 (Supplied Air Respirator，SAR)
3. 輸氣管式呼吸防護具 (Airline Respirator)
4. 自攜式呼吸防護具 (Self-Contained Breathing Apparatus，SCBA)

N95 口罩所代表的意義為防護以非油性微粒為主且最易穿透粒徑微粒的穿透效率達 95% 以上；95 這個數字代表過濾係數，係指可捕捉空氣中 95% 的懸浮微粒。

根據 42 CFR part 84 方法中將無動力式防塵口罩濾材分成 N、R、P 三類：

分類	意義	適用環境	代號	過濾效能
N	Not resistant to oil（非抗油）	不適用於含有油性氣膠的環境	N95	95%
			N99	99%
			N100	99.97%
R	Resistant to oil（抗油）	非油性或油性微粒均適用	R95	95%
			R99	99%
			R100	99.97%
P	Oil Proof（耐油）	非油性或油性微粒均適用	P95	95%
			P99	99%
			P100	99.97%

二、職場欲防範災害於未然，可依序採行下述四項事故預防措施。

1. 利用工程和技術，消除機械設備、製造程序、原物料及工廠各項措施等作業環境中可能潛存之危害因素。
2. 若工程或技術上，無法消除該類危害因素時，則應採取封閉或防護之方法以防阻其發生源。
3. 實施工作教導與安全訓練，以提高員工之工作安全意識與警覺，使能完全遵照安全工作程序作業。
4. 最後則可採取配戴個人防護設備之方式，以保護勞工。

三、呼吸防護具選用前應先確認事項如下：

1. 要防護何種污染物，代號？化學名（化學式）？
2. 污染物的狀態，毒氣？有害蒸氣？粉塵？霧滴？燻煙？上述狀態的組合？
3. 污染物在空氣中容許濃度是多少？ PEL 值？
4. 污染環境含氧量？
5. 使用呼吸防護具時污染物的濃度？是否高過立即致病濃度？是否高過容許濃度？
6. 此種污染物是否具有能被感知的特性？（例如：刺激性臭味）
7. 在此濃度下是否對眼睛有刺激性？
8. 此種污染物會經由皮膚吸收嗎？

9. 在一天或一週之內，工作人員有多少時間會暴露於受污染的環境之內？

10. 污染的區域附近可能有其他亦會產生其他污染物的製程嗎？

11. 工作場所的溫度？相對濕度？

12. 工作場所是開闊的區域或是密閉區域？是否有通風系統？效果如何？

參考題型

下圖為呼吸防護具選用參考步驟，請將圖中之英文字母 (A~E) 填入合適中文詞語，如 F 飽和破出。【86-03-01】

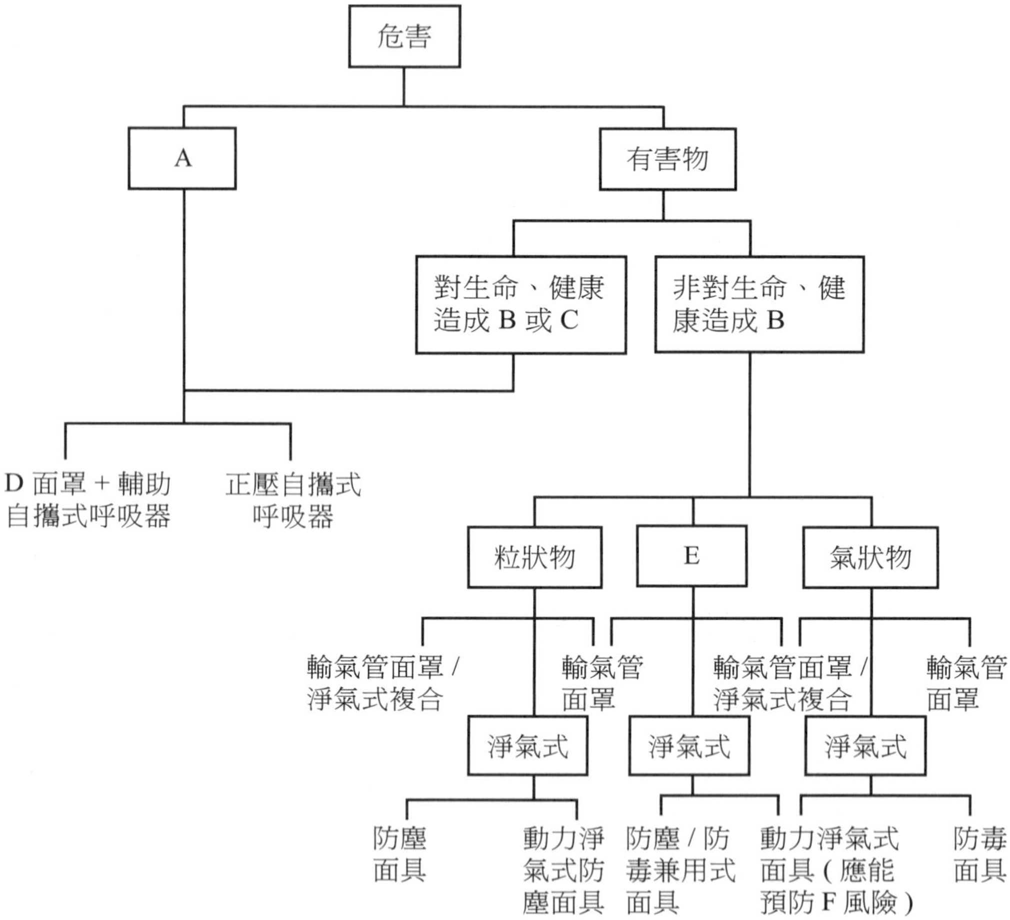

答

依據「呼吸防護具選用參考原則」第 6 條規定：

A：缺氧

B：立即致危濃度

C：緊急狀況

D：正壓或壓力需求型輸氣管

E：粒狀物＋氣狀物

F：飽和破出

參考題型

說明下列有關呼吸防護具選用之名詞 【85-02-04】

1. 密合度測試 (fit test)
2. 密合檢點 (fit check)

答

1. 密合度測試 (fit test)：是用來確認這類特殊的呼吸道防護口罩與個人臉頰的合適情形。第一次挑選時或定期測試，分定性測試與定量測試兩種方式。
2. 密合檢點 (fit check)：是在使用的時候，可以很快速檢測口罩是否合宜且正確的穿戴好，每次使用前都應進行，包括正壓檢點與負壓檢點兩種方式。

參考題型

依勞動部公告之「呼吸防護具選用參考原則」試回答下列問題： 【82-02】

一、名詞說明：

1. 危害比 (HR)。
2. 防護係數 (PF，並列出計算式)。

二、試列舉 2 項呼吸防護具使用時機。

三、呼吸防護具之選用首重工作環境之「危害辨識」，請列舉 4 項危害辨識之內容。

答

依據「呼吸防護具選用參考原則」規定：

一、名詞說明：

1. 危害比 (HR)：空氣中有害物濃度 / 該污染物之容許暴露標準。
2. 防護係數 (PF)：用以表示呼吸防護具防護性能之係數。
3. 防護係數 (PF) = 1/(面體洩漏率 + 濾材洩漏率)

二、呼吸防護具使用時機如下列：

1. 採用工程控制及管理措施，仍無法將空氣中有害物濃度降低至勞工作業場所容許暴露標準之下。
2. 進行作業場所清掃及設備 (裝置) 之維修、保養等臨時性作業或短暫性作業。
3. 緊急應變之處置 (消防除外)。

三、工作環境之「危害辨識」內容如下列：

1. 暴露空氣中有害物之名稱及濃度。
2. 該有害物在空氣中之狀態 (粒狀或氣狀)。
3. 作業型態及內容。
4. 其他狀況 (例如作業環境中是否有易燃、易爆氣體、不同大氣壓力或高低溫影響)。

參考題型

使用適當之防護具可降低勞工吸入有害物質與噪音暴露。【77-03】

一、試列舉 4 種應考慮使用呼吸防護具之場合。【55-03-01】

二、試列舉 3 項在選用呼吸護具時應先確認之事項。【55-03-02】、【50-03】

三、耳塞與耳罩各有其優缺點，相較於耳塞，試列舉 3 項耳罩之優點。

【70-04-01】

答

一、應考慮使用呼吸防護具之場合如下列：

1. 臨時性作業、作業時間短暫或作業期間短暫。
2. 進行作業場所清掃或通風裝置的維護、保養與修護工作。
3. 坑道、儲槽、管道、船艙等內部，以及室外工作場所。
4. 緊急意外事故逃生或搶救人命。
5. 採用工程控制措施，仍無法將空氣中污染物濃度降低至容許濃度之下。
6. 製程本身無法採用工程控制措施。

二、選用呼吸防護具應先確認的事項如下列：

1. 確認有害污染物特性：包括污染物之毒性、種類、型態、濃度、危害途徑、危害程度等。特別要評估的是所面臨之危害是否會立即造成生命健康危害，如是否缺氧、是否風險過高，必須採取特別防護狀況。
2. 確認呼吸防護具特性：包括呼吸防護具之防護係數 (Protection Factor)、有效使用期限、呼吸防護具佩戴、脫除、保養、維修之便利性等等。
3. 考慮工作內容、流程特徵、呼吸防護具佩戴作業時限、佩戴人員心理生理狀況、發生緊急事故避難處理及搶救計劃等因素。

三、相較於耳塞，選用耳罩優點如下列：

1. 可重複使用。
2. 體積大，不易遺失。
3. 保養清潔容易。
4. 耳道疾病患者可使用。
5. 不易引發耳內感染。
6. 作業線上易稽核。

參考題型

針對呼吸防護具，請分別說明防塵與防毒呼吸防護具去除有害物質之機制。

【73-02-01】

答

一、防塵呼吸防護具(適用粒狀污染物)：防塵呼吸防護具防護濾材大多以綿織物編織摺疊而成，利用攔截、慣性衝擊、重力沉降、擴散作用、靜電吸引等作用，去除過濾除粉塵、燻煙等粒狀污染物。

二、防毒呼吸防護具(適用氣狀污染物)：防毒面具所付之吸收罐，以活性碳等物質製成之吸收劑濾材，再配以特殊化學物質，對特定有害氣體或蒸氣等氣態物以吸附作用、吸收作用或觸媒反應，去除氣狀污染物的危害。

參考題型

試回答下列有關呼吸防毒面具(罩)之問題：

一、試述呼吸防毒面具(罩)之面體與顏面間的定性密合檢點方法。【68-02-01】

二、何謂濾毒罐的防護係數？【68-02-02】

答

一、定性測試是依靠受測者對測試物質的味覺、嗅覺或是刺激等自覺反應。而密合檢點包括正壓與負壓兩種方式：

1. 正壓檢點：佩戴者將出氣閥以手掌或其他適當方式封閉後，再緩慢吐氣，若面體內的壓力能達到並維持正壓，空氣無向外洩漏的現象，即表示面體與臉頰密合良好。

2. 負壓檢點：佩戴者使用適當的方式阻斷進氣(可使用手掌遮蓋吸收罐或濾材進氣位置，或取下吸收罐再遮蓋進氣口，也可使用不透氣的專用罐取代正常使用的吸收罐)，再緩慢吸氣，使得面體輕微凹陷。若在 10 秒鐘內面體仍保持輕微凹陷，且無空氣內洩的跡象，即可判定防護具通過檢點。

二、濾毒罐的防護係數 APF(Assigned Protection Factor) 為空氣中有害物的濃度與特定有害物容許濃度值 PEL(Permissible Exposure Limit) 之比值，亦即濾毒罐的最大使用濃度 (Maximum Use Concentration) $MUC = APF \times PEL$。

例如：使用 $APF = 10$ 之濾毒罐，防護對象為甲苯 ($PEL = 100ppm$)，其可適用之工作環境濃度為 1000ppm 以下。

參考題型

一、使用防毒面具(罩)，平時檢點時應注意的項目為何？【68-02-03-02】

二、使用防毒面具(罩)應注意哪些事項？【68-02-03-01】

答

一、使用防毒面具(罩)平時檢點、檢查要項如下：

1. 確認面體是否劣化、龜裂、裂損或污穢。
2. 確認頭帶是否有彈性，長度是否適當。
3. 確認排氣閥的動作是否正常，有否脫落、鬆懈、破損。
4. 確認連續管是否劣化、龜裂、破損或阻塞。
5. 確認吸收罐是否適合對應之氣體、是否有效。

二、使用防毒面具(罩)應注意事項如下列：

1. 確認環境中氧氣濃度在 18% 以上。
2. 裝置適合對象氣體的吸收罐。此外應多準備備用吸收罐，一旦吸收罐失效時可立即更換。
3. 可在超過使用範圍濃度的場所使用。
4. 如毒性氣體的種類、濃度或吸收罐的有效期間不明時，或有缺氧之虞時，應改用輸氣管面罩或自救呼吸器。
5. 著用時應確實保持充分氣密。
6. 切勿忘記拔除吸收罐的底栓。
7. 不要使吸收罐掉落或加以衝擊。

參考題型

一、請說明個人防護具保管時應注意事項？

二、在哪些狀況或場合下才可考慮使用個人防護具？【42-03】

答

一、保管個人防護具時應注意事項：防護具的保管首先應考慮的就是，一旦使用時隨時都可獲得乾淨且有效狀態的防護具。經常保持清潔的防護具，在著用時可覺得極為舒適。保持有效的狀態，必然可提高著用效率。此外，防護具多使用金屬、合成樹脂、纖維、橡膠、皮革等為主要材料製造；因此，在保管時應充分注意儘可能不使此等材料遭受腐蝕或變質。

一般之應留意事項：

1. 應儲放在不受日曬的場所。
2. 應儲放在通風良好的場所。
3. 應儘量避免接近高溫物體。
4. 不可與腐蝕性液體、有機溶劑、油脂類、化妝品、酸類等一併儲放在一室內。
5. 受砂或泥土污穢時，應予水洗乾淨，置放於陰涼場所，使它自然風乾後存放。
6. 受汗水污穢時，應予洗濯乾淨，充分乾燥後存放定位。

二、個人防護具之使用目的為防止意外事故的發生及減少危害，因此對於缺氧危險作業在工程控制對策及行政管理措施無法完成有效實施時，或在緊急事故處理、救人救災等臨時事故時使用，以防止個人暴露造成事故或傷害。

參考題型

試依呼吸防護相關指引回答下列問題：【92-4】

一、在具有高度生物性微粒或生物性氣膠暴露風險之工作場所，必須依賴呼吸防護具的保護需求下，建議選戴的呼吸防護具為何？

二、雇主使勞工於須使用緊密貼合式呼吸防護具 (如半面體或全面體呼吸防護具) 的有害環境作業時，實施生理評估之時機為何？

三、試就呼吸防護計畫的生理評估中，列舉 8 項須審慎評估的疾病或健康問題。

答

一、在具有高度生物性微粒或氣膠暴露風險之工作場所，必須依賴呼吸防護具的保護需求下，建議可配戴符合呼吸防護具標準且具過濾微粒功能之呼吸防護具或供氣式呼吸防護具。以具過濾微粒功能之呼吸防護具而言，如美規 N95（或同等級）以上或其他具同性能規格，且通過國際標準認證之面 (口) 罩為宜（N95 口罩在粒徑範圍 0.02~10 μm 之捕集效率最低可達 95% 以上），以達呼吸防護功效。另此類呼吸防護具倘符合醫用面 (口) 罩功能用途，應依我國醫療器材管理辦法相關規定，取得醫療器材許可。

二、使用呼吸防護具可能會對勞工造成額外的負荷，而造成這些負荷的原因，包括負重作業、呼吸防護具的呼吸阻抗等，因此，雇主使勞工於須使用緊密貼合式呼吸防護具（如半面體或全面體呼吸防護具）的有害環境作業時，應於初次戴用前或每年至少一次，實施生理評估。

三、試就呼吸防護計畫的生理評估中，具有以下疾病或生理狀況者，戴用呼吸防護具前須審慎評估：【列舉 8 項】

1. 心臟血管疾病，例如高血壓、心絞痛、心臟病及中風等。
2. 呼吸系統疾病，例如慢性支氣管炎及肺氣腫等。
3. 神經系統疾病，例如癲癇症、巴金森氏症及顏面神經麻痺等。
4. 肌肉骨骼疾病，例如下背痛、肌腱炎及肩頸疼痛等。
5. 心理及精神疾病，例如幽閉恐懼症或嚴重的焦慮症。

參考題型

你任職於某家陶瓷衛浴設備製造業的職業衛生管理師，深知粉塵作業過程中可能造成勞工之健康問題發生，因此著手廠內粉塵作業危害調查及危害控制。針對廠內使用黏土、長石、矽石等為成分之原料之生產製程進行作業調查，結果如表一。請依職業安全衛生法及相關附屬法規回答下列問題：【98-01】

表一、作業調查及現有危害控制

作業場所編號	作業名稱	作業描述	作業頻率（次/週）	作業時間（小時/次）	現有危害預防措施	作業人數	作業處所
1	進料	使用動力搗碎機進行礦物原料之搗碎（非於水中或油中進行）	5	2	個人呼吸防護具	2	室外
2	進料	將粉狀礦石原料袋裝	1	1.5	整體換氣及個人呼吸防護具	2	室內
3	混烙	使用動力篩選機進行礦物篩選（非於水中或油中進行）	5	4	設置密閉設備	1	室內
4	混烙	使用混合機進行粉狀礦物原料混合（非於水中進行）	5	2	整體換氣及個人呼吸防護具	3	室內
5	成型	濕式原料灌注成形	10	1	整體換氣	5	
6	成型	成型後（半製品）乾燥	5	5	整體換氣	2	室內
7	成型	非動力工具進行半製品修飾	5	1	維持濕潤狀態及個人呼吸防護具	2	室外
8	燒成	將乾式半製品裝入乾燥設備內部	10	0.2	個人呼吸防護具	2	室內

備註：

(1) 表列作業場所之作業人數並未重複計算，且各作業場所為獨立之作業空間。

(2) 作業場所編號 1：使用之動力搗碎機，最大能力每小時 25 公斤。

(3) 作業場所編號 3：使用之動力篩選機，篩選面積 600 平方公分。

(4) 作業場所編號 4：使用混合機之內容積為 15 公升。

一、因吸入礦物性粉塵或金屬燻煙等物質致沉積肺部，造成肺部有粒狀或塊狀纖維化，產生無法治癒之病變，此疾病名稱為何？

二、請對照表一回答下列問題：

1. 依勞工作業環境監測實施辦法之規定，需每 6 個月監測粉塵濃度一次以上之特定粉塵作業場所有那些？（請寫出作業場所編號，如 1、2、3）
2. 現有危害控制未符合法令規定之作業場所為何？（請寫出作業場所編號，如 1、2、3）
3. 承上題，應改為何種粉塵危害控制方式？
4. 依粉塵危害預防標準之規定，應指定粉塵作業主管，從事監督之作業有那些？（請寫出作業場所編號，如 1、2、3）。
5. 依勞工健康保護規則之規定，廠內勞工每年定期實施粉塵作業之特殊健康檢查的勞工人數至少為幾人？

三、為掌握工作環境實態，實施作業環境監測，請回答下列問題：

1. 試問要進行可呼吸性粉塵量之採樣，需使用那種裝置進行採樣？
2. 若某次採樣之樣本經分析，其含有 18% 的結晶型可呼吸性游離二氧化矽，則 8 小時日時量平均容許濃度為多少 mg/m^3 ？

四、廠內有使勞工使用呼吸防護具，應依規定採取呼吸防護措施，請回答下列問題：

1. 除包含防護具之選擇、使用與維護及管理和成效評估及改善外，尚有那些事項？
2. 所執行之紀錄應留存年限至少為多少年？

答

一、依據「職業性矽肺症及煤礦工作塵肺症認定參考指引」所載，因吸入礦物性粉塵或金屬燻煙等物質致沉積肺部，造成肺部有粒狀或塊狀纖維化，產生無法治癒之病變，此疾病名稱為塵肺症（pneumoconiosis）。

二、1. 依「勞工作業環境監測實施辦法」第 8 條第 1 項第 2 款之規定，需每 6 個月監測粉塵濃度一次以上之特定粉塵作業場所有 1、2、3、4。

2. 現有危害控制未符合法令規定之作業場所為 1。
3. 使用動力篩選機進行礦物篩選（非於水中或油中進行），應改為設置密閉設備之粉塵危害控制方式。
4. 依「粉塵危害預防標準」第 20 條之規定，應指定粉塵作業主管，從事監督之作業有 1、2、3、4。

5. 依「勞工健康保護規則」之規定，廠內勞工每年定期實施粉塵作業之特殊健康檢查的勞工人數至少為 8 人 (作業場所有 1、2、3、4 之作業人數為 2、2、1、3)。

三、1. 要進行可呼吸性粉塵量之採樣，需使用離心式等分粒裝置進行採樣。

2. 含有 18% 的結晶型可呼吸性游離二氧化矽之 8 小時日時量平均容許濃度計算如下：

$$\frac{10mg/m^3}{\%SiO_2+2}=\frac{10mg/m^3}{18+2}=0.5mg/m^3$$

四、依據「呼吸防護具選用參考原則」第 39 條第 1 項第 7 款規定，

1. 使勞工使用呼吸防護具，應依規定採取呼吸防護措施如下列：

(1) 防護具之選擇、使用與維護及管理和成效評估及改善。

(2) 呼吸防護教育訓練。

2. 依規定採取呼吸防護措施所執行之紀錄應留存年限至少為 3 年。

陸、人因工程學及骨骼肌肉傷害預防

本節提要及趨勢

人因工程學又稱為人體工學，是一門探討人與機械系統間之互動的科學，包含人體計測、人機介面、肌肉骨骼傷害預防等，其互動因子如工作、機械、工具、產品及作業環境等；透過應用人體工學的理論、原則、數據和方法，設計出人類與機械系統間最適化的績效，目的在於促進人類生活與工作時之安全衛生、效率及舒適度。

適用法規

一、「職業安全衛生法」第 6 條。

二、「職業安全衛生設施規則」第 324-1 條。

三、「勞工健康保護規則」第 3 條及第 4 條。

重點精華

一、法規：職安法第 6 條第 2 項，雇主對下列事項，應妥為規劃及採取必要之安全衛生措施：

1. 重複性作業等促發肌肉骨骼疾病之預防。(人因性危害)

2. 輪班、夜間工作、長時間工作等異常工作負荷促發疾病之預防。(過勞危害)
3. 執行職務因他人行為遭受身體或精神不法侵害之預防。(職場暴力)
4. 避難、急救、休息或其他為保護勞工身心健康之事項。

前二項必要之安全衛生設備與措施之標準及規則，由中央主管機關定之。

二、設施規則 324-1、324-2、324-3 執行內容統整

口訣 記憶方法：最後二項皆相同，為「執行成效評估及改善」及「其他安全衛生有關事項」，類似四字訣 PDCA 中 C 及 A，前幾項則用三字訣認知、評估、控制的邏輯去記憶。執行紀錄皆留存 3 年。

職業安全衛生設施規則
第 324-1 條
一、分析作業流程、內容及動作。
二、確認人因性危害因子。
三、評估、選定改善方法及執行。
四、執行成效之評估及改善。
五、其他有關安全衛生事項。
第 324-2 條
一、辨識及評估高風險群。
二、安排醫師面談及健康指導。
三、調整或縮短工作時間及更換工作內容之措施。
四、實施健康檢查、管理及促進。
五、執行成效之評估及改善。
六、其他有關安全衛生事項。
第 324-3 條
一、辨識及評估危害。
二、適當配置作業場所。
三、依工作適性適當調整人力。
四、建構行為規範。
五、辦理危害預防及溝通技巧訓練。
六、建立事件之處理程序。
七、執行成效之評估及改善。
八、其他有關安全衛生事項。

三、 重複性作業等促發肌肉骨骼疾病預防

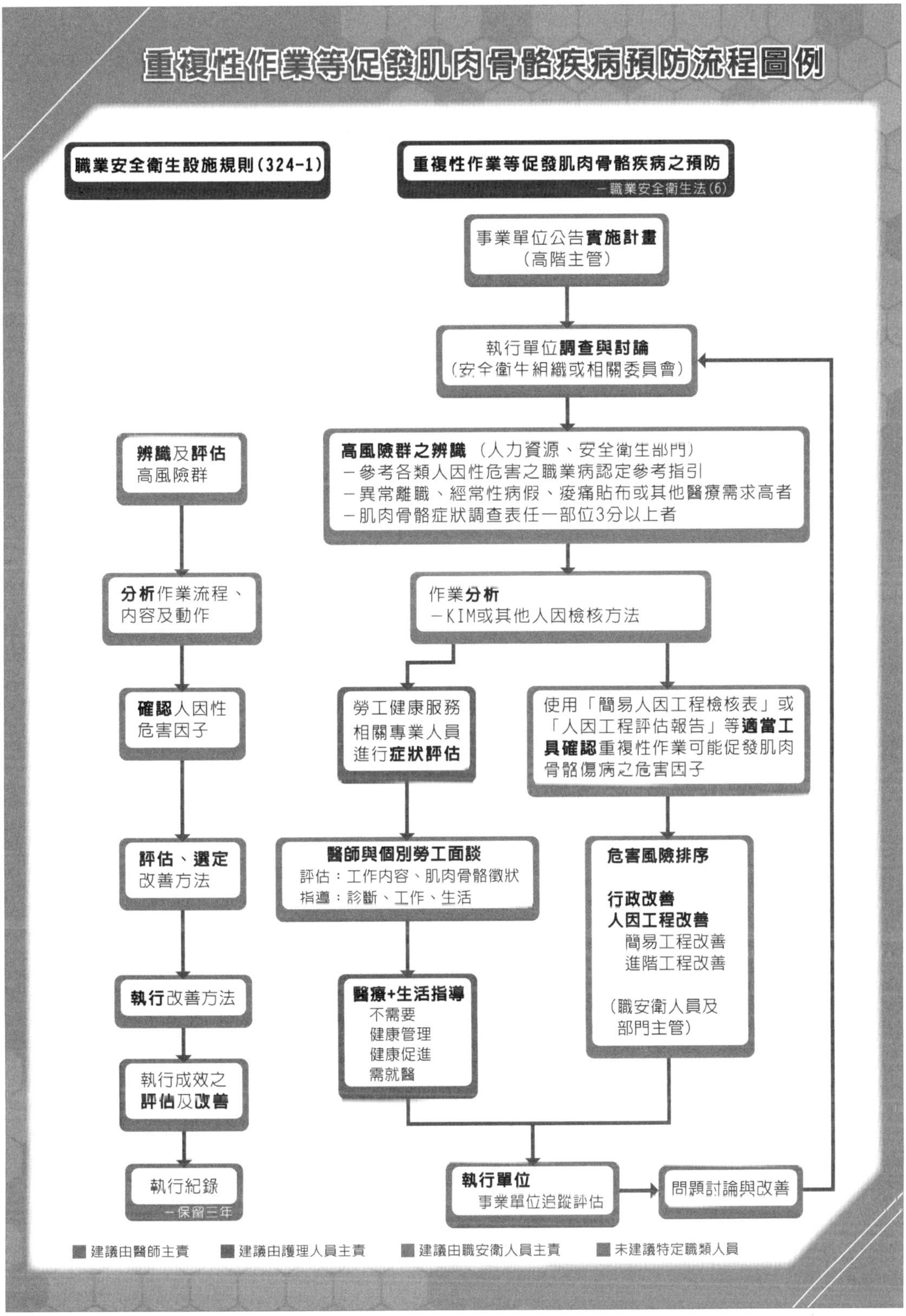

重複性作業等促發肌肉骨骼疾病預防流程圖例
職業安全衛生設施規則(324-1)
重複性作業等促發肌肉骨骼疾病之預防
－職業安全衛生法(6)
事業單位公告實施計畫
(高階主管)
執行單位調查與討論
(安全衛生組織或相關委員會)
辨識及評估
高風險群
高風險群之辨識 (人力資源、安全衛生部門)
－參考各類人因性危害之職業病認定參考指引
－異常離職、經常性病假、痠痛貼布或其他醫療需求高者
－肌肉骨骼症狀調查表任一部位3分以上者
分析作業流程、
內容及動作
作業分析
－KIM或其他人因檢核方法
確認人因性
危害因子
勞工健康服務
相關專業人員
進行症狀評估
使用「簡易人因工程檢核表」或「人因工程評估報告」等適當工具確認重複性作業可能促發肌肉骨骼傷病之危害因子
評估、選定
改善方法
醫師與個別勞工面談
評估：工作內容、肌肉骨骼徵狀
指導：診斷、工作、生活
危害風險排序
行政改善
人因工程改善
簡易工程改善
進階工程改善
(職安衛人員及
部門主管)
執行改善方法
醫療+生活指導
不需要
健康管理
健康促進
需就醫
執行成效之
評估及改善
執行紀錄
－保留三年
執行單位
事業單位追蹤評估
問題討論與改善
建議由醫師主責
建議由護理人員主責
建議由職安衛人員主責
未建議特定職類人員

資料來源：勞動部職業安全衛生署

四、 人體計測值之運用原則

1. **極值設計**：

(1) 極大值：通常使用 95th % le (即第 95 百分位數) 計測值，如床長。

(2) 極小值：通常使用 5th % le (即第 5 百分位數) 計測值，如電梯按鈕。

2. **可調設計**：調整範圍通常在男性的 95th % le 與女性的 5th % le 計測值之間，該設計最為人性化，可滿足較大的範圍。

3. **平均設計**：使用 50th % le (即第 50 百分位數) 計測值，如郵局櫃台高度。

五、 電腦工作站空間設計

1. 立姿工作站高度

(1) 粗重作業：工作桌面高度在低於手肘高度約 15-20 公分。

(2) 輕度作業：工作桌面高度在低於手肘高度約 10-15 公分。

(3) 精密作業：因眼睛負荷較高，工作桌面高度應高於手肘高度約 5-10 公分。

2. 坐姿工作站高度

(1) 粗重或中度作業：工作桌面高度低於坐姿肘高約 15-20 公分。

(2) 輕度作業：工作桌面高度低於坐姿肘高約 10 公分。

(3) 精密作業：工作桌面高度高於坐姿肘高約 5 公分。

(4) 細小作業：工作桌面高度高於坐姿肘高約 15 公分。

3. 手部水平工作區域：以握拳時的前臂長及握拳時的手臂長的 5th % le (即第 5 百分位數) 為決定值，使得大多數的人 (95%) 皆能輕易地可及範圍內工作。

六、 人機介面控制裝置之輸入操作的考量原則

1. 易辨認：控制面板彼此間應極易辨認。

2. 相容性：如方向盤向左轉動，車輛則向左彎。

3. 標準化：如車輛系之煞車踏板皆以右腳控制。

4. 分散負荷：如由手部來操控方向盤，由腳來踩煞車踏板。

5. 多功能組合：如汽車雨刷與噴灑清潔劑的控制裝置，組合於同一根操作桿上。

七、 人機介面之相容性類型

1. 概念相容性：如以紅色火焰，表示易燃物。

2. 移動相容性：如音響設備的音量鈕，以漸寬的三角形表示音量會漸大。

3. 空間相容性：如辦公室的日光燈與其電源開關的相對位置之一致性。

4. 感覺型式相容性：如用文字來形容聲音的高低較困難，但若以聲音播放型式，便能容易理解。

八、骨骼肌肉的傷害類型

1. 急性傷害：如割傷、切傷、撞傷、骨折、扭傷、拉傷等。

2. 慢性傷害：

(1) 肌腱累積性傷害：如肌腱炎、腱鞘炎、扳機指等。

(2) 神經累積性傷害：如腕隧道症候群、下背痛等。

(3) 神經血管累積性傷害：如胸口症候群、白指症等。

參考題型

某 55 歲從事「泥作作業」30 餘年的男子，其工作需搬運 30 公斤重的磁磚、砂石、水泥原料，每天最重達到 2.5 公噸，且常需以彎腰姿勢進行工作，後經職業傷病防治中心認定，具顯著「人因性危害」，請由以上案例回答下列問題：【85-04】

一、何謂累積性肌肉骨骼傷病 (cumulative trauma disorders, CTD) ？

二、依法令規定，事業單位勞工人數達多少人以上者，為避免勞工促發肌肉骨骼疾病，雇主應依作業特性及風險，參照中央主管機關公告之相關指引，訂定人因性危害預防計畫並據以執行？；又執行紀錄應留存多少年？

三、承上題，事業單位訂定完整之人因性危害預防計畫宜遵循 PDCA 循環之架構來管理，以確保管理目標之達成。請分別就 P (Plan)、D (Do)、C (Check)、A (Act) 分述其內容。

答

一、累積性肌肉骨骼傷病：是由於重複性的工作過度負荷，造成肌肉骨骼或相關組織疲勞、發炎、損傷，經過長時間的累積所引致的疾病

二、依據「職業安全衛生設施規則」第 324 條之 1 規定：

1. 事業單位勞工人數達 100 人以上者，雇主應依作業特性及風險，參照中央主管機關公告之相關指引，訂定人因性危害預防計畫，並據以執行。

2. 執行紀錄應留存 3 年。

三、人因性危害防止計畫應遵循 PDCA 循環之管理架構，來進行管理以確保管理目標之達成，並進而促使管理成效持續改善，其 PDCA 分述如下：

1. P (Plan – 規劃)：政策、目標、範圍對象、期程、計畫項目與實施、績效評估考核及資源需求等。
2. D (Do – 執行)：肌肉骨骼傷病及危害調查、作業分析及人因性危害評估、改善方案之實施。
3. C (Check – 查核)：評估改善績效，如危害風險、工作績效、主觀滿意評量。
4. A (Act – 行動)：管控追蹤、績效考核。

參考題型

長時間從事電腦終端機操作，可能引起(一)眼睛疲勞(二)腕道症候群(三)下背痛(四)肩頸酸(疼)痛及其他人因危害。在實施電腦工作站設計規劃及行政管理上，為預防上述4類危害，請分別說明應注意或採行之措施。【76-04】

答

危害類型	眼睛疲勞	腕道症候群	下背痛	肩頸酸(痛)及其他人因危害
設計規劃	1. 使用較大螢幕。 2. 工作站設計使眼睛與螢幕距離 40~60cm，畫面的上端略低於眼睛水平面約 10-15 度。 3. 工作環境光線需柔和。	1. 工具設計應盡量不使人員於握持狀態下扭轉手腕；在使用手腕操作時，勿處於過度屈曲或伸張的姿勢。 2. 把柄應設計適合大多數人手掌的大小，務使持握時，手腕是處於最放鬆的姿勢以減少腕部的壓力。	1. 座椅設計高度需可適當調整才不會彎腰駝背，椅背可加腰靠，減少長期操作之不適感。 2. 工作設計應盡量減少人員彎腰動作且重負荷進行搬運作業。	1. 工作站設計應盡量不使人員頭部需長時間抬舉過高。 2. 作業程序設計應減少人員頸部長時間固定維持同一動作。
行政管理	1. 每工作 30 至 40 分鐘休息 5 到 10 分鐘。 2. 教育訓練。 3. 配戴合適之眼鏡。 4. 健康檢查、管理及促進。	1. 適當休息時間。 2. 教育訓練。 3. 健康檢查、管理及促進。	1. 適當休息時間。 2. 教育訓練。 3. 健康檢查、管理及促進。	1. 適當休息時間。 2. 教育訓練。 3. 健康檢查、管理及促進。

參考題型

解釋名詞：腕道症候群 **【71-03-05】**

答

由於手腕重複施力，同時手腕彎曲過度，容易壓迫腕道內之正中神經，久而久之造成神經傳導受阻，常見症狀為肘或手腕麻與疼痛、握觸感喪失、手腕無力等。

參考題型

物流業勞工為預防人工物料搬運所造成的職業性下背痛 (low-back pain)，應採取哪些對策？ **【68-04】**

答

物流業勞工為預防人工物料搬運所造成的職業性下背痛，應採取之對策如下列：

一、設施管理 (工程改善) 方面

1. 減少物料的體積、重量與所需施力範圍。
2. 應用抬舉桌、台、車、吊車、怪手、輸送帶等輔助器具，以取代人工抬舉、輸送。
3. 改善作業空間配置，以降低物料搬運的距離。
4. 改善設備及流程，以自動進料系統、輸送帶取代人工搬運。
5. 保持工作環境的整潔，以減少不必要的物料移動。

二、行政管理方面

1. 作業方法之教育訓練。
2. 縮短工時、適當休息、工作輪調。
3. 提供個人防護具等。

三、環境管理方面

1. 作業場所維持平坦、防止滑倒。
2. 提供適當照明、整理整頓。

四、健康管理方面

1. 定期健康檢查。
2. 工作前之健身體操。

五、預防保健方面

1. 培養經常運動習慣。

2. 保持正確之姿勢。

參考題型

一、何謂人因工程之關鍵指標法（Key Indicator Method, KIM）？

【91-04-03】

二、何謂佛萊明漢危險預估評分表（Framingham Risk Score）？

【91-04-04】

答

一、人因工程之關鍵指標法 (Key Indicator Method，KIM)：主要被開發來偵檢作業上的瓶頸和必要的改善措施。由於關鍵指標法僅考量與作業相關的主要人因危害因子，因此即被稱為「關鍵指標方法」，而這些關鍵指標的選擇則是基於它們與肌肉骨骼危害間存在有明顯的因果關係。這些指標包括重量、姿勢和工作條件，以及代表持續時間、頻率或距離所成的乘數。

二、佛萊明漢危險預估評分表 (Framingham Risk Score)，簡稱「心力評量表」，依年齡、膽固醇、高密度膽固醇、血壓、糖尿病、吸菸等六項指標，可估算出未來 10 年可能罹患缺血性心臟病的機率，以及心臟年齡的參考值。若依照心力評量表進行推算，如果患者的風險屬於低度 (<10%) ～中度 (10-20%) 者，其血壓目標值建議小於 140/90 毫米汞柱；高度 (>20%) 風險患者，例如糖尿病、慢性腎臟疾病、中風、已有冠狀動脈疾病、頸動脈疾病、周邊動脈疾病、腹部動脈瘤等，則建議應該將血壓值目標設在小於 130/80 毫米汞柱。

參考題型

參考職業安全衛生署「人因性危害預防計畫指引」，請列舉 5 個常見 (或常用) 肌肉骨骼傷病之人因工程分析工具，並說明主要評估部位。【86-04-02】

答

依據「人因性危害預防計畫指引」表四，常見肌肉骨骼傷病之人因工程分析工具如下：

分類	評估工具	評估部位	適用分級
上肢	簡易人因工程檢核表	肩、頸、手肘、腕、軀幹、腿	I，篩選
	Strain Index	手及手腕	II，分析
	ACGIH HAL-TLV	手	II，分析
	OCRA Checklist	上肢，大部分手	II，分析
	KIM-MHO (2012)	上肢	II，分析
	OCRA Index	上肢，大部分手	III，專家
	EAWS	肩、頸、手肘、腕、軀幹、腿	III，專家
下背部	簡易人因工程檢核表	肩、頸、手肘、腕、軀幹、腿	I，篩選
	KIM-LHC	背	I，篩選
	KIM-PP	背	I，篩選
	NIOSH Lifting eq.	背	II，分析
	EAWS	肩、頸、手肘、腕、軀幹、腿	III，專家
全身	RULA, REBA	肩、頸、手肘、腕、軀幹、腿	III，專家
	OWAS	背、上臂和前臂	III，專家
	EAWS	肩、頸、手肘、腕、軀幹、腿	III，專家

參考題型

某工廠物料混合作業區的作業人員近日提及常發生腰薦部不適感。若今日你為該公司的職業衛生管理師，該人員之相關資訊如下表：【92-5】

作業人員	男性，身高約 175 cm，體重約 75 kg，工作年資為 12 年
作業流程	將 A 原料 (12 kg/ 包) 及 B 原料 (15 kg/ 包)，由擺放物料的棧板抬起，放入混料機進行物料混合作業，每日重複此搬運動作在 200-250 次
工作環境	於室溫下作業，站立時姿勢穩定，物料投入口為 85 公分高，物料棧板固定擺放於距離混料機機台 60 公分距離之地面且高度為 15 公分

試回答下列問題：

一、請依關鍵指標法 (Key Indicators Method，KIM)，評估該名現場作業人員人因危害風險等級，需說明各項量級並列出計算式。

二、依據上述評估結果提出你認為可行的改善建議和改善後的成效評估。

提示：風險值 = (荷重 + 姿勢 + 工作狀況) × 暴露時間

KIM 檢核表如下：

決定暴露時間量級					
抬舉或放置 (< 5 秒 s)		握持 (> 5 秒 s)		搬運 (> 5 公尺 m)	
工作日總次	暴露時間量	工作日總時	暴露時間量	工作日總距	暴露時間量
< 10 次	1 ◯	< 5 min	1 ◯	< 300 m	1 ◯
10 to < 40	2 ◯	5 to < 15 min	2 ◯	300 m to < 1 km	2 ◯
40 to < 200	4 ◯	15 min to < 1 hr	4 ◯	1 km to < 4 km	4 ◯
200 to < 500	6 ◯	1 hr to < 2 hrs	6 ◯	4 km to < 8 km	6 ◯
500 to < 1000	8 ◯	2 hrs to < 4 hrs	8 ◯	8 km to < 16 km	8 ◯
≧ 1000	10 ◯	≧ 4 hrs	10 ◯	≧ 16 km	10 ◯
例：砌磚，將工件置入機器，由貨櫃取出箱子放上輸送帶。		例：握持和導引鑄鐵塊進行加工，操作手動研磨機器，操作除草機。		例：搬運家具，運送鷹架至建築施工現場。	

決定荷重、身體姿勢與工作狀況量級			
男性實際負荷 (公斤 kg)	荷重量級	女性實際負荷 (公斤 kg)	荷重量級
< 10 kg	1 ◯	< 5 kg	1 ◯
10 to < 20 kg	2 ◯	5 to < 10 kg	2 ◯
20 to < 30 kg	4 ◯	10 to < 15 kg	4 ◯
30 to < 40 kg	7 ◯	15 to < 25 kg	7 ◯
≧ 40 kg	25 ◯	≧ 25 kg	25 ◯
說明：實際負荷代表移動負荷所需的實際作用力，此作用力並不代表施力對象的質量大小。例：當傾斜一個紙箱時，僅有 50% 的質量會影響作業人員，而當使用手推車時僅有 10%。			

典型姿勢與荷重位置		姿勢量級
	• 上身保持直立，不扭轉 • 當抬舉、放置、握持、運送或降低荷重時，荷重靠近身體	1 ○
	• 軀幹稍微向前彎曲或扭轉 • 當抬舉、放置、握持、運送或降低荷重時，荷重適度地接近身體	2 ○
	• 軀幹稍微向前彎曲或扭轉 • 軀幹略前彎扭同時扭轉 • 負荷遠離身體或超過肩高	4 ○
	• 軀幹彎曲前身同時扭轉 • 負荷遠離身體 • 站立時姿勢的穩定受到限制 • 負蹲姿或跪姿	7 ○
說明：決定姿勢量級時必須採用物料處理時的典型姿勢。 例：當有不同荷重姿勢時，須採用平均值而不是偶發的極端值。		

工作狀況	工作狀況量級
具備良好的人因條件。例：足夠的空間，工作區中沒有物理性的障礙物，水平及穩固的地面，充分的照明及良好的抓握條件。	0 ○
運動空間受限或不符合人因的條件。例：運動空間受高度過低的限制或工作面積少於 1.5 m^2，姿勢穩定性受地面不平或太軟而降低。	1 ○
空間／活動嚴重受限與／或重心不穩的荷重。例：搬運病患。	2 ○

風險等級		風險值	說明
1	綠色	< 10	低負荷，不易產生生理過載的情形負載。
2	黃綠色	10 to < 25	中等負載，生理過載的情形可能發生於恢復能力較弱者。針對此族群應進行工作再設計。
3	黃色	25 to < 50	中高負載，生理過載的情形可能發生一般作業人員。建議進行工作改善。
4	橙色	≧ 50	高負載，生理過載的情形極可能發生，必須進行工作改善。

答

一、請依關鍵指標法 (Key Indicators Method， KIM)，評估該名現場作業人員人因危害風險等級：

∵ 1. 每日重複搬運動作 200~300 次，依暴露時間量級得知介於 200 to < 500 其暴露時間量為 6。

2. 此名現場作業人員為男性，工作荷重為將 A 原料 (12 kg/ 包) 及 B 原料 (15 kg/ 包) 原料，由擺放物料的棧板抬起抬起放入混料機中，依身體姿勢與工作狀況量級荷重量級得知 10 to < 20 kg ，其荷重量級為 2。

3. 採站立時姿勢穩定，物料投入口為 85 公分高，物料棧板固定擺放於距離混料機機台 60 公分距離之地面且高度為 15 公分，所以採取彎腰抬舉及扭轉身軀的姿勢搬運原料，故依姿勢與荷重位置得知，其姿勢量級為 4。

4. 此工作環境是於室溫下，依作業工作狀況得知，其工作狀況量級為 0。

∴風險值 ＝ (荷重 + 姿勢 + 工作狀況) × 暴露時間＝ $(2+4+0)\times 6 = 36$

風險值 36 介於 25 to < 50 之間，故依關鍵指標法 (KIM) 分析，評估該名現場作業人員人因危害風險等級結果為 3 黃色。

二、因為此現場作業人員人因危害風險等級為 3，需長期採取彎腰抬舉及扭轉身軀的姿勢搬運原料，極容易造成腰部及手部有痠痛不適的症狀，其為中高負載，有生理過載的情形，建議進行工作改善。

1. 改善建議：

以油壓推車及迴轉盤調整物料棧板高度及方向，可以有效減少員工需要搬運距離及彎腰抬舉，改善員工不適的問題，而相關工作站作設施改善後也可以提高生產效益。

2. 改善後的成效評估：

經由上述的改善方式之後，同樣以關鍵指標法 (KIM) 分析，其荷重量級為 2、其姿勢改為上身保持直立，不扭轉的抬舉、放置，且荷重靠近身體，故姿勢量級由姿勢與荷重位置從 4 修改為 1、工作狀況量級為 0，暴露時間量為 6，所以 KIM 的風險值＝ $(2 + 1 + 0)\times 6 = 18$，故風險等級為 2，屬於中等負荷，可有效減少員工肌肉骨骼不適問題。

參考題型

你是某醫院的職業衛生管理人員，對某單位年資 1 年以上 20 位照護人員進行人因危害風險分析，起因是最近一次健康檢查問卷調查，有兩人同時提出曾因腰部痠痛請假多日（無具體診斷），由於該單位資深人員也多，你主動進行人因危害預防計畫，以下是該 20 位員工的部分資料（表一）。

表一、20 位照護人員的基本資料及評估結果

人員編號	1	2	3	4	5	6	7	8	9	10
年齡（歲）	41	37	53	50	54	24	35	51	42	53
身高 (cm)	153	158	168	153	169	160	150	160	162	151
體重 (Kg)	75	5	65	51	69	60	50	68	70	65
KIM 分數	9	24	50	19	41	49	24	38	17	17

表一（續）、20 位照護人員的基本資料及評估結果

人員編號	11	12	13	14	15	16	17	18	19	20
年齡（歲）	36	44	36	34	26	48	38	34	65	48
身高 (cm)	151	155	159	158	165	167	156	158	150	157
體重 (Kg)	52	52	48	65	52	60	70	65	55	73
KIM 分數	26	59	22	24	11	56	40	60	22	52

試依相關法規及職業安全衛生署「人因性危害預防計畫指引」與「中高齡及高齡工作者安全衛生指引」等，回答下列問題。

一、中高齡及高齡工作者身體機能可能隨年齡增長而下降，影響骨骼肌肉系統、心血管及呼吸系統，以及視力、聽力等功能。請問中高齡及高齡工作者各分別指那個年齡層的工作者？

二、若要使用 KIM 關鍵指標法對這 20 位照護人員進行人因風險分析，請問 KIM 模式的風險評估，包含那 4 大項目？

三、依據表一，請依下表填寫四個風險分級的人數？

風險等級		風險值 (X)	說明	人數
1	低負荷	X<10	（略）	
2	中等負載	10 ≦ X<25	（略）	
3	中高負載	25 ≦ X<50	（略）	
4	高負載	X ≧ 50	（略）	

四、承上題，若依指引之建議，請問有多少位勞工依不同年齡分層的風險分級結果，會建議需要進行工作再設計或工作改善？

五、依勞工健康保護規則規定，此單位人員接受定期每 3 年及每 1 年實施一般健康檢查之人數，各為幾人？

答

一、參照「中高齡及高齡工作者安全衛生指引」，有關名詞解釋如下：

1. 中高齡工作者：指年滿 45 歲至 65 歲之工作者。
2. 高齡工作者：指逾 65 歲之工作者。

二、KIM 模式的風險評估包含下列四大項目：

1. 荷重評級。
2. 姿勢評級。
3. 工作狀況評級。
4. 時間評級。

三、四項風險分級的人數如下表：

風險等級		風險值 (X)	說明	人數
1	低負荷	X<10	(略)	1
2	中等負載	10 ≦ X<25	(略)	9
3	中高負載	25 ≦ X<50	(略)	5
4	高負載	X ≧ 50	(略)	5

四、1. 有 9 位中等負載，生理過載的情形可能發生於恢復能力較弱人員，應針對此族群應進行工作再設計。

2. 有 5 位中高負載，生理過載的情形可能發生於一般作業人員，建議進行工作改善。

3. 有 5 位高負載，生理過載的情形極可能發生。必須進行工作改善。

五、依「勞工健康保護規則」第 17 條規定，雇主對在職勞工，應依下列規定，定期實施一般健康檢查：

1. 年滿 65 歲者，每年檢查 1 次。
2. 40 歲以上未滿 65 歲者，每 3 年檢查 1 次。
3. 未滿 40 歲者，每 5 年檢查 1 次。

所以此單位人員接受定期每 3 年實施一般健康檢查之人數為：10 人，而每 1 年實施一般健康檢查之人數為：1 人。

柒、勞動生理

本節提要及趨勢

勞動生理除了探討勞工從事工作勞動時的生理反應之基本知識外，更希望配合勞動生理需求，可以研究發展出勞工舒適合宜的工作條件及作業環境；同時也能研發一些預防醫學的方法，來進一步的保護勞工之健康，舉如聽力、肺功能檢查或勞工體適能檢查、疲勞測定等，使勞工更認識自己的身心生理體能等狀態，以增進勞工之健康、加強其體力，防止疾病傷害之發生，達到勞動醫學之目標。

適用法規

一、「高溫作業勞工作息時間標準」第 6-1 條，雇主應規畫適當之熱適應期間，以增加勞工生理機能調適能力。

二、「勞工作業場所容許暴露標準」第 3 條，雇主不得使勞工暴露在不可忍受之刺激或生理病變的作業場所。

重點精華

一、勞動疲勞的原因

1. 工作環境：如照明、噪音、高低溫或有害物等暴露環境。
2. 工作時間：如不規則上班、工時過長、輪班或休假等產生的生理及心理影響。
3. 工作條件：可能對肉體強度或精神負荷造成壓力。
   (1) 肉體強度的疲勞 - 如動態肌肉負荷、重物上舉的靜態肌肉負荷、保持固定姿勢的身體負荷或不自然的強迫姿勢體位等。
   (2) 精神負荷的疲勞 - 如精神緊張、注意力集中、努力於責任或迴避危險、對工作的不愉快感或作業過於單調所產生的厭倦感、精神散漫等疲勞。
4. 適應能力：會隨個人基礎體力與營養狀態、心理適應、知識技能及工作熟練度等有所差異，對個人的疲勞顯現程度也會不同。
5. 其他因素：包括年齡、性別、工作滿意度、價值觀、生活條件及人際關係等。

二、勞工在職場之工作壓力來源

1. 心理壓力類型：
   (1) 公司組織內部之衝突。
   (2) 個人職涯之發展規劃。
   (3) 個人角色之衝突或模糊。

2. 生理壓力類型：

(1) 工作負荷程度過於艱難。

(2) 工作環境之衛生狀況之危害度過高。

(3) 輪班工作或長期加班等。

三、勞動生理測定評估類型

1. 一般健康檢查。

2. 肺功能檢查。

3. 聽力檢查。

4. 體適能檢查。

5. 工作壓力及疲勞測定。

四、一般常用的肺功能測定項目

1. 用力肺活量 (FVC)：指最大吸氣至總肺量後，以最大努力最快速度呼氣至殘氣量的容量，至少測三次，其較高的兩次必須差別在 5% 內。

2. 一秒鐘用力呼氣容積 (FEV1)：指最大吸氣至肺總量後，一秒內快速呼出量。

3. 靜態肺量測量：包括肺餘容積 (RV：指深呼氣後肺內存留的氣量)、肺總量 (TLC：指最大吸氣後肺內所含之氣量)。

4. 一氧化碳擴散功能：用於測試肺臟氣體交換功能。

5. 氣道激發試驗：用於診斷職業性氣喘或過敏性肺炎。

6. 運動後肺功能測驗：用於診斷鑑別心臟病或氣喘。

五、基礎體適能之一般健康檢查要素

1. 心肺耐力。

2. 肌力與耐肌力。

3. 柔軟度。

4. 體脂肪率或身體質量指數 (BMI)。

5. 平衡協調反應。

六、疲勞測定的方法

1. 自覺症狀調查法：以疲勞感之自覺測定，將疲勞區分一般型、精神工作型及肉體勞力型。

2. 機能性檢查：

(1) 生理測定法：如心臟血管機能測定、肌肉機能測定、呼吸機能測定及眼球運動測定等。

(2) 生理心理機能測定法：如加減法計算、注意力維持檢查及反應時間檢查等。

3. 生化學檢查法：如測定血漿中的皮質激素、兒茶酚胺、鈉與鉀等。

4. 動作研究或時間研究等方法。

參考題型

您是某事業單位的職業安全衛生管理人員，依異常工作負荷促發疾病預防指引進行相關措施之規劃，試回答下列問題：

一、在綜合辨識及評估健康高風險群的步驟，包含那兩個評估面向（流程）？

二、試列舉 4 項執行上述評估面向之工具？

三、使高風險群勞工與醫師面談時，試列舉 4 項應提供給醫師之資訊？

【88-03】

答

一、依據「異常工作負荷促發疾病預防指引」之異常工作負荷促發疾病高風險群之評估操作流程，在綜合辨識及評估健康高風險群的步驟，包含的兩個評估面向（流程）內容如下列：

1. 工作負荷風險程度。

2. 心血管疾病風險程度。

二、評估面向之工具：

1. 推估心血管疾病發病風險程度。

2. 以過勞量表評估負荷風險程度。

3. 利用過負荷評估問卷。

4. 綜合評估勞工職業促發腦心血管疾病之風險程度。

三、為利醫師可以確實評估及對勞工提出建議，事業單位應先準備下列資訊予醫師參考：

1. 勞工之工作時間（含加班情形）。

2. 輪班情形。

3. 工作性質。

4. 健康檢查結果。

5. 作業環境。

捌、職場健康管理（含菸害防制、愛滋病防治）

本節提要及趨勢

人們一生中最精華的歲月 (25-65 歲) 是在職場中渡過，幾乎每天有 1/3 的時間會在工作場所中，所以職場環境對健康的影響不容雇主忽視。職業安全衛生除著重於降低職業災害事故外，另一重點在於減少職業病的發生；事業單位應以「預防勝於治療」的原則，必須重視職場健康管理，推動健康促進以防範職業病於未然。將健康促進計畫與職業衛生管理計畫整合，以積極的培養健全身心的勞工，可隨時適應工作或市場的轉變與需求。

適用法規

一、「職業安全衛生法施行細則」第 11 條。

二、「職業安全衛生設施規則」第 12-1 章。

三、「執行職務遭受不法侵害預防指引」(第 3 版)。

四、「異常工作負荷促發疾病預防指引」(第 2 版)。

五、「 職業促發腦血管及心臟疾病 (外傷導致者除外) 之認定參考指引」。

六、「工作相關心理壓力事件引起精神疾病認定參考指引」。

七、「衛福部年度健康職場認證推動方案」。

重點精華

一、常用公式：

公式 身體質量指數 (BMI) ＝體重 (公斤) 除以身高 (公尺) 的平方
＝體重 (kg) / [身高 (m)]^2

二、三段五級疾病預防策略

可感受期	症狀前期	臨床期	殘障期	死亡

促進健康	特殊保護	早期診斷和適切治療	限制殘障	復健
1. 衛生教育 2. 適當營養攝取 3. 注意個性發展 4. 提供合適的工作 5. 婚姻座談和性教育 6. 遺傳優生保健 7. 定期體康檢查	1. 實施預防注射 2. 健全生活習慣 3. 改進環境衛生 4. 避免職業危害 5. 預防事故傷害 6. 攝取特殊營養 7. 去除致癌物質 8. 慎防過敏來源	1. 找尋病例 2. 篩選檢定 3. 特殊體檢，目的： (1) 治療和預防疾病惡化 (2) 避免疾病的蔓延 (3) 避免併發和續發症 (4) 縮短殘障期間	1. 適當治療以遏止疾病的惡化，並避免進一步併發和續發疾病 2. 提供限制殘障和避免死亡的設備	1. 心理、生理和職能復健 2. 提供適宜的復健醫院、設備和就業機會 3. 醫院的工作治療 4. 療養院的長期照護
第一段		第二段	第三段	

三、 職場不法侵害預防流程

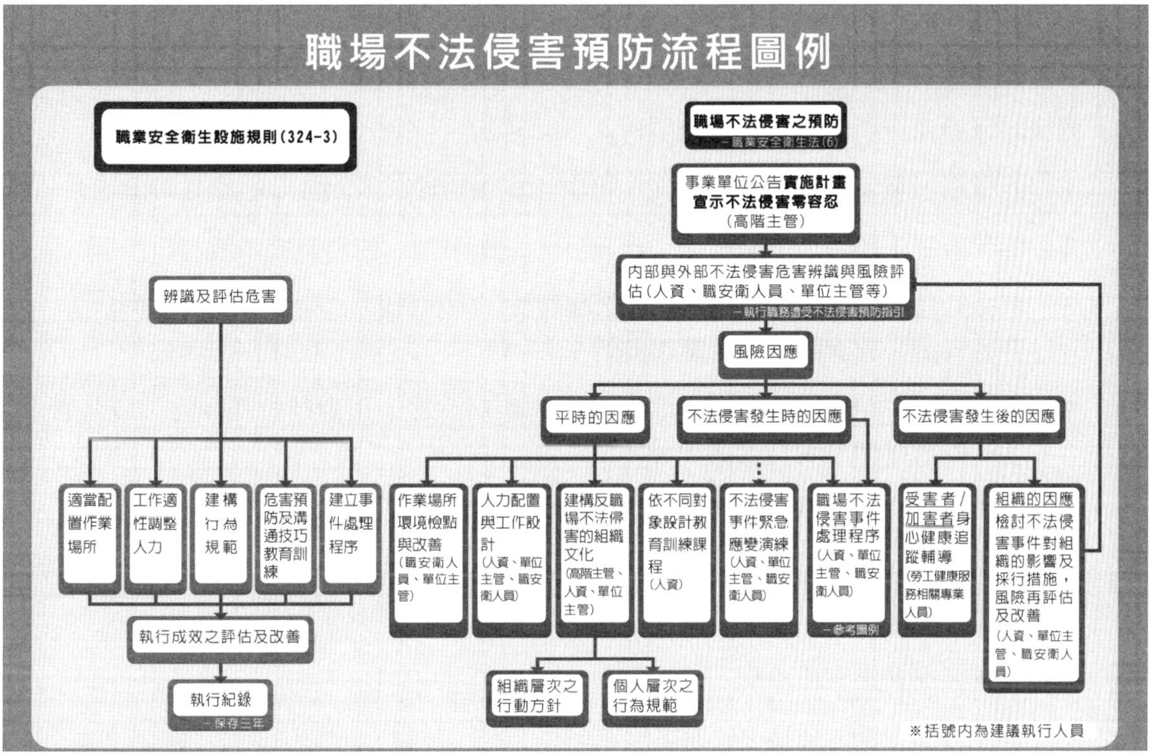

資料來源：勞動部職業安全衛生署

四、 職場健康促進的益處

1. 企業組織方面：

(1) 提升工作效率及服務品質。

(2) 降低健康照護與醫療保險支出。

(3) 減少罰款與訴訟之風險。

(4) 降低病假率。

(5) 降低員工流動率。

(6) 提振員工士氣。

(7) 正面企業形象。

2. 勞工個人方面：

(1) 促進健康。

(2) 提升工作效率及士氣。

(3) 維持勞動力、延長工作年限。

(4) 增加就業滿意度。

(5) 增加維護健康的技巧與知識。

(6) 健康的家庭與和樂的社區。

五、 健康的職場工作環境應包括哪些項目：

1. 工作場所環境：應注意物理性、化學性、生物性、人因性及心理性等危害。
2. 工作方法：包含人力調配、工作流程、工作姿勢、作息時間表等。
3. 組織管理：包含人際關係、主管部屬關係、領導風格、團隊互助、人事管理、升遷管道、教育訓練及生涯規劃等。
4. 健康服務：包含健康管理、預防注射、疾病篩檢、復健及復職計畫、疲勞管理、壓力管理及女性健康照護等。
5. 健康生活及工作型態：如飲食習慣、體適能、輪班工作及日常生活休閒型態等。
6. 影響外部環境。

六、 職場健康促進計畫實施步驟

1. 單位最高主管的支持 - 政策之形成。
2. 成立正式組織或委員會。
3. 執行職場健康促進計畫：

(1) 計畫期 (Plan)。

(2) 執行期 (Do)。

(3) 評估期 (Check)。

(4) 修正期 (Action)。

參考題型

促進職場勞工健康的手段之一為增強勞工體適能。試回答下列問題：

一、請說明何謂體適能。

二、請列舉 4 項基礎體適能之評量要素。 【70-04-02】

答

一、體適能：可視為身體適應生活、活動與環境（例如；溫度、氣候變化或病毒等因素）的綜合能力。

二、基礎體適能之評量要素如下列：

1. 心肺耐力：是體能評量的最重要指標，簡易的評估方法為登階測驗，受測者以每分鐘 96 拍之速度上下木箱 3 分鐘後，測其運動後第 1、2、3 分鐘之 30 秒的恢復心跳率。

2. 肌力與肌耐力：指肌肉的最大力量，評估方法為握力、功能性腿肌力試驗、屈膝仰臥起坐、俯臥仰體動作。

3. 柔軟度：代表人體關節可以活動的最大範圍，可使用量角器來記錄各關節的活動角度，如測量頸部、腰部活動度、立姿體前彎、直膝抬腿測試。

4. 身體脂肪百分比：評估的方法有腰臀圍比、肱三頭肌皮脂厚度、身體質量指數等。

5. 協調平衡反應：以閉眼、單腳站立於海綿墊上之維持時間來測量平衡反應，或以令受測者之慣用手之手臂支撐於桌上，幫施測者將測試棒從受測者之指圈中落下時，令受測者儘快以手抓住。

參考題型

請解釋何謂工作壓力？【67-03-05】

答

工作壓力是指個人在工作環境中，凡與工作有關之任何內、外在因素，造成個人身心負荷加重，個人在無法調適或採取因應策略時，而產生的心理、認知、生理及行為等對健康負面影響之身心狀態。

參考題型

請回答下列問題：

一、依據行政院勞工委員會 99 年修訂之「職業促發腦血管及心臟疾病（外傷導致者除外）之認定參考指引」，在評估勞工職場工作狀況是否為促發其腦血管及心臟疾病（如：腦中風、心肌梗塞）之原因時，需考量勞工是否具有該疾病之宿因（如：高血壓），並參酌該疾病的自然過程惡化因子（如：高齡）以及促發疾病之危險因子（如寒冷或溫度的急遽變化）加以研判。請說明其他自然過程惡化因子以及促發疾病之工作危險因子。

二、落實職場健康促進有助於預防勞工發生腦血管及心臟疾病。請參酌該疾病的惡化與促發原因，列舉 2 項除戒酒課程外之職場健康促進要項。【64-02】

答

一、1. 自然過程惡化因子：「自然過程」係指血管病變在老化、飲食生活、飲酒、抽煙習慣等日常生活中逐漸惡化的過程，惡化因子如下列：

(1) 高齡：血管老化。

(2) 肥胖：肥胖是動脈硬化的促進因子，對本疾病的發生有危險的影響。

(3) 飲食習慣：攝取高鹽分的飲食習慣會促進高血壓。歐美的高脂肪飲食習慣會促進動脈硬化，成為心臟疾病的原因。

(4) 吸菸、飲酒：菸槍 (每天約 20 支以上) 的心肌梗塞發生的危險是沒有吸菸的人的 3 倍；長期酗酒與血壓上昇及動脈硬化的關係已被認定。

(5) 藥物作用：如服用避孕丸可能較易發生心血管系統併發症。

2. 促發疾病之工作危險因子如下列：

腦血管及心臟疾病易受外在環境因素致超越自然進行過程而明顯惡化；其促發因子包括氣溫、運動及工作過重負荷等。

(1) 氣溫：寒冷、溫度的急遽變化等，亦可能促發本疾病發生。

(2) 運動：運動時耗用更多血氧，原有心臟血管疾病者供應不及，可能促發缺血性心臟疾病。

(3) 工作負荷：與工作有關之重度體力消耗或精神緊張 (含高度驚愕或恐怖) 等異常事件，以及短期、長期的疲勞累積等過重之工作負荷均可能促發本疾病。工作負荷因子列舉如下：

a. 不規則的工作。

b. 工作時間長的工作。

c. 經常出差的工作。

d. 輪班工作或夜班工作。

e. 工作環境 (異常溫度環境、噪音、時差等)。

f. 伴隨精神緊張的工作。

二、1. 體能運動課程：結合減重計劃舉辦例如慢跑健走、健身操課程，使勞工多多運動或舉辦戶外旅遊等活動，使工作壓力得以減緩或紓解，促進勞工身心之健康。

2. 菸害防治計劃：鼓勵吸煙勞工參加戒菸班，減少二手菸，維持工作場所安全衛生，以符合菸害防治法令規定為短期目標，提高法令認知，逐步減少吸菸人口，最終以「無菸職場」作為長期目標。

參考題型

一、何謂職業壓力？【50-05-02】

二、試述減緩職業壓力的方法。【50-05-03】

答

一、所謂「職業壓力」是指因為職業環境上所具有的一些特性，對從業人員造成脅迫，而改變從業者生理或心理正常狀態，並可能影響工作者表現或健康的情形。

二、嚴謹而言，職業壓力的減輕至少需就組織環境改善及從業者個人壓力應對兩層面著手：

1. 組織環境改善：可能需涵蓋工程改善、企業管理、組織心理、職業安全衛生等專業人士進行組織整革。

2. 個人壓力應對：

(1) 個人層面的壓力應對促進應包括個人技巧能力、時間管理、思考方式、態度觀念，以至於情緒管理等多層面的分析與學習改進，若需要如此完整的專業模式，需尋求心理治療師的協助。

(2) 通常在個人力有未逮於複雜的大組織層面改善的情況下，壓力應對能力的促進其實是個人在面對職業場所壓力時，最能迅速有效著力之處。

參考題型

你是某企業的職業衛生管理師，請依下列措施分別說明面對「空氣或飛沫傳染型」生物性危害的防疫準備和應變規劃：【92-2】

一、防疫物資採購及維護等儲備措施。

二、衛教宣導措施。

三、環境控制、人事行政管理、及健康異常者管理等疫情應變措施。

答

一、防疫物資採購及維護等儲備措施：

應設負責部門定期控管與持續更新所須防疫應變物資，審核防疫應變物資之規格，並依防疫組織決議，協調採購及物料管理儲備足額數量之各項物資，負責部門應於平時編列預算定期採購定量防疫物資(物資種類，包括但不限：各類口罩(N95、一般外科)、耳溫/額溫計、紅外線體溫儀、酒精/洗手瓶、漂白水)，並與供應商簽訂長期供應契約，另應有專人監控各類數量及維護設備(紅外線體溫器)，定期彙報。

二、衛教宣導措施：

1. 宣導防疫期間請同仁加強自我衛生管理，以落實洗手、咳嗽禮節、呼吸道衛生等預防感染作為、並減少出入公共場所、維持健康生活型態，若有發燒、咳嗽或呼吸急促症狀者，請立即就醫。

2. 個人衛生與自我防護含口罩正確之使用、病例通報等提供適當之教育訓練與防疫宣導。

三、環境控制、人事行政管理、及健康異常者管理等疫情應變措施：

1. 環境控制：

(1) 於各樓層公共區域或各層電梯出口設置 75% 酒精消毒液。

(2) 每日派清潔人員，以酒精或稀釋後漂白水擦拭電梯面板、公共區域、樓梯扶手、各會議室（含門把、開關面板及桌面等）、會議室以及總機櫃台以及加強廁所、洗手台等環境清潔，並依防疫風險增加消毒頻率。

(3) 各單位辦公室及人員所屬之常用物品及器具如辦公桌面、電話、手機、電腦、鍵盤、滑鼠及門把等，請同仁自行使用酒精或稀釋後漂白水進行擦拭，以降低感染源。

2. 人事行政管理：

(1) 實施進出人員管制對象包含公司員工、訪客、承攬商及供應商人員等，應建立體溫量測及篩檢機制，及建置異常人員管理措施。亦應規劃區域分隔、分區管控，所有送貨人員均禁止進入辦公室及工作現場，請品管及倉管人員至管控區或庫房進行收貨驗收。

(2) 為避免員工間交互傳染，應採取減少員工接觸措施，可包含調整辦公方式、交通車管制、用餐管制會議、活動及員工訓練管制。

3. 健康異常者管理：

(1) 若有發燒、咳嗽、呼吸困難等症狀或其他任何身體不適，應主動通報主管安排就醫，並全程佩戴口罩及採取適當防護措施，且禁止到公共場所或搭乘大眾運輸工具。

(2) 疑似或確診者應依疾病管制署規定，配合法定傳染病管理相關通報機制及管理要求，採取權宜措施。

參考題型

試回答下列問題：【94-2】

一、在職業病認定的時序性 (temporality) 原則中，除了要求危害暴露需早於疾病發生之前，也需納入誘發期或潛伏期等，來考量危害暴露及疾病的關聯性，請解釋下列名詞：

1. 最短誘發期 (minimum induction period)。
2. 最長潛伏期 (maximum latency period)。

二、傳染病控制的時序性原則

1. 傳染病潛伏期已知為 3 日至 14 日 (平均值及中數值分別為 8 日及 5 日)，在此病疫情流行期間，A 醫院報告於 1 月 8 日後發生院內群聚感染事件，立即採取該院區所有人員只出不進的清空管制措施，並於 1 月 18 日至 1 月 21 日啟動全面清空管制，再於 1 月 24 日擴大回溯專案。回溯調查結果顯示，在感染個案中最近 1 位發病 (出現病徵) 於 1 月 19 日，最近 1 位 PCR 陽性但未發病者的採檢日期為 1 月 21 日。於 1 月 25 日取得所有匡列人員 PCR 陰性報告時，由院內風險評估角度而言，A 醫院院內感染是否受到控制的觀察期結束日期可先暫訂為何 ?(回答方式如 4 月 1 日)
2. 承上題，擬定觀察期結束日期的原因為？ (回答方式如：所有匡列人員的 PCR 均為陰性的 1 月 25 日)

三、請依公共衛生疾病自然史中的三段五級預防原則，列舉 3 項職業病的初段預防策略，如醫療保健服務業勞工的工作前預防感染之預防注射。

四、連連看：請將下列可能的吸入性過敏原與引發職業性氣喘的主要機轉加以配對。（請依英文字母順序回答，答題方式如 A-1、B-2)

編號	可能的職業性過敏原
A	氯氣 (chlorine)
B	異氰酸酯類 (isocyanates)
C	硫酸 (sulfuric acid)
D	乳膠 (latex)
E	過硫酸鹽 (persulfate salts)
F	丙烯酸樹酯 (acrylates)

編號	主要致病機轉
1	刺激性致過敏原
2	高分子量致過敏原
3	低分子量致過敏原

請依英文字母順序回答，答題方式如 A-1、B-2)

答

一、有關職業病相關名詞解釋如下：

1. 最短誘發期 (minimum induction period)：指接觸因子起到暴露者開始致病最短時間，此致病為較廣義指包括生理上異常，而非單指臨床上有病徵。

2. 最長潛伏期 (maximum latency period)：指接觸到非傳染性因子起至暴露者出現異常之臨床上病徵現象時之最長時間。

二、傳染病控制的時序性原則

1. 觀察期結束日期為 2 月 4 日。

2. 因潛伏期（3-14 日）取最大值 14 天，以發病者 PCR 採檢陽性進入醫院隔離（1 月 21 日）次日起算 14 天，即觀察期為 1 月 21 日至 2 月 4 日，所以結束日期為 2 月 4 日。

三、初段預防策略分為促進健康、特殊保護。

初段預防策略	
促進健康	特殊保護
1. 衛生教育	1. 實施預防注射
2. 注重營養	2. 培養個人衛生
3. 注重個性發展	3. 改進環境衛生
4. 合適的工作娛樂和休息環境	4. 避免職業危害
5. 婚姻座談和性教育	5. 預防意外事件
6. 遺傳優生	6. 攝取特殊營養
7. 定期體檢	7. 祛除致癌物質
	8. 慎防過敏來源

四、A-1、B-3、C-3、D-2、E-3、F-3

參考題型

你是某員工人數約 300 人公司的職業衛生管理人員，請回答下列問題：【94-4】

一、某 48 歲男性員工，上班時被同事發現倒臥在座位旁昏迷不醒，經送醫確診為腦中風。經調查其發病日前一個月加班時數達 125 小時，經勞保局判定為職業促發之腦血管疾病。請問依據「職業促發腦心血管疾病認定參考指引」，在進行長期工作負荷過重的評估時，下列期間的加班時數若要被認為與促發腦心血管疾病較具相關性時，應符合之標準為何？

1. 發病前 1 個月的加班時數。
2. 發病前 2 至 6 個月、前 3 個月、前 4 個月、前 5 個月、前 6 個月之任一期間的月平均加班時數。
3. 發病前 1 個月，及發病前 2 個月、前 3 個月、前 4 個月、前 5 個月、前 6 個月之月平均加班時數。

二、為避免過勞個案之發生，當事業單位有輪班、夜間、長時間、不規則、經常出差及特定作業環境工作之勞工時，依據「異常工作負荷促發疾病預防指引」規劃預防管理方案並啟動過勞預防管理計畫。若採用 Framingham Cardiac Risk Score（佛萊明漢 10 年心血管疾病風險預估評分表）模式來作為健康風險之預估工具，此模式納入哪 7 項心血管疾病危險因子作為檢核？

答

一、依「職業促發腦心血管疾病認定參考指引」，在進行長期工作負荷過重的評估發病前 1 至 6 個月內的加班時數：

1. 發病前 1 個月之加班時數超過 100 小時。
2. 發病前 2 至 6 個月內之前 2 個月、前 3 個月、前 4 個月、前 5 個月、前 6 個月之任一期間的月平均加班時數 1 超過 80 小時。
3. 發病前 1 個月之加班時數，及發病前 2 個月、前 3 個月、前 4 個月、前 5 個月、前 6 個月之月平均加班時數皆小於 45 小時，則加班與發病相關性薄弱；若超過 45 小時，則其加班產生之工作負荷與發病之相關性，會隨著加班時數之增加而增強，應視個案情況進行評估。

二、Framingham Cardiac Risk Score(佛萊明漢 10 年心血管疾病風險預估評分表) 又稱「心力量表」，其檢核項目依據下列指標，可算出 10 年內發生心血管疾病的風險和相對同性罹患心血管疾病風險，以及心臟年齡的參考值：

1. 性別。
2. 年齡。

3. 血液總膽固醇濃度。
4. 血液高密度膽固醇濃度。
5. 血壓範圍 (舒張壓 / 收縮壓)。
6. 是否有糖尿病。
7. 是否吸菸。

玖、急救

本節提要及趨勢

急救是指給予傷病者立即有效的臨時性救護，直到將傷者送抵達醫院為止之所有過程。所以，急救之目的在於維護傷者之生命 (如通暢傷者之呼吸道，維持呼吸道的的通暢，促使傷者能夠維護循環功能)，防止傷情的惡化，應盡早將傷者送醫治療，達到搶救傷者之作為。

適用法規

一、「職業安全衛生法」第 6 條及第 37 條。

二、「職業安全衛生法施行細則」第 41 條及第 46-1 條。

三、「職業安全衛生教育訓練規則」第 2 條、第 16 條、第 18 條、第 22 條、第 23 條及第 33 條。

四、「職業安全衛生設施規則」第 29-7 條、第 234 條及第 286-1 條。

五、「勞工健康保護規則」第 15 條。

六、「特定化學物質危害預防標準」第 34 條。

重點精華

一、心肺復甦術 (Cardiopulmonary Resuscitation, CPR)：是急救過程中維護傷者之生命，促使傷者能夠維護循環功能的手段；以人工呼吸法與胸外壓心法的交推運作，用於呼吸與脈搏均消失的昏迷患者。若傷患頸動脈仍有微弱脈搏，不可貿然執行 CPR，因有可能造成心律不整的生命風險。CPR 要以假人模型練習操作，完成合格訓練的急救人員，必須每 3 年至少應再接受 3 小時在職教育訓練。

二、休克的急救

1. 設法除去引發休克的原因 (如出血、創傷、疼痛、中風、灼傷、中毒、熱衰竭或精神打擊等)。

2. 將患者頭部放低、仰臥，如有噁心嘔吐，頭部側放，兩腳墊高約 30 度。
3. 解開領帶及衣扣，使其舒適，並用衣物給予保暖。
4. 待其清醒可以吞嚥時，給予非酒精性飲料，若是熱衰竭患者，要給予淡鹽水。
5. 使患者安心，嚴重者以復原臥姿送醫。

三、灼傷的急救

1. 設法除去引發灼傷的原因 (如熱、冷、電擊、雷擊、摩擦、腐蝕性物質或放射性物質等)。
2. 灼傷的主要影響是休克、皮膚疼痛及感染等。
3. 灼傷的範圍以體表區分 11 個 9% 及生殖器部分 1%，若灼傷達到 9% 或深度灼傷 (皮膚變色、傷到皮下組織)，要以乾淨布類覆蓋其灼傷處，儘快送醫。
4. 未破皮的灼傷，若屬中度灼傷有水泡，不可弄破；應儘快施以沖、脫、泡、蓋、送之急救處理。
5. 腐蝕性化學物灼傷眼睛、臉部或身體時，要將灼傷側朝下，並用大量清水由眼內角往外角慢慢沖洗處理；若灼傷面積超過 2.5 平方公分者仍需送醫，送醫前至少沖洗 15 分鐘，再用敷料等包紮後送醫。

四、中暑的急救

1. 立即將患者移到陰涼通風處，半臥坐墊高頭肩、除去衣物解開束縛。
2. 以冷敷、冷水或酒精擦拭身體、冷氣房或強電扇吹拂，以儘速降低體溫。
3. 觀察生命徵象，清醒者給於食鹽水。
4. 維持心肺功能，以復原臥姿儘速送醫。

參考題型

試說明勞工休克時應如何實施急救。 【82-03-01】

答

勞工休克時實施急救步驟說明如下列：

一、設法除去引發休克的原因 (如出血、創傷、疼痛、中風、灼傷、中毒、熱衰竭或精神打擊等)。

二、將患者頭部放低、仰臥，如有噁心嘔吐，頭部側放，兩腳墊高約 30 度。

三、解開領帶及衣扣，使其舒適，並用衣物給予保暖。

四、待其清醒可以吞嚥時，給予非酒精性飲料，若是熱衰竭患者，要給予淡鹽水。

五、使患者安心，嚴重者以復原臥姿送醫。

參考題型

對熱中暑者應如何進行急救及處理？【75-03-02】

答

一、立即將患者移到陰涼通風處，半臥坐墊高頭肩、除去衣物解開束縛。

二、以冷敷、冷水或酒精擦拭身體、冷氣房或強電扇吹拂，以儘速降低體溫。

三、觀察生命徵象，清醒者給於食鹽水。

四、維持心肺功能，以復原臥姿儘速送醫。

拾、作業環境監測概論

本節提要及趨勢

工業衛生領域的三大工作為危害認知、危害評估及危害控制，其中危害評估可透過勞工作業環境監測或生物性偵測等方式，找出環境中的危害因子濃度或是勞工體內某些指標的定性或定量分析，將分析結果與職安法規之法定容許暴露值進行比較，以決定事業單位後續之改善方向。

作業環境監測之出發點乃在預防物理性或化學性因子所導致之慢性職業病危害，可顯示外在環境中危害因子的暴露濃度，是一種評估手段或方法。

適用法規

一、 各式安全衛生測定儀器測定原理。

二、 各式安全衛生測定儀器適用範圍。

重點精華

一、 常用公式：

公式 氣體濃度＝爆炸下限 (LEL) 濃度 × 可燃性氣體測定器讀值

二、 濾紙種類及採樣場合

濾紙種類	可使用之採樣場合
纖維素酯薄膜	石綿計數、微粒計數、金屬燻煙及其氧化合物、酸 霧滴。
鐵氟龍薄膜	鹼性粉塵、有機粒狀物、酸霧滴、媒焦油瀝青揮發物、 高溫粒狀物。
聚氯乙烯薄膜	總粉塵量、游離二氧化矽、油霧滴、農藥、殺蟲劑。
銀膜	氯、溴、以 X 光繞射法測定游離二氧化矽。
玻璃纖維	總粉塵量、有機粒狀物、媒焦油瀝青揮發物、油霧滴。

三、 化學性作業環境監測其量測方法在選擇時應考量因素：

1. 量測方法的可靠性。
2. 量測過程的靈敏度。
3. 量測方法的專屬性。
4. 儀器設備的回應時間。
5. 測定方法的可行性。
6. 設備操作的方便性及經濟性。

執行化學性作業環境監測之內涵包括：

1. 採樣計畫之規劃。
2. 選擇合適之採樣儀器設備。
3. 執行採樣與數據分析。

四、 作業環境監測的方法可分為採樣後分析及直讀式儀器測定：

1. 採樣後分析方法
   (1) 從某一已知採樣空氣量中移走有害物，再行定量分析。
   (2) 捕集作業環境中之定量空氣後再行濃度分析。
2. 直讀式儀器測定：針對環境中之二氧化碳、二硫化碳、二氯聯苯胺及其鹽類、次乙亞胺、二異氰酸甲苯、硫化氫、汞及其無機化合物等，可以直讀式儀器執行量測。

五、 直讀式儀器測定的優點：

1. 可迅速估計出作業環境中之有害污染源之濃度。
2. 可提供 24 小時連續監測有害物濃度之永久記錄。
3. 可降低相同採樣時必要之人工測試操作次數。

4. 可結合警報裝置執行連續性監測以達到危險警示功能。
5. 能夠減少實驗分析之次數。
6. 可降低每次獲得測定濃度數據之費用。
7. 可作為訴訟爭議時之環境監測佐證。然直讀式儀器須採集一定量之空氣，以利後續定量分析，在應用上若作業環境中的危害物濃度太低，將無法測定出；所以對低濃度測定之限制為其缺點。

六、執行直讀式化學因子作業環境監測時，應注意事項：

1. 可檢測之濃度範圍。
2. 儀器之精確性。
3. 可能受到的干擾因素。
4. 儀器的暖機時間。
5. 何時須校準及校準之容易度。
6. 檢測的穩定性。
7. 儀器的回應時間。
8. 回應是否呈線性。
9. 電池的使用時間。
10. 數據呈現的特異性。
11. 作業環境的條件 (溫濕及壓力等)。
12. 其他外在條件 (如輻射或無線電波) 等影響。

七、粒狀有害物之採集原理：

1. 過濾捕集法。
2. 慣性捕集法。
3. 離心分離法。
4. 平行板分離。
5. 靜電集塵法。
6. 溫度梯度沉降法。
7. 噴布技術捕集法。

八、作業環境監測應保存紀錄之目的：

1. 職安法令之查核備考。
2. 選擇防範危害措施之參考依據。
3. 規劃下次環測之參考。
4. 作為環境是否改善之追蹤。
5. 作為勞工職業病治療之參考。
6. 加強對危害因子之認知。
7. 作為事業單位安全衛生政策之參考。
8. 作為政府制定職業安全衛生政策之參考。

參考題型

請依據作業環境空氣中有害物採樣分析參考方法，說明如何經由破出測試，得出採樣管之最大採樣體積。【71-03-01】

答

依據「作業環境有害物採樣分析參考方法驗證程序」經由破出測試得出採樣管之最大採樣體積如下述：

一、破出測試：

1. 測試時，導引測試氣體流經採樣介質，其前後之濃度變化則以經校正後之直讀式儀器作線上連續偵測。進行測試時，當採樣介質出口端的氣體濃度大於入口端測試氣體濃度的 5%，即稱為破出。
2. 當線上連續偵測不易操作時(如破出濃度太低致直讀式儀器無法有效量測時)，則須用一系列之採樣介質(單支固體採集管不去除後段；衝擊式吸收瓶再串聯一吸收瓶)以不同之總採樣時間來採樣，並用儀器分析方法測定前後段的質量；並將後段質量和前段質量的比值相對於測試時間作圖，當後段質量為前段質量 10% 時，則定義為破出。

二、破出時間：破出測試所花時間稱之為破出時間，以不少於 60 分鐘為原則，若破出時間長於 4 小時，則以 4 小時為破出時間。

三、破出體積：為破出時間和測試氣體流率之乘積。

四、最大採樣體積：以破出體積乘以 0.67 而得。

參考題型

以「相似暴露族群 (SEG) 模式」進行暴露評估之目的為何？【75-04-01】

答

一群勞工因工作性質或區域相互接近，導致暴露狀況(輪廓)類似，其偵測數據可以有統計上的意義，可以依據依不同部門之危害、作業類型及暴露特性，以系統方法建立各相似暴露族群之區分方式，並運用暴露風險評估，排定各相似暴露族群之相對風險等級。

參考題型

某化學工廠勞工人數 350 人，需依規定實施化學性因子作業環境測定。如您受指派負責本項業務，試以臺灣職業安全衛生管理系統 (TOSHMS)5 個主要事項(政策、組織設計、規劃與實施、評估及改善措施)，分別說明應考量之重要內容。【67-04】

答

一、政策：應依組織之規模或性質，並諮詢工會或勞工代表之意見，訂定書面之作業環境監測政策，以展現符合法規、預防職業病及持續改善之承諾。

二、組織設計：作業環境監測計畫之執行，應規定有關部門與人員之責任、義務與權限，並指定有關部門及會同監測人員，負責作業環境監測計畫之規劃、實施、評估及改善，確保達到作業環境監測目標。

三、規劃與實施：作業環境監測計畫之規劃，應提供溝通之作法及程序，以確保勞工及相關者所關心之建議被接收，並獲得考慮及答覆。

根據先期審查、前次管理審查之結果或其他可獲得之資料，訂定能符合法規、持續改善作業環境品質，且有助於保護勞工之作業環境監測計畫。

四、評估：對作業環境監測結果應建立及維持適當之評估程序，依評估結果應採取防範或控制之程序或方案，以消除或控制所辨識出之危害，經評估發現不夠充分或可能不充分時，應即時合理調整，完成後應評估其結果並文件化記錄。

五、改善措施：建立並維持適當之程序，以實施稽核與管理審查所提出之矯正、預防及控制措施，並持續改善作業環境監測計畫及其相關要素。

參考題型

雇主實施作業環境監測，需有哪些許可操作人員或機構來進行？監測結果紀錄內容項目有哪些？【30-01】

答

一、雇主實施作業環境監測時，應設置或委託監測機構辦理。但監測項目屬物理性因子或得以直讀式儀器有效監測之化學性因子者，得僱用乙級以上之監測人員或委由執業之工礦衛生技師辦理。

二、雇主依前條實施作業環境監測時，應訂定並依實際需要檢討更新含採樣策略之作業環境監測計畫，其測定結果依下列規定記錄，並保存 3 年：

1. 監測時間 (年、月、日、時)。
2. 監測方法。
3. 監測處所 (含位置圖)。
4. 監測條件。
5. 監測結果其樣本如送經認可實驗室分析者，應附化驗分析報告。但經中央主管機關指定得以直讀式方式監測之物質不在此限。
6. 監測人員姓名 (含資格文號及簽名)，委託測定時需包含監測機構名稱。
7. 依據監測結果採取之必要防範措施事項。

參考題型

一、依「勞工作業環境監測實施辦法」規定，雇主實施作業環境監測時，應訂定含採樣策略之作業環境監測計畫，試擬定之。

二、採樣策略應考慮之主要項目為何？【60-02】、【50-02】

答

一、良好且能落實的作業環境監測計畫的要項及要旨分述如下：

1. 環境監測的目的：一般而言實施作業環境監測之目的計有下列數項：
   (1) 建立作業環境的品質標準提供勞工一個更舒適而健康的工作環境。
   (2) 建立劑量反應 (dose-response) 的關係。此係重複量劑或觀察環境中某危害因素的強度變化與群體產生某種對應生物效應的對應關係，此乃研究機構為某一特定研究目的而進行之監測。

(3) 配合職業安全衛生法令的要求目前大部份工廠執行環境監測是為了：

a. 掌握環境中各種危害因素的分佈狀況。

b. 瞭解勞工個人暴露實況。

c. 評估環境改善控制的效果。

d. 進入儲槽內部工作前之安全測試。

2. 蒐集作業環境監測的基本相關資料：環境監測的目的確定後，就要對作業環境作初步了解，包括原料、半成品、成品、製程、災害防範措施及設備(如有無防護具、通風設備)、生產設備(如機器種類)、醫務紀錄(如某種疾病有集中趨勢，都發生於同一作業部門的勞工)、毒物學的資料及其他資料的蒐集。

3. 監測對象物的選擇：法令規定應實施監測者，危害程度較嚴重者。

4. 選擇適當之採樣分析方法。

5. 設計取得代表性樣本之策略。

6. 監測結果數據之整理與評估。

重點 良好且能落實的作業環境監測計畫的要項應包括：

1. 確定作業環境監測的目的。
2. 廣泛蒐集作業環境的基本資料。
3. 選擇對象危害因素，決定監測的優先順序。
4. 選擇適當之採樣與方析方法。
5. 設計取得代表性樣本的策略。
6. 監測結果數據之整理與評估。

二、依據「作業環境監測指引」第 12 條規定，作業環境採樣策略應予文件化，其內容應包括下列事項：

1. 危害辨識：應以系統化方法辨識作業場所中可能發生之各種危害，應涵蓋物理性及化學性危害因子。

2. 監測處所：對所有具危害之場所應進行監測，當不易執行時，須選擇具代表性之監測處所；其選擇方式應對各項危害、場所及人員進行合理化之分類，確保使用「有效推論」之原則並考量其風險，以掌握作業場所內之全面狀況。

3. 採樣規劃：應對具代表性之測定處所評估其相對風險，以作為測定順序之依據。建議依下列三個步驟：

   (1) 辨識各項危害，擬訂相似暴露群組 (Similar Exposure Group, SEG) 之區分方法及各相似暴露群組暴露實態之建立方式，完成相似暴露群組區分。

   (2) 運用風險評估，區分各相似暴露群組之相對危害。

   (3) 優先監測高風險及法規要求之相似暴露群組。

   雇主應依作業場所環境之變化及特性，適時調整採樣策略。

參考題型

採樣要能具有代表性，且可作為評估依據之樣本時，採樣規劃應特別注意事項或考慮事項為何？

答

一、所謂採樣規劃，簡單的說就是依採樣目的而設計取得代表性樣本的方案，其要考慮的主要項目包括：

1. 採樣對象勞工 (Who)。
2. 採樣位置 (Where)。
3. 每個工作天內的採樣樣品數目 (How many)。
4. 每個樣品的採樣時間 (How long)。
5. 一個工作天內的採樣時段 (When)。
6. 採樣頻率 (How often)。

二、採樣規劃在我國目前職業安全衛生法有關規章之規定，依監測目的概可分為四種：

1. 為掌握環境中有害物質實態之區域採樣監測。
2. 為瞭解勞工暴露量之勞工個人採樣監測。
3. 為判定局部排氣性能之氣罩外側濃度監測。
4. 儲槽內部作業前之監測 (氧氣含量、可燃性氣體及有害物質濃度)。

決定採樣策略的考慮很多，沒有一種採樣策略可以滿足所有的採樣目的，最好的採樣策略就是能夠滿足你自已所要的採樣要求，方能提供最具代表性樣品者。有時候單一種採樣規劃無法滿足監測的目的，而需要同時採用二種以上的採樣策略來達到採樣的目的。

拾壹、物理性因子環境監測

本節提要及趨勢

物理性危害因子，包括有異常溫濕度(高、低溫)、異常氣壓(高、低壓)、噪音、振動、照明採光不足(或眩光)、游離輻射、非游離輻射等物理性危害。針對各項危害因子，事業單位可藉由提升機械、設備等硬體工程改善方式，強化本質安全的妥善防護及行政管理措施，以保障勞工之作業安全與健康。

適用法規

一、「職業安全衛生設施規則」。

二、「高溫作業勞工作息時間標準」。

三、「高氣溫戶外作業勞工熱危害預防指引」。

四、「勞工聽力保護計畫指引」。

五、「異常氣壓危害預防標準」。

六、「精密作業勞工視機能保護設施標準」。

重點精華

一、綜合溫度熱指數(WBGT)及熱危害預防。

二、噪音之物理性危害及預防方法。

三、振動之物理性危害及預防方法。

四、照明(眩光)的危害及預防方法。

五、輻射之的危害及預防方法。

六、異常氣壓之危害及預防方法。

七、名詞定義

1. 溫濕四要素：(1)氣溫 (2)濕度 (3)風動(氣流速度)(4)輻射熱。
2. 綜合溫度熱指數：Wet Bulb Globe Temperature (WBGT)，係我國法規中評估溫濕條件所用之指標，亦為評估熱危害的重要指標。
3. 高溫作業勞工作息時間標準。
4. 5分貝減半率定理。

5. 游離輻射危害預防三項原則 (TDS)：(1) 時間 (Time) －減少暴露時間〔暴露者〕。(2) 距離 (Distance) －遠離輻射源〔傳播途徑〕。(3) 屏蔽 (Shielding) －阻隔與降低〔發生源〕。

八、物理性危害因子

1. 異常溫溼度。
2. 異常氣壓。
3. 噪音。
4. 振動 - 包含全身振動及局部振動。
5. 輻射 - 包含游離輻射及非游離輻射。

危害類別	危害狀況	危害因素	健康效應	作業種類
物理性危害	異常溫溼度	高溫或低溫	熱傷害、凍傷	爐前作業、冷凍業
	異常氣壓	高壓	潛水伕病	潛水作業
	噪音	可聽音域	聽力損失	各種工業
	振動	全身振動	頭痛疲勞	運輸業
		局部振動	白指病、頸肩傷害	操作按鍵、振動工具
	非游離輻射	微波	白內障、體溫上升	操作雷達
		紅外線	白內障	乾燥、烤漆塗裝、爐前作業
		可見光 (雷射)	網膜損傷、失明	通信、測距、金屬加工等
		紫外線	紅斑、角膜炎	特殊光源、熔接、殺菌
	游離輻射	X 射線	X 射線障礙	醫療、非破壞性檢查
		α 射線、β 射線、γ 射線、質子射線、中子射線	放射線障礙如白血病、惡性貧血、皮膚炎、不孕等症狀	非破壞性檢查、使用放射線物質、輻射器材操作員

資料來源：勞研所出版之勞工衛生與職業病預防概論

九、依據高氣溫戶外作業勞工熱危害預防指引，雇主應依熱危害風險等級，採取下列危害預防及管理措施：

1. 實施勞工作業管理

(1) 降低勞工暴露溫度。

(2) 現場巡視勞工作業情形。

(3) 提供適當之休息場所。

(4) 提供適當工作服裝。

(5) 於作業場所提供勞工充足飲用水及電解質。

(6) 調整勞工熱適應能力。

(7) 調整勞工作業時間。

(8) 使用個人防護具。

2. 實施勞工健康管理

(1) 適當選配作業勞工。

(2) 實施勞工個人自主健康管理。

(3) 確認作業勞工身體健康狀況。

3. 熱危害預防安全衛生教育訓練

4. 建立緊急醫療系統

(1) 建立緊急應變處理機制。

(2) 實施急救措施。

常見熱疾病種類及處置原則表

熱疾病種類	成因	常見症狀	處置原則
熱中暑 (Heat stroke)	熱衰竭進一步惡化，引起中樞神經系統失調（包括體溫調節功能失常），加劇體溫升高，使細胞產生急性反應。	1. 體溫超過 40°C。 2. 神經系統異常：行為異常、幻覺、意識模糊不清、精神混亂（分不清時間、地點和人物）。 3. 呼吸困難。 4. 激動、焦慮。 5. 昏迷、抽搐。 6. 可能會無汗（皮膚乾燥發紅）。	1. 撥打 119 求救或自行送醫。 2. 在等待救援同時：移動人員至陰涼處並同時墊高頭部。 3. 鬆開衣物並移除外衣。 4. 意識清醒者可給予稀釋之電解質飲品或加少許鹽之冷開水（不可含酒精或咖啡因）。 5. 使用風扇吹以加速熱對流效應散熱。 6. 可放置冰塊或保冷袋於病人頸部、腋窩、鼠蹊部等處加強散熱。 7. 留在人員旁邊直到醫療人員抵達。

熱疾病種類	成因	常見症狀	處置原則
熱衰竭 (Heat exhaust-ion)	大量出汗嚴重脫水，導致水分與鹽份缺乏所引起之血液循環衰竭，可視為「熱中暑」前期，易發生於年長、具高血壓或於熱環境工作者。	1. 身體溫度正常或微幅升高（低於40°C）。 2. 頭暈、頭痛。 3. 噁心、嘔吐。 4. 大量出汗、皮膚濕冷。 5. 無力倦怠、臉色蒼白。 6. 心跳加快。 7. 姿勢性低血壓。	1. 移動人員至陰涼處躺下休息，並採取平躺腳抬高姿勢。 2. 移除不必要衣物，包括鞋子和襪子。 3. 給予充足水分或其他清涼飲品。 4. 使用冷敷墊或冰袋，或以冷水清洗頭部、臉部及頸部方式降溫。 5. 若症狀惡化或短時間沒有改善，則將人員送醫進行醫療評估或處理。
熱暈厥 (Heat syncope)	因血管擴張，水分流失，血管舒縮失調，造成姿勢性低血壓引發，於年長者最為常見。	1. 體溫與平時相同。 2. 昏厥（持續時間短）。 3. 頭暈。 4. 長時間站立或從坐姿或臥姿起立會產生輕度頭痛。	1. 移動人員至陰涼處休息。 2. 放鬆或解開身上衣物並把腳抬高。 3. 通常意識短時間就會恢復，待恢復後即可給予飲水及鹽分或其他電解質補充液。 4. 若體溫持續上升、嘔吐、或意識持續不清，則立即送醫。
熱水腫 (Heat edema)	肢體皮下血管擴張，組織間液積聚於四肢引起手腳腫脹，一般暴露在熱環境後數天內發生。	手腳水腫。	1. 通常幾天內會自然消失，不需特別治療，但可能遲至6週才消失。 2. 可以腳部抬高及穿彈性襪等方式，幫助組織液回流。
熱痙攣 (Heat cramp)	當身體運動量過大、大量流失鹽分，造成電解質不平衡。	1. 身體溫度正常或輕度上升。 2. 流汗。 3. 肢體肌肉呈現局部抽筋現象。 4. 通常發生在腹部、手臂或腿部。	1. 使人員於陰涼處休息。 2. 使人員補充水分及鹽分或清涼飲品。 3. 如果人員有心臟疾病、低鈉飲食或熱痙攣沒有在短時間內消退者，則尋求醫療協助。

熱疾病種類	成因	常見症狀	處置原則
熱疹 (Heat rash)	在炎熱潮濕天氣下因過度出汗引起之皮膚刺激。	1. 皮膚出現紅色腫塊。 2. 外觀似紅色水泡。 3. 經常出現於頸部、上胸部或皮膚皺摺處。	1. 人員盡可能在涼爽且低濕環境工作。 2. 使起疹子部位保持乾燥。 3. 可施加痱子粉增加舒適度。
橫紋肌溶解症 (Rhabdomyolysis)	因遭受過度熱暴露以及體能耗竭，骨骼肌(橫紋肌)發生快速分解、破裂、與肌肉死亡。當肌肉組織死亡時，電解質與蛋白質進入血流，可引起心律不整、痙攣、與腎臟損傷。	1. 肌肉痙攣與疼痛。 2. 尿液呈異常暗色(茶或可樂的顏色)。 3. 虛弱。 4. 無力活動。	1. 立刻停止活動。 2. 使人員補充水分。 3. 立即就近接受醫療照護。 4. 就醫時說明勞工熱暴露及症狀，以利針對橫紋肌溶解症進行血液檢查(肌氨酸激酶；creatine kinase)。

參考來源：高氣溫戶外作業勞工熱危害預防指引

十、依勞動部勞動及職業安全衛生研究所勞工聽力危害預防手冊，勞工可以採取下列程序來保護自己聽力，以降低噪音的危害：

1. 瞭解何謂噪音作業：依職業安全衛生設施規則規定，勞工工作場所因機械設備所發生之聲音超過 90 分貝時，雇主應採取工程控制，減少勞工噪音暴露時間，應標示並公告噪音危害之預防事項，使勞工周知。若工作環境在 85 分貝以上，即為特別危害健康作業。

2. 如何保護自己不受噪音的傷害：

   (1) 以工程改善、維修機械等方法來降低噪音或隔絕噪音。

   (2) 減少暴露在噪音作業下的時間。

   (3) 正確確實配戴防音防護具(如耳塞、耳罩)。

   (4) 定期接受聽力檢查。

3. 那些情形要懷疑聽力受到傷害：

   (1) 下班後耳朵仍有嗡嗡聲。

   (2) 和人談話時，覺得變小聲或聽不清楚。

   (3) 別人發覺你說話變大聲。

   (4) 聽不到門鈴或電話聲。

(5) 聽音樂時覺得音質改變。

(6) 把電視或收音機的聲音轉得十分大聲。

(7) 在吵雜的環境中辨識語音的能力變差。

4. 進行勞工暴露時間管理：當勞工於噪音作業場所中暴露量超過法令標準時，若工程控制技術上難以克服或成本太高無法承擔時，可利用噪音作業勞工暴露時間管理來改變勞工的作業時間或程序，可採行作為：

(1) 勞工輪班制。

(2) 工作調整輪調。

(3) 調整作業程序，以減少勞工噪音暴露量。

5. 勞工暴露於噪音工作環境，其作業時間應符合工作日容許暴露時間規範。

6. 防音防護具：在使用時應視需要的不同來加以選擇。

(1) 耳罩：具有隔音功能，由包覆外耳的耳護蓋、耳朵密合的軟墊、於軟墊內的吸音材料與連接兩個耳護蓋的頭帶所組合而成。耳罩除可阻絕氣導噪音外，亦可以隔絕部份的骨導音，故有較高的隔音值。

(2) 耳塞：用於外耳道中或外耳道入口處，其製造方式又可分為：

a. 模壓型耳塞：由軟矽膠、橡膠或塑膠等材料製成，不經壓縮變形，直接塞入外耳道。 有時會以頭帶或繩子互相連接，防止耳塞掉落或遺失。

b. 可壓縮耳塞：由泡棉等可壓縮軟質之材料製成。於使用前需經手壓縮後再放入外耳道中，待耳塞膨脹與耳道形成緊密的功能。

c. 個人模壓型耳塞：根據個人的耳道形狀所灌模壓鑄的，因此與耳道有較佳的密閉功能，可增加隔音值。

(3) 特殊型防音防護具：例如防音頭盔、通訊用耳罩等。

(4) 選擇防音防護具的原則：

a. 符合標準規範：合格的防音防護具，是以國家標準或國際標準進行測試的防音防護具，並給予此一防音防護具適當的認可標章，例如：正字標章、或 CE 標章。

b. 聲衰減值的要求：防音防護具的聲衰減值是否恰當，關係勞工是否可有效地防止噪音，免於聽力損失。

c. 實際佩戴時的防音性能：選用防護具時應對實際工作環境、工作型態及個人體型等進行評估，選擇適當的防音防護具。

d. 使用者的舒適性與接受性：在挑選防音防護具時，最重要的就是要讓佩戴者對所挑選的防音防護具有較高接受程度。

e. 工作環境的考量：在不同的場所中，則各有其適用的防音防護具。例如：在高溫、高濕度環境中宜使用耳塞或耳罩軟墊內有液體裝置具清涼效果者、或使用易吸汗的軟墊套子之耳罩。

f. 耳罩之佩戴方法：(a) 分辨耳護蓋之上下端、左右與前後之分。(b) 調整頭帶至最大位置。(c) 儘量將頭髮撥離耳朵。(d) 戴上耳罩，確定耳朵於耳護墊內。(e) 用拇指向上、向內用力固定耳護蓋，同時用中指調整頭帶，使頭帶緊貼在頭頂。(f) 檢查耳護墊四周，確定耳護墊有良好之氣密性。(g) 如不合用，選擇其他形式之耳罩。(h) 注意事項：作業時，耳罩可能會移位，故應隨時注意，必要時需重新佩戴。切莫用力拉扯頭帶，以防其失去彈性。

g. 耳塞之佩戴方法：(a) 用手繞過頭部 (後腦勺)，將另一邊之耳朵向外向上拉高 (因大多數人之耳道向前彎曲)，使外耳道被拉直。(b) 用另一隻手將耳塞塞入耳道中。(c) 注意事項：如果耳塞為可壓縮形式，將耳塞慢慢柔捏成一細長條狀 (手指需保持乾淨，避免有油脂與灰塵)，然後將耳塞塞入外耳道中待其膨脹，與耳道壁密合。作業時，佩戴之耳塞會因說話、咀嚼等活動，使耳塞鬆脫，影響其遮音性能，故需隨時檢視，必要時需重新佩戴。取下耳塞時宜緩慢，以避免傷害耳朵。

7. 佩戴防音防護具注意事項：

(1) 醫療衛生：如果佩戴者現在或曾經患過有關耳朵的疾病，應尋求醫護人員及有關專家提供協助，再進行挑選適合的防音防護具。

(2) 隨時檢查配戴情形：因說話、咀嚼東西等皆會使耳塞鬆動，降低其防音效果，須隨時檢查戴好。

(3) 檢查與更換：長期使用的防音防護具，如耳塞會因長久壓縮之故而逐漸失去彈性，像耳罩軟墊也會有老化的現象而影響耳罩之防音性能。故應定期檢查防音防護具，若有發現損壞、變形、硬化，應立即至安全衛生單位更換。

參考題型

計算綜合溫度熱指數 (WBGT) 時需量測乾球溫度、自然溼球溫度及黑球溫度，試分別說明其量測設備及組裝。【75-03-01】

答

一、乾球溫度：使用精密或校準過之溫度計，其準確度在 ±0.5ºC，可測定範圍在 -5ºC 至 50ºC，量測時應避免輻射之影響。

二、自然濕球溫度：使用的溫度計與測乾球溫度者相同，以充分濕潤的綿紗布包裹溫度計，綿紗包裹長度應為球部長度之 2 倍，水應使用蒸餾水，潤溼半小時後方可開始測定讀值，量測時應避免輻射之影響。

三、黑球溫度：使用直徑 15cm、厚度 0.5mm 規格之中空黑色不反光銅球，中央插入精密或校準過之溫度計，溫度計底部插入至銅球中心，量測 25 分鐘後才測定讀值。

參考題型

試述作業環境中穩定性噪音、變動性噪音和衝擊性噪音的測定方法及測定時應注意事項？【62-03】

試從作業環境工程管理與作業管理等面向，說明預防噪音危害之基本原則或方法？

答

一、作業環境中穩定性噪音、變動性噪音和衝擊性噪音的測定方法及測定時應注意事項：

1. 穩定性噪音：噪音變化起伏不大時，稱之穩定噪音測定方法：以噪音劑量計量測或噪音計測定。此類噪音在測定時，除了要注意測定位置選擇外，對於所測定之記錄數值，或噪音計之指示值測定 5 至 10 秒讀取其平均值即可。

2. 變動性噪音：噪音變化是不規則且起伏相當大時，稱之為變動性噪音。測定方法：以噪音劑量計量測或噪音計測定。此類噪音在測定時，除了要注意測定點之選擇外，對於測定的噪音數據，可依均能音量求得。

3. 衝擊性噪音：聲音達到最大振幅所需要的時間小於 0.035 秒，而由峰值往下降低 30 分貝所需的時間小於 0.5 秒，且 2 次衝擊不得少於 1 秒者，稱為衝擊性噪音。測定方法：應先以示波器檢核該噪音是否符合衝擊性噪音之定義，再進行測定其峰值音壓級與暴露劑量。衝擊性噪音之測定包括 2 種情形：

(1) 第 1 種情形：特定衝擊噪音採用可測衝擊性噪音之噪音計，測定最大噪音量，測定結果應同時附上噪音之發生次數。

(2) 第 2 種情形：含有衝擊噪音之環境噪音：除非另有特別規定，否則其測定方法與變動噪音均能音量之求法相同。

二、預防噪音危害之基本原則或方法：

1. 工程管理面有二：噪音源防制和傳音途徑防制。

(1) 噪音源防制：減少摩擦、振動、撞擊、共振體及減少高速氣流、汰換老舊設備、定期維護保養、密閉、隔離等。

(2) 傳音途徑防制：設置隔音設施、使用吸音設施、利用控制室搖控等。

2. 作業管理面有二：行政作業管制和人員防護。

(1) 行政作業管理：作業適度調整、暴露時間管理、機械設備使用時間管理。

(2) 人員防護：聽力健康檢查、佩戴聽力防護具。

拾貳、化學性因子環境監測

本節提要及趨勢

化學性危害因子對人體及環境皆可能會造成危害，而有害物質及有毒物質可藉由各種傳播途徑進入人體，導致發生職業疾病或病變；為了避免化學性危害因子的傷害，可先從認知瞭解及分析職業疾病之成因開始，再利用工程管制阻隔或降低化學性有害(有毒)物質之產生及傳播或行政管理減少暴露，另個人防護具的妥善運用，更是危害預防的最後一道防線。

適用法規

一、「勞工作業場所容許暴露標準」。

二、「勞工作業環境監測實施辦法」。

三、「有機溶劑中毒預防規則」。

四、「特定化學物質危害預防標準」。

重點精華

一、粉塵的種類。

二、暴露濃度之評估方法。

三、化學性危害之預防對策(包括工程改善及行政管理)。

四、名詞定義

1. ppm：parts per million 為百萬分之一，係指在 25°C，1atm 下，每立方公尺空氣中污染物之立方公分 (cm^3/m^3)。
2. mg/m^3：係指在 25°C，1atm 下，每立方公尺空氣中污染物之毫克數 (mg/m^3)。
3. 半數致死濃度 (LC_{50})：半數致死濃度 (Lethal Concentration 50%, LC_{50})，經由實驗統計所得到之一種空氣中濃度，在動物實驗中施用特定濃度化學物質及暴露時間下，能使 50% 實施動物族群發生死亡時所需要之濃度。
4. 半數致死劑量 (LD_{50})：半數致死劑量 (Lethal Dose 50%, LD_{50}) 動物實驗中，能致使實驗動物產生 50% 比例之死亡所需要化學物質之劑量。
5. 8 小時日時量平均容許濃度 (permissible exposure limit-time weighted average, PEL-TWA)：為勞工每天工作 8 小時，一般勞工不致有不可忍受之刺激、慢性或不可逆之組織病變、麻醉暈重複暴露此濃度以下，不致有不良反應者。
6. 短時間時量平均容許濃度 (permissible exposure limit-short term exposure limit, PEL-STEL)：為一般勞工連續暴露在此濃度以下任何 15 分鐘，不致有不可忍受之刺激、慢性或不可逆之組織病變、麻醉昏暈重複暴露此濃度以下，不致有不良反應者。
7. 最高容許濃度 (permissible exposure limit-ceiling, PEL-C)：不得使一般勞工有任何時間超過此濃度之暴露，以防勞工不可忍受之刺激或生理病變者。

五、化學性危害因子

1. 粒狀物質 - 污染物包括粉塵、燻煙、霧滴、煙、霧、煙霧、纖維等，如：煤礦粉塵、金屬燻煙、硫酸霧滴等。
2. 氣態物質

(1) 氣體：包含窒息性氣體，如甲烷、氮氣、氬氣、氦氣、二氧化碳氣體等，在空氣中濃度太高，或氧氣被取代而不足，就會造成缺氧窒息，甚至死亡；另毒性氣體，如二氧化硫、氨、一氧化碳、溴甲烷、苯、光氣、硫化氫等，在空氣中濃度高就會造成刺激感或中毒現象。

(2) 蒸氣：有機溶劑，如苯、甲苯、酒精、汽油、四氯化碳等液體，因為沸點低很容易形成蒸氣揮發到空氣中而被吸入，會影響神經系統或引起其他中毒症狀。

3. 液體：強酸、強鹼、煤焦油、切削油、有機溶劑等液體，可藉由皮膚接觸或吃入而引起身體傷害，如腐蝕灼傷、急性中毒或慢性病症等。

4. 重金屬：可經由呼吸或飲食進入身體，而引起各種急慢性中毒症狀，如吸入銅、鋅等金屬之高溫氧化物燻煙可能導致發燒之症狀；在身體內的鎘能取代骨骼之鈣質而使骨骼缺鈣變脆產生痛痛病；鉛能影響造血功能而造成貧血，也會導致垂腕症及腹絞痛等神經症狀；錳能導致巴金森氏症；汞化合物致畸胎及神經症狀等。

工作環境危害因子與健康效應

危害類別	危害狀況	危害因素	健康效應	作業種類
化學性危害	粒狀物質（粉塵、燻煙、霧滴）	礦物粉塵、綿塵	塵肺症	礦業或紡織業
		化學物質	急慢性中毒、癌症等	製造業
	氣體、液體	各種有害氣體與蒸氣、酸鹼	急性中毒、慢性中毒、灼傷、癌症等	製造業、印刷業
	窒息	窒息性氣體	缺氧症、死亡	局限空間

六、 危害因子控制原則：認知危害因子後，可採取事前的準備動作，以管理、改變製程、改善方法、調整工時、進行阻隔、個人防護等不同的手段，讓危害可獲得控制或降低到可容許接受程度，甚至解除可能發生的機會，以下簡要說明其控制原則。

1. 密閉或取代有害發生源：當有危害發生源時，應該以密閉方式阻隔危害物質與勞工接觸的可能，或以無毒性、低毒性的物質取代可能發生危害的高毒性物質；如找不到適當的取代物則應在物質中加入厭惡氣味，當物質有洩漏可能時，可讓勞工立即警覺及緊急處理。

2. 改變製程或改善設備：某些製程的改變（如將乾式作業改為濕式作業，可減少粉塵飛揚）或改善設備的效能（如替機器潤滑可以降低噪音），可以有效降低危害性。其次，應增加防護設施以降低勞工的可能暴露機會（如加裝隔熱裝置可以阻擋高溫，局部排氣設施可以降低危害物質濃度），或者使用自動化程序，避免勞工直接接觸危害因子。

3. 行政管理：行政管理可以從人員管理、健康管理及教育訓練等方面著手。

(1) 人員管理：包括選工、工時與工作的調配及員工紀律的管理等，好的人員管理不僅可以選擇合適的員工，避免過度暴露及防止工作場所抽菸、飲食或嬉戲所引發之危險等。

(2) 健康管理：除了定期監測員工的健康狀況，及早發現員工是否有因為暴露而發生職業病的可能，還可以積極的採用健康促進的方法，鼓勵員工增進與維持自身的健康狀態。

(3) 教育訓練：進行安全衛生教育訓練，增進員工對危害因子的認知，學習安全衛生的工作態度，進而提高員工的職業衛生意識，減少職業傷病發生的機會。

4. 使用個人防護器材：如果從發生源及製程或設備無法立即改善，或臨時性工作，則應替勞工準備個人防護器材 (口罩、耳塞、防護衣等) 來減少與危害物接觸的機會。但是個人防護是最後的考慮，絕不可以不先設法改善環境條件就直接要求勞工使用防護具。

參考來源：勞研所出版之勞工衛生與職業病預防概論

參考題型

請回答下列問題：【84-03】

一、以熱傳導式 (thermal conductivity) 監測器分別監測下表氣體濃度在 3,000 ppm 時，請問那 2 種氣體較易被偵測？

二、請敘述熱傳導式監測器之基本功能元件與測定原理。

中文名	化學式	熱傳導度 ($\times 10^{-4}$cal $\times$ cm^{-1} $\times$ sec^{-1} $\times$ deg^{-1}) @0°C
空氣	-	58
一氧化碳	CO	53
二氧化碳	CO_2	34
氫	H_2	419
氧	O_2	57
甲烷	CH_4	73
丙烷	C_3H_8	36

答

一、氫 (H_2) 和甲烷 (CH_4) 這二種氣體較易被偵測，因為氣體分子量大小和熱傳導有極大關係，即分子量大小與檢測器靈敏度有關，分子量越小熱傳導越好。

二、1. 熱傳導式監測器之基本功能元件：

(1) 感應元件是電熱元件，它在固定功率下其溫度與周圍氣體的熱導性有關。

(2) 加熱元件可能是金屬絲或熱電阻器，由其電阻可量度氣體的導熱性。

2. 熱傳導式監測器之測定原理，是利用化合物與載流氣體間熱傳導係數的差異而產生訊號之原理來偵測。

參考題型

試簡要列舉濾紙對空氣中粒狀有害物之捕集原理。【75-04-02】

答

濾紙對空氣中粒狀有害物之捕集原理如下述：

一、阻截捕集：粒狀物質藉其粒徑比濾材開口大或密閉障礙物而限制其移動，以捕集粒狀物。

二、慣性衝擊：利用氣流流動方向之慣性或質量的動力，而將粒狀物質分離。

三、擴散捕集：利用空氣將粒狀物質由一點帶到另一點，即由高濃度流向低濃度，使其濃度傾向於均勻之隨機運動結果。

四、重力沉降：粒狀物質因為本身受到重力的影響而產生沉降的現象。

五、靜電捕集：利用粒狀物質與濾紙纖維之間電荷異性相吸原理而將粒狀物質加以捕集。

參考題型

以下兩表分別為某室內作業場所勞工 8 小時個人作業環境異丙醇監測結果紀錄表的節錄（表 1），及其所檢附認證實驗室之化驗分析報告經綜整後的節錄（表 2）。採樣管均為同一批號，空白樣品濃度皆未檢出，且表中數據並無分析計算或打字等錯誤。請依表中資訊，除勞工監測編號 6 外，逐一簡要說明各勞工監測編號之濃度數據的可能問題？若你是事業單位職業安全衛生主管，依據監測結果紀錄表（註：異丙醇的容許濃度為 400 ppm），依法你會採行之管理控制措施為何？（答題參考例：勞工監測編號 6 - 化驗分析數據合理，監測結果可使用，監測濃度低於 0.1 倍容許濃度，應持續維持相關措施……。）

【91-02】

表 1　監測結果紀錄表節錄

勞工監測編號	監測結果 (ppm)
1	492
2	0
3	4321
4	215
5	191
6	17

表 2　化驗分析報告經綜整後節錄

勞工監測編號	採樣管前段濃度 (ppm)	採樣管後段濃度 (ppm)
1	390 (圖譜 1090306-1F)	102 (圖譜 1090306-1R)
2	0 (圖譜 1090306-2F)	0 (圖譜 1090306-2R)
3	4321 (圖譜 1090306 3F)	0 (圖譜 1090306-3R)
4	197 (圖譜 1090306-4F)	18 (圖譜 1090306-4R)
5	16 (圖譜 1090306-5F)	175 (圖譜 1090306-5R)
6	16 (圖譜 1090306-6F)	1 (圖譜 1090306-6R)

答

一、勞工監測編號 1：化驗分析數據合理，監測結果不可使用，因後段濃度 (102ppm) 大於前段的 10% (39ppm) 時，定義為破出樣本，破出樣本為無效樣本，另監測濃度 (492ppm ÷ 400ppm = 1.23) 高於 1 倍容許濃度，針對已知不可接受的暴露群最重要的是改善環境，提出改善建議事項，並進一步採必要後續監測，且應儘速進行適當的工程改善措施 (如改善排氣裝置效能)，且於完成前應對勞工採取行政控制 (如：輪調、減少工時)、使用個人防護具、生物偵測、醫學監視及衛生教育等，以避免勞工暴露於過量的有害物。

二、勞工監測編號 2：化驗分析數據合理，監測結果可使用，監測濃度低於 0.1 倍容許濃度，應持續維持相關管理措施。

三、勞工監測編號 3：化驗分析數據不合理，監測結果不可使用，監測濃度 (4321ppm ÷ 400ppm ＝ 10.80) 高於 10 倍容許濃度，與其他勞工監測濃度差異很大，而採樣管後段濃度為 0，需與監測機構確認其圖譜之正確性，建議重新採樣。

四、勞工監測編號 4：化驗分析數據合理，監測結果可使用，監測濃度 (215ppm ÷ 400ppm = 0.54) 高於 0.5 倍容許濃度，應找出造成勞工暴露的原因，且進行適當改善措施 (如改善排氣裝置效能)。

五、勞工監測編號 5：化驗分析數據不合理，監測結果不可使用，監測濃度 (191ppm ÷ 400ppm = 0.48) 低於 0.5 倍容許濃度，但採樣後段濃度 (175ppm) 大於採樣前段濃度 10% (1.6ppm)，則為破出，應視為樣本異常，建議重新採樣。

參考題型

一、何謂可呼吸性粉塵？

二、在勞工作業場所容許暴露標準中，係指可透過何裝置所測得之粒徑者？

答

一、粉塵粒徑在 4 微米以下者，可深入肺部，此種可深入肺部之粉塵，稱為可呼吸性粉塵。

二、可呼吸性粉塵可透過離心式等分粒裝置所測得之粒徑者。

參考題型

請回答下列問題：【69-04】

一、說明檢知管測定空氣中有害物的原理與限制。

二、使用直讀式儀器測定作業環境空氣中有害物時，應注意儀器哪些特性？

答

一、氣體檢知管測定空氣中有害物的原理，如下述：

檢知管是利用玻璃管內填充可吸附化學藥劑之固體微粒，當含測定對象物質之污染空氣被吸引通過該固體吸附管時，引起呈色劑之呈色反應，利用呈色之長度及顏色加以定量，即可得知污染物濃度。

二、氣體檢知管測定空氣中有害物的限制，如下列：

1. 誤差範圍大。
2. 檢知管內之呈色藥劑均有使用期限。
3. 檢知管需避免保存於日光照射或高溫場所。
4. 已使用過之檢知管著色層容易退色而無法長久保存。
5. 只能使用一次之檢知管，既使檢知管內無呈色反應，亦不能重複使用或以另一端再測一次。

參考題型

試回答下列直讀式化學因子作業環境監測設備之問題：【63-02】

一、氣體檢知管的作用原理。

二、使用直讀式設備監測結果應注意事項為何？

三、試說明觸媒燃燒熱直讀式儀器之測定原理。

四、防爆型觸媒燃燒熱直讀式儀器不常被使用在通風不良的局限空間或沼氣充足的環境中作測定，其原因為何？

答

一、氣體檢知管的作用原理，如下述：檢知管是一內部填充矽膠、活性鋁或其他顆粒物作為介質的玻璃管，介質上附有化學物質可與特定污染物產生呈色反應。使用者經由觀察檢知管顏色變化的長度或比對顏色改變的程度，即可得知污染物濃度。

★ 參考資料：

一細長玻璃管，二端以玻璃熔封，內含有裹覆化學試藥之矽膠、鋁膠或玻璃細粒。測定時，將二端玻璃熔封切開銜接檢知器，以檢知器〈檢知泵〉吸引空氣試料流經檢知管。

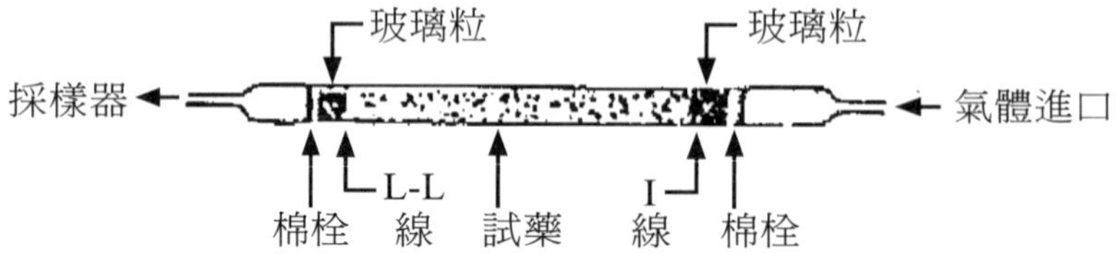

檢知管

空氣中之污染物與吸附於固體上之化學試藥發生變色之化學反應→變色之長度＋所採空氣試料之體積→污染物濃度

二、使用直讀式設備測定結果應注意事項，如下述：

可檢測範圍、精確度、干擾、穩定性、暖機時間、何時需校準，以及校準之容易度、回應時間、回應是否線性、電池壽命，或一次充電所需要時間、特異性、環境條件 (溫度、壓力)、其他外在影響 (輻射、無線電等)。

三、觸媒燃燒熱直讀式儀器之測定原理，如下述：

感應原件為一觸媒包覆之加熱線圈，可造成可燃性氣體燃燒釋放出熱，釋放之熱改變線圈之電阻，電阻改變的大小與濃度成正比。

四、防爆型觸媒燃燒熱直讀式儀器不常被使用在通風不良的局限空間或沼氣充足的環境中作測定，其原因為：

1. 必須有足夠的氧氣才能使氧化反應進行。
2. 氧氣濃度低於 10% 時，將不易發生氧化反應而使讀值降為零。
3. 氧氣濃度低於 15% 時監測器之讀值會偏低。

參考題型

一、試述電鍍廠之鍍鉻場所，空氣中鉻酸(粒狀物)的濃度要進行作業環境監測時，必要之採樣設備及採樣方法。【57-03】

二、試述勞工作業環境空氣中甲苯暴露之測定方法與程序。及如何評定監測結果？

答

一、鉻酸(粒狀物)的濃度進行作業環境監測時，必要之採樣設備如下列：

1. 採樣泵浦 (Sampling Pump)：用以提供動力以吸入大氣中的粒狀污染物。
2. 採樣介質：濾紙(孔徑為 5 μm，直徑 37mm 聚氯乙烯 (PVC) 濾紙)，用以捕集粒狀污染物。
3. 濾紙匣 (Filter Cassette)：用以承裝濾紙，並在保持氣密的情況下使被捕集的粒子能均勻地進入採樣口並被捕集在濾紙上。
4. 採樣連接導管 (Tube)：用以連接採樣頭及採樣泵浦。

鉻酸(粒狀物)的濃度進行作業環境監測之採樣方法如下列：

(1) 準備濾紙匣：將 PVC 濾紙裝入濾紙匣中，濾紙匣可在採樣時夾緊濾紙。

(2) 裝設採樣器組合：以連接導管將採樣泵浦與濾紙匣連結。

(3) 校正採樣泵浦流速：校正時，採樣泵浦連結濾紙匣一同校正。採樣泵的流速調於 1 ～ 4 L/min、採樣量：最小：8 L@0.025 mg/m^3、最大：400L。

(4) 正式採樣：將濾紙匣固定座夾在工作者的呼吸區域內，濾紙匣的入口應朝下，將採樣幫浦夾在工作者的皮帶上。登錄採樣泵浦啟動時間及任何有關的採樣資料。

(5) 採樣後：採樣結束時，關掉泵浦並記錄結束時間，取出濾紙匣，使用匣塞蓋住濾紙匣上下的入口與出口。確實包妥樣品空白樣本匣及所有相關的資料，送往實驗室作分析。

接上原有代表性採樣濾紙匣再次檢查採樣過濾器流量，以確認流量變更未超過 5%。取同一批號之濾紙匣，(除了不抽取空氣外)處理方式與現場採樣匣相同，當成空白樣本匣附在其中。

二、勞工作業環境空氣中甲苯暴露之監測方法與程序如下列：

1. 採樣監測方法：固體捕集法 - 活性碳管 (100 mg/50 mg)。

2. 採樣監測程序：

(1) 準備活性碳管：使用切割器切斷吸附管的兩尖端，開口大小至少為內徑的二分之一。此管將用來校正、設定流量而非進行採樣。

(2) 裝設活性碳管：以連接導管將活性碳管與個人採樣泵連結。

(3) 流量校正設定：參閱採樣泵浦及流量計的操作說明來校正與設定流量，採樣泵浦的流速調整於 0.2L/min、採樣量：最小：2L、最大：8L。校正並確認流量後，取下用來校正流量的吸附管。

(4) 現場採樣：取一支新吸附管，切斷兩端，如同設定流量時處理活性碳管時一樣。將活性碳管依玻璃管上箭頭方向插入低流量控制器或活性碳管座的橡皮套筒中。然後，將保護套套在活性碳管之外。將夾子夾在工作者的領子上，並將泵浦夾在工作者的皮帶，或以攜帶斜背包並將泵置於包內之方式攜帶，以正確的流量開始採樣。採樣期間，活性碳管應保持垂直。啟動採樣泵浦，並登錄啟動時間與其它任何相關的資料。

(5) 採樣後：採樣期間結束時，關掉泵浦，並登錄結束時間。取下活性碳管，用蓋子密封管子兩端，並登錄有關的採樣資料後送往實驗室分析。抽檢採樣後的活性碳管，檢查流量並確認流量變更未超過 5%。取同一批號之採樣管，切斷，密封，(除了不抽取空氣外) 處理方式與現場採樣管相同，當成現場採樣空白樣品。

三、甲苯暴露監測結果之評定如下：

勞工作業環境空氣中甲苯濃度之測定結果評定。應符合下列規定：

1. 全程工作日之時量平均濃度不得超過相當 8 小時日時量平均容許濃度。

2. 任何一次連續 15 分鐘內之時量平均濃度不得超過短時間時量平均容許濃度。

3. 任何時間均不得超過最高容許濃度。

依據「職業安全衛生設施規則」第 292 條規定，勞工暴露於有害氣體、蒸氣、粉塵等之作業時，其空氣中濃度超過 8 小時日時量平均容許濃度、短時間時量平均容許濃度或最高容許濃度者，應改善其作業方法、縮短工作時間或採取其他保護措施。

參考題型

勞工使用直讀式儀器監測化學性危害因子，試問：【48-04】

一、有爆炸、火災之虞的可燃性氣體之警報值的設定為何？

二、缺氧作業環境內應避免使用何種監測原理之儀器監測可燃性氣體濃度？

三、欲使用直讀式儀器了解作業環境中一氧化碳之濃度是否在容許濃度 35ppm 附近，試問如何使用 7% 的一氧化碳氣體來校正此直讀式儀器？(請列出濃度計算式及校正注意事項)

答

一、一般而言，有爆炸、火災之虞的可燃性氣體之警報值上限都會設在 10%LEL 至 20%LEL 之間，當超過這個數值時就需要緊急處置，如加強通風或找出異常原因並排除，如果上限達 25%~30%LEL 已經需要緊急撤離。

二、缺氧環境 (氧氣 <19.5%) 應避免使用觸煤燃燒法原理之氣體偵測器去測定可燃性氣體濃度。

三、1. 濃度計算式：

濃度計量單位 ppm 為百萬分之一單位，係指溫度在攝氏 25 度、一大氣壓條件下，每立方公尺空氣中氣狀有害物之立方公分數。

濃度計量單位 % 為百分之一單位，係指溫度在攝氏 25 度、一大氣壓條件下，每 100 立方公分空氣中氣狀有害物之立方公分數。

因 100% ＝ 1,000,000ppm，換言之，1% 等於 10,000ppm。

故 7% ＝ 70,000ppm。

2. 校正方法及注意事項：

一氧化碳直讀式儀器校正，先將濃度 7% 的一氧化碳稀釋 1,000 倍成為 70ppm，再稀釋 2 倍成為 35ppm，標準氣體稀釋調整完成後，再將儀器讀值與氣體實際濃度做比較 (儀器顯示讀值扣除一氧化碳標準品濃度，再除以標準品濃度)，差異在 0.2%(v/v) 以下時則完成校正，若差異超出 0.2% 時，則需重新調整或保養檢查。

參考題型

事業單位對於化學性危害因子之危害預防對策有哪些？請就管理對策與工程對策分別列舉之。

答

一、一般預防對策：可由發生源、傳播擴散路徑及暴露者三方面著手。

1. 從發生源

(1) 以低毒性、低危害性物料取代。

(2) 作業方法、作業程序之變更。

(3) 製程之隔離，包括時間與空間。

(4) 製程之密閉。

(5) 濕式作業。

(6) 局部排氣裝置之設置。

(7) 控制設備之良好維護保養計畫，維持有效控制能力。

2. 傳播擴散路徑

(1) 廠場整潔，立即清理，避免二次發生源之發生。

(2) 整體換氣裝置之設置，稀釋有害物濃度。

(3) 供給必要之新鮮空氣稀釋。

(4) 擴大發生源與接受者之距離如自動化、遙控，減少不必要之人員暴露。

(5) 自動偵測監視裝置之設置以提出警訊，減少人員暴露。

(6) 作業場所之整理整頓，減少作業振動再發散。

3. 暴露者

(1) 教育及訓練，使作業勞工知所應為。

(2) 輪班以減少暴露時間。

(3) 使用空氣簾幕等以保護作業者，使作業勞工不致暴露。

(4) 個人劑量計之使用，使勞工知道自己暴露情形，而能小心謹慎。

(5) 個人防護具之使用，緊急處理時亦能保障安全無虞。

(6) 適當的維護保管計畫，使個人防護具能具應有之保護效果。

二、工程對策：

1. 設備之密閉、自動化隔離、遙控操作，減少作業人員之曝露及曝露程度。
2. 裝設符合規定及必要控制風速之局部排氣裝置，將有害物從發生源排除，減少有害物飛散、擴散之機會。
3. 設置符合規定換氣能力之整體換氣裝置，以稀釋有害物之濃度。
4. 作業時原料先濕式化，再行作業，以減少粉塵飛揚之量。
5. 降低熔融爐之作業溫度，以減少熔融時燻煙逸散到空氣中之量。
6. 加設空氣簾幕等以遮隔有害物作業場所，減少有害物之擴散污染。
7. 使用機器人操作，如噴漆等作業，減少作業人員曝露之機會。
8. 使用鋼珠代替矽砂從事噴砂作業，減少矽砂飛揚吸入之危險。

三、管理對策：有害物質作業不可避免且不能改變製程、作業方法、使用之物料時，僅有採取必要之作業環境改善措施。

1. 對設置之控制設備實施自動檢查、重點檢查、作業檢點，以維持控制設備應有之控制效能及保持有效運轉。
2. 對勞工施以有害物質相關之從事工作及預防災變所必要之教育訓練，如安全資料表之應用等，使勞工知所應為及知所預防。
3. 對有害物之容器、作業場所實施標示，使作業勞工能加警惕、小心作業。
4. 制定必要之標準作業程序 (SOP) 安全衛生工作守則，使勞工能安全作業，設置必要之有害物作業主管從事監督作業。
5. 依據作業之實務需要供給勞工必要之個人防護設備，並指導勞工切實使用。
6. 實施必要之作業環境監測，以確實評估勞工之曝露實況及作業環境實態，隨時改善，以保護作業勞工。
7. 作業場所整理整頓、保持整潔，避免二次發生源之產生。
8. 高毒性、有害性作業場所與其他作業場所隔離，減少不必要的勞工曝露。

四、體格檢查、健康檢查與健康管理：

1. 針對新僱勞工及變更作業勞工，實施識別其工作適性之一般體格檢查及特殊體格檢查，發現應僱勞工不適於從事某種工作時，不得僱用其從事該項工作。
2. 對在職勞工應施行定期健康檢查，對於從事特別危害健康作業者應定期應原有工作者，除應予醫療外，並應變更其作業場所，更換其工作，縮短其工作時間及為其他適當措施。

3. 對於從事有害物等特別危害健康作業勞工，應建立健康管理資料，分級實施健康檢查及管理。

參考題型

暴露於含可呼吸性結晶型游離二氧化矽粉塵為塵肺症主要的原因之一，結晶型二氧化矽係指二氧化矽之分子間呈現規則排列並有一定之晶格形狀。試回答下列問題：【93-4】

一、我國勞工作業場所容許暴露標準中，空氣中第一、二種粉塵容許濃度所稱的結晶型游離二氧化矽有那些？

二、可用來分析結晶型游離二氧化矽濃度之分析方法有那些？

三、結晶型游離二氧化矽那些被分類為具致癌性第 1A 級物質，且優先管理化學品之指定及運作管理辦法將其列為運作者於運作時必須備查之化學品？

四、某啤酒廠使用食品級矽土過濾固成分，由規格表知該矽土粒徑分布 D10/D50/D90 分別為 6nm/22nm/45nm，另由安全資料表知該矽土含 67% 之結晶型游離二氧化矽，過濾製程之矽土投料作業為特定粉塵發生源，經採樣分析勞工作業場所 8 小時日時量平均濃度為 X mg/m^3，結晶型游離二氧化矽為 Y%，請說明如何區別第一種、第二種粉塵之可呼吸性粉塵及總粉塵之 8 小時日時量容許濃度。

答

一、我國勞工作業場所容許暴露標準中，空氣中第一、二種粉塵容許濃度所稱的結晶型游離二氧化矽有石英、方矽石、鱗矽石及矽藻土。

二、可用來分析結晶型游離二氧化矽濃度之分析方法有：

1. 紫外光 - 可見光光譜儀。
2. X- 光繞射儀。
3. 傅立葉紅外光譜儀。

三、結晶型游離二氧化矽的石英、方矽石，被分類為具致癌性第 1A 級物質，且優先管理化學品之指定及運作管理辦法將其列為運作者於運作時必須備查之化學品。

四、由安全資料表知該矽土含 67% 之結晶型游離二氧化矽，所以結晶型游離二氧化矽 Y % ＝ 67%

1. 第一種可呼吸性粉塵 8 小時日時量容許濃度：

$$X\ mg/m^3 = \frac{10mg/m^3}{\%SiO_2+2} = \frac{10mg/m^3}{Y\%+2} = \frac{10mg/m^3}{67+2} = 0.145\ \ mg/m^3$$

2. 第一種總粉塵 8 小時日時量容許濃度：

$$X\ mg/m^3 = \frac{30mg/m^3}{\%SiO_2+2} = \frac{30mg/m^3}{Y\%+2} = \frac{30mg/m^3}{67+2} = 0.435\ \ mg/m^3$$

3. 第二種可呼吸性粉塵 8 小時日時量容許濃度：X mg/m^3 ＝ 1mg/m^3

4. 第二種總粉塵 8 小時日時量容許濃度：X mg/m^3 ＝ 4mg/m^3

拾參、工業毒物學概論

本節提要及趨勢

工業毒物學是利用一般毒物學的基本知識和原則，運用在職場中幫助勞工或工作者對使用毒性物質時，能夠更了解毒物之毒性與危害；通常毒性物質只有在標的器官的暴露劑量達到一定程度時，才可能導致對人體的危害。事業單位應對毒性物質的入侵途徑、毒性的吸收、分布、代謝、排泄、毒物的分類、毒物之作用機轉、影響毒物毒性之因素等；針對勞工會使用到的毒性物質有所探討與評估，以確保組織工作之安全與健康。

適用法規

一、「職業安全衛生法施行細則」第 20 條及第 39 條。

二、「職業安全衛生設施規則」第 278 條及第 318 條。

三、「女性勞工母性健康保護實施辦法」第 3 條。

四、「危害性化學品標示及通識規則」第 18 條。

五、「新化學物質登記管理辦法」第 2 條。

六、「優先管理化學品之指定及運作管理辦法」第 2 條。

重點精華

一、LD_{50} (Lethal Dose for 50%)：指受試動物產生 50% 死亡率之毒性物質的劑量 (g/Kg)，通常以口服或注射方式來執行評估。

二、 LC_{50} (Lethal Concentration for 50%)：指受試動物經由呼吸暴露在毒性物質環境下，在某一時間內產生 50% 死亡率所需之濃度 (ppm)。

三、 毒性物質入侵人體之途徑：職場工作場所之有害物質進入勞工體內的可能途徑，依其重要性順序可分為—吸入、皮膚 (或眼睛黏膜) 接觸及口腔食入等，通常化學性中毒有八、九成是由呼吸管道吸入體內造成。

參考題型

下表左欄為化學物質之毒性分類，請從右邊化學物質欄中選出相關之毒性分類，並於答案紙上將左欄代號抄錄後，將最相關的化學物質代號列明。(每小題均為單選，答題方式如 1A、2B，複選不予計分) 【82-03-02】

毒性分類	化學物質
1. 窒息性物質	A. 二異氰酸甲苯 (TDI)
2. 刺激性物質	B. 四烷基鉛
3. 致過敏性氣喘物質	C. 氨
4. 神經毒性物質	D. 四氯化碳
5. 致肝癌物質	E. 氮氣

答

1E、2C、3A、4B、5D。

參考題型

解釋名詞：

一、立即致危濃度 (Immediately Dangerous to Life or Health, IDLH) 【64-04-04】

二、相似暴露群 (Simular Exposure Group, SEG) 【51-04-05】

答

一、立即致危濃度 (IDLH)：指人員暴露於毒性氣體環境 30 分鐘，尚有能力逃生，且不致產生不良症狀或不可恢復性之健康影響的最大容許濃度。

二、相似暴露群 (SEG)：在進行暴露評估之前，可依類似之作業進行初步劃分，劃分各種相似暴露族群，同一相似暴露族群內之作業環境類似，可用以代表個體之狀況，簡化暴露評估作業之規模。

參考題型

作業環境中化學性危害物質依毒性可分為哪幾類，試舉例並分別說明之。

【34-05】

答

一、窒息性物質：

1. 單純性窒息性物質：如氮氣、氬氣及二氧化碳等會稀釋氧氣濃度造成缺氧窒息者。

2. 化學性窒息性物質：一氧化碳等影響組織對氧之利用或阻止、干擾氧之輸送至組織；硫酸霧滴使喉部痙攣、二氧化氮造成肺水腫等均會影響肺部氣體的交換。

二、刺激性危害物質：

一般言之刺激之部位與該物質之溶解度有關：

1. 高溶解度者有氨、氯化氫等作用於上呼吸道。

2. 中溶解度者有二氧化硫、氟等可同時影響上呼吸，下呼吸道。

3. 溶解度較低之二氧化氮、三氧化氮等主要作用於下呼吸道及呼吸道末端。

4. 刺激物質如接觸皮膚亦會產生刺激如酸、鹼、過氧化物等。

三、麻醉性危害物質：

大部分之有機碳氫化合物均屬麻醉性物質，有些亦具全身毒性；丙、丁烷、丁烷等碳氫化合物及乙醚、異丙基醚等具麻醉性物質，一般不至於造成嚴重之影響，然有些麻醉性物質會傷害身體器官，如四氯化碳傷腎及肝；三氯甲烷傷肝及心臟；苯傷害骨髓；二硫化碳影響神經系統。

四、致塵肺症物質：

1. 吸入石綿(如蛇紋石)及含游離二氧化矽粉塵石綿(如矽砂)之粉塵極易造成肺部結節及纖維化。

2. 硫酸鋇、鐵等分散沉積於肺部造成結節及擴散性纖維化，屬低致塵肺症物質。

3. 矽酸鹽及鋁等粉塵部致對肺產生特殊反應。

4. 其他如石膏、二氧化氮、水泥等粉塵不致對肺部產生大傷害，但可能造成不舒服及微量刺激，屬肺部惰性物質。

五、發熱物：金屬燻煙或高分子燻煙等曝露會造成如感冒般忽冷忽熱之症狀。如鋅之燻煙。

六、全身性毒物：

1. 吸入或吸收鉛、錳或放射性物質之噴佈物、粉塵、燻煙等會產生毒性病理作用，造成身體不同部位的癌症。
2. 傷害身體組織或器官如水銀傷害神經系統。
3. 磷傷害骨。
4. 硫化氫麻痺神經系統。
5. 砷化氫影響紅血球及肝。
6. 可能引起貧血症物質有鉛、鈹、鎘、銅、苯、甲苯、汞等。
7. 丙烯酸、鉻酸鹽、環氧樹脂、鎳等則為引起皮膚炎常見之物質。
8. 銻、砷化氫、鈹等均可能傷肝。
9. 可能傷腎之物質如一氧化碳、松節油等。
10. 麻醉氣體苯等則會降低生育力。
11. 水銀鉛等可導致流產。
12. 苯、氯乙烯及鉛等則可使主宰遺傳之染色體異常。
13. 水銀亦會導致胎兒畸型。
14. 氯丁二烯及鉛等則可使精子受傷。
15. 乙酸鹽、酒精、溴化物等可降低中樞神經機能。
16. 二硫化碳、氫氰酸、硫化氫、銻化氫、砷化氫等會導致腦部中毒。
17. 有機磷劑、重金屬等則會使神經功能失常。

七、致過敏性、致變異性、致畸胎物質、致癌物質

1. 致過敏物質：異氰酸鹽類及花粉、樹脂、煙草等之粉塵暨棉花、大麻、黃麻等之纖維會對呼吸道產生刺激，黏膜腫脹鼻分泌物增加，打噴嚏、呼吸困難、氣喘、降低肺活量。
2. 致變異物質：改變精子或卵子之遺傳基因如氯乙烯等。
3. 致畸胎物質：
   (1) 會造成畸型的安眠劑 (Thalidomide) 在德國曾造成 100,000 人以上的畸型。
   (2) 水銀亦是一種致畸胎物。

4. 致癌物質：

(1) 可能引起肺塵癌的物質如煤焦爐排放物鉻、游離輻射、芥子氣等。

(2) 可能引起皮膚癌之物質如瀝青、砷、紫外線、X－射線等

(3) 可引起膀胱癌之物質如聯苯胺、奧黃等。

(4) 可能引其肝癌之物質氯乙烯、砷、阿特靈、四氯化碳等。

(5) 可能引起鼻腔癌之物質鉻、鎳、木屑等。

(6) 其他尚有鎘可能引起前列腺癌。

(7) 石綿可能引起之間皮瘤。

(8) 氯乙烯可能引起之腦癌。

(9) 鈹可能引起之骨癌。

參考題型

請回答下列有關粉塵之問題：

一、何謂可呼吸性 (respirable) 粉塵、可吸入性 (inhalable) 粉塵、胸腔性 (thoracic) 粉塵？

二、在勞工作業場所容許暴露標準中，上述 3 種粉塵係指可透過何裝置所測得之粒徑者？

三、何謂勞工作業場所容許暴露標準所稱之厭惡性粉塵？其作業環境監測紀錄依法應至少保存多久？

四、依粉塵危害預防標準之規定，雇主使勞工戴用輸氣管面罩之連續作業時間，每次不得超過多久？

五、除使用火焰切斷、修飾之作業外，從事金屬或削除毛邊或切斷金屬之作業，是否可稱為粉塵作業？

六、雇主使勞工從事粉塵特別危害健康作業時，其特殊體格（健康）檢查紀錄應至少保存多久？

七、雇主應將其定期實施之特殊健康檢查，依規定分級實施健康管理，請說明其第二、三及四級管理措施內容。

答

一、1. 可呼吸性粉塵 (respirable dust)：係指粉塵之氣動粒徑在 4μm 以下者，可深入肺部。

2. 吸入性粉塵 (inhalable dust)： 係指空氣中之粒狀汙染物能經由鼻或口呼吸而進入人體呼吸系統者，其平均氣動粒徑為 100μm 以下。

3. 胸腔性粉塵 (thoracic dust)：指能經過人體咽喉進入胸腔區，即可達支氣管乃至氣體交換區之微粒粉塵，平均氣動粒徑為 10μm。

二、上述 3 種粉塵係指可透過離心式等分粒裝置所測得之粒徑者。

三、1. 厭惡性粉塵係屬於第四種粉塵，其可呼吸性粉塵容許濃度為 5mg/m^3，總粉塵容許濃度為 10mg/m^3。

2. 粉塵作業環境監測紀錄依法應至少保存 10 年。

四、依據「粉塵危害預防標準」第 24 條規定，雇主使勞工戴用輸氣管面罩之連續作業時間，每次不得超過 1 小時。

五、除使用火焰切斷、修飾之作業外，從事金屬或削除毛邊或切斷金屬之作業，均可稱為粉塵作業。

六、雇主使勞工從事粉塵特別危害健康作業時，其特殊體格（健康）檢查紀錄應至少保存 30 年。

七、依據「勞工健康保護規則」第 21 條第 3 項規定，雇主應將其定期實施之特殊健康檢查，依規定分級實施健康管理，其第二、三及四級管理措施內容如下：

1. 第二級管理者，應提供勞工個人健康指導。

2. 第三級管理者，應請職業醫學科專科醫師實施健康追蹤檢查，必要時應實施疑似工作相關疾病之現場評估，且應依評估結果重新分級，並將分級結果及採行措施依中央主管機關公告之方式通報。

3. 第四級管理者，經職業醫學科專科醫師評估現場仍有工作危害因子之暴露者，應採取危害控制及相關管理措施。

拾肆、噪音振動

本節提要及趨勢

「噪音振動」在技能檢定中的「職業衛生管理師」及專技高考中的「職業衛生技師」考科裡，佔有非常大的重要性；依據勞動部近期全國職業傷病診治網絡職業疾病通報件數統計，共 2,204 件，比率最高者為「職業性聽力損失」738 件，占 33.5%，其次為「職業性肌肉骨骼疾病」718 件，占 32.6%、第三為「職業性皮膚疾病」304 件，占 13.8%。由統計數據可知道，噪音對於工作者而言，是非常重要的問題，噪音不僅造成工作者生理機能下降、心理疾病產生、人際關係衝擊，更造成勞動力下降、使工作者喪失就業機會或競爭力。故要解決噪音問題必先了解產生的原因與評估方法，本章節說明與噪音相關名詞、引用法令規章、歷年出題模式等，供讀者參考研習。

適用法規

一、「職業安全衛生法」第 6 條第 1 項第 8 款、第 12 條第 3 項、第 20 條。

二、「職業安全衛生法施行細則」第 17 條第 2 項第 3 款、第 28 條第 1 項第 2 款。

三、「職業安全衛生設施規則」第 300 條、第 302 條。

四、「勞工健康保護規則」第 2 條附表一。

五、「勞工作業環境監測實施辦法」第 7 條第 1 項第 3 款。

六、「勞工聽力保護計畫指引」。

重點精華

一、名詞解釋：

1. **衝擊性噪音** (impact noise)：聲音達到最大振幅所需要的時間小於 0.035 秒，而由峰值往下降低 30 分貝所需的時間小於 0.5 秒，且二次衝擊不得少於 1 秒者。
2. **白指症** (white finger)：又名雷諾氏症，因使用動力手工具或伴隨低溫暴露，致使暴露勞工誘發產生手指末梢血液循環不良的症狀。
3. **粉紅噪音** (pink noise)：為一連續頻譜的噪音，在八音階頻帶之各頻帶有相同的功率；其中心頻率每增加一倍，其對應之音壓位準降低 3 分貝。
4. **八小時日時量平均音壓級** (Sound Pressure Level Time-Weighted Average)：八小時時量平均的一個音壓劑量代表暴露於可能噪音危害的時段之時間加權平均。

參考題型

勞工若長期暴露於職場噪音與振動危害，可影響人體健康。請分別就噪音與振動兩項危害，請各列舉三項健康影響並說明之。

答

一、噪音對人體健康危害：

1. 聽力危害：長期或過度噪音暴露，導致毛細胞或柯氏器受損退化引起聽力損失，主要可分為感音性聽力損失及傳音性聽力損失。
2. 生理危害：指因噪音引起身體其他器官或系統的失調或異常，可能造成心跳加快、血壓升高，增加心臟血管疾病發生率，以及導致消化性潰瘍等。
3. 心理危害：噪音引起內分泌失調，進而引起情緒緊張、煩躁、注意力不集中等症狀。

二、振動對人體健康危害：

1. 末梢循環機能障礙：手部皮膚溫下降、經冷刺激後的皮膚溫不易恢復，引致手指血管痙攣、手指指尖或全部手指發白(稱白指症)。
2. 中樞及末梢神經機能障礙：中樞神經機能異常而有失眠、易怒或不安；末梢神經傳導速度減慢，末梢感覺神經機能障礙，引致手指麻木或刺痛，嚴重時導致手指協調及靈巧度喪失、笨拙而無法從事複雜工作。
3. 肌肉骨骼障礙：長期使用重量大且高振動量的手工具，如鏈鋸、砸道機等，亦可能引起手臂骨骼及關節韌帶的病變，導致手的握力、捏力及輕敲能力逐漸降低。

參考題型

噪音常造成聽力損失，請說明引起聽力損失的主要種類，並舉例敘述。

答

噪音造成之聽力損失有兩類，分別為「感音性聽力損失」及「傳音性聽力損失」：

一、感音性聽力損失：

1. 暫時性聽力損失：因暴露在噪音環境而引起，只要經過適當休息，不再暴露於噪音環境即可恢復。

2. 永久性聽力損失：因噪音暴露而引起，經年齡老化因素校正後仍無法恢復正常者，它是長期刺激累積的結果，常導致毛細胞或柯氏器受損、退化。

3. 老年性聽力損失：由於年齡增長，生理自然老化所引起的聽力損失，又稱老年性失聰。

二、傳音性聽力損失：

1. 因疾病或外傷導致中耳或外耳受傷，致使聲音無法有效傳到內耳的聽覺接受器所造成的聽力損失。

2. 強大的衝擊性噪音 (超過 115 分貝) 造成中耳鼓膜破裂而引起的聽力損失。

參考題型

為了評估噪音作業環境對勞工造成的影響，常需要使用到噪音監測儀器，請簡述噪音器構造及操作步驟。

答

一、噪音器構造：

1. 微音器。
2. 衰減器。
3. 放大器。
4. 權衡電網。
5. 整流器。
6. 指示器。

二、噪音器操作步驟：

1. 打開電源開關並選擇適當的檔位 Hi 或 Lo。

2. 如現場環境為穩定性噪音，則 Response 調整為 S(Slow) 慢速，如現場環境為變動性噪音，則 Response 調整為 F(Fast) 快速。

3. 將權衡電網調整至 A 加權位置。

4. 面對音源約 1 公尺距離實施量測。

5. 監測後讀取顯示器讀值，並於全部測畢後關閉電源。

★ 噪音器圖例

外觀部份

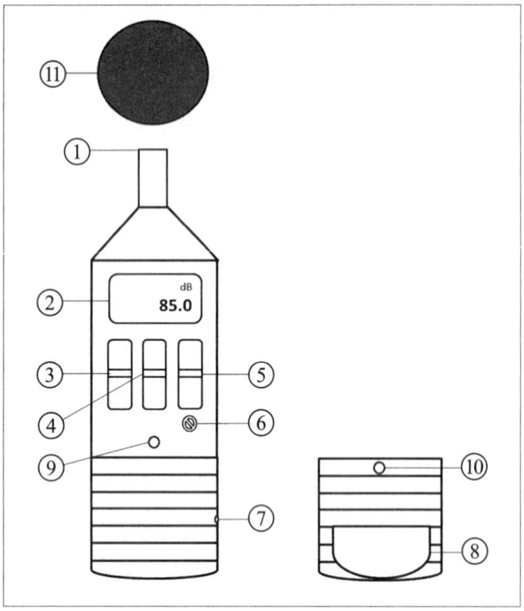

① 微音器：1/2 英吋極化電容式麥克風。

② 顯示器：4 位數 LCD 顯示音量位準 dB (分貝)，過範圍指示 "OVER"，低電池電力 "BT" 符號表示。

③ 電源和檔位範圍選擇開關：關掉電源 (OFF) 或檔位範圍 Hi (65~130dB)，Lo (35~100dB) 測量選擇。

④ 反應速率和最大值鎖定開關：

"F"： 適用噪音值變化大者，約每 0.125 秒抓取量測值 1 次。

"S"： 適用噪音值變化小者，約每 1.0 秒抓取量測值 1 次。

MAX HOLD： 抓取噪音最大位準值並鎖住其讀值。若要重設讀值按重設鍵 (RESET) 即可。

⑤ 功能開關：

A：A 權衡網路

C：C 權衡網路

CAL 94dB：內部 94.0dB 校正

⑥ 校正調整旋鈕。

⑦ AC/DC 輸出耳機插座：為一 3.5mm，3 極輸出端子。兩種輸出信號 AC、DC 均由一標準 3 極，3.5mm 之耳機插座輸出，頂端 AC 信號，中間 DC 信號，外邊共同地點。

DC：10mV/dB，輸出阻抗 ≦ 100Ω

AC：約 0.65Vrms/ 每個範圍檔，輸出阻抗 ≦ 600Ω

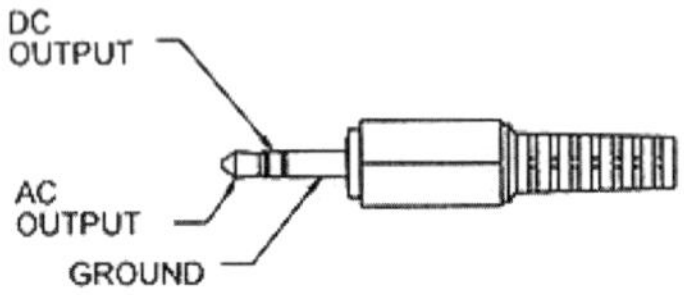

⑧ 電池蓋

⑨ 重設鍵：重設最大讀值鎖定 (MAX HOLD)

⑩ 三角架固定座：為 1/4" 之螺絲座用以架設三角架用。

⑪ 海棉球

參考題型

若噪音源為移動式音源，則其測定點為何？依相關法令規定，雇主應對噪音作所採取哪些管理措施？

答

一、在工廠、辦公場所等作業環境監測噪音時，若噪音源為移動音源者，監測點選在作業員耳邊處。

二、依「職業安全衛生設施規則」第 300-1 條規定，雇主對於勞工 8 小時日時量平均音壓級超過 85 分貝或暴露劑量超過 50％之工作場所，應採取下列聽力保護措施，作成執行紀錄並留存 3 年：

1. 噪音監測及暴露評估。
2. 噪音危害控制。
3. 防音防護具之選用及佩戴。
4. 聽力保護教育訓練。
5. 健康檢查及管理。
6. 成效評估及改善。

參考題型

當貴公司有部分場所屬噪音作業場所，應訂定聽力保護計畫以保護勞工免於聽力危害，該聽力保護計畫之具體內容為何？

答

音量超過 85 分貝的作業場所，就是所謂的特別危害健康作業，依職業安全衛生法規規定必須實施特殊體格檢查，選配適當作業勞工，為防止噪音引起的健康危害，避免聽力損失，另參採「勞工聽力保護計畫指引」，聽力保護計畫一般具備下列內容：

一、噪音作業場所調查與測定。

二、噪音工程控制。

三、勞工暴露時間管理。

四、防音防護具選用與正確佩戴。

五、聽力特殊體格及健康檢查與管理。

六、勞工安全衛生教育訓練。

七、資料建立與保存。

參考題型

雇主於何種情況下應對其勞工採行聽力保護措施？並請寫出 5 種聽力保護措施應有之內容。

答

一、當事業單位有下述情形時，應執行聽力保護計畫：

1. 當員工於作業場所工作時，需以大聲喊的方式溝通方可聽見，或勞工有噪音之申訴時，此區域即可能為噪音場所，應立即進行噪音測定。
2. 當作業場所勞工暴露噪音之工作日 8 小時日時量平均音壓級在 85 分貝以上時，建議應立即執行聽力保護計畫；但為能更有效保護勞工聽力，最好 80 分貝以上即執行聽力保護計畫。

二、參採「勞工聽力保護計畫指引」，聽力保護計畫一般具備下列內容：

1. 噪音作業場所調查與測定。
2. 噪音工程控制。
3. 勞工暴露時間管理。
4. 防音防護具選用與正確佩戴。
5. 聽力特殊體格及健康檢查與管理。
6. 勞工安全衛生教育訓練。
7. 資料建立與保存。

參考題型

某場所屬於噪音作業場所，勞工 8 小時日時量平均音壓級為 95dBA，試問該事業單位應採取之管理對策為何？

答

雇主應採取下列管理措施以保護勞工之聽力：

一、工程改善：

1. 減少摩擦、振動、撞擊、共振體及減少高速氣流、汰換老舊設備、定期維護保養等。
2. 設置隔音設施、使用吸音材料、利用控制室搖控等。

二、行政管理：

1. 作業適度調整。
2. 減少暴露時間。

3. 標示及公告噪音危害區域及噪音危害預防措施。
4. 定期實施聽力健康檢查及健康追蹤檢查。
5. 定期實施作業環境監測，確認噪音作業區改善效果。
6. 對噪音作業區勞工實施噪音危害教育訓練。

三、防護具：

1. 使勞工正確佩戴防音防護具。
2. 落實安全衛生稽核，確認噪音作業區作業人員依程序規定佩戴防音防護具。

參考題型

影響振動危害程度的因素有哪些？並說明使用振動手工具，應採取預防振動危害的方法。

答

一、影響振動危害程度的因素如下：

1. 強度：振動強度愈強對人體傷害愈大。
2. 頻率：特定頻率對特定器官造成傷害，如會造成頭部產生共振現象之頻率為 20-30Hz。
3. 方向：垂直振動所造成人體之危害大於水平振動。
4. 暴露時間：暴露者暴露時間愈長，傷害愈大。

二、使用振動手工具應採取預防振動危害的方法如下：

1. 振動手工具之構造改良與加強維修保養：各種高性能但較低危害的動力手工具，隨著科技發達已逐漸被開發，雇主可注意市售新工具構造資訊，將高危害的振動機具更新，以減低傳遞至操作者之振動量。例如市售的鏈鋸振動，可透過設計的改善，加裝鋸體和把手間的防振橡膠材質，對振動的緩減有實質的助益；另對工作環境，如工作房間內有較佳的溫暖設施和更為溫暖的工作服或手套，對手持式工具的振動危害，可避免造成白指症等傷害。
2. 振動手工具安全作業標準之訂定及教育宣導：對操作振動手工具的勞工常有不正確的操作姿勢，尤其重量較大的砸道機或混凝土破碎機等操作勞工，以身體緊靠機體或緊握把手關節，如此不正確姿勢下重複作業，對下腹部及下肢增加負載，容易導致膝痛、腰酸甚至胃痛等症狀。雇主必需訂定振動手工具安全作業標準，作為教育訓練教材及作業守則，提高勞工對作業安全之認識。

3. 振動暴露時間調整：對使用高振動量手工具的勞工，應採用輪班或調整休息時間，使勞工實際振動暴露時間不超過容許值。對已罹患振動症候群的勞工，則需調整其作業型態或減少暴露時間，以降低症狀之惡化速率。

4. 使用適當的個人防護具：品質良好的防振手套不但可以降低手臂振動量的吸收，也可以讓手部保溫、吸汗及防滑效果。

拾伍、溫濕環境

本節提要及趨勢

人體必須依靠身體與環境間達成平衡才能維持體內溫度，如未能維持平衡，則可能產生熱疲勞、熱衰竭、失水、熱中暑等危害，然而對於低溫場所亦容易造成凍瘡或體溫過低等危害，所以必須依照熱量平衡加以維持身體體溫均衡。體內溫度必須經由身體控溫機制加以維持，體內產熱源自身體代謝熱量、運動產生熱量、傳導熱量、輻射熱量等，人體正常體溫應維持在 36.5~37°C 間。熱環境下可能導致下列幾種疾病：

1. 中暑 (heat stroke)：中暑可能導致身體產生緊急情況，過度或快速溫度升高導致中樞神經系統下視丘溫度調節中樞失去功能，進而導致體內無法有效排汗，核心體溫超過 40°C。一般症狀為頭暈、虛弱、噁心、嘔吐、皮膚乾熱等症狀。

2. 熱衰竭 (heat exhaustion)：熱衰竭是因持續暴露於高溫作業環境以及從事重體力引起體內水分與鹽份快速流失，造成脫水。一般症狀為虛弱、噁心、頭痛、意識不清、心跳快速、皮膚濕熱等症狀。

3. 熱痙攣 (heat cramp)：患者暴露於高溫作業導致水分及鹽分大量流失，造成血液中電解質不平衡所致。一般症狀為肌肉痙攣數分鐘、皮膚濕冷，應給此患者休息並補充含鹽分飲用水。

4. 熱暈厥 (heat syncope)：身體對熱起初效應為周邊血管擴張、散發體熱，若血管擴張過快時會導致血壓過低情況，導致腦部血流不足造成意識不清。

5. 皮膚疾病：熱環境常因過度流汗以及長時間工作，且工作環境髒亂造成皮膚疾病包含熱疹、皮膚炎等症狀。

適用法規

一、「職業安全衛生法」第 19 條。

二、「高溫作業勞工作息時間標準」及「高氣溫戶外作業勞工熱危害預防指引」。

三、「職業安全衛生設施規則」第 324-6 條 (戶外作業)。

重點精華

一、熱危害考題種類

1. 高氣溫環境。
2. 熱危害種類。
3. 室內外作業。
4. 空間分布不均勻計算。
5. 高溫作業勞工作業時間計算。
6. 高溫作業勞工作業時間 +(代謝熱)。
7. 夏季高氣溫作業。

二、熱危害種類

健康危害	原因	症狀或徵候	急救處理方法
熱痙攣	大量流汗，致使鹽分過度流失。	肌肉疼痛痙攣，體溫仍正常或稍低。	適當休息，給予生理食鹽水，輕微按摩痙攣部分。
熱衰竭	心血管功能不足大量失水 (脫水) 引起虛脫現象。	極度疲倦，頭痛、臉色蒼白、暈眩、體溫正常或稍高、失去知覺。	陰涼通風處休息採頭低腳高姿勢仰臥。
熱中暑	體溫調節機制失能，無法維持身體體溫平衡。	通常停止流汗、皮膚乾熱、潮紅、體溫急遽升高、脈搏快。	利用冰水或酒精擦拭身體，以降低體溫，注意維持體溫並緊急送醫處理。
橫紋肌溶解症	因遭受過度熱暴露以及體能耗竭，骨骼肌 (橫紋肌) 發生快速分解、破裂與肌肉死亡。	肌肉痙攣與疼痛、尿液呈異常暗色 (茶或可樂的顏色)、虛弱、無力活動。	立刻停止活動、使人員補充水分、立即就近接受醫療照護。

參考題型

夏季期間勞工於戶外烈日下從事工作，如未採取適當措施，可能發生熱疾病，試回答下列問題：

一、熱衰竭及中暑為常見之熱疾病，試分述其原因及主要症狀。

二、如您擔任職業衛生管理師，請列舉 5 種可採行之預防措施，以防範勞工於高氣溫環境引起之熱疾病。【72-02】

答

一、1. 熱衰竭定義：在熱環境中，體內水分與鹽份流失過多，體內的循環系統無法維持正常功能時，呈現休克的狀態。症狀：皮膚濕冷、蒼白；精疲力盡、虛弱無力。

2. 中暑定義：因長時間陽光曝曬或處在高溫的環境中，體溫調節機轉失去作用，致體溫上升。症狀：皮膚乾熱、潮紅、流汗不多、體溫超過40.5°C；暈厥、昏迷、癲癇發作、失序、暴躁。

二、防範勞工於高氣溫環境引起熱疾病，可採取之預防措施如下列：

1. 工程改善：設置熱屏障、高溫爐壁的絕緣、熱屏障表面 (靠熱源端) 覆以金屬反射板、以通風換氣降低作業環境空氣溫度。

2. 限制熱暴露量：減少每人的熱暴量、多增人手以減少每人的熱暴露量、高溫作業儘可能安排於一天中較涼爽的時段、監督人員或安全衛生訓練以利熱危害症狀的早期發現並提高警覺性。

3. 適當休息：提供有空調的低溫休息區 (不得低於 24°C)、輪班制度調配使勞工休息時間增加。

4. 個人防護具：提供具有冷卻效果的熱防護衣、局部防護具及呼吸熱交換器等。

5. 其他：藉體格檢查來建立選工及配工制度、尚未適應熱環境的新僱勞工需多加照應、飲水的補充以防脫水、是否有降低熱容度的非職業性習慣如喝酒或肥胖。

參考資料：

1. 自然濕球溫度：係指溫度計外包濕紗布且未遮蔽外界氣動所得之溫度，代表溫度、濕度、風速等之綜合效應。

2. 黑球溫度：係指一定規格之中空黑色不反光銅球，中央插入溫度計所量得之溫度，代表輻射熱之效應。一般為直徑 15cm、厚度 0.5mm。

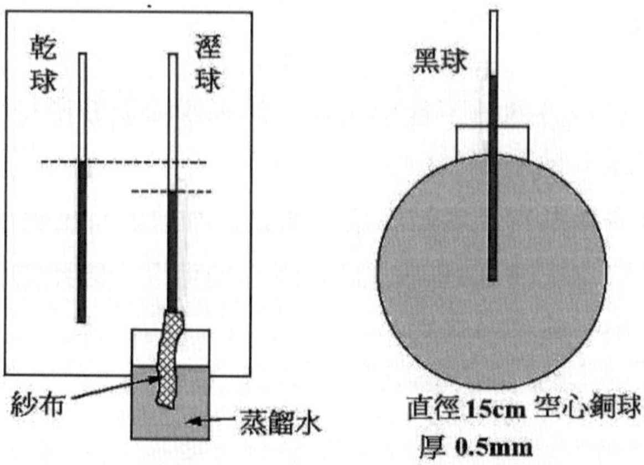

資料來源：http://laws.ilosh.gov.tw/Book/Message_Publish.aspx?P=45&U=487

參考題型

某一營造公司承攬 A 地 40 公尺寬度市區幹線道路舖設工程，於夏季期間使勞工以駕駛破碎機、或徒手操作路面切割機或油壓破碎機等，進行路面挖掘作業。某日天氣晴朗無雲，該工地上的溫度計顯示為 35°C，黑球溫度計顯示為 50°C，相對濕度計顯示為 68%，為防範作業勞工於高氣溫環境下引發熱疾病，並依勞動部訂定之高氣溫戶外作業勞工熱危害預防指引之規定，回答以下問題：

一、依熱指數表所示，當時對應之熱指數值為何？

二、請計算該工程的綜合溫度熱指數 (WBGT)。（請寫出計算方式；提示：參考相對溼度與乾濕球溫度關係表）

三、試列舉環境溫度或太陽光傷害以外，長期從事路面挖掘作業勞工主要需預防之非腫瘤性的職業相關疾病（或職業病）3 種。

四、對於該工程之熱危害風險等級，請列舉 5 項有關勞工作業管理部分之危害預防及管理措施。

五、若同工程另有 1 名勞工負責從事以人力拌合混凝土作業，依職業安全衛生法相關規定，該名勞工休息時間每小時不得少於幾分鐘？

六、承上題，請寫出該規定之法規名稱。【99-01】

熱指數表：

溫度(°C)	等級	40	45	50	55	60	65	70	75	80	85	90	95	100
43.3	第四級	57.8												
42.2	第四級	54.4	58.3											
41.1	第三級	51.1	54.4	58.3										
40.0	第三級	48.3	51.1	55.0	58.3									
38.9	第三級	45.6	48.3	51.1	54.4	58.3								
37.8	第三級	42.8	45.6	47.8	51.1	53.9	57.8							
36.7	第三級	40.6	42.8	45.0	47.2	50.6	53.3	56.7						
35.6	第二級	38.3	40.0	42.2	44.4	46.7	49.1	52.2	55.6	58.9				
34.4	第二級	36.1	37.8	39.4	41.1	43.3	45.6	48.3	51.1	53.9	57.2			
33.3	第二級	34.4	35.6	37.2	38.3	40.6	42.2	44.4	46.7	49.4	52.2	55.0	58.3	
32.2	第二級	32.8	33.9	35.0	36.1	37.8	39.4	40.6	42.8	45.0	47.2	50.0	52.8	55.6
31.1	第一級	31.1	31.7	32.8	33.9	35.0	36.7	37.8	39.4	41.1	43.3	45.0	47.2	49.4
30.0	第一級	29.4	30.6	31.1	31.7	32.8	33.9	35.0	36.1	37.8	38.9	40.6	42.2	44.4
28.9	第一級	28.3	28.9	29.4	30.0	31.1	31.7	32.2	33.3	34.4	35.6	36.7	37.8	39.4
27.8	第一級	27.2	27.8	28.3	28.9	28.9	29.4	30.0	31.1	31.7	32.2	32.8	33.9	35.0
26.7	第一級	26.7	26.7	27.2	27.2	27.8	27.8	28.3	28.9	28.9	29.4	30.0	30.0	30.6

相對濕度(%)

		乾球溫度計與濕球溫度計示度的差(°C)						
		0	1	2	3	4	5	6
空氣溫度(°C)	36	100	93	87	80	74	68	63
	35	100	93	87	80	74	68	63
	34	100	93	86	79	73	68	62
	33	100	93	86	79	73	67	61

答

一、因相對溼度為 68% 且溫度計顯示為 35°C，依據「熱指數表」所載得知，當時對應之熱指數值為 52.2。

溫度(°C)		40	45	50	55	60	65	70	75	80	85	90	95	100
43.3	第四級	57.8												
42.2		54.4	58.3											
41.1	第三級	51.1	54.4	58.3										
40.0		48.3	51.1	55.0	58.3									
38.9		45.6	48.3	51.1	54.4	58.3								
37.8		42.8	45.6	47.8	51.1	53.9	57.8							
36.7		40.6	42.8	45.0	47.2	50.6	53.3	56.7						
35.6	第二級	38.3	40.0	42.2	44.4	46.7	49.4	52.2	55.6	58.9				
34.4		36.1	37.8	39.4	41.1	43.3	45.6	48.3	51.1	53.9	57.2			
33.3		34.4	35.6	37.2	38.3	40.6	42.2	44.4	46.7	49.4	52.2	55.0	58.3	
32.2		32.8	33.9	35.0	36.1	37.8	39.4	40.6	42.8	45.0	47.2	50.0	52.8	55.6
31.1	第一級	31.1	31.7	32.8	33.9	35.0	36.7	37.8	39.4	41.1	43.3	45.0	47.2	49.4
30.0		29.4	30.6	31.1	31.7	32.8	33.9	35.0	36.1	37.8	38.9	40.6	42.2	44.4
28.9		28.3	28.9	29.4	30.0	31.1	31.7	32.2	33.3	34.4	35.6	36.7	37.8	39.4
27.8		27.2	27.8	28.3	28.9	28.9	29.4	30.0	31.1	31.7	32.2	32.8	33.9	35.0
26.7		26.7	26.7	27.2	27.2	27.8	27.8	28.3	28.9	28.9	29.4	30.0	30.0	30.6
		相對濕度(%)												

二、1. 由相對溼度與乾球溫度關係表得知：空氣溫度（乾球溫度）為 35°C，相對濕度計為 68%，得知乾球與濕球溫度相差為 5°C，故濕球溫度為 35°C - 5°C=30°C。

		乾球溫度計與濕球溫度計示度的差(℃)						
		0	1	2	3	4	5	6
空氣溫度(℃)	36	100	93	87	80	74	68	63
	35	100	93	87	80	74	68	63
	34	100	93	86	79	73	68	62
	33	100	93	86	79	73	67	61

2. 綜合溫度熱指數 (WBGT) 計算方法如下列：

戶外有日曬情形者＝自然濕球溫度 ×0.7+ 黑球溫度 ×0.2+ 乾球溫度 ×0.1

WBGT = 30°C × 0.7 + 50°C × 0.2 + 35°C × 0.1

= 21°C + 10°C + 3.5°C = 34.5°C

三、長期從事路面挖掘作業勞工主要需預防之非腫瘤性的職業相關疾病（或職業病）如下列：

1. 促發肌肉骨骼病變。

2. 腰椎之椎間盤突出 (HIVD)。

3. 白指症。

四、依據「高氣溫戶外作業勞工熱危害預防指引」第 6 點規定，有關勞工作業管理部分之危害預防及管理措施如下列：

1. 降低勞工暴露溫度。

2. 現場巡視勞工作業情形。

3. 提供適當之休息場所。

4. 提供適當工作服裝。

5. 於作業場所提供勞工充足飲用水及電解質。

6. 調整勞工熱適應能力。

7. 調整勞工作業時間。

8. 使用個人防護具。

五、依據「重體力勞動作業勞工保護措施標準」第 3 條規定，雇主使勞工從事重體力勞動作業時，應考慮勞工之體能負荷情形，減少工作時間給予充分休息，休息時間每小時不得少於 20 分鐘。

六、該規定之法規名稱為「重體力勞動作業勞工保護措施標準」。

拾陸、採光與照明

本節提要及趨勢

依據職業安全衛生相關法令的規定，雇主須提供充足的採光或照明設施給予勞工。對工作者而言，採光或照明充足的場所不僅可提高工作效率，也可避免發生職業災害。

適用法規

一、「職業安全衛生法」第 6 條第 1 項第 14 款。

二、「職業安全衛生設施規則」第 313 條。

重點精華

一、解釋名詞

1. **照度**：係指受光源照射平面上接受光通量密度，以符號 E 表示，單位是勒克斯 (Lux, lx)。如果將 1 平方公尺的表面均勻散布一流明的光通量，此表面的照度就是一勒克斯。
2. **光通量**：又稱為光束，它是能夠影響視覺的光源所發射出的總輻射功率，或是光源在單位時間內所發射出光能量的速率，常以符號 F 表示，單位是流明 (Lumen, lm)。
3. **眩光**：因輝度較大的光源，或物體表面反射的光所造成，會讓人眼睛感到不舒服或視覺能力的降低。

參考題型

在各種不同的工作環境下，「良好的照明」必須滿足哪些基本要件？

答

一、所謂良好的照明必須考量下列要件：

項目	說明
1. 照度	要有充分光線及適當照度。
2. 亮度分布	各部分反射亮度均勻。
3. 眩光	避免眩光。
4. 陰影	避免陰影影響正常工作。
5. 光色分布	光色最好接近晝光，且低熱量與紫外線。

項目	說明
6. 氣氛	氣氛柔和可增加舒適感。
7. 美觀效果	搭配環境選用美觀燈具，可增加視覺效果。
8. 經濟性	採用低瓦數效率高、易於保養或壽命長的燈具。
9. 安全性	於危險區域劃分使用具有防爆性能構造之燈具。

二、依據「職業安全衛生設施規則」第 313 條規定，雇主對於勞工工作場所之採光照明，應依下列規定辦理：

1. 各工作場所須有充分之光線。但處理感光材料、坑內及其他特殊作業之工作場所不在此限。
2. 光線應分佈均勻，明暗比並應適當。
3. 應避免光線之刺目、眩耀現象。
4. 各工作場所之窗面面積比率不得小於室內地面面積 1/10。
5. 採光以自然採光為原則，但必要時得使用窗簾或遮光物。
6. 作業場所面積過大、夜間或氣候因素自然採光不足時，可用人工照明，依下表規定予以補足：

照度表		照明種類
場所或作業別	照明米燭光數	場所別採全面照明，作業別採局部照明。
室外走道、及室外一般照明。	20 米燭光以上	全面照明
一、走道、樓梯、倉庫、儲藏室堆置粗大物件處所。 二、搬運粗大物件，如煤炭、泥土等。	50 米燭光以上	全面照明
一、機械及鍋爐房、升降機、裝箱、精細物件儲藏室、更衣室、盥洗室、廁所等。 二、須粗辨物體如半完成之鋼鐵產品、配件組合、磨粉、粗紡棉布極其他初步整理之工業製造。	100 米燭光以上	一、全面照明 二、局部照明
須細辨物體如零件組合、粗車床工作、普通檢查及產品試驗、淺色紡織及皮革品、製罐、防腐、肉類包裝、木材處理等。	200 米燭光以上	局部照明

照度表		照明種類
一、須精辨物體如細車床、較詳細檢查及精密試驗、分別等級、織布、淺色毛織等。 二、一般辦公場所。	300 米燭光以上	一、局部照明 二、全面照明
須極細辨物體，而有較佳之對襯，如精密組合、精細車床、精細檢查、玻璃磨光、精細木工、深色毛織等。	500 至 1,000 米燭光以上	局部照明
須極精辨物體而對襯不良，如極精細儀器組合、檢查、試驗、鐘錶珠寶之鑲製、菸葉分級、印刷品校對、深色織品、縫製等。	1,000 米燭光以上	局部照明

7. 燈盞裝置應採用玻璃燈罩及日光燈為原則，燈泡須完全包蔽於玻璃罩中。
8. 窗面及照明器具之透光部份，均須保持清潔。

參考題型

為了減輕眩光造成之影響，身為職業衛生師的您可以如何協助雇主辦理？

答

為了減輕眩光造成之影響，一般可採取下列措施：

一、減少直接眩光的方法：

1. 降低照明燈具輝度。
2. 降低眩光發生源面積。
3. 增加視線與眩光源角度。
4. 增加眩光源周圍環境輝度。
5. 調整眩光源位置或使用嵌入式燈具。

二、減少反射眩光的方法：

1. 減少眩光源輝度。
2. 降低牆面及其他反射面之反射率。
3. 調整眩光源位置，減少反射光進入眼睛。
4. 使用漫射光、調節板或間接光源。

拾柒、非游離輻射與游離輻射

本節提要及趨勢

本章討論的「非游離輻射與游離輻射」，在過去出題次數並不多，題型也很有限，基本上以定義、預防措施兩大類為較常考之類型，以下整理歷屆考題供讀者參考。

適用法規

一、「職業安全衛生法」第 6 條第 1 項第 8 款。

二、「職業安全衛生設施規則」第 298 條、第 299 條。

重點精華

一、解釋名詞

1. **游離輻射**：能量足以使物質產生游離現象之輻射，稱為游離輻射。
2. **非游離輻射**：能量不足以使物質產生游離帶電的輻射，稱為非游離輻射。
3. **半值層**：使輻射強度減少為原來一半時，所需的屏蔽物質的厚度。
4. **半衰期**：某一放射核種原子個數，因放射而衰變為原有原子個數的一半所需要的時間。

參考題型

非游離輻射包括紫外線、可見光、紅外線、微波及無線電波等，試回答下列問題：

一、依非游離輻射之波長，由大到小排列。

二、依非游離輻射之能量，由大到小排列。

三、請說明非游離輻射防護 3 原則。【83-04】

答

一、非游離輻射之波長，由大到小排列，如下列：
微波及無線電波 > 紅外線 > 可見光 > 紫外線。

二、非游離輻射之能量，由大到小排列，如下列：
紫外線 > 可見光 > 紅外線 > 微波及無線電波。

三、非游離輻射危害可用「時間」、「距離」、「屏蔽」TDS 三原則來預防。

1. 時間 (Time)：係指儘量減少或縮短暴露時間。

2. 距離 (Distance)：係指儘量遠離輻射源。

3. 屏蔽 (Shielding)：則係指在輻射線與暴露者之間設置適當之屏障與阻隔，例如墨鏡、陽傘、防曬乳等。

參考題型

一、【解釋名詞】何謂非游離輻射。

二、依型態區分，游離輻射包括兩大類型，試分別舉例說明之。

三、勞工在作業環境中可能暴露之游離輻射來源有那些，試舉例說明之。

【64-04-03】

答

一、游離輻射：能使物質產生游離現象之輻射能稱為游離輻射。輻射 (Radiation) 是能量的一種形式。輻射的能量高至能使物質產生游離現象之輻射能稱為游離輻射；不能引發由游離作用的輻射稱為非游離輻射。

非游離輻射主要有強光、紅外線、紫外線、微波、雷射等。

二、依型態區分，游離輻射包括游離輻射和非游離輻射兩大類型：

1. 游離輻射：常見的有 α 射線、β 射線、γ 射線、X 射線及中子射線五種。

2. 非游離輻射：非游離輻射主要有紫外線、強光、紅外線、微波、雷射等。

三、勞工作業環境中，可能暴露之游離輻射來源有：實驗室研究機構、醫院 X 光操作人員、鋼鐵工廠不破壞性檢查 (X 光或輻射)、核能發電廠、核子廢料處理場所、高頻電波發射場所等。

參考題型

游離輻射要如何預防其危害？

答

游離輻射可依據時間、距離、屏蔽三要訣 (TDS) 加以預防其傷害。

一、時間 (Time)：減少人員暴露時間及等候放射性物質進行衰變，避免長期照射累積暴露劑量。

二、距離 (Distance)：輻射源距離接受暴露者越遠，其輻射劑量率就越小，其值和距離平方成反比。

三、屏蔽 (Shielding)：鉛板、混凝土牆、水等都可以減少輻射或降低輻射量。

參考題型

依型態區分，游離輻射包括兩大類型，試分別舉例說明之。

答

依型態區分，游離輻射包括兩大類型：

作用分類		能量形式	
直接游離輻射	間接游離輻射	粒子型輻射	電磁波型輻射
α 射線	γ 射線	α 射線	γ 射線
β 射線	X 射線	β 射線	X 射線
$\beta+$ 射線	中子射線	$\beta+$ 射線	
		中子射線	

拾捌、職場暴力預防

（含肢體暴力、語言暴力、心理暴力、性騷擾及跟蹤騷擾等預防）

本節提要及趨勢

本章討論的「職場暴力預防」，乃「職業安全衛生法」於 102 年新修訂法規後增加的，因應目前台灣職場上，工作者所面臨的暴力衝突或騷擾事件，此種社會心理危害不僅影響工作者本身，也影響整個組織正常運作，以下為作者所整理近年來相關考題與資料供讀者參考。

適用法規

一、「職業安全衛生法」第 6 條第 2 項第 3 款。

二、「職業安全衛生法施行細則」第 11 條。

三、「職業安全衛生設施規則」第 324 條之 3。

四、「執行職務遭受不法侵害預防指引」(第 3 版)。

重點精華

一、職場可能有哪些類型的暴力行為？

1. 肢體暴力 (如：毆打、抓傷、拳打、腳踢等)。
2. 心理 (精神) 暴力 (如：威脅、欺凌、騷擾、辱罵等)。

3. 語言暴力(如：霸凌、恐嚇、干擾、歧視等)。
4. 性騷擾(如：不當的性暗示與行為等)。
5. 跟蹤騷擾(如：監視觀察、尾隨接近、歧視貶抑、通訊騷擾、不當追求、寄送物品、妨礙名譽、冒用個資等)。

二、當職場出現暴力行為時，可能會造成哪些影響？

1. 暴力對受害者會造成身心健康的問題，可能喪失自尊、生氣、無法集中精神、疲勞、失眠、焦慮、憂鬱、全身肌無力、創傷後壓力症候群、必須服用安眠藥等，甚至產生自殺意念。
2. 以護理人員為例，當遭受職場暴力，對個人身體、精神、情緒或機構都會產生不良影響；可能導致護理人員請假增加、人員流失、影響工作士氣與降低工作滿意度。
3. 暴力不只會影響受害者，目睹暴力事件者壓力也比其他人大，工作滿意度也較低。

三、應如何預防職場暴力行為？(執行職務遭受不法侵害預防計畫的重點項目)

1. 建立危害辨識及評估機制。
2. 夜間工作及單獨作業管理。
3. 作業場所配置規劃。
4. 檢討組織及職務設計。
5. 人際關係及溝通技巧教育訓練。
6. 職場倫理及行為規範建構與宣導。
7. 建立應變處理程序。
8. 評估成效並持續改善。

參考題型

請問職場暴力主要分為哪幾類？其發生原因有哪些？

答

一、職場暴力主要分類如下：

1. 肢體暴力。
2. 語言暴力。
3. 心理暴力。

4. 性騷擾。

5. 跟蹤騷擾。

二、職場暴力發生原因有下列：

1. 勞工個人行為。

2. 工作環境。

3. 工作條件及方式。

4. 顧客或客戶與勞工相處的模式。

5. 監督與管理者和勞工之間的互動關係。

參考題型

某醫院體外循環師反應工作時，遭受資深同仁語言暴力，請問雇主為預防勞工於執行職務，因他人行為致遭受身體或精神上不法侵害，應訂定預防計畫採取哪些暴力預防措施？

答

依據「職業安全衛生設施規則」第 324-3 條規定，雇主為預防勞工於執行職務，因他人行為致遭受身體或精神上不法侵害，應採取下列暴力預防措施，作成執行紀錄並留存 3 年：

一、辨識及評估危害。

二、適當配置作業場所。

三、依工作適性適當調整人力。

四、建構行為規範。

五、辦理危害預防及溝通技巧訓練。

六、建立事件之處理程序。

七、執行成效之評估及改善。

八、其他有關安全衛生事項。

前項暴力預防措施，事業單位勞工人數達 100 人以上者，雇主應依勞工執行職務之風險特性，參照中央主管機關公告之相關指引，訂定執行職務遭受不法侵害預防計畫，並據以執行；於僱用勞工人數未達 100 人者，得以執行紀錄或文件代替。

★ 職場不法侵害預防流程圖例：

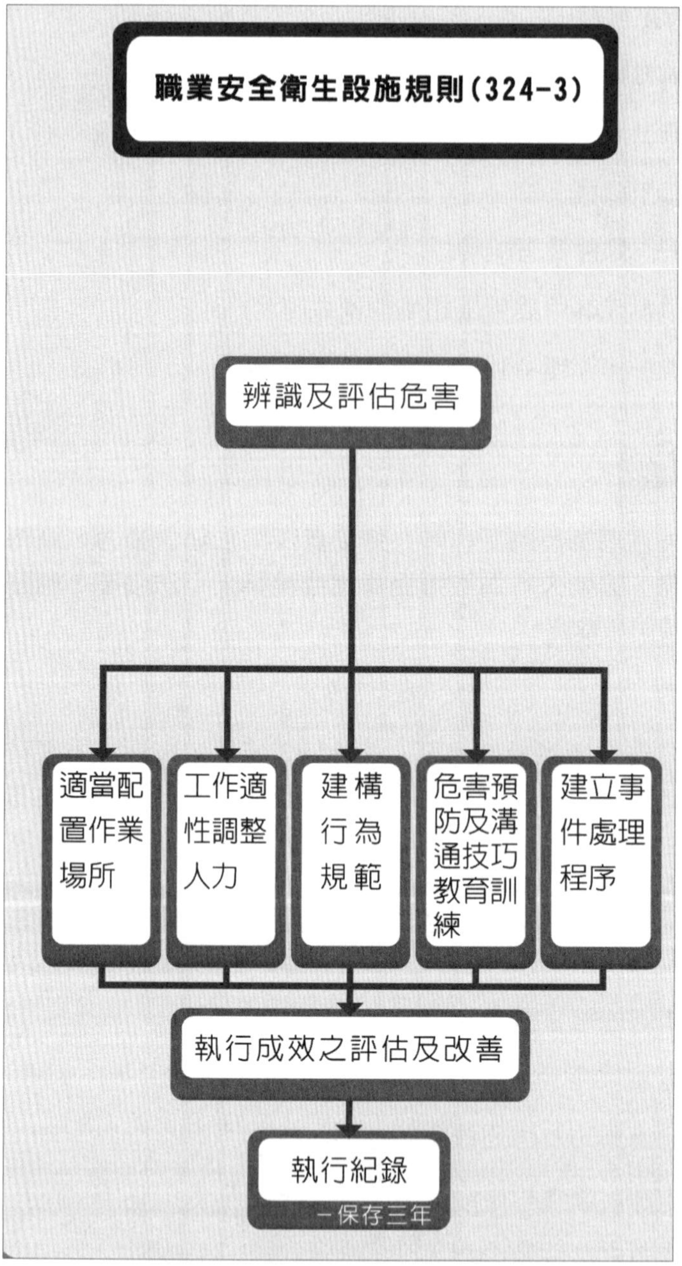

資料來源：勞動部職業安全衛生署

參考題型

你是一家企業的職業衛生管理師，要依職業安全衛生法規定辦理預防勞工於執行職務時遭受不法侵害，你參考勞動部職業安全衛生署發布之「執行職務遭受不法侵害預防指引」著手規劃。在規劃時，希望透過工作場所適當之配置規劃，降低或消除不法侵害之危害，請針對所屬事業單位之工作場所配置的「物理環境相關因子」和「工作場所設計」2 個面向進行檢視，並就每個面向（「物理環境相關因子」及「工作場所設計」）各列舉 5 項檢視項目，和各檢視項目對應之採行措施 1 個。【89-02】

答

參照「執行職務遭受不法侵害預防指引」內容，「物理環境相關因子」及「工作場所設計」檢視項目，和各檢視項目對應之採行措施如下。

物理環境相關因子	建議可採行之措施
噪音	保持最低限噪音（宜控制於 60 分貝以下），避免刺激勞工、訪客之情緒或形成緊張態勢。
照明	保持室內、室外照明良好，各區域視野清晰，特別是夜間出入口、停車場及貯藏室。
溫度、濕度	在擁擠區域及天氣燥熱時，應保持空間內適當溫度、濕度。
通風狀況	保持場所通風良好；消除異味。
建築結構	維護物理結構及設備之安全。

工作場所設計	建議可採行之措施
通道（公共通道、接待區、員工區域或員工停車場等區域）	員工識別證、加設密碼鎖與門禁、訪客登記等措施，避免未獲授權之人擅自進出。
工作空間	應設置安全區域並建立緊急疏散程序。
服務櫃台	有金錢業務交易之服務櫃台可裝設防彈或防碎玻璃，並另設置退避空間。
服務對象或訪客等候空間	安排舒適座位，準備雜誌、電視等物品，降低等候時的無聊感，焦慮感
高風險位置	安裝安全設備，如警鈴系統、緊急按鈕、24 小時閉路監視器或無線電話通訊等裝置，並有定期維護及測試。

參考題型

某日在某事業單位，甲乙兩位員工在作業中因工作因素起衝突，乙員推了甲員一把致甲員不慎跌倒，頭部著地。

丙員循聲主動前來查看發現，與乙員立刻通知主管及護理師到場，將甲員送醫，醫師評估甲員有腦震盪之虞安排其住院。

你是該事業單位的職業衛生管理師，請回答下列問題：【91-1】

一、依職業安全衛生法第 37 條第 2 項規定，你應協助雇主於幾小時內向主管機關進行職災通報？

二、甲員在送醫途中向主管提出要申訴乙員的暴力行為，並表達憤怒與害怕的情緒。依「執行職務遭受不法侵害預防指引」，分別說明事業單位受雇主指派之處理小組應執行之後續處置：

1. 列舉 3 項對受害人的協助。
2. 列舉 3 項雙方協調處理內容。
3. 相關紀錄留存至少幾年？

答

一、依照「職業安全衛生法」第 37 條第 2 項規定，事業單位勞動場所發生災害之罹災人數在 1 人以上，且需住院治療。職業災害之一者，雇主應於 8 小時內通報勞動檢查機構。

二、依照「執行職務遭受不法侵害預防指引」（六）建立事件處理程序規定：職場不法侵害事件處理流程圖：

1. 對受害人的協助如下列：
   (1) 進行工作調整建議。
   (2) 提供心理輔導。
   (3) 提供醫療協助。
2. 雙方協調處理內容如下列：
   (1) 公司協助進行後續法律協助。
   (2) 公司進行內部相關懲處。
   (3) 公司依據醫療人員建議進行工作調整。
3. 執行處置結果與相關紀錄歸檔留存至少 3 年。

拾玖、作業環境控制工程

本節提要及趨勢

就工業衛生領域而言，雇主應執行之三大工作為：危害認知、危害評估及危害控制；而就風險的管控對策而言，能夠從危害的發生源或傳播途徑來執行控制作為，舉如生產技術的調整 (如取代或密閉發生源) 或作業環境改善技術的提升 (如製程的隔離)，一般常見的作業環境控制工程，像是整體通風換氣、局部排氣控制與設計等，設法提升勞工良好的作業環境，以避免勞工職業傷病的發生。

適用法規

一、職業安全衛生設施規則第 29-1 條，雇主訂定危害防止計畫，應依作業可能引起之危害訂定作業控制設施及作業安全檢點方法。

重點精華

一、作業環境控制的方法可以從三方面執行管控

1. 有害物發生源 (source)：
   (1) 以低危害物料替代。
   (2) 變更製程。
   (3) 密閉製程。
   (4) 隔離製程。
   (5) 加濕作業。
   (6) 局部排氣裝置。
   (7) 維護管理等。
2. 傳輸路徑 (path)：
   (1) 環境整理整頓。
   (2) 整體換氣。
   (3) 稀釋通風。
   (4) 拉長距離。
   (5) 環境監測。
   (6) 維護管理等。
3. 暴露者 (receiver)：
   (1) 教育訓練。
   (2) 輪班。
   (3) 使用空氣簾幕（保護）。
   (4) 個人監測系統。
   (5) 個人防護具。
   (6) 維護管理等。

二、 整體換氣裝置與局部排氣裝置之使用時機

1. 使用整體換氣裝置之時機：

(1) 作業場所含有害物之空氣產生量不超過稀釋用空氣量時。

(2) 有害物進入空氣中的速率比較慢且具有規律性時。

(3) 有害物產生量少且毒性比較低，可允許散布在作業環境空氣中時。

(4) 勞工與有害物發生源距離比較遠，可使勞工暴露濃度不致於超過容許濃度標準時。

(5) 工作場所的區域較大，且不是隔離的空間環境。

(6) 有害物發生源分布區域大，且不易設置局部排氣裝置時。

2. 使用局部排氣裝置之時機：

(1) 製程會產生大量有害物的工作場所。

(2) 有害物的毒性較高或為放射性物質。

(3) 有害物進入空氣中的速率快且無規律性。

(4) 製程為隔離的工作場所或有限的工作範圍時。

參考題型

試描述作業環境液氨外洩後的現場環境狀態及其可能的危害。 【87-03-02】

答

作業環境液氨外洩後的現場環境狀態及其可能的危害如下：

1. 易污染環境：氨氣不但可以污染空氣，而且極易溶於水，在風力作用下氨氣隨風遷移，不但造成大範圍的空氣污染，並且可以溶到水中造成河流、水庫、湖泊的污染，污染水源。

2. 易發生燃燒爆炸事故：氨氣的燃燒點為 650°C，臨界溫度為 132°C，臨界壓力為 11MPa，當氨氣在空中的體積分數達到 11% -14% 時，若有明火時氨氣即可燃燒。當體積分數達到 16% -28% 時，遇到明火有爆炸的危險。另外，液氨容器在受熱時會膨脹，壓力瞬間升高造成鋼瓶容器的二次爆炸。

3. 易氣化擴散：當液氨發生洩漏時，瞬間由高壓態變成氣體積迅速增大。但是還有一部分沒能夠及時氣化的液氨就以小滴形式霧化在蒸汽中，造成氨氣隨大運動而漂移形面積的污染區和潛在燃燒爆炸區。

4. 對人體健康造成傷害：當液氨暴露到空氣中，就會迅速化成氨氣，人體吸入就成了接觸液的主要途徑。這是一種具有刺激性和惡臭的氣體，當吸入30min 後就可造成人體急性中毒和呼吸道灼傷，當一次性吸入氨氣過多，濃度高發生急中毒時甚至會出現昏迷、精神錯亂、痙攣、心力衰竭及呼吸停滯。

參考題型

行感染性微生物操作作業時，為預防及控制生物氣膠及病原體之暴露，可選擇使用安全經檢測合格之生物安全櫃 (biological safety cabinet，BSC)，以進行生物安全控制，請說明 BSC 之基本保護原理。【81-04-02】

答

生物安全櫃 (Biological Safety Cabinet, BSC) 之基本保護原理：

一、物理性阻隔：金屬或玻璃板、固定式手套。

二、空氣屏障：入口風速、下吹氣流。

三、空氣過濾系統：HEPA。

四、紫外線滅菌燈：波長、強度。

貳拾、組織協調與溝通（含職業倫理）

本節提要及趨勢

組織之協調與溝通其目的在於提供安全資訊，達成安全共識、激勵安全紀律、建立安全行為與提升單位安全績效等；透過良性的溝通協調，使單位內部的安全資訊能夠流通公開化，讓事業單位所有勞工均可參考別人的安全衛生經驗或教訓，學習到良好的安全衛生知識及技能，進而能夠降低職場災害事故與職業傷病。

適用法規

一、依「職業安全衛生法施行細則」第 11 條及職業安全衛生設施規則第 324-3 條，雇主應辦理危害預防及溝通技巧之訓練。

二、依「勞動基準法」第 70 條，勞雇主雙方應溝通意見加強合作之方法。

重點精華

一、良好的溝通模式：其傳送者與接收者之間，透過講述、傾聽、發問及確認瞭解來達到雙向溝通；在溝通協調過程應朝向正面思考模式，以創造雙贏格局，通常態度及同理心會決定其溝通的成效，所以應建立坦誠、合作及互敬的人際關係，會是良好溝通的重要基石。

二、 有效溝通的基本原則：

1. 設身處地原則。
2. 尊重對方原則。
3. 心胸開放原則。
4. 就事論事原則。
5. 組織目標原則。
6. 合法合理原則。
7. 公開公正原則。

貳拾壹、職災調查

本節提要及趨勢

職災調查的目的是希望藉由完整的調查辦法，使職業安全事故調查更有效率，並確認事實和情況、鑑定原因和決定改善行動，以降低事故再發生之機率。而所謂職災事故通常是指一種未預期之狀況，已造成對人員安全或健康有不良影響者、財務損失或工程中斷，以及造成環境污染者。依職業安全衛生法第 37 條第 2 項規定發生重大職業災害時，職業安全衛生管理單位應於 8 小時內通報勞動檢查機構。

適用法規

一、「職業安全衛生法」第 37、38 條。

重點精華

一、 職業災害原因調查。

二、 (FR) 失能傷害頻率、失能傷害嚴重率 (SR)、總合傷害指數、失能傷害平均損失日數、年死亡千人率…等之計算。

三、 解題技巧

1. 失能傷害包括下列四種：

(1) 死亡：係指因職業災害致使勞工喪失生命而言，不論罹災至死亡時間之長短。

(2) 永久全失能：係指除死亡外之任何足使罹災者造成永久全失能，或在一次事故中損失下列各項之一，或失去其機能者：

a. 雙目。

b. 一隻眼睛及一隻手，或手臂或腿或足。

c. 不同肢中之任何下列兩種：手、臂、足或腿。

(3) 永久部分失能：係指除死亡及永久全失能以外之任何足以造成肢體之任何一部分完全失去，或失去其機能者。不論該受傷之肢體或損傷身體機能之事前有無任何失能。下列各項不能列為永久部分失能：

a. 可醫好之小腸疝氣。

b. 損失手指甲或足趾甲。

c. 僅損失指尖。而不傷及骨節者。

d. 損失牙齒。

e. 體形破相。

f. 不影響身體運動之扭傷或挫傷。

g. 手指及足趾之簡單破裂及受傷部分之正常機能不致因破裂傷害而造成機障或受到影響者。

(4) 暫時全失能：係指罹災人未死亡，亦未永久失能。但不能繼續其正常工作，必須休班離開工作場所，損失時間在一日 (含) 以上 (包括星期日、休假日或事業單位停工日)，暫時不能恢復工作者。

2. 失能傷害損失日數：係指單一個案所有傷害發生後之總損失日數。

(1) 死亡：應按損失 6,000 日登記。

(2) 永久全失能：每次應按損失 6,000 日登記。

(3) 暫時全失能：受傷後不能工作時，其暫時全失能之損失日數，應按受傷後所經過之損失總日數登記，此項總日數不包括**受傷當日**及**恢復工作當日**。但應包括經過之星期日、休假日，或事業單位停工日，及復工後，由該次傷害所引起之其他全日不能工作之日數。

3. 總經歷工時：係指資料時間當月全體勞工實際經歷之工作時數。

4. 計算公式

$$失能傷害頻率\ (FR) = \frac{失能傷害總人次 \times 10^6}{總經歷工時}$$

※ 取至小數點第二位數，小數點第三位數以下不列入計算。

$$失能傷害嚴重率\ (SR) = \frac{失能傷害損失總日數 \times 10^6}{總經歷工時}$$

※ 取整位數，小數點以下不列入計算。

※ 損失日數未滿一日之事件人次不列入計算。

※ 受傷當日及復工當日不列入計算。

$$失能傷害平均損失日數 = \frac{總損失日數}{失能傷害人次數} = \frac{SR}{FR}$$

$$年度之總合傷害指數 (FSI) = \sqrt{\frac{FR \times SR}{1000}}$$

※ 取至小數點第二位數，小數點以下三位數不列入計算。

$$死亡年千人率 = \frac{年間死亡勞工人數 \times 1000}{平均勞工人數} = 2.1 \times 死亡傷害頻率$$

$$= 2.1 \times 死亡傷害頻率$$

$$= 2.1 \times FR\ (※ 以年平均工作時間 2100 小時計算)$$

參考題型

名詞解釋：失能傷害

答

一、死亡：因職業災害使勞工喪失生命損失 6000 日。

二、永久全失能：除死亡外，任何使罹災者造成永久身體機能或工作能力喪失。

三、永久部分失能：除死亡、永久全失能外，任何足以造成肢體之一部分完全失去或喪失機能者依殘廢等級計算。

四、暫時全失能：罹災者不能繼續正常工作，必須休班離開工作場所 1 日以上依實際無法工作日計算。

參考題型

一、某事業單位全年災害紀錄如下：【74-04-01】

月份	1	2	3	4	5	6
總經歷工時	59,960	55,200	61,000	59,984	60,032	58,863
災害件數	0	1	0	0	0	0
罹災人數	0	1 死 2 傷	0	0	0	0
損失天數	0	6,325	0	0	0	0
月份	7	8	9	10	11	12
總經歷工時	54,906	60,532	62,001	61,008	61,714	64,800
災害件數	0	0	1	0	0	2
罹災人數	0	0	1 傷	0	0	5 傷
損失天數	0	0	15	0	0	260

依上述，總經歷工時為 720,000 小時。

試計算該年失能傷害頻率及嚴重率。（請列出計算式）

答

總經歷工時 720,000 (小時)

失能傷害總人 (次) 數分別為：2 月→ 1 死 2 傷；8 月→ 1 傷；12 月→ 5 傷

失能傷害總人 (次) 數＝ 3+1+5 ＝ 9 (人 / 次)

失能傷害損失總日數分別為：2 月→ 6,325 日；8 月→ 15 日；12 月→ 260 日

失能傷害損失總日數＝ 6,325+15+260 ＝ 6,600 (日)

$$失能傷害頻率 (FR) = \frac{失能傷害人(次)數 \times 10^6}{總經歷工時}$$

$$= \frac{9 \times 10^6}{720,000}$$

$= 12.50$（※ 取至小數點第二位數，第三位數後不計）

$$失能傷嚴重率 (SR) = \frac{總損失日數 \times 10^6}{總經歷工時}$$

$$= \frac{6,600 \times 10^6}{720,000}$$

$= 9,166$（※ 取至個位數，小數點以下不計）

參考題型

請回答下列問題：【94-3-2】

下列為我國 108 年勞動統計年報資料，請依圖中資訊回答下列問題：

1. 民國 108 年「勞保職災給付總金額」(第 2 列左圖) 與「職災造成之經濟損失」(第 2 列右圖) 分別為 69.2 億與 346 億，請申論「職災造成之經濟損失」值 (346 億) 的估算假設。
2. 若民國 105 年依法應填報職災月報統計的事業單位其勞工數均一樣，且每位勞工的年平均工時是 2000 小時，請推算當年納入職災月報統計之全國合計勞工數的最小合理區間範圍。（提示：請留意 FR 及 SR 計算值的小數點後位數）

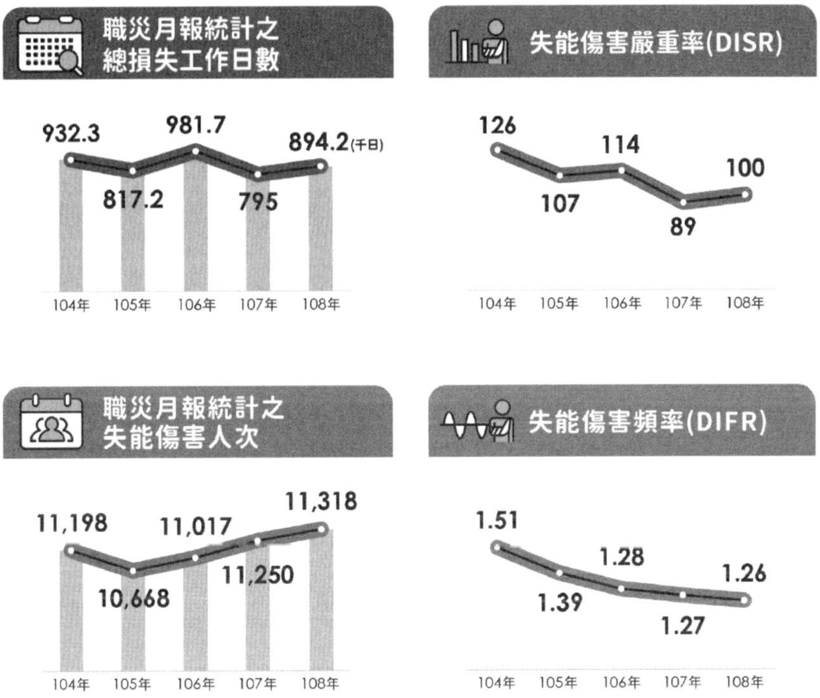

答

參考「108 年勞動檢查統計年報重點摘要摺頁」

1. 108 年職災造成的經濟損失以直接損失 (69.2 億)+ 間接損失 (69.2 億 ×4) 推估為 346 億。

   (1) 直接損失：職災造成之金錢直接損失，如醫療費用、保險給付。

   (2) 間接損失：指由雇主給付及損失之費用，如管理者進行事故調查所衍生的成本、事故發生時參與搶救和觀察傷者以致停工所造成的損失，根據統計，間接損失約為直接損失的 4 倍。

2. 105 年失能傷害頻率 (FR)：1.39

   105 年失能傷害次數：10,668 (人次)

   105 年失能傷害嚴重率 (SR)：107

   105 年總損失工作日數：817.2 (千日) ＝ 817,200 日

   105 年每位勞工的年平均工時是 2,000 小時

(1) 失能傷害頻率 (FR) $= \dfrac{\text{失能傷害人(次)數} \times 10^6}{\text{總經歷工時}}$

$\rightarrow 1.39 = \dfrac{10{,}668 \times 10^6}{\text{總經歷工時}}$

$\rightarrow \text{總經歷工時} = \dfrac{10{,}668 \times 10^6}{1.39} = 7{,}674{,}820{,}144$ (小時)

$\text{勞工年總人數} = \dfrac{\text{總經歷工時}}{\text{每位勞工的年平均工時}}$

$= \dfrac{7{,}674{,}820{,}144}{2{,}000}$

$= 3{,}837{,}410$ (人)

(2) 失能傷害嚴重率 (SR) $= \dfrac{\text{總損失工作日數} \times 10^6}{\text{總經歷工時}}$

$\rightarrow 107 = \dfrac{817{,}200 \times 10^6}{\text{總經歷工時}}$

$\rightarrow \text{總經歷工時} = \dfrac{817{,}200 \times 10^6}{107} = 7{,}637{,}383{,}178$ (小時)

$\text{勞工年總人數} = \dfrac{\text{總經歷工時}}{\text{每位勞工的年平均工時}}$

$= \dfrac{7{,}637{,}383{,}178}{2{,}000}$

$= 3{,}818{,}691$(人)

故當年納入職災月報統計之全國合計勞工數的最小合理區間範圍為 3,818,691 人至 3,837,410 人。

參考題型

我國勞動統計年報顯示 105、106 及 108 年我國職災月報統計之失能傷害嚴重率分別為 107、114、100，失能傷害頻率分別為 1.39、1.28、1.26。 請問這三年中那一年之總合傷害指數最低？（請列出計算過程並計 算至小數點後 2 位，不四捨五入）

答

年度之總合傷害指數 (FSI) $= \sqrt{\dfrac{FR \times SR}{1000}}$

(※ 取至小數點第二位數，小數點以下三位數不計)

∵ 105 年失能傷害嚴重率 (SR) 為 107，失能傷害頻率 (FR) 為 1.39

總合傷害指數 (FSI) $= \sqrt{\frac{FR \times SR}{1000}} = \sqrt{\frac{1.39 \times 107}{1000}} = 0.38$

106 年失能傷害嚴重率 (SR) 為 114，失能傷害頻率 (FR) 為 1.28

總合傷害指數 (FSI) $= \sqrt{\frac{FR \times SR}{1000}} = \sqrt{\frac{1.28 \times 114}{1000}} = 0.38$

108 年失能傷害嚴重率 (SR) 為 100，失能傷害頻率 (FR) 為 1.26

總合傷害指數 (FSI) $= \sqrt{\frac{FR \times SR}{1000}} = \sqrt{\frac{1.26 \times 100}{1000}} = 0.35$

∴以 108 年度之總合傷害指數 (FSI) 0.35 最低 。

參考題型

你 / 妳為任職於造船廠之職業衛生管理師，針對廠內新造船舶時所發生之工安事故，會同勞工代表與相關人員實施事故調查，調查結果如下：

一、災害發生經過：

本廠管路組排定災害發生日上午進行船艙內之 B3 層（甲板下第 3 層）電氣室實施管路回裝作業，事發當天上午 8 時許，勞工甲先行進入 B3 層電氣室作業，數分鐘後勞工乙進至船艙 B1 層時，即發現勞工甲倒臥艙內 B3 層且無意識，立刻回到甲板呼救並請同事通知救護車，隨後勞工丙獨自一人未採任何措施下進入到船艙 B3 層，欲試圖救人但自身感覺有呼吸困難、目眩、頭痛情形，故隨即離開至甲板休息。不久組長丁亦至船艙 B1 層出入口呼喊勞工甲並試著確認其有無意識，當下勞工甲依舊沒有回應，而此時組長丁立刻上至甲板並接過勞工乙拿來之鼓風機，然後從船艙 B1 層往 B3 層勞工甲方向進行通風換氣，接著再將鼓風機接上風管後，組長丁與勞工乙接續進入船艙 B3 層，將風管延伸至勞工甲臉部上方處持續通風，兩人合力將仍意識不清的勞工甲搬運至甲板，隨後由救護車將勞工甲與丙送往醫院救治，勞工丙當下檢查並無大礙，隔日即回職場工作，勞工甲經搶救後目前仍持續住院治療中。

二、災害現場概況：

1. 災害發生於船艙內之 B3 層電氣室，長、寬及高約 2.7 公尺、1.6 公尺及 1.5 公尺，距甲板約 5 公尺深，作業使用之氬焊機置於 B1 層地板，其焊槍頭懸掛於 B3 層電氣室左側欄杆上，距艙底約 50 公分高，夾頭夾於管路旁法蘭上，供應氬焊機之氬氣鋼瓶置於船外，以管線連接至艙內使用，供氣時會經過兩個開關閥；另於船艙內之 B2 層、B3 層出入口處皆置有 1 支二氧化碳滅火器，該滅火器並無顯著異狀。此外，船艙內並無使用其他化學物質。

2. 管路組組長丁稱：管路組主要作業內容為於船艙內使用氬焊機進行點焊配管、固定座焊接及管路回裝作業，災害發生當天工作內容為於電氣室實施管路回裝作業。供應氬焊機之氬氣鋼瓶，其中第 1 個鋼瓶總開關會由其他部門依需求開啟或關閉，災害發生日前一日 20 時許，最後使用者是機工組的外籍移工戊，其表示那天下班時，他有將總開關關閉，調查日現場調查時是關閉狀態；第 2 個開關是位於船側的流量閥，考量使用方便性，經常保持常開，且氬焊機使用後不會拿出船艙，亦不會將接頭拔除。今日調查時第 2 個開關是開啟狀態。

3. 管路組勞工乙稱：災害發生日前一日我與勞工甲、丙共 3 人於 B3 層電氣室實施點焊配管、固定座焊接及管路回裝作業，於艙內持續作業時間大約有 3 小時，約 15 時勞工甲完成點焊配管作業後，即將船艙之B3層電氣室底部的海底門（對外唯一之開口，直徑約 9 公分）封閉，之後該氬焊機就未使用。另 15 時後尚有我與勞工丙在 B3 層電氣室持續作業至約 17 時，並未感到不適。

4. 事故後經測試原於船艙內使用之氬焊機，其繼電器（電磁閥）作動異常（平均開關 3 次會有 1 次異常），會有不閉合情形，於未實施焊接時氬氣仍會自焊槍頭不斷洩漏。

請依勞動檢查法及職業安全衛生法與相關附屬法規回答下列問題：

一、本件工安事故是否為勞動檢查法所稱之重大職業災害？理由為何？

二、本件工安事故是否應於時限內通報勞動檢查機構？理由為何？

三、依缺氧症預防規則之規定，於船艙內置放二氧化碳滅火器，應符合那些規定？

四、依缺氧症預防規則之規定，本案屬於何種缺氧危險作業場所？

五、請依本案調查結果分析災害發生之直接原因？與間接原因？

六、應如何改善組長丁與勞工乙之救援方法，以避免其缺氧危害風險？

七、缺氧症之末期症狀除意識不明、呼吸停止外還有那些？ 【100-02】

答

一、1. 否。本件工安事故不是「勞動檢查法」所稱之重大職業災害。

2. 理由：依據「勞動檢查法施行細則」第 31 條規定，本法第 27 條所稱重大職業災害，係指氨、氯、氟化氫、光氣、硫化氫、二氧化硫等化學物質之洩漏，發生 1 人以上罹災勞工需住院治療者，此工安事件為氬氣洩漏故不屬於勞動檢查法所稱之重大職業災害。

二、1. 是。本件工安事故應於時限內通報勞動檢查機構。

2. 理由：依據「職業安全衛生法」第 37 條規定，事業單位勞動場所發生職業災害之罹災人數在 1 人以上，且需住院治療，雇主應於 8 小時內通報勞動檢查機構。

三、依據「缺氧症預防規則」第 7 條規定，雇主於地下室、機械房、船艙或其他通風不充分之室內作業場所，置備以二氧化碳等為滅火劑之滅火器或滅火設備時，依下列規定：

1. 應有預防因勞工誤觸導致翻倒滅火器或確保把柄不易誤動之設施。

2. 禁止勞工不當操作，並將禁止規定公告於顯而易見之處所。

四、依據「缺氧症預防規則」第 2 條第 2 項第 13 款及第 7 條規定，置放或曾置放氦、氬、氮、氟氯烷、二氧化碳或其他惰性氣體之鍋爐、儲槽、反應槽、船艙或其他設備之內部，故船艙之 B3 層電氣室屬於缺氧危險作業場所。

五、本案調查結果分析災害發生之原因如下列：

1. 直接原因：勞工甲在船艙內作業時，因缺氧情況下導致失去意識。

2. 間接原因：

(1) 船艙內使用之氬焊機的繼電器 (電磁閥) 開關作動異常，氬氣持續洩漏蓄積於艙內。

(2) 從事缺氧危險作業時，未予適當換氣、未置備測定空氣中氧氣濃度之必要測定儀器，並採取隨時可確認空氣中氧氣濃度或其他有害氣體濃度之措施。

(3) 救援人員於擔任缺氧危險作業場所救援作業期間，未使其使用空氣呼吸器等呼吸防護具。

六、改善組長丁與勞工乙之救援方法，以避免其缺氧危害風險，如下列：

1. 在進入缺氧危險場所進行救援前，應置備測定空氣中氧氣濃度之必要測定儀器，並採取隨時可確認空氣中氧氣濃度、硫化氫等其他有害氣體濃度之措施。

2. 在救援時應備置空氣呼吸器等呼吸防護具、梯子、安全帶或救生索等設備。

七、依據「缺氧症預防規則」第 31 條第 2 款規定，除了意識不明、呼吸停止外，還有痙攣、心臟停止跳動等缺氧症之末期症狀。

參考題型

試回答下列問題：

一、某事業單位去年曾發生 1 人次失能傷害，工作傷害損失總日數為 10 日。於今年永續報告書對外揭露去年的失能傷害頻率 (FR) 為 0.09、失能傷害嚴重率 (SR) 為 0 及總合傷害指數為 0，若不考慮數字誤植，請輔以名詞定義說明 SR 及總合傷害指數為何可為 0？

二、雇主使勞工從事輪班、夜間工作、長時間工作等作業，為避免勞工因異常工作負荷促發疾病，依規定除「調整或縮短工作時間及更換工作內容之措施」、「執行成效之評估及改善」、「其他有關安全衛生事項」措施外，請列舉 2 項應採取之疾病預防措施。

三、雇主使勞工從事重複性之作業，為避免勞工因姿勢不良、過度施力及作業頻率過高等原因，促發肌肉骨骼疾病，依規定除「執行成效之評估及改善」、「其他有關安全衛生事項」措施外，請列舉 2 項應採取之疾病預防措施。

四、依勞工職業災害保險及保護法相關規定，訂定職業災害勞工復工計畫時，除「職業災害勞工重返職場之執行期程」、「其他與復工相關之事項」外，請列舉 2 項應包含之內容。

五、承上，協商職業災害勞工復工計畫時，除「雇主」、「職業災害勞工」外，依規定尚須有那些人員共同參與？

六、雇主應依職業安全衛生法規規定，需會同勞工代表訂定或實施相關事項，除職業災害調查分析外，請再列舉 2 項。【100-03】

答

一、已知失能傷害人 (次) 數＝ 1 人；總損失日數＝ 10 日，FR ＝ 0.09

$$\text{先求出總經歷工時} = \frac{\text{失能傷害人(次)數} \times 10^6}{\text{失能傷害頻率(FR)}} = \frac{1 \times 10^6}{0.09} = 11{,}111{,}111$$

$$\text{再求出失能傷害嚴重率 (SR)} = \frac{\text{總損失日數} \times 10^6}{\text{總歷經工時}} = \frac{10 \times 10^6}{11{,}111{,}111} \cong 0.90 = 0 \text{ (取整數)}$$

1. 經推算得出之失能傷害嚴重率 (SR) 約為 0.90，惟 SR 之計算數值僅取整數，故該事業單位去年雖曾發生 1 人次失能傷害，工作傷害損失總日數為 10 日，仍可於今年永續報告書對外揭露其失能傷害嚴重率 (SR) 為 0。

2. 總合傷害指數 (FSI)= $\sqrt{\dfrac{FR \times SR}{1000}} = \sqrt{\dfrac{0.09 \times 0}{1000}} = 0$

該事業單位失能傷害頻率 (FR)=0.09，惟失能傷害嚴重率 (SR)，計算後得出之總合傷害指數 (FSI) 亦為 0，故仍可於今年永續報告書對外揭露其總合傷害指數 (FSI) 為 0。

二、依據「職業安全衛生設施規則」第 324-2 條規定，雇主使勞工從事輪班、夜間工作、長時間工作等作業，為避免勞工因異常工作負荷促發疾病，應採取下列疾病預防措施：

1. 辨識及評估高風險群。
2. 安排醫師面談及健康指導。
3. 調整或縮短工作時間及更換工作內容之措施。
4. 實施健康檢查、管理及促進。
5. 執行成效之評估及改善。
6. 其他有關安全衛生事項。

三、依據「職業安全衛生設施規則」第 324-1 條規定，雇主使勞工從事重複性之作業，為避免勞工因姿勢不良、過度施力及作業頻率過高等原因，促發肌肉骨骼疾病，應採取下列危害預防措施如下列：

1. 分析作業流程、內容及動作。
2. 確認人因性危害因子。
3. 評估、選定改善方法及執行。
4. 執行成效之評估及改善。
5. 其他有關安全衛生事項。

四、依據「勞工職業災害保險及保護法施行細則」第 84 條第 1 項規定，訂定職業災害勞工復工計畫時，應包含之內容如下列：

1. 職業災害勞工醫療之相關資訊。
2. 職業災害勞工工作能力評估。
3. 職業災害勞工重返職場之職務內容、所需各項能力、職場合理調整事項及相關輔助措施。
4. 職業災害勞工重返職場之執行期程。
5. 其他與復工相關之事項。

五、依據「勞工職業災害保險及保護法施行細則」第 84 條第 2 項規定，協商職業災害勞工復工計畫時，除「雇主」、「職業災害勞工」外，尚須職業醫學科專科醫師及其他職能復健專業機構人員共同協商後，由職能復健專業機構協助雇主或職業災害勞工擬訂之。

六、雇主應依職業安全衛生法規規定，需會同勞工代表訂定或實施相關事項如下列：

1. 參與安全衛生工作守則之訂定。
2. 參與安全衛生委員會之會議。
3. 參與作業環境監測實施。
4. 參與職業災害調查分析。

貳拾貳、通風

本節提要及趨勢

通風主要目的有：稀釋有害氣體、蒸氣、粉塵等之濃度；防止火災爆炸、維持室內空氣品質、工作場所之溫度熱調節，以及符合法令規定等。在職業衛生管理師考試中常考計算題，必需熟記公式多計算才易得分。

適用法規

一、「職業安全衛生設施規則」第 292、309、312 條。

二、「有機溶劑中毒預防規則」第 5、15 條。

三、「鉛中毒預防規則」第 32 條。

重點精華

一、考試重點：6 類型通風量 (Q)：理論換氣、火災爆炸、CO_2、設施規則、有機溶劑、鉛中毒計算，Q ＝ AV，全壓＝靜壓＋動壓，整體換氣與局部排氣，圖型題…等。

參考題型

何謂局部排氣裝置【64-04-01】、整體換氣裝置？試就其裝設上應注意事項分別列出。【39-03】

答

一、局部排氣為於高濃度污染物未混合分散於周圍一般空氣中之前，利用吹、吸氣流趁其在高濃度狀況下局部地予以捕集、排除，且於清淨後排出於大氣中之裝置。局部排氣裝設上應注意事項如下列：

1. 氣罩應儘量選擇能包圍污染源之包圍式或崗亭式氣罩。
2. 外裝型氣罩應儘量接近污染源發生源。
3. 氣罩應視作業方法、有污染物之擴散狀況及有機溶劑之比重等，選擇適於吸引該有機溶劑蒸氣之型式及大小。
4. 應儘量縮短導管長度、減少彎曲數目，且應於適當處所設置易於清掃之清潔口與測定孔。
5. 設置有空氣清淨裝置之局部排氣裝置，其排氣機應置於空氣清淨裝置後之位置。
6. 排氣煙囪等之排氣口，應直接向大氣開放。對未設空氣清淨裝置之局部排氣裝置之排氣煙塵等設備，應使排出物不致回流至作業場所。
7. 需有足夠之排氣量：排氣機應具有足夠之馬力。
8. 氣罩不可設置於人車來往頻繁或易受側風影響之位置
9. 導管之形狀應儘量選用圓形形狀。
10. 導管之材質應選用具有不被腐蝕之材質。

二、整體換氣為利用置換或稀釋之原理，導入大量之新鮮外氣，取代或稀釋作業環境內之污染物，使作業場所整體之污染物濃度降低至容許濃度以下者。整體換氣裝設上應注意事項：

1. 只限於排除低毒性之有害物質。
2. 為有效控制有害物質之濃度在容許濃度以下，應提供理論換氣量之某一倍數 (安全係數) 作為實際換氣量，$Q(m^3/min) = K \times Q(m^3/min)$。
3. 排氣機或連接排氣機之導管開口部位應儘量接近有害物質發生源，以避免勞工呼吸帶暴露在此排氣氣流中。
4. 排氣及供氣要不受阻礙且能保持有效運轉。
5. 為求稀釋效果，氣流路程不可短路也不可受到阻礙，務使新鮮外氣與室內空氣混合均勻。

6. 補充空氣應視需要加以調溫、調濕。
7. 高毒性物質或高污染作業場所最好與其他作業場所隔離。
8. 有害物發生源須遠離勞工呼吸帶。
9. 為避免排出之污染空氣再回流，排氣口最好高於屋頂，且最好為建築物之 1.5-2.0 倍。
10. 整體換氣裝置之送風機排氣機或其它導管之開口部，應儘量接近有機溶劑蒸氣發生源。進氣氣流在通過污染源後，需在最短路程內被排出室外。

參考題型

請說明動壓、靜壓、全壓、氣罩、壓力損失之意義。

答

一、動壓(速度壓)：空氣流動時所產生之壓力稱之，動壓使得空氣在導管內流動，只有流動時產生，且作用方向為流動之方向。

二、靜壓：為空氣本身所具有之壓力，使得空氣流動及克服空氣流動時管壁等所產生之阻力暨流速流向改變時之阻力。

三、氣罩：限制或減少有害物從發生源擴散。並導引空氣以最有效之方法捕捉有害物進入，及經局部排氣系統除之結構。

四、壓力損失：空氣具有黏度，流動時產生能量損失。

五、全壓＝動壓＋靜壓。

參考題型

所謂工業通風？局部排氣裝置具有哪些優點？

答

一、通風是控制作業環境中汙染物濃度最有效的方法之一。所謂工業通風，最簡單的定義就是「利用空氣的流動來控制作業環境」。工業通風系統可分為整體換氣(或稀釋通風，general or dilution ventilation)與局部排氣(local exhaust ventilation)兩大類，但無論是整體換氣或是局部排氣其目的都在於：

1. 維護勞工健康：引入新鮮空氣以稀釋有害物之濃度或將對勞工產生危害的物質予以排除，以避免勞工因吸入過量或接觸而中毒，對於有缺氧之虞的作業場所，亦可藉由通風來增加氧氣濃度，維護勞工生命安全。
2. 維持作業場所之舒適：對於溫濕作業場所，可藉由通風系統排除熱量的累積、協助勞工身體散熱、控制其濕度，提供較舒適的作業環境。

3. 防止火災及爆炸：對有可燃性氣體產生(或存在)之作業環境，可藉由通風換氣降低其濃度，使之低於燃燒(或爆炸)下限，以達預防火災及爆炸的目的。

二、局部排氣是將有害汙染物於其發生源或接近發生源附近將有害汙染物捕捉並加以處理排除，減低作業呼吸者呼吸帶有害汙染物濃度之方法。為控制作業環境空氣中有害汙染物最有效之方法。與整體換氣裝置比較，局部排氣裝置具有下列優點：

1. 如設計得當，汙染物可以到達作業者呼吸帶前被排除，使作業者免於暴露於有害物質作業環境之危險。
2. 須排除及補充之空氣量較整體換氣裝置少；且可免除作業場所因設置整體換氣裝置調溫設備之花費。
3. 排除汙染物僅侷限於小體積之汙染空氣，如欲對這些排除之汙染空氣加以處理，花費較少。
4. 作業場所之附屬設備較不易被汙染物腐蝕損壞。
5. 抽排速度較大，能排除較重之汙染物質。
6. 局部排氣裝置主要由氣罩、導管、空氣清淨裝置及空氣驅動裝置(排氣機)等部分所構成。最簡單的局部排氣裝置為單氣罩(單導管)局部排氣裝置；更複雜者為多氣罩(多導管)局部排氣裝置。

貳拾參、局部排氣

本節提要及趨勢

局部排氣裝置 (Local exhaust ventilation，簡稱 LEV) 是指藉動力強制吸引並排出已經發散之有害物之設備。局部排氣之目的為對汙染工作場所空氣之有害物質，其在高濃度產生時，尚未被混和分散於清潔空氣時，利用吸氣氣流將汙染空氣於高濃度狀態下，局部性地予捕集排除，進而清淨後放出於大氣。其優點為對於排除汙染物之效果較為顯著，且較整體換氣為經濟。因此，對粉塵、氣體、蒸氣、煙霧等汙染物實施換氣時，首應考慮設置局部排氣裝置之可行性。另在職業衛生管理師考試中常考計算題，必需熟記公式多計算才易得分。

適用法規

一、「職業安全衛生設施規則」第 292、309、312 條。

二、「職業安全衛生管理辦法」第 40 條。

重點精華

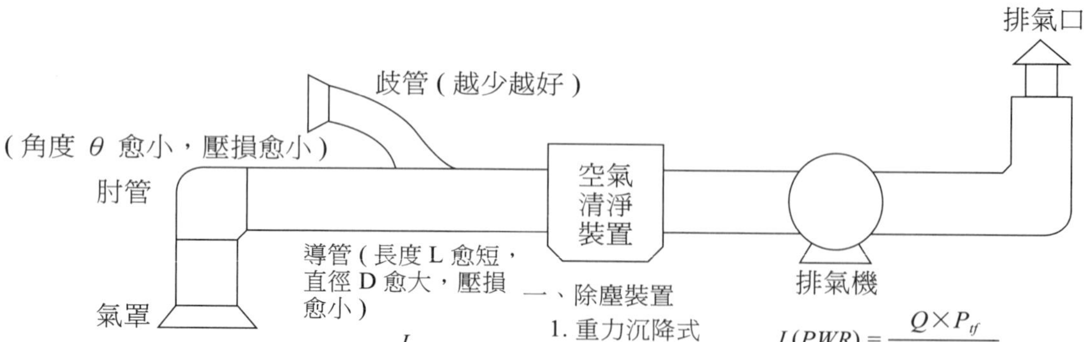

氣罩

1. 包圍式
2. 崗亭式
3. 接收式
4. 吹吸式
5. 外裝式

(1) $Q=V(10X^2+A)$

(2) $Q=0.75V(10X^2+A)$（加裝凸緣）

導管（長度 L 愈短，直徑 D 愈大，壓損愈小）

$$h_L = f_L \cdot \frac{L}{D} \cdot Pv$$

f_L：摩擦損失係數
h_L：摩擦損失
L：長度
D：管徑
Pv：動壓

一、除塵裝置
1. 重力沉降式
2. 慣性分離式
3. 旋風式
4. 過濾式除塵裝置
5. 靜電除塵裝置
6. 洗滌器

二、廢氣處理裝置
1. 吸收塔
2. 吸附塔
3. 化學反應器

排氣機

$$L(PWR) = \frac{Q \times P_{tf}}{6120 \times \eta}$$

L：排氣機所需動力 (KW)
Q：排氣量，m^3/min
P_{tf}：排氣機全壓損失，mmH_2O
η：排氣機全壓效率

職業安全衛生管理辦法第四十條
雇主對局部排氣裝置、空氣清淨裝置及吹吸型換氣裝置應每年依下列規定定期實施檢查一次：
一、氣罩、導管及排氣機之磨損、腐蝕、凹凸及其他損害之狀況及程度。
二、導管或排氣機之塵埃聚積狀況。
三、排氣機之注油潤滑狀況。
四、導管接觸部分之狀況。
五、連接電動機與排氣機之皮帶之鬆弛狀況。
六、吸氣及排氣之能力。
七、設置於排放導管上之採樣設施是否牢固、鏽蝕、損壞、崩塌或其他妨礙作業安全事項。
八、其他保持性能之必要事項。

風扇定律

(1) 回轉數 (N) 與排氣量 (Q) 之關係

$$\frac{N_1}{N_2} = \frac{Q_1}{Q_2}$$

(2) 回轉數 (N) 與全壓損失 (P_{tf}) 之關係

$$\frac{N_1^2}{N_2^2} = \frac{P_{tf1}}{P_{tf2}}$$

(3) 回轉數 (N) 與動力消耗 (L) 之關係

$$\frac{N_1^3}{N_2^3} = \frac{L_1}{L_2}$$

一般係由氣罩 (hood)、吸氣導管 (duct)、空氣清淨裝置 (air cleaner)、排氣機 (fan)、排氣導管及排氣口 (stack) 所構成。整個系列組合之示意圖如上圖所示。其中，排氣機之前的所有導管稱為吸氣導管，排氣機之後的所有導管稱為排氣導管。顧名思義，吸氣導管管內氣流處於負壓狀態，排氣導管之管內氣流則處於正壓狀態。一般而言，空氣清淨裝置位於排氣機之前，如此可使通過排氣機之廢氣較為乾淨，排氣機之操作效能應可提升或較能維持良好狀態，減少排氣機之保養負荷，延長排氣機之操作壽命，減少事業單位之總支出。

局部排氣裝置組成中之氣罩、導管、空氣清淨裝置，以及排氣機之簡述，依序如下：

1. 氣罩：包圍汙染物發生源設置之圍壁，或於無法包圍時盡量接近於發生源設置之開口面，使其產生吸氣氣流引導汙染物流入其內部之局部排氣裝置之入口部分。通常有以下幾種：包圍式 (enclose)、崗亭式 (booth)、外裝側吸式 (lateral)、接收式 (receiver) 及吹吸式 (push-pull)。

2. 導管：包括自氣罩、空氣清淨裝置至排氣機之運輸管路 (吸氣管路) 及自排氣機至排氣口之搬運管路 (排氣導管) 兩部分。設置導管時應同時考慮排氣量及汙染物流經導管時所產生之壓力損失，故導管截面積及長度之決定為影響導管設置之重要因子。截面積較大時，雖其壓力損失較低，但流速會因而減低，易導致大粒徑之粉塵沉降於導管內。

3. 空氣清淨裝置：在汙染物排出室外前，以物理或化學方法自氣流中予以清除之裝置，包含除塵裝置及清除廢氣裝置。除塵裝置則有重力沉降室、慣性集塵機、離心分離機、濕式洗塵器、靜電集塵器及袋式集塵器等；廢氣處理裝置則有充填塔 (吸收塔)、洗滌塔、焚燒爐等。

4. 排氣機：通常為排氣風扇，是局部排氣裝置之動力來源，其功能在使導管在排氣機前後產生不同壓力以帶動氣流。最常可用的可分為軸流式與離心式。軸流式之排氣量大，靜壓低、形體較小，可置於導管內，適於低靜壓局部排氣裝置。而離心式有自低靜壓至高靜壓範圍之設計，但形體較大。

參考題型

某面板廠於使用異丙醇 (isopropyl alcohol, IPA) 之作業場所設置一座局部排氣裝置，請列舉 5 種在裝設導管時應注意之事項。【67-05】

答

在裝設導管時應注意之事項如下列：

一、儘可能縮短導管長度以此減小壓力損失。

二、儘可能減少使用彎管或豎管數目。

三、對於水平導管，為減少粉塵之堆積，應取比例 1% 左右之下向傾斜。

四、在彎管前後及長度較長之直線導管中途。而適當間隔設置清掃孔。

五、導管應儘可能採取較大之曲率半徑，並平緩彎曲。

六、導管斷面應儘可能避免有激烈之變化。

參考題型

試製作局部排氣裝置定期檢查表格及其檢查要項。【53-02】

答

局部排氣裝置定期檢查表　檢查週期：每年一次

單位名稱：製造一課　裝置名稱：局部排氣裝置　裝置編號：01　檢查日期：○年○月○日

項目	檢查項目	檢查方法	檢查結果
1	氣罩、導管及排氣機之磨損、腐蝕、凹凸及其他損害之狀況及程度是否正常。		
2	導管或排氣機之塵埃聚積狀況是否正常。		
3	排氣機之注油潤滑狀況是否正常。		
4	導管接觸部分之狀況是否正常。		
5	連接電動機與排氣機之皮帶之鬆弛狀況是否正常。		
6	吸氣及排氣之能力是否正常。		
7	設置於排放導管上之採樣設施是否牢固、鏽蝕、損壞、崩塌。		
8	其他妨礙作業安全事項是否正常。		
9	其他保持性能之必要事項是否正常。		
不合格改善措施：			

主管簽章：　安全衛生負責人簽章：　負責人簽章：　檢查人員簽章：

★ 參考資料：

依據「職業安全衛生管理辦法」第 13 條至第 49 條規定實施之定期檢查、重點檢查應就下列事項記錄，並保存 3 年：

一、檢查年月日。

二、檢查方法。

三、檢查部分。

四、檢查結果。

五、實施檢查者之姓名。

六、依檢查結果應採取改善措施之內容。

參考題型

有機溶劑作業環境改善常使用局部排氣裝置或整體換氣裝置，請回答下列問題：

一、依有機溶劑中毒預防規則規定，此二種裝置各以什麼代表其控制能力之大小？

二、局部排氣裝置之組成（構造）包括哪些部分？

三、為何說局部排氣裝置比整體換氣裝置好，是將其優點列出。

【47-04】、【40-04】

答

一、局部排氣裝置係以「控制風速 m/sec」代表其控制能力；整體換氣裝置係以「換氣量 m^3/min」代表其控制能力。

二、局部排氣裝置係由氣罩、吸氣導管、空氣清淨裝置、排氣機、排氣導管及排氣口所組成。

1. 氣罩：氣罩依發生源與氣罩之相關位置及污染物之發生狀態。可分為包圍型、崗亭型、外裝型、接收型及吹吸型換氣裝置等五種。
2. 導管：導管包括污染空氣自氣罩經空氣清淨裝置至排氣機之輸送管路（吸氣導管）及自排氣機至排氣口之輸送管路（排氣導管）兩大部份。
3. 空氣清淨裝置：空氣清淨裝置有除卻粉塵、燻煙等之除塵裝置及除卻氣體、蒸氣等之廢氣處理裝置兩大類。
4. 排氣機：排氣機為局部排氣裝置之動力來源，其功能在使導管內外產生不同之壓力以此帶動氣流。一般常用之排氣機有軸流式與離心式兩種。

三、與整體換氣裝置比較，局部排氣裝置之優點如下：

1. 如果設計得當，有害物質可於到達作業者呼吸區域之前予以排除，作業人員可免除有害物質暴露之危險。
2. 必須排出及補充之空氣量比整體換換氣裝置小，並可免除處理補充空氣所需設備之費用。
3. 所排除之含有害物質之空氣體積相對也較小，如為避免當地空氣污染，處理排氣時，必要的花費也較低。
4. 作業場所之設備較不容易受到污染、腐蝕損壞。
5. 抽排氣速度較大，較不易受風速及導入空氣設計不良之影響。

	局部排氣	整體換氣
優點	1. 污染物被更高度地集中運輸的氣流。故與整體換氣相比僅需較小的風扇和動力消耗即可有效控制污染源。 2. 在寒冷地帶或需大量空氣調節之工廠，就經濟考量觀點，局部排氣所需之補償空氣較少。 3. 污染物在進入勞工呼吸帶前，可被捕集而不讓其擴散到它處。 4. 污染物較高去除率地集中在搬運氣流上透過空氣清淨裝置回收部份可利用物質並減少空氣污染物產生。	1. 對於低濃度污染物空氣，可將一部份排出室外，同時自室外引進新鮮空氣以稀釋室內污染空氣。使濃度降低至容許濃度以下。 2. 利用機械換氣可獲得必要之換氣量。 3. 可利用自然換氣(如風力、溫度、擴散…等)以節省通風換氣之操作成本。
缺點	1. 局部排氣之氣罩、風管等設置不當，則需耗較多的動力以產生足夠排氣量。 2. 排氣機種類繁多，應慎選用以避免風壓不足時將影響局部排氣裝置之性能。 3. 使用上需視污染物產生量與逸散速度調整其排氣量。若發生源較多則不易維持適當的控制風速。 4. 當污染源量多且分散時其維護保養困難且成本負擔較重。	1. 污染物毒性大或量多時，在技術上或經濟上之負擔將遭遇困難。 2. 污染物比重大時，不易稀釋與排除。 3. 機械換氣污染物量、毒性或比重較大不易稀釋排除時，在技術與經濟效益考量上較不適合。 4. 利用自然換氣若其原動力(如風力、溫度…等)不作用時，其效果甚差。

參考題型

一、我國有害物中毒預防法規已刪除「控制風速」之規定，試述明其理由？【42-05】

二、局部排氣裝置用以處理粒狀有害物時，應設置清潔孔，請說明置清潔孔之目的？並舉例說明其設置之位置。

答

一、局部排氣設備之功能可由導管前後之壓差得知，加以氣罩外任一點勞工暴露濃度已另有勞工作業場所容許暴露標準規範，控制風速大不代表勞工暴露濃度符合標準，故我國有害物中毒預防規則中已刪除控制風速之規定。

二、設置清潔孔之目的乃因局部排氣設備運轉一段時間後，粉塵會累積在導管內，時間一久，會增加壓力損失，故需定期清除粉塵。設置位置原則上在彎管前後及長導管之中心點之位置為考慮處。

參考題型

某廠商有粉塵作業，對於該粉塵作業設置局部排氣裝置，請問廠商主管如何對該局部排氣裝置實施自動檢查？【31-03】

答

一、雇主對局部排氣裝置、空氣清淨裝置及吹吸型換氣裝置應每年依下列規定定期實施檢查 1 次：

1. 氣罩、導管及排氣機之磨損、腐蝕、凹凸及其他損害之狀況及程度。
2. 導管或排氣機之塵埃聚積狀況。
3. 排氣機之注油潤滑狀況。
4. 導管接觸部分之狀況。
5. 連接電動機與排氣機之皮帶之鬆弛狀況。
6. 吸氣及排氣之能力。
7. 設置於排放導管上之採樣設施是否牢固、鏽蝕、損壞、崩塌或其他妨礙作業安全事項。
8. 其他保持性能之必要事項。

二、雇主對局部排氣裝置或除塵裝置，於開始使用、拆卸、改裝或修理時，應依下列規定實施重點檢查：

1. 導管或排氣機粉塵之聚積狀況。
2. 導管接合部分之狀況。
3. 吸氣及排氣之能力。
4. 其他保持性能之必要事項。

chapter 6

計算題精華彙整

項目		作業環境危害（容許濃度）	噪音危害	通風與換氣	溫濕環境危害	統計	其他
梯次	考試日期						
41	93/03/21	41-05					
42	93/07/18			42-05			
43	93/11/21		43-05				
44	94/03/27	44-05					
45	94/06/26			45-05	45-03		
46	94/11/20		46-05				
47	95/03/26	47-05					
48	95/07/23	48-04			48-05		
49	95/11/19			49-05			
50	96/04/22		50-04				
51	96/08/05			51-05			
52	96/11/18	52-05					
53	97/03/30	53-03	53-05				
54	97/07/28			54-05			
55	97/11/16	55-05					
56	98/03/29				56-05		
57	98/07/26		57-05				
58	98/11/15			58-05			
59	99/03/28	59-05					
60	99/07/25		60-05				
61	99/11/14			61-05			
62	100/03/27	62-05					
63	100/07/25		63-05		63-03		
64	100/11/13			64-05			
65	101/03/25	65-05					
66	101/07/22		66-05				
67	101/11/11			67-05			
68	102/03/24	68-05					
69	102/07/21		69-05				
70	102/11/10			70-05			
71	103/03/23					71-05	
72	103/07/22		72-05				
73	103/11/09			73-05			

項目		作業環境危害（容許濃度）	噪音危害	通風與換氣	溫濕環境危害	統計	其他
梯次	考試日期						
74	104/03/22	74-05				74-04	
75	104/07/19		75-05			75-02	
76	104/11/08			76-05			
77	105/03/20	77-05					
78	105/07/19		78-05				
79	105/11/06	79-05					
80	106/03/19	80-05					
81	106/07/16		81-05				
82	106/11/05			82-05			
83	107/03/18	83-05					
84	107/07/15			84-05	84-01	84-03	
85	107/11/04		85-05				
86	108/03/17	86-05					照明 86-02
87	108/07/14			87-04			健康保護 87-05
88	108/11/03		88-05				
89	109/03/15				89-05		
90	109/07/12	90-05	90-04			90-02	
91	109/11/01			91-05			
92	110/03/21	92-03					
93	110/11/07	93-04	93-05				
94	110/12/19			94-05		94-03	
95	111/03/20		95-05		95-04		
96	111/07/10	96-05				96-03	
97	111/11/06						輻射 97-05
98	112/03/19	98-05					
99	112/07/09						振動 99-05
100	112/11/05		100-05				
101	113/03/17			101-05			
102	113/07/07	102-05					
103	113/11/02	103-01-05		103-05-03			

6-0 前言

1. 由「職業衛生管理師計算題歷屆考題分析統計表」可知，計算題部份每次至少一題以上佔 20 分，其項目有作業環境危害 (容許濃度)、噪音危害、通風與換氣、溫濕環境危害與其他 (統計及職業災害統計)，為使考生能熟悉每一個項目計算題型，已將其分類彙整及彙總公式成「公式表」，以利讀者方便記憶，並於題型中加註【 】，以表示曾經在歷屆考試中出現過之題型，例如【80-05】其代表【第 80 次第 5 題】，而【48-04-03】其代表【第 48 次第 4 題第 3 小題】。

2. 請考生一定要提前購買國家考試電子計算器 (計算機)，於此書中有兩種類型計算機用法《AURORA SC600 與 CASIO FX82SOLAR》以案例說明方式呈現，詳如「計算機案例操作說明表」，計算機使用除$\sqrt{}$ (計算 FSI、統計)、2^{χ}(計算暴露時間)、10^{χ}，log(計算音壓)…，其他就只是加減乘除，當然還是有加上考生您的細心。

3. 計算題是用算的不是用看的，平常練習時先將答案遮住，當真的解不出來時，再看其答案，這樣才會知道問題出在哪裡，以筆者多年考試經驗，計算題只要能熟悉題型不斷的反覆練習以及加上熟用計算機，必能得心應手，進而取得分數。

6-1 作業環境危害 (容許濃度)

空氣中粉塵的容許濃度

種類	粉塵	容許濃度		符號
		可呼吸性粉塵	總粉塵	
第一種粉塵	含結晶型游離二氧化矽 10% 以上之礦物性粉塵	$\frac{10mg/m^3}{\%SiO_2+2}$	$\frac{30mg/m^3}{\%SiO_2+2}$	
第二種粉塵	含結晶型游離二氧化矽未滿 10% 之礦物性粉塵	$1mg/m^3$	$4mg/m^3$	
第三種粉塵	石綿纖維	0.15 f/cc		瘤
第四種粉塵	厭惡性粉塵	可呼吸性粉塵	總粉塵	
		$5mg/m^3$	$10mg/m^3$	

$$可呼吸性粉塵容許濃度 = \frac{10mg/m^3}{\%SiO_2+2}$$

$$總粉塵容許濃度 = \frac{30mg/m^3}{\%SiO_2+2}$$

🔍 PEL-STEL = PEL-TWA × 變量係數

※PEL-STEL：短時間時量平均容許濃度。

※PEL-TWA：8 小時日時量平均容許濃度。

※ 變量係數表如下：

容許濃度 (ppm or mg/m³)	0- 未滿 1	1- 未滿 10	10- 未滿 100	100- 未滿 1000	1000 以上
變量係數	3	2	1.5	1.25	1

🔍 PEL-TWA 單位：粒狀污染物 (mg/m^3)；氣狀污染物 (ppm)

※ 單位轉換 (在 1atm，25°C 時)：

$$mg/m^3 = \frac{ppm \times \text{氣狀有害物之分子量}}{24.45}$$

$$ppm = \frac{mg/m^3 \times 24.45}{\text{氣狀有害物之分子量}}$$

🔍 作業環境空氣中有二種以上有害物存在而其相互間效應非屬於相乘效應或獨立效應時，應視為相加效應，並依下列規定計算，其總和大於 1 時，即屬超出容許濃度。

$$\text{暴露濃度總和} = \frac{TWA_a}{PEL\text{-}TWA_a} + \frac{TWA_b}{PEL\text{-}TWA_b} + \frac{TWA_c}{PEL\text{-}TWA_c} + \cdots$$

※ 其和大於 1 時，即屬超出容許暴露濃度

TWA：有害物成分之濃度

PEL-TWA：有害物成分之容許濃度

🔍 相當 8 小時日時量平均暴露濃度之計算公式

$$TWA_t\text{ 小時} = \frac{TWA_8 \times 8(\text{小時})}{t(\text{小時})}$$

或

$$TWA_8\text{ 小時} = \frac{TWA_t \times t(\text{小時})}{8(\text{小時})}$$

🔍 時量平均暴露濃度計算公式

$$TWA = \frac{C_1 \times t_1 + C_2 \times t_2 + \cdots + C_n \times t_n}{t_1 + t_2 + \cdots + t_n}$$

C_n：某 n 次某有害物空氣中濃度

t_n：某 n 次之工作時間 (hr)

採樣總體積 $V_{Ts,Ps}(m^3)$ = 採樣流率 $Q(L/min) \times 10^{-3}(m^3/L) \times$ 採樣時間 t (min)

= 採樣流率 $Q(cm^3/min) \times 10^{-6}(m^3/cm^3) \times$ 採樣時間 t (min)

$V_{Ts,Ps}$：採樣總體積 (m^3)

Q：採樣流率 (cm^3/min)

t：採樣時間 (min)

暴露之濃度計算方式

$$\text{濃度 } C(mg/m^3) = \frac{\text{化學物質之重量 } W(mg)}{\text{採樣總體積 } V(m^3)}$$

$$= \frac{\text{化學物質之重量 } W(mg)}{\text{採樣流率 } Q(cm^3/min) \times 10^{-6}(m^3/cm^3) \times \text{ 採樣時間 } t(min)}$$

採樣總體積之溫度壓力校正公式：$\frac{P_1V_1}{T_1} = \frac{P_2V_2}{T_2}$ (波以耳 - 查理定律)

P_1(mmHg) = 現場大氣壓

$V_1(m^3)$ = 現場採樣體積

T_1(K) = 現場採樣絕對溫度

P_2(mmHg) = 標準大氣壓 (760mmHg)

$V_2(m^3)$ = 標準採樣體積

T_2(K) = 絕對溫度 (273+25)

$$\text{標準採樣體積 } V_{NTP}(m^3) = V_{TS,Ps}(m^3) \times \frac{Ps}{760}(mmHg) \times \frac{(273+25)}{(273+Ts)}(K)$$

$V_{NTP}(m^3)$ = 標準採樣體積

$V_{Ts,Ps}(m^3)$ = 現場採樣體積

Ps(mmHg) = 現場大氣壓

Ts(°C) = 現場溫度

760(mmHg) = 標準大氣壓

273 + 25 = 標準溫度 (K)

🔍 $1cc = 1cm^3 = 1mL$ ；$1m = 100cm$ ；

$1m^3 = 10^3L = 10^6 cm^3 = 10^6mL(cc)$

$1L = 1000mL = 1000cc = 1000 cm^3 = 0.001m^3 = 10^{-3}m^3$

🔍 $1ppm = 10^{-6}$，$1 = 10^6ppm$

$1\% = 10^{-2} = 10,000ppm = 10^4ppm$

1

某工廠使用含石英之礦物性粉塵從事作業，為評估勞工作業場所空氣中可呼吸性粉塵暴露情形，進行個人採樣分析，計取得單一勞工 2 個連續樣本如下：

樣本	採樣時間（分鐘）	採樣空氣體積 (m^3)	可呼吸性粉塵重量 (mg)	濃度 (mg/m^3)	採樣樣本中結晶型游離二氧化矽所佔百分比 (%)
A	240	0.41	0.7	1.71	17
B	240	0.35	0.5	1.43	19
Total	480	0.76	1.2		

試以計算式回答下列問題：

（提示：第一種可呼吸性粉塵容許濃度標準為 $\frac{10mg/m^3}{\%SiO_2+2}$）

一、整體採樣樣本中結晶型游離二氧化矽所佔百分比 (%)。

二、第一種可呼吸性粉塵容許濃度標準 (mg/m^3)。

三、勞工 8 小時日時量平均濃度 (mg/m^3)。【80-05】

解 一、$\frac{(1.71\times0.17)+(1.43\times0.19)}{(1.71+1.43)} = 0.18$

∴整體採樣樣本中結晶型游離二氧化矽約佔 18%。

二、∵第一種可呼吸性粉塵容許濃度標準 $= \frac{10mg/m^3}{\%SiO_2+2}$

$\therefore \frac{10mg/m^3}{18+2} = 0.5mg/m^3$

故第一種可呼吸性粉塵容許濃度標準為 $0.5mg/m^3$。

三、∵時量平均暴露濃度 $TWA = \frac{C_1\times t_1+C_2\times t_2+\cdots+C_n\times t_n}{t_1+t_2+\cdots+t_n}$

$\therefore TWA_8 = \frac{(1.71\times240)+(1.43\times240)}{(240+240)}$

$= 1.57(mg/m^3)$

故勞工 8 小時日時量平均濃度為 $1.57mg/m^3$。

計算機操作範例：

計算式：$\frac{(1.71 \times 0.17)+(1.43 \times 0.19)}{(1.71+1.43)} = 0.18$

計算機機型	計算機操作說明
CASIO fx82SOLAR	[(…] 1.71 [×] 0.17 […)] [+] [(…] 1.43 [×] 0.19 […)] [=] [÷] [(…] 1.71 [+] 1.43 […)] [=]
AURORA SC600	[(] 1.71 [×] 0.17 [)] [+] [(] 1.43 [×] 0.19 [)] [=] [÷] [(] 1.71 [+] 1.43 [)] [=]

2 勞工使用直讀式儀器測定化學性危害因子，欲使用直讀式儀器了解作業環境中一氧化碳之濃度是否在容許濃度 35ppm 附近，試問如何使用 7% 的一氧化碳氣體來校正此直讀式儀器？（請列出濃度計算式及校正注意事項）

【48-04-03】

解 濃度計算式及校正注意事項：

∵ 1% = 10,000ppm

7% = 70,000ppm；容許濃度為 35ppm

∴濃度計算式→ $\frac{70,000}{35} = 2,000$

故 7% 的 CO 要先稀釋 2,000 倍才能校正，校正時應注意避免吸到一氧化碳而中毒。

3 一使用甲苯之工作場所，其各時段濃度值如下：

時間	甲苯濃度
08：00~10：00	80ppm
10：00~11：00	120ppm
11：00~12：00	50ppm
13：00~17：00	40ppm
17：00~18：00	140ppm

（甲苯分子量）8 小時，時量平均容許濃度 TWA = 100ppm(376.2mg/m^3) 問其時量平均濃度，及是否符合規定。

【20-04】

解 ∵時量平均暴露濃度 $TWA=\frac{C_1\times t_1+C_2\times t_2+\cdots+C_n\times t_n}{t_1+t_2+\cdots+t_n}$

$$\therefore TWA_9=\frac{(80\times 2)+(120\times 1)+(50\times 1)+(40\times 4)+(140\times 1)}{(2+1+1+4+1)}$$

$$=70(ppm)$$

$$\because TWA_8\text{ 小時}=\frac{TWA_t\times t(\text{ 小時 })}{8(\text{ 小時 })}$$

$$=\frac{70\times 9}{8}$$

$$=78.75(ppm)$$

78.75ppm 小於 100ppm 即時量平均濃度符合 8 小時時量平均容許濃度標準。

● PEL-STEL = PEL-TWA× 變量係數

變量係數表如下：

容許濃度 (ppm or mg/m³)	0- 未滿 1	1- 未滿 10	10- 未滿 100	100- 未滿 1000	1000 以上
變量係數	3	2	1.5	1.25	1

PEL-STEL = 100×1.25 = 125ppm，因 17：00~18：00 的甲苯濃度為 140ppm，即短時間時量平均容許濃度超過標準，故勞工暴露不符合規定。

計算機操作範例：

計算式：$\frac{(80\times 2)+(120\times 1)+(50\times 1)+(40\times 4)+(140\times 1)}{(2+1+1+4+1)}=70$

計算機機型	計算機操作說明
CASIO fx82SOLAR	[(…] 80 [×] 2 […)] [+] [[(…] 120 [×] 1 […)] [+] [[(…] 50 [×] 1 […)] [+] [[(…] 40 [×] 4 […)] [+] [[(…] 140 [×] 1 […)] [=] [÷] [[(…] 2 [+] 1 [+] 1 [+] 4 [+] 1 […)] [=]
AURORA SC600	[(] 80 [×] 2 [)] [+] [(] 120 [×] 1 [)] [+] [(] 50 [×] 1 [)] [+] [(] 40 [×] 4 [)] [+] [(] 140 [×] 1 [)] [=] [÷] [(] 2 [+] 1 [+] 1 [+] 4 [+] 1 [)] [=]

4 一使用二硫化碳之工作場所，其各時段濃度值如下：

時間	二硫化碳濃度 (PEL-TWA = 10ppm)
08：00~10：00	C_1 = 15ppm
10：00~11：00	C_2 = 5ppm
11：00~12：00	C_3 = 3ppm
13：00~17：00	C_4 = 4ppm
18：00~19：00	C_5 = 8ppm

試求：一、日時量平均濃度？
二、8 小時時量平均濃度？
三、是否符合法定標準？【21-04】

解 一、日時量：

$$\text{平均暴露濃度 TWA} = \frac{C_1 \times t_1 + C_2 \times t_2 + \cdots + C_n \times t_n}{t_1 + t_2 + \cdots + t_n}$$

$$\rightarrow TWA_9 = \frac{(15\times2)+(5\times1)+(3\times1)+(4\times4)+(8\times1)}{(2+1+1+4+1)}$$

$$= 6.89(ppm)$$

∴日時量平均濃度為 6.89ppm

二、8 小時時量平均濃度：

$$\rightarrow TWA_8\text{小時} = \frac{TWA_t \times t(\text{小時})}{8(\text{小時})} = \frac{6.89\times9}{8} = 7.75(ppm)$$

∴ 8 小時時量平均濃度為 7.75ppm

三、∵ 7.75ppm<10ppm(PEL-TWA)

● PEL-STEL = PEL-TWA × 變量係數

變量係數表如下：

容許濃度 (ppm or mg/m³)	0- 未滿 1	1- 未滿 10	10- 未滿 100	100- 未滿 1000	1000 以上
變量係數	3	2	1.5	1.25	1

PEL-STEL = 10 × 1.5 = 15ppm，大於或等於每一時段樣品濃度，所以符合暴露標準。

5

某一清洗作業勞工使用三氯乙烷為清潔劑，在 25℃、一大氣壓下其暴露於三氯乙烷之情形如下：

(1) 08：00~12：00　C_1 = 340ppm

(2) 13：00~14：00　C_2 = 2460mg/m^3

(3) 14：00~19：00　C_3 = 100ppm

已知：三氯乙烷之分子量為 133.5，8 小時日時量平均容許濃度為 350ppm。

不同容許濃度之變量係數值如下表：

容許濃度 (ppm or mg/m^3)	變量係數
0 – 未滿 1	3
1 – 未滿 10	2
10 – 未滿 100	1.5
100 – 未滿 1000	1.25
1000 以上	1

試回答下列問題：

一、該勞工全程工作日之時量平均暴露濃度為多少 ppm？

二、試評估該作業勞工之三氯乙烷暴露是否符合規定？　【44-05】

解 一、由於 C_2(2460mg/m^3) 與 C_1(340ppm)、C_3(100ppm) 單位不一致，故須先轉換為 ppm。

$$C(ppm)=\frac{C(mg/m^3)\times 24.45}{\text{氣狀有害物之分子量}}$$

$$=\frac{2460mg/m^3\times 24.45}{133.5}$$

$$=450.54(ppm)$$

$$\text{時量平均暴露濃度 TWA}=\frac{C_1\times t_1+C_2\times t_2+\cdots+C_n\times t_n}{t_1+t_2+\cdots+t_n}$$

$$TWA_{10}=\frac{(340\times 4)+(450.54\times 1)+(100\times 5)}{(4+1+5)}$$

$$=231.05(ppm)$$

∴該勞工全程工作日之時量平均濃度為 231.05ppm。

二、評估該作業勞工之三氯乙烷暴露是否符合規定，由於勞工工作日暴露為 10 小時，須轉換成 8 小時，才能與 8 小時容許濃度作比較：

$$TWA_8\text{小時} = \frac{TWA_t \times t(\text{小時})}{8(\text{小時})}$$

$$= \frac{231.05 \times 10}{8}$$

$$= 288.81(ppm)$$

其值小於 PEL-TWA(350ppm)；8 小時日時量平均容許濃度 TWA 符合規定。

● PEL-STEL = PEL-TWA× 變量係數

變量係數表如下：

容許濃度 (ppm or mg/m³)	0- 未滿 1	1- 未滿 10	10- 未滿 100	100- 未滿 1000	1000 以上
變量係數	3	2	1.5	1.25	1

短時間時量平均容許濃度標準 PEL-TWA× 變量係數 = 350×1.25 = 437.5ppm 比較 C_1、C_2、C_3 及 PEL-STEL 結果 C_2(450.54ppm) 大於 PEL-STEL(437.5 ppm)，此短時間時量平均容許暴露濃度不符合規定，故評估此作業勞工之三氯乙烷暴露不符合規定。

6

有一位勞工每日 8 小時工作內於 A 作業場所工作 1.5 小時，B 作業場所工作 2 小時，C 作業場所工作 2.5 小時，D 作業場所工作 2 小時，而在 A、B、C、D 作業場所皆有甲、乙、丙三種有害物質，其中甲物質容許濃度為 100ppm，乙物質容許濃度為 150ppm，丙物質容許濃度為 200ppm，各場所時量平均濃度如下表所示，若以相加效應評估，該勞工之暴露是否符合法令規定？【27-05】

	A(1.5hr)	B(2hr)	C(2.5hr)	D(2hr)
甲	50	0	120	0
乙	60	90	0	120
丙	0	100	0	50

解 甲有害物成分之濃度 $= \dfrac{(50\times1.5)+(120\times2.5)}{8} = 46.88(ppm)$

乙有害物成分之濃度 $= \dfrac{(60\times1.5)+(90\times2)+(120\times2)}{8} = 63.75(ppm)$

丙有害物成分之濃度 $= \dfrac{(100\times2)+(50\times2)}{8} = 37.50(ppm)$

暴露濃度總和 $= \dfrac{TWAa}{PEL\text{-}TWAa} + \dfrac{TWAb}{PEL\text{-}TWAb} + \dfrac{TWAc}{PEL\text{-}TWAc} + \cdots$

※ 其總和大於 1 時，即屬超出容許暴露濃度

TWA：有害物成分之濃度

PEL-TWA：有害物成分之容許濃度

∵ 甲物質容許濃度為 100ppm，乙物質容許濃度為 150ppm，丙物質容許濃度為 200ppm，甲有害物成分之濃度 46.88ppm，乙有害物成分之濃度 63.75ppm，丙有害物成分之濃度 37.50ppm。

∴ 暴露濃度總和 $= \dfrac{TWA_{甲}}{PEL\text{-}TWA_{甲}} + \dfrac{TWA_{乙}}{PEL\text{-}TWA_{乙}} + \dfrac{TWA_{丙}}{PEL\text{-}TWA_{丙}}$

$= \dfrac{46.88}{100} + \dfrac{63.75}{150} + \dfrac{37.50}{200}$

$= 1.0813$

其總和大於 1，故超出容許濃度之規定，故該勞工暴露不符合法令規定。

計算機操作範例：

計算式：$\dfrac{46.88}{100} + \dfrac{63.75}{150} + \dfrac{37.50}{200} = 1.0813$

計算機機型	計算機操作說明
CASIO fx82SOLAR	[(…] 46.88 [÷] 100 […)] [+] [(…] 63.75 [÷] 150 […)] [+] [(…] 37.50 [÷] 200 […)] [=]
AURORA SC600	[(] 46.88 [÷] 100 [)] [+] [(] 63.75 [÷] 150 [)] [+] [(] 37.50 [÷] 200 [)] [=]

7

如已知丙酮之 8 小時日時量平均容許濃度為 750ppm，丙酮分子量 58，有一位勞工 8 小時全程連續多樣本採樣，其採樣條件及分析結果如下：

一、請計算該勞工暴露於丙酮全程工作之時量平均濃度為多少 mg/m³？

二、說明該勞工之暴露是否符合勞工作業場所容許暴露標準之規定？

【74-05-02】

樣本序	採樣起迄時間	在 25°C，1atm 之採樣流率 (mL/min)	實驗室分析所得丙酮質量 (mg)
1	08:00 ～ 10:10	60	13.0
2	10:10 ～ 12:00	70	12.7
3	13:00 ～ 17:00	70	31.0

容許濃度 (ppm 或 mg/m³)	變量係數
0 - 未滿 1	3
1 - 未滿 10	2
10 - 未滿 100	1.5
100 - 未滿 1000	1.25
1000 以上	1

解 一、濃度 $C(mg/m^3) = \dfrac{\text{化學物質之重量 } W(mg)}{\text{採樣體積 } V(m^3)}$

$$= \dfrac{\text{化學物質之重量 } W(mg)}{\text{採樣流率 } Q(cm^3/min) \times 10^{-6}(m^3/cm^3) \times \text{ 採樣時間 } t(min)}$$

又∵ $1mL = 1cm^3$

$$\therefore C_1(mg/m^3) = \dfrac{13.0(mg)}{60(cm^3/min) \times 10^{-6}(m^3/cm^3) \times 130(min)} = 1666.67(mg/m^3)$$

$$C_2(mg/m^3) = \dfrac{12.7(mg)}{70(cm^3/min) \times 10^{-6}(m^3/cm^3) \times 110(min)} = 1649.35(mg/m^3)$$

$$C_3(mg/m^3) = \dfrac{31.0(mg)}{70(cm^3/min) \times 10^{-6}(m^3/cm^3) \times 240\ (min)} = 1845.24(mg/m^3)$$

∵時量平均暴露濃度 $TWA = \dfrac{C_1 \times t_1 + C_2 \times t_2 + \cdots + C_n \times t_n}{t_1 + t_2 + \cdots + t_n}$

∴此丙酮時量平均暴露濃度：

$$TWA_{\text{時量均平均時間 8hr}} = \dfrac{(1666.67 \times 130)+(1649.35 \times 110)+(1845.24 \times 240)}{(130+110+240)}$$

$$= \dfrac{216667.1+181428.5+442857.6}{480}$$

$$= 1751.99(mg/m^3)$$

故該勞工暴露於丙酮全程工作之時量平均濃度為 1751.99mg/m³。

二、因勞工暴露於丙酮全程工作之時量平均濃度 1751.99 mg/m³，

其 ppm 為 $\frac{1751.99\text{mg/m}^3 \times 24.45}{58} = 738.55(\text{ppm})$

小於丙酮之八小時日時量平均容許濃度 750(ppm)。

$$C_1(\text{ppm}) = \frac{1666.67\text{mg/m}^3 \times 24.45}{58} = 702.59(\text{ppm})$$

$$C_2(\text{ppm}) = \frac{1649.35\text{mg/m}^3 \times 24.45}{58} = 695.29(\text{ppm})$$

$$C_3(\text{ppm}) = \frac{1845.24\text{mg/m}^3 \times 24.45}{58} = 777.86(\text{ppm})$$

比較 C_1、C_2、C_3 之值均小於丙酮短時間時量平均容許濃度 750ppm×1.25 = 937.5ppm，故此勞工之暴露符合勞工作業場所容許暴露標準之規定。

勞工作業場所容許暴露標準（民國 107 年 03 年 14 日修正）《附表一修正說明》

編號	中文名稱	英文名稱	化學式	容許濃度		化學文摘社號碼（CAS No）	備註
				ppm	mg/m³		
4	丙酮	Acetone	$(CH_3)_2CO$	200	475	67-64-1	第二種有機溶劑

丙酮屬第二種有機溶劑且應用範圍廣泛，為保護作業勞工避免暴露過量丙酮，造成眼睛、皮膚及呼吸道刺激症狀與可能之中樞神經系統損害，爰參考先進國家之規定及勞研所之建議，修正丙酮（編號：4）之容許濃度：200ppm。

計算機操作範例：

計算式：$\frac{13.0}{60 \times 10^{-6} \times 130} = 1666.67$

計算機機型	計算機操作說明
CASIO fx82SOLAR	13 ÷ [(… 60 × 10 X^Y 6 +/- × 130 …)] =
AURORA SC600	13 ÷ (60 × 10 Y^X 6 +/- × 130) =

8 若經作業環境測定後，勞工平均甲苯及丁酮之暴露結果如下：

採樣時間	甲苯 (mg/m³)	丁酮 (mg/m³)
8：00 － 10：30	322	216
10：30 － 12：00	204	283
13：00 － 15：00	368	216
15：00 － 18：00	255	179

已知：甲苯及丁酮之分子量分別為 92 及 72，甲苯及丁酮之 8 小日時量平均容許濃度分別為 100ppm 及 200ppm，試問：在該場所工作之勞工，其暴露是否符合法令之規定？（請列出計算過程） 【65-05-02】

解 時量平均暴露濃度 $TWA = \dfrac{C_1 \times t_1 + C_2 \times t_2 + \cdots + C_n \times t_n}{t_1 + t_2 + \cdots + t_n}$

$$TWA_{甲苯} = \frac{(322 \times 150)+(204 \times 90)+(368 \times 120)+(255 \times 180)}{(150+90+120+180)}$$

$$= \frac{48300+18360+44160+45900}{540}$$

$$= 290.22(mg/m^3)$$

$$TWA_{甲苯}(ppm) = \frac{TWA(mg/m^3) \times 24.45}{氣狀有害物之分子量}$$

$$= \frac{290.22(mg/m^3) \times 24.45}{92}$$

$$= 77.13(ppm)$$

$$甲苯\ TWA_8\ 小時 = \frac{TWA_t \times t(小時)}{8(小時)}$$

$$= \frac{77.13 \times 9}{8}$$

$$= 86.77ppm$$

$$TWA_{丁酮} = \frac{(216 \times 150)+(283 \times 90)+(216 \times 120)+(179 \times 180)}{(150+90+120+180)}$$

$$= \frac{32400+25470+25920+32220}{540}$$

$$= 214.83(mg/m^3)$$

$$TWA_{丁酮}(ppm) = \frac{TWA(mg/m^3) \times 24.45}{氣狀有害物之分子量}$$

$$= \frac{214.83(mg/m^3) \times 24.45}{72}$$

$$= 72.95(ppm)$$

$$丁酮\ TWA_8\ 小時 = \frac{TWA_t \times t(小時)}{8(小時)}$$

$$= \frac{72.95 \times 9}{8}$$

$$= 82.07ppm$$

● $暴露濃度總和 = \frac{TWA_a}{PEL\text{-}TWA_a} + \frac{TWA_b}{PEL\text{-}TWA_b} + \frac{TWA_c}{PEL\text{-}TWA_c} + \cdots$

(※ 其總和大於 1 時，即屬超出容許暴露濃度)

$$暴露濃度總和 = \frac{TWA_{甲苯}}{PEL\text{-}TWA_{甲苯}} + \frac{TWA_{丁酮}}{PEL\text{-}TWA_{丁酮}} + \cdots$$

$$= \frac{86.77}{100} + \frac{82.07}{200}$$

$$= 0.87+0.41$$

$$= 1.28$$

∴該場所工作之勞工，其暴露濃度總和 1.28 大於 1，故不符合法令之規定。

9

某中級作業環境測定人員利用活性碳管，以 100 mL/min 之速率採集作業場所空氣中某有機蒸氣 (分子量為 100) 50 分鐘。經送認可實驗室分析後得知其量為 5 mg。已知採樣現場的溫度為 27°C，壓力為 750 mmHg。

試問：在工作現場此有機溶劑的濃度為多少 mg/m³ ？及多少 ppm ？ (請列出計算過程) 【68-05-01】

解 ∵ 現場採樣體積 $V_{Ts,Ps}(m^3)$ = 採樣流率 $Q(cm^3/min) \times 10^{-6}(m^3/cm^3) \times$ 採樣時間 t (min)

又∵ $1mL = 1cm^3$

$$∴現場採樣體積\ V_{Ts,Ps}(m^3) = 100(cm^3/min) \times 10^{-6}(m^3/cm^3) \times 50(min)$$

$$= 5000 \times 10^{-6}(m^3)$$

$$= 5 \times 10^{-3}(m^3)$$

標準採樣體積 $V_{NTP}(m^3) = V_{Ts,Ps}(m^3) \times \frac{P_s}{760}(mmHg) \times \frac{(273+25)}{(273+Ts)}(K)$

$= 5 \times 10^{-3}(m^3) \times \frac{750}{760}(mmHg) \times \frac{(273+25)}{(273+27)}$

$= 4.9 \times 10^{-3}(m^3)$

工作現場此有機溶劑的濃度如下：

$C(mg/m^3) = \frac{\text{化學物質之重量 } W(mg)}{\text{採樣體積 } V(m^3)}$

$= \frac{5(mg)}{4.9 \times 10^{-3}(m^3)}$

$= 1020.41\ (mg/m^3)$

$C(ppm) = \frac{C(mg/m^3) \times 24.45}{\text{氣狀有害物之分子量}}$

$= \frac{1020.41(mg/m^3) \times 24.45}{100}$

$= 249.49(ppm)$

所以在工作現場此有機溶劑的濃度為 1020.41mg/m^3，249.49ppm。

計算機操作範例：

計算式：$5 \times 10^{-3} \times \frac{750}{760} \times \frac{(273+25)}{(273+27)} = 0.0049$

計算機機型	計算機操作說明
CASIO fx82SOLAR	5 [×] 10 [X^Y] 3 [+/-] [×] [[(⋯] 750 [÷] 760 [⋯)]] [×] [[(⋯] 273 [+] 25 [⋯)]] [÷] [[(⋯] 273 [+] 27 [⋯)]] [=]
AURORA SC600	5 [×] 10 [Y^X] 3 [+/-] [×] [(] 750 [÷] 760 [)] [×] [(] 273 [+] 25 [)] [÷] [(] 273 [+] 27 [)] [=]

10

某作業場所使用含甲苯 (toluene) 及丁酮 (methyl ethyl ketone，MEK) 混合有機溶劑作業。某日 (溫度為 27°C，壓力為 750mmHg) 對該場所之勞工甲進行暴露評估，其現場採樣及樣本分析結果如下：

採樣設備：計數型流量計 (流速為 100cc/min)+ 活性碳管

採樣編號	採樣時間	樣本分析結果	
		甲苯 (mg)	丁酮 (mg)
1	8：00 － 10：30	2.9	4.0
2	10：30 － 12：00	1.8	2.5
3	13：00 － 15：00	2.4	3.2
4	15：00 － 17：00	3.0	2.1
分子量		92	72
脫附效率 (%)		95	85
八小時日時量平均容許濃度 (ppm)		100	200

已知：採樣現場溫度壓力與校正現場相同

請評估勞工甲的暴露是否符合法令的規定？(需列出計算式否則不予計分)

【52-05】【83-05】

解 ● 現場採樣體積 $V_{Ts,Ps}(m^3)$ = 採樣流率 $Q(cm^3/min) \times 10^{-6}(m^3/cm^3) \times$ 採樣時間 t (min)

$1mg = 1cm^3$

樣本 1 $V_{Ts,Ps}(m^3) = 100(cm^3/min) \times 10^{-6}(m^3/cm^3) \times 150(min) = 15 \times 10^{-3}(m^3)$

樣本 2 $V_{Ts,Ps}(m^3) = 100(cm^3/min) \times 10^{-6}(m^3/cm^3) \times 90(min) = 9 \times 10^{-3}(m^3)$

樣本 3 $V_{Ts,Ps}(m^3) = 100(cm^3/min) \times 10^{-6}(m^3/cm^3) \times 120(min) = 12 \times 10^{-3}(m^3)$

樣本 4 $V_{Ts,Ps}(m^3) = 100(cm^3/min) \times 10^{-6}(m^3/cm^3) \times 120(min) = 12 \times 10^{-3}(m^3)$

● 標準採樣體積 $V_{NTP}(m^3) = V_{Ts,Ps}(m^3) \times \frac{Ps}{760}(mmHg) \times \frac{(273+25)}{(273+Ts)}(K)$

樣本 1 $V_{NTP}(m^3) = 15 \times 10^{-3}(m^3) \times \frac{750}{760}(mmHg) \times \frac{(273+25)}{(273+27)} = 14.7 \times 10^{-3}(m^3)$

樣本 2 $V_{NTP}(m^3) = 9 \times 10^{-3}(m^3) \times \frac{750}{760}(mmHg) \times \frac{(273+25)}{(273+27)} = 8.8 \times 10^{-3}(m^3)$

樣本 3 $V_{NTP}(m^3) = 12 \times 10^{-3}(m^3) \times \frac{750}{760}(mmHg) \times \frac{(273+25)}{(273+27)} = 11.76 \times 10^{-3}(m^3)$

樣本 4 $V_{NTP}(m^3) = 12 \times 10^{-3}(m^3) \times \dfrac{750}{760}(mmHg) \times \dfrac{(273+25)}{(273+27)} = 11.76 \times 10^{-3}(m^3)$

● 濃度 $C(mg/m^3) = \dfrac{\text{化學物質之重量 } W(mg)}{\text{脫附效率 }(\%) \times \text{ 採樣體積 } V(m^3)}$

$$C_{\text{甲苯}1}(mg/m^3) = \frac{2.9(mg)}{95(\%) \times 14.7 \times 10^{-3}(m^3)} = 207.66(mg/m^3)$$

$$C_{\text{甲苯}2}(mg/m^3) = \frac{1.8(mg)}{95(\%) \times 8.8 \times 10^{-3}(m^3)} = 215.31(mg/m^3)$$

$$C_{\text{甲苯}3}(mg/m^3) = \frac{2.4(mg)}{95(\%) \times 11.76 \times 10^{-3}(m^3)} = 214.82(mg/m^3)$$

$$C_{\text{甲苯}4}(mg/m^3) = \frac{3.0(mg)}{95(\%) \times 11.76 \times 10^{-3}(m^3)} = 268.52(mg/m^3)$$

$$C_{\text{丁酮}1}(mg/m^3) = \frac{4.0(mg)}{85(\%) \times 14.7 \times 10^{-3}(m^3)} = 320.13(mg/m^3)$$

$$C_{\text{丁酮}2}(mg/m^3) = \frac{2.5(mg)}{85(\%) \times 8.8 \times 10^{-3}(m^3)} = 334.22(mg/m^3)$$

$$C_{\text{丁酮}3}(mg/m^3) = \frac{3.2(mg)}{85(\%) \times 11.76 \times 10^{-3}(m^3)} = 320.12(mg/m^3)$$

$$C_{\text{丁酮}4}(mg/m^3) = \frac{2.1(mg)}{85(\%) \times 11.76 \times 10^{-3}(m^3)} = 210.08(mg/m^3)$$

● $C(mg/m^3) = \dfrac{C(ppm) \times \text{ 氣狀有害物之分子量}}{24.45}$

$$C_{\text{甲苯}}(mg/m^3) = \frac{100(ppm) \times 92}{24.45} = 376.28(mg/m^3)$$

$$C_{\text{丁酮}}(mg/m^3) = \frac{200(ppm) \times 72}{24.45} = 588.96(mg/m^3)$$

● 時量平均暴露濃度 $TWA = \dfrac{C_1 \times t_1 + C_2 \times t_2 + \cdots + C_n \times t_n}{t_1 + t_2 + \cdots t_n}$

$$TWA_{\text{甲苯}} = \frac{(207.66 \times 150)+(215.31 \times 90)+(214.82 \times 120)+(268.52 \times 120)}{(150+90+120+120)}$$

$$= \frac{31149+19377.9+25778.4+32222.4}{480}$$

$$= 226.10(mg/m^3)$$

$$TWA_{\text{丁酮}} = \frac{(320.13 \times 150)+(334.22 \times 90)+(320.12 \times 120)+(210.08 \times 120)}{(150+90+120+120)}$$

$$= \frac{48019.5+30079.8+38414.4+25209.6}{480}$$

$$= 295.26(mg/m^3)$$

● 暴露濃度總和 $= \frac{TWA_a}{PEL\text{-}TWA_a} + \frac{TWA_b}{PEL\text{-}TWA_b} + \frac{TWA_c}{PEL\text{-}TWA_c} + \cdots$

(※ 其總和大於 1 時，即屬超出容許暴露濃度)

$$暴露濃度總和 = \frac{TWA_{甲苯}}{PEL\text{-}TWA_{甲苯}} + \frac{TWA_{丁酮}}{PEL\text{-}TWA_{丁酮}}$$

$$= \frac{226.10}{376.28} + \frac{295.26}{588.96}$$

$$= 0.6+0.5$$

$$= 1.1$$

∴經評估後勞工甲的暴露 1.1 大於 1，故不符合法令規定。

計算機操作範例：

計算式：$\frac{2.9}{95(\%)\times 14.7\times 10^{-3}} = 207.66$

計算機機型	計算機操作說明
CASIO fx82SOLAR	2.9 [÷] [[(⋯] 0.95 [×] 14.7 [×] 10 [X^Y] 3 [+/-] [⋯)]] [=]
AURORA SC600	2.9 [÷] [(] 0.95 [×] 14.7 [×] 10 [Y^X] 3 [+/-] [)] [=]

11

某金屬製品工廠主要作業類型包括鑄造、拋光研磨及使用異丙醇（8 小時日時量平均容許濃度 = 400ppm）當作清潔劑，職業衛生管理師為評估廠內勞工危害物質暴露，進行勞工作業環境空氣中異丙醇及結晶型游離二氧化矽濃度之採樣分析，試回答下列問題。（未列出計算結果者該小題全部不予計分，計算結果四捨五入至小數點後 2 位）

一、某一工作天，規劃採集三個異丙醇空氣樣本，採集時間及異丙醇分析濃度分別為 4 小時（300ppm）、2 小時（450ppm）、2 小時（0ppm），則勞工作業場所 8 小時時量平均濃度為何？

二、為確認前項數據，另安排時間再次採樣，採集時間及異丙醇分析濃度分別為 2 小時（350ppm）、2 小時（470ppm）、2 小時（500ppm）、2 小時（320ppm），則勞工作業場所 8 小時時量平均濃度為何？

三、因應旺季需求，工廠要求勞工加班 2 小時，加班日採集時間及異丙醇分析濃度分別為 4 小時（350ppm）、2 小時（450ppm）、2 小時（460ppm）、2 小時（320ppm），則勞工異丙醇暴露是否超過容許濃度標準？

四、欲評估勞工結晶型游離二氧化矽暴露情形，採全程連續多樣本採樣，分析結果如下表，則勞工結晶型游離二氧化矽之暴露是否違反勞工作業場所容許暴露標準？（計算時應計算濃度之 95% 可信度之可信賴下限（$LCL_{95\%}$），並假設結晶型游離二氧化矽採樣分析建議方法之總變異係數 CV_T 值為 13%，Y 為嚴重度 = $\overline{X}$/PEL，X 為樣本濃度，（$LCL_{95\%} = Y - \frac{1.645CV_T}{\sqrt{n}}$，n 為樣本數），空氣中第一種粉塵（可呼吸性粉塵）8 小時日時量容許濃度 = $\frac{10mg/m^3}{\%SiO_2+2}$）【90-05】

採樣時段	採樣時間（小時）	採樣體積（立方公尺）	可呼吸性粉塵重量（毫克）	可呼吸性粉塵濃度（毫克 / 立方公尺）	樣本中含結晶型游離二氧化矽百分比 (%)
08:30~12:30	4	0.42	0.90	2.14	30
13:30~16:30	3	0.31	0.69	2.23	25
16:30~17:30	1	0.11	0.20	1.82	28
18:00~20:00	2	0.20	0.43	2.15	23
合計	10	1.04	2.22		

解 一、勞工作業場所 8 小時時量平均濃度：

$$TWA = \frac{C_1 \times t_1 + C_2 \times t_2 + \cdots + C_n \times t_n}{t_1 + t_2 + \cdots + t_n}$$

$$= \frac{(300 \times 4) + (450 \times 2) + (0 \times 2)}{(4+2+2)}$$

$$= \frac{1200+900+0}{8}$$

= 262.50(ppm) ※ 計算結果四捨五入至小數點後 2 位

∴勞工作業場所 8 小時時量平均濃度為 262.50ppm。

二、勞工作業場所 8 小時時量平均濃度：

$$TWA = \frac{C_1 \times t_1 + C_2 \times t_2 + \cdots + C_n \times t_n}{t_1 + t_2 + \cdots + t_n}$$

$$= \frac{(350 \times 2) + (470 \times 2) + (500 \times 2) + (320 \times 2)}{(2+2+2+2)}$$

$$= \frac{700+940+1000+640}{8}$$

= 410.00(ppm) ※ 計算結果四捨五入至小數點後 2 位

∴勞工作業場所 8 小時時量平均濃度為 410.00ppm。

三、異丙醇時量平均濃度：

$$TWA = \frac{C_1 \times t_1 + C_2 \times t_2 + \cdots + C_n \times t_n}{t_1 + t_2 + \cdots + t_n}$$

$$= \frac{(350 \times 4) + (450 \times 2) + (460 \times 2) + (320 \times 2)}{(4+2+2+2)}$$

$$= \frac{1400+900+920+640}{10}$$

= 386.00(ppm) ※ 計算結果四捨五入至小數點後 2 位

由於勞工工作日暴露 10 小時，所以須轉換成 8 小時，才能與 8 小時容許濃度比較相當 8 小時日時量平均濃度：

$$TWA_8 \text{小時} = \frac{TWA_t \times t(\text{小時})}{8(\text{小時})}$$

$$= \frac{386.00 \times 10}{8}$$

= 482.50(ppm) ※ 計算結果四捨五入至小數點後 2 位

$$\text{暴露濃度} = \frac{TWA}{PEL} = \frac{482.50}{400} = 1.21$$

其值大於 1，故此勞工異丙醇暴露超過容許濃度標準，不符合法令規定。

四、濃度 $C(mg/m^3) = \dfrac{化學物質之重量\ W(mg)}{採樣體積\ V(m^3)}$

$$= \frac{2.22(mg)}{1.04(m^3)}$$

$$= 2.14(mg/m^3)$$

由於勞工工作日暴露 10 小時，需轉換成相當 8 小時日時量平均濃度：

$$\overline{X} = \frac{C(mg/m^3) \times 10(\text{小時})}{8(\text{小時})}$$

$$= \frac{2.14(mg/m^3) \times 10(\text{小時})}{8(\text{小時})}$$

$= 2.68(mg/m^3)$ ※ 計算結果四捨五入至小數點後 2 位

整體採樣樣本中結晶型游離二氧化矽約佔為：

$$\frac{(30\% + 25\% + 28\% + 23\%)}{4} = 26.50\%$$

其 PEL 容許濃度為：$\dfrac{10mg/m^3}{\%SiO_2+2} = \dfrac{10mg/m^3}{26.50+2} = 0.35mg/m^3$

∵嚴重度 $Y = \overline{X} \div PEL = 2.68 \div 0.35 = 7.66$；總變異係數 $CV_T = 13\%\ (0.13)$；樣本數 $n = 4$

$$\therefore LCL_{95\%} = Y - \frac{1.645CV_T}{\sqrt{n}}$$

$$= 7.66 - \frac{1.645 \times 0.13}{\sqrt{4}}$$

$$= 7.66 - \frac{0.21385}{2}$$

$$= 7.66 - 0.11$$

$= 7.55$ (大於 1) ※ 計算結果四捨五入至小數點後 2 位

當 $LCL_{95\%}$ 大於 1 時為不符合，所以此勞工結晶型游離二氧化矽之暴露濃度超過勞工作業場所容許暴露標準。

12 勞工甲在機械工廠使用丙酮及 1- 溴丙烷從事零組件清潔作業，某日針對勞工甲之作業場所實施作業環境監測之結果如下表：

時間	丙酮濃度 (ppm)	1- 溴丙烷濃度 (ppm)
08:30-10:30	60	0.02
10:30-12:30	65	0.01
13:30-15:30	55	0.07
15:30-18:00	290	0.1

已知：

1. 作業環境監測是在 1atm、25°C 之條件下進行。
2. 丙酮及 1- 溴丙烷之 8 小時日時量平均容許濃度分別為 475mg/m³ 及 0.5ppm；丙酮分子量為 58。
3. 丙酮及 1- 溴丙烷相互間效應非屬相乘效應或獨立效應。

不同容許濃度之變量係數如下表：

容許濃度	變量係數
未滿 1	3
1 以上，未滿 10	2
10 以上，未滿 100	1.5
100 以上，未滿 1000	1.25
1000 以上	1

請回答以下問題：(四捨五入至小數點後第 3 位，需寫出計算或評估過程)

一、丙酮之 8 小時日時量平均容許濃度如以 ppm 表示，其數值為多少？
二、勞工全程工作日暴露丙酮之時量平均濃度為多少 ppm ？
三、勞工暴露 1- 溴丙烷之相當 8 小時日時量平均濃度為多少 ppm ？
四、請評估勞工作業場所之危害暴露是否符合規定。【98-05】

解 參考解答：$ppm = \dfrac{mg/m^3 \times 24.45}{\text{氣狀有害物之分子量}}$

時量平均暴露濃度計算公式：$TWA = \dfrac{C_1 \times t_1 + C_2 \times t_2 + \cdots + C_n \times t_n}{t_1 + t_2 + \cdots + t_n}$

$$\text{暴露濃度總和} = \frac{TWAa}{PEL\text{-}TWAa} + \frac{TWAb}{PEL\text{-}TWAb} + \frac{TWAc}{PEL\text{-}TWAc} + \cdots$$

一、$ppm_{\text{丙酮}} = \dfrac{475mg/m^3 \times 24.45}{58} = 200.237(ppm)$

二、丙酮 $TWA_{8.5} = \dfrac{(60\times2)+(65\times2)+(55\times2)+(290\times2.5)}{(2+2+2+2.5)}$

$= \dfrac{120+130+110+725}{8.5}$

$= 127.647(ppm)$

三、1-溴丙烷 $TWA_{8.5} = \dfrac{(0.02\times2)+(0.01\times2)+(0.07\times2)+(0.1\times2.5)}{(2+2+2+2.5)}$

$= \dfrac{0.04+0.02+0.14+0.25}{8.5}$

$= 0.053(ppm)$

$\because TWA_{8(\text{小時})} = \dfrac{TWAt\times t(\text{小時})}{8(\text{小時})}$

$\therefore$ 1-溴丙烷 $TWA_8 = \dfrac{0.053\times8.5}{8} = 0.056(ppm)$

四、$\because$ 丙酮 $TWA_8 = \dfrac{127.647\times 8.5}{8} = 135.625(ppm)$

$PEL\text{-}STEL_{\text{丙酮}} = 200.237ppm\times1.25 = 250.296ppm$

作業環境空氣中有二種以上有害物存在而其相互間效應非屬於相乘效應或獨立效應時，應視為相加效應，並依下列規定計算，其總和大於 1 時，即屬超出容許濃度。

$$\text{暴露濃度總和} = \frac{TWA_{\text{丙酮}}}{PEL\text{-}TWA_{\text{丙酮}}} + \frac{TWA_{1\text{-溴丙烷}}}{PEL\text{-}TWA_{1\text{-溴丙烷}}}$$

$= \dfrac{135.625}{200.237} + \dfrac{0.056}{0.5}$

$= 0.677+0.112$

$= 0.789(ppm)$

其暴露濃度總和 0.789ppm 小於 1，未超出容許濃度之規定，但 15:30-18:00 丙酮短時間時量暴露濃度 290ppm 大於 PEL-STEL 短時間時量平均容許濃度 250.296ppm($\dfrac{290ppm}{250.296ppm} = 1.159$ 大於 1)，故該勞工暴露不符合法令規定。

6-2 噪音危害

- 測定勞工 8 小時日時量平均音壓級時，應將 80 分貝以上之噪音以增加 5 分貝降低容許暴露時間一半之方式納入計算。

- 穩定性噪音容許暴露時間之 5 分貝原理，又稱 5 分貝減半率，每增加 5 分貝，容許暴露時間減半，$T = \dfrac{8}{2^{(L-90)/5}}$。

- 容許暴露時間 $T = \dfrac{8}{2^{(L-90)/5}}$

  T：容許暴露時間 (hr)

  L：噪音壓級 (dB)

  勞工暴露之噪音音壓級及其工作日容許暴露時間如下列對照表：

工作日容許暴露時間 (小時)	32	16	8	6	4	3	2	1	1/2	1/4
A 權噪音音壓級 (dBA)	80	85	90	92	95	97	100	105	110	115

- 噪音劑量與音壓級換算計算

  t 小時時量平均音壓級 (L_{TWA}) $= 16.61 \log \dfrac{100 \times D}{12.5 \times t} + 90$(dBA)

  D： 暴露劑量

  t ： 總工作暴露時間 hr

  勞工噪音暴露之 8 小時日時量平均音壓級 (L_{TWA8}) $= 16.61 \log D + 90$(dBA)

- 勞工工作日暴露於二種以上之連續性或間歇性音壓級之噪音時，其暴露劑量之計算方法為：

公式

$$D = \frac{t_1}{T_1} + \frac{t_2}{T_2} + \cdots + \frac{t_n}{T_n}$$

(其和大於 1 時，即屬超出容許暴露劑量)。

t ：工作者於工作日暴露某音壓級之時間 (hr)

T ：暴露該音壓級相對應的容許暴露時間 (hr)

(D) ≦ 1 符合法規；(D) ＞ 1 不符合法規

自由音場距離衰減公式

點音源：$L_P = L_I = L_W - 20 \times \log r - 11$

線音源：$L_P = L_I = L_W - 10 \times \log r - 8$

半自由音場距離衰減公式

點音源：$L_P = L_I = L_W - 20 \times \log r - 8$

線音源：$L_P = L_I = L_W - 10 \times \log r - 5$

L_P、L_I 及 L_W 表示聲音壓力位準、聲音強度位準及聲音功率位準；r：表示離噪音源之距離。

(在常溫常壓下 $L_P = L_I$)

音壓級距離衰減

點音源：$L_{P2} = L_{P1} - 20 \log \frac{r_2}{r_1}$

線音源：$L_{P2} = L_{P1} - 10 \log \frac{r_2}{r_1}$

面音源：無距離衰減

※ r_1 及 r_2 表示離噪音源不同之距離

聲音功率位準 (音功率級) $L_w(dB) = 10 \log \frac{W}{W_0}$

W：聲音音功率 (watt)

W_0：基準音功率 = 10^{-12}Watt

聲音強度位準 (音強度級) $L_I(dB) = 10 \log \frac{I}{I_0}$；$I_0 = 10^{-12}\ W/m^2$ 為基準強度

聲音壓力位準 (音壓力級) $L_P(dB) = 20 \log \frac{P}{P_0}$；$P_0 = 20\mu P_a = 2 \times 10^{-5} P_a$ 為基準音壓

噪音相加速算法 L1 ≧ L2，則噪音相加值 = L1+ 修正值。

L1-L2	0,1	2~4	5~9	10~
修正值	3	2	1	0

聲音合成相減 $L = 10\log(10^{L1/10}-10^{L2/10})$

聲音合成相和 $L = 10\log\sum_{i=1}^{n}10^{L1/10} = 10\log(10^{L1/10}+10^{L2/10}+\cdots+10^{Ln/10})$

平均音量 $Lavg = 10\log【\frac{1}{n}(10^{L1/10}+10^{L2/10}+\cdots+10^{Ln/10})】$

八音度頻率之上、下頻率之計算公式

$f_c = \sqrt{f_1 f_2}$；$f_2 = 2f_1$

f_c：噪音計中心頻率；f_1：下限頻率；f_2：上限頻率。

1 某勞工工作場所，經測定其噪音之暴露如下：

時間	噪音類別	測定值
08：00~12：00	穩定性	90dBA
13：00~16：00	變動性	噪音劑量：40%
16：00~18：00	穩定性	85dBA

試回答下列問題：

一、 全程工作日之時量平均音壓級為何？

二、 暴露之 8 小時日時量平均音壓級為多少分貝？

三、 該勞工之噪音暴露是否符合法令之規定？（請說明判定之理由）

【69-05】

解 一、$T = \frac{8}{2^{(L-90)/5}}$；T：容許暴露時間 (hr)；L：噪音壓級 (dB)

$T_1 = \frac{8}{2^{(90-90)/5}} = 8$

$D_2 = 0.4$

$T_3 = \frac{8}{2^{(85-90)/5}} = 16$

$D = \frac{t_1}{T_1} + \frac{t_2}{T_2} + \cdots + \frac{t_n}{T_n}$

t ： 工作者於工作日暴露某音壓級之時間 (hr)

T ： 暴露該音壓級相對應的容許暴露時間 (hr)

(D) ≦ 1 符合法規；(D) ＞ 1 不符合法規

$$D = \frac{t_1}{T_1} + \frac{t_2}{T_2} + \frac{t_3}{T_3}$$

$$= \frac{4}{8} + 0.4 + \frac{2}{16} = 1.025$$

勞工全程工作日之時量平均音壓級：

$$L_{TWA} = 16.61 \log \frac{100 \times D}{12.5 \times t} + 90$$

$$= 16.61 \log \frac{100 \times 1.025}{12.5 \times 9} + 90 = 89.33(dBA)$$

∴該勞工全程工作日之時量平均音壓級 89.33dBA。

二、該勞工噪音暴露 8 小時日時量平均音壓級：

$$L_{TWA} = 16.61 \log \frac{100 \times D}{12.5 \times t} + 90$$

$$= 16.61 \log \frac{100 \times 1.025}{12.5 \times 8} + 90$$

$$= 90.18(dBA)$$

∴該勞工噪音暴露 8 小時日時量平均音壓級 90.18 dBA。

三、依法令規定，當總暴露劑量＞ 1(或 100%) 時，則表示該勞工暴露之噪音作業場所已經超過法令規定。

此題之勞工的噪音暴露劑量為 102.5% ＞ 100%，故為不符合法令規定。

計算機操作範例：

計算式：$\frac{8}{2^{(90-90)/5}} = 8$

計算機機型	計算機操作說明
CASIO fx82SOLAR	8 [÷] 2 [X^Y] [[(…] [[(…] 90 [-] 90 […)]] [÷] 5 […)]] [=]
AURORA SC600	8 [÷] 2 [Y^X] [(] [(] 90 [-] 90 [)] [÷] 5 [)] [=]

2 某一勞工每日工作 8 小時，其噪音暴露如下：

暴露時間	暴露情況
08：00~12：00	穩定性噪音 90dBA
13：00~16：00	變動性噪音劑量 60%
16：00~17：00	未暴露

試回答下列問題：

一、該勞工全程工作日之噪音暴露劑量為？

二、相當之音壓級為何？

三、該勞工在有噪音暴露時間內時量平均音壓級為多少分貝？【60-05-01】

解 一、$T=\frac{8}{2^{(L-90)/5}}$；T：容許暴露時間 (hr)；L：噪音壓級 (dB)

$T_1=\frac{8}{2^{(90-90)/5}}=8$

$D_2=0.6$

$D=\frac{t_1}{T_1}+\frac{t_2}{T_2}+\cdots+\frac{t_n}{T_n}$

t ：工作者於工作日暴露某音壓級之時間 (hr)

T ：暴露該音壓級相對應的容許暴露時間 (hr)

(D) ≦ 1 符合法規；(D) ＞ 1 不符合法規

$D=\frac{t_1}{T_1}+\frac{t_2}{T_2}$

$=\frac{4}{8}+0.6$

$=1.1(110\%)$

∴該勞工全程工作日之噪音暴露劑量為 110%

二、相當之音壓級：

$L_{TWA8}=16.61\log\frac{100\times D}{12.5\times t}+90$

$=16.61\log\frac{100\times 1.1}{12.5\times 8}+90$

$=90.69(dBA)$

∴相當之音壓級為 90.69dBA

三、時量平均音壓級：

$$L_{TWA7} = 16.61 \log \frac{100 \times D}{12.5 \times t} + 90$$

$$= 16.61 \log \frac{100 \times 1.1}{12.5 \times 7} + 90$$

$$= 91.65(dBA)$$

∴時量平均音壓級 91.65dBA

計算機操作範例：

計算式：$16.61 \log \frac{100 \times 1.1}{12.5 \times 8} + 90 = 90.69$

計算機機型	計算機操作說明
CASIO fx82SOLAR	100 × 1.1 ÷ [(··· 12.5 × 8 ···)] = log × 16.61 + 90 =
AURORA SC600	100 × 1.1 ÷ (12.5 × 8) = log × 16.61 + 90 =

3

一工作場所只有 3 個 95 分貝之噪音源，此 3 個噪音音源緊密接於工作場所 A 區域，P 點位於 A 區域距離噪音源直線距離 5 公尺，B 場所距離噪音源 50 公尺 (P 點位於噪音源與 B 區域之間，且不考慮 B 區域周界範圍大小，採點計)，場所配置如下圖，一勞工工作時間分配如下表。

試計算：

一、3 個 95 分貝噪音源之合成音壓級 (可利用參考表格 1 計算)

二、勞工一天工作 8 小時之暴露劑量。(有效位數計算至小數點後 2 位)

三、勞工一天工作 8 小時之日時量平均音壓級。(有效位數計算至小數點後 2 位)

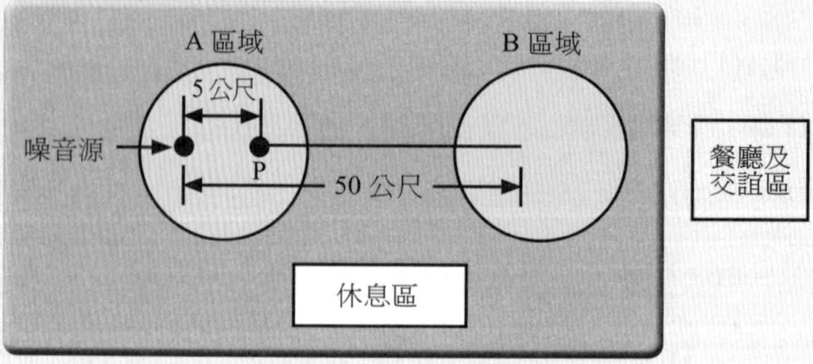

【81-05】

勞工作業活動區域	工作起迄時間	量測音壓
A 區	8:00am~9:00am	未實施噪音測試，假設此 3 個噪音音源於工作場所 A 區域造成均勻之音場，採 3 個噪音源之合成音壓計算評估
休息室休息	9:00am~9:15am	85 分貝
B 區	9:15am~12:15pm	未實施噪音測試，採 P 點與 B 區噪音傳播距離衰減方式計算評估
餐廳用餐及交誼廳午休	12:15pm~1:15pm	60 分貝
B 區	1:15pm~3:15pm	未實施噪音測試，採 P 點與 B 區噪音傳播距離衰減方式計算評估
休息室休息	3:15pm~3:30pm	85 分貝
A 區	3:30pm~5:00pm	未實施噪音測試，假設此 3 個噪音音源於工作場所 A 區域造成均勻之音場，採 3 個噪音源之合成音壓計算評估
下班	5:00pm~	

附件：參考表格及公式

2 個音源差異	為計算合成音量之較高音源增加量
0~1 分貝	3 分貝
2~4 分貝	2 分貝
5~9 分貝	1 分貝
10 分貝	0 分貝

參考公式 1：$L_{P2} = L_{P1} + 20\log\frac{r_1}{r_2}$

公式 2：$TWA = 16.61\log(D)+90$

公式 3：$T = \frac{8}{2^{(L-90)/5}}$

解　一、3 個 95 分貝噪音源之合成音壓級：

95-95 = 0 (查表格 1 得知增加 3 分貝) 即 95 + 3 = 98

98-95 = 3 (查表格 1 得知增加 2 分貝) 即 98 + 2 = 100

∴ 3 個 95 分貝噪音源之合成音壓級為 100 分貝

二、$T=\frac{8}{2^{(L-90)/5}}$；T：容許暴露時間 (hr)；L：噪音壓級 (dB)

- $t_1 = 1$ (8:00am~9:00am)

  3 個 95 分貝噪音源之合成音壓級為 100 分貝

  $T_1=\frac{8}{2^{(100-90)/5}}=2$

- $t_2 = 15/60 = 0.25$ (9:00am~9:15am)

  休息室休息測量音壓為 85 分貝

  $T_2=\frac{8}{2^{(85-90)/5}}=16$

- $t_3 = 3$ (9:15am~12:15pm)

  採 P 點與 B 區噪音傳播距離衰減方式計算

  $\rightarrow L_{P2}=L_{P1}+20\log\frac{r_1}{r_2}=100+20\log\frac{5}{50}=80$(分貝)

  $T_3=\frac{8}{2^{(80-90)/5}}=32$

- 餐廳用餐及交誼廳午休 12:15pm~1:15pm → 60 分貝 (80 分貝 (含) 以上才列入計算，60 分貝不列入統計)

- $t_4 = 2$ (1:15pm~3:15pm)

  採 P 點與 B 區噪音傳播距離衰減方式計算

  $\rightarrow L_{P2}=L_{P1}+20\log\frac{r_1}{r_2}=100+20\log\frac{5}{50}=80$(分貝)

  $T_4=\frac{8}{2^{(80-90)/5}}=32$

- $t_5 = 15/60 = 0.25$ (3:15pm~3:30pm)

  休息室休息測量音壓為 85 分貝

  $T_5=\frac{8}{2^{(85-90)/5}}=16$

- $t_6 = 90/60 = 1.5$(3:30pm~5:00pm)

  3 個 95 分貝噪音源之合成音壓級為 100 分貝

  $T_6=\frac{8}{2^{(100-90)/5}}=2$

- 下班 5:00pm~ → 0

$\because$ 暴露劑量 $D = \frac{t_1}{T_1} + \frac{t_2}{T_2} + \cdots + \frac{t_n}{T_n}$

t ： 工作者於工作日暴露某音壓級之時間 (hr)

T ： 暴露該音壓級相對應的容許暴露時間 (hr)

(D) ≦ 1 符合法規；(D) ＞ 1 不符合法規

$$\therefore D = \frac{t_1}{T_1} + \frac{t_2}{T_2} + \frac{t_3}{T_3} + \frac{t_4}{T_4} + \frac{t_5}{T_5} + \frac{t_6}{T_6}$$

$$= \frac{1}{2} + \frac{0.25}{16} + \frac{3}{32} + \frac{2}{32} + \frac{0.25}{16} + \frac{1.5}{2}$$

$$= 0.5+0.015625+0.09375+0.0625+0.015625+0.75$$

$$\fallingdotseq 1.44$$

因題意有效位數計算至小數點後 2 位，故勞工一天工作 8 小時之暴露劑量 D 應為 1.44。

三、勞工一天工作 8 小時之日時量平均音壓級：

$$TWA = 16.61 \log(D)+90$$

$$= 16.61 \log 1.44+90$$

$$= 92.63$$

因題意有效位數計算至小數點後 2 位，故勞工一天工作 8 小時之日時量平均音壓級為 92.63 分貝。

4

設某工作場所有一穩定性噪音源（為點音源）。該場所為半自由音場，且音源發出之功率為 0.1 瓦 (Watt)。試回答下列問題：

一、該音源之音功率 (Sound power level, L_w) 為多少分貝？（請列出計算過程）

二、有一勞工在距離音源 4 公尺處作業，則在常溫常壓下，理論上的音壓級 (Sound pressure level, L_p) 為多少分貝？（請列出計算過程）

三、若該勞工每日在該處作業 8 小時，則其暴露劑量為多少？（請列出計算過程）

提示：log2 = 0.3；音準音功率為 10^{-12}

$$L_W = 10 \log \frac{W}{W_0}$$

$$L_P = L_W - 20 \log r - 8$$

$$T = \frac{8}{2^{(L-90)/5}}$$

【46-05】【50-04-02】【57-05】【66-05】【78-05】

解 一、$L_W = 10 \log \frac{W}{W_0} (W_0 = 10^{-12} W)$

$= 10 \log \frac{0.1}{10^{-12}}$

$= 10 \log 10^{11}$

$= 110(dB)$

∴該音源之音功率級為 110 分貝。

二、於半自由音場中：$L_I = L_W - 20 \log r - 8$

在常溫常壓下 $L_I = L_P$

$L_P = L_W - 20 \log r - 8$

$= 110 - 20 \log 4 - 8$

$= 110 - 20 \times 0.6 - 8$

$= 90(dB)$

∴若在距離音源 4 公尺勞工作業位置測定時，理論上音壓級為 90 分貝。

三、$T = \frac{8}{2^{(L-90)/5}}$；T：容許暴露時間 (hr)；L：噪音壓級 (dB)

$T = \frac{8}{2^{(90-90)/5}} = 8$

$D = \frac{t}{T}$

t ： 工作者於工作日暴露某音壓級之時間 (hr)

T ： 暴露該音壓級相對應的容許暴露時間 (hr)

(D) ≦ 1 符合法規；(D) ＞ 1 不符合法規

$D = \frac{t}{T}$

$= \frac{8}{8}$

$= 1(100\%)$

∴該勞工每日在該處作業 8 小時，則其暴露劑量為 100%。

5 **有四部機器其噪音分別為 82 分貝、83 分貝、84 分貝、86 分貝，若這四部機器一起運轉，試求其噪音和為多少分貝？而平均噪音為多少分貝？**

解 噪音和 $L = 10\log(10^{L1/10}+10^{L2/10}+\cdots+10^{Ln/10})$

$= 10\log(10^{8.2}+10^{8.3}+10^{8.4}+10^{8.6})$

$= 90.03$(分貝)

平均噪音 $L_{avg} = 10\log【\frac{1}{n}(10^{L1/10}+10^{L2/10}+\cdots+10^{Ln/10})】$

$= 10\log【\frac{1}{4}(10^{8.2}+10^{8.3}+10^{8.4}+10^{8.6})】$

$= 84.01$(分貝)

∴其噪音和為 90.03 分貝；平均噪音為 84.01 分貝

6 某工作場所噪音頻譜分析結果如下：

八頻帶中心頻率 Hz	31.5	63	125	250	500	1000	2000	4000	8000	16000
音壓級 dB	90	90	93	95	100	102	105	105	70	80
A 權衡校正	-39	-26	-16	-9	-3	0	+1	+1	-1	-7

試計算該場所之 A 權衡音壓級。

提示：聲音級合成概算表

L1-L2	0~1	2~4	5~9	10
加值	3	2	1	0

【63-05-01】

解 先將八頻帶中心頻率所對應之音壓級予以校正，校正結果如下表：

八頻帶中心頻率 Hz	31.5	63	125	250	500	1000	2000	4000	8000	16000
音壓級 dB	90	90	93	95	100	102	105	105	70	80
校正值	-39	-26	-16	-9	-3	0	+1	+1	-1	-7
校正後音壓級 dB(A)	51	64	77	86	97	102	106	106	69	73

噪音相加速算法 L1 ≧ L2，則噪音相加值 = L1+ 修正值。

先將校正後音壓級由低排至高：51、64、69、73、77、86、97、102、106、106

利用聲音級合成概算表計算之 A 權衡音壓級如下：

(1) 64dBA – 51dBA = 13dBA (查聲音級合成概算表音壓級被加值為 0dBA)

即 64dBA+0dBA = 64dBA

(2) 69dBA – 64dBA = 5dBA (查聲音級合成概算表音壓級被加值為 1dBA)

即 69dBA+1dBA = 70dBA

(3) 73dBA – 70dBA = 3dBA (查聲音級合成概算表音壓級被加值為 2dBA)

即 73dBA+2dBA = 75dBA

(4) 77dBA – 75dBA = 2dBA (查聲音級合成概算表音壓級被加值為 2dBA)

即 77dBA+2dBA = 79dBA

(5) 86dBA – 79dBA = 7dBA(查聲音級合成概算表音壓級被加值為 1dBA)

即 86dBA+1dBA = 87dBA

(6) 97dBA – 87dBA = 10dBA(查聲音級合成概算表音壓級被加值為 0dBA)

即 97dBA+0dBA = 97dBA

(7) 102dBA – 97dBA = 5dBA(查聲音級合成概算表音壓級被加值為 1dBA)

即 102dBA+1dBA = 103dBA

(8) 106dBA – 103dBA = 3dBA(查聲音級合成概算表音壓級被加值為 2dBA)

即 106dBA+2dBA = 108dBA

(9) 108dBA – 106dBA = 2dBA(查聲音級合成概算表音壓級被加值為 2dBA)

即 108dBA+2dBA = 110dBA

∴該場所之 A 權衡音壓級約為 110 dBA

7 某工作場所噪音頻譜分析結果如下：試計算 A 權衡電網。 【11-02】

中心頻率 (Hz)	31.5	63	125	250	500	1000	2000	4000	6000	8000
dB(F)	90	80	90	60	80	70	50	80	102	100
校正值	–39	–26	–16	–9	–3	0	1	1	–1	–1

解 先將中心頻率所對應之音壓級予以校正，校正結果如下表：

中心頻率 (Hz)	31.5	63	125	250	500	1000	2000	4000	6000	8000
SPL(F)	90	80	90	60	80	70	50	80	102	100
校正值	–39	–26	–16	–9	–3	0	1	1	–1	–1
校正後音壓級 dB (A)	51	54	74	51	77	70	51	81	101	99

因此 A 權衡電網 (dBA)

L(噪音和) = $10 \log \Sigma_{i=1}^{n} 10^{Li/10} = 10 \log (10^{L1/10}+10^{L2/10}+\cdots+10^{Ln/10})$

$= 10 \log (10^{5.1}+10^{5.4}+10^{7.4}+10^{5.1}+10^{7.7}+10^{7}+10^{5.1}+10^{8.1}+10^{10.1}+10^{9.9})$

= 103.17dB

計算機操作範例：

計算式：$10\log(10^{5.1}+10^{5.4}+10^{7.4}+10^{5.1}+10^{7.7}+10^{7}+10^{5.1}+10^{8.1}+10^{10.1}+10^{9.9}) = 103.17$

計算機機型	計算機操作說明
CASIO fx82SOLAR	10 [X^Y] 5.1 [+] 10 [X^Y] 5.4 [+] 10 [X^Y] 7.4 [+] 10 [X^Y] 5.1 [+] 10 [X^Y] 7.7 [+] 10 [X^Y] 7 [+] 10 [X^Y] 5.1 [+] 10 [X^Y] 8.1 [+] 10 [X^Y] 10.1 [+] 10 [X^Y] 9.9 [=] log [×] 10 [=]
AURORA SC600	10 [Y^X] 5.1 [+] 10 [Y^X] 5.4 [+] 10 [Y^X] 7.4 [+] 10 [Y^X] 5.1 [+] 10 [Y^X] 7.7 [+] 10 [Y^X] 7 [+] 10 [Y^X] 5.1 [+] 10 [Y^X] 8.1 [+] 10 [Y^X] 10.1 [+] 10 [Y^X] 9.9 [=] log [×] 10 [=]

8

試回答下列問題：

一、列出計算式，計算噪音計中心頻率為 2000HZ 的八音度頻率上、下限頻率。【85-05-04】

二、列出計算式，說明距離線噪音源 4 公尺時之噪音，較距離相同音源 2 公尺時之噪音會減少多少 dB ？若為點噪音源，則距離由 2 公尺變為 8 公尺時，噪音會減少多少 dB ？【85-05-05】

解 一、八音度頻率之上、下頻率之計算公式：

$f_c = \sqrt{f_1 f_2}$；$f_2 = 2f_1$；

$\rightarrow f_c = \sqrt{2}\, f_1$；$f_2 = \sqrt{2}\, f_c$

f_c：噪音計中心頻率，$f_c = 2000\text{Hz}$；

f_1：下限頻率；

f_2：上限頻率。

$f_2 = \sqrt{2}\, f_c$

$= \sqrt{2} \times 2000$

$= 1.414 \times 2000$

$= 2828\ (\text{Hz})$

又 $\because f_2 = 2f_1$；則 $f_1 = \dfrac{1}{2} f_2$

$\therefore f_1 = \dfrac{1}{2} \times 2828 = 1414(\text{Hz})$

故中心頻率 2000HZ 的八音度頻率其上限頻率為 2828HZ；下限頻率為 1414HZ。

補充說明：

$f_c = \sqrt{f_1 \times 2f_1} = \sqrt{2}\, f_1$

兩邊乘於 $\sqrt{2}$

$\rightarrow \sqrt{2}\, f_c = \sqrt{2} \times \sqrt{2}\, f_1$

$\rightarrow \sqrt{2}\, f_c = 2f1$ ($\because$ f2 = 2f1)

$\rightarrow \sqrt{2}\, f_c = f_2$

二、自由音場距離衰減公式：

線音源：$L_P = L_I = L_W - 10 \times \log r - 8$

點音源：$L_P = L_I = L_W - 20 \times \log r - 11$

L_P、L_I 及 L_W 表示聲音壓力位準、聲音強度位準及聲音功率位準；

r：表示離噪音源之距離。(在常溫常壓下 $L_P = L_I$)

※ 當距音源距離由 $r_1 \rightarrow r_2$ 時，其線音源為 $10 \log \frac{r_2}{r_1}$，公式源由下：

$L_{P1} = L_W - 10 \times \log r_1 - 8$

$L_{P2} = L_W - 10 \times \log r_2 - 8$

$\rightarrow L_{P1} - L_{P2} = (L_W - 10 \times \log r_1 - 8) - (L_W - 10 \times \log r_2 - 8)$

$= -10 \times \log r_1 + 10 \times \log r_2$

$= 10 \times \log r_2 - 10 \times \log r_1 (\because \log A - \log B = \log \frac{A}{B})$

$= 10 \log \frac{r_2}{r_1}$

※ 當距音源距離由 $r_1 \rightarrow r_2$ 時，其點音源為 $20 \log \frac{r_2}{r_1}$，公式源由下：

$L_{P1} = L_W - 20 \times \log r_1 - 11$

$L_{P2} = L_W - 20 \times \log r_2 - 11$

$\rightarrow L_{P1} - L_{P2} = (L_W - 20 \times \log r_1 - 11) - (L_W - 20 \times \log r_2 - 11)$

$= -20 \times \log r_1 + 20 \times \log r_2$

$= 20 \times \log r_2 - 20 \times \log r_1 (\because \log A - \log B = \log \frac{A}{B})$

$= 20 \log \frac{r_2}{r_1}$

※ 設 $L_{P1} - L_{P2}$ 為 $\triangle L_I$，且 $r_2 > r_1$ 時：

1. 線音源：$\triangle L_I = 10 \log \frac{r_2}{r_1}$ (將 $r_1 = 2$；$r_2 = 4$ 代入公式中)

$\triangle L_I = 10 \log \frac{4}{2}$

$= 10 \times 0.30$

$= 3$ (dB)

∴距離線噪音源 4 公尺時之噪音，較距離相同音源 2 公尺時之噪音會減少 3 dB。

2. 點音源：$\triangle L_I = 20 \log \frac{r_2}{r_1}$（將 $r_1 = 2$；$r_2 = 8$ 代入公式中）

$$\triangle L_I = 20 \log \frac{8}{2}$$
$$= 20 \times 0.60$$
$$= 12\ (dB)$$

∴若為點噪音源，則距離由 2 公尺變為 8 公尺時，噪音會減少 12dB。

9

一、某工廠內有一固定噪音源，在距離其 0.8 公尺處量測得音壓位準為 105 dB，而甲員工在距離此固定噪音源 8 公尺處之工作台，試計算下列問題：【93-5】

1. 若單純考慮距離所造成之聲音衰減，則甲員工可能接受到此固定噪音源之音壓位準為多少 dB ？（請寫出計算過程否則不予計分）
2. 承上題，若此員工同步在工作台進行石材研磨，測得研磨所產生之噪音為 87dB，若單純考慮兩噪音源之合併影響，請問甲員工在工作台接受到兩噪音源之總音壓位準為多少 dB ？（請寫出計算過程否則不予計分）

二、某勞工於穩定性音源工作場所工作 10 小時，經戴用噪音劑量計測得噪音暴露 2 小時的劑量為 20%。請回答下列問題：

1. 該勞工工作日 8 小時日時量平均音壓級為多少分貝？（請寫出計算過程否則不予計分）
2. 該作業是否屬於勞工健康保護規則所稱之特別危害健康作業？（請說明理由否則不予計分）
3. 依職業安全衛生設施規則規定，請列出此勞工之雇主對於相似作業之勞工，應採取之 4 項措施。

解 一、1. 音壓級距離衰減：

點音源：$L_{P2} = L_{P1} - 20 \log(\frac{r_2}{r_1})$（$\because r_1 = 0.8$；$r_2 = 8$）

$$= 105 - 20 \log(\frac{8}{0.8})$$
$$= 85(dB)$$

2. 甲員工在工作台接受到兩噪音源之總音壓位準計算如下：

$$Lp(\text{噪音和}) = 10 \log(10^{L1/10} + 10^{L2/10} + \cdots + 10^{Ln/10})$$
$$= 10 \log(10^{85/10} + 10^{87/10})$$

$= 10\log(10^{8.5} + 10^{8.7})$

$= 89$(分貝)

二、1. $D = \frac{t}{T}$

t：工作者於工作日暴露某音壓級之時間 (hr)

T：暴露該音壓級相對應的容許暴露時間 (hr)

$D = \frac{t}{T} \rightarrow T = \frac{t}{D}$ ($\because D = 0.2(20\%)$；$t = 2$)

$\therefore T = \frac{2}{0.2} = 10(hr)$

勞工工作日 8 小時之噪音暴露劑量：

$\because T = 10$；$t = 8$

$\therefore D = \frac{t}{T} = \frac{8}{10} = 0.8$

噪音暴露 8 小時日時量平均音壓級：

$L_{TWA} = 16.61\log\frac{100\times D}{12.5\times t} + 90$

$= 16.61\log\frac{100\times 0.8}{12.5\times 8} + 90$

$= 88.39$(分貝)

2. 因該勞工工作日 8 小時日時量平均音壓級 88.39 dbA 大於 85 dBA，勞工噪音暴露工作日 8 小時日時量平均音壓級在 85 分貝以上之噪音作業，是屬於勞工健康保護規則所稱之特別危害健康作業。

3. 依職業安全衛生設施規則第 300-1 條規定，雇主對於勞工 8 小時日時量平均音壓級超過 85 分貝或暴露劑量超過 50% 之工作場所，應採取下列聽力保護措施，作成執行紀錄並留存 3 年：

(1) 噪音監測及暴露評估。

(2) 噪音危害控制。

(3) 防音防護具之選用及佩戴。

(4) 聽力保護教育訓練。

(5) 健康檢查及管理。

(6) 成效評估及改善。

10

某高度為 2 公尺之機械放置於 20m×10m×4m 室內靠牆之地面，房屋地板 / 天花板為混凝土，牆為磚造構成，機械產生的音功率為 103 分貝，今有一勞工於距離該機械 2 公尺處作業，已知地板及天花板之聲音吸收係數為 0.02，磚牆之聲音吸收係數為 0.04。試回答下列問題：

一、此房間總共能吸收的聲音 (total room sound absorption) 為多少平方米沙賓 (m^2 Sabin)？

(提示：A = Σ Siαi； S：表面積；α：聲音吸收係數)

二、此房間的平均吸音係數為何？(提示：αm ＝ A / S)

三、室常數 (room constant, R) 為何？(提示：R ＝ A/(1- αm))

四、在此房內作業勞工接受到的音壓級為多少分貝？

(提示：Lp ＝ Lw +10log (D/4(πr^2)+ 4/R)； D：音源方向係數)

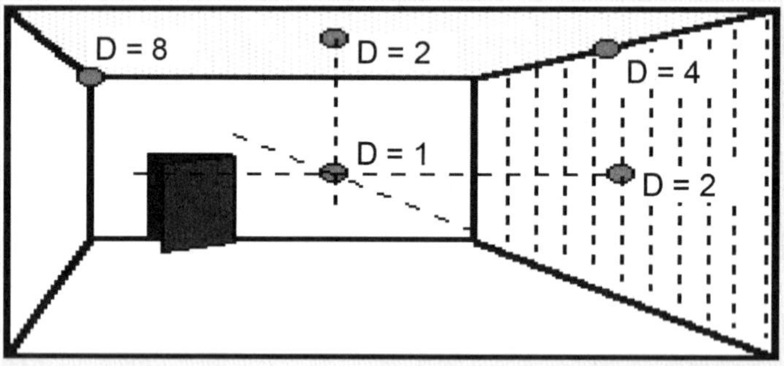

（上圖為與音源方向係數相關之資料，圖中出入口門的材質與尺寸忽略不計）

五、若將此作業勞工移至同室但距機械 10 公尺處作業，則該勞工所接受到的 音壓級可減少多少分貝？【95-05】

解 一、此房間總共能吸收的聲音：A ＝ ΣSiαi

A ＝ ΣSiαi

＝ (長 × 寬 × 天花板聲音吸收係數)+ (長 × 寬 × 地板聲音吸收係數)+ (長 × 高 ×2× 磚牆聲音吸收係數)+(寬 × 高 ×2× 磚牆聲音吸收係數)

＝ (20×10×0.02)+ (20×10×0.02)+(20×4×2×0.04)+(10×4×2×0.04)

＝ 4+4+6.4+3.2

＝ 17.6(m^2 Sabin)

二、∵室內之總表面積：$S = \Sigma Si$

$S = \Sigma Si$

$= (長 \times 寬 \times 2) + (長 \times 高 \times 2) + (寬 \times 高 \times 2)$

$= (20 \times 10 \times 2) + (20 \times 4 \times 2) + (10 \times 4 \times 2)$

$= 400+160+80$

$= 640$

又∵ $A = 17.6$

$$\therefore \alpha m = \frac{A}{S} = \frac{17.6}{640} = 0.0275$$

故此房間的平均吸音係數為 0.0275

三、∵ Λ － 17.6；αm － 0.0275

$$\therefore 室常數 R = \frac{A}{1-\alpha m}$$

$$= \frac{17.6}{1-0.0275}$$

$$= 18.10$$

故室常數為 18.10。

四、$D = 2$；$r = 2$

∴此房內作業勞工接受到的音壓級：

$$L_p = L_w + 10 \log 【\frac{2}{4 \times (\pi r^2)} + \frac{4}{R}】$$

$$= 103 + 10 \log 【\frac{2}{4 \times (3.14 \times 2^2)} + \frac{4}{18.10}】$$

$$= 103 + 10 \log 【0.04 + 0.22】$$

$$= 103 + 10 \log 0.26$$

$= 97.15$ (分貝)

故在此房內作業勞工接受到的音壓級 97.15 分貝。

五、D ＝ 2；r ＝ 10

$$L_p = L_w + 10\log【\frac{2}{4\times(\pi r^2)} + \frac{4}{R}】$$

$$= 103 + 10\log【\frac{2}{4\times(3.14\times 10^2)} + \frac{4}{18.10}】$$

$$= 103 + 10\log【0.002 + 0.22】$$

$$= 103 + 10\log 0.222$$

$$= 96.46(分貝)$$

∴ 97.15(分貝) - 96.46(分貝) ＝ 0.69(分貝)

故若將此作業勞工移至同室但距機械 10 公尺處作業，則該勞工所接受到的音壓級可減少約 0.69 分貝。

6-3 通風與換氣

- 每一勞工佔有之氣積＝$\frac{\text{室內容積(長×寬×高)}}{\text{勞工人數}}$

- 職業安全衛生設施規則第 312 條規定，雇主對於勞工工作場所應使空氣充分流通，必要時，應依下列規定以機械通風設備換氣：

一、 應足以調節新鮮空氣、溫度及降低有害物濃度。

二、 其換氣標準如下：

工作場所每一勞工所佔立方公尺數	未滿 5.7	5.7 以上 未滿 14.2	14.2 以上 未滿 28.3	28.3 以上
每分鐘每一勞工所需之新鮮空氣之立方公尺數	0.6 以上	0.4 以上	0.3 以上	0.14 以上

- 職業安全衛生設施規則第 309 條規定，雇主對於勞工經常作業之室內作業場所，除設備及自地面算起高度超過 4 公尺以上之空間不計外，每一勞工原則上應有 10 立方公尺以上之空間。

- 有機溶劑中毒預防規則規定，整體換氣裝置之換氣能力及其計算方法：

第一種有機溶劑或其混存物之換氣能力，每分鐘之換氣量＝0.3×W(g/hr)

第二種有機溶劑或其混存物之換氣能力，每分鐘之換氣量＝0.04×W(g/hr)

第三種有機溶劑或其混存物之換氣能力，每分鐘之換氣量＝0.01×W(g/hr)

W：作業時間內一小時之有機溶劑或其混存物之消費量

鉛中毒預防規則規定軟焊作業每勞工應有之必要換氣量 $1.67m^3/min(100m^3/hr)$。

$$Q(m^3/min) = \frac{100(m^3/hr)}{60(hr/min)} \times N$$

Q：必要換氣量 (m^3/min)

N：此從事軟焊作業勞工人數

鉛中毒預防規則規定，設置整體換氣裝置之換氣量，應為每一從事鉛作業勞工平均每分鐘 1.67 立方公尺以上。

換氣量 $Q\ (m^3/min) = 1.67(m^3/min) \times N$

Q：必要換氣量 (m^3/min)

N：此從事軟焊作業勞工人數

整體換氣必要換氣量 Q，與污染有害物消費量 W(g/hr) 成正比，與控制濃度 C(ppm) 成反比。

$$換氣量\ Q = \frac{24.45 \times 10^3 \times W}{60 \times C(ppm) \times M}\ (M：有害物之分子量)$$

Q：換氣量 (m^3/min)

W：有害物消費量 (g/hr)

C：有害物控制濃度 (ppm)

M：有害物之分子量

為避免火災爆炸之法規換氣量 $Q = \dfrac{24.45 \times 10^3 \times W}{60 \times 0.3 \times LEL(\%) \times 10^4 \times M}$

Q：換氣量 (m^3/min)

M：有害物之分子量

W：有害物消費量 (g/hr)

LEL：爆炸下限 (%)

理論防爆換氣量 $Q = \dfrac{24.45 \times 10^3 \times W}{60 \times LEL(\%) \times 10^4 \times M}$

Q：換氣量 (m^3/min)

M：有害物之分子量

W：有害物消費量 (g/hr)

LEL：爆炸下限 (%)

- 防爆換氣量 $Q = \dfrac{24.45 \times 10^3 \times G \times K}{60 \times LEL(\%) \times 10^4 \times M}$

  Q：換氣量 (m^3/min)

  G：蒸發量 (g/hr)

  K：安全係數

  LEL：爆炸下限 (%)

  M：分子量

- 有機溶劑或其混存物之容許消費量，依下表之規定計算：

有機溶劑或其混存物之種類	有機溶劑或其混存物之容許消費量
第一種有機溶劑或其混存物	容許消費量 $= \dfrac{1}{15} \times$ 作業場所之氣積
第二種有機溶劑或其混存物	容許消費量 $= \dfrac{2}{5} \times$ 作業場所之氣積
第三種有機溶劑或其混存物	容許消費量 $= \dfrac{3}{2} \times$ 作業場所之氣積
(1) 表中所列作業場所之氣積不含超越地面 4 公尺以上高度之空間。 (2) 容許消費量以公克為單位，氣積以立方公尺為單位計算。 (3) 氣積超過 150 立方公尺者，概以 150 立方公尺計算。	

- 每小時每人戶外空氣之換氣量 (m^3/hr) $Q = \dfrac{K}{(p-q)} \times 10^6$

  K：二氧化碳產生量 (m^3/hr)

  p：二氧化碳容許濃度 (ppm)

  q：戶外二氧化碳濃度 (ppm)

- 換氣次數 N(次 /hr) $= \dfrac{Q\ (m^3/hr)}{V\ (m^3/\text{人次})}$ (V：每勞工所佔空間 m^3/ 人次)

- 風速 V(m/s) $= 4.04\sqrt{P_V(mmH_2O)}$

- 全壓 = 靜壓 + 動壓〔$P_T = P_S + P_v$〕　全壓 = 靜止時 (動壓 = 0) 的靜壓

- 氣罩應有足夠排氣量 (Q,m^3/min)，以吸引污染有害物進入氣罩內，排氣量之計算依氣罩型式選用適當之計算公式，其包圍及崗亭式排氣量計算公式：

  Q (m^3/min) = 60AV

  A：氣罩開口面面積 (m^2)

  V：氣罩開口面平均風速 (m/s)

其外裝型氣罩側方吸引圓形或長方形 (氣罩開口無凸緣) 排氣量計算公式：

$Q(m^3/min) = 60V(10X^2+A)$

V：吸引風速 (m/s)

X：控制點至氣罩開口之距離 (m)

A：氣罩開口面積 (m^2)

氣罩置於桌面 (工作台) 或地板上，則所需排氣量減少為排氣量計算公式：

$Q(m^3/min) = 60V(5X^2+L \times W)$

V：吸引風速 (m/s)

X：控制點至氣罩開口之距離 (m)

L：導管的長度 (m)

W：導管的寬度 (m)

排風機定律公式：

第一定律：$\frac{Q_1}{Q_2} = \frac{N_1}{N_2}$ 【Q：風量 (m^3/min)；N：轉速 (rpm)】

第二定律：$\frac{P_1}{P_2} = (\frac{N_1}{N_2})^2$【P：壓力 ($mmH_2O$)；N：轉速 (rpm)】

第三定律：$\frac{L_1}{L_2} = (\frac{N_1}{N_2})^3$【L：動力 (KW)；N：轉速 (rpm)】

氣罩壓力損失係數：

$F = \frac{P_R}{P_{V2}}$ ；$F = \frac{1-Ce^2}{Ce^2}$

F：氣罩壓力損失係數

P_R：氣罩之壓力損失

P_{V2}：連接氣罩導管之動壓

Ce：氣罩之流入係數

氣罩之流入係數：

$Ce^2 = \frac{P_{V2}}{|P_{S2}|}$

Ce：氣罩之流入係數

P_{S2}：連接氣罩導管之靜壓

P_{V2}：連接氣罩導管之動壓

1

某事業單位工作場所長為 40 公尺、寬為 24 公尺、高為 5 公尺，有 160 位勞工在該場所工作，試問：

一、若該工作場所未使用有害物從事作業，今欲以機械通風設備實施換氣以維持勞工之舒適度及二氧化碳濃度時，依職業安全衛生設施規則規定，其換氣量至少應為多少 m^3/min ？

註：下表為以機械通風設備換氣時，依職業安全衛生設施規則規定應有之換氣量。

工作場所每一勞工所佔立方公尺數	未滿 5.7	5.7 以上 未滿 14.2	14.2 以上 未滿 28.3	28.3 以上
每分鐘每一勞工所需之新鮮空氣之立方公尺數	0.6 以上	0.4 以上	0.3 以上	0.14 以上

二、若該事業單位內使用丙酮 (分子量為 58) 為溶劑，則：

1. 若勞工每日在依有機溶劑中毒預防規則規定，其容許消費量應為何？
2. 若該場所每日 8 小時丙酮的消費量為 20kg，為預防勞工發生丙酮中毒危害，在 25°C，一大氣壓下裝設整體換氣裝置為控制設備時，其理論上欲控制在八小時日時量平均為容許濃度以下之最小換氣量應為何？ (已知丙酮之八小時日時量平均容許濃度為 200ppm。 【58-05】

解 一、依職業安全衛生設施規則第 309 條規定：雇主對於勞工經常作業之室內作業場所，除設備及自地面算起高度超過四公尺以上之空間不計外，每一勞工原則上應有十立方公尺以上之空間，所以此題之高度以四公尺計算：

$$每一勞工佔有之氣積 = \frac{室內容積(長 \times 寬 \times 高)}{勞工人數}$$

$$= \frac{40(m) \times 24(m) \times 4(m)}{160(人)}$$

$$= 24(m^3/人)$$

∵每一勞工所佔氣積 $24m^3$/ 人介於 14.2 至 28.3 m^3，每人應有 0.3 m^3/min 之換氣量

∴其換氣量 Q = 160(人)×0.3 (m^3/min · 人) = 48(m^3/min)

故依職業安全衛生設施規則規定，其換氣量至少應 $48m^3/min$。

二、 1. 有機溶劑中毒預防規則規定，有機溶劑或其混存物之容許消費量，依下表規定計算：

有機溶劑或其混存物之種類	有機溶劑或其混存物之容許消費量
第一種有機溶劑或其混存物	容許消費量 $= \frac{1}{15} \times$ 作業場所之氣積
第二種有機溶劑或其混存物	容許消費量 $= \frac{2}{5} \times$ 作業場所之氣積
第三種有機溶劑或其混存物	容許消費量 $= \frac{3}{2} \times$ 作業場所之氣積
(1) 表中所列作業場所之氣積不含超越地面 4 公尺以上高度之空間。 (2) 容許消費量以公克為單位，氣積以立方公尺為單位計算。 (3) 氣積超過 150 立方公尺者，概以 150 立方公尺計算。	

∵丙酮為第二種有機溶劑，且又因丙酮作業場所氣積為

$40(m) \times 24(m) \times 4(m) = 3840m^3 > 150m^3$

∴以 $150m^3$ 來計算

$$容許消費量 (g) = \frac{2}{5} \times 150(m^3) = 60(g)$$

故勞工每日在依有機溶劑中毒預防規則規定，其容許消費量應為 60g。

2. $$W = \frac{20(kg) \times 1000(g/kg)}{8(hr)} = 2,500g/hr$$

$$Q = \frac{24.45 \times 10^3 \times W}{60 \times C(ppm) \times M}$$

$$= \frac{24.45 \times 10^3 \times 2500}{60 \times 200 \times 58}$$

$$= 87.82m^3/min$$

故其理論上欲控制在 8 小時日時量平均為容許濃度以下之最小換氣量應為 $87.82m^3/min$。

2

一、某一工作場所未使用有害物從事作業，該場所長、寬、高各為 15 公尺、6 公尺、4 公尺，勞工人數 50 人，如欲以機械通風設備實施換氣以調節新鮮空氣及維持勞工之舒適度，依職業安全衛生設施規則規定，其換氣量至少應為多少 m^3/min ？

註：下表為以機械通風設備換氣時，依職業安全衛生設施規則規定應有之換氣量。

工作場所每一勞工所佔立方公尺數	未滿 5.7	5.7 以上 未滿 14.2	14.2 以上 未滿 28.3	28.3 以上
每分鐘每一勞工所需之新鮮空氣之立方公尺數	0.6 以上	0.4 以上	0.3 以上	0.14 以上

二、同一工作場所若使用正己烷從事作業，正己烷每日 8 小時作業之消費量為 30 公斤，依有機溶劑中毒預防規則附表規定，雇主設置之整體換氣裝置之換氣能力應為多少 m^3/min ？（正己烷每分鐘換氣量換氣能力乘積係數為 0.04）【76-05】

解 一、依職業安全衛生設施規則規定，其換氣量至少應為：

$$每一勞工佔有之氣積 = \frac{室內容積(長 \times 寬 \times 高)}{勞工人數}$$

$$= \frac{15(m) \times 6(m) \times 4(m)}{50(人)}$$

$$= 7.2\ (m^3/人)$$

∵每一勞工所佔氣積 $7.2m^3/$ 人介於 5.7 至 $14.2m^3$，每人應有 $0.4m^3/min$ 之換氣量

∴其換氣量 $Q = 50(人) \times 0.4\ (m^3/min \cdot 人) = 20(m^3/min)$

故依職業安全衛生設施規則規定，其換氣量至少應 $20m^3/min$。

二、每小時使用之正己烷量 $W = \dfrac{30(kg) \times 1000(g/kg)}{8(hr)} = 3,750(g/hr)$

∵正己烷每分鐘換氣量換氣能力乘積係數為 0.04

∴ $Q = 0.04 \times W = 0.04 \times 3,750 = 150(m^3/min)$。

故此題整體換氣裝置之換氣能力應為 $150m^3/min$。

3

有甲苯自儲槽洩漏於一局限空間作業場所，其作業空間有效空氣換氣體積為30立方公尺，已知每小時甲苯(分子量：92)蒸發量為3500g，甲苯爆炸範圍1.2~7.1%。請回答下列問題：

一、若以新鮮空氣稀釋甲苯蒸氣，維持甲苯蒸氣濃度在爆炸下限百分三十以下(安全係數約等於3)，且達穩定狀態(steady state)時，請問每分鐘需多少立方公尺之換氣量？又，每小時換氣次數為多少？

二、呈上題，若安全係數設為10，需每分鐘多少立方公尺之換氣量？換氣量參考公式 $Q=\dfrac{24.45\times10^3\times G\times K}{60\times LEL\times10^4\times M}$ 【84-05】

解 一、換氣量公式 $Q=\dfrac{24.45\times10^3\times G\times K}{60\times LEL\times10^4\times M}$

Q：換氣量 (m^3/min)

G：蒸發量 (g/hr)

K：安全係數

LEL：爆炸下限 (%)

M：分子量

$$Q=\frac{24.45\times10^3\times3500\times3}{60\times1.2\times10^4\times92}$$

$=3.88(m^3/min)$

換氣次數公式 $N=\dfrac{60\times Q}{V}$

N：換氣次數 (次/hr)

Q：換氣量 (m^3/min)

V：換氣體積 (m^3)

$$N=\frac{60\times3.88}{30}$$

$=7.76$(次/hr)

∴換氣量為 $3.88m^3/min$，而其換氣次數為7.76次/hr

二、安全係數為10時，其換氣量如下：

$$Q=\frac{24.45\times10^3\times3500\times10}{60\times1.2\times10^4\times92}$$

$=12.92(m^3/min)$

∴若安全係數設為10時，每分鐘需有 $12.92m^3/min$ 之換氣量。

4 已知丙酮(分子量為 58)的爆炸下限值 (Lower Explosive Limit, LEL) 為 2.5%，8 小時日時量平均容許濃度為 200ppm。試回答下列各小題：

一、今以可燃性氣體監測器測定空氣中丙酮的濃度時，指針指在 1.6%LEL 的位置。試問此時空氣中丙酮的濃度相當多少 ppm ？

二、若某事業單位作業場所(溫度、壓力分別為 25°C、一大氣壓)丙酮每日 8 小時的使用量為 20kg。今裝設整體換氣裝置作為控制設備時，

1. 為避免發生火災爆炸之危害，依法令規定，其最小通風換氣量為何？
2. 為預防勞工發生丙酮中毒危害時，理論上欲控制在 8 小時日時量平均容許濃度以下的最小換氣量為何？
3. 法令規定，預防勞工丙酮中毒的最小換氣量為何？ 【54-05】

解 一、 ∵丙酮的爆炸下限值 (LEL) 為 2.5%

而 1% = 10,000ppm；2.5% = 25,000ppm

∴ 25,000ppm × 1.6% = 400ppm

故空氣中丙酮的濃度為 400ppm

二、每小時使用之丙酮量 $W = \dfrac{20(kg) \times 1000(g/kg)}{8(hr)} = 2{,}500(g/hr)$

1. 為避免火災爆炸之最小通風量，法令規定換氣量：

$$Q_1 = \frac{24.45 \times 10^3 \times W}{60 \times 0.3 \times LEL(\%) \times 10^4 \times M}$$

$$= \frac{24.45 \times 10^3 \times 2500}{60 \times 0.3 \times 2.5 \times 10^4 \times 58}$$

$$= 2.34(m^3/min)$$

故為避免發生火災爆炸之危害，依法令規定其最小通風換氣量為 $2.34m^3/min$。

2. 為預防勞工引起中毒危害之最小換氣量，理論換氣量：

$$Q_1 = \frac{24.45 \times 10^3 \times W}{60 \times C(ppm) \times M}$$

$$= \frac{24.45 \times 10^3 \times 2500}{60 \times 200 \times 58}$$

$$= 87.82(m^3/min)$$

故為預防勞工發生丙酮中毒危害時，理論上欲控制在 8 小時日時量平均容許濃度以下的最小換氣量為 $87.82m^3/min$。

3. 依有機溶劑中毒預防規則，因丙酮屬第二種有機溶劑，故每分鐘換氣量 = 作業時間內 1 小時之有機溶劑或其混存物之消費量 ×0.04。

∴換氣量 $(Q_3) = 2{,}500 \times 0.04 = 100\ m^3/min$。

故依法令規定，預防勞工丙酮中毒的最小換氣量為 100 m^3/min。

5

若某一場所每日 8 小時有機溶劑丁酮、二氯甲烷、汽油之使用量各為 2kg、lkg、2kg。假設該場所作業時間內有機溶劑均很穩定均勻發散至作業場所空氣中，該場所做規定設置整體換氣裝置作為控制設備，整體換氣裝置之排氣機前圓形導管管徑為 30 公分，經測定排氣機前導管內之動壓為 4mmH_2O，試回答下列各項問題：

一、依法令規定設置之整體換氣量應達多少 m^3/min 以上，始符合法令規定？

二、該整體換氣裝置之實際換氣量為多少 m^3/min。

三、設置之整體換氣裝置之換氣量是否符合法令規定？ 【45-05】

解 一、依有機溶劑中毒預防之規定：

第一種有機溶劑之換氣量 = 0.3 × W(g/hr)

第二種有機溶劑之換氣量 = 0.04 × W(g/hr)

第三種有機溶劑之換氣量 = 0.01 × W(g/hr)

丁酮、二氯甲烷為第二種有機溶劑，其每分鐘之換氣量 = 0.04 × W(g/hr)，

$$Q_{丁酮} = 0.04 \times \frac{2(kg) \times 1000(g/kg)}{8(hr)} = 10(m^3/min)$$

$$Q_{二氯甲烷} = 0.04 \times \frac{1(kg) \times 1000(g/kg)}{8(hr)} = 5(m^3/min)$$

汽油為第三種有機溶劑，其每分鐘整體換氣量 = 0.01 × W(g/hr)

$$Q_{汽油} = 0.01 \times \frac{2(kg) \times 1000(g/kg)}{8(hr)} = 2.5\ (m^3/min)$$

所以該場所之整體換氣量 $10(m^3/min)+5(m^3/min)+2.5(m^3/min) = 17.5(m^3/min)$，故依法令規定設置之整體換氣量應達 $17.5(m^3/min)$ 以上始符合法令規定。

二、由動壓轉為風速之公式：$V(m/s) = 4.04\sqrt{P_V(mmH_2O)}$

$V(m/s) = 4.04\sqrt{4} = 8.08$

$Q(m^3/min) = 60 \times V \times (\pi r^2)$

$= 60 \times 8.08 \times 3.1416 \times (0.15)^2$

$= 34.27(m^3/min)$

三、依法令規定設置之整體換氣量應達 $17.5m^3/min$ 以上始符合法令規定，而實際設置的整體換氣裝置之換氣量為 $34.27m^3/min$，故符合法令規定。

計算機操作範例：

計算式：$4.04\sqrt{4} = 8.08$

計算機機型	計算機操作說明
CASIO fx82SOLAR	4 [SHIFT] [X^2] [×] 4.04 [=]
AURORA SC600	4 [√X] [×] 4.04 [=]

6

某汽車車體工廠使用第 2 種有機溶劑混存物，從事烤漆、調漆、噴漆、加熱、乾燥及硬化作業，試回答下列問題：(請列出計算式)

一、若調漆作業場所設置整體換氣裝置為控制設備，該混存物每日 8 小時的消費量為 20 公斤，依據有機溶劑中毒預防規則規定，設置之整體換氣裝置應具備之換氣能力為多少 m^3/min？

二、若噴漆作業場所設置側邊吸引外裝氣罩式局部排氣裝置為控制設備，該氣罩的長為 40 公分、寬為 20 公分，距離噴漆點的距離為 20 公分，風速為 0.5m/s，請問該氣罩應吸引之風量為多少 m^3/min？

提示：$Q = 60\times Vc\times(5r^2+Lw)$ 【70-05】

解 一、工廠使用第二種有機溶劑混存物，依有機溶劑中毒預防規則，其有機溶劑之換氣量 $= 0.04\times W(g/hr)$

$$Q = 0.04\times\frac{20(kg)\times 1000(g/kg)}{8(hr)} = 100(m^3/min)$$

故依據有機溶劑中毒預防規則規定，設置之整體換氣裝置應具備之換氣能力為 $100m^3/min$。

二、此氣罩的長為 0.4m、寬為 0.2m，距離噴漆點的距離為 0.2m，風速為 0.5m/s，氣罩應吸引之風量公式提示 $Q = 60\times Vc\times(5r^2+Lw)$。

∴此題氣罩應吸引之風量

$$Q = 60\times Vc\times(5r^2+Lw)$$
$$= 60\times 0.5(5\times 0.2^2+0.4\times 0.2)$$
$$= 30\times(0.2+0.08)$$
$$= 8.4(m^3/min)$$

故該氣罩應吸引之風量為 $8.4m^3/min$。

7

一、某有機溶劑作業場所桌面上設有一測邊吸引式外裝型氣罩，長及寬各為 40 公分及 20 公分，作業點距氣罩 20 公分，該處之風速為 0.5m/s，試計算該氣罩對作業點之有效吸引風量為何？（請寫出計算式及過程）

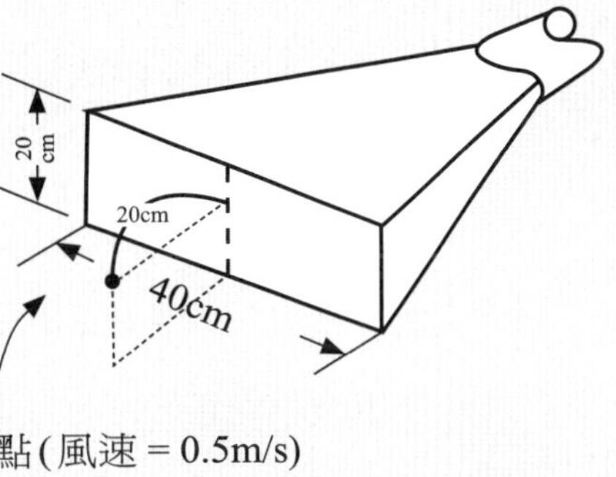

二、一矩形風管大小如下圖所示，實施定期自動檢查時於測定孔位置測得之動壓分別為：

16.24mmH_2O，16.32mmH_2O，16.32mmH_2O，16.12mmH_20，

16.00mmH_2O，16.08mmH_2O，16.40mmH_2O，16.81mmH_2O，

16.24mmH_2O，16.32mmH_2O，16.32mmH_2O，16.12mmH_2O，

16.00mmH_2O，16.08mmH_2O，16.40mmH_2O，16.81mmH_2O，

試計算其輸送之風量為多少 (m^3/min)？

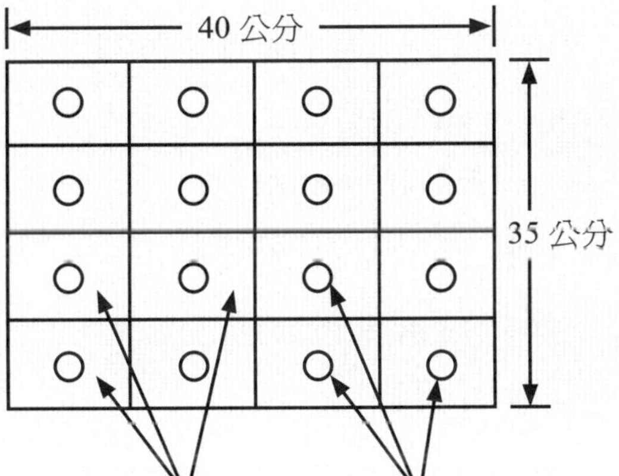

提示：

1. $Q = V_C(5X^2+L \cdot W)$

2. $V_t(m/s) = 4.04\sqrt{P_V(mmH_2O)}$

3. $V_a = \frac{\sum_{i=1}^{n} V_i}{n}$

4. $Q = V_a \cdot L \cdot W$ 【82-05】

解 一、如為無凸緣之外裝式氣罩 $Q = 60Vc(10X^2 + L \times W)$，但如果氣罩置於桌面(工作台)或地板上，則所需排氣量減少為 $Q = 60Vc(5X^2 + L \times W)$。

因為此題氣罩設置於桌面上，故採用公式為 $Q = 60Vc(5X^2 + L \times W)$

風速 (Vc) 為 0.5m/s

作業點距氣罩 (X) 為 0.2m(20cm)

氣罩長 (L) 為 0.4m(40cm)

氣罩寬 (W) 為 0.2m(20cm)

$\therefore Q = 60 \times 0.5 \times【5 \times (0.2)^2 + (0.4 \times 0.2)】$

$= 60 \times 0.5 \times【0.2 + 0.08】$

$= 8.4(m^3/min)$

故該氣罩對作業點之有效吸引風量為 $8.4(m^3/min)$。

二、風速 $V(m/s) = 4.04\sqrt{P_V(mmH_2O)}$

將 16 點動壓帶入可得 16 個風速

V1、V9 = $4.04\sqrt{16.24} = 16.28$

V2、V3、V10、V11 = $4.04\sqrt{16.32} = 16.32$

V4、V12 = $4.04\sqrt{16.12} = 16.22$

V5、V13 = $4.04\sqrt{16.00} = 16.16$

V6、V14 = $4.04\sqrt{16.08} = 16.20$

V7、V15 = $4.04\sqrt{16.40} = 16.36$

V8、V16 = $4.04\sqrt{16.81} = 16.56$

分別為：

16.28、16.32、16.32、16.22

16.16、16.20、16.36、16.56

16.28、16.32、16.32、16.22

16.16、16.20、16.36、16.56

$$Va = \frac{\sum_{i=1}^{n} V_i}{n}$$

$= (16.28+16.32+16.32+16.22+16.16+16.20+16.36+16.56+16.28+16.32$

$+16.32+16.22+16.16+16.20+16.36+16.56) \div 16$

$= 260.84 \div 16$

$= 16.30(m/s)$

所以平均風速為 16.30m/s

公式 風量 $Q = 60Va \times L \times W$

Va 為 16.3m/s；

L 為 0.4m(40cm)；

W 為 0.35m(35cm)

$Q = 60 \times 16.3 \times 0.4 \times 0.35$

$- 136.92(m^3/min)$

故其輸送之風量為 $136.92m^3/min$。

計算機操作範例：

計算式：$4.04\sqrt{16.24} = 16.28$

計算機機型	計算機操作說明
CASIO fx82SOLAR	16.24 [SHIFT] [X^2] [×] 4.04 [=]
AURORA SC600	16.24 [√X] [×] 4.04 [=]

8 某作業場所裝設局部排氣裝置其排風量為 250 m^3/min，壓力損失為 100mmH_2O，排氣機轉數為 375rpm，排氣機動力為 4.5KW，當將排風機轉數調為 450rpm，請試求調整後之排風量、壓力損失、排氣機動力各為多少？

解 以排風機定律公式作運算：

一、排氣量：$\frac{Q_1}{Q_2}=\frac{N_1}{N_2}$【Q：風量 ($m^3$/min)；N：轉速 (rpm)】

$$Q_2 = Q_1 \times \frac{N_2}{N_1}$$

$$= 250 \times \frac{450}{375}$$

$$= 300(m^3/min)$$

二、壓力損失：$\frac{P_1}{P_2}=(\frac{N_1}{N_2})^2$【P：壓力 (mm$H_2O$)；N：轉速 (rpm)】

$$P_2 = P_1 \times (\frac{N_2}{N_1})^2$$

$$= 100 \times (\frac{450}{375})^2$$

$$= 144(mmH_2O)$$

三、排氣機動力：$\frac{L_1}{L_2}=(\frac{N_1}{N_2})^3$【L：動力 (KW)；N：轉速 (rpm)】

$$L_2 = L_1 \times (\frac{N_2}{N_1})^3$$

$$= 4.5 \times (\frac{450}{375})^3$$

$$= 7.78(KW)$$

∴ 調整後之排風量為 300m^3/min、壓力損失為 144mmH_2O、排氣機動力 7.78(KW)。

9

根據下圖所示導管內風扇上下游不同位置測得之空氣壓力（不考慮摩擦損失），請依題意作答各小題：（提示：$V_a = 4.03\sqrt{P_v}$；$P_t = P_S + P_v$）

一、已知在①位置（圓管直徑為 30 公分）測得之動壓（P_{v1}）與靜壓（P_{s1}）均為 $4mmH_2O$：

1. 在①位置的全壓（P_{t1}）是多少 mmH_2O ？
2. 風速是每秒多少公尺（m/sec）？
3. 風量（Q_1）是每分鐘多少立方公尺（m^3/min）？

二、已知在②位置（圓管直徑為 20 公分）：

1. 動壓（P_{v2}）是多少 mmH_2O ？
2. 風速是每秒多少公尺（m/sec）？
3. 風量（Q_2）是每分鐘多少立方公尺（m^3/min）？

三、那一側（①或②位置）是屬於排氣側？ 【91-05】

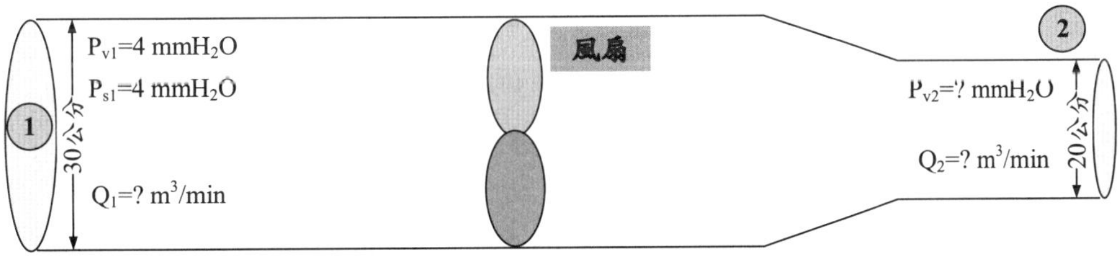

導管內風扇上下游不同位置測得之空氣壓力示意圖

解 一、1. 全壓 (P_{t1}) = 靜壓 (P_{s1}) + 動壓 (P_{v1})

$$= 4mmH_2O + 4mmH_2O$$

$$= 8mmH_2O$$

∴在①位置的全壓 (P_{t1}) 是 $8mmH_2O$

2. 風速 $V_{a1}(m/sec) = 4.03\sqrt{P_{v1}(mmH_2O)}$

$$= 4.03\sqrt{4}$$

$$= 8.06(m/sec)$$

∴風速是 8.06m/sec

3. 風量 $Q(m^3/min) = V($ 風速 $) \times A($ 面積 $)$

$\because A =$ 半徑 $\times$ 半徑 $\times \pi$，半徑 $= 0.3 \div 2 = 0.15$

$\therefore$ 風量 $Q_1(m^3/min) = 60 \times 8.06 \times 0.15 \times 0.15 \times 3.1416$

$= 34.18(m^3/min)$

故風量 (Q_1) 是 34.18 m^3/min。

二、1. 導管斷面積無論大小，其導管的風量相同。

風量 $Q(m^3/min) = V_a($ 風速 $) \times A($ 面積 $)$

$\rightarrow V_{a1}($ 風速 $) \times A_1($ 面積 $) = V_{a2}($ 風速 $) \times A_2($ 面積 $)$

$\rightarrow 4.03\sqrt{P_{v1}(mmH_2O)} \times (r_1)^2 \times \pi = 4.03\sqrt{P_{v2}(mmH_2O)}) \times (r_2)^2 \times \pi$

$(\because r_1($ 半徑 $) = 0.3 \div 2 = 0.15$；$r_2($ 半徑 $) = 0.2 \div 2 = 0.1)$

$\rightarrow \sqrt{P_{v1}(mmH_2O)} \times (r_1)^2 = \sqrt{P_{v2}(mmH_2O)} \times (r_2)^2$

$\rightarrow \sqrt{4} \times (0.15)^2 = \sqrt{P_{v2}(mmH_2O)} \times (0.1)^2$

$\rightarrow P_{v2}(mmH_2O) = (\frac{0.045}{0.01})^2$

$= 20.25(mmH_2O)$

$\therefore$ 動壓 $P_{v2}(mmH_2O) = 20.25(mmH_2O)$

2. 風速 $V_{a2}(m/sec) = 4.03\sqrt{P_{v2}(mmH_2O)}$

$= 4.03\sqrt{20.25}$

$= 18.14(m/sec)$

$\therefore$ 風速是 18.14m/sec。

3. $\because$ 風量 $Q_1(m^3/min) =$ 風量 $Q_2(m^3/min)$

$\therefore$ 風量 $Q_2(m^3/min) = 34.18(m^3/min)$

三、①側位置屬於排氣側，因為①側位置的靜壓與全壓均為正值。

又因排氣端判斷是靜壓決定，靜壓正值表示其壓力比週邊大氣壓力大，故排氣洩壓。

10 某公司職業安全衛生人員委外進行局部排氣施工，特別針對氣罩之壓力損失及導管之靜壓平衡提出討論，試協助其回答下列問題：

($F = P_R / P_{V2}$，$Ce^2 = P_{V2} / |P_{S2}|$)

一、氣罩開口面全壓為 0mmH$_2$O，氣罩壓力損失係數為 F (pressure loss coefficient of hood)，連接氣罩導管之動壓為 P_{V2}，若 F = 0.23，P_{V2}= 20mmH$_2$O，試求氣罩之壓力損失 (P_R) 為何？（4捨5入至小數點後1位）

二、設氣罩之流入係數 (coefficient of entry) 為 Ce，連接氣罩導管之靜壓為 P_{S2}，若 Ce=0.9，P_{S2}=-25mmH$_2$O，導管段面積為 314 cm^2，試求氣罩之壓力損失係數為何？（4 捨 5 入至小數點後 2 位）　【94-05】

解 一、$F = \dfrac{P_R}{P_{V2}}$

F：氣罩壓力損失係數

P_R：氣罩之壓力損失

P_{V2}：連接氣罩導管之動壓

$\because F = 0.23$

$P_{V2} = 20mmH_2O$

$\therefore F = \dfrac{P_R}{P_{V2}}$

$\Rightarrow P_R = P_{V2} \times F$

$= 20 \times 0.23$

$= 4.6\ (mmH_2O)$ (4 捨 5 入至小數點後 1 位)

故氣罩之壓力損失為 4.6mmH$_2$O。

二、$Ce^2 = \dfrac{P_{V2}}{|P_{S2}|}$

Ce：氣罩之流入係數

P_{S2}：連接氣罩導管之靜壓

F：氣罩壓力損失係數

P_{V2}：連接氣罩導管之動壓

P_R：氣罩之壓力損失

$\because Ce = 0.9$

$P_{S2} = -25mmH_2O$

$P_R = 4.6\ mmH_2O$

$\therefore P_{V2} = |P_{S2}| \times Ce^2$

$= |-25| \times 0.9^2$

$= 25 \times 0.81$

$= 20.25$

$F = \dfrac{P_R}{P_{V2}}$

$= \dfrac{4.6}{20.25}$

$= 0.23$(4 捨 5 入至小數點後 2 位)

故氣罩壓力損失係數為 0.23。

【另解】$F = \dfrac{1-Ce^2}{Ce^2}$

$= \dfrac{1-0.9^2}{0.9^2}$

$= 0.23$(4 捨 5 入至小數點後 2 位)

故氣罩壓力損失係數為 0.23。

11

某電信公司 5 位勞工從事道路人孔局限空間作業，局限空間體積為 V m^3，缺氧作業主管測得局限空間內有害氣體濃度為 C0 ppm，使用換氣率 Qm^3/min 之送風裝置進行送風，通風換氣後局限空間內有害氣體濃度為 C ppm，若不考慮換氣混合因子，局限空間內有害氣體濃度將以一階指數形式衰減，試回答下列問題：（$C = C0\ e^{(-[\frac{Q}{V}]t)}$，答案可能為單純之數值、或數值與 C、$C_0$、V、Q 公式之組合）

一、若此人孔內因前次油漆作業遺留有甲苯溶劑，甲苯之飽和蒸汽壓為 22 mmHg，若大氣壓為 640 mmHg，開孔進入局限空間作業前，試幫缺氧作業主管預估此局限空間之甲苯飽和蒸汽濃度為多少 ppm？(取整數)

二、若欲將甲苯濃度降為原濃度之 10%、1% 及 0.1%，所需新鮮空氣體積各為何？（取至小數點後 1 位）【96-05】

解 一、甲苯飽和蒸汽濃度：

$$C(ppm) = \frac{化學品之飽和蒸汽壓}{大氣壓力} \times 10^6$$

$$= \frac{22}{640} \times 10^6$$

$$= 34,375(ppm)$$

二、若欲將甲苯濃度降為原濃度之 10%、1% 及 0.1%，所需新鮮空氣體積各為：$\frac{Q_t}{2.3}$、$\frac{Q_t}{4.6}$、$\frac{Q_t}{6.9}$。

$\because C = C_0\, e^{-[\frac{Q}{V}]t}$

$\rightarrow e^{-[\frac{Q}{V}]t} = \frac{C}{C_0}$

$\rightarrow -[\frac{Q}{V}] \times t = \ln \frac{C}{C_0}$

$\rightarrow V = \frac{-Q_t}{\ln \frac{C}{C_0}}$

$\therefore$ 當 $\frac{C}{C_0} = 10\%$ 時，$V = \frac{-Q \times t}{\ln 10\%} = \frac{-Q \times t}{-2.303} = \frac{Q \times t}{2.3}$ (取至小數點後 1 位)

當 $\frac{C}{C_0} = 1\%$ 時，$V = \frac{-Q \times t}{\ln 1\%} = \frac{-Q \times t}{-4.605} = \frac{Q \times t}{4.6}$ (取至小數點後 1 位)

當 $\frac{C}{C_0} = 0.1\%$ 時，$V = \frac{-Q \times t}{\ln 0.1\%} = \frac{-Q \times t}{-6.908} = \frac{Q \times t}{6.9}$ (取至小數點後 1 位)

6-4 溫濕環境危害

- 綜合溫度熱指數計算方法如下：

  戶外有日曬情形者：

  綜合溫度熱指數 WBGT = 0.7×(自然濕球溫度)+0.2×(黑球溫度)+0.1×(乾球溫度)

  戶內或戶外無日曬情形者：

  綜合溫度熱指數 WBGT = 0.7×(自然濕球溫度)+0.3×(黑球溫度)

- 高溫作業環境測定其熱源分佈均勻時，其時量平均綜合溫度熱指數：

$$WBGT_{TWA} = \frac{(WBGT_1 \times t_1)+(WBGT_2 \times t_2)\cdots+(WBGT_n \times t_n)}{t1+t2+\cdots tn}$$

$WBGT_n$：某次綜合溫度熱指數

t_n：某次工作時間

高溫作業環境測定其熱源分佈不均勻時，其時量平均綜合溫度熱指數：

$$WBGT_{TWA}=\frac{(WBGT_{頭}\times 1)+(WBGT_{腹}\times 2)+(WBGT_{腳}\times 1)}{1+2+1}$$

新陳代謝速率 M_{TWA} (Kcal/hr) = $\frac{(M_1\times t_1)+(M_2\times t_2)\cdots+(M_n\times t_n)}{t_1+t_2+\cdots t_n}$

工作負荷區分：

※ 輕工作：指僅以坐姿或立姿進行手臂部動作以操縱機器者，或以工作代謝熱區分低於 200 Kcal/hr 之工作。

※ 中度工作：指於走動中提舉或推動一般重量物體者，或以工作代謝熱區分介於 200 ~350 Kcal/hr 之工作。

※ 重工作：指鏟、掘、推等全身運動之工作者，或以工作代謝熱區分大於 350 Kcal/hr 之工作。

高溫作業勞工作息分配表：

每小時作息時間比例		連續作業	75% 作業 25% 休息	50% 作業 50% 休息	25% 作業 75% 休息
時量平均綜合溫度熱指數值 ℃	輕工作	30.6	31.4	32.2	33.0
	中度工作	28.0	29.4	31.1	32.6
	重工作	25.9	27.9	30.0	32.1

1

玻璃熔融工廠、其室內黑球溫度 38°C、自然濕球溫度 24°C、乾球溫度 26°C、其作業型態為中度工作，綜合溫度熱指標為 28°C，試問此作業場所 WBGT，及是否為高溫作業？

解 此屬綜合溫度熱指數戶內或戶外無日曬的情形，其計算如下：綜合溫度熱指數 WBGT = 0.7×(自然濕球溫度) + 0.3×(黑球溫度)

WBGT = 0.7×24°C+0.3×38°C = 28.2°C。

依高溫作業勞工作息時間標準所稱高溫作業，高溫作業勞工如為連續暴露達一小時以上者，以每小時計算其暴露時量平均綜合溫度熱指數，間歇暴露者，以二小時計算其暴露時量平均綜合溫度熱指數，並依下表規定，分配作業及休息時間：

每小時作息時間比例		連續作業	75% 作業 25% 休息	50% 作業 50% 休息	25% 作業 75% 休息
時量平均綜合溫度熱指數值 °C	輕工作	30.6	31.4	32.2	33.0
	中度工作	28.0	29.4	31.1	32.6
	重工作	25.9	27.9	30.0	32.1

由於此題之作業型態為中度工作，綜合溫度熱指數為 28°C，而經由計算此作業場所之 WBGT 值為 28.2°C；因 28.2°C 大於 28°C，所以此作業屬於高溫作業，應採取 75% 作業 25% 休息之分配。

2

某一戶外有日曬工作環境中，測得乾球溫度 31°C，自然濕球溫度 27°C，黑球溫度 34°C，請問該環境之綜合溫度熱指數為若干？（請列出計算公式）

解 此為戶外有日曬環境綜合溫度熱指數 WBGT 公式如下：

WBGT = 0.7× 自然濕球溫度 + 0.2× 黑球溫度 + 0.1× 乾球溫度

$$WBGT = 0.7\times27°C+0.2\times34°C+0.1\times31°C = 28.8°C$$

∴該環境之綜合溫度熱指數為 28.8°C。

3

某工作場所之 WBGT 如下：

$WBGT_1$：27°C，t1 = 10 分鐘

$WBGT_2$：29°C，t2 = 20 分鐘

$WBGT_3$：31°C，t3 = 30 分鐘

請問綜合溫度熱指數 $WBGT_{TWA}$ 為多少？

解

$$WBGT_{TWA} = \frac{(WBGT_1\times t_1)+(WBGT_2\times t_2)\cdots+(WBGT_n\times t_n)}{t_1+t_2+\cdots+t_n}$$

$$= \frac{(27\times10)+(29\times20)+(31\times30)}{10+20+30}$$

$$= 29.67(°C)$$

∴綜合溫度熱指數 $WBGT_{TWA}$ 為 29.67°C。

4 某一勞工從事燒窯作業(戶外有日曬)，為間歇性熱暴露，其工作時程中最熱的 2 小時中，有 90 分鐘在自然濕球溫度為 31°C、黑球溫度為 35°C 及乾球溫度為 34°C 之工作場所，另外 30 分鐘在自然濕球溫度 27°C、黑球溫度為 29°C 及乾球溫度為 28°C 之休息室(戶內)，試計算其時量平均綜合溫度熱指數。【84-01-02】

解 工作場所為戶外有日曬環境其綜合溫度熱指數 WBGT1：

$$WBGT_1 = 0.7\times \text{自然濕球溫度} + 0.2\times \text{黑球溫度} + 0.1\times \text{乾球溫度}$$
$$= 0.7\times 31^{\circ}C + 0.2\times 35^{\circ}C + 0.1\times 34^{\circ}C$$
$$= 32.1^{\circ}C$$

休息室為戶內無日曬環境其綜合溫度熱指數 WBGT2：

$$WBGT_2 = 0.7\times(\text{自然濕球溫度}) + 0.3\times(\text{黑球溫度})$$
$$= 0.7\times 27^{\circ}C + 0.3\times 29^{\circ}C$$
$$= 27.6^{\circ}C$$

此勞工之時量平均綜合溫度熱指數 $WBGT_{TWA}$：

$$WBGT_{TWA} = \frac{(WBGT_1\times t_1)+(WBGT_2\times t_2)}{t_1+t_2}$$
$$= \frac{(32.1\times 90)+(27.6\times 30)}{90+30}$$
$$= 30.98(^{\circ}C)$$

∴勞工之時量平均綜合溫度熱指數為 30.98°C。

5 勞工於某熱分佈不均勻的環境下工作，其測得各部位之綜合溫度熱指數結果如表，試求該勞工暴露之綜合溫度熱指數的加權平均值為多少？

部位	自然濕球溫度 °C	黑球溫度 °C	乾球溫度 °C
頭	30.0	35.0	33.0
腹	27.0	29.0	28.0
腳踝	31.0	36.0	34.0

解 先分別求出各部位之 WBGT 值，再求其平均值：

$WBGT_{頭} = 0.7\times$ 自然濕球溫度 $+ 0.3\times$ 黑球溫度

$= 0.7\times 30^\circ C + 0.3\times 35^\circ C$

$= 31.5^\circ C$

$WBGT_{腹} = 0.7\times$ 自然濕球溫度 $+ 0.3\times$ 黑球溫度

$= 0.7\times 27^\circ C + 0.3\times 29^\circ C$

$= 27.6^\circ C$

$WBGT_{腳踝} = 0.7\times$ 自然濕球溫度 $+ 0.3\times$ 黑球溫度

$= 0.7\times 31^\circ C + 0.3\times 36^\circ C$

$= 32.5^\circ C$

$$WBGT_{TWA} = \frac{(WBGT_{頭}\times 1)+(WBGT_{腹}\times 2)+(WBGT_{腳踝}\times 1)}{1+2+1}$$

$$= \frac{(31.5\times 1)+(27.6\times 2)+(32.5\times 1)}{4}$$

$$= 29.8(^\circ C)$$

∴該勞工暴露之綜合溫度熱指數的加權平均值為 29.8°C。

6 勞工在鋼鑄工廠從事澆鑄的工作，需要進行熱暴露的評估，請回答下列相關問題。

一、如一勞工之熱暴露不均勻時，如何獲得該勞工代表性之 WBGT。

二、若工作者每小時內花有 45 分鐘的時間進行澆鑄工作，15 分鐘的時間在休息室休息；工作現場的綜合溫度熱指數為 31°C，而休息的綜合溫度熱指數為 27°C；又從事澆鑄工作的新陳代謝速率為 360 仟卡 / 小時；休息時之體能消耗為 120 仟卡 / 小時，請分別計算該勞工熱暴露之綜合溫度熱指數及其代表性的新陳代謝速率。

【45-03】【56-05】

解 一、在高溫作業環境測定其熱源分佈均勻時，溫度計球部之高度以勞工之腹部高為原則，但在熱源分佈不均勻之場所，評估時須架設三組測定儀器分別測量頭部、腹部以及腳踝之溫度，依 ISO 標準參考高度，如採坐姿作業為 1.1 公尺、0.6 公尺、0.1 公尺；而立姿作業時則為 1.7 公尺、1.1 公尺、0.1 公尺。

所以勞工之熱暴露不均勻時，必須以勞工本身所在位置分別測量頭部、腹部以及腳踝部等三個部位不同之溫度，求出各部位之綜合溫度熱指數，再以 1：2：1 之比例求得綜合溫度熱指數的加權平均值。

公式

$$WBGT_{TWA}=\frac{(WBGT_{頭}\times 1)+(WBGT_{腹}\times 2)+(WBGT_{腳踝}\times 1)}{1+2+1}$$

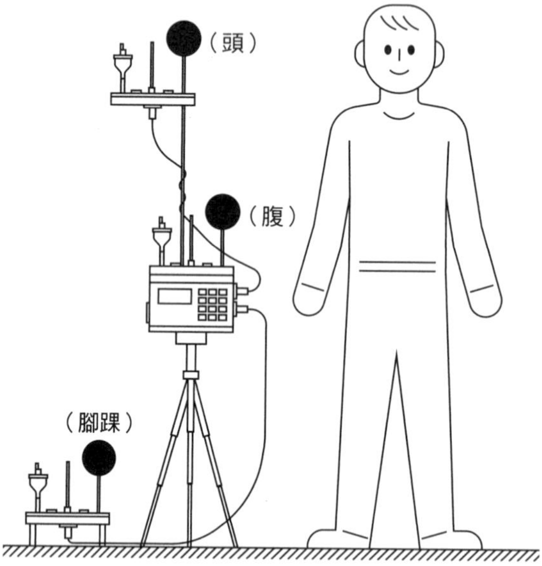

空間分布不均勻儀器架設圖例

二、綜合溫度熱指數及代表性的新陳代謝速率：

1. 綜合溫度熱指數 $WBGT=\frac{(WBGT_1\times t_1)+(WBGT_2\times t_2)}{t_1+t_2}$

$$=\frac{(31\times 45)+(27\times 15)}{45+15}$$

$$=30(^{\circ}C)$$

∴綜合溫度熱指數為 30°C。

2. 新陳代謝速率 M_{TWA} (Kcal/hr) $=\frac{(M_1\times t_1)+(M_2\times t_2)}{t_1+t_2}$

$$=\frac{(360\times 45)+(120\times 15)}{45+15}$$

$$=300(Kcal/hr)$$

∴代表性的新陳代謝速率為 300Kcal/hr。

6-5 統計

95% 信賴區間：$UCL_{1.95\%} = \bar{x} + t_{0.95}(\frac{S}{\sqrt{n}})$, $LCL_{1.95\%} = \bar{x} - t_{0.95}(\frac{S}{\sqrt{n}})$, t-value 為 1.761

- 平均值 $\bar{x} = \frac{1}{n}(x1+x2+\cdots+xn) = \frac{1}{n}\sum_{i=1}^{n} xi$

- 標準偏差 $S = \sqrt{\frac{\sum_{i=1}^{n}(xi-\bar{x})^2}{n-1}}$

- 中位數：先把數據由小至大排列 $\chi 1$、$\chi 2 \cdots \chi n$

當數據的組數 (n) 為奇數時，中位數等於第 $\frac{\chi_{n+1}}{2}$ 的數據

當數據的組數 (n) 為偶數時，中位數等於第 $\frac{1}{2}$【$\chi_{\frac{n}{2}} + (\chi_{\frac{n+1}{2}})$】的數據

1 某一工廠粉塵作業環境監測結果如下表：

監測編號	監測濃度 (mg/m³)	$(x_i-\bar{x})^2$
1	1.1	2.56
2	1.7	1
3	1.3	1.96
4	4.5	3.24
5	2.1	0.36
6	2.2	0.25
7	5.5	7.84
8	2.2	0.25
9	3	0.09
10	2.5	0.04
11	2.5	0.04
12	2.4	0.09
13	3.2	0.25
14	3	0.09
15	3	0.09
	$\Sigma xi = 40.2(mg/m^3)$	$\Sigma(x_i-\bar{x})^2 = 18.14$

一、請計算監測結果平均 ($\bar{x}$) 及標準差 S(自由度為 n-1)

二、請計算監測結果之 95% 信賴區間

$UCL_{1.95\%} = \bar{x} + t_{0.95}(\frac{S}{\sqrt{n}})$, $LCL_{1.95\%} = \bar{x} - t_{0.95}(\frac{S}{\sqrt{n}})$, t-value 為 1.761

【75-02】

解 一、$\bar{x}$ 為平均值 $= \frac{1}{n}\sum_{i=1}^{n} xi$

$\bar{x} = \frac{1}{15}(40.2)$

$= 2.68(mg/m^3)$

S 為標準偏差 $S = \sqrt{\frac{\sum_{i=1}^{n}(xi-\bar{x})^2}{n-1}}$

$S = \sqrt{\frac{18.14}{15-1}}$

$= \sqrt{1.3}$

$= 1.14$

二、監測結果之 95% 信賴區間計算如下：

$UCL_{1.95\%} = \bar{x} + t_{0.95}(\frac{S}{\sqrt{n}})$

$= 2.68+1.761(\frac{1.14}{\sqrt{15}})$

$= 2.68+1.761(0.294)$

$= 2.68+0.518$

$= 3.2$

$LCL_{1.95\%} = \bar{x} - t_{0.95}(\frac{S}{\sqrt{n}})$

$= 2.68 - 1.761(\frac{1.14}{\sqrt{15}})$

$= 2.68 - 1.761(0.294)$

$= 2.68 - 0.518$

$= 2.16$

∴ 95% 信賴區間為 (2.16,3.2)

計算機操作範例：

計算式：$\sqrt{\frac{18.14}{15-1}} = 1.14$

計算機機型	計算機操作說明
CASIO fx82SOLAR	18.14 [÷] [[(···] 15 [-] 1 [···)]] [=] [SHIFT] [X²]
AURORA SC600	18.14 [÷] [(] 15 [-] 1 [)] [=] [√X]

計算式：$2.68 + 1.761(\frac{1.14}{\sqrt{15}}) = 3.2$

計算機機型	計算機操作說明
CASIO fx82SOLAR	2.68 [+] 1.761 [×] [[(···] 1.14 [÷] 15 [SHIFT] [X²] [···)]] [=]
AURORA SC600	2.68 [+] 1.761 [×] [(] 1.14 [÷] 15 [√X] [)] [=]

2 某一作業環境以一氧化碳直讀式儀器測定濃度，其測定值分別為 51、52、49、50 、50、51、48、49、50 ppb 。請回答下列問題：

一、1ppb 係指 1×10 的幾次方？

二、計算此作業環境一氧化碳濃度的平均值、標準偏差及變異係數（請列出計算式）。【71-05】

解 一、 1ppb 係指 1×10 的負 9 次方，即為 1ppb = 10^{-9}；定義為十億分之一。

二、 $\bar{x}$ 為平均值 $\bar{x} = \frac{1}{n}(x1 + x2 + \cdots + xn) = \frac{1}{n}\sum_{i=1}^{n} xi$

$\bar{x} = \frac{1}{9}(51+52+49+50+50+51+48+49+50)$

$= 50$

S 為標準偏差 $S = \sqrt{\frac{\sum_{i=1}^{n}(xi-\bar{x})^2}{n-1}} = \sqrt{\frac{(x1-\bar{x})^2+(x2-\bar{x})^2+\cdots+(xn-\bar{x})^2}{n-1}}$

$S = \sqrt{\frac{(51-50)^2+(52-50)^2+(49-50)^2+(50-50)^2+(50-50)^2+(51-50)^2+(48-50)^2+(49-50)^2+(50-50)^2}{9-1}}$

$= \sqrt{\frac{12}{8}}$

$= \sqrt{1.5}$

$= 1.225$

V 為變異係數

$V = (\frac{S}{\bar{x}} \times 100\%)$

$= (\frac{1.225}{50} \times 100\%)$

$= 2.45\%$

計算機操作範例：

計算式：$\frac{(51+52+49+50+50+51+48+49+50)}{9} = 50$

計算機機型	計算機操作說明
CASIO fx82SOLAR	[(··· 51 + 52 + 49 + 50 + 50 + 51 + 48 + 49 + 50 ···)] ÷ 9 =
AURORA SC600	(51 + 52 + 49 + 50 + 50 + 51 + 48 + 49 + 50) ÷ 9 =

3 某一地下儲水槽經硫化氫 (H_2S) 防爆型直讀式電化學監測器測定，所得測值分別為 28、29、32、35、26ppm。請問 1ppm 是指多少分之一？上述測值之中位數濃度、平均濃度、標準偏差各為多少？【84-03-03】

解

1. 1ppm 是指一百萬分之一。
2. 中位數濃度：先把數據由小至大排列，26、28、29、32、35ppm。

   數據的組數 (n) 為奇數時，中位數等於第 $\frac{\chi_{n+1}}{2}$ 的數據，

   此題為 $\frac{5+1}{2} = 3$，所以為第三個數據，故中位數濃度為 29ppm。

3. 平均濃度 $\bar{x} = \frac{1}{n}(x_1+x_2+\cdots+x_n)$

   $= \frac{1}{5}(28+29+32+35+26)$

   $= 30$

   ∴平均濃度 $\bar{x}$ 為 30ppm。

4. 標準偏差 $S = \sqrt{\frac{\sum_{i=1}^{n}(xi-\bar{x})^2}{n-1}} = \sqrt{\frac{(x1-\bar{x})^2+(x2-\bar{x})^2+\cdots+(xn-\bar{x})^2}{n-1}}$

$$= \sqrt{\frac{(28-30)^2+(29-30)^2+(32-30)^2+(35-30)^2+(26-30)^2}{5-1}}$$

$$= \sqrt{\frac{(-2)^2+(1)^2+(2)^2+(5)^2+(-4)^2}{5-1}}$$

$$= \sqrt{\frac{50}{4}}$$

$$= \sqrt{12.5}$$

$$= 3.54$$

∴標準偏差為 3.54ppm。

4 作業環境監測時，測得該場所 8 個勞工暴露於空氣中同一有害物之濃度實態，分別為 4、4、2、8、32、4、8、4ppm。【90-03-02】

一、請問該場所之暴露濃度之算數平均（AM）、幾何平均（GM）分別為多少？

二、若 X_{95} 代表暴露實態之第 95 百分位值，請由小到大排序 AM、GM、X_{95}。

解 一、1. 算數平均 (AM)：將一組數或量相加總，再除以該組數的個數。

$$\bar{x} = \frac{1}{n}(x_1+x_2+\cdots+x_n)$$

$$= \frac{1}{8}(4+4+2+8+32+4+8+4)$$

$$= 8.25$$

∴算數平均 (AM) 為 8.25

2. 幾何平均 (GM)：幾何平均數是 n 個變數值連乘積的 n 次方根

$$G = \sqrt[n]{x_1 \times x_2 \times \cdots x_n}$$

$$= \sqrt[8]{4\times4\times2\times8\times32\times4\times8\times4}$$

$$= \sqrt[8]{1048576}$$

$$= 5.66$$

∴幾何平均（GM）為 5.66

二、計算公式 $m = n \times P\%$

1. 若 m 非整數，取其整數部分再加 1，則由小到大之第 m 個資料為 P 百分位數。
2. 若 m 為整數，則由小到大之第 m 個資料與第 (m+1) 個資料之平均值為 P 百分位數。
3. 8 個監測濃度由小到大排列：2、4、4、4、4、8、8、32

   $\because m = n \times P\% = 8 \times 95\% = 7.6$ (整數部分再加 1，7+1 = 8)

   ∴第 95 百分位值為第 8 位的資料值是 32。

   故由上題與上述得知 AM = 8.25；GM = 5.66；$X_{95} = 32$

   其由小到大排序為：$GM < AM < X_{95}$。

計算機操作範例：

計算式：$\sqrt[8]{1048576} = 5.656854249$

計算機機型	計算機操作說明
CASIO fx82SOLAR	1048576 [SHIFT] [X^y] 8 [=]
AURORA SC600	1048576 [INV] [y^x] 8 [=]

6-6 照明

照度測量方式應參照 CNS 5065 照度測定法，其測定範圍之平均照度係求每單位區域之平均照度，常見有四點法與五點法和多數單位區域之平均照度法計算式。

局部照明之平均照度計算

單位區域內取四點，再求平均值。

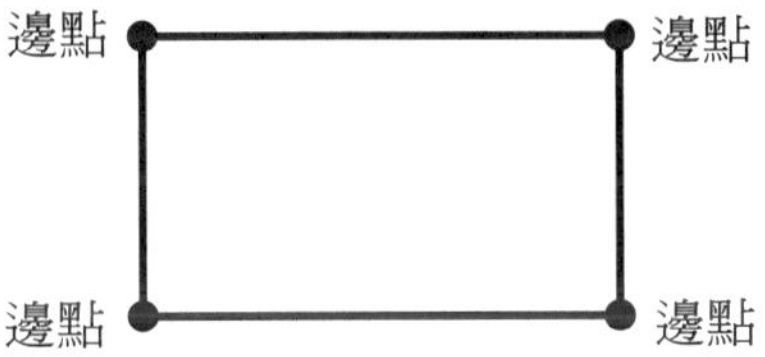

四點法：$\overline{E} = \frac{1}{4} \sum Ei$

$\overline{E}$：平均照度值。

$\sum Ei$：各邊點照度值的總和。

單位區域如中央只裝一燈，此時之平均照度可測五點，比四點法多測中心點。

五點法：$\overline{E} = \frac{1}{6} (\sum Ei + 2Eg)$

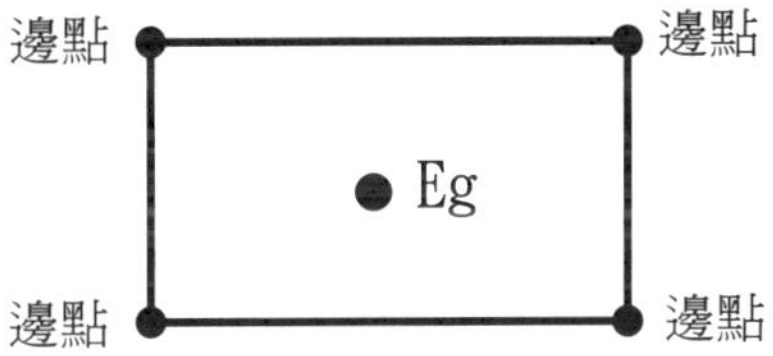

$\overline{E}$：平均照度值。

$\sum Ei$ ：各邊點照度值的總和。

Eg：中心點照度值。

全面照明之平均照度計算

將待測定範圍長分為 m 等分，寬分為 n 等分，分為 m×n 個區域。

多數單位區域之平均照度計算法：

$\overline{E} = \frac{1}{4mn}$【$\sum E$(角點)+2$\sum E$(邊點)+4$\sum E$(內點)】

※ ΣE(角點)：為區域外頂點的照明。

※ 2ΣE(邊點)：為相鄰二個單位區域的平均照明，因邊點都需列入，所以全面平均照明必需乘 2。

※ 4ΣE(內點)：為相鄰四個單位區域的平均照明，內點都需列入，所以全面平均照明時必需乘 4。

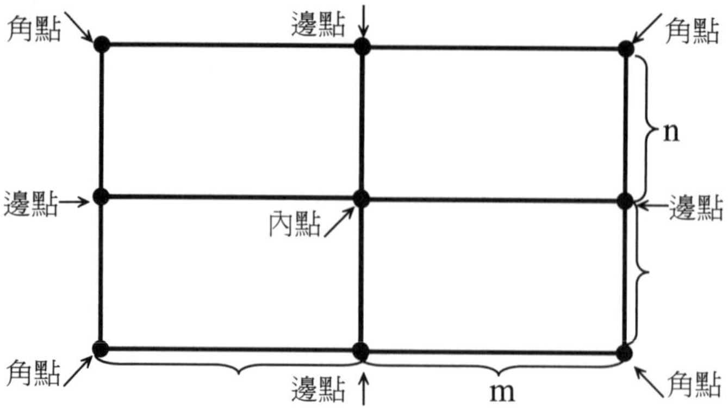

1 某作業區域照度測定如下圖，求此作業區域的平均照度為多少 Lux？

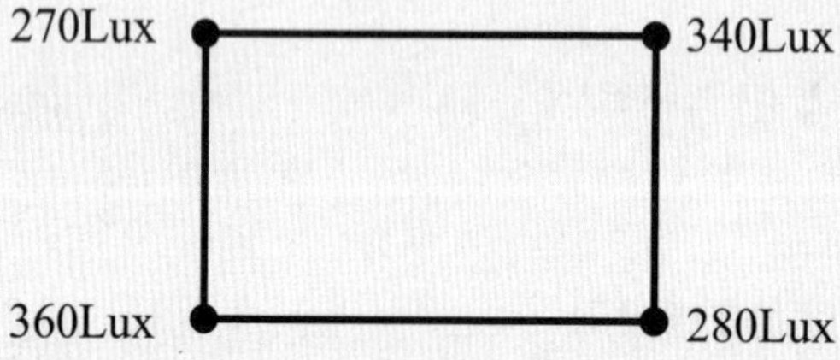

解 平均照度公式：

四點法：$\overline{E} = \frac{1}{4}\sum Ei$

$\overline{E}$：平均照度值。

$\sum Ei$ ：各邊點照度值的總和。

$\overline{E} = \frac{1}{4}(270+360+340+280)$

$= 313(Lux)$

故此作業區域的平均照度為 313 Lux。

2 **某作業區域照度測定 5 點如下圖，試求其平均照度為多少 LUX？**

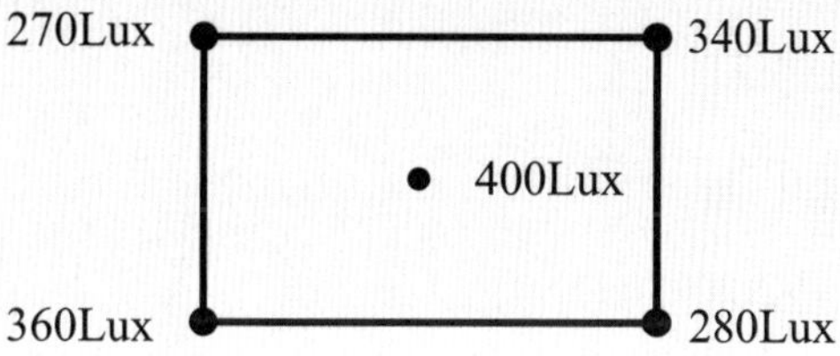

解 此作業區域的平均照度公式：

五點法：$\overline{E}=\frac{1}{6}(\sum Ei+2Eg)$

$\overline{E}$：平均照度值。

$\sum Ei$：各邊點照度值的總和。

Eg：中心點照度值。

$\overline{E}=\frac{1}{6}$【$(270+360+340+280)+(2\times 400)$】

$=\frac{1}{6}(1250+800)$

$=342(\text{Lux})$

故此作業區域的平均照度為 342 Lux。

3 **某作業場所之照度測定如下圖，黑點為測定點，其旁之數值為測定值。**

1. 請列出計算式計算 A 小區的平均照度。

2. 該作業場所整體之平均照度。

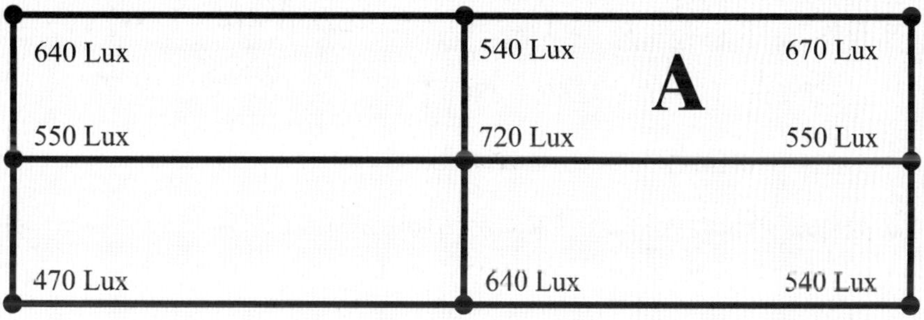

【86-02-02】

解 1. A 小區的平均照度公式：

四點法：$\overline{E} = \frac{1}{4}\sum E$

$\overline{E}$ ：平均照度值。

$\sum E$：各點照度值的總和。

$\overline{E} = \frac{1}{4}(540+720+670+550)$

$= 620(Lux)$

故 A 小區的平均照度為 620 Lux。

2. 作業場所整體之平均照度公式：

$\overline{E} = \frac{1}{4mn}$【$\sum E$(角點) + 2$\sum E$(邊點) + 4$\sum E$(內點)】

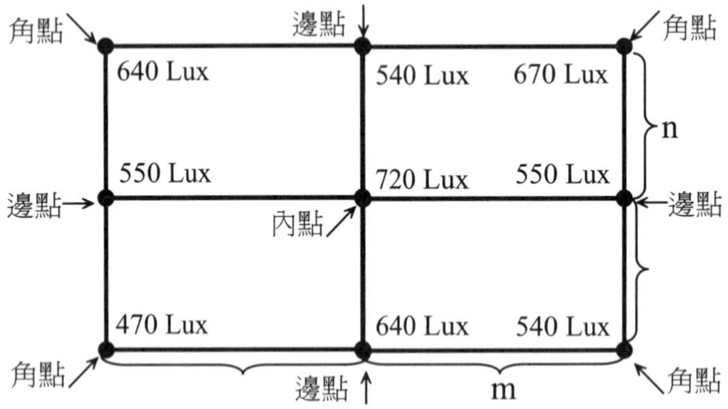

∵ m：縱座標格數 2；n：橫座標格數 2。

$\sum E$(角點) = 640 + 470 + 670 + 540 = 2320

$\sum E$(邊點) = 550 + 540 + 640 + 550 = 2280

$\sum E$(內點) = 720

$\therefore \overline{E} = \frac{1}{4\times2\times2}$【(2320) + (2×2280) + (4×720)】

$= \frac{1}{16}$【2320 + 4560 + 2880】

$= 610(Lux)$

故作業場所整體之平均照度為 610 Lux。

6-7 游離輻射

1

某放射性物質作業人員欲進行銫 -137 (Cs-137)、鈷 -60(Co-60) 之管理，試回答下列問題：

一、銫 -137 的半衰期為 30.05 年，若其放射活性 (radioactivity) 為 1 居里 (curie,Ci)，30 年後此放射性物質之放射活性為多少巴克 (Becquerel, Bq)？

（$A=A_0e^{-0.693\times\frac{t}{T1/2}}$，1 Ci = 3.7×10^{10} Bq，答案四捨五入取至小數點後 3 位）

二、鈷 -60 之放射活性為 0.5 居里，若其儲放設備發生破損，於距離破裂處約 1 公尺處之偵測點，所測得之游離輻射暴露劑量為 5 rad/hr，經估計此儲放設備需一星期才能修復，請問距離偵測點多少公尺處，一般作業勞工之一週 40 小時工時之游離輻射暴露劑量 (假設射質因數 (quality factor)=1，不考慮組織器官之影響)，可控制在 0.4 毫西弗 (mSv) 之下？（1 西弗 =100 rem，答案四捨五入取至小數點後 1 位）【97-05】

解

一、$A=A_0e^{-0.693\times\frac{t}{T1/2}}$

$=3.7\times10^{10}e^{(-0.693\times\frac{30}{30.05})}$

$=3.7\times10^{10}e^{-0.692}$

$-3.7\times10^{10}\times0.5006$

$=1.852\times10^{10}$ (Bq) (四捨五入取至小數點後 3 位)

經計算後得知 30 年後此放射性物質之放射活性為 1.852×10^{10} 巴克 (Bq)

二、若其儲放設備發生破損，於距離破裂處約 1 公尺處之偵測點，所測得之游離輻射暴露劑量為 5 rad/hr，假設射質因數 (Q.F) ＝ 1，且不考慮組織器官之影響，其劑量當量 (rem) ＝吸收劑量 (rad)× 射質因素 (Q.F)，經估計此儲放設備需一星期 (40hr) 才能修復，所以當暴露 40hr 時的暴露劑量當量為：

rem ＝ 40(hr) × 5(rad/hr) × 1 ＝ 200(rem) ＝ 2000(mSv)

(1Sv ＝ 1000mSv ＝ 100rem)

因輻射強度與距離平方成反比也會隨時間衰減，故設距離偵測點 d 公尺處，可控制在 0.4(mSv) 之下的計算如下列：

$$\frac{2000}{0.4}=\frac{d^2}{1^2}$$

$$0.4\times d^2 = 2000\times 1^2$$

$$0.4\times d^2 = 2000$$

$$d^2 = \frac{2000}{0.4}$$

$$d^2 = 5000$$

$$d = \sqrt{5000}$$

d ＝ 70.7(公尺)(四捨五入取至小數點後 1 位)

經計算後得知距離偵測點 70.7 公尺處，可控制在 0.4mSv 之下。

6-8 振動

1

某人造石工廠員工經常性使用手部動力工具從事土石破碎作業，為避免勞工振動暴露危害，職業衛生管理師規劃進行勞工振動暴露評估。有關局部振動部分，他 / 她觀察到，勞工平均使用手部動力工具的時間為 10 分鐘，於是使用振動量測設備每分鐘記錄一次勞工的局部振動加速度暴露值，量測結果如下表一（振動主要發生在 Z 軸，X、Y 軸振動可忽略，振動加速度單位為 m/sec^2，測得之振動頻率為 40 Hz）。【99-05】

表一、手部動力工具局部振動加速度量測值：

數據組	1	2	3	4	5	6	7	8	9	10
Z 軸加速度方均根植	12.0	10.5	11.0	11.2	10.8	12.3	12.2	11.6	13.0	12.8

表二、加權因子

振動頻率	Z 軸振動	X,Y 軸振動
1.0 Hz	0.50	1.00
1.25 Hz	0.56	1.00
…	(省略)	…
(省略)	…	(省略)
40 Hz	0.20	0.05
50 Hz	0.16	0.04
63 Hz	0.125	0.0315
80 Hz	0.10	0.025

請回答以下問題：

一、試計算此勞工從事此項作業的 Z 軸加權加速度振動值。（四捨五入計算至小數點後 1 位）

二、某日，此人造石工廠因趕工須使勞工暴露在下列工作規劃，試計算勞工當日之振動暴露 A(8)。（四捨五入計算至小數點後 1 位）

$$\left(A_i(8) = a_{hv}\sqrt{\frac{T}{T_o}}, A(8) = \sqrt{\sum A_i(8)^2}\right.$$

手部動力工具	Z 軸振動值	暴露時間
1	15 m/sec^2	15 分鐘
2	3 m/sec^2	30 分鐘
3	5 m/sec^2	2 小時

三　我國現行職業安全衛生設施規則 301 條對於全身振動之法令規範係源自於早期 ISO 2631-1:1985 之暴露限制。此位職業衛生管理師參考原勞委會物理性危害因子作業環境測定教材，了解我國全身振動的評估準則係採分列理論 (rating method)，試簡短說明分列理論的內容。（提示：請思考職業安全衛生設施規則 301 條表格之列說明與欄說明之間的關係）

四、此工廠因運送原石，某位勞工經常駕駛卡車及堆高機在廠內進出，此職業衛生管理師希望以優於法規的方式評估該駕駛之全身振動，於是進行了暴露評估規劃，全身振動三軸向加速度值量測如表三，試計算此司機的日全身振動暴露值。（四捨五入計算至小數點後 1 位）

$$(\mathbf{A_x}(8)=1.4\times\mathbf{a_{wx}}\sqrt{\frac{\mathbf{T_{exp}}}{\mathbf{T_o}}},\mathbf{A_y}(8)=1.4\times\mathbf{a_{wy}}\sqrt{\frac{\mathbf{T_{exp}}}{\mathbf{T_o}}},\mathbf{A_z}=1\times\mathbf{a_{wz}}\sqrt{\frac{\mathbf{T_{exp}}}{\mathbf{T_o}}}$$

$$\mathbf{A_{tot,j}}(8)=\sqrt{\sum\mathbf{A_{i.j}}(8)^2}$$

（i 代表作業別；j 代表 x, y,z 軸；日全身振動暴露值為三軸向之最大值）

表三

	卡車（作業時間 1 小時）	堆高機（作業時間 7 小時）
X 軸	0.4 m/sec^2	0.5 m/sec^2
Y 軸	0.2 m/sec^2	0.3 m/sec^2
Z 軸	0.8 m/sec^2	0.5 m/sec^2

解　一、此勞工從事此項作業的 Z 軸加權加速度振動值 (a_{hw})：

數據組	1	2	3	4	5	6	7	8	9	10
Z 軸加速度方均根值	12.0	10.5	11.0	11.2	10.8	12.3	12.2	11.6	13.0	12.8
W_{hi}	0.20	0.20	0.20	0.20	0.20	0.20	0.20	0.20	0.20	0.20
$W_{hi}\times\alpha_{hi}$	2.4	2.1	2.2	2.24	2.16	2.46	2.44	2.32	2.6	2.56

Z 軸振動 (W_{hi}) 說明：因振動頻率為 40 Hz 由表二、加權因子得出 Z 軸振動 (W_{hi}) 為 0.20

振動頻率	Z 軸振動	X,Y 軸振動
1.0 Hz	0.50	1.00
1.25 Hz	0.56	1.00
…	(省略)	…
(省略)	…	(省略)
40 Hz	0.20	0.05
50 Hz	0.16	0.04
63 Hz	0.125	0.0315
80 Hz	0.10	0.025

此勞工從事此項作業的 Z 軸加權加速度振動值 (a_{hw}) 計算如下列：

$$a_{hw}=\sqrt{\sum_i\left(W_{hi}\times a_{hi}\right)^2}$$

$$=\sqrt{(2.4)^2+(2.1)^2+(2.2)^2+(2.24)^2+(2.16)^2+(2.46)^2+(2.44)^2+(2.32)^2+(2.6)^2+(2.56)^2}$$

$$=\sqrt{5.76+4.41+4.84+5.0176+4.6656+6.0516+5.9536+5.3824+6.76+6.5536}$$

$$=\sqrt{55.3944}=7.4\left(m/sec^2\right)$$

此勞工從事此項作業的 Z 軸加權加速度振動值 (a_{hw}) 為 7.4(m/sec²)

二、勞工當日之振動暴露 A(8) 計算如下列：

$$\mathbf{A_i}(8)=\mathbf{a_{hv}}\sqrt{\frac{\mathbf{T}}{\mathbf{T_o}}}\text{ 、 }\mathbf{A}(8)=\sqrt{\Sigma\mathbf{A_i}(8)^2}$$

手部動力工具	Z 軸振動值	a_{hv}	暴露時間 (T)
1	15 m/sec²	$\sqrt{15^2}=15/sec$	15 分鐘 =0.25 小時
2	3 m/sec²	$\sqrt{3^2}=3/sec^2$	30 分鐘 =0.5 小時
3	5 m/sec²	$\sqrt{5^2}=5/sec^2$	2 小時

$$\therefore\ \mathbf{A}_1(8)=15\times\sqrt{\frac{0.25}{8}}=15\times0.18=2.7$$

$$\mathbf{A}_2(8)=3\times\sqrt{\frac{0.5}{8}}=3\times0.25=0.75$$

$$\mathbf{A}_3(8)=5\times\sqrt{\frac{2}{8}}=5\times0.5=2.5$$

$$\mathbf{A}(8)=\sqrt{\Sigma\mathbf{A_i}(8)^2}=\sqrt{2.7^2+0.75^2+2.5^2}$$

$$=\sqrt{7.29+0.5625+6.25}=\sqrt{14.1025}=3.8\left(\boldsymbol{m/sec^2}\right)$$

（四捨五入計算至小數點後 1 位）

∴ 此勞工當日之振動暴露 A(8) 為 3.8 m/sec^2

三、分列理論 (rating method) 是將振動波以 1/3 八音度頻率分析表示。以此速度頻譜與 ISO 建議不同的容許暴露時間的分列曲線進行比較，找出人體連續暴露於振動之容許時間，「職業安全衛生設施規則」第 301 條規定，雇主僱用勞工從事振動作業，應使勞工每天全身振動暴露時間不超過下列各款之規定：

1. 垂直振動三分之一八音度頻帶中心頻率（單位為赫、HZ）之加速度（單位為每平方秒公尺、m/s^2），不得超過表一規定之容許時間。
2. 水平振動三分之一八音度頻帶中心頻率之加速度，不得超過表二規定之容許時間。

四、該司機的日全身振動暴露值，計算如下列：（四捨五入計算至小數點後 1 位）

$$A_{wx}=\sqrt{\frac{0.4^2\times1+0.5^2\times7}{1+7}}=\sqrt{\frac{0.16+1.75}{8}}=0.5\left(m/sec^2\right)$$

$$A_{wy}=\sqrt{\frac{0.2^2\times1+0.3^2\times7}{1+7}}=\sqrt{\frac{0.04+0.63}{8}}=0.3\left(m/sec^2\right)$$

$$A_{wz}=\sqrt{\frac{0.8^2\times1+0.5^2\times7}{1+7}}=\sqrt{\frac{0.64+1.75}{8}}=0.6\left(m/sec^2\right)$$

經計算後得知該司機的日全身振動暴露值為三軸向之最大值 0.6m/sec^2

appendix

A

計算機公式集與操作說明

A-1 職業衛生管理師計算題公式集

項次	項目	公式
1	可呼吸性粉塵容許濃度	可呼吸性粉塵容許濃度 $=\dfrac{10mg/m^3}{\%SiO_2+2}$
2	總粉塵容許濃度	總粉塵容許濃度 $=\dfrac{30mg/m^3}{\%SiO_2+2}$
3	ppm、mg/m^3 單位轉換 (在 1atm，25°C 時)	$ppm=\dfrac{mg/m^3\times 24.45}{\text{氣狀有害物之分子量}}$ $mg/m^3=\dfrac{ppm\times\text{氣狀有害物之分子量}}{24.45}$
4	空氣之污染物總濃度	暴露濃度總和 $=\dfrac{TWAa}{PEL\text{-}TWAa}+\dfrac{TWAb}{PEL\text{-}TWAb}+\dfrac{TWAc}{PEL\text{-}TWAc}+\cdots$ TWA：有害物成分之濃度 PEL-TWA：有害物成分之容許濃度
5	相當八小時日時量平均暴露濃度	$TWAt\text{ 小時}=\dfrac{TWA_8\times 8(\text{小時})}{t(\text{小時})}$ 或 $TWA_8\text{ 小時}=\dfrac{TWAt\times t(\text{小時})}{8(\text{小時})}$
6	時量平均暴露濃度	$TWA=\dfrac{C_1\times t_1+C_2\times t_2+\cdots+C_n\times t_n}{t_1+t_2+\cdots+t_n}$ C_n：某 n 次某有害物空氣中濃度 t_n：某 n 次之工作時間 (hr)
7	暴露之濃度	濃度 $C(mg/m^3)=\dfrac{\text{化學物質之重量 }W(mg)}{\text{採樣總體積 }V(m^3)}$ $=\dfrac{\text{化學物質之重量 }W(mg)}{\text{採樣流率 }Q(cm^3/min)\times 10^{-6}(m^3/cm^3)\times\text{採樣時間 }t(min)}$
8	波以耳 - 查理定律	採樣總體積之溫度壓力校正公式：(波以耳 - 查理定律) $\dfrac{P_1V_1}{T_1}=\dfrac{P_2V_2}{T_2}$ $P_1(mmHg)$ ＝現場大氣壓 $V_1(m^3)$ ＝現場採樣體積 $T_1(K)$ ＝現場採樣絕對溫度 $P_2(mmHg)$ ＝標準大氣壓 (760mmHg) $V_2(m^3)$ ＝標準採樣體積 $T_2(K)$ ＝絕對溫度 (273+25)

項次	項目	公式
9	採樣總體積	採樣總體積 $V_{Ts,Ps}(m^3)$ ＝採樣流率 Q(L/min) $\times 10^{-3}(m^3/L)$ × 採樣時間 t (min) ＝採樣流率 $Q(cm^3/min) \times 10^{-6}(m^3/cm^3)$ × 採樣時間 t (min) $V_{Ts,Ps}$：採樣總體積 (m^3) Q：採樣流率 (cm^3/min) t：採樣時間 (min)
10	標準採樣體積	標準採樣體積 $V_{NTP}(m^3)$ $= V_{TS,Ps}(m^3) \times \frac{Ps}{760}(mmHg) \times \frac{(273+25)}{(273+Ts)}(K)$ $V_{NTP}(m^3)$ ＝標準採樣體積 $V_{Ts,Ps}(m^3)$ ＝現場採樣體積 Ps(mmHg) ＝現場大氣壓 Ts(°C) ＝現場溫度 760(mmHg) ＝標準大氣壓 273+25 ＝標準溫度 (K)
11	容許暴露時間	$T = \frac{8}{2^{(L-90/5)}}$ T：容許暴露時間 (hr)； L：噪音壓級 (dB)
12	八小時日時量平均音壓級	$TWA_8 = 16.61 \log D + 90dBA$ D — 暴露劑量 (%)
13	工作日時量平均音壓級	$TWA_t = 16.61 \log \frac{100 \times D}{12.5 \times t} + 90dBA$ D — 暴露劑量 (%)，t ＝暴露時間 (hr)
14	噪音暴露劑量	$Dose = (\frac{t_1}{T_1} + \frac{t_2}{T_2} + \cdots\cdots + \frac{t_n}{T_n}) \times 100\%$ t：工作者於工作日暴露某音壓級之時間 (hr) T：暴露該音壓級相對應的容許暴露時間 (hr)
15	自由音場距離衰減公式	點音源：$L_P = L_I = L_W - 20 \times \log r - 11$ 線音源：$L_P = L_I = L_W - 10 \times \log r - 8$ L_P、L_I 及 L_W 表示聲音壓力位準、聲音強度位準及聲音功率位準 (dB)；r 表示離噪音源之距離 (m)。 (在常溫常壓下 $L_P = L_I$)

項次	項目	公式
16	半自由音場距離衰減公式	點音源：$L_P = L_I = L_W - 20 \log r - 8$ 線音源：$L_P = L_I = L_W - 10 \log r - 5$ L_P、L_I 及 L_W 表示聲音壓力位準、聲音強度位準及聲音功率位準 (dB)；r 表示離噪音源之距離 (m)。 (在常溫常壓下 $L_P = L_I$)
17	音壓級距離衰減	點音源：$L_{P2} = L_{P1} - 20 \log \frac{r_2}{r_1}$ 線音源：$L_{P2} = L_{P1} - 10 \log \frac{r_2}{r_1}$ 面音源：無距離衰減 ※r_1 及 r_2 表示離噪音源不同之距離
18	聲音功率位準 (音功率級)	$L_w(dB) = 10 \log \frac{W}{W_0}$，$W_0 = 10^{-12}$ watt
19	聲音強度位準 (音強度級)	$L_I(dB) = 10 \log \frac{I}{I_0}$，$I_0 = 10^{-12}\ w/m^2$
20	聲音壓力位準 (音壓力級)	$L_P(dB) = 20 \log \frac{P}{P_0}$，$P_0 = 2 \times 10^{-5} P_a\ (P_0 = 20\mu P_a)$
21	聲音合成相減	$L = 10 \log(10^{L1/10} - 10^{L2/10})$
22	聲音合成相加	$L = 10 \log \sum_{i=1}^{n} 10^{L1/10}$ $= 10 \log(10^{L1/10} + 10^{L2/10} + \cdots + 10^{Ln/10})$
23	平均音量	$Lavg = 10 \log【\frac{1}{n}(10^{L1/10} + 10^{L2/10} + ... + 10^{Ln/10})】$
24	八音度頻率之上、下頻率	$f_c = \sqrt{f_1 f_2}$ ；$f_2 = 2f_1$ f_c：噪音計中心頻率 f_1：下限頻率 f_2：上限頻率
25	每一勞工佔有之氣積	每一勞工佔有之氣積 $(m^3) = \frac{室內容積(長 \times 寬 \times 高)}{勞工人數}$ ※ 高度超過 4 公尺以上之空間不計
26	換氣能力	第一種有機溶劑之換氣量 = 0.3 × W(g/hr) 第二種有機溶劑之換氣量 = 0.04 × W(g/hr) 第三種有機溶劑之換氣量 = 0.01 × W(g/hr)

項次	項目	公式
27	有機溶劑或其混存物之容許消費量	第一種容許消費量 $=\frac{1}{15}\times$ 作業場所之氣積 第二種容許消費量 $=\frac{2}{5}\times$ 作業場所之氣積 第三種容許消費量 $=\frac{3}{2}\times$ 作業場所之氣積 ※ 超越地面 4 公尺以上高度之空間，以 4 公尺計算 ※ 氣積超過 150 立方公尺者，概以 150 立方公尺計算
28	軟焊作業每勞工應有之必要換氣量	鉛中毒預防規定軟焊作業每勞工應有之必要換氣量 1.67m^3/min (100m^3/hr)。 $Q(m^3/min)=\frac{100(m^3/hr)}{60(hr/min)}\times N$ Q：必要換氣量 (m^3/min) N：此從事軟焊作業勞工人數
29	整體換氣必要換氣量	整體換氣必要換氣量 $Q(m^3/min)=\frac{24.45\times10^3\times W}{60\times C(ppm)\times M}$ W：有害物消費量 (g/hr) M：有害物之分子量
30	為避免火災爆炸之法規換氣量	為避免火災爆炸之法規換氣量 $Q(m^3/min)=\frac{24.45\times10^3\times W}{60\times0.3\times LEL(\%)\times10^4\times M}$ W：有害物消費量 (g/hr) LEL：爆炸下限 (%) M：有害物之分子量
31	理論防爆換氣量	理論防爆換氣量 $Q(m^3/min)=\frac{24.45\times10^3\times W}{60\times LEL(\%)\times10^4\times M}$ W：有害物消費量 (g/hr) LEL：爆炸下限 (%) M：有害物之分子量
32	防爆換氣量	防爆換氣量 $Q=\frac{24.45\times10^3\times G\times K}{60\times LEL(\%)\times10^4\times M}$ Q：換氣量 (m^3/min) G：蒸發量 (g/hr) K：安全係數 LEL：爆炸下限 (%) M：分子量

項次	項目	公式
33	每小時每人戶外空氣之換氣量	每小時每人戶外空氣之換氣量 (m^3/hr) $Q = \frac{K}{(p-q)} \times 10^6$ K：二氧化碳產生量 (m^3/hr) p：二氧化碳容許濃度 (ppm) q：戶外二氧化碳濃度 (ppm)
34	換氣次數	換氣次數 N(次 /hr) $= \frac{Q\ (m^3/hr)}{V\ (m^3/\text{人次})}$ (V：每勞工所佔空間 m^3/ 人次)
35	導管空氣平均風速	$P_V = (\frac{V}{4.04})^2 \quad V = 4.04 \times \sqrt{Pv}$ V：速度 (m/s)，P_V：動壓 (mmH_2O)
36	全壓	$P_T=P_S + P_V$ (P_T：全壓；P_S：靜壓；P_V：動壓)
37	包圍及崗亭型氣罩排氣量	Q (m^3/min) = 60AV A：氣罩開口面面積 (m^2) V：氣罩開口面平均風速 (m/s)
38	外裝型氣罩排氣量	$Q(m^3/min) = 60V(10X^2 + A)$ V：吸引風速 (m/s)、 X：控制點至氣罩開口之距離 (m) A：氣罩開口面積 (m^2)
39	懸空或無凸緣之外裝式氣罩排氣量	$Q(m^3/min) = 60V(10X^2 + L \times W)$ V：吸引風速 (m/s) X：控制點至氣罩開口之距離 (m) L：導管的長度 (m) W：導管的寬度 (m)
40	置於桌面 (工作台) 或地板上之氣罩排氣量	氣罩置於桌面 (工作台) 或地板上，則所需排氣量減少為排氣量計算公式： $Q(m^3/min) = 60V\ (5X^2 + L \times W)$ V：吸引風速 (m/s) X：控制點至氣罩開口之距離 (m) L：導管的長度 (m) W：導管的寬度 (m)

項次	項目	公式
41	排風機定律公式：	第一定律：$\frac{Q_1}{Q_2}=\frac{N_1}{N_2}$ 【Q：風量 (m^3/min)；N：轉速 (rpm)】 第二定律：$\frac{P_1}{P_2}=(\frac{N_1}{N_2})^2$【P：壓力 ($mmH_2O$)；N：轉速 (rpm)】 第三定律：$\frac{L_1}{L_2}=(\frac{N_1}{N_2})^3$【L：動力 (KW)；N：轉速 (rpm)】
42	氣罩壓力損失係數	$F=\frac{P_R}{P_{V2}}$；$F=\frac{1-Ce^2}{Ce^2}$ F：氣罩壓力損失係數 P_R：氣罩之壓力損失 P_{V2}：連接氣罩導管之動壓 Ce：氣罩之流入係數
43	氣罩之流入係數	$Ce^2=\frac{P_{V2}}{\|P_{S2}\|}$ Ce：氣罩之流入係數 P_{S2}：連接氣罩導管之靜壓 P_{V2}：連接氣罩導管之動壓
44	戶外有日曬情形者 綜合溫度熱指數 (WBGT)	綜合溫度熱指數 (WBGT) ＝ 0.7×(自然濕球溫度)+0.2×(黑球溫度)+0.1×(乾球溫度)
45	戶內或戶外無日曬者 綜合溫度熱指數 (WBGT)	綜合溫度熱指數 (WBGT) ＝ 0.7×(自然濕球溫度)+0.3×(黑球溫度)
46	高溫作業環境測定其熱源分佈均勻時，其時量平均綜合溫度熱指數 ($WBGT_{TWA}$)	$WBGT_{TWA}=\frac{(WBGT_1\times t_1)+(WBGT_2\times t_2)\cdots+(WBGT_n\times t_n)}{t_1+t_2+\cdots t_n}$ WBGTn：某次綜合溫度熱指數 tn：某次工作時間
47	高溫作業環境測定其熱源分佈不均勻時，其時量平均綜合溫度熱指數 ($WBGT_{TWA}$)	$WBGT_{TWA}=\frac{(WBGT_{頭}\times 1)+(WBGT_{腹}\times 2)+(WBGT_{腳踝}\times 1)}{1+2+1}$

項次	項目	公式
48	新陳代謝速率 M_{TWA}	新陳代謝速率 M_{TWA} (Kcal/hr) $=\frac{(M_1\times t_1)+(M_2\times t_2)\cdots+(M_n\times t_n)}{t_1+t_2+\cdots+t_n}$
49	平均值	平均值 $\bar{x}=\frac{1}{n}(x1+x2+\cdots+xn)=\frac{1}{n}\sum_{i=1}^{n}xi$
50	標準偏差	標準偏差 $S=\sqrt{\frac{\sum_{i=1}^{n}(xi-\bar{x})^2}{n-1}}$
51	中位數	中位數：先把數據由小至大排列 χ_1、$\chi_2\cdots\chi_n$。 當數據的組數 (n) 為奇數時，中位數等於第 $\frac{\chi_{n+1}}{2}$ 的數據。 當數據的組數 (n) 為偶數時，中位數等於第 $\frac{1}{2}$【$\chi_{\frac{n}{2}}+(\chi_{\frac{n+1}{2}})$】的數據。 ※ 範例 1~7(奇數) 組數據，中位數為 (7+1)/2= 第 4 組數據，中位數為第 4 個數據。 ※ 範例 2~8(偶數) 組數據，中位數為 1/2[(8/2)+((8+1)/2)]=1/2(第 4 組數據 + 第 5 組數據)，中位數為第 4 與第 5 組數據的總和除以 2。
52	失能傷害頻率 (FR)	失能傷害頻率 (FR) $=\frac{\text{失能傷害總人次}\times 10^6}{\text{總經歷工時}}$ (※ 取至小數點第二位數，小數點第三位數以後不計) 範例：FR 計算出為 25.05487，小數點後第三位無條件捨去， 最後答案 FR=25.05
53	失能傷害嚴重率 (SR)	失能傷害嚴重率 (SR) $=\frac{\text{失能傷害損失總日數}\times 10^6}{\text{總經歷工時}}$ (※ 取至整數，小數點以下不計)
54	失能傷害平均損失日數	失能傷害平均損失日數 $=\frac{\text{總損失日數}}{\text{失能傷害人次數}}=\frac{SR}{FR}$
55	年度之總合傷害指數 (FSI)	年度之總合傷害指數 (FSI) $=\sqrt{\frac{FR\times SR}{1000}}$ ※ 取至小數點第二位數，小數點第三位數不計。
56	死亡年千人率	死亡年千人率 $=\frac{\text{年間死亡勞工人數}\times 1000}{\text{平均勞工人數}}$

項次	項目	公式
57	局部照明之平均照度計算	四點法：$\overline{E}=\frac{1}{4}\sum Ei$ $\overline{E}$：平均照度值。 $\sum Ei$：各邊點照度值的總和。
		五點法：$\overline{E}=\frac{1}{6}(\sum Ei+2Eg)$ $\overline{E}$：平均照度值。 $\sum Ei$：各邊點照度值的總和。 Eg：中心點照度值。
58	全面照明之平均照度計算	四點法： $\overline{E}=\frac{1}{4mn}$【$\sum E$(角點)$+2\sum E$(邊點)$+4\sum E$(內點)】 ※ m：縱座標格數。 ※ n：橫座標格數。

A-2 計算機案例操作說明

廠牌：AURORA SC600

計算案例	操作	顯示
$\frac{(1.71\times0.17)+(1.43\times0.19)}{(1.71+1.43)}$ $=0.18$	[(] 1.71 [×] 0.17 [)] [+] [(] 1.43 [×] 0.19 [)] [=] [÷] [(] 1.71 [+] 1.43 [)] [=]	0.17910828
$\frac{(80\times2)+(120\times1)+(50\times1)+(40\times4)+(140\times1)}{(2+1+1+4+1)}$ $=70$	[(] 80 [×] 2 [)] [+] [(] 120 [×] 1 [)] [+] [(] 50 [×] 1 [)] [+] [(] 40 [×] 4 [)] [+] [(] 140 [×] 1 [)] [=] [÷] [(] 2 [+] 1 [+] 1 [+] 4 [+] 1 [)] [=]	70
$\frac{13}{60\times10^{-6}\times130}=1666.67$	13 [÷] [(] 60 [×] [Exp] 6 [+/-] [×] 8 [×] 130 [)] [=] 另一個按法 13 [÷] [(] 60 [×] 10 [y^x] 6 [+/-] [×] 130 [)] [=]	1666.666667
$5\times10^{-3}\times\frac{750}{650}\times\frac{(273+25)}{(273+27)}=0.0049$	5 [×] [Exp] 3 [+/-] [×] [(] 750 [÷] 760 [)] [×] [(] 273 [+] 25 [)] [÷] [(] 273 [+] 27 [)] [=] 另一個按法 5 [×] 10 [y^x] 3 [+/-] [×] [(] 750 [÷] 760 [)] [×] [(] 273 [+] 25 [)] [÷] [(] 273 [+] 27 [)] [=]	0.004901315
$\frac{2.9}{95(\%)\times14.7\times10^{-3}}=207.66$	2.9 [÷] [(] 0.95 [×] 14.7 [×] [Exp] 3 [+/-] [)] [=] 另一個按法 2.9 [÷] [(] 0.95 [×] 14.7 [×] 10 [y^x] 3 [+/-] [)] [=]	207.6620122

計算案例	操作	顯示
$\frac{24.45\times10^{3}\times3750}{60\times0.3\times1.1\times10^{4}\times86}=5.38$	24.45 [×] [Exp] 3 [×] 3750 [÷] [(] 60 [×] 0.3 [×] 1.1 [×] [Exp] 4 [×] 86 [)] [=] 另一個按法 24.45 [×] 10 [y^x] 3 [×] 3750 [÷] [(] 60 [×] 0.3 [×] 1.1 [×] 10 [y^x] 4 [×] 86 [)] [=]	5.384513742
$\frac{0.028\div60\times60}{(1000-300)}\times10^{6}=40$	0.028 [÷] 60 [×] 60 [÷] [(] 1000 [–] 300 [)] [×] [Exp] 6 [=] 另一個按法 0.028 [÷] 60 [×] 60 [÷] [(] 1000 [–] 300 [)] [×] 10 [y^x] 6 [=]	40
$\frac{8}{2^{\frac{80-90}{5}}}=32$	8 [÷] 2 [y^x] [(] [(] 80 - 90 [)] [÷] 5 [)] [–]	32
$16.61\log\frac{100\times1.1}{12.5\times8}+90=90.69$	100 [×] 1.1 [÷] [(] 12.5 [×] 8 [)] [×] log [×] 16.61 [+] 90 [=]	90.6875325
$10\log(10^{8.2}+10^{8.3}+10^{8.4}+10^{8.6})=90.03$	10 [y^x] 8.2 [+] 10 [y^x] 8.3 [+] 10 [y^x] 8.4 [+] 10 [y^x] 8.6 [–] log [×] 10 [=]	90.03163734
$10\log(10^{5.1}+10^{5.4}+10^{7.4}+10^{5.1}+10^{7.7}+10^{7}+10^{5.1}+10^{8.1}+10^{10.1}+10^{9.9})=103.17$	10 [y^x] 5.1 [+] 10 [y^x] 5.4 [+] 10 [y^x] 7.4 [+] 10 [y^x] 5.1 [+] 10 [y^x] 7.7 [+] 10 [y^x] 7 [+] 10 [y^x] 5.1 [+] 10 [y^x] 8.1 [+] 10 [y^x] 10.1 [+] 10 [y^x] 9.9 [=] log [×] 10 [=]	103.1689869
$4.04\sqrt{4}=8.08$	4 [$\sqrt{X}$] [×] 4.04 [=]	8.08
$4.04\sqrt{16.24}=16.28$	16.24 [$\sqrt{X}$] [×] 4.04 [=]	16.28074888
$\sqrt{\frac{(18.14)}{15-1}}=1.14$	18.14 [÷] [(] 15 [–] 1 [)] [–] [$\sqrt{X}$]	1.138294464
$2.68+1.761\left(\frac{1.14}{\sqrt{15}}\right)=3.2$	2.68 [+] 1.761 [×] [(] 1.14 [÷] 15 [$\sqrt{X}$] [)] [=]	3.198344599

計算案例	操作	顯示
$2.68 - 1.761\left(\frac{1.14}{\sqrt{15}}\right) = 2.16$	2.68 [−] 1.761 [×] [(] 1.14 [÷] 15 [√x] [)] [=]	2.161655401
$\frac{(51+52+49+50+50+51+48+49+50)}{9} = 50$	[(] 51 [+] 52 [+] 49 [+] 50 [+] 50 [+] 51 [+] 48 [+] 49 [+] 50 [)] [÷] 9 [=]	50
$\sqrt[8]{1048576} = 5.66$	1048576 [INV] [y^x] 8 [=]	5.656854249

廠牌：CASIO FX82SOLAR

計算案例	操作	顯示
$\frac{(1.71\times0.17)+(1.43\times0.19)}{(1.71+1.43)} = 0.18$	[[(…] 1.71 [×] 0.17 […)]] [+] [[(…] 1.43 [×] 0.19 […)]] [=] [÷] [[(…] 1.71 [+] 1.43 […)]] [=]	0.17910828
$\frac{(80\times2)+(120\times1)+(50\times1)+(40\times4)+(140\times1)}{(2+1+1+4+1)} = 70$	[[(…] 80 [×] 2 […)]] [+] [[(…] 120 [×] 1 […)]] [+] [[(…] 50 [×] 1 […)]] [+] [[(…] 40 [×] 4 […)]] [+] [[(…] 140 [×] 1 […)]] [=] [÷] [[(…] 2 [+] 1 [+] 1 [+] 4 [+] 1 […)]] [=]	70
$\frac{46.88}{100} + \frac{63.75}{150} + \frac{37.50}{200} = 1.0813$	[[(…] 46.88 [÷] 100 […)]] [+] [[(…] 63.75 [÷] 150 […)]] [+] [[(…] 37.50 [÷] 200 […)]] [=]	1.0813
$\frac{13}{60\times10^{-6}\times130} = 1666.67$	13 [÷] [[(…] 60 [×] 10 [x^y] 6 [+/-] [×] 130 […)]] [=]	1666.666667
$5\times10^{-3}\times\frac{750}{760}\times\frac{(273+25)}{(273+27)} = 0.0049$	5 [×] 10 [x^y] 3 [+/-] [×] [[(…] 750 [÷] 760 […)]] [×] [[(…] 273 [+] 25 […)]] [÷] [[(…] 273 [+] 27 […)]] [=]	0.004901315
$\frac{2.9}{95(\%)\times14.7\times10^{-3}} = 207.66$	2.9 [÷] [[(…] 0.95 [×] 14.7 [×] 10 [x^y] 3 [+/-] […)]] [=]	207.6620122
$\frac{24.45\times10^{3}\times3750}{60\times0.3\times1.1\times10^{4}\times86} = 5.38$	24.45 [×] 10 [x^y] 3 [×] 3750 [÷] [[(…] 60 [×] 0.3 [×] 1.1 [×] 10 [x^y] 4 [×] 86 […)]] [=]	5.384513742

計算案例	操作	顯示
$\frac{0.028 \div 60 \times 60}{(1000-300)} \times 10^6 = 40$	0.028 [÷] 60 [×] 60 [÷] [[(⋯] 1000 [−] 300 [⋯)]] [×] 10 [x^y] 6 [=]	40
$\frac{8}{2^{\frac{80-90}{5}}} = 32$	8 [÷] 2 [x^y] [[(⋯] [[(⋯] 80 - 90 [⋯)]] [÷] 5 [⋯)]] [=]	32
$16.61 \log \frac{100 \times 1.1}{12.5 \times 8} + 90 = 90.69$	100 [×] 1.1 [÷] [[(⋯] 12.5 [×] 8 [⋯)]] [=] log [×] 16.61 [+] 90 [=]	90.6875325
$10 \log (10^{8.2} + 10^{8.3} + 10^{8.4} + 10^{8.6}) = 90.03$	10 [x^y] 8.2 [+] 10 [x^y] 8.3 [+] 10 [x^y] 8.4 [+] 10 [x^y] 8.6 [=] log [×] 10 [=]	90.03163734
$10\log (10^{5.1} + 10^{5.4} + 10^{7.4} + 10^{5.1} + 10^{7.7} + 10^{7} + 10^{5.1} + 10^{8.1} + 10^{10.1} + 10^{9.9}) = 103.17$	10 [x^y] 5.1 [+] 10 [x^y] 5.4 [+] 10 [x^y] 7.4 [+] 10 [x^y] 5.1 [+] 10 [x^y] 7.7 [+] 10 [x^y] 7 [+] 10 [x^y] 5.1 [+] 10 [x^y] 8.1 [+] 10 [x^y] 10.1 [+] 10 [x^y] 9.9 [=] log [×] 10 [=]	103.1689869
$4.04\sqrt{4} = 8.08$	4 [Shift] [x^2] [×] 4.04 [=]	8.08
$4.04\sqrt{16.24} = 16.28$	16.24 [Shift] [x^2] [×] 4.04 [=]	16.28074888
$\sqrt{\frac{(18.14)}{15-1} - 1.14}$	18.14 [÷] [[(⋯] 15 [−] 1 [⋯)]] [=] [Shift] [x^2]	1.138294464
$2.68+1.761\left(\frac{1.14}{\sqrt{15}}\right) = 3.2$	2.68 [+] 1.761 [×] [[(⋯] 1.14 [÷] 15 [Shift] [x^2] [⋯)]] [=]	3.198344599
$2.68-1.761\left(\frac{1.14}{\sqrt{15}}\right) = 2.16$	2.68 [−] 1.761 [×] [[(⋯] 1.14 [÷] 15 [Shift] [x^2] [⋯)]] [=]	2.161655401
$\frac{(51+52+49+50+50+51+48+49+50)}{9} = 50$	[[(⋯] 51 [+] 52 [+] 49 [+] 50 [+] 50 [+] 51 [+] 48 [+] 49 [+] 50 [⋯)]] [÷] 9 [=]	50
$\sqrt[8]{1048576} = 5.66$	1048576 [Shift] [x^y] 8 [=]	5.656854249

appendix

B

「計畫類」彙整

一、就職安法規有非常多有關「計畫」部分，筆者們將職業衛生管理師部分重要常考之「計畫」部分彙整如下，其他還有乙員、甲安重要之計畫請考生有興趣再去詳讀，如墜落災害防止計畫、緊急應變計畫、開挖計畫、拆除計畫、…。

二、以考試而言，只要提到○○計畫請直接想到四字訣「PDCA」，特別是後續如欲更上一層樓考取技師類的考生，因時間就是分數，除了法規最好能再結合自己的工作實務經驗。

有關職業衛生管理師「計畫」之考試重要條文

職業安全衛生法施行細則

第 17 條 本法第 12 條第 3 項所稱作業環境監測，指為掌握勞工作業環境實態與評估勞工暴露狀況，所採取之規劃、採樣、測定、分析及評估。

本法第 12 條第 3 項規定應訂定**作業環境監測計畫**及實施監測之作業場所如下：

一、設置有中央管理方式之空氣調節設備之建築物室內作業場所。

二、坑內作業場所。

三、顯著發生噪音之作業場所。

四、下列作業場所，經中央主管機關指定者：

(一) 高溫作業場所。

(二) 粉塵作業場所。

(三) 鉛作業場所。

(四) 四烷基鉛作業場所。

(五) 有機溶劑作業場所。

(六) 特定化學物質作業場所。

五、其他經中央主管機關指定公告之作業場所。

第 31 條 本法第 23 條第 1 項所定職業安全衛生管理計畫，包括下列事項：

一、工作環境或作業危害之辨識、評估及控制。【辨識、評估、控制】

二、機械、設備或器具之管理。【機具管理】

三、危害性化學品之分類、標示、通識及管理。【危害標示】

四、有害作業環境之採樣策略規劃及監測。【環境監測】

五、危險性工作場所之製程或施工安全評估。【安全評估】

六、 採購管理、承攬管理及變更管理。【採購、承攬、變更】

七、 安全衛生作業標準。【作業標準】

八、 定期檢查、重點檢查、作業檢點及現場巡視。【檢查巡視】

九、 安全衛生教育訓練。【教育訓練】

十、 個人防護具之管理。【防護器具】

十一、健康檢查、管理及促進。【健康事項】

十二、安全衛生資訊之蒐集、分享及運用。【安衛資訊】

十三、緊急應變措施。【緊急應變】

十四、職業災害、虛驚事故、影響身心健康事件之調查處理及統計分析。【職災調查】

十五、安全衛生管理紀錄及績效評估措施。【記錄績效】

十六、其他安全衛生管理措施。【其他措施】

職業安全衛生設施規則

第 29-1 條 雇主使勞工於局限空間從事作業前，應先確認該局限空間內有無可能引起勞工缺氧、中毒、感電、塌陷、被夾、被捲及火災、爆炸等危害，如有危害之虞者，應訂定**危害防止計畫**，並使現場作業主管、監視人員、作業勞工及相關承攬人依循辦理。

前項危害防止計畫，應依作業可能引起之危害訂定下列事項：

一、 局限空間內危害之確認。

二、 局限空間內氧氣、危險物、有害物濃度之測定。

三、 通風換氣實施方式。

四、 電能、高溫、低溫與危害物質之隔離措施及缺氧、中毒、感電、塌陷、被夾、被捲等危害防止措施。

五、 作業方法及安全管制作法。

六、 進入作業許可程序。

七、 提供之測定儀器、通風換氣、防護與救援設備之檢點及維護方法。

八、 作業控制設施及作業安全檢點方法。

九、 緊急應變處置措施。

第 277-1 條 雇主使勞工使用呼吸防護具時，應指派專人採取下列呼吸防護措施，作成執行紀錄，並留存 3 年：

一、危害辨識及暴露評估。

二、防護具之選擇。

三、防護具之使用。

四、防護具之維護及管理。

五、呼吸防護教育訓練。

六、成效評估及改善。

前項呼吸防護措施，事業單位勞工人數達 200 人以上者，雇主應依中央主管機關公告之相關指引，訂定**呼吸防護計畫**，並據以執行；於勞工人數未滿 200 人者，得以執行紀錄或文件代替。

第 297-1 條 雇主對於工作場所有生物病原體危害之虞者，應採取下列感染預防措施：

一、 危害暴露範圍之確認。

二、 相關機械、設備、器具等之管理及檢點。

三、 警告傳達及標示。

四、 健康管理。

五、 感染預防作業標準。

六、 感染預防教育訓練。

七、 扎傷事故之防治。

八、 個人防護具之採購、管理及配戴演練。

九、 緊急應變。

十、 感染事故之報告、調查、評估、統計、追蹤、隱私權維護及紀錄。

十一、感染預防之績效檢討及修正。

十二、其他經中央主管機關指定者。

前項預防措施於醫療保健服務業，應增列勞工工作前預防感染之預防注射等事項。

前二項之預防措施，應依作業環境特性，訂定**實施計畫**及將執行紀錄留存 3 年，於僱用勞工人數在 30 人以下之事業單位，得以執行紀錄或文件代替。

第 300-1 條 雇主對於勞工 8 小時日時量平均音壓級超過 85 分貝或暴露劑量超過 50% 之工作場所，應採取下列聽力保護措施，作成執行紀錄並留存 3 年：

一、 噪音監測及暴露評估。

二、 噪音危害控制。

三、 防音防護具之選用及佩戴。

四、 聽力保護教育訓練。

五、 健康檢查及管理。

六、 成效評估及改善。

前項聽力保護措施，事業單位勞工人數達 100 人以上者，雇主應依作業環境特性，訂定**聽力保護計畫**據以執行；於勞工人數未滿 100 人者，得以執行紀錄或文件代替。

第 324-1 條 雇主使勞工從事重複性之作業，為避免勞工因姿勢不良、過度施力及作業頻率過高等原因，促發肌肉骨骼疾病，應採取下列危害預防措施，作成執行紀錄並留存 3 年：

一、 分析作業流程、內容及動作。

二、 確認人因性危害因子。

三、 評估、選定改善方法及執行。

四、 執行成效之評估及改善。

五、 其他有關安全衛生事項。

前項危害預防措施，事業單位勞工人數達 100 人以上者，雇主應依作業特性及風險，參照中央主管機關公告之相關指引，訂定**人因性危害預防計畫**，並據以執行；於勞工人數未滿 100 人者，得以執行紀錄或文件代替。

第 324-2 條 雇主使勞工從事輪班、夜間工作、長時間工作等作業，為避免勞工因異常工作負荷促發疾病，應採取下列疾病預防措施，作成執行紀錄並留存 3 年：

一、 辨識及評估高風險群。

二、 安排醫師面談及健康指導。

三、 調整或縮短工作時間及更換工作內容之措施。

四、 實施健康檢查、管理及促進。

五、 執行成效之評估及改善。

六、 其他有關安全衛生事項。

前項疾病預防措施，事業單位依規定配置有醫護人員從事勞工健康服務者，雇主應依勞工作業環境特性、工作形態及身體狀況，參照中央主管機關公告之相關指引，訂定**異常工作負荷促發疾病預防計畫**，並據以執行；依規定免配置醫護人員者，得以執行紀錄或文件代替。

第 324-3 條 雇主為預防勞工於執行職務，因他人行為致遭受身體或精神上不法侵害，應採取下列暴力預防措施，作成執行紀錄並留存 3 年：

一、 辨識及評估危害。

二、 適當配置作業場所。

三、 依工作適性適當調整人力。

四、 建構行為規範。

五、 辦理危害預防及溝通技巧訓練。

六、 建立事件之處理程序。

七、 執行成效之評估及改善。

八、 其他有關安全衛生事項。

前項暴力預防措施，事業單位勞工人數達 100 人以上者，雇主應依勞工執行職務之風險特性，參照中央主管機關公告之相關指引，訂定**執行職務遭受不法侵害預防計畫**，並據以執行；於僱用勞工人數未達 100 人者，得以執行紀錄或文件代替。

職業安全衛生管理辦法

第 12-5 條 第 12-2 條第 1 項之事業單位，以其事業之全部或一部分交付承攬或與承攬人分別僱用勞工於同一期間、同一工作場所共同作業時，除應依本法第 26 條或第 27 條規定辦理外，應就承攬人之安全衛生管理能力、職業災害通報、危險作業管制、教育訓練、緊急應變及安全衛生績效評估等事項，訂定**承攬管理計畫**，並促使承攬人及其勞工，遵守職業安全衛生法令及原事業單位所定之職業安全衛生管理事項。

前項執行紀錄，應保存 3 年。

危害性化學品標示及通識規則

第 17 條 雇主為防止勞工未確實知悉危害性化學品之危害資訊，致引起之職業災害，應採取下列必要措施：

一、 依實際狀況訂定**危害通識計畫**，適時檢討更新，並依計畫確實執行，其執行紀錄保存 3 年。

二、 製作危害性化學品清單，其內容、格式參照附表五。

三、 將危害性化學品之安全資料表置於工作場所易取得之處。

四、 使勞工接受製造、處置或使用危害性化學品之教育訓練，其課程內容及時數依職業安全衛生教育訓練規則之規定辦理。

五、 其他使勞工確實知悉危害性化學品資訊之必要措施。

前項第一款危害通識計畫，應含危害性化學品清單、安全資料表、標示、危害通識教育訓練等必要項目之擬訂、執行、紀錄及修正措施。

其他有關安全衛生部分尚有「**母性健康保護計畫**」、「**勞工健康服務計畫指引**」、「**墜落災害防止計畫**」、「**緊急應變計畫**」、「**開挖計畫**」、鋼構組配作業前之「**作業計畫**」、…，有興趣之考生可自行整理。

安全衛生類指引

由近幾次考試趨勢來看甲衛考題 5 題，法規、指引、時事、實務及計算各出一題，鑒於「指引」考試比重愈來越重要，筆者將重要的「衛生類指引重點彙整」及「安全類指引重點彙整」以 QR code 連結於下方，希望讀者們能善加利用，特別是「衛生類指引」部分請讀者務必熟悉除考試外亦能對工作方面有所助益也可瞭解官方目前的政策，另如有新修訂或新增指引部分也請讀者加以留意，新增或修訂的法規經常也是考試的重點。

appendix

C

易混淆、雷同、圖型數線記憶、比較表

以筆者多年不同領域的考試經驗，常常會有易混淆、雷同、比較說明等，筆者們把相關資料整理提供考生們參考，希望能幫考生們省時省力，世上沒有所謂的最好的方法，只有最適合自己的方法，請自己整理最不易忘記。

一、易混淆

危險性機械 / 設備 VS 中央主管機關指定之機械、設備或器具

危險性機械 / 設備 （職業安全衛生法施行細則 22、23 條）	中央主管機關指定之機械、設備或器具 （職業安全衛生法施行細則 12 條）
危險性之機械 一、固定式起重機。 二、移動式起重機。 三、人字臂起重桿。 四、營建用升降機。 五、營建用提升機。 六、吊籠。 七、其他經中央主管機關指定公告具有危險性之機械。 **危險性之設備** 一、鍋爐。 二、壓力容器。 三、高壓氣體特定設備。 四、高壓氣體容器。 五、其他經中央主管機關指定公告具有危險性之設備。	一、動力衝剪機械。 二、手推刨床。 三、木材加工用圓盤鋸。 四、動力堆高機。 五、研磨機。 六、研磨輪。 七、防爆電氣設備。 八、動力衝剪機械之光電式安全裝置。 九、手推刨床之刃部接觸預防裝置。 十、木材加工用圓盤鋸之反撥預防裝置及鋸齒接觸預防裝置。 十一、其他經中央主管機關指定公告者。

高溫作業 VS 高氣溫作業

高溫作業 （高溫作業勞工作息時間標準 2、5 條）	戶外作業（高氣溫作業） （職業安全衛生設施規則 324-6 條）
一、於鍋爐房從事之作業。 二、灼熱鋼鐵或其他金屬塊壓軋及鍛造之作業。 三、於鑄造間處理熔融鋼鐵或其他金屬之作業。 四、鋼鐵或其他金屬類物料加熱或熔煉之作業。 五、處理搪瓷、玻璃、電石及熔爐高溫熔料之作業。	雇主使勞工從事戶外作業，為防範高氣溫環境引起之熱疾病，應視天候狀況採取下列危害預防措施： 一、降低作業場所之溫度。 二、提供陰涼之休息場所。 三、提供適當之飲料或食鹽水。

高溫作業 （高溫作業勞工作息時間標準 2、5 條）	戶外作業（高氣溫作業） （職業安全衛生設施規則 324-6 條）
六、於蒸汽火車、輪船機房從事之作業。 七、從事蒸汽操作、燒窯等作業。 八、其他經中央主管機關指定之高溫作業。	四、調整作業時間。 五、增加作業場所巡視之頻率。 六、實施健康管理及適當安排工作。 七、採取勞工熱適應相關措施。 八、留意勞工作業前及作業中之健康狀況。 九、實施勞工熱疾病預防相關教育宣導。 十、建立緊急醫療、通報及應變處理機制。
註：營造作業**不是**高溫作業。	

特別危害健康作業 VS 特殊危害作業 VS 特殊作業

特別危害健康作業 （職業安全衛生法施行細則 28 條）	特殊危害作業 （職業安全衛生法 19 條）	特殊作業 （職業安全衛生教育訓練規則 14 條）
一、**高**溫作業。 二、**噪**音作業。 三、游離輻**射**作業。 四、**異**常氣壓作業。 五、**鉛**作業。 六、**四**烷基鉛作業。 七、**粉**塵作業。 八、**有**機溶劑作業，經中央主管機關指定者。 九、製造、處置或使用**特**定化學物質之作業，經中央主管機關指定者。 十、黃**磷**之製造、處置或使用作業。 十一、聯啶或**巴**拉刈之製造作業。 十二、**其**他經中央主管機關指定公告之作業。	在**高**溫場所工作之勞工，雇主不得使其每日工作時間超過六小時；**異**常氣壓作業、**高**架作業、**精**密作業、**重**體力勞動或其他對於勞工具有**特殊危害之作業**，亦應規定減少勞工工作時間，並在工作時間中予以適當之休息。	小型鍋爐操作人員。 二、荷重在一公噸以上之堆高機操作人員。 三、吊升荷重在零點五公噸以上未滿三公噸之固定式起重機操作人員或吊升荷重未滿一公噸之斯達卡式起重機操作人員。 四、吊升荷重在零點五公噸以上未滿三公噸之移動式起重機操作人員。 五、吊升荷重在零點五公噸以上未滿三公噸之人字臂起重桿操作人員。 六、使用起重機具從事吊掛作業人員。 七、以乙炔熔接裝置或氣體集合熔接裝置從事金屬之熔接、切斷或加熱作業人員。 八、火藥爆破作業人員。 九、胸高直徑七十公分以上之伐木作業人員。 十、機械集材運材作業人員。 十一、高壓室內作業人員。 十二、潛水作業人員。 十三、油輪清艙作業人員。 十四、其他經中央主管機關指定之人員。

特別危害健康作業（職業安全衛生法施行細則 28 條）	特殊危害作業（職業安全衛生法 19 條）	特殊作業（職業安全衛生教育訓練規則 14 條）
口訣：特有四鉛粉高＋噪射奇（其）異淋（磷）巴	口訣：高異高精重其	
簡單判別：特別危害「健康」作業，會對身體造成影響的「作業」。	簡單判別：特殊危害之作業，經休息可恢復的「作業」。	簡單判別：特殊作業，不是一般人可以做的，需經過相關訓練才可執行的人。

二、雷同

作業環境監測作業場所 VS 有害作業主管 VS 特別危害健康作業

作業環境監測作業場所（職業安全衛生法施行細則第 17 條）	有害作業主管（職業安全衛生教育訓練規則第 11 條）	特別危害健康作業（職業安全衛生法施行細則第 28 條）
一、設置有中央管理方式之**空**氣調節設備之建築物室內作業場所。 二、**坑**內作業場所。 三、顯著發生**噪**音之作業場所。 四、下列作業場所，經中央主管機關指定者： （一）**高**溫作業場所。 （二）**粉**塵作業場所。 （三）**鉛**作業場所。 （四）**四**烷基鉛作業場所。 （五）**有**機溶劑作業場所。 （六）**特**定化學物質作業場所。 五、**其**他經中央主管機關指定公告之作業場所。 （接近煉**焦**爐或於其上方從事煉焦作業之場所，應每六個月監測溶於苯之煉焦爐生成物之濃度一次以上。）	一、**有**機溶劑作業主管。 二、**鉛**作業主管。 三、**四**烷基鉛作業主管。 四、**缺**氧作業主管。 五、**特**定化學物質作業主管。 六、**粉**塵作業主管。 七、**高**壓室內作業主管。 八、**潛**水作業主管。 九、**其**他經中央主管機關指定之人員。	一、**高**溫作業。 二、**噪**音作業。 三、游離輻**射**作業。 四、**異**常氣壓作業。 五、**鉛**作業。 六、**四**烷基鉛作業。 七、**粉**塵作業。 八、**有**機溶劑作業，經中央主管機關指定者。 九、製造、處置或使用**特**定化學物質之作業，經中央主管機關指定者。 十、黃**磷**之製造、處置或使用作業。 十一、聯啶或**巴**拉刈之製造作業。 十二、**其**他經中央主管機關指定公告之作業。
口訣：特有四鉛粉高＋坑噪其空＋焦	口訣：特有四鉛粉高（壓）＋缺前期（潛其）；（教育訓練規則第 11 條）	口訣：特有四鉛粉高＋噪射奇（其）異淋（磷）巴

未滿 18 歲與受母性健康保護之工作者，不得從事作業之比較

未滿 18 歲之工作者	妊娠中之女性勞工	分娩後未滿 1 年之女性勞工
坑內工作	礦**坑**工作	礦**坑**工作
鉛、汞、鉻、砷、黃磷、氯氣、氰化氫、苯胺等有害物散布場所之工作	**鉛**及其化合物散布場所之工作	**鉛**及其化合物散布場所之工作
鑿岩機及其他有顯著振動之工作	**鑿岩機及其他有顯著振動之工作**	**鑿岩機及其他有顯著振動之工作**
一定重量以上之重物處理工作	**一定重量以上之重物處理工作**	**一定重量以上之重物處理工作**
其他經中央主管機關規定之危險性或有害性之工作	**其他經中央主管機關規定之危險性或有害性之工作**	**其他經中央主管機關規定之危險性或有害性之工作**
有害輻射散布場所之工作	有害輻射散布場所之工作	
已熔礦物或礦渣之處理	已熔礦物或礦渣之處理工作	
起重機、人字臂起重桿之運轉工作	起重機、人字臂起重桿之運轉工作	
動力捲揚機、動力運搬機及索道之運轉工作	動力捲揚機、動力運搬機及索道之運轉工作	
橡膠化合物及合成樹脂之滾輾工作	橡膠化合物及合成樹脂之滾輾工作	
處理爆炸性、易燃性等物質之工作	異常氣壓之工作	
有害粉塵散布場所之工作	處理或暴露於弓形蟲、德國麻疹等影響胎兒健康之工作	
運轉中機器或動力傳導裝置危險部分之掃除、上油、檢查、修理或上卸皮帶、繩索等工作	處理或暴露於二硫化碳、三氯乙烯、環氧乙烷、丙烯醯胺、次乙亞胺、砷及其化合物、汞及其無機化合物等經中央主管機關規定之危害性化學品之工作	
超過 220 伏特電力線之銜接	處理或暴露於經中央主管機關規定具有致病或致死之微生物感染風險之工作	
鍋爐之燒火及操作		

化學防護衣

分級	配備簡述
A 級防護衣	1. 作業環境會對人員呼吸及皮膚造成立即危害的狀況。 2. 防化學品滲透之全身包覆式防護衣，配戴空氣呼吸器 (SCBA)。
B 級防護衣	1. 當氧氣濃度低於 19.5% 或有物質會對人體呼吸系統造成立即性傷害者。 2. 防化學品潑濺之化學防護衣，配戴空氣呼吸器 (SCBA)。
C 級防護衣	防化學品潑濺之化學防護衣，配戴全面式或半面式口罩。
D 級防護衣	連身式防護衣，不需配戴呼吸防護裝備。

三、圖型記憶

(勞工健康保護規則第 21 條)

雇主使勞工從事第 2 條規定之特別危害健康作業時，應建立其暴露評估及健康管理資料，並將其定期實施之特殊健康檢查，依下列規定分級實施健康管理：

一、 第一級管理：特殊健康檢查或健康追蹤檢查結果，全部項目正常，或部分項目異常，而經醫師綜合判定為無異常者。

二、 第二級管理：特殊健康檢查或健康追蹤檢查結果，部分或全部項目異常，經醫師綜合判定為異常，而與工作無關者。

三、 第三級管理：特殊健康檢查或健康追蹤檢查結果，部分或全部項目異常，經醫師綜合判定為異常，而無法確定此異常與工作之相關性，應進一步請職業醫學科專科醫師評估者。

四、 第四級管理：特殊健康檢查或健康追蹤檢查結果，部分或全部項目異常，經醫師綜合判定為異常，且與工作有關者。

前項所定健康管理，屬於第二級管理以上者，應由醫師註明其不適宜從事之作業與其他應處理及注意事項；屬於第三級管理或第四級管理者，並應由醫師註明臨床診斷。

雇主對於第 1 項所定第二級管理者，應提供勞工個人健康指導；第三級管理者，應請職業醫學科專科醫師實施健康追蹤檢查，必要時應實施疑似工作相關疾病之現場評估，且應依評估結果重新分級，並將分級結果與採行措施依中央主管機關公告之方式通報；屬於第四級管理者，經職業醫學科專科醫師評估現場仍有工作危害因子之暴露者，應採取危害控制及相關管理措施。

前項健康追蹤檢查紀錄，依前二條規定辦理。

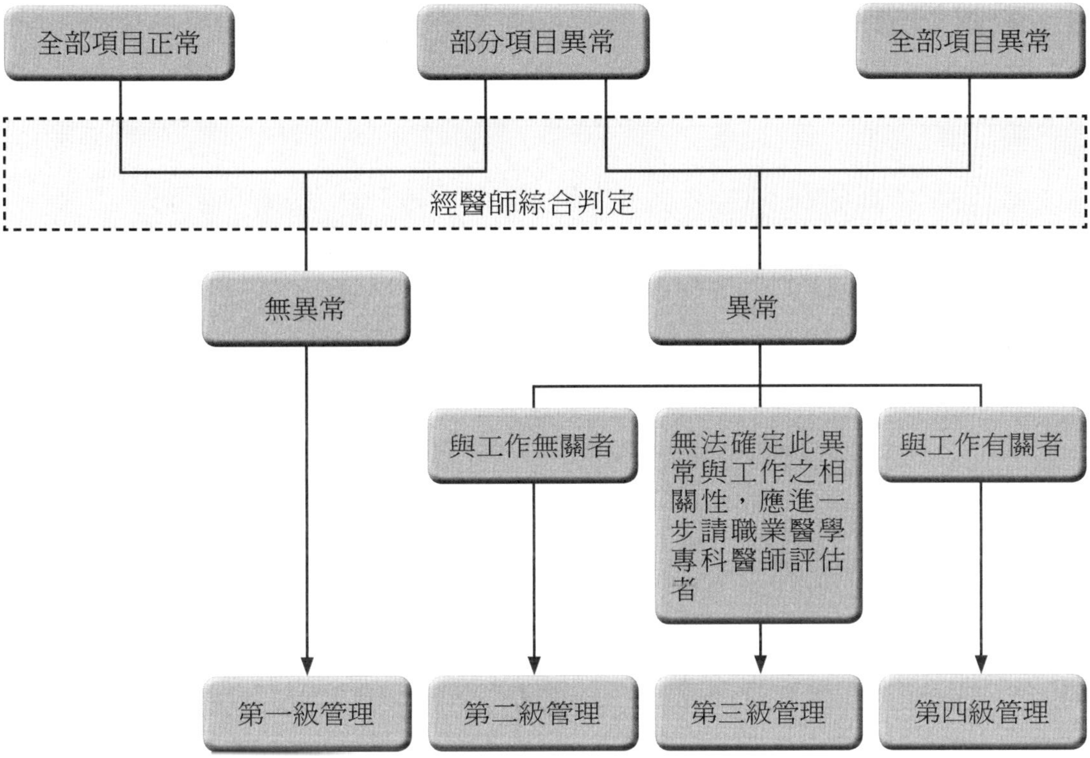

健康管理，屬於第二級管理以上者，應由醫師註明其不適宜從事之作業與其他應處理及注意事項；屬於第三級管理或第四級管理者，並應由醫師註明臨床診斷。

雇主對於屬於第二級以上管理者應有下列之作為：

第二級管理者： 應提供勞工個人健康指導。

第三級管理者： 應請職業醫學科專科醫師實施健康追蹤檢查，必要時應實施疑似工作相關疾病之現場評估，且應依評估結果重新分級，並將分級結果與採行措施依中央主管機關公告之方式通報。

第四級管理者： 經醫師評估現場仍有工作危害因子之暴露者，應採取危害控制及相關管理措施。

四、數線記憶

勞工作業場所容許暴露標準 第 3 條（短時間時量平均容許濃度）

容許濃度	變量係數	備註
未滿 1	3	表中容許濃度氣狀物以 ppm、粒狀物以 mg/m^3、石綿 f/cc 為單位。
1 以上，未滿 10	2	
10 以上，未滿 100	1.5	
100 以上，未滿 1000	1.25	
1000 以上	1	

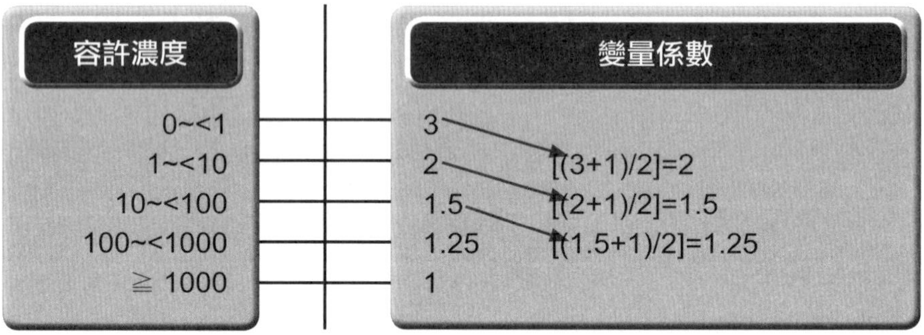

註 未滿 1 即表示小於且不包含 1，如：0.9、0.99、0.999。

1000 以上即表示大於等於 1000，如 1000、1001、1002、…。

勞工健康保護規則 第 17 條

雇主對在職勞工，應依下列規定，定期實施一般健康檢查：

一、 年滿 65 歲者，每年檢查 1 次。

二、 40 歲以上未滿 65 歲者，每 3 年檢查 1 次。

三、 未滿 40 歲者，每 5 年檢查 1 次。

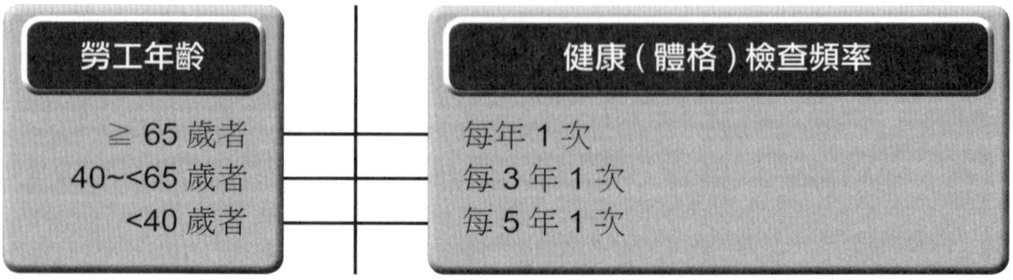

職業安全衛生設施規則 第 312 條

雇主對於勞工工作場所應使空氣充分流通，必要時，應依下列規定以機械通風設備換氣：

一、 應足以調節新鮮空氣、溫度及降低有害物濃度。

二、 其換氣標準如下：

工作場所每一勞工所佔立方公尺數	每分鐘每一勞工所需之新鮮空氣之立方公尺數
未滿 5.7	0.6 以上
5.7 以上未滿 14.2	0.4 以上
14.2 以上未滿 28.3	0.3 以上
28.3 以上	0.14 以上

每一勞工佔有氣積	每一勞工所需之空氣立方公尺數
<5.7	0.6
5.7~<14.2	0.4
14.2~<28.3	0.3
≧ 28.3	0.14

危害性化學品評估及分級管理辦法 第 8 條

中央主管機關對於第 4 條之化學品，定有容許暴露標準，而事業單位從事特別危害健康作業之勞工人數在 100 人以上，或總勞工人數 500 人以上者，雇主應依有科學根據之之採樣分析方法或運用定量推估模式，實施暴露評估。

雇主應就前項暴露評估結果，依卜列規定，定期實施評估：

一、 暴露濃度低於容許暴露標準 1/2 之者，至少每 3 年評估 1 次。

二、 暴露濃度低於容許暴露標準但高於或等於其 1/2 者，至少每年評估 1 次。

三、 暴露濃度高於或等於容許暴露標準者，至少每 3 個月評估一次。

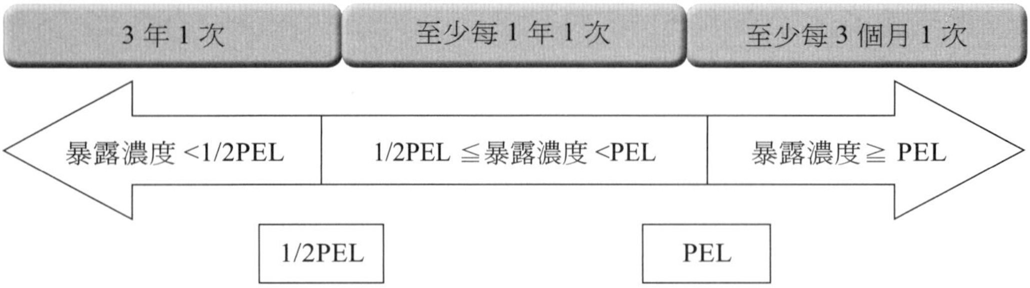
3 年 1 次
至少每 1 年 1 次
至少每 3 個月 1 次
暴露濃度 <1/2PEL
1/2PEL ≦暴露濃度 <PEL
暴露濃度≧ PEL
1/2PEL
PEL

危害性化學品評估及分級管理辦法　第 10 條

雇主對於前二條化學品之暴露評估結果，應依下列風險等級，分別採取控制或管理措施：

一、 第一級管理：暴露濃度低於容許暴露標準 1/2 者，除應持續維持原有之控制或管理措施外，製程或作業內容變更時，並採行適當之變更管理措施。

二、 第二級管理：暴露濃度低於容許暴露標準但高於或等於其 1/2 者，應就製程設備、作業程序或作業方法實施檢點，採取必要之改善措施。

三、 第三級管理：暴露濃度高於或等於容許暴露標準者，應即採取有效控制措施，並於完成改善後重新評估，確保暴露濃度低於容許暴露標準。

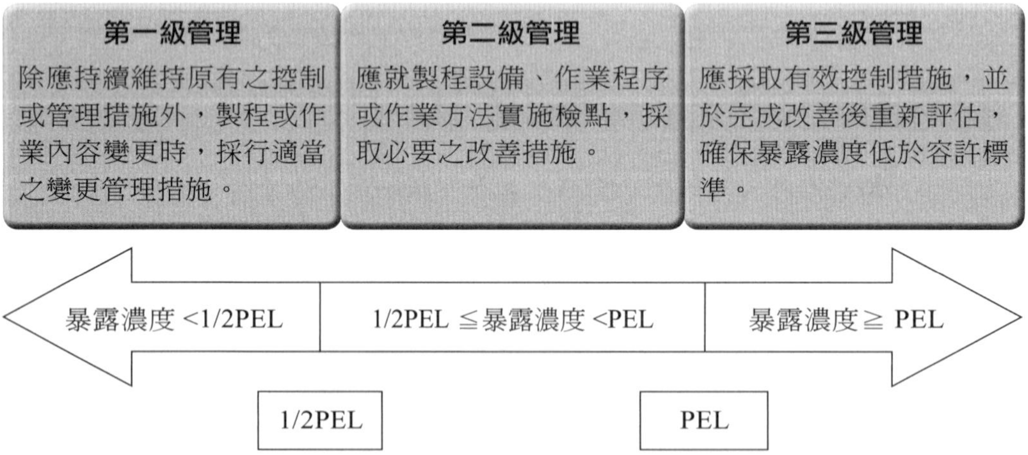
第一級管理
除應持續維持原有之控制或管理措施外，製程或作業內容變更時，採行適當之變更管理措施。
第二級管理
應就製程設備、作業程序或作業方法實施檢點，採取必要之改善措施。
第三級管理
應採取有效控制措施，並於完成改善後重新評估，確保暴露濃度低於容許標準。
暴露濃度 <1/2PEL
1/2PEL ≦暴露濃度 <PEL
暴露濃度≧ PEL
1/2PEL
PEL

女性勞工母性健康保護實施辦法 第 9 條、第 10 條

雇主使保護期間之勞工從事第 3 條或第 5 條第 2 項之工作，應依下列原則區分風險等級：

一、 符合下列條件之一者，屬第一級管理：

(一) 作業場所空氣中暴露濃度低於容許暴露標準 1/10。

(二) 第 3 條或第 5 條第 2 項之工作或其他情形，經醫師評估無害母體、胎兒或嬰兒健康。

二、 符合下列條件之一者，屬第二級管理：

(一) 作業場所空氣中暴露濃度在容許暴露標準 1/10 以上未達 1/2。

(二) 第 3 條或第 5 條第 2 項之工作或其他情形，經醫師評估可能影響母體、胎兒或嬰兒健康。

三、 符合下列條件之一者，屬第三級管理：

(一) 作業場所空氣中暴露濃度在容許暴露標準 1/2 以上。

(二) 第 3 條或第 5 條第 2 項之工作或其他情形，經醫師評估有危害母體、胎兒或嬰兒健康。

四、 第 10 條：雇主使女性勞工從事第 4 條之鉛及其化合物散布場所之工作，應依下列血中鉛濃度區分風險等級，但經醫師評估須調整風險等級者，不在此限：

(一) 第一級管理：血中鉛濃度低於 5μg/dl 者。

(二) 第二級管理：血中鉛濃度在 5μg/dl 以上未達 10μg/dl。

(三) 第三級管理：血中鉛濃度在 10μg/dl 以上者。

註：1dl＝100 ml

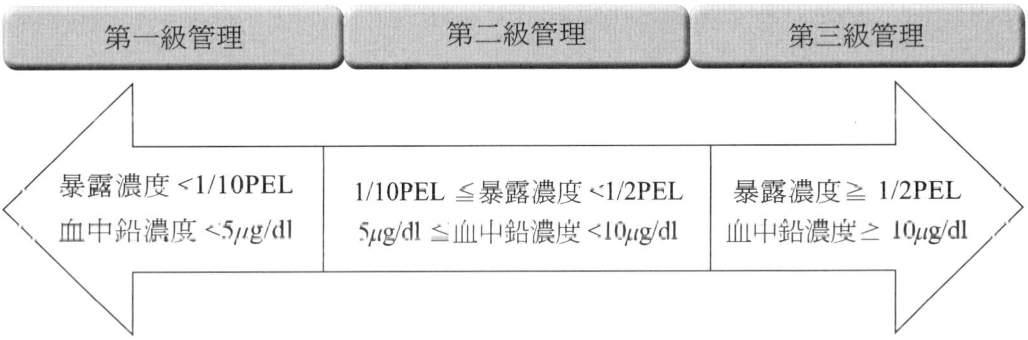

職業安全衛生設施規則 第 300 條、第 300-1 條

雇主對於發生噪音之工作場所，應依下列規定辦理：

一、勞工工作場所因機械設備所發生之聲音超過 90 分貝時，雇主應採取工程控制、減少勞工噪音暴露時間，使勞工噪音暴露工作日 8 小時日時量平均不超過 (一) 表列之規定值或相當之劑量值，且任何時間不得暴露於峰值超過 140 分貝之衝擊性噪音或 115 分貝之連續性噪音；對於勞工 8 小時日時量平均音壓級超過 85 分貝或暴露劑量超過 50% 時，雇主應使勞工戴用有效之耳塞、耳罩等防音防護具。

(一) 勞工暴露之噪音音壓級及其工作日容許暴露時間如下列對照表：

工作日容許暴露時間 (小時)	A 權噪音音壓級 (dBA)
8	90
6	92
4	95
3	97
2	100
1	105
1/2	110
1/4	115

(二) 勞工工作日暴露於二種以上之連續性或間歇性音壓級之噪音時，其暴露劑量之計算方法為：

$$\frac{\text{第一種噪音音壓級之暴露時間}}{\text{該噪音音壓級對應容許暴露時間}} + \frac{\text{第二種噪音音壓級之暴露時間}}{\text{該噪音音壓級對應容許暴露時間}} + \ldots\ldots \gtreqless 1$$

其和大於 1 時，即屬超出容許暴露劑量。

(三) 測定勞工 8 小時日時量平均音壓級時，應將 80 分貝以上之噪音以增加 5 分貝降低容許暴露時間一半之方式納入計算。

二、工作場所之傳動馬達、球磨機、空氣鑽等產生強烈噪音之機械，應予以適當隔離，並與一般工作場所分開為原則。

三、發生強烈振動及噪音之機械應採消音、密閉、振動隔離或使用緩衝阻尼、慣性塊、吸音材料等，以降低噪音之發生。

四、 噪音超過 90 分貝之工作場所，應標示並公告噪音危害之預防事項，使勞工周知。

雇主對於勞工 8 小時日時量平均音壓級超過 85 分貝或暴露劑量超過 50% 之工作場所，應採取下列聽力保護措施，作成執行紀錄並留存 3 年：

一、 噪音監測及暴露評估。

二、 噪音危害控制。

三、 防音防護具之選用及佩戴。

四、 聽力保護教育訓練。

五、 健康檢查及管理。

六、 成效評估及改善。

前項聽力保護措施，事業單位勞工人數達 100 人以上者，雇主應依作業環境特性，訂定聽力保護計畫據以執行；於勞工人數未滿 100 人者，得以執行紀錄或文件代替。

80 分貝	85 分貝	90 分貝	115 分貝以上
1. 低於 80 分貝不列入計算。 2. 每超過 5 分貝降低容許暴露時間一半。	1. 超過 85 分貝或暴露劑量超過 50% 配戴耳塞、耳罩等防音防護具。 2. 執行聽力保護措施。	1. 超過 90 分貝應採取工程控制並減少噪音暴露時間。 2. 噪音工作場所應公告噪音危害之預防事項。	1. 任何時間不得暴露於峰值超過 140 分貝之衝擊性噪音。 2. 任何時間不得暴露於峰值超過 115 分貝之連續性噪音。
	1. 特殊健檢。 2. 作業環境監測。		

「中高齡及高齡工作者安全衛生指引」名詞定義

名詞定義

一、中高齡工作者：指年滿 45 歲至 65 歲之工作者。

二、高齡工作者：指逾 65 歲之工作者。

「職場夜間工作安全衛生指引」名詞定義

名詞定義

夜間工作者適用對象：適用職業安全衛生法，並於午後 10 時至翌晨 6 時從事工作之各業別工作者。

appendix

D

名詞解釋

1. **雇主：【職安法第 2 條】**

   指事業主或事業之經營負責人。

2. **工作者：【職安法第 2 條】**

   指勞工、自營作業者及其他受工作場所負責人指揮或監督從事勞動之人員。

3. **勞工：【職安法第 2 條】**

   指受僱從事工作獲致工資者。

4. **自營作業者：【職安法施行細則第 2 條】**

   指獨立從事勞動或技藝工作，獲致報酬，且未僱用有酬人員幫同工作者。

5. **其他受工作場所負責人指揮或監督從事勞動之人員:【職安法施行細則第3條】**

   指與事業單位無僱傭關係，於其工作場所從事勞動或以學習技能、接受職業訓練為目的從事勞動之工作者。

6. **工作場所負責人：【職安法施行細則第 3 條】**

   指雇主或於該工作場所代表雇主從事管理、指揮或監督工作者從事勞動之人。

7. **職業災害：【職安法第 2 條】**

   指因勞動場所之建築物、機械、設備、原料、材料、化學品、氣體、蒸氣、粉塵等或作業活動及其他職業上原因引起之工作者疾病、傷害、失能或死亡。

8. **共同作業：【職安法施行細則第 37 條】**

   指事業單位與承攬人、再承攬人所僱用之勞工於同一期間、同一工作場所從事工作。

9. **局限空間：【職業安全衛生設施規則第 19-1 條】**

   指非供勞工在其內部從事經常性作業，勞工進出方法受限制，且無法以自然通風來維持充分、清淨空氣之空間。

10. **勞動場所：【職安法施行細則第 5 條】**

    (1) 於勞動契約存續中，由雇主所提示，使勞工履行契約提供勞務之場所。

    (2) 自營作業者實際從事勞動之場所。

    (3) 其他受工作場所負責人指揮或監督從事勞動之人員，實際從事勞動之場所。

11. **工作場所：【職安法施行細則第 5 條】**

    指勞動場所中，接受雇主或代理雇主指示處理有關勞工事務之人所能支配、管理之場所。

12. **作業場所：【職安法施行細則第 5 條】**

指工作場所中，從事特定工作目的之場所。

13. **職業上原因：【職安法施行細則第 6 條】**

指隨作業活動所衍生，於勞動上一切必要行為及其附隨行為而具有相當因果關係者。

14. **合理可行範圍：【職安法施行細則第 8 條】**

指依本法及有關安全衛生法令、指引、實務規範或一般社會通念，雇主明知或可得而知勞工所從事之工作，有致其生命、身體及健康受危害之虞，並可採取必要之預防設備或措施者。

15. **風險評估：【職安法施行細則第 8 條】**

指辨識、分析及評量風險之程序。

16. **特殊危害作業：【職安法第 19 條】**

係指高溫作業、異常氣壓作業、高架作業、精密作業、重體力勞動或其他對於勞工具有特殊危害之作業。

17. **應於八小時內通報勞動檢查機構之狀況：【職安法第 37 條】**

(1) 發生死亡災害。

(2) 發生災害之罹災人數在 3 人以上。

(3) 發生災害之罹災人數在 1 人以上，且需住院治療。

(4) 其他經中央主管機關指定公告之災害。

18. **體格檢查：【職安法施行細則第 27 條】**

指於僱用勞工時，為識別勞工工作適性，考量其是否有不適合作業之疾病所實施之身體檢查。

19. **一般健康檢查：【職安法施行細則第 27 條】**

指雇主對在職勞工，為發現健康有無異常，以提供適當健康指導、適性配工等健康管理措施，依其年齡於一定期間或變更其工作時所實施者。

20. **特殊健康檢查：【職安法施行細則第 27 條】**

指對從事特別危害健康作業之勞工，為發現健康有無異常，以提供適當健康指導、適性配工及實施分級管理等健康管理措施，依其作業危害性，於一定期間或變更其工作時所實施者。

21. **特定對象及特定項目之健康檢查：【職安法施行細則第 27 條】**

指對可能為罹患職業病之高風險群勞工，或基於疑似職業病及本土流行病學調查之需要，經中央主管機關指定公告，要求其雇主對特定勞工施行必要項目之臨時性檢查。

22. **化學物質：【新化學物質登記管理辦法第 2 條】**

指自然狀態或經製造過程所得之化學元素或化合物，包括維持產品穩定所需之任何添加劑，或製程衍生而非預期存在於化學物質中之成分。但不包括可分離而不影響物質穩定性，或改變其組成結構之任何溶劑。

23. **製成品：【危害性化學品標示及通識規則第 3 條】**

指在製造過程中，已形成特定形狀或依特定設計，而其最終用途全部或部分決定於該特定形狀或設計，且在正常使用狀況下不會釋放出危害性化學品之物品。

24. **危害性之化學品，指下列危險物或有害物：【職安法施行細則第 14 條】**

(1) 危險物：符合國家標準 CNS 15030 分類，具有物理性危害者。

(2) 有害物：符合國家標準 CNS 15030 分類，具有健康危害者。

25. **危害性化學品之清單：【職安法施行細則第 15 條】**

指記載化學品名稱、製造商或供應商基本資料、使用及貯存量等項目之清冊或表單。

26. **危害性化學品之安全資料表：【職安法施行細則第 16 條】**

指記載化學品名稱、製造商或供應商基本資料、危害特性、緊急處理及危害預防措施等項目之表單。

27. **作業環境監測：【職安法施行細則第 17 條】**

指為掌握勞工作業環境實態與評估勞工暴露狀況，所採取之規劃、採樣、測定、分析及評估。

28. **管制性化學品如下：【職安法施行細則第 19 條】**

(1) 第 20 條之優先管理化學品中，經中央主管機關評估具高度暴露風險者。

(2) 其他經中央主管機關指定公告者。

29. **優先管理化學品如下：【職安法施行細則第 20 條】**

(1) 本法第 29 條第 1 項第 3 款及第 30 條第 1 項第 5 款規定所列之危害性化學品。

(2) 依國家標準 CNS 15030 分類，屬致癌物質第一級、生殖細胞致突變性物質第一級或生殖毒 性物質第一級者。

(3) 依國家標準 CNS 15030 分類，具有物理性危害或健康危害，其化學品運作量達中央主管 機關規定者。

(4) 其他經中央主管機關指定公告者。

30. **採樣策略：【作業環境監測指引第 3 條】**

於保障勞工健康及遵守法規要求之前提下，運用一套合理之方法及程序，決定實施作業環境監測之處所及採樣規劃。

31. **相似暴露族群 (SEG)：【作業環境監測指引第 3 條】**

Similar Exposure Group，指工作型態、危害種類、暴露時間及濃度大致相同，具有類似暴露狀況之一群勞工。

32. **管理審查：【作業環境監測指引第 3 條】**

為高階管理階層依預定時程及程序，定期審查計畫及任何相關資訊，以確保其持續之適合性與有效性，並導入必要之變更或改進。

33. **暴露評估：【危害性化學品評估及分級管理辦法第 2 條】**

指以定性、半定量或定量之方法，評量或估算勞工暴露於化學品之健康危害情形。

34. **分級管理：【危害性化學品評估及分級管理辦法第 2 條】**

指依化學品健康危害及暴露評估結果評定風險等級，並分級採取對應之控制或管理措施。

35. **厭惡性粉塵：【勞工作業場所容許暴露標準附表二】**

依據「空氣中粉塵容許濃度」分類，不屬於第一、二、三種之粉塵，列為厭惡性粉塵；此種粉塵可導致輕度不適、刺激、過敏等現象，但除非濃度過高使其在呼吸系統內的沉積量超過人體本身的清除能力，一般不致造成重大危害。此類物質包括煤灰與石膏等。

36. **可呼吸性粉塵 (respirable dust)：**

係指可透過離心式等分粒裝置所測得之氣動粒徑者。粉塵之氣動粒徑在 4 微米以下者，可深入肺部，此種可深入肺部之粉塵，稱為可呼吸性粉塵。

37. **吸入性粉塵 (inhalable dust)：**

係指空氣中之粒狀汙染物能經由鼻或口呼吸而進入人體呼吸系統者，其平均氣動粒徑為 100μm 以下。

38. **密閉設備：【有機溶劑中毒預防規則第 3 條】**

指密閉危害物之發生源，使其不致散布之設備。

39. **局部排氣裝置：【有機溶劑中毒預防規則第 3 條】**

指藉動力強制吸引並排出危害物質之設備。

40. **整體換氣裝置：【有機溶劑中毒預防規則第 3 條】**

指藉動力稀釋已發散之危害物質之設備。

41. **通風不充分之室內作業場所：【有機溶劑中毒預防規則第 3 條】**

指室內對外開口面積未達底面積之 1/20 以上或全面積之 3% 以上者。

42. **臨時性作業：【勞工作業環境監測實施辦法第 2 條】**

指正常作業以外之作業，其作業期間不超過 3 個月且 1 年內不再重覆者。

43. **作業時間短暫：【勞工作業環境監測實施辦法第 2 條】**

指雇主使勞工每日作業時間在 1 小時以內者。

44. **作業期間短暫：【勞工作業環境監測實施辦法第 2 條】**

指作業期間不超過 1 個月，且確知自該作業終了日起 6 個月，不再實施該作業者。

45. **職業安全衛生管理系統：【職安法施行細則第 35 條】**

指事業單位依其規模、性質，建立包括安全衛生政策、組織設計、規劃與實施、評估及改善措施之系統化管理體制。

46. **確定效應：**

指接受過量輻射照射，造成有害的組織反應，若接受的劑量增加，造成的傷害就會更嚴重，如皮膚紅斑脫皮、水晶體混濁等。

47. **機率效應：**

主要是指致癌效應，輻射可能會誘發細胞的突變導致癌症的發生，因為癌症的發生是機率性的，所以這種效應稱為機率效應。癌症發生的機率與劑量有關，機率隨劑量的增加而提高。

48. **審查：【危險性工作場所審查及檢查辦法第 3 條】**

指勞動檢查機構對工作場所有關資料之書面審查。

49. **檢查：【危險性工作場所審查及檢查辦法第 3 條】**

指勞動檢查機構對工作場所有關資料及設施之現場檢查。

50. **虛驚事故 (near miss)：**

係指人員未傷亡、財務無損失之異常事故。

51. **不安全狀態：**

引起或構成危害及事故之狀態或環境。

52. **第三者認證機構：**

指取得國際實驗室認證聯盟相互認可協議，並經中央主管機關公告之認證機構。

53. **主動式績效指標：**

主動式事在意外事故、職業病或事件發生前，所執行的安全衛生管理業務進行量測，提供有關執行成效的重要回饋資料。主動式績效量測檢查績效標準的符合度與特定目標的達成度，其主要用途在於量測達成度，並透過獎勵方式鼓勵良好表現而非懲罰。

54. **母性健康保護期間：【女性勞工母性健康保護實施辦法第 2 條】**

指雇主於得知女性勞工妊娠之日起至分娩後 1 年之期間。

55. **高壓室內作業：【異常氣壓危害預防標準第 2 條】**

指沈箱施工法或壓氣潛盾施工法及其他壓氣施工法中，於表壓力 (以下簡稱壓力) 超過大氣壓之作業室 (以下簡稱作業室) 或豎管內部實施之作業。

56. **潛水作業：【異常氣壓危害預防標準第 2 條】**

指使用潛水器具之水肺或水面供氣設備等，於水深超過 10 公尺之水中實施之作業。

57. **化學文摘社登記號碼 (CAS No.)：**

美國化學會的下設組織化學文摘社 (Chemical Abstracts Service) 在編製化學摘要 (CA) 時，為便於確認同一種化學物質，故對每一個化學品編定註冊登記號碼 (CAS No.)，一個號碼只代表一種化合物，若有異構物則給予不同編號，已通用於國際上，故查詢之正確性高，極適合作為資料查詢的索引號碼，因其一個號碼只代表一種化合物，故對化學品的確認與資料查詢的索引有很大的用處。

58. **生物暴露指標 (BEIs)：**

係指大多數勞工暴露在相當於容許濃度之化學物質環境下，可預期正常勞工在此暴露下之生物指標值 (血液、尿液、呼出氣體、毛髮或指甲中的濃度)。

59. **生物濃縮係數 (Bioconcentration factor, BCF)：**

某種具生物濃縮性質之化學物質對單一生物體或生物細胞的濃縮特性；BCF 值愈大者，生物累積之效過愈大。

60. **缺氧：【缺氧症預防規則第 3 條】**

指空氣中氧氣濃度未滿 18% 之狀態。

61. **缺氧症：【缺氧症預防規則第 3 條】**

指因作業場所缺氧引起之症狀。

62. **熱適應：**

所謂熱適應係依一般健康的人首次暴露於熱環境下工作，身體會因受熱的影響，而產生心跳速率增加或不能忍受之症狀，但經過幾天之重複性熱暴露後，這些現象會減輕而逐漸適應的調適過程稱之。

63. **自然濕球溫度：**

係指溫度計外包濕紗布且未遮蔽外界氣動所得之溫度，代表溫度、濕度、風速等之綜合效應。

64. **立即致危濃度 (Immediately Dangerous to Life or Health Concentration, IDLH)**

Immediately Dangerous to Life or Health Concentration，指人員暴露於毒性氣體環境 30 分鐘，尚有能力逃生，且不致產生不良症狀或不可恢復性之健康影響的最大容許濃度。

65. **半致死劑量 (Lethal Dose 50%, LD_{50})：**

半數致死劑量 (Lethal Dose 50%, LD_{50}) 動物實驗中，能致使實驗動物產生 50% 比例之死亡所需要化學物質之劑量。

66. **半致死濃度 (Lethal Concentration 50%, LC_{50})：**

半數致死濃度 (Lethal Concentration 50%, LC_{50})，經由實驗統計所得到之一種濃度，在動物實驗中施用特定濃度化學物質及暴露時間下，能使 50% 實施動物族群發生死亡時所需要之濃度。

67. **有害物質濃度表示方法：**

(1) %：氣態有害物質所佔之體積百分率。

(2) ppm：parts per million 意即百萬分之一，指溫度在攝氏 25 度，1 大氣壓條件下，每立方公尺空氣中氣狀有害物之立方公分數。

(3) mg/m^3：指溫度在攝氏 25 度、1 大氣壓條件下，每立方公尺空氣中粒狀或氣狀有害物之毫克數。

(4) f/c.c：指溫度在攝氏 25 度、1 大氣壓條件下，每立方公分纖維根數。

68. **有害物容許濃度定義：【勞工作業場所容許濃度暴露標準第 3 條】**

(1) 8 小時日時量平均容許濃度 (PEL-TWA)：為勞工每天工作 8 小時，一般勞工重複暴露此濃度以下，不致有不良反應者。

(2) 短時間時量平均容許濃度 (PEL-STEL)：為一般勞工連續暴露在此濃度以下任何 15 分鐘，不致有：

a. 不可忍受之刺激

b. 慢性或不可逆之組織病變

c. 麻醉昏暈作用

d. 事故增加之傾向或工作效率降低者

(3) 最高容許濃度 (PEL-C)：為不得使一般勞工有任何時間超過此濃度之暴露，以防勞工不可忍受之刺激或生理病變者。

69. **氣動粒徑 (Aerodynamic Diameter)：**

和被觀察的粒子具有相同動力特性的單位密度圓球粒子直徑，稱為氣動粒徑。

70. **氣膠 (aerosol) ：**

是由一團氣體和懸浮於其中之微粒所組成的混合體。懸浮於氣體中的粒子可以是固體，也可以是液體。

71. **粉塵 (dust)：**

是經由粉碎、研磨及爆炸等碎解過程所產生的氣懸固體微粒。

72. **霧滴 (mist)：**

是經由液體的碎解或蒸氣的凝結所生成的氣懸液滴。

73. **燻煙 (fume)：**

是經由燃燒或其他物理化學作用所產生的氣懸微粒。

74. **體適能：**

為身體適應外界環境之能力，可視為身體適應生活、運動與環境 （例如，溫度、氣候變化或病毒等因素）的綜合能力。

75. **熱中暑：**

在高溫環境暴露造成體溫超過 41.1℃ 以上，同時有神經功能異常（如昏迷、抽慉），即是熱中暑。

76. **熱衰竭：**

是高溫環境造成排汗過多，同時流失大量水分和鹽分等電解流失，體溫大多是正常或者是稍微上升。

77. **熱痙攣：**

是指在高溫環境大量流汗時，因為鹽分流失造成四肢出現肌肉痙攣的現象。

78. **潛涵症（潛水伕病）：**

常見於潛水作業、異常氣壓等特殊作業，因周遭環境壓力急速降低時，且未遵守減壓規定，並出現氮氣泡壓迫或血管栓塞症狀和體徵者。

79. **雷諾氏症候群：**

當緊張或遇冷時，手腳趾便發白、發紫，甚至發紅的現象，又稱白指症 (white finger)。

80. **精密作業：**

雇主使勞工從事凝視作業，且每日凝視作業時間合計在 2 小時以上者。

81. **胸腔性粉塵** (thoracic dust)：

指能經過人體咽喉進入胸腔區，即可達支氣管乃至氣體交換區之微粒粉塵。平均氣動粒徑為 10μm。

82. **腕隧道症候群** (Carpal tunnel syndrome)：

是一種常見的職業病，多發於電腦（鍵盤、滑鼠）使用者等需要做重覆性腕部活動的職業，是指正中神經在傳導至腕的腕隧道發生神經壓迫的症狀。

83. **熱壓力** (Heat Stress)：

所謂熱壓力係指人體在熱環境 (hot environment) 工作，代謝產生熱與外在環境因素（溫度、濕度、風速及輻射熱等）及衣著情形等，共同作用而造成身體產生熱負荷或熱蓄積之情形。其生理症狀可依嚴重程度，分為輕微症狀（如熱暈厥、熱筋攣、熱衰竭）與嚴重症狀（熱中暑）等。

84. **輪班制：**

輪班制係指事業單位之工作型態定有數個班別，由勞工分組輪替完成各班別之工作。勞工各組之工作地點相同、工作內容相同，只有工作時段不同，且具有更換工作班次之情形。

85. **危害比** (HR)：

空氣中有害物濃度 / 該污染物之容許暴露標準。

86. **防護係數 (PF)**：

用以表示呼吸防護具防護性能之係數，防護係數 (PF)=1/(面體洩漏率 + 濾材洩漏率)

87. **特定化學設備**：

所謂特定化學設備係指製造或處理、置放 (以下簡稱處置)、使用丙類第一種物質、丁類物質之固定式設備。【特定化學物質危害預防標準第 4 條】

88. **特定化學管理設備**：

所謂特定化學管理設備係指特定化學設備中進行放熱反應之反應槽等，且有因異常化學反應等，致漏洩丙類第一種物質或丁類物質之虞者。【特定化學物質危害預防標準第 5 條】

89. **長期夜間工作**：

長期夜間工作定義有兩種，一種以「日數」算，晚上 10 點到隔天上午 6 點，每次工作 3 小時以上，這樣的工作日數達到每個月 1/2 以上，1 年內達 6 個月；另一種以「時數」算，晚上 10 點到隔天上午 6 點期間工作，整年度達到 700 小時以上。符合上述定義其一，就屬長期夜間工作，不論全職或時薪人員。

90. **中高齡工作者**：

指年滿 45 歲至 65 歲之工作者。

91. **高齡工作者**：

指逾 65 歲之工作者。

92. **工作適能** (Work Ability)：

係指職場工作者於工作過程中解決和應付工作需求之整體能力表現。

93. **輪班工作**：

指事業單位之工作型態需由勞工於不同時間輪替工作，且其工作時間不定時，日夜輪替可能影響其睡眠之工作。

94. **夜間工作**：

指工作時間於午後 10 時至翌晨 6 時內，可能影響其睡眠之工作。

95. **長時間工作**：

指近 6 個月期間，每月平均加班工時超過 45 小時者。

96. **職務再設計**：

指為協助中高齡及高齡者排除工作障礙，以提升工作效能促進就業，所進行改善工作設備及工作條件，提供就業所需輔具及調整工作方法之措施。

appendix

E

職業場所之危害物暴露所導致的職業傷病彙整

在考乙員及甲衛考題中常有出現配對題，雖然考試過程中有選項可猜，但如果選錯一個那另一個也會錯；另考題雖有答案，但在看答案過程中也易混淆，以筆者們多年考試經驗，需先整理出來，其中物理性及生物性比較容易理解，而化學性比較不容易懂，要先整理記憶，在考試過程中先用刪去法把已知部分先確認，其他不確定部分再慢慢推敲。筆者們就乙員及甲衛考過之題目大略整理如下，希望在此類型考題可以對讀者們有所幫助。

物理性危害

職業場所	危害物暴露	職業傷病
製冰廠及低溫食品處理之低溫作業	低溫 / 冷凍	凍傷 / 凍瘡
戶外陽光高溫作業	熱危害 （綜合溫度熱指數） 乾球 - 空氣溫度 黑球 - 輻射熱	熱傷害（熱痙攣、熱衰竭 / 中暑）
游離輻射作業	中子 / α 射線、β 射線、γ 射線 / X 光	致癌風險 - 甲狀腺癌
非游離輻射作業	微波 / 紅外線 (IR)/ 紫外線（電磁波）/ 雷射	眼睛病變（白內障 / 電光眼）/ 皮膚癌
熔接作業	強光	電光眼 / 眼睛疼痛
採光照明不足之作業環境	採光照明不足 照度 - 米燭光	視力衰退
坑內或地下作業	坑內環境	眼球振盪症
鑽土機作業	振動 / 局部振動	白手病 / 白指症 / 雷諾氏症
高壓室內作業	異常氣壓	潛水夫病（減壓症 / 沉箱病 / 潛涵病）
工廠衝擊性機械之作業	噪音	聽力損失

化學性危害

職業場所	危害物暴露	職業傷病
處理鎘之作業	鎘	痛痛病（骨痛病）
處理氯乙烯之作業	氯乙烯單體 / 聚氯乙烯（PVC）	肝癌
處理無機砷之作業	砷	肝炎 / 肝癌
處理四氯化碳之作業	四氯化碳	肝癌

職業場所	危害物暴露	職業傷病
處理砷 / 鉻酸鹽 / 鎳 / 石綿 / 焦油 / 氯乙烯單體 / 芥子氣等作業	砷 / 鉻酸鹽 / 鎳 / 石綿 / 焦油 / 氯乙烯單體 / 芥子氣	肺癌及支氣管癌
噴砂作業 陶瓷廠粉塵作業	石英砂 粉塵	塵肺症
切割修磨石英石材作業	游離 SiO_2	矽肺症 / 肺癌
處理鈹作業	鈹	肺炎
處理二氧化氮作業	二氧化氮	肺水腫
船舶拆卸作業 （處理石綿之作業）	石綿	間皮癌（瘤）/ 肺癌
煉焦作業	煤焦油 / 焦油	陰囊癌 / 皮膚癌 / 肺癌
處理製煤氣產物 / 切削油 / 氧化鐵礦等作業	製煤氣產物 / 切削油 / 氧化鐵礦	陰囊癌
處理 β - 苯胺作業	β - 苯胺	膀胱癌
處理硫酸霧滴作業	硫酸霧滴	喉部痙攣
處理鉻酸霧滴或六價鉻等作業	鉻酸霧滴 / 六價鉻	鼻中膈穿孔 / 肺癌 / 鼻烟癌
處理鉻酸鹽或二氯甲醚等作業	鉻酸鹽 / 二氯甲醚	鼻腔（竇）癌
處理砷 / 切削油 / 焦油 / 巴拉刈 / 瀝青等作業	砷 / 切削油 / 焦油 / 巴拉刈 / 瀝青	皮膚癌
處理苯之作業	苯	白血病（血癌）/ 血液疾病
日光燈管回收作業 處理無機汞等作業	無機汞 / 有機汞 / 汞（水銀）	急性腎衰竭 / 水俣病 / 肝、神經系統疾病
除草作業	除草劑	神經系統疾病
處理鐳鹽 / 鋰鹽之作業	鐳鹽 / 鋰鹽	骨肉瘤 / 中毒 - 甲狀腺機能受損及尿崩症
處理鉛之作業	鉛	鉛中毒（中樞神經疾病）垂腕症 / 貧血
處理四烷基鉛之作業	四烷基鉛	中樞神經中毒
處理甲醇之作業	甲醇	眼睛失明
處理甲醛之作業	甲醛	皮膚炎 / 鼻咽癌
處理多氯聯苯之作業	多氯聯苯	氯痤瘡
處理錳之作業	錳	巴金森氏症
處理正己烷之作業	正己烷	多發性皮膚炎及神經性病變
處理無機鎳之作業	無機鎳	肺癌 / 鼻竇癌 / 鼻癌

職業場所	危害物暴露	職業傷病
處理丁二烯之作業	丁二烯	白血病 / 淋巴癌
處理銦之作業	銦	肺纖維化病變
處理有機溶劑之作業	有機溶劑	肝炎
局限空間作業	一氧化碳 / 硫化氫 / 氰化物	缺氧（窒息）/ 中毒
冷氣機維修作業	二氯甲烷	中毒（暈眩、噁心、四肢麻木刺痛）
聚氨酯泡棉製造	二異氰酸甲苯（TDI） 二異氰酸二苯甲烷（MDI）	中毒（呼吸 - 肺功能降低 / 氣喘症狀）/ 肺癌

生物性危害

職業場所	危害物暴露	職業傷病
農夫作業	真菌孢子	真菌過敏 - 氣喘症狀
水塔維修 牙科門診	退伍軍人菌	龐帝亞克熱（退伍軍人症）- 發燒 / 咳嗽
護理人員抽血作業 醫院護士針扎噴濺作業	針扎	病菌及病毒（B 型肝炎）感染 - 噁心 / 食慾不振
花卉種植或花市作業	花粉	花粉熱（過敏症）
職場環境中到處都有塵螨，因它無所不在，且散布於空氣中。	室塵螨	塵螨過敏 - 打噴嚏、流鼻水、鼻塞等症狀
醫院醫護人員處置病患作業	SARS/COVID-19	病毒感染 - 嚴重急性呼吸道症候群（肺炎）
愛滋病毒是透過血液或體液接觸黏膜或皮膚傷口而傳染	HIV 病毒（AIDS）	病毒感染 - 愛滋病（人類免疫缺乏病症）
養雞場作業	禽流感（H5N1）	病毒感染 - 發燒等流感病症，嚴重至肺炎
農田間之作業	鉤蟲症	病毒感染 - 腹瀉 / 嘔吐
養豬場作業	細菌內毒素	病菌中毒 - 發熱，肺、腎、肝、神經系統等功能受損症狀
農業產品之作業	黴菌毒素	病菌中毒 - 導致腎、肝、免疫系統等症狀
電鍍作業、水泥工、水電工、醫學檢測作業…等	常見的過敏原包括：金屬鎳、水泥或電鍍液（鉻）、染劑、橡膠、福馬林、乳膠手套、水電或皮革業中的黏膠等。	過敏性或接觸性皮膚炎

職業場所	危害物暴露	職業傷病
蚊蟲聚集處之作業	登革熱	高燒 / 嚴重頭痛
接觸囓齒類動物之作業	漢他病毒	持續性發燒 / 結膜充血
接觸患病動物之作業	豬型丹毒	皮膚起紅斑 / 腫脹

人因性危害

<table>
<tr><th>職業場所</th><th>危害物暴露</th><th>職業傷病</th></tr>
<tr><td>電腦終端機輸入作業、用力抓緊或握緊物品之作業。</td><td rowspan="4">重複性
長時間
姿勢不良</td><td>腕隧道症候群</td></tr>
<tr><td>物流貨運搬運作業</td><td>腰椎椎間盤突出</td></tr>
<tr><td>地板地毯鋪設作業</td><td>膝關節半月狀軟骨病</td></tr>
<tr><td>累積效應性創傷之作業</td><td>腱鞘炎 / 扳機指 / 局部缺血 - 白指病 / 網球肘等</td></tr>
</table>

心理性危害

<table>
<tr><th>職業場所</th><th>危害物暴露</th><th>職業傷病</th></tr>
<tr><td rowspan="4">勞動場所遭受雇主、主管、同事、服務對象或其他第三方之不法侵害行為，造成身體或精神之傷害。</td><td>肢體暴力</td><td>因不當的毆打、抓傷、拳打、腳踢等行為，導致心理性或身體之傷害。</td></tr>
<tr><td>心理暴力</td><td>因不當的威脅、欺凌、騷擾、辱罵等行為，導致心理性或身體之傷害。</td></tr>
<tr><td>言語暴力</td><td>因不當的罷凌、恐嚇、干擾、歧視等行為，導致心理性或身體之傷害。</td></tr>
<tr><td>性騷擾</td><td>因不當的性暗示與行為，導致心理性或身體之傷害。</td></tr>
</table>

appendix

F

易寫錯字整理

技能檢定術科考試時間於下午時段，很多字都不好寫，考生們如習慣使用 3C 產品而疏於手寫，很多字當場會寫不出來或寫錯字，很多分數很可能因此就被扣掉了，筆者們以多年考試經驗了解到，唯有不斷反覆的練習才能正確寫出，特別是法規用語。因此筆者整理歷年考試經常出現易錯字供考生們手寫練習，如下表所示，期望考生們於考試時別因為一分之差飲恨！目前已確定甲衛術科仍維持手寫筆試，請讀者們還須注意易錯字的部分。

易寫錯字	依據	備註
鑿岩機	職業安全衛生法 (第 29、30 條)	
圖式、標示	危害性化學品標示及通識規則 (第 5 條)	
局限空間	職業安全衛生設施規則 (第 19-1 條)	
搪瓷、燒窯	高溫作業勞工作息時間標準 (第 2 條)	
墜落	營造安全衛生設施標準 (第 17 條)	
腕隧道症狀群		人因性危害
熱衰竭、熱痙攣、熱暈厥		熱危害
工作之連繫與調整	職業安全衛生法 (第 27 條)	
租賃	職業安全衛生法 (第 7 條)	
鍋爐	職業安全衛生法施行細則 (第 23 條)	
打樁機、拔樁機	職業安全衛生法施行細則 (第 38 條)	
鋼梁	營造安全衛生設施標準 (第 19 條)	
聽力保護	職業安全衛生設施規則 (第 300-1 條)	
癲癇	勞工健康保護規則 (附表十二)(不宜高架作業)	
醫護人員	職業安全衛生管理辦法 (第 11 條)	
橋墩	危險性工作場所審查及檢查辦法 (第 2 條)	
石綿纖維	勞工作業場所容許暴露標準 (附表二)	
廢棄物	危害性化學品標示及通識規則 (第 4 條)	
致癌物質	危害性化學品標示及通識規則 (第 18 條)	
化粧品	危害性化學品標示及通識規則 (第 4 條)	

易寫錯字	依據	備註
食鹽水	職業安全衛生設施規則 (第 324-6 條)	
黴害	勞工黴害暴露預防指引	
總和	勞工作業場所容許暴露標準 (第 9 條)	
40 歲、65 歲	勞工健康保護規則 (第 17 條)	
罹災	職業安全衛生法 (第 37 條)	
妊娠、丙烯醯胺	職業安全衛生法 (第 30 條)	
鏟、掘、推 (重工作)	高溫作業勞工作息時間標準 (第 4 條)	
肌肉骨骼	職業安全衛生法 (第 6 條)	
特殊危害作業	職業安全衛生法 (第 19 條)	

appendix

G

最新術科試題及解析

附註　本書收錄 113 年度之術科試題參考題解。惟更早期之學術科試題及解析置放於職安一點通服務網 - 考古題下載區 (www.osh-soeasy.com/exam) 供讀者下載，歡迎多加利用。

113-1 術科題解

1

表一為某化工廠針對廠內硫酸儲槽（危害成分 98%）作業所進行之風險評估，請回答下列問題。

一、對於表一項次 1 危害辨識之內容，依職業安全衛生設施規則規定，對於該輸送設備尚可採取那些可降低風險的工程控制措施？（6 分，請列舉 3 項）

二、表一項次 1~3 均為從事特定化學物質之作業，指派特定化學物質作業主管於現場從事監督作業，依特定化學物質危害預防標準規定，除監督勞工確實使用防護具外，請列舉 2 項應執行事項？（4 分）

三、對於表一項次 2 危害辨識之結果，降低風險所採取之控制措施（A）為何？（2 分）

四、表一項次 3 硫酸儲槽及其附屬設備修理作業時應實施重點檢查，依職業安全衛生管理辦法規定對特定化學設備或其附屬設備實施重點檢查之時機除開始使用、修理外，還有何時？（2 分）

五、承上，請列舉 3 項特定化學設備或其附屬設備（不含配管）之重點檢查項目？（6 分）

表一、風險評估表（節錄）

項次	作業流程	危害辨識（危害可能造成後果之情境描述）	現有防護措施	評估風險（數字越小風險越低）			降低風險所採取之控制措施	控制後預估風險		
				嚴重度	可能性	風險等級		嚴重度	可能性	風險等級
1	硫酸卸收作業	進料以動力輸送設備輸送時，壓力過大或儲槽進料管線相關阻閥未開啟，造成卸料軟管爆裂，硫酸噴濺至使人員與有害物接觸	1. 適當之防護具 2. 作業標準程序 3. 特定化學物作業主管監督作業 4. 教育訓練 5. 作業前檢點 6. 沖淋設備 7. 洩漏緊急應變計畫	3	4	4	連鎖關斷輸送設備	3	2	3

項次	作業流程	危害辨識（危害可能造成後果之情境描述）	現有防護措施	評估風險（數字越小風險越低）			降低風險所採取之控制措施	控制後預估風險		
				嚴重度	可能性	風險等級		嚴重度	可能性	風險等級
2	硫酸卸收作業	接錯進料管線，導致硫酸誤入旁邊之儲槽致使內容物受到污染	1. 設置標示牌且閥、旋塞標示開閉方向 2. 作業標準程序 3. 特定化學物質作業主管監督作業	2	3	3	<u>A</u>	2	1	2
3	修理作業	配管破損或材質老化，導致硫酸外洩，至使人員與有害物接觸	1. 實施重點檢查 2. 特定化學物質作業主管監督作業 3. 沖淋設備 4. 洩漏緊急應變計畫	3	2	3	暫時無須採取風險降低設施，但須確保現有防護措施之有效性。			

解 一、依職業安全衛生設施規則第 178 條第 1 款至第 6 款規定，對於該輸送設備可採取下列可降低風險的工程控制措施：【請列舉 3 項】

1. 於操作該設備之人員易見之場所設置壓力表，及於其易於操作之位置安裝動力遮斷裝置。
2. 該軟管及連接用具應具耐腐蝕性、耐熱性及耐寒性。
3. 該軟管應經水壓試驗確定其安全耐壓力，並標示於該軟管，且使用時不得超過該壓力。
4. 為防止軟管內部承受異常壓力，應於輸壓設備安裝回流閥等超壓防止裝置。
5. 軟管與軟管或軟管與其他管線之接頭，應以連結用具確實連接。
6. 以表壓力每平方公分 2 公斤以上之壓力輸送時，前款之連結用具應使用旋緊連接或以鉤式結合等方式，並具有不致脫落之構造。

二、依特定化學物質危害預防標準第 37 條第 2 項規定，雇主應使特定化學物質作業主管執行下列規定事項：【除監督勞工確實使用防護具外，請列舉 2 項】

1. 預防從事作業之勞工遭受污染或吸入該物質。
2. 決定作業方法並指揮勞工作業。
3. 保存每月檢點局部排氣裝置及其他預防勞工健康危害之裝置一次以上之紀錄。
4. 監督勞工確實使用防護具。

三、依職業安全衛生設施規則第 178 條第 7 款至第 9 款規定，對於表一項次 2 危害辨識之結果，降低風險所採取之控制措施（A）為：

1. 指定輸送操作人員操作輸送設備，並監視該設備及其儀表。
2. 該連結用具有損傷、鬆脫、腐蝕等缺陷，致腐蝕性液體有飛濺或漏洩之虞時，應即更換。
3. 輸送腐蝕性物質管線，應標示該物質之名稱、輸送方向及閥之開閉狀態。

四、依職業安全衛生管理辦法第 49 條規定，雇主對特定化學設備或其附屬設備，實施重點檢查之時機除開始使用、修理外，還有**改造**時。

五、依職業安全衛生管理辦法第 49 條規定，雇主對特定化學設備或其附屬設備，於開始使用、改造、修理時，應依下列規定實施重點檢查一次：【請列舉 3 項】

1. 特定化學設備或其附屬設備（不含配管）：
   (1) 內部有無足以形成其損壞原因之物質存在。
   (2) 內面及外面有無顯著損傷、變形及腐蝕。
   (3) 蓋、凸緣、閥、旋塞等之狀態。
   (4) 安全閥、緊急遮斷裝置與其他安全裝置及自動警報裝置之性能。
   (5) 冷卻、攪拌、壓縮、計測及控制等性能。
   (6) 備用動力源之性能。
   (7) 其他為防止丙類第一種物質或丁類物質之漏洩之必要事項。

2. 配管：

(1) 熔接接頭有無損傷、變形及腐蝕。

(2) 凸緣、閥、旋塞等之狀態。

(3) 接於配管之蒸氣管接頭有無損傷、變形或腐蝕。

2 試回答下列問題：

一、依職業安全衛生管理辦法相關規定，雇主應依其事業單位之規模、性質，訂定職業安全衛生管理計畫，並執行相關職業安全衛生事項，包含緊急應變措施。

1. 除「應變能力及資源的評估」外，請列舉緊急應變措施之作業流程及基本原則 3 項。（6 分）

2. 依遭受緊急事件衝擊的可接受損失目標，事業單位應有效執行緊急應變之必要資源評估，除「(1) 對內及對外有什麼通報及通信作業系統？(2) 本身是否有除污能力？是否與廠外除污專業廠商訂有支援合約？(3) 是否裝置有氣象監視儀器如風向儀及風速計等？」以外，請列舉 6 項評估問項。（6 分）

二、依危害性化學品標示及通識規則之規定，製造者、輸入者或供應者提供含有二種以上危害成分之混合物的化學品與事業單位或自營作業者前，應提供該混合物之安全資料表。

1. 請說明該安全資料表之危害性認定方式。（6 分。提示：包含健康危害性與燃燒、爆炸及反應性等物理性危害）

2. 請說明燃燒之物理性危害，係主要對應安全資料表中那資訊？（2 分。如爆炸物理性危害之對應為爆炸界限之數值；提示：請想一下 SDS 化學物質燃燒相關危害分級之主要依據）

解 一、1. 緊急應變措施之作業流程及基本原則如下：

【除應變能力及資源的評估外，請列舉 3 項】

(1) 選擇參與計畫之成員。

(2) 危害辨識及風險評估。

(3) 應變能力及資源的評估。

(4) 研訂緊急應變計畫。

(5) 緊急應變之訓練及演練。

(6) 緊急應變計畫之檢討修正及紀錄。

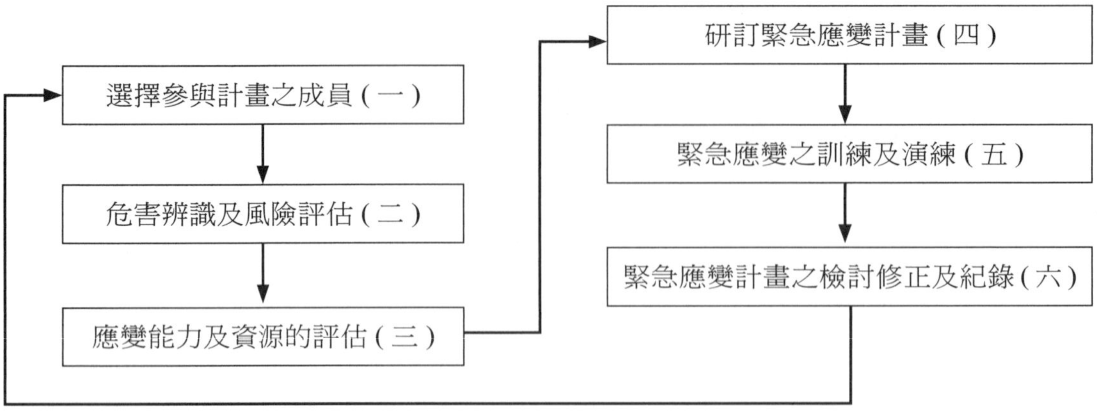

2. 執行應變能力及資源評估時，下列一些問題可能被採用：

【除「(1) 對內及對外有什麼通報及通信作業系統？(2) 本身是否有除污能力？是否與廠外除污專業廠商訂有支援合約？(3) 是否裝置有氣象監視儀器如風向儀及風速計等？」以外，請列舉 6 項評估問項】

(1) 應變器材之種類及數量是否足夠？是否備有清單？擺放之位置是否適當？是否有定期檢查計畫？

(2) 在可能發生緊急事故的地區是否有安置或指派足夠受過訓練的應變作業人員？

(3) 事業單位是否有足夠的醫療救護能力；是否已和地區的醫院訂有支援服務協定？

(4) 是否備有員工疏散計畫；員工是否受過疏散訓練及演練？

(5) 對內及對外有什麼通報及通信作業系統？

(6) 警報系統的警報訊號是否對員工及社區民眾等進行告知及溝通？

(7) 是否與鄰近工廠訂有相互支援協定？ 同意彼此支援的資源是什麼？

(8) 本身是否有除污能力？是否與廠外除污專業廠商訂有支援合約？

(9) 在必要場所是否有安裝有害氣體或可燃性氣體洩漏的偵測裝置？

(10)是否裝置有氣象監視儀器如風向儀及風速計等？

(11)是否有足夠的緊急供電系統？

(12)緊急應變計畫是否有定期演練與評估的機制？

二、1. 依危害性化學品標示及通識規則第 6 條第 2 項規定，該混合物之安全資料表危害性之認定方式如下：

(1) 混合物已作整體測試者，依整體測試結果。

(2) 混合物未作整體測試者，其健康危害性，除有科學資料佐證外，應依國家標準 CNS15030 分類之混合物分類標準，對於燃燒、爆炸及反應性等物理性危害，使用有科學根據之資料評估。

2. 燃燒之物理性危害，係主要對應安全資料表中**閃火點**的資訊。

3

生物性危害

一、某日某事業單位指派新僱但尚未接受訓練之勞工 2 人穿戴頭套、帽子、塑膠手套、雨鞋，至承攬苗圃從事杉葉雜木修剪清除作業，於作業時勞工 A 發現有蜂類於苗圃盤旋飛行，隨後勞工 B 表示遭蜂叮咬臉、頸隨即失去意識，經勞工 A 緊急將勞工 B 送醫急救後住院治療。

1. 請就本案依直接、間接及基本原因，分別分析職業災害原因。（4 分）

2. 寫出 3 個對於從事戶外工作可能遭受蜂螫之高危險群，雇主應採行措施。（6 分）

二、為避免事業單位內 COVID-19 傳播，請參照危害控制層級（hierarchy of controls）的消除及工程控制層級，寫出可行的危害控制方法。（4 分，答題方式請依層級 - 方法，如：個人防護具 - 針對特定人員提供呼吸防護具、手套、防護面罩或隔離衣等個人防護具）

三、試回答下列問題：

1. 學校實驗室原依「特定化學物質危害預防標準」規定設置化學排氣櫃，該化學排氣櫃是否可以用來直接取代非感染性細胞培養或非致病性微生物實驗所需之生物安全操作櫃？（1 分）

2. 承上，簡短說明理由？（3 分）

四、試就化學性和生物性氣膠危害防護，簡短說明在選擇呼吸防護具的濾材時，主要考量的差異為何？（2 分）

解 一、1. 災害原因分析：

- 直接原因：勞工 B 從事杉葉雜木修剪清除作業遭蜂叮咬，送醫急救後住院治療。

- 間接原因：《不安全狀況》使勞工從事園藝、綠化服務易與動、植物接觸之作業，有造成勞工傷害或感染之虞者，未採取危害預防或隔離設施、提供適當之防衛裝備或個人防護器具。

- 基本原因：未對從事園藝作業有造成蜂螫之危害實施辨識、評估及控制。

2. 從事戶外工作可能遭受蜂螫之高危險群，雇主應採行措施：【寫出 3 個】

   (1) 使工作者接受蜂螫危害預防與藥劑防護教育訓練。

   (2) 使工作者接受急救教育訓練。

   (3) 雇主於僱用勞工時，應施行體格檢查；對在職勞工應施行健康檢查，並留存紀錄備查，若有曾遭受蜂螫之勞工應特別注意，儘量避免安排至可能遭受蜂螫之工作場所。

   (4) 戶外工作時應隨時注意周遭環境狀況，遇有突發事故，應使工作者緊急退避至安全場所。

   (5) 置備必要之急救搶救設備及解毒藥物（如 Ana-Kit 或 Epi-Pen）等。

   (6) 雇主應使工作者穿戴表面光滑及淺色之長袖，或提供必要之防護噴劑。

二、為避免事業單位內 COVID-19 傳播，可依職業衛生危害控制方法之效能，其優先順序依序為工程控制、行政管理及個人防護裝備，同時採取多種控制措施，以保護勞工免於受到感染：

1. 工程控制：

   (1) 安裝高效率空氣濾網，並提高更換或清潔空氣濾網之頻率。

   (2) 保持室內空氣流通，中央空調應提高室外新鮮空氣比例。

   (3) 安裝物理屏障（如透明塑膠隔板）等措施。

   (4) 安裝用於客戶服務的通行窗口。

2. 行政管理：對於工作場所環境衛生與人員健康管理，可採取適當防護對策或程序，並請人員配合辦理。如有必要並經勞工同意，應確實評估疫情狀況、感染風險與勞工個人健康狀況，強化感染預防措施之教育訓練、提供勞工充足之防疫物資並加強其工作場域清潔、消毒及保持通風等必要之防護措施。

3. 個人防護裝備，可依作業暴露風險等級類別選用包括呼吸防護具、髮帽、護目裝備、面罩、手套和隔離衣等裝備。

三、1. 化學排氣櫃**不可以**用來直接取代非感染性細胞培養或非致病性微生物實驗所需之生物安全操作櫃。

2. 化學排氣櫃不可以當生物安全操作櫃用的理由：

(1) 化學排氣櫃沒有保護生物實驗材料的功能。

(2) 視末端排氣過濾設備的種類差異，在化學氣櫃中操作感染性生物材料，有可能汙染外界空氣。

四、化學性和生物性氣膠危害防護，在選擇呼吸防護具的濾材時，主要考量：

1. 化學性氣膠危害時，可使用**淨氣式呼吸防護具**與**供氣式呼吸防護具**。

2. 生物性氣膠危害時，可配戴符合呼吸防護具標準且具**過濾微粒功能之呼吸防護具 (如 N95)** 或**供氣式呼吸防護具**。

4

公司管理階層要求職業衛生管理人員，依勞動部公告之「執行職務遭受不法侵害預防指引」，規劃危害預防措施，試回答下列問題：

一、下圖一為職場不法侵害預防流程圖，請對應填入正確的流程步驟 (A, B, C, D)。（8 分，答題方式如 1A、2B、3C）

流程步驟	請填入該步驟對應的代碼 (A, B, C, D)
1. 不法侵害事件處理程序（人資、單位主管、職安衛人員）	
2. 內部與外部不法侵害危害辨識與風險評估（人資、職安衛人員、單位主管等）	
3. 受害者 / 加害者身心健康追蹤輔導及權益維護（勞工健康服務相關專業人員）	
4. 建構反不法侵害的組織文化（高階主管、人資、單位主管）	

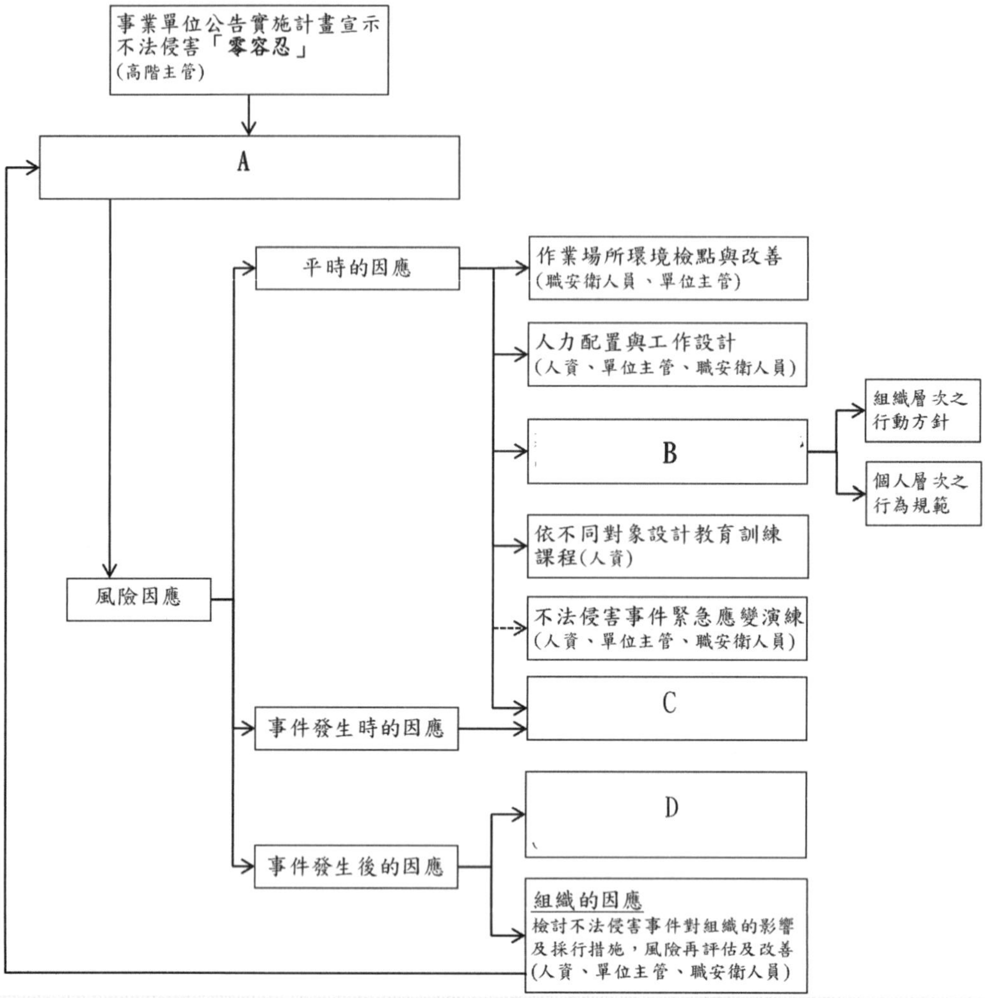

圖一

註： 1. 括號內為建議執行人員

2. 不法侵害事件緊急應變演練可依照事業單位之人力資源選擇辦理

二、事業單位對於不法侵害的風險項目應採取有效降低風險之控制措施，針對事業單位內之作業場所配置，可透過「物理環境」（噪音、色彩、照明、溫度、濕度、通風、結構等）、「工作場所設計」（通道、空間、設備、建築設計、監視器及警報系統）與「行政管制措施」（門禁管制、公共區域管制、工作區域管制、進出管制等）等面向，進行檢點與改善，請以上述三個面向各寫出兩項改善建議作法。（每個答案 2 分，共 12 分）

解 一、1C、2A、3D、4B

流程步驟	請填入該步驟對應的代碼 (A, B, C, D)
1. 不法侵害事件處理程序 （人資、單位主管、職安衛人員）	C
2. 內部與外部不法侵害危害辨識與風險評估 （人資、職安衛人員、單位主管等）	A
3. 受害者 / 加害者身心健康追蹤輔導及權益維護 （勞工健康服務相關專業人員）	D
4. 建構反不法侵害的組織文化 （高階主管、人資、單位主管）	B

二、事業單位對於不法侵害的風險項目，應採取有效降低風險之控制措施：

1. 物理環境方面：

環境相關因子	建議可採行之措施
噪音	保持最低限噪音（宜控制於 60 分貝以下），避免刺激勞工、訪客之情緒或形成緊張態勢
照明	保持室內、室外照明良好，各區域視野清晰，特別是夜間出入口、停車場及貯藏室。
溫度 濕度 通風狀況	在擁擠區域及天氣燥熱時，應保持空間內適當溫度、濕度及通風良好；消除異味。
建築結構 相關使用之設備	維護物理結構及設備之安全。

2. 工作場所設計方面：

場所位置	建議可採行之措施
通道(公共通道或員工停車場等區域)	• 盡量減少對外通道分歧。 • 設密碼鎖或門禁系統。 • 員工停車場應盡量緊鄰工作場所。 • 廁所、茶水間、公共電話區應有明顯標示，方便運用及有適當維護。
工作空間	• 應設置安全區域並建立緊急疏散程序。 • 工作空間內宜有兩個出口。 • 辦公傢俱之擺設，應避免影響出入安全，傢俱宜量少質輕無銳角，儘可能固定。 • 減少工作空間內出現可以作為武器的銳器或鈍物，如花瓶等。 • 保全人員定時巡邏或安裝透明玻璃鏡，加強工作場所之安全監視。 • 工作場所內之損壞物品，如燒壞的燈具及破窗，應及時修理。

場所位置	建議可採行之措施
服務櫃台	• 有金錢業務交易之服務櫃台可裝設防彈或防碎玻璃，並另設置退避空間。 • 安裝靜音式警報系統並與警政單位連線。
服務對象或訪客等候空間	• 安排舒適座位，準備雜誌、電視等物品，降低等候時的無聊感，焦慮感。
室內外及停車場	• 安裝明亮的照明設備。
高風險位置	• 安裝安全設備，如警鈴系統、緊急按鈕、24 小時閉路監視器或無線電話通訊等裝置， 並有定期維護及測試。 • 警報系統如警鈴、電話、哨子、短波呼叫器，應提供給顯著風險區工作的勞工使用或事件發生時能發出警報並通知同仁且求助。 • 為避免警報系統激怒加 害者，宜使用靜音式警報系統。

3. 工作場所設計方面：

場所位置	建議可採行之措施
門禁管制	接待區域應有「訪客登記」或「訪客管制」措施 。
公共區域管制	區域應劃分公共區域或作業區域，並控管人員進出。
工作區域管制	配戴識別證或通行證 ，避免未獲授權之人士擅自進出工作地點。
進出管制	未使用的門予以上鎖， 防止加害人進入及藏匿 ，惟應符合消防法規。

5

某一壓克力板製造廠之注模工作場所室內體積為 360 m^3，該工作場所僅有甲基丙烯酸甲酯（分子量 M=100 g/mol）逸散之暴露危害風險，其逸散率為 20 g/min。甲基丙烯酸甲酯之容許濃度標準為 100 ppm，已知理想氣體莫耳體積為 24 L/mol，當時該場所之溫度及壓力分別為 25°C、一大氣壓，試回答下列問題：

一、為降低甲基丙烯酸甲酯之暴露危害風險，所需之理論換氣量（Q_1）應為多少？（單位：m^3/min，4 分）

二、經評估作業環境，該場所之實際需求換氣量應再考量並乘以安全係數（K = 5）後方可達較佳之通風狀態，此時該場所之最終平衡濃度為多少？（單位：mg/m^3；4 分，非整數時四捨五入至小數點以下第 2 位）

三、承上題，該場所每小時之換氣次數為多少？（4 分）

四、該場所因生產量增加，甲基丙烯酸甲酯使用量增加後之逸散率變為 40 g/min，如欲維持相同之最終平衡濃度，且設計時安全係數不變（K = 5），則所需之理論換氣量（Q_2）應為多少？（單位：m^3/min；4 分，非整數時四捨五入至整數位）

五、承上題，該場所每小時之換氣次數為多少？（4 分）

解 一、理論換氣量 $Q_1(m^3/min) = \dfrac{24(L/mol)\times1000\times W(g/min)}{C(ppm)\times M(g/mol)}$

$= \dfrac{24(L/mol)\times1000\times20(g/min)}{100(ppm)\times100(g/mol)}$

$= 48(m^3/min)$

二、實際需求換氣量 $Q(m^3/min) = Q_1(m^3/min)\times K$

$= 48(m^3/min)\times5$

$= 240(m^3/min)$

濃度 $C(mg/m^3) = \dfrac{W(g/min)\times1000(mg/g)}{Q_1(m^3/min)}$

$= \dfrac{20\times1000}{240}$

$= 83.33(mg/m^3)$（非整數時四捨五入至小數點以下第 2 位）

三、換氣次數 N(次 /hr) $= \dfrac{Q(m^3/min)\times60(min/hr)}{V(m^3)}$

$= \dfrac{240(m^3/min)\times60(min/hr)}{360(m^3)}$

$= \dfrac{14400(m^3/hr)}{360(m^3)}$

= 40(次 /hr)

四、理論換氣量 $Q_2(m^3/min) = \dfrac{W(g/min)\times1000(mg/g)}{C(mg/m^3)}$

$= \dfrac{40(g/min)\times1000(mg/g)}{83.33(mg/m^3)}$

$= 480(m^3/min)$（非整數時四捨五入至整數位）

五、換氣次數 N(次 /hr)) $= \dfrac{Q_2(m^3/min)\times60(min/hr)}{V(m^3)}$

$= \dfrac{480(m^3/min)\times60(min/hr)}{360(m^3)}$

$= \dfrac{28800(m^3/hr)}{360(m^3)}$

= 80(次 /hr)

113-2 術科題解

1

表 1 為某鉛蓄電池製造工廠作業內容調查表，表 2 為該工廠近期所辦理鉛作業健康追蹤檢查結果，請依職業安全衛生法相關規定回答下列問題。

一、該工廠經實施健康追蹤檢查，重新分級健康管理多為第四級管理，請問：

1. 何謂第四級管理？（1 分）
2. 雇主對於第四級管理者應採取何作為？（2 分）

二、若該工廠依法實施職場母性健康保護，請問：

1. 表 2 所列勞工那些須實施母性健康保護？（2 分）
2. 若使勞工 E 於母性健康保護期間繼續於組配課從事作業是否適當？理由為何？（2 分）
3. 對於勞工 E，依表 2 所提供血中鉛資訊，其母性健康保護之風險等級為那一級？應採取何措施？（3 分）

三、原料課作業所採取之工程控制措施為設置局部排氣裝置，請問：

1. 該局部排氣裝置之氣罩應為何形式？（2 分）
2. 請繪製該類之氣罩（2 分）
3. 該工廠工程控制措施設有局部排氣裝置，惟仍有數名勞工其健康管理分級結果為第四級，研判可能是局部排氣裝置「失效」或「低效」，除可能原因為氣罩設計不良外，請再列舉 2 項可能之原因。（4 分）

四、承上，鉛作業危害暴露預防除於工作場所採取相關管控措施外，對於勞工休息室亦應採取必要措施，請問依相關法令規定，作業場所外所設置之休息室應有何措施？（2 分）

表 1　鉛蓄電池製造工廠作業內容調查表（節錄）

課別	作業概述	使用化學品	作業頻率 <天 / 週>	作業時間 <小時 / 天>	工程控制措施
原料課	將純鉛送至熔鉛爐，成為熔融液經冷卻後，進行裁切再以非濕式作業研磨成鉛粉。	鉛	5 天 / 週	8 小時 / 天	局部排氣裝置
鑄造課	鉛合金熔融後灌入模具，冷卻後脫模，進行剪裁成格子體。	鉛	5 天 / 週	8 小時 / 天	局部排氣裝置
塗板課	將鉛粉與稀硫酸及其他添加劑製成鉛膏，塗抹於格子體上，乾燥後成為生極板。	鉛；硫酸	5 天 / 週	8 小時 / 天	局部排氣裝置
組配課	將極板放入電槽組配成電池	鉛	5 天 / 週	8 小時 / 天	局部排氣裝置

表 2 鉛作業特殊健康檢查及健康追蹤檢查結果總表（節錄）

課別	姓名	性別	年齡	是否於母性健康保護期間	血中鉛濃度 (ug/dl)		追蹤檢查重新分級
					健康檢查	追蹤檢查	
原料課	A	男	30	--	41.3	42.2	四級
原料課	B	男	52	--	48.3	56.1	四級
塗板課	C	男	47	--	70.4	68.9	四級
組配課	D	女	45	否	42.3	41.3	四級
組配課	E	女	30	是	31.4	31.4	四級
組配課	F	女	25	否	49.9	54.6	四級
鑄造課	G	男	26	--	45.8	41.1	四級

解 一、1. 第四級管理：特殊健康檢查或健康追蹤檢查結果，**部分或全部項目異常，經醫師綜合判定為異常，且與工作有關者**。

2. 雇主對於屬於第四級管理者，經職業醫學科專科醫師評估現場仍有工作危害因子之暴露者，應採取**危害控制及相關管理措施**。

二、1. 依女姓勞工母性健康保護第 4 條規定，具有鉛作業之事業中，雇主使女性勞工從事鉛及其化合物散布場所之工作者，應實施母性健康保護。

∴**勞工 D**、**勞工 E**、**勞工 F**，須實施母性健康保護。

2. (1) 勞工 E 為母性健康保護期間，故**不適合**。

(2) 理由：恐會危害胚胎發育、妊娠或哺乳期間之母體及嬰兒健康。

3. (1) 勞工 E 特殊健康檢查之血中鉛濃度在 31.4 μg/dl 大於 10 μg/dl，其風險等級屬**第三級管理**。

(2) 應依醫師適性評估建議，採取**變更工作條件**、**調整工時**、**調換工作**等母性健康保護。

三、1. 局部排氣裝置之氣罩，應採用**包圍型**。

2. 包圍型氣罩：

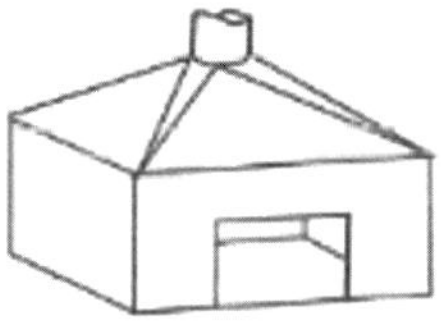

3. 局部排氣裝置「失效」或「低效」的原因，除了氣罩設計不良外，還包括：【列舉 2 項】

   (1) 管道系統設計不良或是與排風機匹配不恰當。

   (2) 設備性能劣化或管道堵塞。

   (3) 沒有補氣或補氣不良。

   (4) 環境干擾氣流太大。

四、依鉛中毒預防規則第 34 條規定，雇主使勞工從事鉛作業時，應於作業場所外設置合於下列規定之休息室：

1. 休息室之出入口，應設置沖洗用水管或充分濕潤之墊蓆，以清除附著於勞工足部之鉛塵，並於入口設置清除鉛塵用毛刷或真空除塵機。

2. 休息室之地面構造應易於使用真空除塵機或以水清洗者。

2

某汽車製造工廠新進職業衛生管理人員，擬參考其美國母公司人因危害預防計畫 (Ergonomics Program) 及勞動部人因性危害預防計畫指引，規劃進行職業安全衛生法第 6 條重複性作業等促發肌肉骨骼疾病之預防，及依職業安全衛生設施規則第 324-1 條規定，參考人因性危害預防計畫指引，訂定人因性危害預防計畫據以執行，經檢視國內外規定差異，發現部分疑義，試就下列關鍵事項協助其完成計畫之訂定：

一、人因工程的定義？（5 分）

二、美國母公司人因危害預防計畫 (Ergonomics Program) 包含：1. 職業安全衛生管理及勞工參與；2. 危害辨識（危害資訊）；3. 工作危害分析 (Job Hazard Analysis) 及控制；4. 教育訓練；5. 健康檢查管理 (Medical Management)；6. 計畫評估；7. 紀錄。

1. 工作危害分析首先應確認肌肉骨骼疾病危害好發之問題工作類型 (the problem job)，或類似工作類型 (a similar job)，此時人體計測數據與工作類型之關係，是個案勞工評估的參考重點之一，在使用人體計測統計值時，必須思考資料選用的準則：極值設計、可調設計或平均設計。

   (1) 一般極值設計使用 95th% 人體計測值作為極大值設計，使用多少 % 作為極小值設計？（1 分）

   (2) 當有安全上的考量，應用極值設計時，常需使用極大值或極小值。ISO 13857 針對「防止上肢伸及危險區域的安全距離」提出規範，該規範提及之安全距離包括哪 4 種？（4 分）

2. 工作危害控制可分為 1. 工程控制；2. 工作方法控制 (Work Practice Control)；及 3. 管理方法控制 (Administrative Control)。工作方法控制主要與勞工從事工作之作業方式或生理活動有關，管理方法控制主要與雇主所訂定的，減少人因危害暴露的工作程序或方法，試配對下列何者為工作方法控制？何者為管理方法控制？（5 分）（作答方式舉例：1- 工作方法控制，2- 管理方法控制）

(1) 新進員工或在職員工更換作業型態之調適期(conditioning period)

(2) 辨識肌肉骨骼疾病危害及可以減少或減輕工作負荷的工作技巧與訓練。

(3) 員工輪替制度。

(4) 工作任務範圍擴大。

(5) 中間休息時間。

三、職業衛生管理人員考慮參考美國母公司訂定人因危害預防計畫，並請公司聘僱之勞工健康服務醫護人員主責，惟醫護人員表示，依勞工健康保護規則第 6 條規定，其不得兼任其他法令所定專責（任）人員或從事其他與勞工健康服務無關之工作。

1. 就前項勞工健康服務醫護人員觀點，試問職業衛生管理人員應有何態度？（2 分，請儘量以職業衛生觀點做答）

2. 經工廠總經理裁示後，職業衛生管理人員改依勞動部「人因性危害預防計畫指引」訂定其人因工程危害預防計畫，預防重複性作業促發肌肉骨骼疾病之危害，除「執行成效評估及改善」、「其他有關安全衛生事項」外，試舉出 3 項該指引所述之人因性危害分析與改善流程。（3 分，此 3 項須依序，否則不予計分）

解 一、人因工程的定義：是探討人類日常生活和工作中的「人」與工具、機器、設備及環境之間交互作用的關係，以使人們所使用的工具、機器、設備與其所處的環境，與人本身的能力、本能極限和需求之間，能有更好的配合。

二、1. 5th% 作為極小值設計。

2. ISO 13857「防止上肢伸及危險區域的安全距離」提出規範之安全距離包括下列 4 種：

(1) 向上伸手之安全高度。

(2) 伸越防護結構之長度。

(3) 手部弧形擺動之安全距離。

(4) 穿過開口之安全距離。

2. 1- 管理方法控制。

2- 工作方法控制。

3- 管理方法控制。

4- 工作方法控制。

5- 管理方法控制。

三、1. 依勞工健康服務醫護人員觀點，職業衛生管理人員應有的態度是積極協助雇主保護工作者於受僱期間，避免遭受物理性、化學性、生物性、人因性等因子引起之危害，進而利用科學方法去預防和減少工作者產生疾病和傷害。

2. 人因性危害分析與改善流程，除「執行成效評估及改善」、「其他有關安全衛生事項」外，請依序列出 3 項：

(1) 分析作業流程、內容及動作。

(2) 確認人因性危害因子。

(3) 評估、選定改善方法及執行。

3

你是一家事業單位（職業安全衛生管理辦法第 2 條及其附表所定之第二類事業）的職業衛生管理師，該事業單位有員工約 2,500 人。試依勞動部「異常工作負荷促發疾病預防指引」，與從事勞工健康服務之醫護人員合作規劃職業促發腦心血管疾病預防措施，請回答下列問題：

一、依勞工健康保護規則規定，該公司需至少配置多少位護理人員與每月特約多少次的醫師，共同規劃和執行？（4 分）

二、異常工作負荷促發疾病之預防，基本上包含 7 個措施，首先是「事業單位公告實施計畫」，請寫出後續措施的其中 4 項？（8 分）

三、所謂的異常工作負荷，除了每月加班時數之外，試列出其他 4 項可能導致異常工作負荷的工作型態？（8 分）

解 一、此公司為第二類的事業單位其有員工約 2,500 人，需配置 **2 位護理人員**與每月特約 **3 次的醫師**，共同規劃和執行。

二、異常工作負荷促發疾病之預防包含 7 個措施，首先是「事業單位公告實施計畫」後續措施如下：【寫出其中 4 項】

1. 辨識及評估高風險群。
2. 安排醫師面談及健康指導。
3. 實施健康檢查、管理及促進。
4. 調整或縮短工作時間及更換工作內容之措施。
5. 執行成效之評估及改善。
6. 紀錄與保存。

三、異常工作負荷，除了每月加班時數外，可能導致異常工作負荷的工作型態：

1. 不規則的工作。
2. 經常出差的工作。
3. 作業環境或工作性質是否兼具有異常溫度環境、噪音、時差。
4. 伴隨精神緊張的工作。

4 依勞動部職業性癌症預防藍圖關注化學品參考名單之 CMR 分類，配對可能的健康效應及危害暴露。（20 分，需依化學品編號 1 至 10 依序作答，如 1A、2B…；全部需 1 對 1 配對，1 配多 (如 1A 和 1B) 或多配 1 (如 1A 和 2A) 皆不給分）

編號	化學品名稱
1	甲醛
2	氯乙烯
3	丙烯睛
4	硼酸
5	1,2,-環氧丙烷
6	四氯乙烯
7	三氧化二銻
8	1-溴丙烷
9	氯化鎳(II)六水合物
10	苯

編號	可能健康危害
A	可能對生育能力或對胎兒造成傷害
B	生殖毒性、皮膚過敏、缺氧
C	神經病變、生殖毒性（可能對生育能力或對胎兒造成傷害）
D	角膜燒傷（失明）、接觸性皮膚炎、肺水腫、血癌與淋巴癌、生殖細胞致突變性
E	呼吸道或皮膚過敏、生殖毒性、肺癌或鼻癌
F	皮膚眼睛刺激、中樞神經抑制、再生不良性貧血、白血病、生殖細胞致突變性
G	白血病或鼻咽癌
H	膀胱癌、多發性骨髓瘤或非何杰金氏淋巴瘤、肝腎毒性
I	呼吸道刺激、鼻中隔穿孔、皮膚斑點、肺癌
K	肝炎、肝細胞癌

解 1G、2K、3B、4A、5D、6H、7I、8F、9E、10C。

5

某油漆工廠所僱用勞工在作業場所使用含甲苯及丁酮之混合有機溶劑從事作業，其中對勞工甲進行個人暴露測定，其測定條件及測定結果如表 3。採樣現場的溫度為 27°C，壓力為 750 mmHg（與校正現場的溫度壓力相同），採樣設備為計數型流量計（流率為 100 cc/min）+ 活性碳管。

表 3　對勞工甲個人暴露測定條件及測定結果

採樣編號	採樣時間	樣本分析結果	
		甲苯 (mg)	丁酮 (mg)
1	08:00-12:00	4.4	3
2	13:00-17:00	4.2	2.5
分子量 (g/mol)		92	72
脫附效率 (%)		95	85
8 小時日時量平均容許濃度 (ppm)		100	200

請回答以下問題：

一、請計算甲苯與丁酮個別的 8 小時全程工作日之時量平均濃度值 (ppm)。（8 分，未列出計算過程者不予計分，計算至小數點後 2 位）

二、請說明勞工甲之暴露結果是否超出相當 8 小時日時量平均容許濃度？（2 分，未列出計算過程者不予計分，計算至小數點後 2 位）

三、請依危害性化學品評估及分級管理辦法，就暴露評估結果，說明風險等級及應採取控制或管理措施為何？（10 分）

解 一、現場採樣體積 $V_{Ts,Ps}$ (m^3) = 採樣流率 $Q(cm^3/min) \times 10^{-6}(m^3/cm^3) \times$ 採樣時間 t (min)

樣本 1 $V_{Ts,Ps}\ (m^3) = 100(cm^3/min) \times 10^{-6}(m^3/cm^3) \times 4(hr) \times 60(min/hr)$

$= 24 \times 10^{-3}(m^3)$

樣本 2 $V_{Ts,Ps}\ (m^3) = 100(cm^3/min) \times 10^{-6}(m^3/cm^3) \times 4(hr) \times 60(min/hr)$

$= 24 \times 10^{-3}(m^3)$

※ 標準採樣體積 $V_{NTP}(m^3) = V_{Ts,Ps}(m^3) \times \frac{Ps}{760}(mmHg) \times \frac{(273+25)}{(273+Ts)}(K)$

樣本 1 $V_{NTP}(m^3) = 24 \times 10^{-3}(m^3) \times \frac{750}{760}(mmHg) \times \frac{(273+25)}{(273+27)}$

$= 23.52 \times 10^{-3}(m^3)$

樣本 2 $V_{NTP}(m^3) = 24 \times 10^{-3}(m^3) \times \frac{750}{760}(mmHg) \times \frac{(273+25)}{(273+27)}$

$= 23.52 \times 10^{-3}(m^3)$

※ 濃度 $C(mg/m^3) = \frac{\text{化學物質之重量 } W(mg)}{\text{脫附效率 }(\%) \times \text{ 採樣體積 } V(m^3)}$

$C_{\text{甲苯}1}(mg/m^3) = \frac{4.4(mg)}{95(\%) \times 23.52 \times 10^{-3}(m^3)} = 196.92(mg/m^3)$

$C_{\text{甲苯}2}(mg/m^3) = \frac{4.2(mg)}{95(\%) \times 23.52 \times 10^{-3}(m^3)} = 187.96(mg/m^3)$

$C_{\text{丁酮}1}(mg/m^3) = \frac{3.0(mg)}{85(\%) \times 23.52 \times 10^{-3}(m^3)} = 150.06(mg/m^3)$

$C_{\text{丁酮}2}(mg/m^3) = \frac{2.5(mg)}{85(\%) \times 23.52 \times 10^{-3}(m^3)} = 125.05(mg/m^3)$

※ 時量平均暴露濃度 $TWA = \frac{C_1 \times t_1 + C_2 \times t_1 + \cdots + C_n \times t_n}{t_1 + t_2 + \cdots t_n}$

$TWA_{\text{甲苯}} = \frac{(196.92 \times 4)+(187.96 \times 4)}{(4+4)} = 192.44(mg/m^3)$

$TWA_{\text{甲苯}}(ppm) = \frac{TWA_{\text{甲苯}}(mg/m^3) \times 24.45}{\text{氣狀有害物之分子量}} = \frac{192.44(mg/m^3) \times 24.45}{92}$

$= 51.14(ppm)$

$TWA_{\text{丁酮}} = \frac{(150.06 \times 4)+(125.05 \times 4)}{(4+4)} = 137.55(mg/m^3)$

$TWA_{\text{丁酮}}(ppm) = \frac{TWA_{\text{丁酮}}(mg/m^3) \times 24.45}{\text{氣狀有害物之分子量}} = \frac{137.55(mg/m^3) \times 24.45}{72}$

$= 46.70(ppm)$

∴甲苯的 8 小時全程工作日之時量平均濃度值為 51.14ppm

丁酮的 8 小時全程工作日之時量平均濃度值為 46.70ppm

二、作業環境空氣中有二種以上有害物存在，而其相互間效應非屬於相乘效應或獨立效應時，應視為相加效應，並依下列規定計算，其總和大於 1 時，即屬超出容許濃度。

※ 暴露濃度總和 $= \dfrac{TWAa}{PEL\text{-}TWAa} + \dfrac{TWAb}{PEL\text{-}TWAb} + \dfrac{TWAc}{PEL\text{-}TWAc} + \cdots$

$= \dfrac{TWA_{甲苯}}{PEL\text{-}TWA_{甲苯}} + \dfrac{TWA_{丁酮}}{PEL\text{-}TWA_{丁酮}}$

$= \dfrac{51.14}{100} + \dfrac{46.70}{200}$

$= 0.51+0.23$

$= 0.74$

∴勞工甲之暴露濃度為 0.74 小於 1，故未超出容許暴露濃度。

三、暴露評估結果為 0.74，低於容許暴露標準但高於二分之一，風險評估屬**第二級管理**。

風險等級為第二級管理：應就**製程設備**、**作業程序**或**作業方法**實施檢點，採取必要之改善措施，並至少**每年**定期評估一次。

113-3 術科題解

1

某從事人造石製造之第一類事業單位執行健康保護事項並製作成紀錄於下表，請依職業安全衛生法及其附屬法規，回答下列問題：

一、請問下表之法定名稱為何？使用時機為何？（各 1 分，共 2 分）

二、該事業單位執行下表之健康保護事項，係委託相關機構指派符合資格之人員辦理，請問依規定可委託那些機構？（請至少列舉 2 項）（各 2 分，共 4 分）

三、承上，該事業單位執行健康保護事項之頻率至少為何？（各 2 分，共 4 分）

四、該事業單位除執行下表中第三項執行情形所列之辦理事項外，尚有那些亦可列為執行項目（請至少列舉 6 項）？（各 1 分，共 6 分）

五、請就下表中第四項建議採行措施，所建議內容為：「採樣時應分析結晶型游離二氧化矽含量，確認結晶型游離二氧化矽比例，如超過 10%，依粉塵濃度監測結果，卸料區與攪拌區空氣中粉塵濃度將可能超過容許濃度。」，請說明執行人員為何有此建議。（提示：請從容許濃度計算公式的角度加以說明）（4 分）

一、作業場所基本資料	
部門名稱：〇〇〇〇公司	
作業人員（總人數）	■行政人員：男 18 人；女 8 人。 ■現場操作人員：男 40 人；女 16 人。
作業類別與人數	■特別危害健康作業： 類別：粉塵，人數：25 人；類別：噪音，人數：12 人。
二、作業場所概況： 工作流程（製程）：原料卸料→石料攪拌→佈料→成形壓密、熱固化→冷卻→切割→研磨→拋光→品檢。 工作型態與時間：行政人員常日班，產線人員輪值三班。 人員及危害特性概述：粉塵、噪音、人因性危害、切割捲夾。	
三、〇〇〇〇〇〇執行情形： （一）辦理事項： 1.勞工體格（健康）檢查結果之分析與評估、健康管理及資料保存。 2.辦理健康檢查結果異常者之追蹤管理及健康指導。 （二）發現問題： 1.今年度粉塵危害特殊健康檢查，共 25 人參與特殊健檢，結果健康管理分級，第一級管理 13 人，第二級管理 10 人，第三級管理 2 人。 2.今年度作業環境監測報告，粉塵濃度個人採樣監測結果：	

人員作業區域	監測項目	測定結果（空氣中濃度）	容許濃度
卸料區	第二種粉塵（可呼吸性粉塵）	0.391 mg/m^3	1 mg/m^3
攪拌區	第二種粉塵（可呼吸性粉塵）	0.914 mg/m^3	1 mg/m^3
佈料區	第二種粉塵（可呼吸性粉塵）	0.091 mg/m^3	1 mg/m^3
切割、研磨區	第二種粉塵（可呼吸性粉塵）	0.123 mg/m^3	1 mg/m^3

3. 工作環境現場訪視（製一課卸料組與攪拌組）：

   卸料區使用之局部排氣裝置的氣罩，距離粉塵發生源過遠且攪拌機密閉效果不佳。

4. 職安人員表示，人造石原料含石英、方矽石等。

四、建議採行措施（針對發現問題所採行之措施）：

（一）醫護人員會談、健康指導及工作適性評估：略

（二）工作環境現場訪視：

1. 現場應實施工程改善。
2. 採樣時應分析結晶型游離二氧化矽含量，確認結晶型游離二氧化矽比例，如超過 10%，依粉塵濃度監測結果，卸料區與攪拌區空氣中粉塵濃度將可能超過容許濃度。

五、對於前次建議改善事項之追蹤辦理情形：略

六、執行人員及日期：略

解 一、1. 勞工健康服務執行紀錄表。

2. 依勞工健康保護規則第 14 條規定，雇主應使醫護人員及勞工健康服務相關人員臨場辦理各項勞工健康服務事項，應依勞工健康服務執行紀錄表規定項目填寫紀錄表，並依相關建議事項採取必要措施。

二、依勞工健康保護規則第 5 條規定，事業單位特約醫護人員或勞工健康服務相關人員辦理勞工健康服務，應委託下列機構之一，由該機構指派其符合所定資格之人員為之：(請至少列舉 2 項)

1. 全民健康保險特約之醫院或診所，且聘僱有符合資格之醫護人員或勞工健康服務相關人員者。
2. 中央主管機關認可具勞工健康顧問服務類之職業安全衛生顧問服務機構。
3. 其他經中央主管機關指定公告之機構。

三、因該事業單為人造石製造之第一類事業單位，其勞工人數為 82 人(行政人員：男 18 人；女 8 人；現場操作人員：男 40 人；女 16 人)，而特別危害健康作業者有 37 人(粉塵：25 人；噪音：12 人)，故醫師臨場服務頻率為每年 1 次，護理人員臨場服務頻率為每月 1 次。

事業性質分類	勞工人數	臨場服務頻率	
		醫師	護理人員
各類	50~99 人，並具有特別危健康作業 1~49 人	1 次 / 年	1 次 / 月

四、依勞工健康保護規則第 9 條規定，雇主應使醫護人員及勞工健康服務相關人員臨場辦理勞工健康服務事項，除了勞工體格（健康）檢查結果之分析與評估、健康管理及資料保存和辦理健康檢查結果異常者之追蹤管理及健康指導之外，還有下列各項：(請至少列舉 6 項)

1. 協助雇主選配勞工從事適當之工作。
2. 辦理未滿 18 歲勞工、有母性健康危害之虞之勞工、職業傷病勞工與職業健康相關高風險勞工之評估及個案管理。
3. 職業衛生或職業健康之相關研究報告及傷害、疾病紀錄之保存。
4. 勞工之健康教育、衛生指導、身心健康保護、健康促進等措施之策劃及實施。
5. 工作相關傷病之預防、健康諮詢與急救及緊急處置。
6. 定期向雇主報告及勞工健康服務之建議。
7. 其他經中央主管機關指定公告者。

五、當含結晶型游離二氧化矽 10% 以上之礦物性粉塵時，應列第一種可呼吸性粉塵而其可呼吸性粉塵之容許濃度公式為 $\frac{10mg/m^3}{\%SiO_2+2}$。

假設結晶型游離二氧化矽卸料區比例為 24%，攪拌區為 10.5% 時，其容許濃度標準為：

卸料區容許濃度 $=\frac{10mg/m^3}{\%SiO_2+2}=\frac{10mg/m^3}{24+2}=0.38mg/m^3$ (測得濃度 $0.391\ mg/m^3$)

攪拌區容許濃度 $=\frac{10mg/m^3}{\%SiO_2+2}=\frac{10mg/m^3}{10.5+2}=0.80mg/m^3$ (測得濃度 $0.914\ mg/m^3$)

由上述計算得知卸料區與攪拌區測得的空氣中粉塵濃度，均超過容許濃度。

2

勞動部職業安全衛生署將「高危害」或「高運作量」之危害性化學品經公告後，列為優先管理「應報請備查」之對象，請依「優先管理化學品之指定及運作管理辦法」之規定，回答以下問題：

一、優先管理化學品之運作行為有那些？（4 分）

二、運作者於完成首次運作優先管理化學品之備查後，應於規定期限報請中央主管機關定期備查，請問定期備查之頻率及備查期間分為那兩種？（4 分）

三、承上，請說明不同備查頻率之優先管理化學品分別具有何種危害特性及運作條件？（8 分）

四、承上，「優先管理化學品之指定及運作管理辦法」於 113 年 6 月 6 日起新增動態備查之規定，是為了有效掌握何種危害特性及運作條件之優先管理化學品動態運作資訊？（2 分）運作優先管理化學品須實施動態備查之條件及備查期限為何？（2 分）

解 一、依優先管理化學品之指定及運作管理辦法第 3 條規定，優先管理化學品之運作：指對於化學品之製造、輸入、供應或供工作者處置、使用之行為。

二、定期備查之頻率及備查期間分為那兩種：**定期年度備查**和**定期半年度備查**。

依優先管理化學品之指定及運作管理辦法第 8 條規定，運作者於完成首次備查後，應依下列規定期限，再行檢附所定資料，報請中央主管機關定期備查：

1. 依第 6 條第 1 項第 1 款或第 2 款規定完成首次備查者，應於該備查之次年起，每年 4 月至 9 月期間辦理。《定期年度備查》

2. 依第 6 條第 1 項第 3 款或第 4 款規定完成首次備查者，應於該備查後，每年 1 月及 7 月分別辦理。《定期半年度備查》

三、依優先管理化學品之指定及運作管理辦法第 6 條規定，運作者依定，應報請備查之優先管理化學品如下：

1. 運作第 2 條第 1 款所定之優先管理化學品(對未滿 18 歲及妊娠或分娩後未滿 1 年女性勞工具危害性)。《定期年度備查》

2. 運作第 2 條第 2 款所定之優先管理化學品(屬致癌物質、生殖細胞致突變性物質、生殖毒性物質、呼吸道過敏物質第一級、嚴重損傷或刺激眼睛物質第一級、特定標的器官系統毒性物質屬重複暴露第一級等之優先管理化學品)，其濃度及任一運作行為之年運作總量，達附表二規定者。《定期年度備查》

3. 運作第 2 條第 3 款所定之優先管理化學品 (具物理性危害或急性健康危害之優先管理化學品)，其最大運作總量達附表三規定之臨界量。該運作場所中，其他最大運作總量未達附表三所定臨界量之化學品，應一併報請備查。《定期半年度備查》

4. 運作二種以上屬於第 2 條第 3 款之優先管理化學品 (具物理性危害或急性健康危害之優先管理化學品)，其個別之最大運作總量均未達附表三之臨界量，但依下列計算方式，其總和達 1 以上者。《定期半年度備查》

$$總合 = \frac{甲化學品最大運作總量}{甲化學品危害類之臨界量} + \frac{乙化學品最大運作總量}{乙化學品危害類之臨界量} + \cdots$$

四、1. 是為了有效掌握運作第 6 條第 1 項第 3 款或第 4 款 (物理性危害或急性健康危害) 具立即危害，且運作達一定數量危險化學品之動態運作資訊。

2. 運作者依第 6 條第 1 項第 3 款或第 4 款規定，完成首次備查或定期備查後，其運作之最大運作總量超過該備查數量，且超過部分之數量達第 6 條附表三臨界量以上者，應於超過事實發生之日起 30 日內，檢附第 7 條第 1 項所定資料，再行報請中央主管機關動態備查。

3 您是受僱於某營建工程公司的職業安全衛生管理人員，因公司擬引進壓力最高為 1000 bar 的水刀（water jetting，1 bar ＝ 1.019716 kg/cm^2），進行混凝土切割作業，若使勞工從事此項作業，試就下表內可能的職業危害來源，填寫其可能造成之職業傷病及應提供之個人防護具於答案卷。（每格問項 2 分，共 20 分）

編號	職業危害來源	職業傷病	個人防護具（PPE）
1	粉塵	（請列舉 2 項）	（請列舉 1 項）
2	噪音	（請列舉 1 項）	（請列舉 1 項）
3	手部震動	（請列舉 2 項）	（請列舉 1 項）
4	高壓水柱沖擊	（請列舉 1 項）	（請列舉 1 項）
5	感電	（請列舉 1 項）	（請列舉 1 項）

解 若使勞工從事混凝土切割作業，可能的職業危害來源和能造成之職業傷病及應提供之個人防護具如下表：

編號	職業危害來源	職業傷病	個人防護具（PPE）
1	粉塵	塵肺症、矽肺症	淨氣式防塵口罩
2	噪音	職業性聽力損失	耳塞 / 耳罩
3	手部震動	雷諾氏症候群（白指病）、腕道症候群	防振手套
4	高壓水柱沖擊	肌體造成壓縮、剪切及撕裂等傷害	高壓水柱防護衣
5	感電	電擊傷害	絕緣防護具如手套、靴

4

夏季炎熱，身為某營造工地職業衛生管理人員的您，依「職業安全衛生設施規則第 324-6 條」、「高氣溫戶外作業勞工熱危害預防指引」及「勞工健康保護規則」等，規劃危害預防與應變 措施，請回答下列問題：

一、依「職業安全衛生設施規則第 324-6 條」，雇主使勞工從事戶外作業，為防範環境引起之熱疾病，應視天候狀況採取危害預防措施，除了「健康管理及適當安排工作」及「採取勞工熱適應相關措施」外，請再寫出 2 項措施。（各 2 分，共 4 分）

二、承上，關於「健康管理及適當安排工作」，依據「勞工健康保護規則」附表十二，請列出 2 個考量不適合從事高溫作業的疾病或健康狀況。（各 2 分，共 4 分）

三、關於「採取勞工熱適應相關措施」，依「高氣溫戶外作業勞工熱危害預防指引」，對是否有曾在高氣溫環境下作業經驗之勞工，應有相應的熱適應措施，請問假設某高氣溫下工作（熱危害風險等級均為第二級）每日作業時間為 8 小時，對於無經驗者在上工建議 第 1 天熱暴露比例為 20%，1.6 小時，請寫出第 2 至 4 天熱暴露時間的安排分別為多少比例和小時？請依下表 A ～ F 欄位分別填寫於答案卷。（各 1 分，共 6 分）

	第 1 天	第 2 天	第 3 天	第 4 天	第 5 天
暴露時間比例	20%	A	C	E	100%
暴露時間	1.6 小時	B	D	F	8 小時

四、暴露於高氣溫環境下，初期人體會感到不舒適，或因疲勞而影響工作表現，當持續高氣溫下工作而未採取預防措施時，生理熱調節將出現異常，導致體溫無法維持正常範圍內而發生熱疾病。其中最嚴重的一種會呈現的症狀包含體溫超過攝氏 40 度、意識模糊不清、呼吸困難、激動、焦慮、昏迷、抽搐、皮膚乾燥發紅（無汗）等影響生命的危象，請回答下列問題：

1. 該症狀為何種熱疾病？（2 分）
2. 若有人發生熱疾病症狀時該怎麼處理，請寫出 2 項處理方式？（各 2 分，共 4 分）

解 一、依職業安全衛生設施規則第 324-6 條規定，雇主使勞工從事戶外作業，為防範環境引起之熱疾病，應視天候狀況採取危害預防措施，除了「健康管理及適當安排工作」及「採取勞工熱適應相關措施」外，還有下列危害預防措施：【請再寫出 2 項措施】

1. 降低作業場所之溫度。
2. 提供陰涼之休息場所。
3. 提供適當之飲料或食鹽水。
4. 調整作業時間。
5. 增加作業場所巡視之頻率。
6. 留意勞工作業前及作業中之健康狀況。
7. 實施勞工熱疾病預防相關教育宣導。
8. 建立緊急醫療、通報及應變處理機制。

二、請列出 2 個考量不適合從事高溫作業的疾病或健康狀況：

高血壓、心臟病、呼吸系統疾病、內分泌系統疾病、無汗症、腎臟疾病、廣泛性皮膚疾病。

三、依高氣溫戶外作業勞工熱危害預防指引，雇主對於未曾於高氣溫環境下作業之新進勞工，第 1 天之熱暴露時間不可超過正常暴露時間之 20%，其後每天最多可增加正常暴露時間 20% 之暴露時間，至達到正常暴露時間為止。

A → 40%、B → 3.2 小時、C → 60%、D → 4.8 小時、E → 80%、F → 6.4 小時

	第 1 天	第 2 天	第 3 天	第 4 天	第 5 天
暴露時間比例	20%	40%	60%	80%	100%
暴露時間	1.6 小時	3.2 小時	4.8 小時	6.4 小時	8 小時

四、1. 該症狀為熱中暑。

2. 熱中暑的處理方式：【請寫出 2 項處理方式】

(1) 移動人員至陰涼處並同時墊高頭部。

(2) 鬆開衣物並移除外衣。

(3) 意識清醒者可給予稀釋之電解質飲品或加少許鹽之冷開水 (不可含酒精或咖啡因) 。

(4) 使用風扇吹以加速熱對流效應散熱。

(5) 可放置冰塊或保冷袋於病人頸部、腋窩、鼠蹊部等處加強散熱。

(6) 撥打 119 求救或自行送醫。

5

試回答下列問題：

一、金管會所列管上市上櫃公司依 GRI 準則揭露永續發展報告書（ESG），其中包含職業健康與安全、勞動權益、薪酬、福利及其他社會面等勞動議題，揭露的參考準則計有 GRI 401、402、403 與 412 等，請問那一個 GRI 準則與「職業健康與安全」最為相關？（2 分）

二、「職場永續健康與安全 SDGs 揭露實務建議指南」分有 10 項內容，包含「職業安全衛生管理系統所涵蓋之工作者」、「職業傷害」、「工作相關疾病」，請再列舉 4 項（提示：請思考主動、預防措施）。（各 2 分，共 8 分）

三、在 35°C、1 大氣壓下，有甲苯蒸發於一地下室油漆作業局限場所，其作業空間有效空氣換氣體積為 25 立方公尺，已知每小時甲苯（分子量：92）蒸發量為 2600 g，甲苯爆炸範圍 1.2 ～ 7.1 %。若以新鮮空氣稀釋甲苯蒸氣，維持甲苯蒸氣濃度在爆炸下限 30% 以下，且達穩定狀態（steady state）時：

1. 假設在理想氣體條件下，請問**每分鐘**需多少立方公尺之換氣量？（應列出計算式）（5 分）

2. 若不考慮安全係數，**每小時**換氣次數至少為多少？（應列出計算式，答案無條件進位至整數）（5 分）

解 一、GRI 403 準則：職業健康與安全。

二、【除了「職業安全衛生管理系統所涵蓋之工作者」、「職業傷害」、「工作相關疾病」請再列舉 4 項】

依職場永續健康與安全 SDGs 揭露實務建議指南，GRI 403：職業健康與安全準則內容如下：

- 準則 403-1 職業安全衛生管理系統。
- 準則 403-2 危害辨識、風險評估及事故調查。
- 準則 403-3 職業健康服務。
- 準則 403-4 工作者對於職業健康與安全之參與、諮商與溝通。
- 準則 403-5 工作者職業健康與安全教育訓練。
- 準則 403-6 工作者健康促進。
- 準則 403-7 預防及降低與企業直接關聯者之職業健康與安全衝擊。
- 準則 403-8 職業安全衛生管理系統所涵蓋之工作者。
- 準則 403-9 職業傷害。
- 準則 403-10 工作相關疾病。

三、1. 在 35°C、1 大氣壓下，1 莫耳的理想氣體體積約為：

$$V=\frac{nRT}{P}=\frac{1\times 0.082\times(273.15+35)}{1}=25.27(L/mol)$$

假設在理想氣體條件下，其每分鐘所需之換氣量公式為：

$$換氣量\ Q(m^3/min)=\frac{25.27\times 10^3\times G\times k}{60\times LEL\times 10^4\times M}$$

Q：換氣量 (m^3/min)

G：蒸發量 (g/hr) ＝ 2600(g/hr)

K：安全係數＝ 3.33(爆炸下限 30%)

LEL：爆炸下限＝ 1.2%

M：分子量＝ 92

$$\therefore 換氣量\ Q(m^3/min)=\frac{25.27\times 10^3\times G\times k}{60\times LEL\times 10^4\times M}$$

$$=\frac{25.27\times 10^3\times 2600\times 3.3}{60\times 1.2\times 10^4\times 92}$$

$$=3.30(m^3/min)$$

故假設在理想氣體條件下，其每分鐘所需之換氣量為 3.30 m^3/min

2. 若不考慮安全係數，其換氣量公式為 $Q(m^3/min) = \frac{25.27 \times 10^3 \times G}{60 \times LEL \times 10^4 \times M}$

$$換氣量\ Q(m^3/min) = \frac{25.27 \times 10^3 \times G}{60 \times LEL \times 10^4 \times M}$$

$$= \frac{25.27 \times 10^3 \times 2600}{60 \times 1.2 \times 10^4 \times 92}$$

$$= 0.99(m^3/min)$$

$$\therefore 換氣次數\ N(次/hr) = \frac{60 \times Q}{V}$$

N：換氣次數 (次 /hr)

Q：換氣量 $(m^3/min) = 0.99(m^3/min)$

V：換氣體積 $(m^3) = 25(m^3)$

$$換氣次數\ N(次/hr) = \frac{60 \times 0.99}{25}$$

≒ 3(次 /hr)(答案無條件進位至整數）

故若不考慮安全係數，每小時換氣次數至少為 3 次。

職安一點通｜職業衛生管理甲級檢定完勝攻略｜2025版

作　　者：蕭中剛 / 劉鈞傑 / 賴秋琴 / 鄭技師 / 徐英洲
江　軍
企劃編輯：郭季柔
文字編輯：江雅鈴
設計裝幀：張寶莉
發 行 人：廖文良

發 行 所：碁峰資訊股份有限公司
地　　址：台北市南港區三重路66號7樓之6
電　　話：(02)2788-2408
傳　　真：(02)8192-4433
網　　站：www.gotop.com.tw
書　　號：ACR012531
版　　次：2025年03月初版
建議售價：NT$790

國家圖書館出版品預行編目資料

職安一點通：職業衛生管理甲級檢定完勝攻略. 2025版 / 蕭中剛, 劉鈞傑, 賴秋琴, 鄭技師, 徐英洲, 江軍者. -- 初版. -- 臺北市：碁峰資訊, 2025.03
面；　公分
ISBN 978-626-425-021-4(平裝)
1.CST：工業安全　2.CST：職業衛生
555.56　　114001775